2022中国水利学术大会论文集

第四分册

中国水利学会 编

黄河水利出版社

内 容 提 要

本书是以"科技助力新阶段水利高质量发展"为主题的 2022 中国水利学术大会（中国水利学会2022 学术年会）论文合辑，积极围绕当年水利工作热点、难点、焦点和水利科技前沿问题，重点聚焦水资源短缺、水生态损害、水环境污染和洪涝灾害频繁等新老水问题，主要分为国家水网、水生态、水文等板块，对促进我国水问题解决、推动水利科技创新、展示水利科技工作者才华和成果有重要意义。

本书可供广大水利科技工作者和大专院校师生交流学习和参考。

图书在版编目（CIP）数据

2022 中国水利学术大会论文集：全七册/中国水利
学会编 . —郑州：黄河水利出版社，2022. 12
ISBN 978-7-5509-3480-1

Ⅰ . ①2…　Ⅱ . ①中…　Ⅲ . ①水利建设-学术会议-
文集　Ⅳ . ①TV-53

中国版本图书馆 CIP 数据核字（2022）第 246440 号

策划编辑：杨雯惠　电话：0371-66020903　E-mail：yangwenhui923@163.com

出　版　社：黄河水利出版社　　　　　　　　　　网址：www.yrcp.com
地址：河南省郑州市顺河路黄委会综合楼 14 层　邮政编码：450003
发行单位：黄河水利出版社
发行部电话：0371-66026940、66020550、66028024、66022620（传真）
E-mail：hhslcbs@126.com
承印单位：广东虎彩云印刷有限公司
开本：889 mm×1 194 mm　1/16
印张：261（总）
字数：8 268 千字（总）
版次：2022 年 12 月第 1 版　　　　　　印次：2022 年 12 月第 1 次印刷
定价：1 200.00 元（全七册）

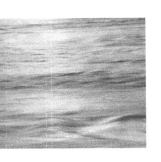

前言 Preface

　　学术交流是学会立会之本。作为我国历史上第一个全国性水利学术团体，90多年来，中国水利学会始终秉持"联络水利工程同志、研究水利学术、促进水利建设"的初心，团结广大水利科技工作者砥砺奋进、勇攀高峰，为我国治水事业发展提供了重要科技支撑。自2000年创立年会制度以来，中国水利学会20余年如一日，始终认真贯彻党中央、国务院方针政策，落实水利部和中国科协决策部署，紧密围绕水利中心工作，针对当年水利工作热点、难点、焦点和水利科技前沿问题、工程技术难题，邀请院士、专家、代表和科技工作者展开深层次的交流研讨。中国水利学术年会已成为促进我国水问题解决、推动水利科技创新、展示水利科技工作者才华和成果的良好交流平台，为服务水利科技工作者、服务学会会员、推动水利学科建设与发展做出了积极贡献。

　　2022中国水利学术大会（中国水利学会2022学术年会）以习近平新时代中国特色社会主义思想为指导，认真贯彻落实党的二十大精神，紧紧围绕"节水优先、空间均衡、系统治理、两手发力"的治水思路，以"科技助力新阶段水利高质量发展"为主题，聚焦国家水网、水灾害防御、智慧水利、地下水超采治理等问题，设置1个主会场和水灾害、国家水网、重大引调水工程、智慧水利·数字孪生等20个分会场。

　　2022中国水利学术大会论文征集通知发出后，受到了广大会员和水利科技工作者的广泛关注，共收到来自有关政府部门、科研院所、大专院校、水利设计、施工、管理等单位科技工作者的论文共1 000余篇。为保证本次大会入选论文的质量，大会积极组织相关领域的专家对稿件进行了评审，共评选出669篇主题相符、水平较高的论文入选论文集。按照大会各分会场主题，本论文集共分7册予以出版。

　　本论文集的汇总工作由中国水利学会秘书处牵头，各分会场协助完成。论文集的编辑出版也得到了黄河水利出版社的大力支持和帮助，参与评审、编辑的专家和工作人员克服了时间紧、任务重等困难，付出了辛苦和汗水，在此一并表示感谢！同时，对所有应征投稿的科技工作者表示诚挚的谢意！

由于编辑出版论文集的工作量大、时间紧，且编者水平有限，不足之处，欢迎广大作者和读者批评指正。

中国水利学会

2022 年 12 月 12 日

目录 Contents

水利与碳中和

寒区水利

水 安 全

智慧水利·数字孪生

取水监测计量异常数据诊断模型技术研究

单心怡[1]　魏俊彪[2]　张鹏程[1]　雷四华[3]

(1. 河海大学，江苏南京　210029；
2. 广东省水利水电科学研究院，广东广州　510610；
3. 南京水利科学研究院，江苏南京　210029)

摘　要：为了实现水资源的可持续开发利用，科学的水资源管理是十分必要的，取水监测建设是提升水资源开发利用水平及促进节水型社会建设的必要技术手段。取水数据的异常检测又是水资源监管的重要环节。仅靠人工来判断异常取水数据的方法效率较低，且具有明显的局限性。为了更加有效地管理异常数据，提升异常检测的效率，本文对取水数据进行预处理，针对异常数据训练诊断模型，运用模型检测出异常数据并对其进行修正。

关键词：水资源管理；取水监测；异常数据；诊断模型；预处理

1　引言

1.1　取水监测计量数据的时序性、行业性特点

时间序列是指将某种现象某一个统计指标在不同时间上的各个数值，按时间先后顺序排列而形成的序列。如果一个时间序列数据的均值和方差在时间过程上都是常数，并且在任何两时期的协方差值仅依赖于该两时期间的距离或滞后，而不依赖于计算这个协方差的实际时间，就称它为平稳的；平稳时间序列粗略地讲，一个时间序列，如果均值没有系统的变化（无趋势）、方差没有系统变化，且严格消除了周期性变化，也就认为是平稳的[1]。

取水数据时间序列通常具有自相关性。当前管理中取水数据常以每小时时间周期进行采集，而且受到不同行业、不同地区等因素的影响，每个时段取水数据所具备的特点也不尽相同。例如，居民用水主要集中于早中晚三个时间段，在这段时间内取用水量会比较突出。而相关工业场所如化工厂等全天的数据量都比较大，且由于机器生产的稳定性原因，取水量比较均匀稳定。针对不同情况，在对其做异常检测的时候需要做不同的调整。

1.2　异常数据检测处理应用现状

随着信息技术的发展和水利部门管理设施的逐步完善，水资源监测数据异常值检测及相关研究已经引起了业界学者和相关企业的广泛关注。Cho 等[2] 提出了一种使用近似分量和详细分量的离群值检测方法，并应用于海岸监测时间序列的异常检测和数据填充。Ayadi 等[3] 提出了一种基于组合异常值检测技术的水管道损伤检测方法。此外，文献［4］介绍了一种基于功能数据分析的城市水网异常流量检测方法，并取得了不错的效果。文献［5］将正常系统行为建模为隐藏的马尔可夫模型的层次结构，并提出了一种基于数据采集和检测控制系统的供水系统异常值检测方法。文献［6］中引入了一种软件工具来检测相对频繁的事件，例如配水系统中的管道破裂和水变色事件。Christodoulou 等[7] 通过使用小波变化点检测分类器来识别异常，以实现自来水分配网络中自来水流失问题的自动检测。

基金项目：2021 年水利重大关键技术研究项目资助（Y521009）。
作者简介：单心怡（1998—），女，硕士研究生，研究方向为电子信息。

近年来，基于机器学习和深度学习的水资源异常检测研究也逐渐崭露头角。Raciti 等[8] 将 n 维数据空间的 ADWICE 聚类算法用于水管理系统中的实时异常检测，当指示器达到异常指标时发出警报。赵和松等[9] 在文献中提出一种基于 ARIMA 模型与 3σ 准则的取水异常检测方法。文献［10］分别使用 OC-SVM 和深度神经网络对安全水处理平台中的异常数据进行检测。文献［11］将孤立森林算法和聚类算法用于企业异常用水量的检测。

随着取水数据的海量化、复杂化、多样化，传统的异常检测模型已经无法满足数据异常检测需求，而机器学习的数据异常检测算法较传统方法，具有速度快、适应性强等优点，因此本文从水资源的特性出发，结合机器学习技术，进一步研发可靠的取水数据异常值分析、检测算法。

1.3 相关模型研究现状

目前，对于"异常"的定义有很多，现在主要采用 Hawkins[12] 提出的定义："异常是在数据集中与众不同的数据，这些数据与大部分数据体现的规律不一致，使得人们怀疑这些数据并非随机偏差，而是由另一种不同的机制产生的"。异常检测是对不匹配预期模式或数据集中其他项目的事件或观测值的识别，也称作异常挖掘。异常检测也会运用到生活中，如结构设计缺陷、医疗技术问题、文本错误数据类型等。Chandola 等[13-14] 提出不同领域可以使用不同的异常检测方法。异常检测的技术方法主要如下。

1.3.1 基于统计的异常检测技术

基于统计分析技术从描述的数据系统的行为或者状态的属性中选择一组统计量，根据所描述属性的行为或者状态历史数据建立正常的数据变化范围。基于统计的异常检测方法就是将超过这个范围的数据判为异常数据。Yamanishi 等[15] 提出了无监督学习信息源的概率模型（使用有限混合模型）来检测在线过程中的异常值。该方法被用到网络入侵的检测中，能够以较低的计算成本识别出网络入侵攻击。

1.3.2 基于分类的异常检测技术

分类就是根据不同文本或数据集的特征和属性，将其划分到已有的类别中。基于分类的异常检测方法是找出在文本或者数据集的特征和属性被划分到异常的类别中的方法。Salvador 等[16] 提出了基于 Gecko 的分割算法，并将分割后每段确定合理的分段数，再使用 RIPPER 算法以逻辑规则描述这些状态，进而确定异常值。Augusteijn 等[17] 提出基于反向传播神经网络结构的检测方法，该方法使用神经网络分类器将数据归入相似的模式类别，从而达到检测异常值的效果。Chalapathy 等[18] 提出了一个单类神经网络（OC-NN）模型来检测复杂数据集中的异常数据。

1.3.3 基于预测的异常检测技术

基于预测的方法是根据过去的时间序列数据建立预测模型，使用该模型预测未来时间点的值，最终判断预测值与真实值的数据关系是否异常，即时间序列异常检测方法[19]。Le 等[20] 提出了基于 MTD 模型的异常检测算法，该方法将时间序列模型推广到一般的非高斯分布的时间序列模型，取得了很好的效果。Ruey 等[21] 提出了基于 ARIMA 模型的异常检测方法，提出了一种迭代的方法来检测和处理多个离群值，通过对单变量和多变量离群值检测结果的比较，可以了解离群值的特征。

2 异常数据类型

2.1 异常数据的主要来源

利用取水工程或设施从地表、地下或其他水源取用水，并使用设备对水位、水深、流速、流量等进行测量转换为水量来进行取水监测，采用自动在线采集设备获取数据，通过网络实时或定时将数据发送至接收处理端，是取水在线监测数据采集传输过程。

取水点分布在全国各个地区，在不同的取水点下进行的取用水监测，使得取水点的数据包含了取用水量数据和取水点的基本信息数据。取水点的基本信息数据是记录取水点所在地点的相关数据。取用水数据主要通过传感器和人工方法收集，收集到的取用水数据分为小时取水量数据和日取水量数据两部分：

（1）小时取水量。记录每个取水点每天的每个整点时间的取水量。

（2）日取水量。记录每个取水点每天取水量的总和。

（3）取水点信息。主要包括取水点的编号、取水点的名称、取水点的所在地区、取水点的负责人及取水点的所在地邮政编码等相关的信息。

2.2 异常数据的特点

异常数据主要有如下特点：

（1）在数据样本中占比很小。

（2）相比于样本中的正常数据，异常数据具有明显不同的属性。

（3）作为时间序列数据，取水量数据异常值还具有复杂性、多样性、滞后性和波动性的特点。

2.3 异常数据的分类

从异常数据产生的时机及自身特点，可分为以下几类：

（1）数据缺失，取水正常发生，产生的数据连续性或间断性缺失。

（2）按照与前后数据、同期数据等进行比较，达到一定变化幅度可认为发生突变。与前期一段时间监测的数据比较发生了较大幅度的变化，且前一段时间监测数据均较正常；该变幅超过平均变幅（标准差）数倍以上，可认为发生突变。

数据突变类型可分为突变大、突变小、突变零等，具体分别如下：

①突变大。与通常监测数据相比该监测数据变大了很多，增大量达到平均变幅数倍以上（如3倍）。

②突变小。与通常监测数据相比该监测数据变小了很多，减少量达到平均变幅数倍以上（如3倍）。

③突变零。该监测数据为零值，而前期监测数据不为零。

（3）持续不变数据，一定时段内多个连续监测数据保持不变，各数据值相同。

（4）波动变化数据，一定时段内数据连续波动变化、规律明显，波峰、波谷数据各保持不变。

3 孤立森林诊断模型

3.1 理论方法

孤立森林是一种无监督学习算法，通过隔离数据中的离群值识别异常。基于决策树，从给定的特征集合中随机选择特征，然后在特征的最大值和最小值间随机选择一个分割值，来隔离离群值。这种特征的随机划分会使异常数据点在树中生成的路径更短，从而将它们和其他数据分开。

孤立森林的原理是：异常值是少量且不同的观测值，因此更易于识别。通过随机选择特征，然后随机选择特征的分割值，递归地生成数据集的分区。和数据集中（正常）的点相比，要隔离的异常值所需的随机分区更少，因此异常值是树中路径更短的点，路径长度是从根节点经过的边数。

整个算法大致可以分为以下两步：

（1）训练。抽取多个样本，构建多棵二叉树（isolation tree，即 iTree）。

构建一棵 iTree 时，先从全量数据中抽取一批样本，然后随机选择一个特征作为起始节点，并在该特征的最大值和最小值之间随机选择一个值，将样本中小于该取值的数据划到左分支，大于或等于该取值的数据划到右分支。然后，在左右两个分支数据中，重复上述步骤，直到满足如下条件：数据不可再分，即只包含一条数据，或者全部数据相同，或二叉树达到限定的最大深度。

（2）预测。综合多棵二叉树的结果，计算每个数据点的异常分值。

计算数据 x 的异常分值时，先要估算它在每棵 iTree 中的路径长度（也可以叫深度）。具体地，先沿着一棵 iTree，从根节点开始按不同特征的取值从上往下，直到到达某叶子节点。假设 iTree 的训练样本中同样落在 x 所在叶子节点的样本数为 T.size，则数据 x 在这棵 iTree 上的路径长度 $h(x)$，可以用下面这个公式计算：

$$h(x) = e + C(\text{T. size}) \tag{1}$$

式中：e 为数据 x 从 iTree 的根节点到叶节点过程中经过的边的数目；$C(\text{T. size})$ 为一个修正值，它表示在一棵 T. size 条样本数据构建的二叉树的平均路径长度。

一般地，$C(n)$ 的计算公式如下：

$$C(n) = 2H(n-1) - \frac{2(n-1)}{n} \tag{2}$$

其中，$H(n-1)$ 可用 $\ln(n-1) + 0.577\,215\,664\,9$ 估算，这里的常数是欧拉常数。数据 x 最终的异常分值 Score(x) 综合了多棵 iTree 的结果：

$$\text{Score}(x) = 2^{-\frac{E(h(x))}{C(\psi)}} \tag{3}$$

式中：$E(h(x))$ 为数据 x 在多棵 iTree 的路径长度的均值；ψ 为单棵 iTree 的训练样本的样本数；$C(\psi)$ 为用 ψ 条数据构建的二叉树的平均路径长度，它在这里主要用来做归一化。

从异常分值的公式看，如果数据 x 在多棵 iTree 中的平均路径长度越短，得分越接近 1，表明数据 x 越异常；如果数据 x 在多棵 iTree 中的平均路径长度越长，得分越接近 0，表示数据 x 越正常；如果数据 x 在多棵 iTree 中的平均路径长度接近整体均值，则打分会在 0.5 附近。

3.2 模型计算流程

孤立森林是由多颗孤立树构成的，先用测试集训练每棵孤立树，然后在计算验证集中每个样本的异常分数值，判断该样本是否异常，分值越接近 1 样本越孤立，即样本异常可能性越大。

孤立树创建步骤如下：

（1）从总体中，随机选择样本容量为 n 的样本，作为训练孤立树的训练集。

（2）在训练集中随机选择变量 Q 为根节点，并随机在 Q 的取值范围内选择分割点 p。

（3）将大于 p 的样本放在左节点，小于 p 的样本放在右节点。

（4）对左右节点的数据重复（2）、（3）步骤直到结束，结束的条件是以下三种情况之一：达到最大限度树的高度；节点上的样本对应特征的值全相等；节点只有一个样本。

4 模型应用实例

4.1 数据资源

该试验共包括 10 张数据库表，分别为监测点小时水量信息表、监测点日水量信息表、取用水户基本信息表、取用水监测点基本信息表、取用水户与取用水测站关系表、取用水测站与取用水监测点关系表、取用水监测点与行业关系表、取用水监测点与行政层级关系表、异常数据表、取水监测量应用数据表。在各信息表中需要用到的字段主要为监测点代码、监测点名称、整点时间、小时取水量、取用水代码、取用水户名称等。本试验主要对监测点小时取水量进行异常检测，运用孤立森林模型对同一监测点的小时取水量进行异常检测，检测后将异常数据存入异常数据库，非异常数据存入应用数据库。

4.2 处理结果分析

运用孤立森林模型对数据进行异常值检测，以监测点代码为 1001070068 为例，如图 1 所示，本试验对孤立森林算法进行调参和修改，将分数范围调整为 ±0.5 区间内，异常分数是正数为正常数据，异常分数是负数则为异常数据，该监测点日取水量检测到一个异常值，该行的分数 scores 列显示为负数则表示为异常值，并且最后一列异常列标为 -1。

在异常检测系统可视化界面中，图 2 通过设置相关参数包括选择修正范围（按行政区域修正或者按行业修正），选择行政区域，选择开始日期，选择结束日期，自动修正异常（不修正、删除异常、0 值修正、均值修正），选择时间间隔，展示了孤立森林模型检测后的异常数据，包括了取用水户名称、监测点名称、取水量、记录日期、是否异常、数据异常类型、修正值以及操作等按钮。

图 1　孤立森林检测结果

图 2　孤立森林异常数据查看

5　展望

如前文所述，数据异常检测已有较多模型研究与应用，如 ARIMA 模型，其进行检测前需对数据进行预处理，首先对收集好的时间序列数据进行归一化处理，再对模型进行训练，然后对数据进行预测，最后将预测数据与实际数据作差，分析残差序列并判断残差序列中的异常值。相比之下，孤立森林模型更加的简洁快速，无须清洗数据即可进行异常检测，减少了运行时间，大大提高了检测效率。

本文使用的主要检测数据为小时取水量，该数据为一维数据，孤立森林算法在对一维数据进行检测时，实际上是将异常值的筛选问题抽象为数据出现的频次问题，异常值出现频次较低、分布稀疏，因此更容易被区分出来。但这种单一维度的数据处理并没有发挥出孤立森林的最佳特性。若能将数据维度进行扩展，运用孤立森林算法就能实现对数据更立体、更全面的分析。若将取水点其他有效特征与小时取水量进行综合，在此基础上运用孤立森林算法，则可以对小时取水量进行更加全面的分析，数据量更大，孤立森林优势则得到更好的发挥。

孤立森林模型需要对重要参数进行适当的调整，加大对数据的模拟训练，才能提高异常数据诊断正确率。异常的取水数据会影响到取水点的取水调度决策，因此要减小取水出现异常的概率。取水数据出现异常的原因有很多，有些原因的形成是长时间导致的，因此除对易产生异常的数据进行异常检测外，更应定期地对取水设备进行检查，在日常工作中逐步修正和提高数据质量。

本文的取水异常数据检测主要是对已经存在的取水数据进行检测，因此不具备很好的实时性。因此，为了使系统有更好的实时性，接下来可以继续研究，以提升异常检测的实时性。

参考文献

［1］方舒．基于机器学习的水资源异常值分析与检测方法研究［D］．深圳：深圳大学，2020.

［2］Cho H Y, Oh J H, Kim K O, et al. Outlier detection and missing data filling methods for coastal water temperature data［J］. Journal of Coastal Research, 2013, 65（sp2）：1898-1904.

［3］Ayadi A, Ghorbel O, Bensalah M S, et al. Kernelized technique for Outliers Detection to Monitoring Water Pipeline based on WSNs［J］. Computer Networks, 2019, 150（FEB. 26）：179-189.

［4］L Millán-Roures, Epifanio I, V Martínez. Detection of Anomalies in Water Networks by Functional Data Analysis［J］. Mathematical Problems in Engineering, 2018（1）：1-13.

［5］Zohrevand Z, Glasser U, Shahir H Y, et al. Hidden Markov based anomaly detection for water supply systems［C］// 2016 IEEE International Conference on Big Data（Big Data）. IEEE, 2016.

［6］Bakker M, Lapikas T, Tangena B H, et al. Monitoring water supply systems for anomaly detection and response［R］. IWA, 2012.

［7］Symeon E Christodoulou, et al. Waterloss Detection in Water Distribution Networks using Wavelet Change-Point Detection［J］. Water Resources Management, 2017, 31（3）：979-994.

［8］Raciti M, Cucurull J, Nadjm-Tehrani S. Anomaly Detection in Water Management Systems［J］. 2012：98-119.

［9］赵和松，王圆圆，孙爱民．一种基于 ARIMA 模型与 3σ 准则的取水异常检测方法［J］．水利信息化，2022（1）：35-41.

［10］Inoue J, Yamagata Y, Chen Y, et al. Anomaly Detection for a Water Treatment System Using Unsupervised Machine Learning［C］//2017 IEEE International Conference on Data Mining Workshops（ICDMW）. IEEE Computer Society, 2017：1058-1065.

［11］巫朝星．基于孤立森林模型的企业用水异常检测研究［J］．企业科技与发展，2019（11）：61-64.

［12］Hawkins D M. Identification of Outliers［J］. Biometrics, 2018, 37（4）：860.

［13］Chandola V, Banerjee A, Kumar V. Anomaly Detection：A Survey［J］. ACM Computing Surveys, 2009, 41（3）：1-58.

［14］Chandola V, Kumar V. Outlier Detection：A Survey［J］. ACM Computing Surveys, 2007, 41（3）.

［15］Yamanishi K, Takeuchi J I, Williams G, et al. On-Line Unsupervised Outlier Detection Using Finite Mixtures with Discounting Learning Algorithms［J］. Data Mining & Knowledge Discovery, 2000, 8（3）：275-300.

［16］Salvador S, Chan P, Brodie J. Learning States and Rules for Time Series Anomaly Detection［C］//Seventeenth International Florida Artificial Intelligence Research Society Conference. DBLP, 2003.

［17］Augusteijn M F, Folkert B A. Neural network classification and novelty detection［J］. International Journal of Remote Sensing, 2002, 23（14）：2891-2902.

［18］Chalapathy R, Menon A K, Chawla S. Anomaly Detection using One-Class Neural Networks［J］. 2018.

［19］Gupta M, Gao J, Aggarwal C C, et al. Outlier detection for temporal data：A survey［J］. IEEE Transactions on Knowledge and Data Engineering, 2013, 26（9）：2250-2267.

［20］Le N D, Martin R D, Raftery A E. Modeling Flat Stretches, Bursts, and Outliers in Time Series Using Mixture Transition Distribution Models［J］. Journal of the American Statistical Association, 1996, 91（436）：1504-1515.

［21］Ruey S Tsay, Daniel Pena, Alan E Pankratz. Outliers in Multivariate Time Series［J］. Biometrika, 2000, 87（4）：789-804.

水下三维实景数据底板获取关键技术研究与应用

赵薛强 张 永

（中水珠江规划勘测设计有限公司，广东广州 510610）

摘 要：为满足数字孪生工程和智慧水利建设的需求，针对当前水下三维实景数据底板建设的空白，基于 GNSS 技术、水下机器人和水下摄影测量仪等多种设备的集成研究，研究构建了高精度智能化的光学水下三维实景测量系统，并采用多种成熟的声学探测技术对系统获取的成果精度进行验证，验证结果表明本系统获取的三维成果数据满足规范要求，可用于数据孪生工程水下三维基础信息数据底板建设，也可为水下高精度三维场景重构提供支撑。

关键词：数据底板；水下机器人；水下三维实景模型；声学探测；水下定位系统

1 引言

随着智慧水利和数字孪生工程建设工作的不断推进，各大型水利工程管理单位先后开展了建设工程范围内精细数字地形、BIM 数据等的 L3 级数据底板建设工程[1]，为流域数字化场景建设和开展智慧化模拟等智慧水利建设提供了重要的基础数据支撑，但当前 L3 级数据底板数据仅包括覆盖重要水利工程的水利工程 BIM 数据、水利工程设计图及水利工程周边无人倾斜摄影（陆地三维实景模型数据）、水利工程上下游重点水域水下地形等数据，缺乏水利工程水下部分及河床底部等区域高清三维影像数据，无法实现对数字孪生流域和孪生工程关键局部的水上水下全方位实体场景建模；同时，由于受到水流、波浪等水下动力环境的影响，水下建筑物形变也较陆地明显，为保障水利工程主体安全，也迫切需要通过获取水下建筑物高精度三维纹理结构实现数字孪生场景的动态监测水下建筑物。

当前，水下基础地理信息数据底板获取的方式均是采用声学传感器进行采集获取的[2-7]，且是以二维地形图方式和三维点云展示，不能通过获取水下高精度影像直观展现水下高精度的三维纹理结构。为弥补声学传感器在展示水下三维纹理结构方面的不足，近年来，国内外一些专家学者开展了水下摄影测量系统构建和技术研究[8-14]，试图实现与无人机航空摄影测量类似的水下高清摄影测量，但其仅停留在二维影像重构方面，且应用场景受限，不能获取水利工程水下建筑物高精度的纹理结构和构建数字孪生工程所需的水下三维实景模型数据底板。

为构建数字孪生流域和孪生工程建设所需要的水下三维实景模型数据底板，本文基于无人机航空摄影测量技术方法理论，在基于超短基线声学定位系统（USBL）研究构建水陆定位一体化系统的基础上，拟通过集成水下机器人（ROV）搭载高清摄像头、强光照明灯等多源传感器研究构建水下摄影测量系统，实现对水下建筑物 360° 高清的立体成像拍摄，获取水下高精度的三维纹理影像结构，建立数字孪生工程所需的水下三维实景模型数据底板，实现对数字孪生流域和孪生工程关键局部的水下全方位实体场景建模和对水利工程水下构筑物定期、不定期的监测，为保障水下工程主体安全提供技术支撑。

2 方法原理及流程

为实现对水利工程、港口码头工程等的水下建筑物三维场景的真实展现和提升智慧水利和数字孪

作者简介：赵薛强（1986—），男，高级工程师，主要从事测绘与地理信息和智慧水利研究工作。

生工程建设等提供水下高清三维实景模型数据底板获取和建设的能力，通过开展水陆定位一体化关键技术研究，将陆地定位引入水下，构建水下高精度定位技术体系，集成水下机器人、摄影测量设备等，研究构建水下高精度三维摄影测量系统，实现对水利工程水下构筑物高精度的纹理拍摄和三维实景模型获取，并利用多波束测深系统和三维侧扫声呐扫描系统等多种声学技术手段对水下摄影测量系统获取的三维实景模型进行精度评价。关键技术流程见图1。具体实现方法流程如下：

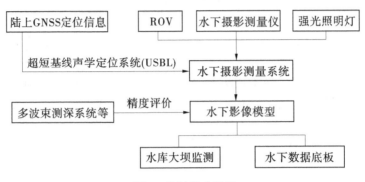

图1 关键技术流程

第一步，水陆一体化定位系统构建。基于超短基线声学定位系统（USBL）开展水陆一体化定位系统构建研究，将陆地 GNSS 定位系统引入水下，实现水下高精度的导航定位。

第二步，水下摄影测量系统的集成。在水陆一体化定位系统构建的基础上，集成水下机器人（ROV）、水下摄影测量仪和强光照明灯，构建水下三维摄影测量系统。

第三步，精度评价。利用声学扫描系统对水下摄影测量系统获取的三维实景模型精度进行定性和定量分析评价。

3 关键技术方法

3.1 水陆一体化定位关键技术

水陆一体化定位系统由母船（或岸站）水下平台和有缆水下机器人（ROV）组成，母船（或岸站）水下平台携带超短基线定位系统的收发器、罗经和运动传感器和 GNSS 定位系统；ROV 上搭载超短基线定位系统的水下信标、BV5000、前视声呐、高清摄像头、深度计等。

超短基线声学定位系统（USBL）采用先进的宽带处理技术，通过高精度的时延估计算法，融合水下信标的距离与方位得到水下信标的相对坐标，再通过罗经与姿态传感器、GNSS 等外接辅助设备转换得到大地绝对坐标。基本工作原理（见图2）如下：

（1）母船（或岸站）水下平台的超短基线声学换能器基阵（伸出艇底1m），通过水面单元控制声学换能器基阵发射问询信号到水中。

（2）水下信标检测到问询信号后，根据设置的转发时延回复应答信号。

（3）水面单元接收处理水下信标的应答信号，确定声学换能器基阵声学中心与水下信标声学中心间的距离和角度关系，从而可以根据母船（或岸站）水下平台的位置信息和无人艇姿态数据（由无人艇端的 GNSS、罗经和姿态传感器提供），最终确定由水下信标所在 ROV 的绝对位置信息。

3.2 水下摄影测量系统集成关键技术

近年来，随着测绘技术的发展和变革，摄影测量技术应用的领域不断拓宽，从空中（无人机低空遥感摄影测量技术）应用拓展到陆地（陆地近景摄影测量系统）应用再到水下（水下照片拍摄）应用，而针对像空中和陆地的摄影测量获取水下三维高清影像的研究鲜有报道，且未有在水下监测领域的应用研究。为实现对水下构筑物高精度的扫测和模型重构，通过 ROV 搭载水下摄影测量仪器和强光照明灯，水下摄影测量仪通过 ROV 供电，采集的数据可通过 ROV 的光纤脐带缆实时传输至水面，即可实现对水下特征物进行全方位三维重建，并可对大区域生成二维地形图，可用于如沉船调

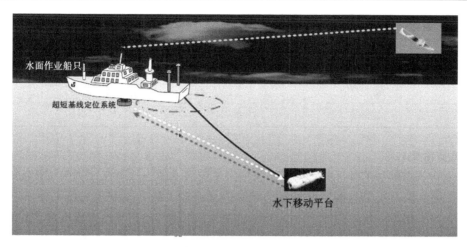

图2 水陆一体化定位工作原理示意图

查、码头桥梁大坝巡检、水下工程调查等多种领域。

3.3 精度评价方法

为分析评价集成构建的水下摄影测量系统获取的水下三维实景数据底板的精度，采用定量分析和定性分析相结合的评价方法对成果精度进行评价。

定量分析方法主要是对水下摄影测量系统获取的三维实景模型的位置（相对位置和绝对位置）、高程等进行定量分析评价。具体实现方法为：通过利用成熟的声学测量系统如多波束测量系统和三维侧扫声呐成像系统等对水下摄影测量系统获取的三维实景模型的绝对位置和高程进行精度评定；通过潜水员潜水的方式对水下构筑物的长度进行丈量，进而与三维实景模型的长度进行比对，来评价模型相对位置的精度。

定性分析方法是通过对水下摄影测量系统获取的水下三维模型的整体效果进行展示分析，并将其与多波束测深系统等其他测量设备获取的点云等成果进行叠加展示，以定性分析评价其成果质量情况。

4 成果应用与评价

为分析研究水下摄影测量系统获取的三维实景模型的精度和效果，选择一处水库堤防护岸区域利用集成的水下摄影测量系统进行摄影测量，并利用多波束测深系统和三维侧扫声呐成图系统开展水底地形地貌全覆盖扫测，并对水下摄影测量系统获取的区域进行精度评价。

4.1 定量分析

4.1.1 高程精度分析

选取了多波束测深系统获取的点云数据和水下摄影测量系统获取的水下三维实景模型重合区域的点云数据进行高程精度分析，统计点云数据12 284点，统计结果列于表1。表1显示，水下摄影测量系统获取的点云成果数据满足《水利水电工程测量规范》（SL 197—2013）的要求[15]。

表1 多波束点云与三维实景模型点云精度统计情况

最大差值/cm	最小差值/cm	中误差/cm
6.2	−7.1	±4.9

4.1.2 绝对定位精度分析

为分析评价本文构建，利用多波束测深系统结合侧扫声呐系统对水底进行扫描提取128个特征物体的二维坐标和三维实景模型的坐标进行比较，精度统计情况列于表2。表2显示，水陆一体化定位系统的精度和水下摄影测量系统获取的三维实景模型成果的精度满足《水利水电工程测量规范》（SL

197—2013）的要求[15]。

表 2 绝对位置精度统计情况

横坐标 X/cm		纵坐标 Y/cm		中误差/cm
最大差值	最小差值	最大差值	最小差值	
8.9	−6.5	7.9	−9.2	±5.4

4.1.3 相对位置精度统计

为统计水下构筑物模型的内部相对精度，采用潜水员潜水的方式对模型中的特征物体如裂缝、砖块长度等进行丈量，将其结果与模型中量取的结果进行比较，两者相差最大值 1.2 cm，考虑潜水员水中量取存在一定的误差，水下摄影测量系统获取的水下构筑物的相对位置精度可达到毫米级别。

4.2 定性分析

为定性分析水下摄影测量系统获取的三维影像模型的效果，制作了多波束点云与水下三维影像无缝融合的模型图，如图 3 所示，从获取的水下影像选取了存在异常的部分区域图像，图 4 为存在裂缝区域的图像。由图 3 可知，多波束点云和水下三维实景模型融合拼接效果很好；由图 4 可知，水下毫米级的裂缝清晰可见，可实现对水库大坝等水下构筑物高精度的监测和三维模型重构。

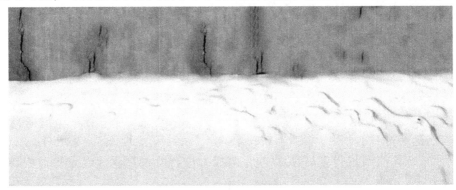

图 3 多波束点云与水下影像拼接效果图

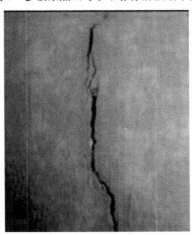

图 4 水下裂缝护岸立面高清图

5 结语

为实现数字孪生工程建设所需的水下三维实景模型数据的获取和水下三维场景的实时再现，本文研究构建了基于水陆一体化高精度定位技术的水下三维摄影测量系统，并开展了相关示范应用，主要工作如下：

（1）基于水陆一体化高精度定位技术的水下三维摄影测量系统水下绝对定位精度在±10 cm以内，高程中误差为±4.9 cm，精度满足《水利水电工程测量规范》（SL 197—2013）的要求，可为水利工程水下构筑物三维实景模型的构建提供技术支撑。

（2）水下三维摄影测量系统可实现水下毫米级的物体清晰可见，相比多波束测深系统、侧扫声呐等厘米级声学设备，不仅监测的物体纹理结构更加清晰可见，其精度也得到了大幅度提升。

本文构建的水下三维摄影测量系统不仅能对水下构筑物高精度的全方位三维模型重构，可为数字孪生工程水下三维模型数据底板建设提供技术支撑，也可用于如沉船调查、码头桥梁大坝巡检、水下工程调查等多种领域。同时，获取的影像成果也可对大区域生成二维地形图，因此本研究成果具有广阔的应用前景。

参考文献

［1］中华人民共和国水利部. "十四五"智慧水利建设规划［R］. 北京：中华人民共和国水利部，2021.

［2］刘森波，丁继胜，冯义楷，等. 便携式多波束系统在消力池冲刷检测中的应用［J］. 人民黄河，2022，44（7）：128-131.

［3］任建福，韦忠扬，张治林，等. EM2040C多波束系统在采砂量监测中的应用［J］. 测绘通报，2021（10）：136-140.

［4］赵俊. 长江干流城市供水取水口水下地形监测分析［J］. 水利水电快报，2021，42（10）：18-21.

［5］陶振杰，朱永帅，成益品，等. 多波束测深系统在沉管隧道基槽回淤监测及边坡稳定性分析中的应用［J］. 中国港湾建设，2021，41（5）：15-18.

［6］赵薛强，王小刚，张永，等. 多波束测深系统在西江九江险段汛前汛后监测分析中的应用［J］. 人民珠江，2016，37（2）：74-77.

［7］朱相丞，彭广东，王子俊，等. 多波束测深技术在护岸工程运行监测中的应用［J］. 水利技术监督，2021（8）：26-29.

［8］邹文财. 摄影测量在珊瑚礁水下调查中的应用研究［D］. 南宁：广西大学，2021.

［9］王振宇，张国胜，包林，等. 利用水下摄影测量技术测量鱼类体长的可行性研究［J］. 大连海洋大学学报，2018，33（2）：251-257.

［10］陈远明，叶家玮，吴家鸣. 水下摄影测量系统的研发与试验验证［J］. 华南理工大学学报（自然科学版），2017，45（4）：132-137.

［11］范亚兵，黄桂平，范亚洲，等. 水下摄影测量技术研究与实践［J］. 测绘科学技术学报，2011，28（4）：266-269.

［12］范亚兵，黄桂平，陈铮. 某天线型面精度水下摄影测量试验研究［J］. 测绘工程，2011，20（5）：67-69.

［13］J. Leatherdale，陈伉. 水下摄影检测海工结构［J］. 港口工程，1984（3）：56-57.

［14］王有年，韩玲，王云. 水下近景摄影测量试验研究［J］. 测绘学报，1988（3）：217-224.

［15］中华人民共和国水利部. 水利水电工程测量规范：SL 197—2013［S］. 北京：中国水利水电出版社，2013.

新疆国控水资源明渠取水户计量监测设施优化浅析

（新疆维吾尔自治区水资源中心，新疆乌鲁木齐　830000）

摘　要：针对新疆明渠水资源的计量工作情况，作者对现场进行查看后，着重分析了已建的计量设施项目存在的问题，提出了技术优化和提升的方案，保障新疆水资源合理、有序、定量使用，促进新疆水资源计量工作精细化发展。

关键词：水生态；计量；设施；优化

1　引言

新疆是一个缺水少雨的地方，年平均降水量为 150 mm 左右。因此，地表水较少，但具有丰富的地下水资源，地下水资源主要是从雪山融化后通过明渠自然流淌而来。新疆的明渠，犹如人体的毛细血管，遍布新疆广袤的大地，浇灌着新疆的土地，为新疆人民的生活和粮食作物提供充沛的水资源。新疆国控水资源项目从 2012 年开始建设，分一期和二期两个阶段实施，目前已全面完成建设任务。该项目的建设，对新疆严格管理水资源、定量合理利用水资源发挥了重要的作用，由过去传统的、粗犷的、定性的管理步入在线监测的、数据可依的和定量的精细化管理，为新疆社会和国民经济发展提供了技术支撑和保障。

新疆国控水资源项目主要是对管道和明渠取水户安装计量设施，获取数据，服务水资源行政许可。因此，计量设施的准确性和完好性起决定性的作用。现项目建设与运行已经近 10 年之久了，计量设施设备已经显得老化，近些年先进的计量设备和技术广泛地应用，在原系统和设备的基础上优化设施设备，对发挥现有设施设备作用十分重要。2021 年 4 月，新疆维吾尔自治区水资源中心组织开展了全区范围内的国控监测点普查，梳理了取水计量设备的使用情况。本文主要就明渠计量设施设备的使用情况进行了优化分析，从而为新疆维吾尔自治区水资源工作提供技术支持。

2　明渠计量设施设备组成及工作原理

经过历年的水利建设，新疆的农用明渠已经建设得十分标准和完善，将原来的土渠改造成水泥混凝土渠，使水资源得到充分的利用，基本实现了节水灌溉的目标。图 1、图 2 是改造前后的明渠。

2.1　计量原理

明渠是一种具有自由表面水流的渠道。根据其形成可分为天然明渠和人工明渠。前者如天然河道，后者如人工输水渠道。新疆的农业用水明渠基本都是人工明渠，且较窄，主要用来农田浇灌。在渠首安装计量设备，可以对取用水户用水进行计量。计量原理根据《水文资料整编规范》（SL/T 247—2020）等，采用水位流量关系法计算出流量及水量。

水位流量关系法是指对渠道的低、中、高三段的水位实测流量数据组，获得必要的样本数据，然后依据 SL/T 247—2020 中的算法要求，得到对应的水位-流量关系曲线，见图 3。

作者简介：古丽孜巴·艾尼（1988—），女，高级工程师，主要从事水资源管理工作。

通信作者：刘婧婧（1988—），女，技术员，主要从事通信计算机和水文仪器监测工作。

·14·

图1　土渠（以前）

图2　标准渠（现在）

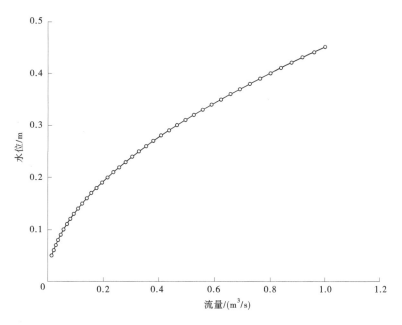

图3　水位-流量关系图

2.2　计量设施设备及组成

计量设施设备主要由雷达水位计、数据传输采集装置（RTU）、供电系统、通信模块等组成，其系统网络拓扑图如图4所示。

2.3　主要设备功能

2.3.1　雷达水位计

雷达水位计是一种地表水水位测量设备，具有高精度、低功耗等特点。该设备采用脉冲相参雷达（PCR）技术，通过优化的信号识别算法实现了毫米级的测量精度，优化的消浪滤波设计，使测量结果更加精确稳定。测量时不受温度梯度、气压、水面水汽、水中污染物及沉淀物的影响，具有良好的稳定性和环境适应性。

2.3.2　数据传输采集装置（RTU）

RTU类似计算机，具有数字量和模拟量输入输出接口，RTU能处理大量的各种类型的传感器信

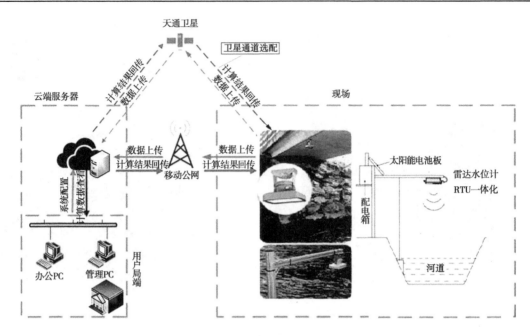

图4 取水计量设施网络拓扑图

号，是一种高可靠性、低功耗的适合野外工作环境的水文数据采集传输设备，可以定时和实时地采集信息参数并进行计算处理和判断，然后将处理的数据按标准格式存储在本地存储芯片内并通过 GPRS 通信模块发送到中心站。同时也可以响应中心站发送的参数招测命令，及时将有关数据返回发送。该设备具有实时数据显示和各参数灵活设置的功能。

2.3.3 GPRS 模块

GPRS 模块是利用移动通信网，插入 GSM 或 CDMA 的 SIM 卡，将采集的数据通过无线技术进行传输。在地面移动信号弱和不稳定的地方，可以采用卫星通信传输数据。

2.3.4 供电系统

负责给前置设备系统供电，通常由交流电变频后供电，考虑到野外的特殊性，另外需配置蓄电池和太阳能板电池作为备用。

2.3.5 Web 平台数据中心及采集软件

平台主要功能是负责处理实时测量数据、统计报表、水位流量关系曲线率定、用户管理、测站管理等。明渠测量数据管理平台见图 5，实时数据列表见图 6。

图5 明渠测量数据管理平台

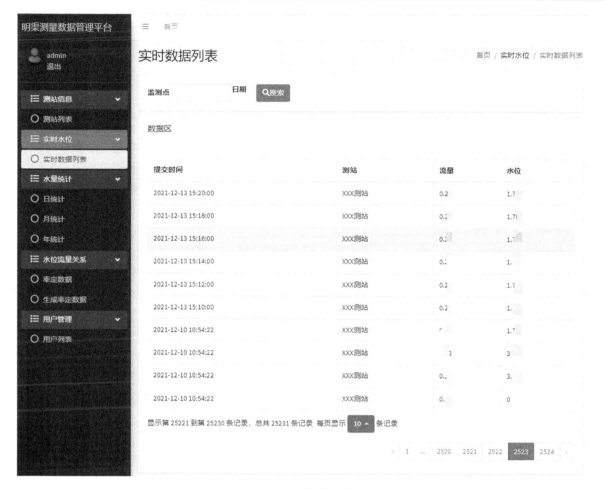

图6　实时数据列表

3　计量设施设备的现状和存在的主要问题

明渠计量设施设备在一、二级渠首均有设置安装，基本控制了取用水的计量，实现了有序、规范、合理、定量的水资源管理。设施设备均在线实时监测，超许可用水情况可以及时发现并得到有效控制，合理分配水资源有据可依，及时按照需求调整，保证了有限水资源的最大化效益的使用，实现了最严格的水资源管理。但设备在应用中也存在一定的问题，总结归纳为以下五个方面。

3.1　水位监测断面选取不合适

水位监测断面设置在渠道的弯道处或闸门口附近，这些断面的水流工况不稳定，影响监测数据的准确性。

3.2　雷达水位计安装不规范

雷达水位计探头位置偏移，不在渠道中央，不能监测到最低水位和最高水位。岸边水尺安装不规范，有的水尺斜列在河道岸边，误差较大。

3.3　水位-流量关系曲线没有及时更新

人工和自动监测水位没有及时校准，水位-流量关系曲线长期不校准，没有将定期实测流量后的水位-流量率定的关系曲线及时更新，导致流量数据不准确，影响取水量计算的准确性。

3.4　计量前置设备与平台中心水量数据不一致

通常是前置流量计的RTU上传水位数据到中心平台，但中心平台显示的水量数据与流量计上的水量不一致，造成取水计量信息不准确。

3.5　数据通信不畅通

新疆地域广阔，有的地方移动信号较弱或有漂移，造成通信信号的不稳定，使数据传输不畅或丢失。

4 计量设施设备的优化和完善

针对上述存在的问题，完善计量设施，确保监测数据的准确，优化设施设备功能，是新疆水资源管理取水计量下一步的重要工作。具体建议从以下五个方面去提升：

（1）监测断面工况的完善和优化。

根据水文监测规范要求和明渠计量设施设备规范要求。水位监测断面应在顺直、流态平稳的地方设置，因此需将在渠道弯道、距闸门口较近的断面调整，移到符合流态平稳要求的地方，并保持监测断面的规整和稳定性，避免渠道底板淤泥的堆积和河道岸边的变形，并应在每年供水前和供水后进行清理和修复，保证监测断面的完好，同时每年在开春供水前应进行断面的复测工作。

（2）雷达水位计的规范化安装。

根据规范要求和设备安装要求，现场应严格选好安装位置，对不符合安装位置和不具备安装条件的工况，要进行断面的改造或调整，雷达水位计应定期校准，探头安装要保持水平，波束要对正渠底中央，确保雷达水位计能测到最低水位和最高水位。当有部分波瓣落在堤防护坡上时，应使用修正软件，确保水位准确。

（3）设备读取水位应定期校准，水位-流量关系曲线要定期率定并及时更新，拟合好准确的水位-流量关系曲线，才能供平台中心软件计算流量和水量。

在水位-流量关系曲线的率定中，计算方法应依据 SL/T 247—2020 中提供的计算公式，通常采用多项式、指数方程、幂函数等计算方法，并考虑工况的其他因素。根据新疆水资源国控项目，可以选择采用以下计算公式：

指数方程

$$Q = CZ_e^n$$

或

$$\ln Q = \ln C + n \ln Z_e$$

式中：Q 为流量，m^3/s；Z_e 为水位与一常数之差，m；C、n 为常数。

多项式方程

$$Q = a_0 + a_1 Z_e + a_2 Z_e^2 + \cdots + a_m Z_e^m$$

式中：a_0，a_1，a_2，$\cdots$，a_m 为系数；其他符号含义同前。

（4）取水计量前置终端设备和中心平台计算软件应一致，保证数据准确性。

前置设备的流量计水量数据和中心平台水量不一致，其原因是前置设备和中心平台项目分别招标，在取水量计算软件上应用计算水量公式不一致，由于其算法有所不同，在相同水位下，计算的流量不一样，因此显示的水量也不一样。解决的办法是统一使用一种软件，保证算法的准确性，确保前置终端流量计显示的水量与中心平台水量数据一致。

（5）数据传输的完整和准确，是保证监测系统准确的重要组成。

当移动网络信号没有和不稳定时，可以在前置设备 GPRS 备份双通信通道，增加卫星通信系统。特别是在新疆，应在数据传输通信建设双通道，最好的备份通道就是卫星通信，目前主要是加装北斗2，随着我国卫星通信事业的发展，数据传输量更大，传输更可靠、更安全、速度更快的北斗3将得到应用。

5 结语

新疆水资源工作是关系到国家战略，是发展和繁荣新疆的一项重要基础性工作。取水计量，用数据来定性合理分配使用水资源，是实现水资源精细化管理的重要手段，国控水资源项目的建设，仅仅是水资源计量工作的开始，运行维护好，用数据做管理的技术支撑，实现全新疆有水用、有水喝，不浪费水资源，节约用水，保障新疆的经济建设的发展。

参考文献

［1］郦息明．地下水位自动监测信息采集应用系统研究［J］．江苏水利，2017（1）：60-63.

取水监测计量异常数据实时诊断与预处理系统研究

高若凡[1]　魏俊彪[2]　张鹏程[1]　雷四华[3]

（1. 河海大学，江苏南京　210029；

2. 广东省水利水电科学研究院，广东广州　510610；

3. 南京水利科学研究院，江苏南京　210029）

摘　要：取水监测计量是取水管理的重要内容，开展异常数据诊断处理分析是提高数据质量的有效手段。强调异常数据诊断处理的实时性、数据应用的可靠性，对取水监测计量数据存储应用模式进行设计；研究了实时诊断处理控制方式，提高了系统处理效率，保障了数据库稳定性；研究了异常数据预处理常用方法，设计并开发了系统主要功能。

关键词：水资源管理；取水监测；异常数据；实时诊断；预处理

1　引言

取水监测是水资源管理的重要内容，在近年实施的国家水资源监控能力建设项目中，完成了近 2 万国控取用水户、4 万余取水监测点建设，实现了对全国河道外许可水量的 80% 以上和全国总用水量的 50% 以上取用水量在线监测。

2020 年 8 月，对部分省（区）取用水监测数据抽检中，监测点日水量数据中异常大的占比 0.020%，为负值的占比 0.024%。虽然极端数据异常率较低，但在取用水统计中造成的影响却不小。目前，在实际应用中对于取用水数据的异常判别主要是通过有限的业务规则和人为设定阈值的方法，异常检测方法效率低，不能及时地检测出异常数据，并且异常类型较为单一，无法给出异常数据的合理参考修正值。另外，取水点所在的不同地区、不同行业及不同时间点的取用水数据变化也无法直观地体现出来。

国内对于水资源监控数据的分析处于起步阶段，学者们针对水资源监测数据的特征，进行了诸多的探索和研究。方海泉等提出采用中位数法与 EEMD 相结合的方法检测异常值，校正后得到的数据能够真实地反映该水厂的取用水情况，可为水资源分析提供更加真实可靠的数据[1]；蒋吉发等采用 Anderson-Darling 检验方法对国家水资源监控能力建设项目取水户水量进行在线监测，分析在线监测数据的正态性分布特征、置信度，由此确认监测数据是否稳定可靠[2]。张峰等提出运用移动平均拟合初筛来直观辨识异常监测数据，选取集合模态分解筛选非可直观辨识异常监测数据，将剔除异常监测值后的时序数据作为基于粒子群优化最小二乘支持向量机模型的模拟样本，恢复所剔除的异常监测数据[3]。

针对实际应用中取用水监测的现实要求，为了提高异常检测效率，辅助水资源管理，提高取用水利用效率，本研究基于多种异常数据检测方法，设计并实现了基于机器学习的取水监测计量异常数据实时诊断与预处理系统。

基金项目：2021 年水利重大关键技术研究项目资助（Y521009）。

作者简介：高若凡（1998—），女，硕士研究生，研究方向为电子信息。

2 处理流程研究

2.1 技术路线框图

本取用水异常检测系统的技术路线主要包括数据库表的设计与应用、模型与界面的设计与开发、检测结果查询与可视化展示的设计与开发三个部分。首先收集相关测站取用水数据并整理入库，得到监测点及取用水户水量信息数据库、属性关系数据库等。对界面及异常检测模型进行搭建，设计界面布局，实现数据编辑、数据修正功能。对模型进行验证并与前端结合，然后从算法形式及参数选择等方面对算法进行优化。可选择不同地域、不同时间的数据，将进行检测后得到的异常数据以可视化的形式展示在前端界面。实现异常数据导入异常数据库，正常数据与修正数据导入应用数据库的功能。最后系统完成集成开发并进行部署。

技术路线框图如图 1 所示。

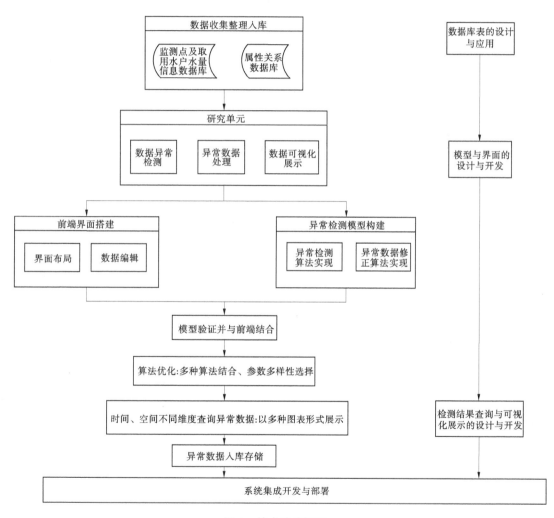

图 1 技术路线框图

2.2 数据存储应用分析

取用水监测计量系统的数据库可以分为实时取水数据库、历史取水数据库、基础信息数据库、异常数据库、应用数据库等。实时取水数据库为实时采集的数据信息；历史取水数据库主要存储历史上的取用水量，日、月、年的水资源信息；基础信息数据库主要存储测站及测点的一些基本信息，异常数据库存储所有诊断为异常数据的取水数据；应用数据库存储正常数据及修正过的异常数据信息。

2.3 数据诊断及预处理

取水监测计量异常数据诊断及预处理系统首先从数据库中读取数据，前端选择某时间段及某取用水单位的数据进行检测，然后选择算法模型，依次检测从原始数据库中取出的满足选择条件的数据，获取待检测数据的数据特征，使用相应的算法模型对训练数据集进行训练、参数求解、模型确定并且检测数据。若检测结果为正常值并且仍有待检测数据，则进行下一个数据的检测；若检测结果为异常值，则标记此异常值并分析异常类型。当所有待检测数据均完成检测后，输出异常值信息并且将异常数据存入异常数据库中。若需要对异常数据进行修正，则根据修正类型进行正常化处理，同时更新数据库内的数据。具体的系统异常数据处理流程图如图 2 所示。

2.4 处理流程设计

（1）异常检测计算模型部署：使用 3-σ 算法、孤立森林算法以及 ARIMA 算法这三种异常检测算法模型对取水点的数据进行异常检测。

（2）异常数据修正：根据修正类型给出取用水异常数据的修正参考值。

异常值修正类型包括：不修正、删除异常、0 值异常、均值异常。选择异常值修正类型，可对异常值进行修正操作。选择修正类型中的值修正 "0"，异常数据的修正值皆修改为 0。选择修正类型中的 "均值修正"，异常数据的修正值皆修改为该异常值连续时间点的平均值。

（3）异常数据、应用数据存储：经过异常检测的异常数据被存储到异常数据库中，包括监测点代码、时间戳、小时水量、特殊区域数据、异常类型、修正值、ARIMA 模型差值等字段。而正常数据及修正后的异常数据被存储到应用数据库中，包括监测点代码、时间戳、小时水量、是否是特殊区域数据等字段。可用于后续的数据分析等。

3 数据库表研究

3.1 异常数据标记方式

对取用水数据出现异常的原因进行分析，针对不同的取用水数据异常情况总结得出以下几种取用水异常数据类型：

（1）数据缺失异常。在非季节性或企业生产周期影响下，产生的数据连续性或间断性缺失监测值。

（2）数据突变异常。突变大：与通常检测数据相比该监测数据变大了很多，增大量达到平均变幅的 3 倍以上。突变小：与通常检测数据相比该监测数据变小了很多，减少量达到平均变幅的 3 倍以上。突变零：该监测数据为零值，而前期检测数据不为零。

（3）持续不变数据。一定时段内多个连续监测数据保持不变，各数据值相同。波动变化数据，一定时段内数据连续波动变化、规律明显，波峰、波谷数据均保持不变。

根据取用水数据异常类型对研究中所使用的取用水数据进行异常标记：EXC_ DATA 字段表示是否是异常数据：0 表示正常数据，1 表示异常数据。EXC_ TYPE 字段表示该取用水数据的异常类型：取值包括数据缺失异常、数据突变异常和持续不变异常。

3.2 数据库表设计

3.2.1 数据库概念模型构造

模型中包含四个实体，实体名称及属性如下：

（1）监测点小时水量信息表。监测点代码、整点时间、小时水量、特殊区域数据、是否异常、时间戳。

（2）取用水户基本信息表。取用水户代码、取用水户全称、取用水户性质、行业类别、监控级别、归属行政层级代码等。

（3）取用水测站基本信息表。测站代码、测站名称、地址、取水类型、投入使用日期等。

（4）取用水监测点基本信息表。监测点代码、监测点名称、监测点地址、监测项目、投入使用

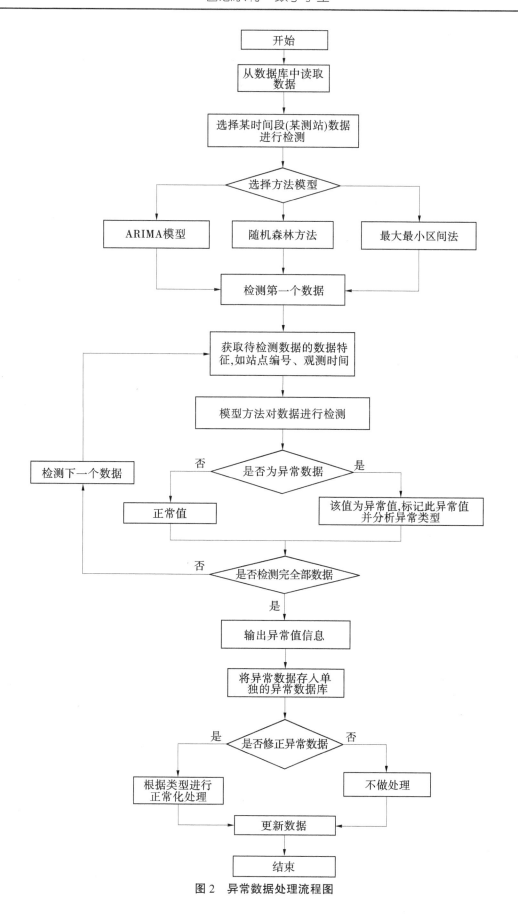

图 2　异常数据处理流程图

日期、日最大取水能力等。

根据以上实体设计的数据库系统 ER 图如图 3 所示。

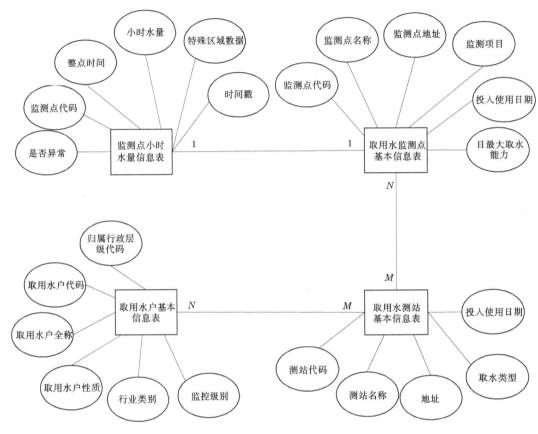

图 3　系统 ER 图

3.2.2　数据库逻辑设计说明

一个取用水监测点可以对应多个取用水测站，而每个取用水测站也能对应于多个取用水监测点，因此取用水监测点和取用水测站的关系为 $N:M$。

一个取用水测站可以对应多个取用水户，而每个取用水户也能对应于多个取用水测站，因此取用水户和取用水测站的关系为 $N:M$。

3.2.3　数据库物理设计说明

取用水户基本信息表和取用水测站基本信息表，需要建立一个联系表（取用水户与取用水测站关系表），将取用水户基本信息表和取用水测站基本信息表的主键分别设为取用水户与取用水测站关系表的外键。

取用水测站基本信息表与取用水监测点基本信息表，需要建立一个联系表（取用水测站与取用水监测点关系表），将取用水测站基本信息表与取用水监测点基本信息表的主键分别设为取用水测站与取用水监测点关系表的外键。

4　系统主要功能

4.1　系统功能组成

系统功能包括数据采集、异常检测、异常数据处理、可视化展示等，分为异常数据检测模块、异常数据处理模块、可视化展示模块及水资源管理业务模块，如图 4 所示。实时的取用水监测数据存储到各地原始的数据库中，在异常数据检测模块判断数据是否异常，并且确定异常类型加以标记。此模块得到的异常数据在异常数据处理模块可以根据类型加以处理修正。在可视化展示模块可以将数据进行前端可视化展示，以多种图表的形式展示异常数据。在水资源管理业务模块，则将正常数据及修正后的异常数据导入到应用数据库中，可以用于数据分析及决策支持。

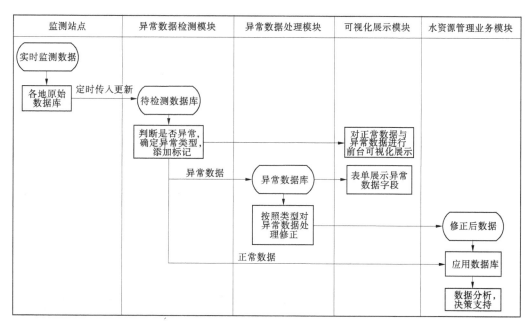

图4 模块设计图

数据异常检测模块基于三类异常检测算法，提供了三种异常检测技术。异常数据处理模块在检测模块中，当检测到异常数据时，对异常数据进行标记及判断异常类型，之后存入异常数据库，处理模块读取异常数据库依据异常类型进行相应处理，用户可以选择自动处理或手动处理或不处理。数据可视化前台展示模块通过数据实时提交，将得到的结果进行图形化展示，包括柱图、线图、线柱图等，对于多维数据，可以实现在同一界面上多个图形的联动展示，使结果具有形象直观、一目了然的效果。

4.2 异常数据诊断

算法的条件参数包括：修正范围（可按行政区域或者行业修正），行政区域，阈值，历史数据开始日期及结束日期，检测数据开始日期及结束日期，连续异常判断个数，自动修正范围（不修正、删除异常、0值修正、均值修正），时间间隔。传入相应的条件参数值，异常诊断算法进行异常数据的诊断，并通过前端页面的表格展示异常数据。

图5为异常数据诊断前端界面图。

4.3 异常数据预处理

取用水数据由传感器和人工收集，两种方法都存在各自的缺点，导致取用水数据收集的过程出现问题数据，如重复的数据、空数据及不符合取用水背景的负数据。因此，需要对收集到的取用数据进行清洗，根据取用水数据相关的背景及现有的取用水数据清洗标准，制订试验中取用水数据的清洗规则，具体规则如下：

（1）清洗取水量小于0的日取水量的值，使用该日前后3 d的平均值代替。

（2）清洗取水量为空或 N/A 的值，使用该日前后3 d的平均值代替。

（3）清洗当天的小时取水量累计值与当天日水量的不符的值，并且用当天的小时取水量累计值作为日取水量数并将该天的取用水数据记为异常数据。

（4）清洗掉小时取水量重复出现超过一定次数（现阶段根据七点控制原则，拟定为连续出现大于或等于7次，之后根据预处理结果优化）。

（5）过滤掉重复出现的取水点信息数据，只保留一条取水点信息记录。

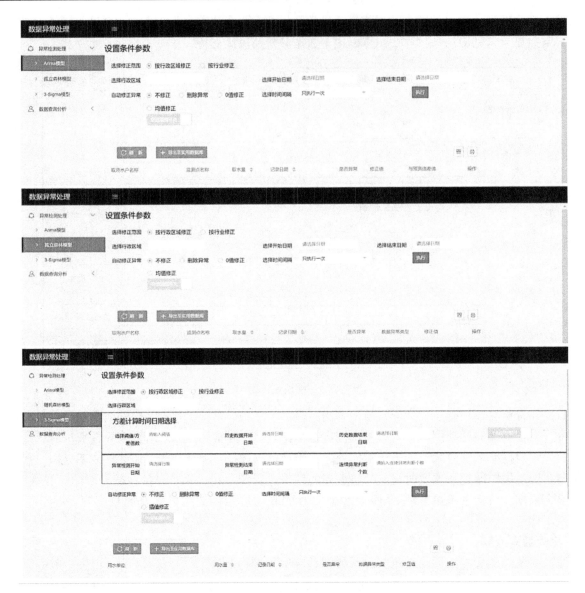

图 5　异常数据诊断前端界面图

（6）过滤掉取水点信息中取水点名称和取水点地址不完善的信息。

（7）过滤掉取水点信息中取水点编号与取用水数据中取水点编号不匹配的数据。

取用水数据经过收集后存储在 MySQL 的数据库中，由于取用水数据的数据量较大，取用水的日期格式不统一，为了便于取用水数据在数据库中查询和检索，因此将取用水数据中的日期格式进行统一化处理。在 MySQL 数据库中，将日取水量数据和小时取水量数据中关于年月日的日期格式进行格式统一化处理，变为 "yyyy/mm/dd" 的日期格式。

为了使 ARIMA 算法模型有更好的效果，将取用水数据进行归一化处理。归一化处理后的数据能够提升模型收敛的速度和模型的精度，缩短模型训练的时间。对日取水量数据进行最小-最大规范化处理，使得经过处理后的日取水量数据分布在区间 [0, 1]。

4.4　检测处理部署

本系统实现自动+手动检测的效果。选择模型后，在相应的界面中设置模型参数，可以选择时间间隔进行自动定时检测设置，执行自动检测，读取数据，连续计算。自动检测流程见图 6。

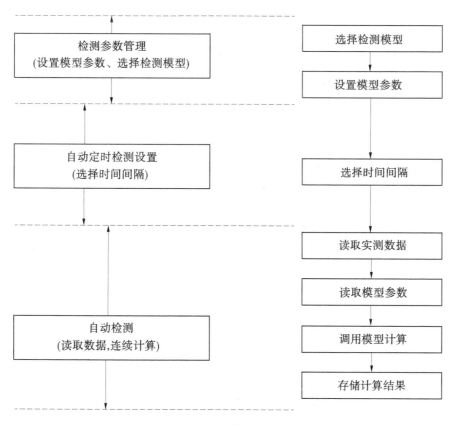

图6 自动检测流程

5 结语

本文基于三种异常数据诊断方法设计了取水监测计量异常数据实时诊断与预处理系统，但研究中仍然还有很多不足的地方需要在未来的工作中加以完善：

（1）本文采用的异常数据检测算法很大程度上与过去已经存在的取用水数据相关，进行实时数据异常检测时会受历史数据的影响，因此接下来就可以对这种影响的具体形式进行研究。

（2）本文的研究基于 ARIMA、孤立森林、3-σ 三种异常检测方法，还有哪些异常检测方法可以更适合应用于本系统，可进行后续的开发和研究。

参考文献

［1］方海泉，薛惠锋，蒋云钟．基于 EEMD 的水资源监测数据异常值检测与校正［J］．农业机械学报，2017（9）：262-268．

［2］蒋吉发，刘飞．A-D检验在取水户水量在线监测数据稳定性分析的应用［J］．水电与抽水蓄能，2015，37（4）：53-55．

［3］张峰，薛惠锋，WANG Wei，等．水资源监测异常数据模态分解－支持向量机重构方法［J］．农业机械学报，2017（11）：316-323．

灌区水资源管理遥感技术应用

陈 亮 何厚军 杨 阳 周昊昊

（黄河水利委员会信息中心，河南郑州 450004）

摘 要： 灌区水、土、农作物等数据缺乏是制约灌区水资源精细化管理的瓶颈之一，利用遥感技术高效、动态地进行灌区监测，可以为灌区水资源精细化管理提供可靠的时空数据支撑。本文针对灌区水资源管理特点和需要，提出了灌区水资源管理遥感监测总体技术路线，详细分析了灌区渠系、耕地、种植结构、土壤墒情和灌溉面积等遥感监测的主要数据源、模型与方法和主要步骤，为遥感技术在灌区水资源科学管理与决策中应用提供参考。

关键词： 灌区；遥感；渠系；耕地；种植结构；土壤墒情；灌溉面积

1 引言

我国是一个农业大国，农业用水始终是用水大户。根据 2021 年统计数据，全国用水总量为 5 920.2 亿 m³，农业用水为 3 644.3 亿 m³，占用水总量的 61.5%[1]。实行最严格的水资源管理制度，以水资源为最大刚性约束，是实现我国水资源可持续利用的必然选择。尤其要加强农业用水管理，推进灌区水资源精细化管理，是缓解日益紧张的工农业供需用水矛盾的有效手段。

灌区水资源管理包括工程管理、用水计划、水量调度与灌溉进度管理、灌溉效果与用水效率评价、组织管理和经营管理等[2]。灌区水资源管理工作需要大量灌区渠系工程、耕地、作物种植结构、农田墒情、灌溉面积、灌溉进度、需水量、灌溉水量、耗水量等水、土、农作物数据支撑。由于灌区工程等资料不清，灌区农作物种植、土壤墒情、灌溉面积等数据精度不够，灌区需水量和实际灌溉情况难以精准掌握，成为制约灌区水资源科学调配与精细化管理的瓶颈之一。传统的调查方式存在着工作效率低、耗时费力、更新周期长等不足。遥感技术可以快速、高效地获取灌区渠系工程、耕地、作物种植结构、农田墒情、灌溉面积等信息，为灌区水资源精细化管理提供可靠的时空数据支撑和科学决策依据[3]。

本文针对灌区水资源管理需要，提出灌区水资源管理遥感监测技术路线，阐述在灌区渠系工程、耕地、种植结构、土壤墒情和灌溉面积等方面的遥感监测应用方法。

2 灌区水资源管理遥感监测技术路线

在分析灌区水资源管理特点和需求的基础上，收集灌区相关基础资料和监测数据，选取合适的遥感影像数据源进行影像采集和处理，结合野外查勘等采集现场数据，通过建立样本、构建特征指数和分类模型、信息提取等环节，解译获取灌区渠系、耕地、种植结构、土壤墒情、灌溉面积等信息，对解译成果进行汇编与分析，为灌区水资源管理应用提供支撑，技术流程如图1所示。

基金项目： 黄委信息中心创新团队基金（HWXXZXCX-01）。

作者简介： 陈亮（1983—），男，高级工程师，主要从事水利遥感技术应用工作。

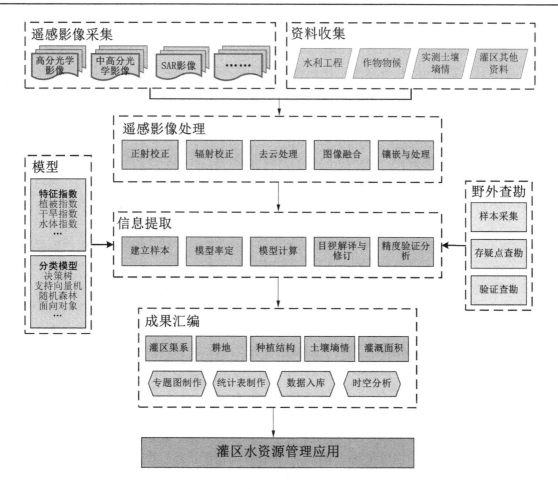

图 1　灌区水资源管理遥感监测技术路线

3　灌区水资源管理遥感监测应用

3.1　灌区渠系调查

灌区渠系分为干渠、支渠、斗渠、农渠、毛渠多种类型，干渠从河流、湖泊、水库等引水水源地引水，再由次级渠系层层引入，最后通过末端渠系流入各个田块内。由于不同层级渠系规模不同，不同空间分辨率的影像对不同层级渠系的识别能力存在差异，中高分辨率遥感影像可以识别干渠，米级或亚米级高分辨率可以识别其他渠系。对灌区渠系分布全面调查，需要选取米级或亚米级高分辨率遥感影像。

利用收集的渠系基础资料，初步分析渠系遥感影像特征和大致分布，建立解译标志，对不同层级的渠系、引水闸门等采用人工目视解译勾画初步解译成果，解译时尤其需要注意与道路的区分。通过现场查勘与调查，对初步解译成果进行修订，确定渠系类型、渠道长度、宽度、衬砌情况等主要属性信息，建立灌区渠系空间数据库，为灌区水资源管理提供工程基础数据。

3.2　灌区耕地与种植结构遥感监测

灌区是农业用水的主要用水户，灌区耕地面积与农业用水量密切相关，准确获取灌区耕地信息，及时发现新增、减少等耕地面积与分布变化，对于落实最严格水资源管理制度具有重要意义。大范围灌区耕地遥感监测适宜选取 10~30 m 中高分辨率卫星遥感影像为数据源，局部精细化耕地监测适宜选取米级或亚米级高分辨率卫星遥感影像为数据源。

灌区作物种植结构是灌区用水精细化管理的基础数据，获取灌区各种作物面积和分布信息，可为优化灌区种植结构、合理编制灌区用水计划和优化水资源配置提供科学支撑。灌区作物种植结构提取常采用单一时相高分辨率遥感影像或多时相遥感影像。单一时相高分辨率遥感影像容易识别地块边界，但是大范围监测时，作物种类较多，单一时相遥感影像常常无法准确获取各类作物最佳识别期，导致提取效果不佳[4]。利用多时相遥感影像构建时序遥感数据，可以反映不同时期作物的物候变化特征，克服单一时相遥感影像作物提取存在同物异谱、同谱异物的现象[5-6]，根据作物物候规律选取不同作物的关键物候期影像进行作物类型区分是关键。一些学者采用单一时相高分辨率遥感影像和多时相中高分辨率遥感影像进行灌区作物种植结构提取[7]，取得了较好的提取效果。

灌区耕地与种植结构遥感监测常采用人工目视解译、监督分类或两者结合的方法。人工目视解译主要依靠遥感专家的经验进行分析与推理，主观性大且费时费力。常用的监督分类方法包括神经网络法、决策树分类法、支持向量机法、随机森林法、面向对象分类法等[3,8]，多种分类方法结合也比较常见[9-10]。

灌区耕地与种植结构提取通过建立耕地或典型农作物样本，选择适合的分类器进行模型参数率定与精度验证，提取耕地与种植结构类型、面积与分布信息。

3.3 灌区土壤墒情遥感监测

土壤水分监测是土壤墒情监测的主要内容，对灌区农田水分管理、作物旱情分析和水资源调配具有重要意义。中高分辨率卫星遥感影像数据源日益丰富，为田间尺度高精度土壤墒情遥感监测提供数据保障，主要数据源包括 MODIS、HJ、Landsat 系列、Sentinel－2、GF 系列等光学遥感影像，Sentinel-1、Radarsat 系列、GF-3 等 SAR 遥感影像。遥感影像数据源选取需综合考虑监测范围、监测作物生长期（裸土覆盖、植被覆盖）、监测模型等多种因素。

土壤墒情监测常用的干旱监测指数包括归一化植被指数、距平植被指数、植被状况指数、增强植被指数、垂直干旱指数、修正的垂直干旱指数、半干旱区水分指数、表观热惯量、温度状况指数、植被健康指数、植被供水指数、温度植被干旱指数、条件植被温度指数、作物缺水指数、微波干旱指数等[11]。灌区田块为裸土或作物播种初期，适宜采用垂直干旱指数、表观热惯量法、微波干旱指数等方法；作物生长期田块植被覆盖较好时，适宜采用植被指数类或温度植被指数类干旱指数方法。

灌区土壤墒情遥感监测通过选取合适的遥感影像和干旱监测指数并进行指数计算；结合地面土壤墒情观测数据进行模型率定与精度验证，反演灌区农田土壤水分；根据土壤墒情监测规范进行土壤墒情分级评价与制图。

3.4 灌区灌溉面积遥感监测

灌溉面积监测是灌区水资源管理的重要环节，灌溉区域的分布与面积可以为灌区用水管理、水量控制和水资源配置等工作提供数据支撑。根据灌溉时农田植被特征，灌区灌溉可分为两种类型：一种为作物收割后或播种前的灌溉，如冬灌、春灌等，遥感影像表现为裸土特征；另一种为作物生长期的灌溉，遥感影像表现为有明显的植被特征。灌溉面积遥感监测数据源与墒情监测可采用相同的数据源。灌溉面积遥感监测根据田块灌溉前后干旱监测指数变化进行监测，灌区田块无植被覆盖时也可直接利用水体指数变化进行监测。

灌溉面积遥感监测通过选取合适的监测指数并进行指数计算，结合灌区灌溉前后典型地块特征建立样本，采用多期影像阈值分割法或者监督分类法进行分灌次灌溉面积信息提取，根据各灌次灌溉面积汇总获取灌区年度灌溉面积。

4 结论与展望

灌区水资源管理遥感技术应用涉及多项监测内容，遥感技术可以为灌区水资源精细化管理提供多种水、土、农作物数据支撑，提升灌区水资源管理水平。但是灌区受气候、土壤、种植制度、灌溉制度、作物类型等因素影响，用水资源管理存在较大差异，针对不同遥感数据源和模型应用适应性进行系统试验与比对分析，建立多模型协同的遥感监测方法是下一步需要重点深入开展研究的方向之一。

参考文献

［1］中华人民共和国水利部. 2021 年中国水资源公报［R］. 北京：中华人民共和国水利部，2022.

［2］易珍言，赵红莉，蒋云钟，等. 遥感技术在河套灌区灌溉管理中的应用研究［J］. 南水北调与水利科技，2014，12（5）：166-169.

［3］王啸天，路京选. 遥感技术在灌区现代化管理中的应用研究进展［J］. 中国水利水电科学研究院学报，2016，14（1）：42-47.

［4］KASTENS J H，EGBRT S L. Investigating collection 4 versus collection 5 MODIS 250m NDVI time-series data for crop separability in Kansas，USA［J］. International Journal of Remote Sensing，2016，37（2）：341-355.

［5］程良晓，江涛，谈明洪，等. 基于 NDVI 时间序列影像的张掖市农作物种植结构提取［J］. 地理信息世界，2016，23（4）：37-44.

［6］田鑫，何海，金双彦，等. 基于遥感影像的张掖灌区作物种植结构提取研究［J］. 中国农村水利水电，2022（8）：206-217.

［7］王碧晴，韩文泉，许驰. 基于图像分割和 NDVI 时间序列曲线分类模型的冬小麦种植区域识别与提取［J］. 国土资源遥感，2020，32（2）：219-225.

［8］单治彬，孔金玲，张永庭，等. 面向对象的特色农作物种植遥感调查方法研究［J］. 地球信息科学学报，2018，20（10）：1509-1519.

［9］边增淦，王文，江渊. 黑河流域中游地区作物种植结构的遥感提取［J］. 地球信息科学学报，2019，21（10）：1629-1641.

［10］杜保佳，张晶，王宗明，等. 应用 Sentinel-2A NDVI 时间序列和面向对象决策树方法的农作物分类［J］. 地球信息科学学报，2019，21（5）：740-751.

［11］陈亮，姚保顺，何厚军，等. 基于 HJ-1B 数据的作物根系土壤水分遥感监测［J］. 华北水利水电大学学报（自然科学版），2016，37（3）：27-31.

水利部政务内网综合办公系统设计与应用

张阿哲[1] 杨 非[1] 温朝阳[2]

(1. 水利部信息中心，北京 100053；
2. 北京新瑞理想软件股份有限公司，北京 100089)

摘 要：随着水利信息化及软硬件的发展，水利部机关对系统的建设方式也发生了重大变化，迫切需要打通水利部、各流域管理机构和直属单位之间的通信，实现网上公文办理、审批、签章、归档等日常办公，实现OA、档案、信访等系统统一身份认证、机构、人员、权限、菜单、日志统一管理，对水利部、各流域机构和直属单位业务数据独立存储便于数据后期维护。水利部党组提出了"需求牵引、应用至上、数字赋能、提升能力"的智慧水利建设要求。本文按照大系统设计、分系统建设、模块化链接的系统思路，首先分析了办公系统的现状、建设必要性和存在问题，然后结合日常办公的基本需求，提出了水利部政务内网综合办公系统的建设目标，最后进行了总结展望。

关键词：智慧水利；水利信息化；综合办公；OA；办公系统；办公自动化

1 引言

1.1 办公系统现状

水利部、各流域机构和水电水利规划设计总院各有自己的办公系统，各系统局限内部使用，水利部、各流域机构和水电水利规划设计总院之间系统无法通信[1]，各系统都是单独管理。

1.2 存在的问题

（1）界面设计不规范，各应用系统界面设计不统一、不规范，各系统界面风格差异较大。

（2）用户数据不统一，各系统互相割裂，各自管理各自的用户数据，数据分散成孤岛，存在用户数据不一致的问题。

（3）系统老旧不好用，各应用系统建设时间较长，应用框架老旧，性能提升难，改造难度大，难适配新的基础支撑平台[2]。尤其是OA系统、督办系统、档案系统、交换系统、信访系统各有自己的管理平台，冗余烦琐，各有一套机构、人员信息，如果信息传达响应不及时会出现各平台机构和用户不统一，用户体验差。

（4）系统框架落后、系统界面死板、各浏览器之间兼容和系统控件加载失败问题。

2 需求分析

2.1 基本需求

构建水利部机关和7个流域管理机构统一的一体化办公平台，支持个性化界面定制。实现统一的应用支撑平台、统一用户管理、统一认证、分级分权限管理[3]，为综合办公系统及其他应用系统提供身份认证、用户授权和信任体系等基础支撑服务。

系统涉及收发文的公文流转、审签、签章、公文归档、数据查询统计、公开数据的公开审核、邮件收发、系统栏目信息发布等业务，满足日常办公需求，如图1所示。

2.2 总体架构设计

水利政务内网综合办公系统基于基础支撑平台建设，形成用户数据、权限数据、待办数据、资源

作者简介：张阿哲（1979—），女，会计师，主要从事水利信息技术应用管理研究工作。

图 1 综合办公系统原型界面图

数据、审计数据、日志数据的统一管理。将各子系统整合成内网综合办公平台的功能模块，形成规范统一、数据打通、业务闭环的一套系统。各子模块利用新框架建设，保留原有功能、完善新需求，从根本上解决功能性能问题[4]。系统总体框架如图 2 所示。

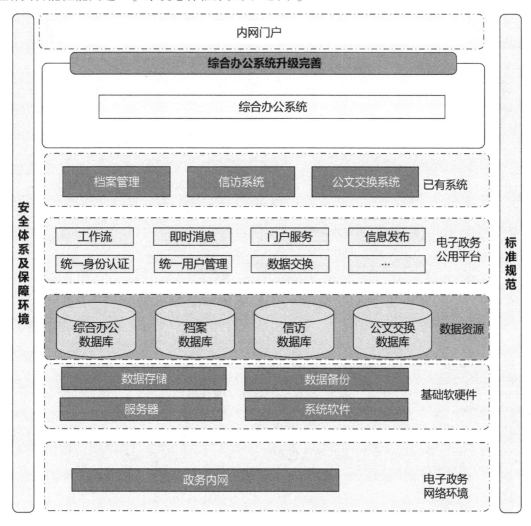

图 2 综合办公系统总体架构

3 系统设计

系统针对水利部、各流域管理机构用户需求，采用 B/S 模式、图形化/可视化设计工具（表单、页面和流程）和系统管理功能（用户、权限、菜单等）、丰富应用构件、设计模板复用等方式、支持分级应用、分级管理、开箱即用，实现敏捷开发和随需应变。一套通用应用、数据独立存储的模式，避免重复建设的同时，保持各单位数据的独立性[5]。其中，操作系统为麒麟操作系统，应用采用东方通 TongWeb 中间件，数据库采用达梦数据库。按照水利应用支撑平台的规范进行 8 个业务子系统的接入，实现统一用户、统一权限、统一审计、统一资源、统一流程。

统一用户：用户服务和管理功能通过应用支撑平台提供。按照接入规范调用用户、组织等，实现应用集成与单点登录。系统管理员可进行分级权限管理，为其他单位设置分级管理员，如图 3 所示。

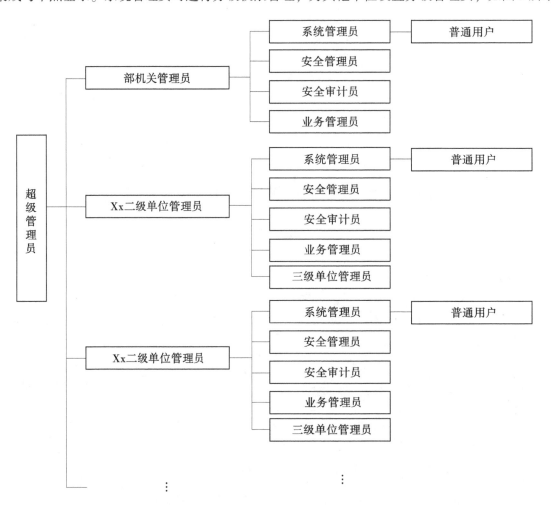

图 3　综合办公系统用户管理图

统一权限：角色授权由应用支撑平台统一管理，应用注册后，由平台初始化综合办公系统的"三员"管理员，由综合办公系统推送其他角色到平台。

统一审计：按照应用支撑平台统一审计日志集成规范采集存储综合办公系统的审计日志，然后由平台统一获取。

统一资源：综合办公系统对外提供的微服务需要统一注册到应用支撑平台，并通过申请、审核环节，统一由服务网关对外提供服务[6]。

统一流程：8 个业务子系统调用统一流程引擎。

3.1 协同性

提供对行政办文、办事、办会业务工作的全面覆盖，实现电子化办理和协同工作，根据业务需求进行定制开发，总体业务流程如图4所示。

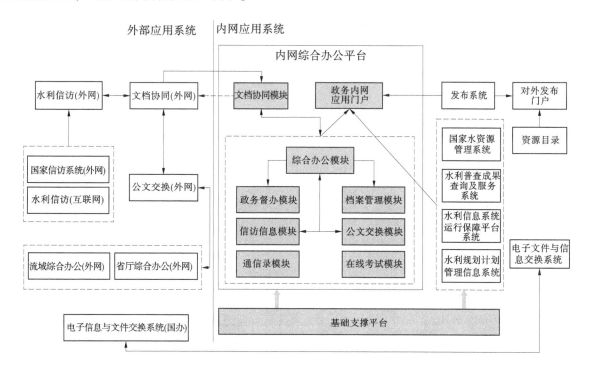

图4 综合办公系统总体业务流程

3.2 功能性

结合系统开发经验和办公业务特点，抽象和形成丰富的办公应用构件，包括：公文代字、文号，主题词，标题上下标，电子印章定位，附件在线编辑与权限控制[7]，正文规范性自动处理，文种管理，规范化主送用语管理，图形化流程监控，图形化流程干预，规范化主送单位管理，常用意见，授权办理等。

3.3 规范性

在公文标题、正文格式方面，提供多项自动处理与控制功能，保证电子公文符合《国家行政机关公文格式规范》要求，包括公文标题、主题词、正文样式、版迹自动沉底。

3.4 集成性

采用开放架构设计，具有强大的集成性，可以与LDAP、CA、电子印章系统、档案系统、即时消息系统、电子邮件系统、短信系统等无缝集成[8]。

采用先进的技术框架开发，并通过上百个办公自动化系统项目实践，证明具有优越的稳定性、可靠性、高效性。

3.5 安全性

提供用户身份验证、用户权限控制、安全日志审计等功能，符合国家信息系统安全等级保护要求，以及系统管理员、安全审计员、应用管理员的"三权分立"要求。

存储部分，做到定义数据与用户应用数据完全分离，保证数据安全。

还支持与数字证书系统、电子印章系统集成，提高系统安全性。

4 系统应用

4.1 特点

4.1.1 集成统一

系统集中部署在水利部机关，系统管理员管理部机关办公应用，各流域管理机构的系统管理员管理本流域的办公应用，大大减轻部机关的系统运维工作。各流域管理机构提出新功能或功能需调整时，只需征求本单位用户的意见，系统功能随之调整，满足流域管理机构个性化定制应用和需求，如图5所示。

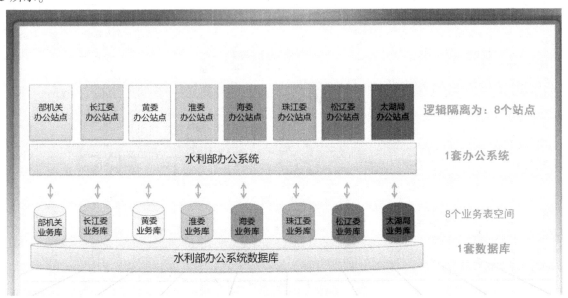

图 5 综合办公系统业务部署

4.1.2 功能全面

综合办公系统将公文办理、日常办公、值班管理、会议管理、流程审批等管理工作纳入其中，实现管理业务全面覆盖在线运行[8]。各单位可作为独立用户建立各自专属服务系统，按需定制业务功能，满足业务协同和数据共享需求。同时，支持对正文、附件的全文检索功能，包括建立索引、权限过滤、高级检索、关键字检索、关联查询等。

4.1.3 流程自动

综合办公系统将各类发文、收文、会议纪要、签报、日常请假、出差等工作全流程线上流转，根据用户职位、管理权限和业务流程，实现待办事项自动提醒、管理事项适时自动提醒，实现起草、审批、签章、归档的全线上流转。

4.2 难点

4.2.1 环境改造

系统使用的服务器、中间件、数据库、终端及相关软件全部更新，对办公系统产生了大量的适配工作和系统的调优工作。

4.2.2 数据分离

要求一个系统9个单位业务数据单独存储，并且要求数据、权限、机构、人员等统一管理。

4.2.3 时间紧任务重

短时间内完成水利部和7个流域管理机构的系统建设、部署、测试、试运行并且上线正式运行，确保系统运行正常，对系统建设单位、人员开发能力、业务调研和系统设计都有很大的挑战性。

5　结论与展望

改造后的综合办公系统在一套应用的基础上，实现了多个单位多种风格的融合使用，实现了对43项不同业务模块的分类分权限访问控制，通过该系统进一步提升了机关日常管理，规范了工作流程，加强了内部沟通协作，提高了办公效率，一定程度上也降低了资源的消耗。同时，系统对业务信息进行统一标识，实现各种业务数据的交互、查询、汇总、分析、跟踪，为今后办公系统数字化、网络化、智能化奠定了基础[8]。

参考文献

[1] 高亚萍. 办公 OA 系统现状及移动化应用的实现探讨 [J]. 科技风, 2021 (9)：102-103.

[2] 崔克静. 化工企业 OA 的部署与实施 [C]//第十五届中国（天津）IT、网络、信息技术、电子、仪器仪表创新学术会议. 2021：307-311.

[3] 蔡阳. 智慧水利建设现状分析与发展思考 [J]. 水利信息化, 2018 (4)：1-6.

[4] 黄芬根, 雷桂莲, 余建华. 公共气象服务集约化业务研究与平台设计 [J]. 气象与减灾研究, 2020 (1)：73-79.

[5] 杨非, 钱峰. 水利部门户网站页面设计与应用 [J]. 水利信息化, 2019 (1)：60-64.

[6] 杨非, 杨柳, 姚葳. 互联网+水利政务服务平台研究与应用 [C]//中国水利学会 2018 学术年会论文集. 北京：中国水利水电出版社, 2018：365-372.

[7] 付静, 杨非. 智慧水利公共服务研究 [J]. 水利信息化, 2020 (1)：15-20.

[8] 杨非, 夏博. 水利部政务外网综合办公系统设计与应用 [C]//中国水利学会 2021 年学术年会论文集, 郑州：黄河水利出版社, 2021 (4)：270-278.

知识图谱在智慧水利工程中的构建与应用

侯征军[1]　张兆波[1]　覃家皓[1]　江志琴[2]

(1. 广东粤海珠三角供水有限公司，广东广州　511458；
2. 东华软件股份公司，北京　100190)

摘　要：水利工程是我国国民经济和社会发展的重要基础工程，信息技术的快速发展为水利工程的建设管理和安全运行提供了支撑和助力。基于水利部党组智慧水利建设要求，本文研究知识图谱的基本信息及典型应用、常见框架、构建方法等，并以珠江三角洲水资源配置工程的信息化建设为例，分析与研究珠江三角洲水资源配置工程信息化建设的知识图谱架构、实际工程对象之间的关系，初步构建了该工程知识图谱，并进行知识图谱的推理与展示，对水利工程知识图谱建设与推广应用具有十分重要的现实意义

关键词：水利工程；智慧水利；数字孪生；知识图谱

1　引言

水利工程是我国国民经济和社会发展的重要基础工程，长期以来，水利工程在防洪、排涝、防灾、减灾等方面对国民经济的发展做出了重大的贡献，同时在工业生产、农业灌溉、居民生活、生态环境等生产经营管理中发挥了巨大的作用。水利工程既是安全工程，又是民生工程、发展工程；既利当下，又惠长远。

信息技术的快速发展为水利工程的建设管理和安全运行提供了支撑和助力，在习近平总书记"节水优先、空间均衡、系统治理、两手发力"治水思路的引领下，水利部印发了《关于大力推进智慧水利建设的指导意见》《智慧水利建设顶层设计》《"十四五"智慧水利建设规划》系列文件，提出将智慧水利建设作为推动新阶段水利高质量发展的六大实施路径之一以及新阶段水利高质量发展最显著的标志之一[1]。《"十四五"智慧水利建设规划》建设任务主要依据《智慧水利建设顶层设计》的总体框架、建设布局的目标要求、建设安排等进行确定，主要包括建设数字孪生流域、构建"2+N"水利智能业务应用体系、强化水利网络安全体系和优化智慧水利保障体系等四个方面的建设任务。其中，数字孪生流域包括数字孪生平台和完善水利信息基础设施，数字孪生平台包括数据底板、模型平台和知识平台。知识平台是智慧水利的"智能"支撑，包括预报调度方案、业务规则、历史场景、专家经验、水利知识引擎，以及重要的组成部分——水利知识图谱[2]。

珠江三角洲水资源配置工程（简称珠三角工程）是国务院批准的 172 项节水供水重大水利工程之一，该工程以"打造新时代生态智慧水利工程"为建设目标，利用云、大、物、移、智、数字孪生等新一代信息技术，建设数字化场景，实现智慧化模拟，支撑精准化决策，构建数字孪生水利工程，为水利工程高质量发展夯实智慧基础。

早在工程规划设计初期，珠三角工程的建设单位提前布局，要求设计单位、施工单位、设备供应商等参建单位均须提供工程构件、机电设备等相关 BIM 模型，这些 BIM 模型既是珠三角水利工程的数据资源，也是智慧水利工程 L3 级数据底板的基础核心，可以结合水利工程知识图谱，利用图谱分析和展示水利工程与业务的整体知识架构，描述真实世界中的工程沿线布局和机电设备、受水区域、

作者简介：侯征军（1981—），男，高级工程师，主要从事智慧工程和项目管理工作。

影响范围等实体、概念及其关系，实现水利业务知识融合。本文从珠三角工程知识库的规划设计与应用出发，通过分析水利知识图谱的建设要求，提出一种水利工程知识图谱的构建方法；并在此基础上实现基于推理规则的知识推理，用来进一步挖掘隐藏在水利工程知识图谱中的知识，最后将上述技术应用于珠三角工程信息化建设（简称珠三角智慧水利工程）平台，实现水利工程知识的智能检索与推荐，赋能数字孪生工程基础建设。

2 智慧水利对知识图谱的建设要求

针对智慧水利的建设，在数字孪生平台方面，要求利用机器学习等技术感知水利对象和认知水利规律，为数字孪生流域提供智能内核，支撑事件正向智能推理和反向溯因分析，满足数据分析、专业模型、机器视觉、学习算法等不同应用场景需求，支撑新一代水利业务应用的创新，主要包括水利知识、水利知识引擎，如图1所示。

根据智慧水利的建设要求，水利知识的建设任务由预报调度方案库、知识图谱库、业务规则库、历史场景模式库、专家经验库等构成，其中知识图谱库是利用图谱分析和展示水

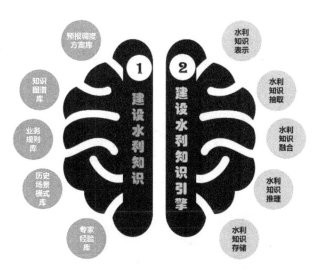

图1　智慧水利数字孪生平台建设要求

利数据与业务的整体知识架构，描述真实世界中的江河水系、水利工程和人类活动等实体、概念及其关系，实现与水利业务知识融合。通过对水利行业相关知识进行结构化分类，构建与业主单位职能、具体工作、主题场景强关联的知识，便于水利知识的快速检索和定位。水利知识引擎用来完成水利知识的表示、抽取、融合、推理、存储等功能。

3 珠三角工程知识图谱

3.1 珠三角工程知识图谱架构

通过对知识图谱的分析与研究，结合水利部智慧水利要求，参照珠三角智慧水利工程实际建设情况，规划珠三角工程知识图谱架构，主要包含数据存储层、业务逻辑层、知识支撑层、业务应用层，如图2所示。在数据存储层，采集实体对象信息，通过推理规则，形成知识图谱数据，存储在图数据库中，一般采用RDF4j作为图数据库软件。业务逻辑层主要针对各类相关实体，构建概念层和实例层，完成数据包装，制定推理规则，实现知识检索与调度。知识支撑层，主要利用水利对象数据，通过Protégé工具构建知识图谱，管理规则。知识检索包括图谱检索（显性知识检索）和推理检索（隐性知识检索）两种方法。在业务应用层，知识图谱为智慧应用赋能，服务方式主要包括知识检索、知识问答、知识图谱展示等，为工程调度、运维、应急、辅助决策等提供工程知识库服务。

3.2 珠三角工程对象关系分析

以珠三角工程现有泵站、大坝、水库为例研究水利工程知识图谱的数据库相关设计。按照"实体1—关系—实体2"的模式，设计对象名录表、对象基础信息表和对象关系表等三类表。映射到本工程中，分别如下：

（1）泵站类。包含泵站基本信息表、泵站名录表、泵站与大坝关系表；通过泵站代码，实现泵站基本信息与名录表之间的关联，关联泵站与大坝信息。

（2）大坝类。包含大坝基本信息表、大坝名录表、泵站与大坝关系表、大坝与水库关系表；通过大坝代码，实现大坝基本信息与名录表之间的关联，关联泵站与大坝、大坝与水库信息。

（3）水库类。包含水库基本信息表、水库名录表、大坝与水库关系表；通过水库代码，实现水

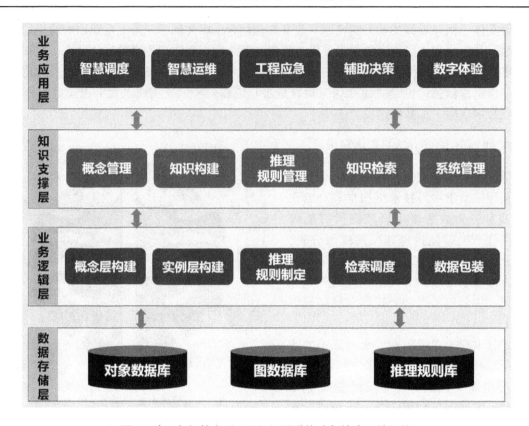

图 2 珠三角智慧水利工程知识图谱构建与检索系统架构

库基本信息与名录表之间的关联，关联水库与大坝信息。

具体数据库信息如图 3 所示。

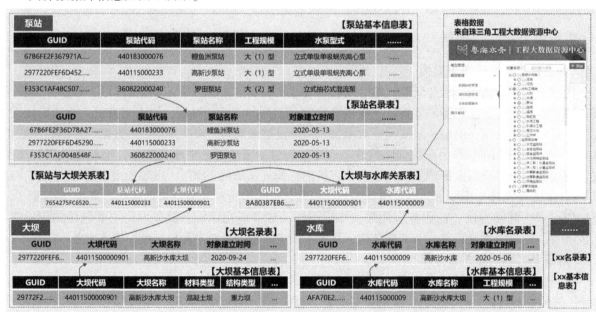

图 3 珠三角工程对象数据库片段

3.3 珠三角工程知识图谱构建

珠三角工程知识图谱采用自上向下的构建方法，依次构建概念层和实例层，如图 4 所示。

3.3.1 构建概念层

第一步：构建概念节点，参照《水利对象分类与编码总则》，结合珠三角工程对象数据，确定概念节点，如隧洞、泵站、大坝、水库、供水区域等。

第二步：构建属性边和数据类型节点，抽取概念节点对象基础信息表中的字段和类型作为概念节点的属性边和数据类型节点；如水库基本信息表中的总库容作为属性边，对应属性值类型节点就是总库容的字段类型，即 Float。

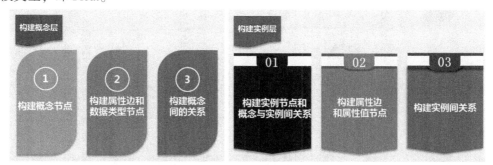

图 4　珠三角智慧水利工程知识图谱的概念层和实例层（设计）

第三步：构建概念之间的关系，构建概念关系二分图，通过二分图映射确定概念节点之间的关系。构建二分图时，利用数据库中抽取到的关系模式，获得对象名录表和对象关系表之间的关系；将名录表和关系表映射为图中的节点，将概念节点也视为图中的节点，用概念节点替换相应的对象名录节点，得到概念关系二分图；利用二分图映射算法，将二分图映射到概念节点集合的图中，即可得到概念节点间关系，从而完成概念层的构建。珠三角智慧水利工程泵站、大坝、水库关系二分图映射如图 5 所示。

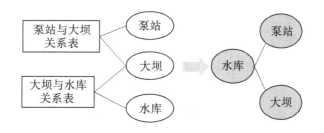

图 5　珠三角智慧水利工程泵站、大坝、水库关系二分图映射

3.3.2　构建实例层

第一步：构建实例节点和概念与实例关系，根据概念层中概念节点对应的对象名录表，抽取水利对象名称，构建相应的实例节点。如泵站对应的实例节点是鲤鱼洲泵站、高新沙泵站、罗田泵站等；同时，添加实例概念间的关系，如高新沙泵站和概念层中"泵站"的关系。

第二步：构建属性边和属性值节点，根据概念层属性边和数据类型节点，从对象基础信息表中抽取属性边相同的字段作为实例节点的属性边，抽取对应的数据值作为属性值。如泵站基本信息表中抽取"工程规模"字段作为高新沙泵站的属性边，抽取对应的字段值"大（1）型"作为高新沙泵站的属性值节点。

第三步：构建实例间关系，根据对象关系表构建实例关系，并根据概念层的节点关系，确定实例间关系。如在概念层，泵站属于大坝；在实例层，高新沙泵站（此处指泵站机电设备）属于高新沙大坝。根据上述构建概念层和实例层的方法，以珠三角的隧洞、泵站、大坝、水库、供水区域等为基础对象构建概念层和实例层，具体如图 6 所示。

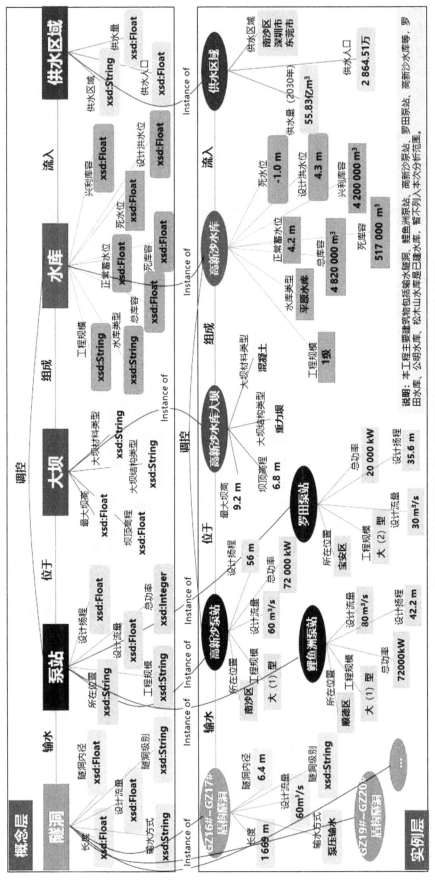

图6 珠三角智慧水利工程知识图谱概念层和实例层的实例化（应用）

3.4 珠三角工程知识图谱推理

知识推理的目的是基于已有的数据和信息,推理得到新的事实[7];根据推理规则进行知识推理,挖掘隐藏在水利工程对象知识图谱中的水利知识。珠三角工程知识图谱推理主要分以下三个过程。

3.4.1 定义推理规则

在已有的水利工程对象知识图谱的基础上,结合水利领域知识,定义推理规则。如在图7中,泵站与大坝是位于的关系,大坝是水库的一个组成,泵站与水库并无直接关系,但是结合领域知识可以知道,泵站是调控水库水位流量的,因此通过水库得到对应的泵站关系——调控。

3.4.2 实例化推理规则

通过推理规则实例化,应用推理规则获得高新沙水库的调控泵站时,利用图谱对规则提取的事实进行匹配,得到具体的泵站实例,即高新沙泵站。

3.4.3 概念替换实例

再将水库概念替换为具体的水库实例,重述上面的步骤,即可得到具体的泵站事实,也就是高新沙水库的调控泵站是高新沙泵站。

推理规则	解 释
(隧洞[之间],拥有,泵站),(泵站,位于,大坝),水利行业知识(隧洞具有输送水资源的能力)→(隧洞,输水,泵站)	水通过隧洞向泵站输送
(泵站,位于,大坝),(大坝,组成,水库),水利行业知识(泵站调控水库水位流量)→(泵站,调控,水库)	泵站以水量调控方式控制水库水位、流量
列举一个好理解的例子(桥梁,位于,河段),(河段,属于,河流)→(桥梁,横跨,河流)	桥梁横跨该桥梁所在河段所属的河流

图7 珠三角智慧水利工程知识图谱推理规则

3.5 珠三角工程知识图谱展示

知识图谱需要通过可视化工具进行展示,选择知识图谱可视化工具时,应充分考虑工具是否能够制作知识图谱(最基本),是否便于展示动态数据项之间的关联、开源,是否能够满足工业大数据的需求,最好是基于 Python 语言或者基于 JS 等,目前常见的知识图谱可视化工具主要有:Tableau、R-ggplot2、Echarts、igraph、networkx、neo4j、tigergraph、Cayley、BDP、DATEfocus、Antv G6、FineReport、d3js、cytoscape. js。常用的知识图谱展示主要有 Echarts(实现对知识检索结果的图形可视化,利用对象间的关联关系,实现了信息检索与推荐)和 API 接口两种方式(见图8),目前知识图谱有许多开放的 API 接口,为知识图谱可视化提供了极大便利。

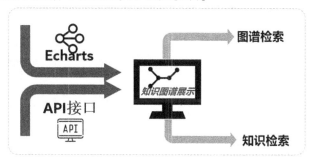

图8 知识图谱可视化

通过 Echarts 数据可视化实现对水利工程知识检索结果的图形可视化,使用知识图谱检索方式利用对象间的关联关系表,实现了信息检索与推荐。例如查询"高新沙泵站"时,得到高新沙泵站上游的盾构隧洞信息,得到高新沙泵站与高新沙大坝和水库之间的关系,其可视化结果如图9(a)所示。使用推理检索方法时,既利用了工程对象之间的关联关系,还利用了知识推理方法,利用隐藏在水利工程知识图谱中的知识，实现了数据检索的智能化。例如在查询"罗田泵站所属水库"时，利用水利工程对象之间的关联关系获得与罗田泵站相关的实例，同时也可以利用推理规则推理得到罗田泵站属于罗田水库，提供全面准确的信息，其可视化结果如图9（b）所示。

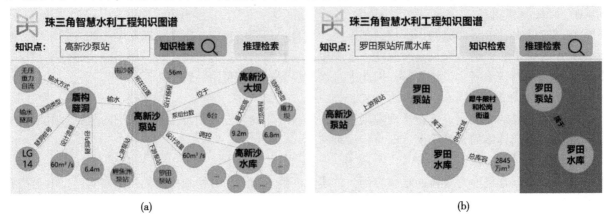

图9　珠三角智慧水利工程知识图谱展示（知识检索结果与推理检索结果）

4　结语

构建工程知识图谱在智慧水利工程领域还处于起步阶段，本文以水利工程对象数据为基础，提出了水利工程知识图谱的构建方法，初步研究了基于推理规则的知识推理，并将此技术应用于珠三角智慧水利工程知识图谱构建与检索，尝试性构建了水利工程知识图谱，基本实现了工程相关数据的智能推理与检索，为探索智慧水利工程知识图谱建设、积极推进智慧水利建设提供了基本思路与研究经验。

参考文献

[1] 蔡阳，成建国，曾焱，等.加快构建具有"四预"功能的智慧水利体系[J].中国水利，2021（20）：4.

[2] 曾焱，程益联，江志琴，等."十四五"智慧水利建设规划关键问题思考[J].水利信息化，2022（1）：5.

[3] AMIT S. Introducing the Knowledge Gaph［EB/OL］.（2012-05-01）［2019-03-15］. http：//googleblog. blogspot. pt/2012/05/intaducing-knowledge-graph-things-not. html.

[4] 漆桂林，高恒，吴天星.知识图谱研究进展[J].情报工程，2017，3（1）：4-25.

[5] HIAON B，CLARK P，HAJISHIRZI H. Learning knowledge graphs for question answeang through conversationci dialog［C］// Proceedings of the 2015 Conference of the North American Chapter of the Association for Computationci Linguistics：Human Language Technologies. 2015：851-861.

[6] 王良黉.面向碳交易领域的知识图谱构建方法[J].计算机与现代化，2018（8）：114-119.

[7] 官赛萍，靳小龙，贾岩涛，等.面向知识图谱的知识推理研究进展[J].软件学报，2018，29（10）：74-102.

珠江流域实时监测雨量数据融合方法应用研究

卢康明　付宇鹏

（水利部珠江水利委员会水文局，广东广州　510610）

摘　要：为切实做好防范流域暴雨洪水灾害工作的技术支撑，本文分析了2022年珠江流域性较大洪水期间短期暴雨预报的不确定性，提出一种适用于珠江流域洪水预报的实时监测雨量数据融合方法，完善流域监测雨量的错报识别与实时校正功能，提出应用于洪水预报预警工作的具体措施。

关键词：数据融合；雨量校正；洪水预报

1　问题提出

2022年6月珠江发生流域性较大洪水，北江出现特大洪水，多个站点出现超历史纪录洪峰水位，防汛形势一度十分严峻。珠江水利委员会（简称珠江委）密切跟踪流域降雨变化，结合"预报、预警、预演、预案"（简称"四预"）手段，滚动分析研判洪水发展态势，成功实施流域水库群防洪联合调度，避免了北江特大洪水与西江洪水在粤港澳大湾区遭遇。

造成珠江流域暴雨的天气系统一般有切变线、锋面、槽、热带气旋等[1]，具有移动性特点。受技术条件限制，气象部门的数值预报降雨落区和量级仍不可避免地出现偏差[2]，流域日常洪水作业预报亦会不断随天气形势变化而滚动更新。因此，无论是短期预报降雨的准确性还是流域实时监测雨量的可靠性，对防范流域暴雨洪水灾害工作都尤其重要。

本文分析2022年6月珠江流域性较大洪水期间短期暴雨预报的不确定性，探讨一种适用于珠江流域洪水预报的监测雨量数据融合方法，完善流域监测雨量的错报识别与实时校正功能，为进一步提高流域洪水预报水平、持续推进珠江委"四预"能力建设奠定良好基础。

2　预报降雨不确定性分析

珠江委水文部门在开展2022年珠江流域性较大洪水预报的过程中，主要应用了两种气象数值预报降雨模式，分别是中国气象局SCMOC模式（简称"中国模式"）和欧洲中期天气预报中心ECTHIN模式（简称"欧洲模式"）。造成此次流域性较大洪水的暴雨落区主要分布在柳江、桂江和北江，以上述地区为典型区域，分析1~3 d预见期典型区域的降雨量预报情况。

2.1　降雨总量

2022年6月中上旬，珠江流域的柳江、桂江、北江区域均出现三次明显的降雨过程，降雨时段主要集中在6月1—7日、8—14日、15—21日，柳江、桂江、北江累积面平均降雨量分别达419 mm、603 mm、682 mm。从各典型区域降雨过程总量预测来看，柳江、桂江区域两种模式1~3 d预见期的预报降雨总体偏多，幅度在17%~78%，其中柳江区域两种模式预报降雨总量误差随预见期增加而增加，桂江区域中国模式误差随预见期增加变化不大、欧洲模式误差随预见期增加而增加，北江区域两种模式误差随预见期增加而减少。1~3 d预见期典型区域的预报降雨过程总量统计见表1。

基金项目：水利部重大科技项目（SKR-2022038）。

作者简介：卢康明（1984—），男，高级工程师，珠江水情预报中心预报科科长，主要从事水文情报预报工作。

表1 1~3 d 预见期典型区域的预报降雨总量统计

区域名称	实况降雨/mm	1 d 预见期相对误差/%		2 d 预见期相对误差/%		3 d 预见期相对误差/%	
		中国模式	欧洲模式	中国模式	欧洲模式	中国模式	欧洲模式
柳江	419	35	28	70	67	78	74
桂江	603	26	−2	24	17	21	24
北江	682	16	−12	−8	−11	0	0

2.2 降雨过程

统计典型区域降雨过程的逐日平均降雨量相对误差可知,各典型区域的短期日雨量预报仍有较大不确定性。例如,柳江区域降雨过程预报平均误差在 36%~91%,并出现偏少 27%、偏多 424% 的最大相对误差;桂江区域降雨过程预报平均误差在 52%~82%,并出现偏少 74%、偏多 450% 的最大相对误差;北江区域降雨过程预报平均误差在 28%~64%,并出现偏少 −92%、偏多 333% 的最大相对误差。1~3 d 预见期典型区域的降雨过程日雨量预报误差统计见表 2。

表2 1~3 d 预见期典型区域的降雨过程日雨量预报误差统计　　　　　　　　　　%

区域名称	相对误差	1 d 预见期		2 d 预见期		3 d 预见期	
		中国模式	欧洲模式	中国模式	欧洲模式	中国模式	欧洲模式
柳江	上限	253	229	424	294	306	247
	下限	−27	−14	−9	−9	22	−9
	绝对平均	54	36	83	76	81	91
桂江	上限	225	250	338	425	288	450
	下限	−42	−66	−74	−59	−71	−64
	绝对平均	64	52	82	73	82	77
北江	上限	106	78	183	83	333	156
	下限	−62	−72	−71	−69	−92	−83
	绝对平均	45	28	54	37	64	49

3 实时监测雨量数据融合方法

在短期预报降雨仍有较大不确定性的情况下,密切关注流域实况降雨变化,及时根据落地雨滚动开展洪水预报预警,在流域防汛工作中十分重要。通过研究珠江流域实时监测雨量数据融合方法,实现流域雨量站点实测降雨量转化为洪水预报模型输入所需的面雨量过程,降低雨量站缺报、错报等报汛问题对流域洪水作业预报的影响。

3.1 建立雨量站网融合关系

根据珠江流域雨量站网建设情况和报汛情况,经初步分析,筛选出分布相对均匀的流域报汛雨量站点建立融合关系,即雨量站在平面上的位置拓扑关系。较为常用且适应不规则站点位置的平面网格是三角网。在区域内根据离散点可以构建出很多种三角网,其中 Delaunay 三角网具有很好的分割形态,并且这种划分是唯一的。

构建 Delaunay 三角网主要使用它的空圆性质,即内部任一三角形的外接圆内不包含除其三个顶点之外的第四点[3]。例如,在网格加入新点的过程,可以用图 1 示意,加入新点后,一些三角形的空圆性质被破坏[见图 1(a)],去除这些三角形,会形成一个空腔[见图 1(b)],依次将新点与相邻顶点连接,形成新的三角网 [见图 1(c)]。

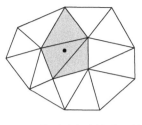 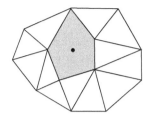 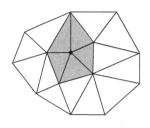

(a)找到受新点影响区域　　　　(b)形成空腔　　　　(c)重建三角形

图1　Delaunay 三角网的构建过程

3.2　识别单站错报雨量

单个雨量站点出现错报雨量，一般为极大值或极小值。就是从雨量站网的拓扑关系上看，用雨量站与相邻站的报汛雨量值依次做比较，如果雨量站的数值最大，则称其为极大值；如果雨量站的数值最小，则称其为极小值。极大值和极小值若显著超过其相邻站雨量的规定阈值，则将极大值和极小值识别为错报雨量。

识别错报雨量站的过程其实是一个迭代过程。因为当一个极大值或者极小值被修改后，空间雨量状态发生变化，会影响其他极大值或者极小值的识别。因此，在识别单站错报雨量时，需要用最新的空间雨量状态来迭代"识别—修正—再识别—再修正"的过程。

3.3　处理缺报时段降雨

珠江流域范围广，雨量监测站数量较多，难免会存在部分因仪器设备问题而缺报的雨量站。尤其在流域暴雨洪水发展过程中，气象条件可能比较恶劣，也会出现测站数据传输中断、监测设施损毁等情况。因此，缺报时段降雨的处理也十分必要。

每个雨量站都存在平面空间的固定维度内，按方位来区分方向，常见的有东北偏北、东北偏东、东南偏东、东南偏南、西南偏南、西南偏西、西北偏西和西北偏北8个方向。从缺报雨量插值应用来看，8个方向上其他雨量站的时段降雨量都可以作为插值要素，插值权重可用最小距离倒数平方的方法来计算得到[4]。缺报时段降雨插值示意见图2。

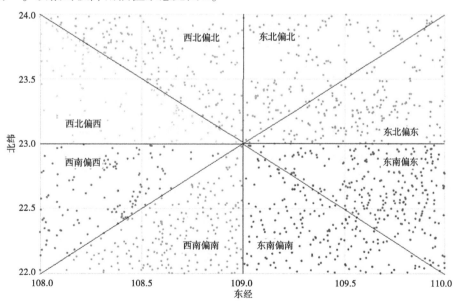

图2　缺报时段降雨插值示意

3.4　统一监测与预报网格

在开展流域水库群联合调度时，一般要求洪水作业预报要考虑预见期的预报降雨，延长洪水预见期，为调度预留更多的时间富余度[5]。考虑到将来需要引进分布式等多种洪水预报模型，在研究实时监测雨量数据融合时有必要统一网格。

珠江委接入的气象机构数值预报网格点是矩形规则网格，但是不同气象机构的矩形网格也不一致。流域报汛的雨量站受设站条件影响，一般是平面上的不规则布设。从模型应用的角度，比较合适的推荐处理方式是统一的矩形网格，从珠江洪水预报方案体系的建设实践来看，矩形网格的大小为 5~10 km 时，融合处理的效率较高，并且满足全流域和重要区域实时降雨监视的需要。

4 洪水预报应用分析

洪水预报是流域防汛"四预"工作的基础。高效、准确是洪水预报工作一贯的目标。实时监测雨量数据融合方法可以充分利用流域布设的水文雨量站网，依托计算机数据分析处理优势，结合水情信息化发展趋势，从模型实况雨量输入、模式预报降雨调整、更新作业预报提醒、智能洪水集合预报等方面开展洪水预报预警应用分析。

4.1 模型实况雨量输入

本文实时监测雨量数据融合方法研究的初衷是为了洪水预报模型能够获得更准确的实况降雨输入。现有集总式洪水预报模型输入的要求是面雨量过程，经典的面雨量过程计算方法是通过构建雨量站泰森多边形计算面雨量权重，用方案区域内的雨量站单点降雨量加权得到。若集总式洪水预报模型单方案的区间面积足够小，则对于预报时间前后的输入降雨空间分布要求不高，但在方案使用的雨量站有数据缺报时，会对洪水预报有较大影响。分布式洪水预报模型则要求较准确地输入降雨空间分布，要求规则网格点雨量过程。

珠江流域实时监测雨量数据融合方法统筹考虑这两种类型的洪水预报模型降雨输入需求。通过雨量数据融合处理可提供洪水预报模型方案范围内的网格点雨量过程，也可处理为方案区域的面雨量过程。通过实时计算存入数据库，减少了目前每次洪水作业预报时重复计算面雨量的工作，提高洪水作业预报效率。

4.2 模式预报降雨调整

前文介绍，造成珠江流域暴雨过程的天气系统具有移动性特点。从空间大尺度看，流域暴雨中心一般位于全国主雨带的南端，摆动幅度较大。模式预报降雨常常出现较明显偏差，一次降雨过程可以看到偏差具有系统性。因此，利用实时监测雨量数据融合方法，在统一监测与预报网格的基础上，可以分析出前期预报雨区的位置偏离程度和雨量偏差程度，对未来短期模式预报降雨落区进行整体性的调整。

根据模式预报降雨，若未来一周有较大降雨过程，水文部门一般都会连续开展洪水滚动作业预报。以往以预报员长期作业预报经验为主，对模式预报降雨进行概念性的缩放得到洪水预报过程。若能采用上述方法给出科学的定性分析处理，直接利用调整后的模式预报降雨开展洪水作业预报，更有利于修正预报的连续性和后期洪水复盘工作的开展。

4.3 更新作业预报提醒

现状的预报降雨与实况降雨仍不可避免地存在一定偏差，即使日雨量量值上总体接近，但在时程分配上，还是可能会出现以下两种情形：一种是前少后多，如 20 时值班员发现实际监控 8 时以来累积降雨比 8—20 时的预报降雨量少很多，可能会造成洪峰出现时间推后；另一种是前多后少，白天实际累积降雨已经达到了预报日雨量，则预报洪峰可能会偏小。这两种情况都需要及时更新洪水预报。

珠江流域初步搭建的河系预报方案作业断面较多，若全部都用人工比较实况降雨和预报降雨的时程分配偏差，效率极低，很可能会错过更新洪水预报的最佳时机。因此，通过实时监测雨量数据融合方法实现计算机跟踪比较，提醒值班员有针对性地开展更新作业预报，及时发布洪水滚动预报结果，为流域"四预"提供更高效的技术支持。

4.4 智能洪水集合预报

以实时监测雨量数据融合方法为基础，可以开展洪水预报方案范围的多模式预报降雨精度评价，优选各方案的最佳模式预报降雨，从目前常规开展的"模式预报降雨—洪水作业预报"的单向应用，扩展到"前期预报分析—优选预报降雨—洪水作业预报"的双向反馈式应用，从利用单一模式预报降雨给出单一洪水预报成果的洪水集合预报，发展至利用多模式预报降雨推荐洪水集合预报综合成果。

充分利用计算机快速统计的优势，获取不同模式预报降雨在各个断面洪水预报方案的预报误差。选取合适的标准，智能化地实时动态构建流域主要河流河系洪水集合预报方案，为争分夺秒的流域洪水作业预报过程提供更加科学的分析成果，有效降低预见期降雨不确定性和预报员经验不足对洪水量级预判的影响，进一步提升流域洪水预报的能力和水平。

5 结论

本文分析 2022 年 6 月珠江流域性较大洪水期间暴雨中心柳江、桂江、北江区域的预报降雨情况，无论是降雨总量还是降雨过程的日分配，模式预报降雨仍然有较大不确定性。为提高流域洪水预报准确率，探讨一种适用于珠江流域洪水预报的监测雨量数据融合方法，实现流域雨量站点实测降雨量转化为洪水预报模型输入所需要的面雨量过程，降低雨量站缺报、错报等报汛问题对流域洪水作业预报的影响。最后从模型实况雨量输入、模式预报降雨调整、更新作业预报提醒、智能洪水集合预报等方面展开实时监测雨量数据融合方法的应用分析，可以有效地降低预见期降雨不确定性和预报员经验不足影响，为珠江委"四预"平台建设提供更客观、高效、可靠的洪水预报成果。

参考文献

[1] 姚章民，杜勇，张丽娜. 珠江流域暴雨天气系统与暴雨洪水特征分析 [J]. 水文，2015，35（2）：85-89.

[2] 韦青，代刊，林建，等. 2016—2018 年全国智能网格降水及温度预报检验评估 [J]. 气象，2020，46（10）：1272-1285.

[3] 武晓波，王世新，肖春生. Delaunay 三角网的生成算法研究 [J]. 测绘学报，1999，28（1）：28-35.

[4] 李慧晴，叶爱中. 基于地形加权的降水空间插值方法研究 [J]. 武汉大学学报（工学版），2021，54（1）：28-37.

[5] 张文明，徐爽. 珠江流域统一调度管理及 2017 年调度实践回顾 [J]. 中国防汛抗旱，2018，28（4）：23-26.

三角投影法在智慧水文提档建设关键技术的应用

方　立[1]　李宇浩[2]

(1. 河南黄河水文勘测规划设计院有限公司，河南郑州　450004；
2. 黄河水利委员会河南水文水资源局，河南郑州　450004)

摘　要：水文站是水文信息采集的基本单元，是水文监测系统建设的重要组成部分，承担着为防汛减灾提供及时有效水情信息的重任。水文缆道是水文监测设施的重要组成部分，也是水文站提档建设的重要组成部分，我国目前有一半的流量测验断面选择其作为主要测验方式，河岸两侧的缆道钢架是水文缆道的重要组成部分，缆道运行中因局部环境或者外力破坏引起钢塔的横向和纵向倾斜是引起倒塔的重要因素，确定钢塔倾斜数据对水文缆道的运行稳定具有重要意义。

关键词：智慧水文；三角投影；水文缆道；技术应用

1　三角投影法与传统测量比较

随着我国经济的发展，站在中华民族伟大复兴的战略高度，对黄河保护治理一系列重大决策部署中水文工作是基础，搞水利现代化，必须把水文搞起来。从要提升水文能力现代化水平，最主要的是对全流域水量、水质等水文要素系统、完整地进行监测预报预警服务，而水文缆道测验便是其中重要的一项。

面对进入新发展阶段、贯彻新发展理念、构建新发展格局的要求，结合黄河水文工作实际，选取具有代表性的黄河水利委员会小浪底水文站为例，研究更高效水文缆道测量方法，来提升水文测站的综合建设。

传统的水文缆道钢塔倾斜度测量方法步骤烦琐，测量用时长，测量效率低，而全站仪三角投影测量可以快速、高效、直观地呈现水文缆道钢塔倾斜度的测量信息。2021年汛后和2022年汛前，小浪底水文站对新建水文缆道用全站仪三角投影方法进行了钢塔倾斜度测量。全站仪三角投影测量法测量钢塔倾斜度1人即可完成，测量完成后可直接在CAD软件中量取倾斜距离，不受地形限制，具有劳动强度低、效率高等优点，可直观地呈现水文缆道钢塔倾斜度的测量信息，便于水文站人员及时发现水文缆道出现问题，提前采取措施，减少人民群众的生命和财产损失。

2　传统钢塔倾斜度测量方法

2.1　设置钢塔架中心点

在钢塔四角用细绳对角拉紧，在细绳对角处打桩标记 A，如图1所示。

2.2　设置仪器测量点

在钢塔中心点处对准标记架设全站仪，再用细绳找出钢塔任意一面的中点，然后全站仪对准这点后向钢塔外延伸到观测方便处打桩标记 B、C，最后将全站仪放置此点，如图2所示。

作者简介：方立（1979—），男，高级工程师，主要从事水利工程及水文与水资源方面的工作。

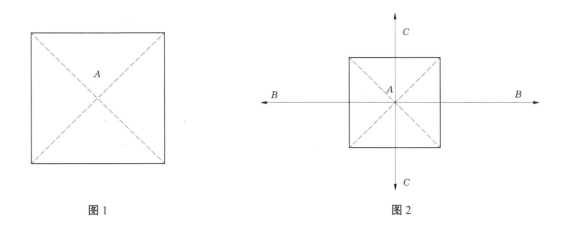

图1   图2

2.3 进行测量

测量出仪器到钢塔中心点的平距，照准钢塔顶部中心读取垂直角 Y，将全站仪向下再照准钢塔底部标记，用全站仪照准点与钢塔底部中心偏离的水平角 X，如图3所示。

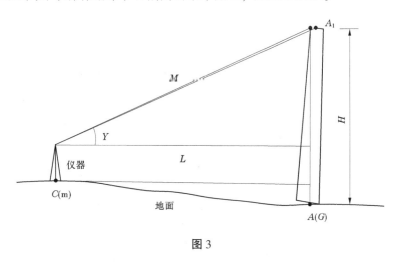

图3

2.4 倾斜度计算

$$M = L / \cos Y$$

$$N = M \times \tan X$$

$$倾斜度 = (N_1^2 + N_2^2)^{1/2} / H$$

式中：L 为仪器到钢架中心点距离，m；Y 为竖直角；N 为钢塔倾斜距离，m；X 为水平角；M 为计算仪器至钢塔顶部距离，m；H 为钢塔高度，m。

钢塔测量结果见表1。

表1　钢塔测量结果

测量时间 （年-月-日）	钢塔 名称	左右岸	方向	中心点 距离 L /m	竖直角 Y	至钢塔顶部 距离 M/m	水平角 X	倾斜距离 N/m	钢塔高度 H/m	钢塔倾 斜度/%
2021-04-14	吊箱 钢塔	左	向下游	86.22	22°28′14″	93.30	00°00′08″	0.004	40	1.38
			向河心	35.67	47°56′55″	53.25	00°03′34″	0.055		
		右	向下游	87.01	24°21′26″	95.51	00°00′45″	0.021	40	1.00
			背河心	135.86	16°05′51″	141.40	00°00′49″	0.034		

续表 1

测量时间 （年-月-日）	钢塔 名称	左右岸	方向	中心点 距离 L /m	竖直角 Y	至钢塔顶部 距离 M/m	水平角 X	倾斜距离 N/m	钢塔高度 H/m	钢塔倾 斜度/%
2021-04-14	吊船 钢架	左	向下游	58.82	23°29′26″	64.14	00°01′10″	0.022	25	1.00
			向河心	34.35	36°36′49″	42.79	00°01′03″	0.012		
		右	向下游	58.79	23°26′41″	64.08	00°00′17″	0.005	25	2.89
			背河心	95.82	14°44′05″	99.08	00°02′30″	0.072		
钢塔倾斜度计算：		$(N_1^2+N_2^2)^{1/2}/H$				$M=L/\cos Y$			$N=M\times\tan X$	

3 全站仪三角投影测量钢塔倾斜度方法

3.1 方法原理

利用免棱镜全站仪无协作目标测量功能，采集钢塔上、下层监测点坐标数据；并通过 AutoCAD 软件三角投影获取架顶、架底平面几何图形中心，根据两中心偏移量和钢塔的高度计算钢塔倾斜度。该方法实施过程简单，观测效率更高，全站仪三角投影测量钢塔倾斜度方法原理见图 4。

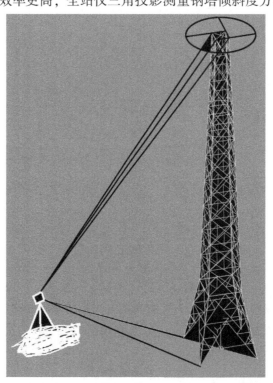

图 4 全站仪三角投影测量钢塔倾斜度方法原理图

3.2 测量步骤

（1）在钢架背河侧呈对角方向的 2 个塔基的延伸线上，选择位置开阔、全站仪能够观测到架顶的三个顶角点和架底的三个底角点的位置架设仪器，仪器位置距离钢架中心为钢架高度的 1.5～2.0 倍，全站仪布置位置示意图见图 5。

（2）对中整平全站仪，仪器架设高度要满足观测钢架顶部和底部测点的垂直角、水平角。

（3）全站仪选择无棱镜模式坐标测量，新建作业并设站，设置假定坐标 X、Y、Z 值后进行坐标定向。

图 5　全站仪布置位置示意图

（4）分别测取钢架架顶的三个顶角点和架底的三个底角点的 X、Y、Z 坐标值。

（5）用 AutoCAD 软件绘制所测坐标平面图。用多线段绘出顶面、底面三点的三角形，再镜像为四边形，然后画出两个四边形的对角线。对角线的交点即为各自平面的中心点。

（6）用标注功能量取两中心点在上下游方向和断面方向的偏移量，再用公式 $(N_1^2+N_2^2)^{1/2}/H$ 计算出钢架的倾斜度。

3.3　示例

（1）以小浪底水文站 2019 年 11 月实测钢架倾斜度为例：在背河侧塔基的一对角线延长线上，2 倍塔高位置架设全站仪，确保全站仪能看到架顶的三个顶角点和架底的三个底角点，用全站仪测量架顶三个顶角的坐标数据记作 A_1、A_2、A_3，测量架底三个底角的坐标数据记作 B_1、B_2、B_3。

（2）将 A_1、A_2、A_3、B_1、B_2、B_3 坐标数据展绘到 CAD 软件中，根据 A_1、A_3 做 A_2 的镜像点 A_4，B_1、B_3 做 B_2 的镜像点 B_4，对 A_1、A_2、A_3、A_4 和 B_1、B_2、B_3、B_4 连线，得到大小两个四边形，大四边形为架底在平面的投影，小四边形为架顶在平面的投影。测量结果投影平面图见图 6 。

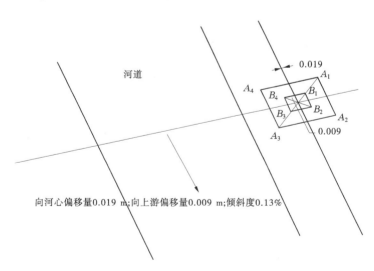

图 6　测量结果投影平面图

4 精度对比分析

（1）传统方法结果见表2。

表2 传统方法结果

测量时间（年-月-日）	钢塔名称	左右岸	方向	距离 L/m	竖直角 Y	距离 M/m	水平角 X	倾斜距离 N/m
2019-11-04	缆道钢塔	左	向下游	86.28	21°01′14″	92.43	00°00′10″	0.004
			向河心	35.79	47°56′55″	53.43	00°01′05″	0.017
2020-10-25	吊箱钢塔	右	向下游	87.01	24°201′26″	95.51	00°00′45″	0.021
			背河心	135.86	16°05′51″	141.40	00°00′49″	0.034
2020-10-25	吊船钢塔	左	向下游	58.82	23°29′26″	64.14	00°01′10″	0.022
			向河心	34.35	36°36′49″	42.79	00°01′03″	0.012
钢塔倾斜度计算：				$(N_1^2+N_2^2)^{1/2}/H$		$M=L/\cos Y$		$N=M\times\tan X$

（2）全站仪三角投影测量钢塔倾斜度方法结果见表3。

表3 全站仪三角投影测量钢塔倾斜度方法结果

测量时间（年-月-日）	钢塔名称	左右岸	方向	倾斜距离 N/m
2019-11-04	缆道钢塔	左	向上游	0.009
			向河心	0.019
2020-10-25	吊箱钢塔	右	向下游	0.016
			背河心	0.025
2020-10-25	吊船钢塔	左	向下游	0.025
			向河心	0.008

（3）精度对比见表4。

表4 精度对比

钢塔名称	传统方法		全站仪三角投影测量法		精度对比
	方向	倾斜距离 N₁/m	方向	倾斜距离 N₂/m	差值（N_1-N_2）/m
缆道钢塔	向下游	0.004	向上游	0.009	−0.013
	向河心	0.017	向河心	0.019	−0.002
吊箱钢塔	向下游	0.021	向下游	0.016	0.005
	背河心	0.034	背河心	0.025	0.009
吊船钢塔	向下游	0.022	向下游	0.025	−0.003
	向河心	0.012	向河心	0.008	0.004

5 优势

相较于传统作业方法，得出以下几点优势：

（1）在水文站钢架倾斜度测量是汛（凌）前准备、设施设备维护、安全生产工作中的一项重要内容，事关测验设施和测验人员的人身安全。测站的过河缆道钢架都要进行倾斜度测量，检查倾斜度是否符合设计要求。但现在的水文测量规范上还没有明确的倾斜度测量方法。本文成果，相较于传统作业方法既节约了人力物力，还避免了可能存在的不安全因素，又提高了工作效率。在基层水文工作中，具有很重要的实用价值和实际效益。

（2）本文成果，传统钢塔倾斜测量方法需用人员多、用时长、操作流程复杂，且不稳定因素过多，而三角投影测量法测量钢塔倾斜度 1 人即可完成，测量完成后可直接在 CAD 软件中量取倾斜距离，不受地形限制，具有劳动强度低、效率高等优点，可快速、高效、直观地呈现水文缆道钢塔倾斜度的测量信息，便于水文站人员及时发现水文缆道出现问题，提前采取措施，减少人民群众的生命和财产损失。在水文测验能力提升中积极发挥作用，取得了很好的效益。

（3）本文成果，通过利用免棱镜全站仪无协作目标测量功能，采集钢架上、下层监测点坐标数据；并通过 AutoCAD 软件三角投影获取架顶、架底平面几何图形中心，根据两中心偏移量和钢架的高度计算钢架倾斜度。该方法实施过程简单，观测效率更高。相比传统测量的方式，该成果更加方便快捷安全，还大大提高了水文站提档建设水平，有力助推了水文现代化发展，并为在其他测站推广应用提供了技术支持和实践经验。

6 结论

传统钢塔倾斜测量方法需用人员多、用时长、操作复杂，相较于传统方法，全站仪三角投影测量法测量钢塔倾斜度单人可以操作完成，测量完成后可直接将成果投影至平面，用 CAD 软件直接量取倾斜距离，用时短，消减了人为因素而引起的误差，不受地形限制，具有劳动强度低、效率高等优点，可直观地呈现水文缆道钢塔倾斜度的测量信息，便于水文站人员及时发现水文缆道出现问题，提前采取措施，减少人民群众的生命和财产损失。

参考文献

[1] 中华人民共和国水利部 . 水文测量规范：SL 58—2014 ［S］. 北京：中国水利水电出版社，2014.
[2] 中华人民共和国水利部 . 水文缆道测验规范：SL 443—2009 ［S］. 北京：中国水利水电出版社，2009.
[3] 中华人民共和国水利部 . 水文资料整编规范：SL 247—2012 ［S］. 北京：中国水利水电出版社，2021.
[4] 中华人民共和国国家质量监督检验检疫总局 . 全站仪：GB/T 27663—2011 ［S］. 北京：中国标准出版社，2012.

黄河河道采砂信息化智能管理系统技术方案研究

毋 甜[1,2] 刘 威[3] 张庆杰[1,2] 郑 钊[1,2]

(1. 河南黄河勘测规划设计研究院有限公司,河南郑州 450003;
2. 河南省黄河保护治理工程技术研究中心,河南郑州 450003;
3. 河南省水利第一工程局,河南郑州 450016)

摘 要: 为保障河道安全,打击非法越界开采行为提供新的技术手段,规范河道采砂内部管理秩序,建设具有现场远程视频实时监控、范围越界自动报警、运砂自动计量、环境质量检测、现场无人值守管理、远程数据存储、采砂深度监测、管理操作图像取证等功能的采砂智能管理系统。提升河道采砂有效有序的管理效率和水平,积极运用现代信息技术,建立采砂信息化监管平台。它可大幅降低项目管理难度及成本,促进河道采砂管理工作与信息化深度融合。

关键词: 河道采砂;信息化;智能管理;监管平台

1 引言

黄河砂石是黄河流域基础设施建设、防洪工程建设的重要材料。据调查,黄河下游泥沙在建筑领域的应用主要为预制混凝土构件、混凝土柱、粉墙、制作免烧砖、填筑路基、房基等。

随着社会经济的快速发展及对砂石等建筑材料需求量的逐渐增大,黄河部分河段出现无序采砂活动,对河势稳定、防洪安全、供水安全、水生态环境和水生态保护、沿河涉河工程及设施的安全等造成了不利影响。为加强黄河流域河道采砂管理,规范河道采砂秩序,按照水利部要求,需要尽快编制采砂实施方案。依据实施方案,强化审批管理、加强现场监管力度,使采砂活动尽快走上依法、科学、有序的轨道。

为保障河道安全,打击非法越界开采行为提供新的技术手段,规范河道采砂内部管理秩序,建设具有现场远程视频实时监控、范围越界自动报警、运砂自动计量、环境质量检测、现场无人值守管理、远程数据存储、采砂深度监测、管理操作图像取证等功能的采砂智能管理系统。采用智能化、集成化设计,通过软硬件无缝整合,实现采砂"现场可监控、范界可管控、产量可统计、信息可追溯"的智能化信息管理模式,提升河道采砂有效有序的管理效率和水平,积极运用现代信息技术,建立采砂信息化监管平台。它可大幅降低项目管理难度及成本,促进河道采砂管理工作与信息化深度融合[1]。

2 黄河河道采砂信息化智能管理系统需求分析

2.1 现状描述

为全力推进采砂工作,努力实现河道采砂管理的"集约化、规模化、规范化、信息化",构建采砂管理新秩序,杜绝私采滥挖、越界开采等违法违规采砂行为,需要紧抓"模式运行"规范和"现场监管"规范两方面。建立"政府主导、规划先行、联审联批、公开招标、国企运作、环保智能、联防联控、社会监督"的采砂管理新模式。在这样的河道规范采砂模式下,建立完善的采砂现场信

作者简介: 毋甜(1982—),女,高级工程师,主要从事水利工程规划设计工作。

通信作者: 郑钊(1985—),男,高级工程师,主要从事黄河下游水沙输移与河道冲淤工作。

息化监管系统，实现全范围监控、全流程记录、全数据追溯势在必行[2]。

2.2 需求分析

2.2.1 业务流程

设置运砂车辆唯一出入口，安设采砂计量系统，并安装车牌识别系统，仅允许登记在白名单中的车辆通过。运砂车辆首次入场时需登记车辆牌照、负责人、联系方式、最大载重量等车辆信息并匹配现场登记图片，登记车辆信息会自动同步至本级砂场入口闸机白名单中。

完成信息登记后，运砂车辆可进入砂场，各堆砂厂内建设 1 套智能称重系统，入场时通过入场地磅测量空车重量并拍照，出场时通过出场地磅测量当前车辆重量（如超过车辆登记的最大载重量则系统报警提示卸车）并拍照，系统根据车辆两次重量数值的差值计算当前车辆运砂量，自动计算运载累计，实现运砂数量统计，以上操作均为自动化运行，避免人工参与。

如入场车辆无车牌或工作需要临时进场，需联系现场控制中心，远程抬杆并记录相关信息，信息必须包含车辆联系人、联系方式、运输方量、现场照片及机房操作人员照片等内容。

2.2.2 功能需求

（1）采砂许可证信息化管理。对采砂许可证的申请、审查、电子标签生成、打印、证照回传等功能进行系统集成设计，实现采砂许可证办理的全流程信息化管理。

（2）确保重点区域可监控。采砂区及采砂管理区通过高清视频系统实行全天候、全覆盖监控，采砂区越界开采自动报警，实现采砂范围自动监控。

（3）确保方量可统计。采砂方量统计系统避免人为参与，全年累计采砂量即将达到批复开采总量时，采砂监管系统将自动预警，避免超采。

（4）确保信息可追溯。进出车辆拍照；自动打印纸制五联单，电子数据与纸质单据同步存储，生成专属二维码，扫码调取单据详细内容，便于管理部门追溯数据来源，实现采、运、销全过程管理。

（5）确保深度可监控。根据测量实时水位及水深计算采砂深度，当超过批复的采砂实施方案中明确规定的高程数据时，监控系统自动记录超深时间和具体深度，并自动报警，监管人员需对该报警记录进行操作，并记录相关信息。

（6）采砂监管平台。实现"砂场—村—乡—县—市—省—黄委"数据实时传输。为各级监管单位提供砂场监控平台或手机 APP（应用程序），实现远程视频监控和重要信息监控。

（7）采砂监管手机 APP。可按照用户权限，实现分级管理，查看相关砂场的实时数据、现场视频、订单详情、数据汇总、五联单二维码扫描验证等功能。

2.2.3 性能需求

网络通信系统互联网接入带宽要求下行 100 Mb/s、上行 100 Mb/s 以上。电力保障系统方面要求为现场控制机房和每处视频监控点提供稳定的 220 V 交流电，总功率不得小于 5 kW。

2.2.4 安全需求

实时监控所有网络设备、视频监控设备、采集设备的运行状态，发现故障主动报警，保障系统安全运行。严格按照《可信计算可信密码模块接口规范》（GM/T 0012—2020）等 26 项密码行业标准，要求所用内部密码每 30 d 更换一次，使用无规则密码，密码长度大于 8 位，且同时包含字母（大小写）、符号、数字。

提供采砂现场数据集中校验控制、报警处理、控制、界面展示反馈、数据加密上传等功能。提供智能管理系统的实时数据存储、展示，历史数据汇总、筛选、查询等功能[3]。

3 黄河河道采砂信息化智能管理系统技术方案研究

3.1 总体结构

该系统由"采砂许可证管理系统""采砂管理系统""采砂监管平台"三部分组成，使河道采砂许可证办理从申请—受理—审查—报批—证书发放等环节全程信息化，为现场控制中心及监管单位提供不同的操作界面及管理权限，系统之间数据相互联动，实现了全范围监控、全流程记录、全数据追溯的智能化信息管理模式。

该系统采用视频监控、北斗/GPS 定位、传感器和电子车辆识别仪等先进信息技术手段，通过软硬件深度集成开发，实现现场远程视频实时监控、范围越界自动报警、运砂自动计量、环境质量检测、现场无人值守管理、远程数据存储、采砂深度监测、管理操作图像取证、手机 APP 远程监管等功能。系统的自动化、智能化、一体化等设计，大幅降低采砂管理难度及成本，实现河道采砂管理工作与信息化的深度融合。

3.2 功能与性能分析研究

3.2.1 视频监控系统

监控设备布设根据现场环境设计，满足采砂范围的全覆盖。摄像机安装高度根据现场环境而定，距地面不低于 6 m，摄像机与监控现场之间不得有树木、建筑等遮挡物。边界监控点间隔距离 150 m 且配备夜晚照明设备。视频监控录像存储时间大于 60 d。

3.2.2 采砂船智能定位监控系统

为采砂船只安装智能定位监控系统，集成视频监控、北斗定位、供电及网络传输系统，可根据电子围栏规划作业范围，定位精度达 5 m。当船只越界作业时，可自动报警并记录越界时间、位置、停留时长等信息。现场管理人员可通过采砂区视频监控摄像机或船载监控摄像机进行确认，及时提醒并阻止越界采砂行为[4]。

3.2.3 采砂计量系统

安装车牌识别系统，登记车辆牌照、负责人、联系方式、最大载重量、现场车辆图片等信息并自动同步至本级砂场出入口闸机白名单中。系统根据车辆出入重量数值的差值计算当前车辆运砂量，超重报警，自动计算运载累计，实现运砂数量统计。以上操作均为自动化管理，避免人工参与。

3.2.4 缴费系统

当所属运砂车辆出场称重时，在砂场控制中心确认车辆信息无误后，使用数字身份识别卡进行购砂结算，识别卡记录购砂人姓名、身份证号、联系方式、邮箱地址等个人信息。系统将当前车辆、装砂数量、付款人信息及相关现场图片进行采集并存入后台数据库，自动打印纸质五联单。

3.2.5 电子信息及纸质存档管理系统

系统自动记录所有砂场管理操作和车辆登记、入场、称重数据及对应画面，并保存 10 年以上。当车辆出场结算时自动打印纸质五联单，分发给监管单位、管理单位、现场留存、运输车辆、购买人，表单格式统一，数据均为自动生成，避免人为干预，现场管理人员签字盖章后生效，作为原始资料备查，要求现场管理人员每天核对数据，避免人为干预或数据丢失造成系统数据误差。每份单据具有独有二维码，检查人员通过专用 APP 或微信小程序可扫码获取对应单据车辆信息、出场照片等资料，避免票据伪造，且数据查询安全便捷。

为保障安全性及稳定性，系统数据均经加密后利用地方光纤线路架设虚拟专用网络，传输至管理单位数据机房集中存储并同步到"华龙云"数据中心。

3.2.6 信息监管及追溯

上级监管部门可通过专用系统，远程、实时察看砂场运行状态及运砂数据，人工抬杆操作并匹配现场、机房监控画面等信息。

3.2.7 数据存储及安全管理

实时监控所有网络设备、视频监控设备、采集设备的运行状态，发现故障主动报警，保障系统安全运行。严格按照《可信计算可信密码模块接口规范》（GM/T 0012—2020）等 26 项密码行业标准，要求所用内部密码每 30 d 更换一次，使用无规则密码，密码长度大于 8 位，且同时包含字母（大小写）、符号、数字。

建设 1 处数据中心机房，提供智能管理系统的实时数据存储、汇总、集中校验、查询等功能。另建设 1 处监管中心机房，配备大屏幕显示系统、县区采砂监管平台、设备运行监管系统等设备、设施。实现采砂行为监管、数据汇总核对、远程采砂监管等功能[5]。

3.2.8　网络及电力系统

现场控制中心互联网专线接入带宽要求下行 100 Mb/s、上行 100 Mb/s 以上，具备 1 个公网 IP 地址。数据机房互联网专线接入带宽要求下行 100 Mb/s、上行 100 Mb/s 以上，具备 1 个公网 IP 地址。为现场控制机房和每处视频监控点提供稳定的 220 V 交流电，总功率不得小于 5 kW。

4　结语

黄河河道采砂信息化智能管理系统包括"采砂许可证管理系统""采砂管理系统""采砂监管平台"等子系统，实现了采砂管理信息化、集成化管理，系统采用视频监控、北斗/GPS 定位、传感器和电子车辆识别仪等先进信息技术手段，通过软硬件无缝融合，实现现场远程视频实时监控、范围越界自动报警、运砂自动计量、环境质量检测、现场无人值守管理、远程数据存储、采砂深度监测、管理操作图像取证、采砂许可申报上网、监管平台、监管手机 APP 等功能，可大幅降低项目管理难度及成本，促进河道采砂管理工作与信息化深度融合，实现黄河河道采砂管理的"集约化、规模化、规范化、信息化"，构建黄河河道采砂管理新秩序，切实加强河道采砂监管力度，提高采砂监管效能。

参考文献

[1] 丁继勇，林欣，卢晓丹，等．河道采砂管理问题及其研究进展 [J]．水利水电科技进展，2021，41 (4)：81-88.

[2] 方安丽．河长制背景下河南黄河河道采砂精细化管理研究 [D]．郑州：华北水利水电大学，2021.

[3] 董栋，杨敏，邢栋．河道采砂及引渠清淤智能管理系统应用研究 [J]．河南科技，2021，40 (32)：6-9.

[4] 杨敏，田力，李艳．采砂深度实时监管系统研究与应用[C]//中国水利学会减灾专业委员会．第十一届防汛抗旱信息化论坛论文集．中国安徽合肥，2021：132-136.

[5] 袁博，许强．可视化系统在河道采砂管理中的应用 [J]．河南水利与南水北调，2021，50 (4)：89-90.

智慧水务网络威胁识别模型及基线评价研究应用

吴 丹[1,2]

（1. 黄河水利委员会黄河水利科学研究院，河南郑州 450003；
2. 河南省智慧水利工程技术研究中心，河南郑州 450003）

摘 要： 当今全球进入数字经济时代，数据资源面临的安全威胁也日益严峻，数据的开放利用与数据安全治理成为"一个硬币的两面，两者缺一不可"。近年来，水利部、公安部深入贯彻国家关于网络安全工作精神要求，强化网络安全建设，但网络安全短板依然存在。因此，进行了智慧水务网络威胁识别模型及基线评价研究应用探索，引进网络和安全新技术，建设以网络安全等级保护制度、网络安全法等法律法规要求为基础的基本安全防护，以统一安全管理和综合感知系统为核心的网络安全主动防护体系。

关键词： 智慧水务；基线评价；水利信息化；网络威胁识别模型

1 研究背景

随着大数据、云计算、物联网、5G 和人工智能等新一代信息通信技术应用日益普及，城市建设正快速由信息化向数字化和智能化迈进[1]。习近平总书记提出"以数据集中和共享为途径，建设全国一体化的国家大数据中心"，水利部高度重视智慧水利建设，先后印发《关于大力推进智慧水利建设的指导意见》《"十四五"智慧水利建设规划》《"十四五"期间推进智慧水利建设实施方案》，作为推动新阶段水利高质量发展的重要实施路径之一[2]。目前，新兴技术不断融入传统行业的各个环节，与智能工业不断融合[3]，智慧水务的发展主要经历信息化[4]、数字化[5]、智慧化[6] 三个阶段，城市水务管理应全面应用新科技和互联网思维，促进和带动水务现代化。按照实施网络强国战略部署，将智慧水务建设作为推进水务现代化的着力点和突破口，在智慧水务建设的设计、实施、运行等阶段，不断同步规划、推进、加强网络和安全体系的建设也显得至关重要。

2 研究内容

本研究以机器学习框架为基础，结合机器学习核心算法和模型构建等方法和手段，针对信息安全管理体系威胁建模方法，着手研究事件自动分类机器学习模型。通过实验分析探索不同厂家、不同设备类型、不同业务系统环境等因素对信息安全事件自动分类的影响，为信息安全威胁事件的自动化分类分级提供新的方法，分为如下三个内容开展研究。

2.1 多因素驱动的数据预处理和特征提取方法研究

结合采集汇聚的入侵检测、入侵防御、防病毒、WAF 和威胁情报等数据，针对数据仓库中各种日志获取数据的特征。拆分文本成词条并去掉"停用词"和标点符号。构建词向量，把文本词条看成词条向量，将语句转换为向量。构建词袋模型，对重要的字段进行词袋模型加权。最终完成各种设备报送信息的数据标准化处理，生成规格化特征事务数据集。其中，不同厂家、不同设备的不同型号需要明确建立数据特征的规范化映射文件。

2.2 变化环境下径流预测机器学习模型构建方法研究

基于 sklearn、XGBoost、Spark ML 等机器学习框架、不同的数据特征处理方法，采用多种训练算

作者简介： 吴丹（1982—），女，高级工程师，主要从事水利信息化研究工作。

法（如朴素贝叶斯、Logstic 回归、XGBoost 等），刻画数据内在规律，比较不同模型的预测水平。构建综合考虑经验风险和置信风险的多样本机器学习模型，探究多影响因素及其判别的贡献率和数学表达。在单主机、并行多服务器和多节点环境下研究不同算法的部署、通信开销和扩展结果，解决数据并行化和模型并行化问题。

2.3 大数据驱动的机器学习优化研究

从综合性机器学习模型的结构设计、优化算法及初始化方法角度，研究训练样本数量、质量等问题。利用交叉验证、欠采样法、过采样法、再缩放等思想结合之前训练分类器结果，加权求和减去阈值确定最终分类类别。结合构建的自动化多分类判别机器学习模型，开展多分类判别器适应性集成应用研究。

3 技术创新点

3.1 网络安全事件自动分类分级

根据威胁类型对安全威胁指数进行细分，形成二级指数，每个二级指数都有若干个特征指标，典型的特征指标包括威胁的频度、威胁的严重等级、威胁所针对的目标资产的价值、威胁源的重要性。

根据 GB/T 20984，将威胁事件分级分类，如表 1 所示。

表 1　威胁事件分级分类表

国标类型	威胁指标类别	描述	可能对应的事件类型	可能来自的设备及系统类型
*软硬件故障	设备故障	系统所管辖的软硬件资产运行过程中出现的可用性问题，包括性能、故障	资产的宕机；资产的性能告警；软件程序或者系统的错误告警日志；链路延迟告警或不通告警；硬件设备的某个部分失效；软件系统的某个组件失效	所有设备和应用都可能产生此类威胁。安全设备自身的故障事件也属于此列。多来自于网管/系统管理软件
物理环境影响	无	对信息系统正常运行造成影响的环境问题和自然灾害等。包括断电、静电、潮湿、电磁干扰等	机房动力环境的告警事件	机房监控系统、电磁屏蔽系统
*入侵与攻击	攻击入侵	对目标系统的各种攻击行为	嗅探、侦听、入侵、欺骗、数据破坏、发送垃圾信息等	IDS、IPS、UTM/FW 中的入侵检测功能、主机 IDS、WEB 防火墙、网页防篡改、Anti-Spam 系统、HoneyPot
*违规与误操作	违规操作	违反规定执行了操作，违反了合规性要求，无意施行的操作，导致了不利影响	特指在传统"安全"意义下属于正常，但是从规定角度来说不"合规"的事件。一般通过规则来指定。例如，单位规定不能使用 MSN，但发现了该行为	所有资产都可能产生，特别是来自于上网行为管理/审计设备，或具备上网行为管理功能的 UTM/FW 等。还有终端管理系统的告警事件，如未打补丁、未安装某强制性软件、违法外联、一机两用等；审计系统还可以包括对设备和系统的参数配置的修改操作

续表1

国标类型	威胁指标类别	描述	可能对应的事件类型	可能来自的设备及系统类型
*恶意代码	恶意代码	包括病毒、木马、蠕虫、间谍软件、钓鱼网站等	主要是病毒、木马和蠕虫，以及恶意网站	防病毒系统、防病毒网关、木马查杀软件、终端管理系统。此外，还有某些代理软件、上网行为管理系统、WEB信誉系统等
*认证授权与非法访问	认证授权与非法访问	未经授权访问信息、存取数据、执行操作	设备和系统的登录失败日志、授权日志（建立用户、建立用户组等）、FW的包过滤日志、TELNET、FTP、拨号	PKI/PMI系统、认证授权系统或组件（例如Windows等OS的认证授权，FW的账号口令管理）、4A、SSO主机/网络/安全设备、违法外联管理系统
*信息泄露与篡改	信息泄露			数据库审计系统、DLP系统、主机审计系统、网络审计；网页防篡改、配置修改
管理类问题	无	与组织的管理制度、管理策略相关问题，由于安全管理制度不到位造成不利影响	安全运维系统中的发文未签收行为；逾期未处理和响应工单	一般这类威胁是手工添加，也可以来自运维系统
其他	无		可疑事件、伪装、隐藏行为、抵赖	

3.2 威胁识别模型体系建立的创新

根据威胁类型对安全威胁指数进行细分，形成二级指数，每个二级指数都有若干个特征指标。典型的特征指标包括威胁的频度、威胁的严重等级，威胁指数关联分析如图1所示。

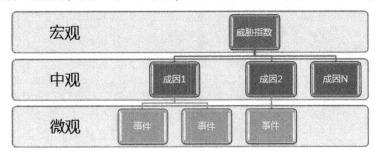

图1 威胁指数关联分析

实践证明，针对以上两个维度直接计算会存在严重偏差，因于不同单位面临的安全环境不同，导致难以通过一套标准算法进行统一评估。但可以针对每个特征指标进行指标计算，得到二级指数，利用每个单位的二级指数的历史数据，计算各单位的二级威胁基线，并利用基线的偏离度在宏观方面评估其安全威胁指数，如图2所示。

（1）计算基线窗口（置信区间）。

首先，使用均值方法，计算出各类威胁的平均值：

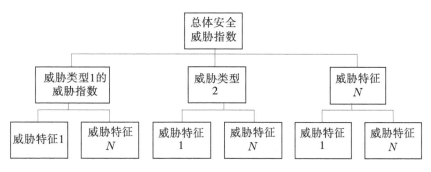

图 2　安全威胁指数

$$均值 = \frac{\sum_{k=1}^{n} x_k}{n} \tag{1}$$

累加所有威胁数据点，然后除以所收集的数据点总数量：

$$标准差 = \sqrt{\frac{\sum_{k=1}^{n}(x_k - \mu)^2}{n}} \tag{2}$$

接下来，利用标准偏差测量数据中的变异量。式（2）先求出每个数据点减去平均值的平方，然后除以样本中数据点数量，再求取上述结果的平方根。最后利用标准误差公式进行计算：

$$标准误差 = \frac{\sigma}{\sqrt{n}} \tag{3}$$

标准误差用于确定置信区间，是标准差除以数据点数量的平方根，用这个值表示未来值可能落入的区间，在统计上并不一定相关。

最后，加上或减去上面的值，定义出置信区间。使用这个区间来比较未来的数据点，若未来的数值落入这个范围，与基线不会有太大的差异。若落在区间之外，可能在统计学上与基线有差异。未来的数据点远离置信区间，则按照其距离计算出相关的威胁分数，最终得出基线威胁指标。

根据量化条件会计算出 7 个威胁类型的单一威胁度。

（2）算术平均值：

$$总体安全威胁指数 = \frac{\sum_{i-1}^{n} T_i}{N} \tag{4}$$

总体安全威胁指数可以通过各威胁类型威胁度求算术平均值得到。

（3）帕累托分析。

按照发生频率大小顺序绘制的直方图，表示有多少结果是由已确认类型或范畴的原因所造成的。不同类别的数据根据其频率降序排列，并在同一张图中画出累积百分比图，用于汇总各种类型的数据，并进行帕累托法则分析。

3.3　基线指标打分评价研究系统

项目中设计了三种类型的指标体系：

第一种指标称为一票否决项，一旦碰触报警，则表示单位发生了严重的安全事故，安全评估分数直接清零。一票否决项诸如：违规外联、非法接入、入侵漏报之类。

第二种指标称为关键指标体系，占整体打分的75%。通过详细设计各种关键考核项，如网络中断、病毒爆发、蠕虫传播、机房温度等，从宏观上指导单位网络安全建设达标问题。

第三种指标称为安全基线管理指标，该类指标体系占总体考核的35%，安全基线管理指标综合利用统计分析学，对单位的历史数据进行基线建模，并用于评估当前安全态势指标，以此为准对各下级单位进行安全基线打分。安全基线打分见表2。

表2　安全基线打分

序号	评价指标	分值	评价项说明	评分标准
1	合规审计类	0~5	对于合规审计类，根据威胁频度和等级等特征的基线管理，计算出一个指数值	将当前值与基线窗口一端的距离除以基线窗口的大小，超出正常阈值则为异常，超出基线窗口的倍数映射异常分值，但超过5倍及以上则统一按照5分扣除
2	威胁攻击类	0~5	对于威胁攻击类，根据威胁频度和等级等特征的基线管理，计算出一个指数值	
3	木马病毒类	0~5	对于木马病毒类，根据威胁频度和等级等特征的基线管理，计算出一个指数值	
4	阈值告警类	0~5	对于阈值告警类，根据威胁频度和等级等特征的基线管理，计算出一个指数值	
5	故障告警类	0~5	对于故障告警类，根据威胁频度和等级等特征的基线管理，计算出一个指数值	
6	链路告警类	0~5	对于链路告警类，根据威胁频度和等级等特征的基线管理，计算出一个指数值	
7	异常检测类	0~5	对于异常检测类，根据威胁频度和等级等特征的基线管理，计算出一个指数值	

结合评价指标，研发评价系统，输出如下：

（1）各威胁类型威胁度。利用雷达图可以清晰地看到各指标体系的变化，指标体系变化如图3所示。

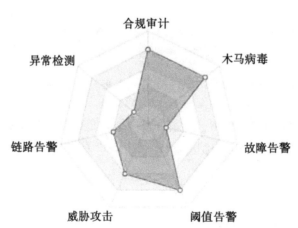

图3　指标体系变化

（2）总体安全威胁指数。可通过仪表图来反映威胁指数的变化，威胁指数如图4所示。

（3）帕累托图。不同类别的数据根据其威胁指数等级降序排列，并在同一张图中画出累积百分比图，帕累托图可以体现帕累托原则：数据的绝大部分存在于很少类别中，极少剩下的数据分散在大

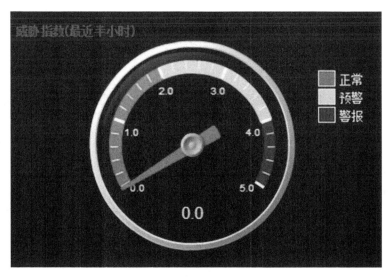

图 4 威胁指数

部分类别中。帕累托图如图 5 所示。

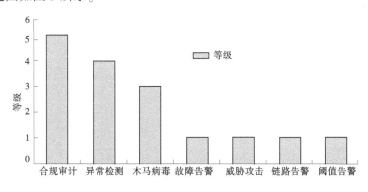

图 5 帕累托图

4 结语

本研究结合机器学习自动化的基线管理方法，利用系统自动化评估各单位威胁度、威胁类型，给出客观的安全管理分数，提出明确的安全整改措施，通过安全基线指标管理，发现了部门业务系统异常、网络异常、机房环境异常等行为，并有效督促其予以整改。

研究成果在郑东新区智慧水务信息化系统工程（一期）工程建设（网络安全建设）中应用效果良好，并作为水利行业中技术先进、应用成效显著的示范成果，入选 2022 年工业和信息化部遴选推广的网络安全技术应用试点示范推荐项目。使用的基线管理方法在水利业务系统中具有广泛的应用推广前景，很好地对网络安全事件实现了预警，为专家决策做好精准化支撑，取得了良好的管理效果。目前，结合水旱灾害防御系统建设在郑州水务局、黄河水利科学研究院等单位开展应用，应用效果良好。

随着国家等级保护制度实施力度的不断加强，越来越多的企业和组织投入到信息安全管理体系的建设之中，客户管理层更加需要一个安全服务创新、自研的威胁识别模型体系及基线指标打分评价研究体系，符合和体现等级保护及内控合规的相关具体要求，将等级保护和信息安全管理体系落到实处，为精准决策和预警处理做好技术支撑。

参考文献

［1］刘虹 . 面向智慧城市的专线承载网建设方案［J］. 电信工程技术与标准化，2021，34（3）：11-16.

［2］刘昌军，吕娟，任明磊，等 . 数字孪生淮河流域智慧防洪体系研究与实践［J］. 中国防汛抗旱，2022，32（1）：47-53.

［3］杨胜飞，刘明 . 基于供水全生命周期管控的智慧水务平台研建［J］. 水利信息化，2022（3）：66-71.

［4］"国家智能水网工程框架设计"项目组 . 智能水网国际实践动态报告［R］. 2012.

［5］Carol Brzozowski. The "Smart" Water Grid：A new way to describe the relationship between technology, resource management, and sustainable water infrastructures［J］. Water efficiency, 2011, 6（5）：10-23.

［6］中华人民共和国水利部 . 水利信息化资源整合共享顶层设计［R］. 北京：水利部信息办，2015.

浅析数字孪生流域建设中存在的误区

杨 雷

（四川星海数创科技有限公司，四川成都 610000）

摘 要：智慧水利作为智慧社会的重要组成部分，是新时代水利信息化发展的更高阶段，也是推进水治理体系和治理能力现代化的重要抓手。数字孪生流域是智慧水利建设的重要组成部分，为智慧水利提供"三算"支撑。随着全国水利系统陆续开展数字孪生流域/水利工程建设，出现部分单位对数字孪生流域建设的认识存在误区，导致项目实施过程中未能实现建设目标。本文针对在数字孪生流域建设过程中存在的误区进行总结，并且提出数字孪生流域建设过程的建议，以便为数字孪生流域先行先试建设项目的业主单位及承建单位提供支撑。

关键词：数字孪生流域；一张图；智慧水利

1 引言

水利部为贯彻 2022 年全国水利工作会议和水利部数字孪生流域建设工作会议精神，按照《关于大力推进智慧水利建设的指导意见》《智慧水利建设顶层设计》《"十四五"智慧水利建设规划》《"十四五"期间推进智慧水利建设实施方案》等要求在全国范围内开展数字孪生流域先行先试工作。2022 年 4 月，包括水利部信息中心、7 个流域管理机构、31 个（省、自治区、直辖市）水利（水务）厅（局）、5 个计划单列市水利（水务）局、新疆生产建设兵团水利局及 11 个工程管理单位在内的共 94 项先行先试任务列入《数字孪生流域建设先行先试台账》，水利部于 5 月底对 94 项数字孪生流域和数字孪生水利工程先行先试实施方案完成审查。8 月 12 日，水利部在北京对《"十四五"数字孪生流域建设总体方案》进行审查，专家组认为编制工作思路清晰、需求分析深入、技术论证充分，与智慧水利和数字孪生流域建设系列文件衔接一致，通过审查。目前，全国水利系统均在如火如荼地开展数字孪生流域建设，同时涌现出一批数字孪生流域建设产品供应商或系统开发商，笔者通过与相关单位进行沟通，发现在数字孪生流域建设过程中存在误区，本文将从普遍存在的四个误区进行分析，并提出数字孪生流域建设相关建议。

2 误区分析

目前，数字孪生流域建设先行先试过程中主要存在数字孪生等于水利业务、建设更多的监测站就能够做好数字孪生、能做水利专业模型就能够实现数字孪生及动态的可视化呈现就是数字孪生等四个方面的误区，下面就分别具体阐述。

2.1 误区一：数字孪生等于水利业务

在《"十四五"智慧水利建设规划》中，明确"十四五"智慧水利建设总体目标是坚持"需求牵引、应用至上、数字赋能、提升能力"总要求，以数字化、网络化、智能化为主线，以数字化场景、智慧化模拟、精准化决策为路径，以网络安全为底线，通过建设数字孪生流域、"2+N"水利智能业务应用体系、水利网络安全体系、智慧水利保障体系，推进水利工程智能化改造，建成七大江河数字孪生流域，在重点防洪地区实现"四预"，在跨流域重大引调水工程、跨省重点河湖基本实现水

作者简介：杨雷（1988—），男，工程师，售前总监，主要从事智慧水利顶层规划及方案设计工作。

资源管理与调配"四预",提升 N 项业务应用水平,建成智慧水利体系 1.0 版,水利数字化、网络化和重点领域智能化水平明显提升,为新阶段水利高质量发展提供有力支撑和强力驱动。

从总体目标得出,数字孪生流域建设是智慧水利建设的重要组成部分,为智慧水利提供"三算"支撑;而"2+N"水利智能业务应用体系也是智慧水利建设的重要组成部分,为智慧水利提供业务应用;数字孪生流域建设与"2+N"水利智能业务应用体系是两个不同的维度。因此,数字孪生不等于水利业务,而是数字孪生支撑水利业务应用。

2.2 误区二:建设更多的监测站就能够做好数字孪生

在《"十四五"智慧水利建设规划》中,明确数字孪生流域包括数字孪生平台和水利信息基础设施,主要是以水利感知网、水利业务网、水利云等为基础,通过运用物联网、大数据、AI、虚拟仿真等技术,以物理流域为单元、时空数据为底板、水利模型为核心、水利知识为驱动,对物理流域全要素和水利治理管理活动全过程进行数字化映射、智慧化模拟,支持多方案优选,实现与物理流域的同步仿真运行、虚实交互、迭代优化,支撑精准化决策。数字孪生平台包含数据底板、模型平台及知识平台三大方面。数据底板是通过完善时空多尺度数据映射,扩展三维展示、数据融合、分析计算、动态场景等功能,形成基础数据统一、监测数据汇集、二三维一体化、跨层级、跨业务的数据底板。

从数据底板的定义及作用可以得出,数据底板为智慧水利提供"算据"支撑,而监测数据仅是数据资源池中的一部分。因此,建设更多的监测站仅能够为数字孪生提供更多的"算据",在一定程度上可以辅助做好数字孪生。

2.3 误区三:能做水利专业模型就能够实现数字孪生

数字孪生平台包含数据底板、模型平台及知识平台三大方面。模型平台是智慧水利的"算法",通过建成标准统一、接口规范、分布部署、快速组装、敏捷复用的模型平台,在数字空间对水利治理管理活动进行智慧化模拟,为数字孪生流域提供模拟仿真功能。主要包括水利专业模型、智能模型、可视化模型和仿真引擎。

从模型平台的定义及作用可以得出,模型平台为智慧水利提供"算法"支撑,而水利专业模型仅是模型平台中的一部分。因此,能够做水利专业模型仅是实现数字孪生中的一个环节,并不能够完全代表实现数字孪生。

2.4 误区四:动态的可视化呈现就是数字孪生

目前,市面上出现通过 3DMax 或 U3D 等技术实现的可视化仿真引擎,在其定义中明确实现数字孪生水利工程,而数字孪生平台包含数据底板、模型平台及知识平台三大方面,其中模型平台主要包括水利专业模型、智能模型、可视化模型和仿真引擎。因此,可视化模型及仿真引擎组合实现的可视化仅是实现模型平台的一部分,属于智慧水利展示部分。

3 数字孪生流域建设建议

笔者通过调研数字孪生岳城水库、数字孪生小浪底及数字孪生汉江流域,并参与数字孪生都江堰(渠首枢纽)先行先试工作的设计与实施,从以下几个方面提出建议。

3.1 以水利一张图为基础,完善流域空间地理信息并发布服务支撑数字孪生流域建设

按照流域防洪、水资源管理与调配、河湖管理、水土保持等业务对空间数据的需要,不同区域采用不同精度和类型的数据构建三级数据底板,其中 L3 级数据底板覆盖重点水利工程,包括水利工程设计图和工程区域的无人机倾斜摄影、建筑设施及机电设备的 BIM 数据、工程区域的水下地形数据,主要是进行数字孪生流域关键局部实体场景建模。随着全国水利一张图工作的不断推进,各省均在全国水利一张图基础之上开展建设省内水利一张图,如四川省依托都江堰灌区水利信息化建设项目开展四川省水利一张图建设,汇集全省水利基础对象数据及空间地理信息数据,并向省直单位业务系统发布服务,以支撑业务建设。因此,在建设数字孪生都江堰(渠首枢纽)过程中,完善四川省水利一张图都江堰灌区专题图层,将二三维空间地理数据、BIM 模型及倾斜摄影等数据通过专题图层进行服

务发布，方便数字孪生平台调用，同时其他业务系统也可通过该服务调用空间地理数据进行各项分析。

3.2 建立以数据汇集、数据治理及数据共享为核心的数据支撑平台，完善数据底板服务能力

数字孪生平台中的数据底板将汇聚基础数据、监测数据、业务管理数据、跨行业共享数据及地理空间数据，但各项数据的来源均在不同的单位，水利行业系统内和其他行业数据都存在，对数据的管理尤为重要，特别是数据统一性与真实性。因此，通过建设以数据汇集、数据治理及数据共享为核心的数据支撑平台，能够更好地实现"一数一源、一源多用"的数据方针。

3.3 以水利物联网系统为基础，完善流域物联网监测数据采集

水利行业物联网设备多种多样，协议复杂多样，如水位、雨量、流量、位移、沉降、渗漏、墒情等，但目前最为成熟的水文设备数据的传输与解析，针对GNSS、流量换算等数据解析相对较难，因此需要统一的水利物联网系统对接各类采集设备，对接方式包含协议解析、API及Web Service等，能够保证对前端IOT设备的统一管理。

3.4 结合经验驱动，开展"经验驱动+数据驱动"双模式服务转变

2022年1月国务院发布的《"十四五"数字经济发展规划》中指出："协同推进技术、模式、业态和制度的创新，切实用好数据要素，将为经济社会数字化发展带来强劲动力。"《中华人民共和国国民经济和社会发展第十四个五年规划和2035年远景目标纲要》提出，加快数字化发展，打造数字经济新优势，协同推进产业数字化转型和数字产业化转型。因此，数字化是必然趋势，数据驱动以其数字化的知识和信息，改变着技术创新模式和管理创新模式，推进水利行业的"数智化"。目前，水资源调度大部分都是在经验模式下执行，但是各种方案需要不断利用不同数据进行预演并与实际监测数据结合对比，找到方案的最优解，实现"经验驱动+数据驱动"双模式服务。

3.5 以"2+N"业务为核心，实现业务与控制联动

"十四五"智慧水利总体目标中明确需要建设数字孪生流域及"2+N"业务应用等内容，其中"2+N"业务中最核心的流域防洪和水资源调配与管理，两者业务都与调水相关联，因此闸站泵站等控制需要与业务进行强关联，实现"智能"调度。在实现工业控制与业务联动时，需特别注意工业控制网与业务专网之间的安全保障与数据同步通道，建议采用工业网闸将两张网络进行物联隔离，并开通指定通道进行数据共享。

4 结论

数字孪生流域建设是智慧水利建设的重要组成部分，也是智慧中国的组成部分，因此在数字孪生流域先行先试建设过程中业主单位及承建单位均需确认分阶段目标并分解各项建设任务，确保达到总体目标。本文仅根据笔者通过调研及参与的项目中容易出现的误区进行相关总结，并提出在数字孪生流域建设过程中的部分建议，希望能够对数字孪生流域先行先试工作有所启发。

参考文献

[1] 边晓南，张雨，张洪亮，等．基于数字孪生技术的德州市水资源应用前景研究［J］．水利水电技术（中英文），2022，53（6）：79-90．

[2] 李国英．"数字黄河"工程建设实践与效果［J］．中国水利，2008（7）：38-40．

[3] 李国英．加快建设数字孪生　提升国家水安全保障能力［N］．光明日报，2022-08-10．

融合高分辨率数字正射影像
和数字地表模型的崩岗精细提取

沈盛彧[1,2]　陈佳晟[3]　张　彤[3]　刘洪鹄[1,2]　叶　松[1]

（1. 长江水利委员会长江科学院，湖北武汉　430010；
2. 水利部山洪地质灾害防治工程技术研究中心，湖北武汉　430010；
3. 武汉大学测绘遥感信息工程国家重点实验室，湖北武汉　430079）

摘　要：崩岗造成严重的水土流失，危害生态环境和经济建设，因此精确发现崩岗侵蚀区域极其重要。传统现场调查非常耗费人力、物力和时间，同时仅依靠遥感影像发现崩岗也并不能获得满意的结果。本文提出运用通道交换网络融合高分辨率数字正射影像和数字地表模型数据来进行高效准确的崩岗自动发现。通过对广东省龙川县 1.44 km² 的崩岗实验研究区进行实验，验证本文方法全局准确率为 91.15%、平均准确率为 89.81%、IOU 为 80.26%，均优于基于单一数字正射影像或高分辨率数字地表模型数据模态的崩岗提取效果，验证了本方法的可行性，可为崩岗侵蚀的机制研究和防治提供重要技术支撑。

关键词：崩岗；深度学习；融合；通道交换网络；数字正射影像；数字地表模型

1　引言

崩岗是一种中国南部和东南部广泛分布的典型侵蚀地貌[1]。崩岗的发生由重力和径流的共同作用造成，涉及复杂过程沉积物崩塌和输移。崩岗常发现于覆盖着花岗岩风化壳的丘陵山区。除自然因素外，人类活动破坏了植被，也促成了崩岗的发展[2]。崩岗侵蚀通常呈现为围椅形的破碎地貌形态，其对当地的生态环境和经济基础具有显著的危害，严重破坏森林、良田、道路和人居环境。因此，崩岗防治是南方丘陵区水土保持和治理生态环境的重要工作任务。

在采取合适的防治方法前，准确地发现崩岗侵蚀区域至关重要。传统的、最基本的崩岗发现方法是现场调查，但非常耗费人力、物力和时间。随着技术的发展，近年来越来越多的研究者采用各种遥感技术来进行崩岗监测，包括三维激光扫描[3] 和无人机摄影测量[4] 等。然而，崩岗通常大小尺度不一并且发育到中后期已自然恢复植被覆盖，仅基于遥感影像数据来识别崩岗的边缘十分具有挑战性。没有现场调查，仅从遥感影像上人工解译崩岗是非常困难的。当前的崩岗调查大部分从遥感影像上人工识别疑似崩岗区域开始，再通过现场调查定位崩岗区域。整个工作流程费时且容易出错，急需一种强健自动，特别是针对大范围的崩岗发现方法。

近年来，深度学习在计算机视觉方面的突破提供了许多新颖的方法和工具来进行遥感影像理解[5]。相对于普通自然或人工目标，崩岗是一种比较抽象的概念。崩岗由没有明确边界的复杂地形景观和不同的纹理特征组成，直接应用深度学习检测器来发现崩岗并不能获得满意的效果。其他来源的地理空间数据，例如数字地表模型（digital surface model，DSM）数据，可以提供充足的信息来补充

基金项目：湖北省重点研发计划项目（2021BAA186）；国家自然科学基金项目（41601298）。

作者简介：沈盛彧（1984—），男，高级工程师，主要从事卫星、无人机遥感与地理信息系统技术在水土保持中的应用研究工作。

遥感影像数据。高分辨率 DSM 数据包含丰富的地形高程信息，能够描述细致的复杂地形特征和陡峭的边缘变化。虽然基于深度学习的特征融合已经开发用于遥感影像理解，但如何自动地选取最合适的数据类型和特征进行智能融合，则是一个挑战。

本文提出了一种基于航空摄影采集的高分辨率 digital orthophoto map（DOM）和 DSM 数据实现高效自动崩岗识别的方法。本方法采用通道交换网络（channel exchange network，CEN）[6] 进行 DOM 和 DSM 数据的深度融合。基于已在网络剪枝的研究中得到了验证的批归一化（batch normalization，BN）尺度因子评估卷积神经网络中通道重要程度的方法[7]，CEN 可使用其他模态通道替换本模态中不重要的通道而实现模态信息的互补融合。多源数据融合有利于提高崩岗侵蚀区域检测精度、降低成本，提升模型对地形变化的强壮性，有助于大范围的崩岗调查和崩岗侵蚀机制研究。

2 方法

本方法主要包括数据采集、数据预处理、模型训练及崩岗提取与分析四大步骤，如图 1 所示。

2.1 数据采集

本部分包括规划航线航拍、航拍影像拼接重建和航测成果导出。通过选用有人机或无人机搭载高精度的光学影像传感器，通过规划航线的方式，采集高航向和旁向重叠度的航拍影像，再通过航拍影像拼接软件重建航拍区域的三维模型，最后导出高分辨率的 DOM 和 DSM 数据，作为研究基础数据。

2.2 数据预处理

本部分包括崩岗标记、规则格网划分和实验数据生成。通过 ArcScene 可将 DSM 叠置到 DOM 数据上，生成研究区的三维模型，对照此模型可人工解译出高准确度的崩岗区域范围，再通过现场实地复核进一步验证和修正崩岗标记，作为研究的本底值。由于研究区范围大，要运用深度学习网络必须进行合理的划分，本文采用了最简单易行的规则格网划分，按固定大小格网划分研究区的 DOM、DSM 和崩岗标记，最后整理出对应成套的实验数据。

2.3 模型训练

本部分主要工作是通过大量对应的 DOM、DSM 和崩岗标记，对基于 RefineNet[8] 框架的通道交换网络进行端对端的训练。将实验数据的一部分作为训练样本，剩余部分作为测试样本。本部分的难点在于 DOM 作为光学影像数据，深度学习网络已经过大量训练生成了较为合适的预训练模型参数，而对于 DSM 数据，则需要在本步操作中从零进行学习和强化，以适用于崩岗地形的识别。通过 CEN 的通道交换，可以将 DOM 在卷积过程中的重要通道交换到 DSM 深度网络中，以指导基于 DSM 的崩岗提取并提高其贡献率。

2.4 崩岗提取与分析

将预处理好的测试集，输入到 2.3 训练好的基于 RefineNet 框架的通道交换网络中，完成崩岗区域的像素级语义分割，即完成崩岗的自动识别与提取。通过 DOM、DSM 及 DOM 和 DSM 融合三种情况分别进行实验，查看崩岗标记与预测结果的对比效果，分析本方法崩岗识别的精度和准确度。

3 实验

3.1 研究区域与实验数据

本文研究区域位于广东省河源市龙川县车田镇，如图 2 所示。实验数据的经纬度范围为东经 115°14′11.27″~115°14′54.18″和北纬 24°23′47.90″~24°24′26.65″。

龙川县是广东省土壤侵蚀最严重的区域之一，地处广东省东北部，东江和韩江上游，深受季风气候的影响，属中亚热带季风气候，气候温和，雨水丰沛，阳光充足，平均气温 21.8 ℃，历年平均降雨量 1 501.8 mm，平均相对湿度 78%。县站累年平均气温 21.0 ℃，年降雨量 1 693.3 mm，年日照时数 1 703.5 h，无霜期 320 d。全县地貌主要为丘陵低山，沿河谷地地势较为宽广，土壤成土母质，多为燕山期黑云母花岗石及二长花岗岩，森林覆盖率较低，山地丘陵台地以马尾松灌丛草坡为主，植被

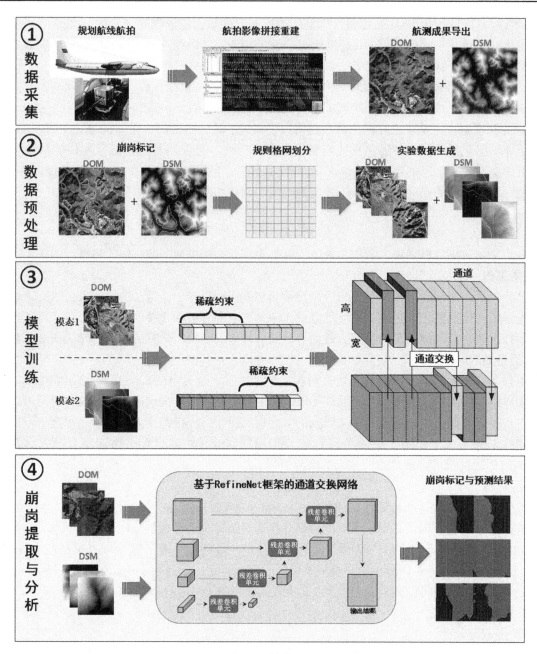

图 1   总体流程

以芒箕及禾本科矮草最为常见。地质构造复杂，生态环境脆弱，地质灾害与崩岗侵蚀频发[9]。

本实验数据为一组对应的 0.2 m 分辨率 DOM 和 0.5 m 分辨率 DSM，分别为 6 000×6 000 像素和 2 400×2 400 像素。原始航空摄影影像使用 Ultra Cam Eagle 相机于 2014 年采集。DSM 和 DOM 数据是通过 INPHO 软件进行基于光束法区域网平差的空中三角测量、像片密集匹配、微分纠正等全自动处理获得。通过规则格网划分，得到 10 行×10 列，600×600 像素 DOM 和 240×240 像素 DSM 共 100 组。

3.2   实验环境与实施

实验计算机配置为 CPU i9 9900K，GPU 为 NVIDIA GeForce RTX 2080Ti，RAM32G，操作系统为 Windows10，程序基于 Pytorch 框架开发。

样本分为一个训练集和一个测试集，其中 80 组用于训练，20 组用于测试。样本在输入网络前经过随机裁剪、镜像等数据增强处理。训练过程中使用 SGD 算法进行迭代优化，随着网络训练的进行，目标函数损失值不断下降并趋于稳定，模型分割的精度也趋于稳定，网络逐渐收敛，得到最优模型。

实验网络中降采样和上采样的学习率均分为三个阶段递减，每个阶段迭代轮次为 20 次、50 次、50 次，编码器学习率为 1e-3、5e-4、1e-4，解码器学习率为 3e-3、7e-4、3e-4，动量设置为 0.9，权值衰减设置为 1e-5，批数据量大小设置为 2。

(a)DOM   (b)DSM

图 2 研究区域的 DOM 和 DSM 数据

3.3 实验结果与分析

图 3 展示了训练过程中深度学习网络损失值的变化。随着迭代轮次的增加，网络损失值呈现不断下降趋势，并在 100 次迭代左右逐渐趋于收敛稳定，损失值在 1.4 上下浮动。

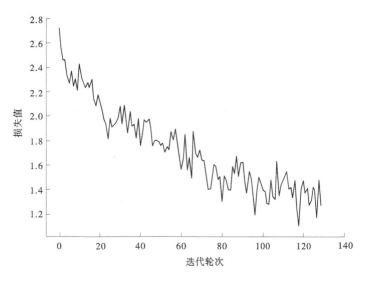

图 3 迭代轮次-损失值变化曲线

图 4 展示了三组 DOM 和 DSM 基于通道交换网络进行崩岗提取的分割结果，不难发现，其与标签真值较为接近。同时，通过观察 DOM 和 DSM 数据，受阴影和植被覆盖的影响，其中崩岗的边界均较为模糊，崩岗提取分割难度较大，但本方法依然能取得较为满意的效果。

为了体现本文基于通道交换融合模型的优越性，实验中还分别基于单一 DOM 和 DSM 模态进行了崩岗提取测试。图 5 展示了标签与三组 DOM、DSM 和交换融合方法的崩岗提取结果的对比效果。其中，基于单一 DOM 模态有一定提取效果，但基于单一 DSM 模态基本没有提取出崩岗，而本文方法能充分利用两个模态的优势信息，形成较好的互补效应，提取了与标签近似一致的结果。表 1 给出了三种方法崩岗提取定量评价，本文交换融合方法全局准确率为 91.15%、平均准确率为 89.81%、IOU 为 80.26%，均是三种方法里最高的。

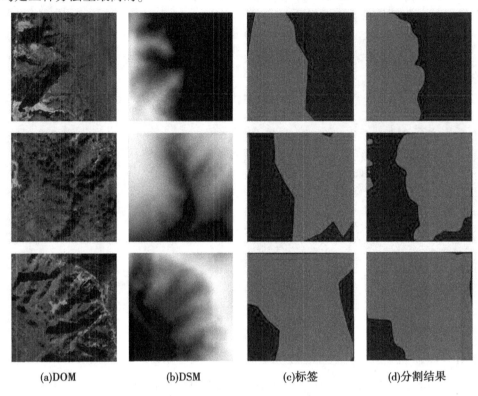

(a)DOM   (b)DSM   (c)标签   (d)分割结果

图 4　通道交换网络崩岗提取效果

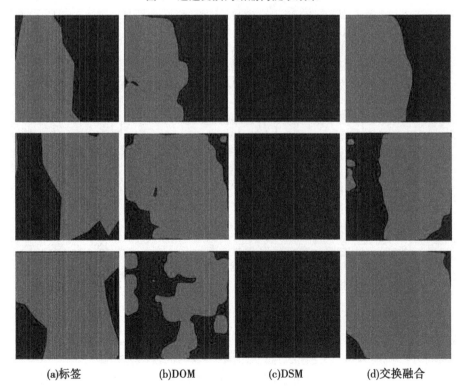

(a)标签   (b)DOM   (c)DSM   (d)交换融合

图 5　三种方法崩岗提取结果

表 1　崩岗提取定量评价　　　　　　　　　　　　　　　　　　　　%

方法	全局准确率	平均准确率	IOU
基于 DOM	84.06	81.49	68.02
基于 DSM	73.88	50.00	36.94
交换融合	91.15	89.81	80.26

4　结论与展望

本文提出了利用通道交换网络融合 DOM 和 DSM 数据的崩岗提取方法，通过像素级语义分割，实现高精度崩岗自动识别和提取。实际数据实验表明本方法可以较好地获取精确的崩岗地形范围。深度学习需要海量的训练样本和标记来指导其更准确地学知识，但就崩岗而言，其可用的影像 DOM、对应 DSM 及其标记的数量都是有限的，如何从数据源、深度学习网络结构及目标函数等方面，更好地融入崩岗研究学者们的知识，提高深度学习的效率和预测精度，是后期值得深入研究的方向。

参考文献

［1］曾昭璇. 地形学原理　第一册［M］. 广州：华南师范大学出版社，1960：64.

［2］XuJiongxin. Benggang erosion：The influencing factors［J］. Catena，1996，27：249-263.

［3］LiuHonghu，Qian Feng，Ding Wenfeng，et al. Using 3D scanner to study gully evolution and its hydrological analysis in the deep weathering of southern China［J］. Catena，2019，183：104218.

［4］Shen Shengyu，Zhang Tong，Zhao Yuling，et al. Automatic Benggang recognition based on latent semantic fusion of UHR DOM and DSM feature［C］//ISPRS Annals of the Photogrammetry. Remote Sensing and Spatial Information Sciences，2020，5：331-338.

［5］Gu Yating，Wang Yantian，Li Yansheng. A survey on deep learning-driven remote sensing image scene understanding：Scene classification，scene retrieval and scene-guided object detection［J］. Applied Sciences，2019，9：2110.

［6］Wang Yikai，Huang Wenbing，Sun1y Fuchun，et al. Deep Multimodal Fusion by Channel Exchanging［C］//34th Conference on Neural Information Processing Systems（NeurIPS 2020）. Vancouver，Canada.

［7］Liu Zhuang，Li Jianguo，Shen Zhiqiang，et al. Learning Efficient Convolutional Networks through Network Slimming［C］//IEEE International Conference on Computer Vision，ICCV 2017. Venice，Italy，October 22-29，2017.

［8］Lin Guosheng，Liu Fayao，Milan Anton，et al. RefineNet：Multi-Path Refinement Networks for Dense Prediction［J］. IEEE Transactions on Pattern Analysis and Machine Intelligence，2020，42（5）：1228-1242.

［9］杨少芹. 华南花岗岩区崩岗侵蚀地球化学环境研究——以龙川、德庆为例［D］. 广州：中国科学院广州地球化学研究所，2008.

新疆喀什民生渠首智慧水文站管理平台设计与实现

张　亚[1,2]　宗　军[1]　蒋东进[1,2]

（1. 水利部南京水利水文自动化研究所，江苏南京　210012；
2. 江苏南水水务科技有限公司，江苏南京　210012）

摘　要：本文结合水文现代化发展需要和新疆喀什民生渠首水文站实际情况，提出与之相适应的智慧水文站管理平台设计方案，综合运用物联网技术、大数据分析技术，实现水文站监测信息的自动采集、传输和接收，监测成果的可视化表达和展示，为"智慧水文"提供基础信息支撑和运维管理服务，满足实际工作需求，为今后相关技术产品的开发、成果转化作参考。

关键词：智慧水文站；多讯道；资源整合；应用分析；可视化

1　概述

经过几十年的发展，我国已经建立起较为完善的水文监测体系，降雨、水位、流量等各类自动化水文监测站点为水利信息化业务提供了基础数据。随着科技进步，水文信息监测向着智能化、自动化方向发展，同时对水文测验和信息服务的时效性和多样性提出了更高的要求。"智慧水文"是水利行业"十四五"规划的重要组成部分，"智慧水文站"以"全感知、搭平台、重应用、立标准"为主线，借助物联网和大数据分析技术，把智能感应设备嵌入到各种环境监控对象中，通过云计算将水文领域物联网整合起来，实现人类社会与水情业务系统的整合，以更加精细和动态的方式实现水环境管理和决策的"智慧"。构建一套完整的智慧水文站管理平台，实现水文站监测设备的智能感知、监测信息的自动采集和传输、水文站监测业务的信息化管理，进一步提升水文测站的水文信息采集效率、测验精度、管理效率和信息服务质量，最终实现"测得准、传得快、算得清、管得好"的目标。

民生渠首水文站始建于 2006 年 7 月，位于新疆维吾尔自治区巴楚县，是监测叶尔羌河水位、流量的国家基本水文站。该站有 6 处引排水河渠，自左往右排列是巴格托克拉克渠、民生渠、色里布亚渠、阿拉格渠、泄洪渠，渠首上游为溃坝主河道。设站至今测站只对泄洪渠进行人工测验，无自动测验设施。由于该水文站须要完成以上 6 个断面的水位、流量监测，数据实时与下游水管单位对比校核，给测站人员带来繁重的测验任务和数据整理、计算分析工作，同时该测站还肩负降水量、蒸发量、气象等监测任务，依照现有的人员配备无法保障工作有效开展，急需通过信息化手段解决上述问题。由于该站兼顾防汛抗旱、水资源计量等多重任务，且地处偏远，需要在平台设计时考虑多讯道数据接收，远程和现地平台备份与校核，确保在极端恶劣情况下数据传输稳定可靠。

2　总体架构

目前，传统的水文监测平台大多基于 C/S 架构，只适用于局域网，对移动办公和分布式部署支持不够，且针对于较为单一的水文要素和传感器，无法灵活地兼容多要素和多传感器；对水文大数据环境下的系统运行效率也无法保证。本课题以"分布式+微应用"为总体架构，将以各种传感器数据的实时采集、多要素水文数据的规则解析、各类水文数据的计算、海量水文数据的存储、水文数据的

作者简介：张亚（1990—），男，工程师，水利部南京水利水文自动化研究所中试推广中心副总工程师，主要从事水文仪器装备研发及水利信息化工作。

共享服务、水文数据的展示、水文设备的运行维护、统计报表的动态生成为核心，让水文监测工作更加高效、智能。

2.1 框架设计

民生渠首智慧水文站管理平台（简称"平台"）的总体技术框架主要从智能感知层、网络层和应用层三个层次来体现。平台总体框架如1所示。

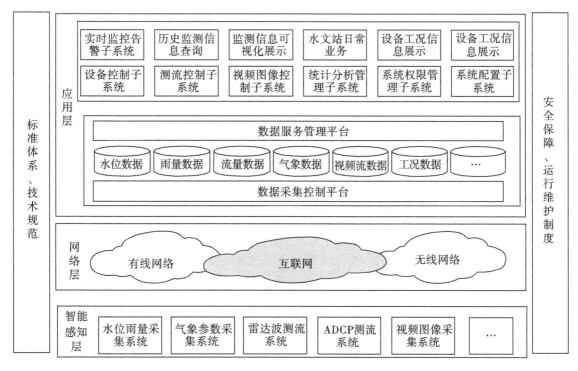

图1 平台总体框架

（1）智能感知层。利用任何可以随时随地感知、测量、捕获和传递信息的设备、系统或流程，实现对水位、流量、气象等水文监测因素的"更透彻感知"。

（2）网络层。利用有线水利专网、互联网及4G、超短波电台等通信技术，将智慧感知设备、移动电子设备等采集、存储的水文监测信息进行交互和共享，实现"更全面的互联互通"。

（3）应用层。利用云服务模式，建立面向对象的业务应用系统和信息服务门户，为实时雨水情监测、水文气象分析等业务提供深度加工的数据结果。以云计算、虚拟化和高性能计算等技术手段，整合和分析水文气象监测数据，实现监测信息的存储、实时处理、深度挖掘和模型分析，实现"更深入的智能化"。

2.2 数据库设计

数据库表结构设计应符合水利部颁布的《实时雨水情数据库表结构与标识符标准》（SL 323—2011）和《水文数据库表结构及标识符》（SL/T 324—2019）。本系统主要包括五个数据库，分别为实时水文数据库、基础水文数据库、空间数据库、图像数据库、系统支撑数据库。

2.3 数据采集与接收服务

在水文站办公地布置智能网关并安装数据采集接收软件，根据软件的配置读取各传感器监测数据，并传输到指定的数据库中进行解密、存储。数据采集程序在网络通畅的情况下将自动采集的数据传递给远程数据接收服务平台，数据采集接收软件兼容多种报文格式，当未来存在第三方数据采集终端提交监测数据时，在软件上配置对应报文格式即可。公网数据的传递过程将会按照系统预先设定的秘钥进行加密，以防止在数据传输时被人篡改或者泄露。本系统完成的数据采集和接收功能按需求可以划分为水位雨量采集系统、气象参数采集系统、雷达波测流控制系统、ADCP测流控制系统、视频图像控制系统等 5 个部分。

2.4 业务应用系统

业务应用系统为用户提供实时监测告警、历史监测信息检索、监测信息图形报表、水文站常规业务管理系统、设备工况状态展示、设备实时控制系统、测流控制系统、照明控制系统、视频图像控制系统、统计分析管理、系统权限管理、系统配置管理等业务应用功能。

3 功能设计与实现

3.1 功能设计

平台以水文测站为管理单元，实现水位、雨量、气象参数、雷达波测流、ADCP 测流、视频图像等数据的自动监测、采集和传输存储；并提供统一的数据管理和服务平台，为用户提供基于 GIS 的监测信息可视化展示、综合报表与决策分析、历史监测信息检索、视频监控、测站信息管理与维护、数据管理、系统管理、设备工况信息管理等服务功能；将实时水雨情信息、历史资料统计信息相结合，为水文及防汛人员提供全面、可靠、连续的实时水情信息和分析统计信息。本平台功能按实际需求可进行以下划分。

3.1.1 数据采集与接收

基于物联网技术，构建智慧感知设备自动采集与数据接收模块，实现监测数据的采集、接收和入库工作。

（1）水位雨量采集系统。实现水文站监测断面上水位和雨量数据的实时采集。

（2）气象参数采集系统。实现水文站监测断面上气象参数（风速风向、气温气压）数据的实时采集。

（3）雷达波测流控制系统。通过雷达波测流方式实现水文站监测断面上流量数据的实时采集和计算。

（4）ADCP 测流控制系统。通过 ADCP 测流方式实现水文站监测断面上流量数据的实时采集和计算。

（5）视频图像控制系统。实现水文站监测断面、监测断面河道上游、水尺、缆道绞车等设备设施、环境状态的实时在线视频监控。

数据采集流程如图 2 所示。

3.1.2 信息发布

提供对智慧感知的监测要素可视化发布的功能。包括实时信息发布、日报发布、周报发布、月报发布、季报发布、年报发布等功能。

3.1.3 测站管理

提供对水文站远程设备控制、水文站相关设备基础参数配置、测站基本信息管理维护等功能。

3.1.4 数据管理

提供对智慧感知的监测要素进行数据质量审核、数据增删改查维护、数据同步至上级水文局、数据导入导出维护管理等功能。

3.1.5 基于 GIS 的测站监测信息可视化

提供基于 GIS 基本信息的展示，将在地图上显示测站的名称、涉及的河流湖库、涉及的中心、使用的监测设备、测站监测的具体项目、测站实时的监测数据等信息。系统将提供基于向导的界面并创建、设计、管理 GIS 站点；快速地建立、组织、维护自动监测站网。

3.1.6 综合报表和决策分析管理

综合报表和决策分析管理提供各式报表等查询分析相关功能，包含文字、图形报表的展示。提供导出、制定格式打印等功能。同时，系统针对历史数据进行主题分析，提供饼图、柱状图、折线图等多种样式的分析报表。

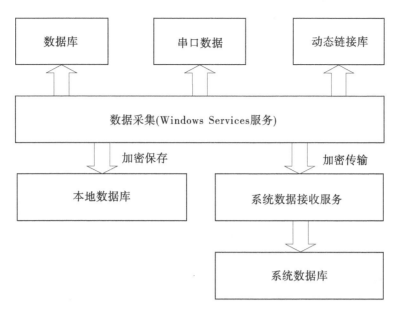

图 2　数据采集流程

3.1.7　视频监控

提供视频监控软件嵌入系统（需视频监控软件支持），可在本系统内查看监控视频。在视频监控软件提供二次开发接口的情况下，系统提供隐藏的登录方式登录视频监控系统进行使用。

3.1.8　日志管理

提供多种对用户访问日志、数据操作痕迹的查询功能，可以追溯操作人员的操作。

3.1.9　系统管理

提供对站基本信息维护配置、监测项目维护管理、部门信息维护管理、操作人员维护管理、用户角色维护管理等系统管理功能。

3.2　功能实现

采用 Java EE 技术构架，系统体系构架思想是将应用展示层与业务实现实体层分离，将管理应用系统的业务实现实体封装在基于 Java EE 技术构架应用封装组件库中，使用 Vue 框架实现前端编程。

3.2.1　MVC 程序架构

MVC 全名是 model view controller，是模型（model）—视图（view）—控制器（controller）的缩写，是一种软件设计典范，用一种业务逻辑、数据、界面显示分离的方法组织代码，将业务逻辑聚集到一个部件里面，在改进和个性化定制界面及用户交互的同时，不需要重新编写业务逻辑，如图 3 所示。MVC 被独特地发展起来用于映射传统的输入、处理和输出功能在一个逻辑的图形化用户界面的结构中。

3.2.2　迭代式开发模式

迭代式开发也被称作迭代增量式开发或迭代进化式开发，是一种与传统的瀑布式开发相反的软件开发过程，它弥补了传统开发方式中的一些弱点，具有更高的成功率和生产率。在迭代式开发方法中，整个开发工作被组织为一系列的短小的、固定长度（如 3 周）的小项目，被称为一系列的迭代。每一次迭代都包括了定义、需求分析、设计、实现与测试。采用这种方法，开发工作可以在需求被完整地确定之前启动，并在一次迭代中完成系统的一部分功能或业务逻辑的开发工作。再通过客户的反馈来细化需求，并开始新一轮的迭代。

4　效果分析

民生渠首智慧水文站平台建设分为三个阶段：第一阶段的目标是实现平台软件的构建、部署及 6

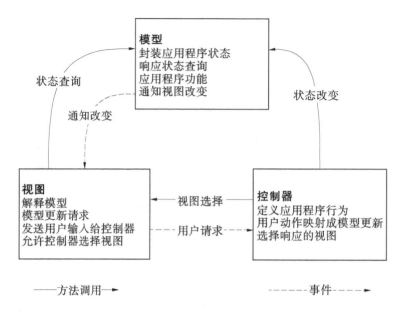

图 3   MVC 程序架构

个渠道断面的水位、流量数据整合、智能分析预警；第二阶段是平台接入更多终端数据，数据涵盖水位、流量、降水量、蒸发量、气象参数等要素，完成该站点的全部水文监测分析任务，实现智能化、无人化测站目标；第三阶段是以民生渠首水文站为中心站点，辐射叶尔羌河流域上下游水文站，在各水文站部署分布式平台，进一步提升数据融合效力和功能联动性。

目前，平台建设第一阶段任务已完成，交付用户使用，6 个渠道断面的水位、流量信息分别发送到水文测站站房的接收网关和喀什水文勘测局机关的智慧水文站管理平台，测站网关与平台通过水利专网通信，同步数据，在计算分析方面，导入了多种流量比测率定公式和计算模型，实现流速、流量的智能分析和预警，并且充分利用网关和机关服务器算力资源，合理分配、使能平衡；在综合展示方面，共享界面，使测站和局机关人员同步查询、了解测站数据情况，为第二阶段的无人化测站目标打下坚实基础。平台展示主界面如图 4 所示。

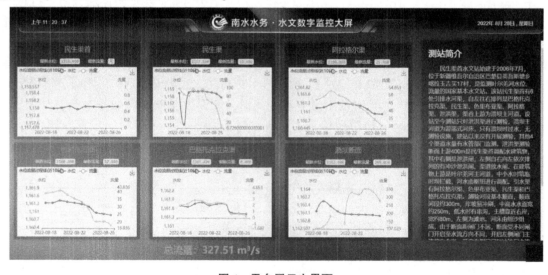

图 4   平台展示主界面

5   结语

民生渠首智慧水文站管理平台是对智慧水文建设思路的实践和探索，本课题提出了完整的平台设计方案和具体实现方法，并结合实际情况提出阶段性建设要求，首先有针对性地解决了测站难度最大、任务最繁重的测验和分析工作，基本实现了预设软硬件功能的检验，为今后各阶段建设目标的实现打下坚实的技术基础。

参考文献

［1］王世江．中国新疆河湖全书［M］．北京：中国水利水电出版社，2010．

［2］王冰，司文青，赫超然．白沙水文站现代化建设方案［J］．河南水利与南水北调，2022（5）：88-89．

［3］郑仲园．高陂水利枢纽工程水文站建设探讨［J］．广东水利电力职业技术学院学报，2021（1）：1-3．

［4］刘震涛，张达文，江平，等．高陂水利枢纽工程水雨情服务系统构建与应用［J］．广东水利水电，2019（12）：59-62，71．

［5］阮聪，胡春杰，杨洋，等．基于云平台的德宏州中小河流水雨情监测系统设计与实践［J］．电子设计工程，2020（15）：70-73，78．

［6］张蓓蓓．基层水文站作用与发展浅析［J］．治淮，2020（5）：58-60．

［7］赵慧，姚俊强，李新国，等．新疆气候干湿变化特征分析［J］．中山大学学报（自然科学版），2020（5），126-133．

［8］姚俊强，毛炜峄，陈静，等．新疆气候"湿干转折"的信号和影响探讨［J］．地理学报，2021（1）：57-72．

［9］李鹏飞．边缘计算在水利信息化项目中的应用思考［J］．中国信息化，2022（3）：75-76．

［10］向飞．西藏水利信息化短板与对策研究［J］．西藏科技，2020（12）：35．

基于大数据的智慧水利系统的设计与实现

孙 元[1,2] 刘 玉[1,2]

(1. 江苏南水科技有限公司，江苏南京 210012；
2. 水利部水资源监控工程技术研究中心，江苏南京 210012)

摘 要： 水利信息化是水利现代化的重要标志，智慧水利是水利信息化发展的高级阶段，是实现智慧城市的关键，其贯穿于灾害预防、水文水情检测、水环境的保护、水资源合理配置、水务管理服务等体系。智慧水利是智慧城市的重要组成部分，也是水利信息化发展的方向。本文主要介绍了智慧水利的总体架构和设想。通过高可用的程序，保证系统可行。介绍了智能感知体系、数据处理中心、网络传输和实现方法。介绍了综合监管、调度等功能，并结合现实就智慧水利提出了的一些思考和问题。

关键词： 智慧水利；信息化；大数据；数据资源；数据处理中心

1 引言

1.1 智慧水利发展背景

智慧城市发展已成为当今世界城市发展的历史潮流，党中央、国务院高度重视智慧城市建设，习近平总书记、李克强总理多次作出重要批示指示。《国民经济和社会发展十四个五年规划纲要》提出加强数字社会、数字政府建设，提升公共服务、社会治理等数字化智能化水平。智能化是信息化发展的总体趋势和高级阶段。党的二十大报告提出：我们要建设智慧社会，智慧社会是数字社会发展基础上的提升，对我国信息社会发展的前景概括具有前瞻性。智慧水利是智慧城市的重要组成部分，也是水利信息化发展的方向。目前水利部及各省、市水利水务部门正在大力推进智慧水利系统建设，以推进水利治理体系和治理能力现代化。《江苏省关于推进智慧江苏建设的实施意见》中明确指出：着力推进智慧水利、智慧水务建设，构建完善水利信息服务平台、水资源管理系统和防汛防旱系统体系。

1.1.1 智慧水利系统的内涵

所谓"智慧水利"，就是利用网络、大数据、云计算、移动互联网、GIS 等先进技术，提高水利部门的业务管理水平和社会服务效率，从而推动水利信息化的建设，逐步实现"政务办公电子化和业务处理智能化，信息技术标准化，传输网络化，采集自动化，管理集成化"。智慧水利是利用先进的水利信息技术，实现水利设施管理和运行的智能化，从而为人民创造更美好的生活，促进人与水的和谐共处。

智慧水利的核心是更灵敏的感知、更全面的联合、更全面的智能化，具体表现在：①更全面灵活的感知，体现在水利信息采集和系统可以为决策者提供可选方案，操作者可以快速高效地得到决策者指令。②更科学的水利信息的检测、灾害预警、水情分析、灾害预测和决策能力。③高效安全地获得数据信息，同时将它们迅速整合，为后面的决策提供数据支撑。④对于远距离的水利设施可以高效的控制，同时水利系统也能智能化响应操作指令。⑤水利各业务部门可以多层面、多维度的合作。

1.1.2 智慧水利系统的建设目标

智慧水利系统应紧密结合本地实际，充分利用现代化信息技术，围绕水安全、水资源、水环境、

作者简介： 孙元（1989—），男，助理工程师，主要从事水文水利仪器质量检测工作。

水生态四大水问题。聚集在政府监管、江河调度、工程运行、应急处理、便民服务等方面，以需求为导向，以应用为核心，以创新为动力，以"安全，实用"为原则，构建全市河湖水系、水利水务基础设施体系、管理运行体系三位一体的网络大平台。建设整合相关专业、行业中数据信息，建立业务支撑、决策支持、公共服务的大系统，建设智慧化水利管理系统，从而推动水行业精细化管理，提升治理能力和管理能力。

2 智慧水利系统的总体架构

2.1 总体架构

智慧水利系统建设面向"水安全、水资源、水环境、水生态"等四大水问题。按照水利部、省相关技术标准和要求，顺应信息技术发展新趋势，以信息设施为承载、信息服务为支撑、信息安全为保障，构建以信息共享、协同处理、智能应用为核心框架的"智慧水利"系统。

智慧水利系统包含智能感知、网络传输、数据处理中心和智慧应用四大层次，以及运行环境和制度保障两大体系。总体架构如图 1 所示。

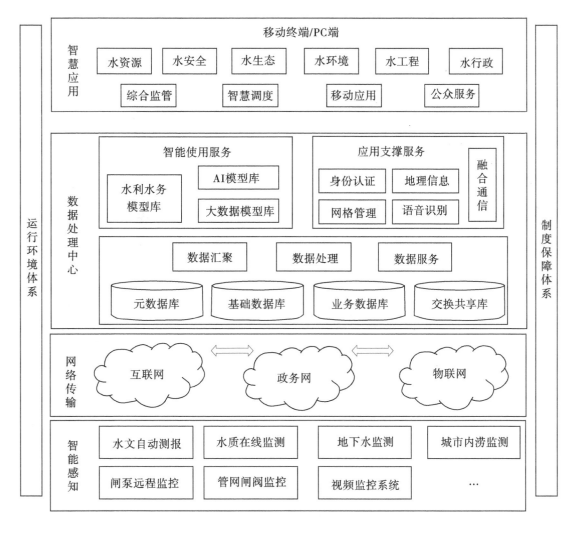

图 1 智慧水利系统总体架构图

2.2 智能感知

利用互联网、物联网、智能物联、卫星遥感、智能视频、AI 等先进技术手段，通过各种传感设备构建普通连接、自动获取、精度高效的立体智能感知系统，并通过有线和无线网络连接到智能物联感知平台。对水利实验站水文信息获取，信息的种类，数据的精度等各方面进行全面的提升，为水利智慧应用提供基本支撑。

主要检测内容如下：

（1）水文检测体系。包括雨量检测、水质信息检测、土壤墒情检测、水位信息检测、流量检测、蒸发信息检测、地下水信息检测等，见图2。

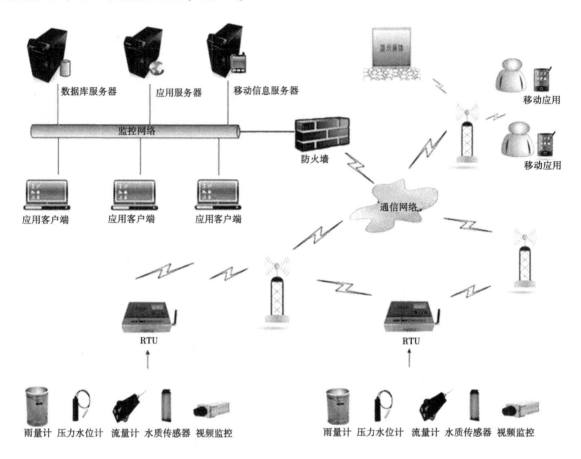

图2　水文检测

（2）水环境检测体系。主要包括水质信息检测、水土保持检测、排污口检测等，见图3。

（3）工程运行监控体系。主要包括大坝、水闸、水库、河湖、水电站、泵站远程测控，堤防、海塘安全检测，取水口检测，音频视频监控系统等，如图4所示。

2.3　网络传输

以政务外网为基础，以安全为准则，融合现有的各类分散而独立的网络，实现"市-区镇-站网端"的全面互联。

2.4　数据处理中心

基于大数据、云计算、BIM、融合通信、人工智能、图像识别等技术，搭建全局统一、标准规范、服务开放的智慧水利能力中心，为水利水务的业务应用提供统一公共基础服务支撑，并支撑应用程序的快速构建，提升应用程序智能化水平。

数据处理中心是智慧水利综合业务信息存储、汇集与管理、交换和服务的中心。数据中心通过互联网和物联网，将各个传感器获取的信息数据汇集在一起，通过甄别和筛选出有用的数据，存储在水利基础数据库中。通过数据库的处理，深化资源数据，实现信息共享、信息存储、降低业务成本、提高工作效率的目的。

（1）设备和机房：建设实施先进和功能完备符合国家有关标准及规范的现代化中心机房，布线

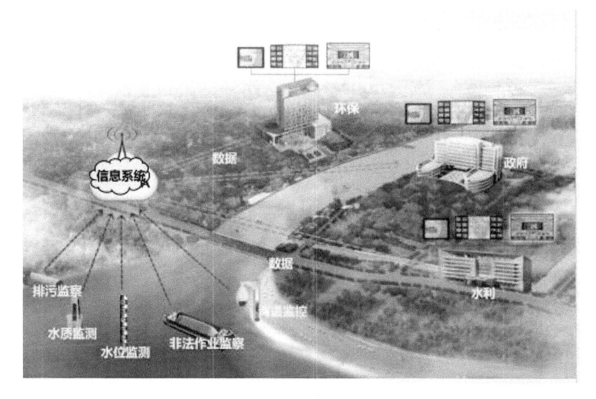

图 3　水环境检测

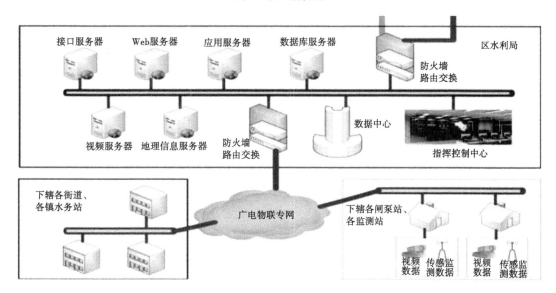

图 4　工程运行监控

网络要求模块化、灵活化、可靠性高。网络出口部署有安全系统，站群系统部署有应用防火墙，同时配套建设服务器等软硬件设施，保障数据库及应用系统的稳定运行。

（2）水利基础数据库：载入水利行业中标准数据，综合部门获取的各行业水文数据信息，构建水利基础数据库，从而实现数据信息存储和综合编译。

（3）水利服务中心：以水利基础数据库为依托，构建水利综合服务中心，通过对数据处理后，将给出高效指挥调度。

2.5　智慧应用

智慧应用是智慧水利建设的功能体现，从综合监管、智慧调度、移动应用、公共服务等层次出发，整合优化现有的业务应用系统，构建综合、智慧、易用的业务体系。

2.6 运行环境

基于当地政府的政务云为智慧水利提供计算、存储和安全资源，并通过对防汛指挥中心、工程集控中心等基础设施的改造，充分展示和应用智慧水利建设的成效。

2.7 制度及保障

通过规则制度、标准规范体系、运行管理机制、人才政策保障、安全保障体系的建设，保障智慧水利安全、稳定、高效地运行。

3 高可用的网络

系统：Linux 系统：软件：Nginx , httpd, mysqld, dhcp, php, 组建 LNMP 动态网站，具有较高的安全性能，防止主机之间的攻击，提高了系统环境的安全，占用的资源少，效率高。

4 发展道路上可能存在的问题

"智慧水利"旨在"深度融合、智能决策、全面共享"，是在历年整理和收集的数据基础上，通过网络技术，以大数据、云计算技术为支撑，而建立起来的水利信息存储与处理系统。从它的建设规划看出，日后需要长期面对的几个重点问题：水利信息化资源整合共享、网络和信息安全及信息系统运行维护等。

4.1 水利信息化资源整合共享

水利信息化的发展是由于各单位、各部门结合自己的业务上的使用需求，自行开发建设了一些自己专用的信息系统，这些系统虽然在业务处理中发挥了很大作用，但在建设和使用的过程中，由于为了解决各自部门的特定业务应用而建设的信息系统，系统中绑定了很多数据库和硬件资源，导致这些系统大多分散建设在各个单位或不同业务部门，同时一些相同的系统出于不同的目的重复申请建设，加上系统的标准化差，不能很好地共享信息。很多数据和功能都有相似的地方，只要稍加修改就可以共同使用，这些问题导致水利信息化资源得不到充分利用，造成了资源浪费，得不到数据共享。

4.2 网络和信息安全

我国以"互联网+"为代表的新技术、新业态迅速兴起，不断推动全世界，各行业发生深刻变革。网络信息系统具有致命的易受攻击性和开放性，我们的网络安全工作进度还是稍显滞后，主要也是因为前期对网络与信息安全重要性认识不足，忽略了网络安全。导致我们网络防护水平低，当遇到网络攻击时，处理措施不得当，没有一个好的网络安全防护规范。运行管理机制存在缺陷和不足，水利网络与信息安全的形势仍然严峻，电脑黑客活动已成为重要威胁，也经常发生网络安全事故。所以，要提高每个人的网络安全意识，提高网络安全防护措施，完善水利网络信息安全体系，强化水利网络与信息安全，促进水利信息化健康发展。

4.3 信息系统运行维护

近年来，水利信息化快速发展，效益日益显著。水利信息系统覆盖了水利的方方面面，其投入也逐年增加，已成为水利日常工作中不可或缺的重要组成部分，覆盖全国防汛抗旱指挥系统、中小河流水文测报系统、山洪灾害预警系统。随着信息化建设的深入，机房的设计与建设、网络基础配置、网络安全防范规划、系统管理、数据库维护、中间件等软件平台日益复杂，如何维护好硬件设施和软件系统，保证应用系统可以安全流畅地运行，是保障系统能正常运作的关键所在。

随着信息技术和互联网技术的不断换代，水利信息化的覆盖面逐渐扩大，业务能力不断增强，公众服务能力不断提高，智慧水利的建设工作也在不断前进。这为我们的治水兴水，提高水安全保障增添了巨大的助力。

参考文献

［1］单广志. 智慧社会的美好愿景［N］. 人民日报，2018-12-02（7）.

［2］蔡阳. 智慧水利建设现状分析与发展思考［J］. 水利信息化，2018（8）：1-6.

［3］蔡阳. 水利信息化"十三五"发展应着力解决的几个问题［J］. 水利信息化，2016（1）：1-5.

［4］刘桃，"互联网+"时代下智慧水利建设分析［J］. 现状信息科技，2017（12）：119-122.

黄河流域数字孪生理论及其在防汛中的探究

马丽萍　杨　磊

（黄河水利委员会宁蒙水文水资源局，内蒙古包头　014030）

摘　要：所谓"数字孪生"，就是在模型与数据资料的前提下，建立一个模型体系。从目前的发展来看，由于我国在水利工程建设中缺乏对数字孪生理论的应用，因此在实践中仍有很多问题需要加以克服，并进行探究。数字孪生主要将大数据、物联网等信息与数据处理技术相结合，并对数学建模进行优化设计。黄河流域可以在防洪抗旱、水资源保护、生态保护、水资源规划等方面，通过构建数字孪生模型，实现黄河水生态数字化、水利工程几何化、防洪智能化，为黄河防灾减灾工作奠定基础。

关键词：黄河流域；数字孪生；数值模型；防汛

1　研究现状

"数字孪生"是指一种特定的物质形态的数据形式，能使其在现实和理论上实现一种协调，同时也反映了在发展中的一种动态现象。随着不断地深入探究，它的概念并非一成不变，在很多国家都在不断地改变。例如，国外一些国家就将物理元素、接收器、传感器等物理器件结合起来，对反应对象的演化进行全面的解析。北京航空航天大学也曾经在此基础上，将其应用到"五维化"的设计中，以在现实中得到运用。黄河流域在数字孪生方面的应用起步较晚，还有待进一步加强，因此黄河流域急需数字孪生理论的介入，才能有效实现防洪减灾、抗旱、水利工程等多方面的控制。

在目前的发展趋势下，需将数字孪生技术与水资源保护、防洪减灾、流域水资源管理等多个领域相结合，构建出一个具有多种功能的流域数字孪生模型。有研究指出，数字孪生技术的相关成果可应用于水位调节、水利发电、防洪管理、生物与生态研究等方面。但是，该领域的研究起步较晚，还需深入探索。数字孪生技术所涉及的其他核心技术，如传感器融合、水资源预测等，都与实际应用存在一定差异[1]。还有学者在黄河洪水防治、洪水预报、水资源利用等方面进行了数值建模工作，对黄河流域的治理工作起到了很好的作用。

2　数字孪生模型构建情况

数字孪生并非单纯的数字技术，它是基于各种技术的快速发展与交叉整合，以建立与其相匹配的数字孪生模式，数字产业化的形成受信息技术的推动而不断更新[2]。通过实现可视化、调校、体验、分析、优化等技术手段，以提高实体应用的性能。

从数字孪生技术的发展过程来看，它采用数字孪生模型进行虚拟实验，并对该数字孪生进行解析，使该实体的运作达到最佳状态。必须指出，数字模式较数字孪生出现早，但数字孪生的发展，更是推动了相关技术的不断更新，通过建立流域数字孪生模型，进一步提升水安全保障能力。

2.1　建立数学模型

通过建立数学模型，以满足防洪减灾、水资源管理与调度、水资源保护、水土保持等方面的需求[3]，为数字孪生的构建提供支撑[4]。

作者简介：马丽萍（1989—），女，工程师，主要从事水文水资源监测工作。

2.1.1 防洪减灾

黄河防洪减灾服务系统的应用有水文预报、洪水预报等类型，包括溃坝洪水计算模型、水库调度模型、二维水动力学洪水演进模型、洪灾损失评估模型等[5]，它们在各个方面的功能也不尽相同。

2.1.2 水资源管理与调度

黄河流域的水资源开发利用模式有两大类型：水资源预测模式和水量调度模式[6]。

流域水文预报模型包括：黄河上、中、下游各河段的非汛期时段预测模型，花园口河段自然径流量预测模型，河源区径流预测模型等。

2.1.3 水资源保护

为有效开展水资源保护工作，早期在黄河流域的环境评价模型主要有：小浪底—高村流域水质模型和黄河流域水质一维模型。

2.2 河流数字孪生模型构建

河流数字孪生模型主要是将气象、水文、水动力、人口、经济等要素综合起来，运用系统论的基本原理和方法，并结合数学和物理公式形成具有多要素、全过程模拟的优点，尤其是在局部水流的动态模拟中具有极大的优势，通过耦合模型，以进一步为模拟气候变化和人类影响下的洪水演进过程提供一条有效途径。经对各类信息之间的相互影响进行总结和量化，构建相应的数学模型，实现洪水演变的实时、量化仿真，并能实现与经济、人口等方面的交互作用。

洪水遥感监测主要是利用传感器采集温度、湿度、土壤含水量、洪水淹没情况、漫滩和洪峰等信息。有学者在此基础上，提出了一种方法来进行危险时段的辨识，其中最为重要的是利用大数据对雨、洪、沙、水库等洪涝灾害进行判断。通过对模型参数的动态调节，可对数字孪生技术进行洪水扩散仿真，利用大数据进行数据处理，得出河流的洪峰流量和水位变化，进而获得洪峰的分布模式。还可利用大数据进行统计，得出库区内冲淤量和下游的冲刷与泥沙的演变情况，可最大限度地减少洪灾的发生和资源的有效利用。

3 数字孪生在黄河防汛中的应用

基于"数字黄河"工程的研究开发，黄河水利委员会利用智慧水文创建数字孪生建模技术，将大量的水利传感器设备的通信数据连接到了一个网络载体，形成信息数据库。近年来，在水旱灾害防御领域也进行了多方面应用，成效显著[7-8]。

3.1 动态感知

将各种水文监控的物联网技术相结合，实现数据的综合屏显，包括水文水质实时监测数据、地质气象实时数据、远程视频实时监控信息。

3.2 预报调度

它是对水库在降雨形成、产流、汇流、蓄洪、水库蓄水、泄洪等全过程的动态管控[9-11]。该平台通过对气象数据的整合分析，可为整个系统的运行和实时预报预警提供数据支持[12]。黄河水利委员会可通过预报调度，实现流域范围内水库的联调。

3.3 方案预演

利用图形绘制技术实现了黄河流域三维河流演化过程中的三维图像绘制，有效地提高了三维建模的绘制效果。近年来，主要通过模拟与实测相结合的方式对洪水的演进进行预测与演示，为防洪决策提供基础支撑。

3.4 方案对比

该系统具有与洪水演化算法对比的能力，能够存储全部算法的数据，并且可以与实时显示的数据进行对比。

3.5 预警发布

它具有报警功能，登录后可实时播送预警信息，可通过手机短信进行推送，并按要求向有关人员发出警报或通告信息。

3.6 智慧水利

通过以数字化、网络化、智能化为重点，依托 5G 技术，构建数字化场景、智慧化模拟、精准化决策平台[13]，形成具有预报、预警、预演、预案功能的智慧水利体系[14-16]。

4 结语

总体来说，数字孪生技术在早期并不是一种普通的应用技术。虽然当前尚处在起步阶段，但在科技与精密设备发展的驱动下，势必为黄河流域防汛抗旱等领域提供技术支撑。

参考文献

[1] 黄俊波，鹿泽伦，王磊，等．基于数字孪生技术的直升机质量管理应用方法探索［J］．直升机技术，2020（2）：68-72.

[2] 夏润亮，李涛，余伟，等．流域数字孪生理论及其在黄河防汛中的实践［J］．中国水利，2021（20）：11-13.

[3] 余欣．黄河水沙数学模拟系统建设与应用［M］．郑州：黄河水利出版社，2011.

[4] 余欣，姚文艺，寇怀忠，等．黄河数学模拟系统建设规划［J］．水利信息化，2012（1）：32-38.

[5] 刘永志，张文婷，崔信民．水库防洪调度应急管理信息系统研究［J］．计算机科学与应用，2018，8（4）：532-538.

[6] 李国英．黄河流域水资源功能高度研究［D］．长春：东北师范大学，2010.

[7] 刘金锋，孙阳．松辽流域水情预警工作问题探析［J］．东北水利水电，2020（5）：37-39.

[8] 蒋亚东，石焱文．数字孪生技术在水利工程运行管理中的应用［J］．科技通报，2019，35（11）：5-9.

[9] 王慧．基于 BP 网络的短期径流预报和水库防洪调度研究［D］．武汉：华中科技大学，2009.

[10] 曹希尧，王俊扬．预报调度技术与调度机制探讨［J］．湖南水利水电，2009（4）：6-9.

[11] 胡宇丰．黄龙滩水库预报预泄调度研究［C］//中国水力发电工程学会信息化专委会．2009 年学术交流会论文集．北京：中国水力发电工程学会信息化专委会，2009：267-272.

[12] 李辉，王建文，叶明雯．基于 Hadoop 的海量气象水文数据并发处理模型［J］．计算机应用，2018，38（S2）：187-191，205.

[13] 李文学，寇怀忠．关于建设数字孪生黄河的思考［J］．中国防汛抗旱，2022，32（2）：27-31.

[14] 魏向阳，祝杰，朱玉坤，等．黄河流域防汛智能化探讨［J］．中国防汛抗旱，2022，32（3）：41-46.

[15] 汤进，冯建，李自尊．云技术在黄河防汛抗旱信息化建设中的应用［J］．河南科技，2021，40（23）：7-9.

[16] 寇怀忠．智慧黄河概念与内容研究［J］．水利信息化，2021（5）：1-5.

乌苏里江干流长河段河道冲淤演变模拟

王大宇[1]　关见朝[1]　张　磊[1,2]　黄　海[1,2]

（1. 中国水利水电科学研究院，北京　100048；
2. 流域水循环模拟与调控国家重点实验室，北京　100048）

摘　要：乌苏里江冲刷坍岸现象频发，导致岸岛冲刷问题严重，岸岛防护亟待开展。构建了乌苏里江干流松阿察河口至黑龙江口的长距离一维水沙数学模型，预测了未来 20 年的冲淤变化趋势，分析了不同河段的冲淤特征，对比了河道沿程深泓高程。结果表明，在 1999—2008 年水沙系列条件下，未来 20 年乌苏里江干流松阿察河入汇口至饶河河段累积淤积；饶河至海青河段则累计冲刷；海青下游至黑龙江口出现回淤。未来 20 年除局部明显淤积河段，其余河段深泓高程变幅基本都在 0.1 m 范围内。本文预测成果可为乌苏里江岸岛防护提供决策依据。

关键词：乌苏里江；水沙数学模型；冲淤演变

1　引言

乌苏里江是黑龙江南岸的一大支流，也是中国东北部与俄罗斯边境上的一条重要界河。乌苏里江全长 905 km，西源松阿察河发源于兴凯湖，东源乌拉河发源于俄罗斯的锡霍特山之西侧，自松阿察河河口至黑龙江口为中俄两国界河，长约 470 余 km。流域面积 18.7 万 km²，在中国黑龙江省境内 6.15 万 km²。

乌苏里江是弯曲多岛型河道，地处我国三江平原地区，流经八五八农场、虎林市等 7 个农场市县。俄罗斯侧临江多山植被茂密，我国侧植被差，部分河段冲刷坍岸严重，江水水流冲击江岸，掏空、坍塌[1]，江段岸岛防护需求迫切。在这一背景下，分析乌苏里江干流的水沙变化特征，构建可反映河段水沙运动规律、预测河段主要水沙要素变化的数学模型至关重要，模型结果可为江段岸岛防护提供科学依据。但目前，能够用于乌苏里江干流长河段水沙数值模拟的模型还未见发表。针对此问题，本文构建了乌苏里江干流长距离一维水沙数学模型，采用乌苏里江干流频率洪水资料对模型进行了率定；并通过资料分析，根据 1999—2008 年松花江实测日均水沙系列估算了乌苏里江来水来沙过程，由此对乌苏里江未来 20 年的冲淤演变进行了计算分析。

2　一维水沙耦合数学模型

本文采用的一维水沙耦合数学模型是依据非平衡输沙理论逐步完善的用于模拟河道、水库、湖泊等水流泥沙运动的全沙模型，可以计算各断面水位、流量、含沙量等悬移质和推移质相关量，本模型已在众多河流中得到应用，均取得了良好效果。

一维水沙耦合数学模型的水流运动方程和泥沙运动方程如下：

水流连续方程
$$\frac{\partial Q}{\partial X} + \frac{\partial A}{\partial t} = q_l \tag{1}$$

基金项目：中国水利水电科学研究院基本科研专项项目（SE110145B0022021）。

作者简介：王大宇（1985—），女，高级工程师，主要从事河流泥沙动力学及数值模拟工作。

通信作者：关见朝（1980—），男，教授级高级工程师，所长助理，主要从事水沙生境数值模拟工作。

水流运动方程

$$\frac{\partial U}{\partial t} + U\frac{\partial U}{\partial X} + g\frac{\partial (H + Zb)}{\partial X} = Fx \tag{2}$$

悬沙运动方程

$$\frac{\partial (AS_l)}{\partial t} + \frac{\partial (QS_l)}{\partial X} = \alpha \cdot B \cdot \omega_l \cdot (S_l^* - S_l) \tag{3}$$

式中：Q 为流量；U 为断面平均流速；A 为断面面积；q_l 为汇入或分出的流量；B 为断面平均河宽；S_l 为分组含沙量；S_l^* 为分组挟沙力；α 为参数，淤积时取 0.25，冲刷时取 1.0。

挟沙能力采用如下公式计算：

$$S_l^* = k \cdot \left(\frac{U^3}{H \cdot \omega_l}\right)^{0.9} \cdot P_{b,l} \tag{4}$$

式中：k 为挟沙能力系数；H 为断面平均水深；ω_l 为分组泥沙沉速；$P_{b,l}$ 为床沙分组级配。

推移质输沙率 G_b 的计算公式为

$$G_b = 0.95D^{0.5}(U - U_c)\left(\frac{U}{U_c}\right)^3\left(\frac{D}{H}\right)^{1/4} \tag{5}$$

$$U_c = 1.34\left(\frac{H}{D}\right)^{0.14}\left(\frac{\gamma_s - \gamma}{\gamma}gD\right)^{0.5} \tag{6}$$

式中：D 为床沙粒径；γ_s、γ 分别为床沙容重和水容重；U_c 为推移质临界起动流速。

计算所用模型是不平衡输沙模型，泥沙按非均匀沙计算。本文以乌苏里江干流河段为对象，由于缺乏支流的日均实测资料，计算时按恒定流形式计算，时段按日划分。

3 乌苏里江干流研究河段概况

3.1 江段地形条件

乌苏里江东源乌拉河与西源松阿察河汇合后，由南向北流经密山、虎林、饶河、抚远等县（市），至抚远三角洲东北角，从右岸注入黑龙江。整个河道穿行在中国的完达山脉和俄罗斯的锡霍特山脉之间广阔的纵谷，河道宽度，松阿察河口至饶河为 200～500 m，饶河至黑龙江口为 500～1 000 m。沿途汇集了大小支流 174 条，左岸中国境内的主要支流有穆棱河、七虎林河、阿布沁河、挠力河；右岸俄罗斯境内的主要支流有伊曼河、比金河、霍尔河。

3.2 水文泥沙特征

乌苏里江两岸及江心岛植被较好，滩、岛、边岸的散体泥沙较少，局部存在植被覆盖的直立沙墙。其干流沿程床沙取样资料缺乏，长距离一维水沙数学模型床沙级配初步根据黑龙江干流沿程取样资料分析结果确定。黑龙江河段中，黑河、卡伦山等河段床沙级配见图 1。黑龙江河床多为卵石夹沙，床沙较粗，黑龙江干流长距离一维水沙数学模型河床质组成根据图 1 取值，因此乌苏里江长距离一维水沙数学模型床沙级配同样初步参照该值。

乌苏里江缺乏系统的水文观测资料，黑龙江省水利水电勘测设计研究院根据洪痕等推算了乌苏里江沿程洪水位，其中虎头、饶河、海青不同频率洪水水位见表 1。

不同频率洪水流量尚无可参考的研究成果。根据文献［2］记载，1989 年虎头站出现 1956—1989 年最大洪水，洪水由干流涨水段与支流退水段组成，干流列索扎沃茨克站 8 月 9 日洪峰流量 7 960 m³/s，为 1958 年以来的第一号洪水。据文献［3］记载，乌苏里江干流舍列梅季耶沃站（挠力河入汇口下游）最大洪水流量为 9 000 m³/s（1971 年），1915 年洪水流量 7 800 m³/s 次之，1981 年洪峰流量 7 100 m³/s 为 1915—1990 年第四位洪水。文献［2］研究成果表明：乌苏里江的洪水组成中支流占有很大比重，支流中以右岸支流占的比重大。霍尔河是乌苏里江右岸于海青入汇的主要支流，1981 年 8 月 7 日乌苏里江海青上游右岸支流霍尔河出现 1956—1989 年间最大洪水，霍尔站洪峰流量为 5 530 m³/s［2］。因此，本文假定上述乌苏里江及主要支流出现的最大洪水为百年一遇洪水，由此估算虎头、饶河 1% 频率洪水流量分别为 7 120 m³/s、11 760 m³/s；海青站洪水位受黑龙江干流顶托影

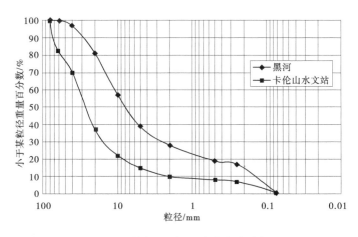

图 1　黑龙江黑河、卡伦山床沙级配

响，流量坦化，但由于缺乏实测资料，本研究暂假定乌苏里江干流与支流霍尔河洪峰遭遇，即海青站 1%频率洪水流量取 16 400 m³/s。为了得到数学模型水动力要素模拟中不可或缺的乌苏里江不同频率洪水特征，再次假定乌苏里江中下游与黑龙江中游的水文节律一致，参照黑龙江格罗台科沃不同频率洪水分布，估算乌苏里江不同频率洪水流量如表 1。

表 1　乌苏里江主要断面不同频率洪水水位及流量

断面	P=1%		P=2%		P=5%		P=10%	
	水位/m	流量/m³	水位/m	流量/m³	水位/m	流量/m³	水位/m	流量/m³
虎头	58.62	7 120	58.28	6 510	57.77	5 670	57.34	5 010
饶河	51.35	11 760	51.03	10 770	50.53	9 560	50.07	8 540
海青	41.88	16 400	41.49	15 030	40.93	13 440	40.48	12 070

　　基于虎头、饶河及海青站不同频率洪水设计水位与流量估算值（见表 1），绘制各站水位流量，如图 2 所示。可见这些位置的水位与流量之间相关性很好，表明不同频率洪水流量值是合理的。

4　模型率定及验证

4.1　计算地形条件

　　乌苏里江一维水沙数值模型模拟范围为松阿察河河口至乌苏里江汇入黑龙江河口，全长 470 余 km，河道地形由 330 个断面描述。所采用的地形主要基于 2015 年实测高程。地形数据源有三类，黑龙江省水利水电勘测设计研究院分别提供了 2015 年的部分实测地形和乌苏里江干流航道图等两类数据，为弥补俄方侧地形缺失，从 Google Earth 中提取了计算区域内高程信息。地形断面是基于 Google Earth 实景河网地图和 2015 年乌苏里江干流航道水深图，河道水面以上地形根据 Google Earth 地形数据提取，水下地形通过套绘航道图得到。

4.2　模型率定

　　乌苏里江干流长距离一维水沙数学模型河床阻力由河道综合糙率描述，综合糙率的确定依据 1%、2%、5%、10%频率洪水位与流量。

　　图 2 为模型模拟虎头、饶河、海青等控制断面洪水水位流量关系与设计值比较，模型虎头至饶河段糙率取值 0.053 9~0.057 6，饶河至海青段糙率取值 0.047 4~0.048 9，海青河至河口段糙率取值 0.036 4~0.036 8，虎头以上段糙率取值 0.027 6~0.030 9。乌苏里江沿程综合糙率取值与黑龙江接近，均在合理范围内，这也反证了本研究各控制断面不同频率洪水流量取值是可靠的。

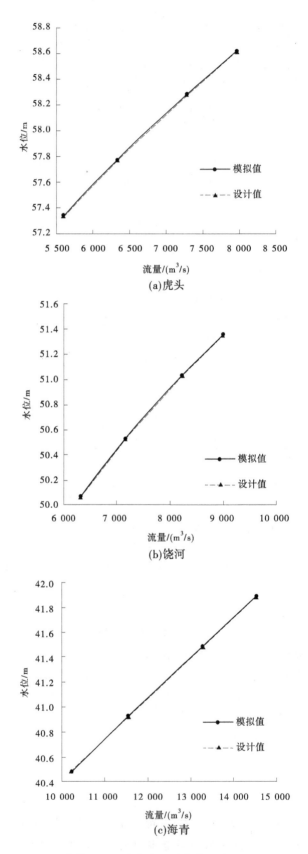

图 2　乌苏里江干流各主要站点水位验证图

4.3　计算水沙条件

乌苏里江干流无长系列水沙观测资料，根据文献，松花江多年平均径流量为 762 亿 m³，乌苏里江多年平均径流量为 623.5 亿 m³，两者相近，在开展乌苏里江 20 年冲淤演变预测时，根据 1999—2008 年松花江实测日均水沙系列估算了乌苏里江来水来沙过程。1999—2008 年为枯水系列，此系列松花江年均径流量仅为 400.7 亿 m³，因此根据松花江与乌苏里江多年平均值之间的比例关系，估算得乌苏里江该 10 年系列年均径流量为 327.9 亿 m³。此外，文献记载饶河站多年平均径流量为 232.9 亿 m³，同样根据其与松花江多年平均值之间的比例关系，可估算饶河站在 1998—2009 年系列的多年平均径流量为 122.5 亿 m³。

乌苏里江沿程入汇的主要支流有 7 条，其中，穆棱河、伊曼河入汇口位于虎头镇上游，七虎林河、阿布沁河、比金河入汇口位于虎头镇与饶河县之间，挠力河、霍尔河入汇口位于饶河县至海青之间，由于缺乏这些入汇支流的系列水文资料，在本研究中，将乌苏里江沿程入汇支流概化为 2 条，分别在虎头镇与饶河县入汇，并假定其水文节律同松花江一致。

乌苏里江实测数据匮乏，采用窦国仁公式[4] 推算其多年平均含沙量，即

$$\lg(\rho) = 0.22\left(\sqrt{J^2 + K^2} + P\right) - 0.14 \tag{7}$$

式中：ρ 为以 g/m³ 计的河流平均含沙量；K 为土质抗冲强度；J 为地面倾斜情况；P 为植被情况。

乌苏里江河床土质多为沉积松软沙土[5]，地貌形态方面，左岸我国侧为广阔沼泽地，右岸俄罗斯侧多为山谷[3,6]，由卫星图片可见，此江段集水面积内植被多为森林夹草原或草原夹森林形式。因此，由式（7）估算此江段平均含沙量时，可取 $K=5$，$J=3$，$P=3.5$（参考 K、J 和 P 所描述的定性特征及相应的定量指标值[4]。其中，$K=5$ 代表土质为松软沉积土；$J=3$ 代表稍有起伏的平原；$P=3.5$ 代表植被状况介于森林夹草原及草原夹森林之间)，以此估算得乌苏里江上游段的平均含沙量约为 0.082 kg/m³。

含沙量过程参照松花江佳木斯站过程推算，根据流域水文地质分区[7]，乌苏里江全域所处的水文地质条件一致，因此本研究在处理乌苏里江沿程入汇支流时，选用了与乌苏里江上游一致的含沙量过程。

5　模型计算结果

本文以上述估算的乌苏里江 1999—2008 年水沙过程作为模型计算 10 年的代表水沙系列，并滚动该系列，通过乌苏里江干流长距离一维水沙数学模型预测了未来 20 年该河段的冲淤演变情况，结果如图 3 所示。

模型计算研究河段未来 10～20 年累积呈淤积状态，冲淤量变化分别为 311.2 万 m³ 和 672.2 万 m³。乌苏里江饶河以上河段整体淤积，除局部河段出现明显淤积外，如大通岛以下至珍宝岛段，其他河段微淤或基本冲淤平衡；饶河至海青段则整体冲刷，10 年末与 20 年末分别冲刷 193 万 m³ 和 251 万 m³；海青以下又有回淤，10 年末与 20 年末分别淤积 233 万 m³ 和 356 万 m³。总体来讲，乌苏里江长河段 20 年末累计淤积 672 万 m³。这一结果与目前乌苏里江的严重冲刷段，包括饶河农场西通、八五九农场东安镇、下营子、同化村，均在饶河至海青段相吻合。

从研究河段沿程各断面深泓点高程变幅来看（见图 4），整体变幅不大。未来 20 年末，饶河上游局部明显淤积河段深泓相对较大，基本控制在 0.7 m 以内，其他河段深泓变幅则基本控制在 0.1 m 以内；饶河至海青段冲刷，深泓整体下切，但变幅相对较小，下切幅度基本均小于 0.1 m；海青下游河段整体淤积，多数河段深泓变幅均在 0.1 m 范围内，局部淤积较为明显河段深泓抬高在 0.3～0.5 m。

6　结论

本文建立的乌苏里江干流长距离一维水沙数学模型，考虑了乌苏里江沿程主要支流入汇。由于乌苏里江资料匮乏，本文进行了尝试性工作，通过 Google Earth 数据结合航道图数据确定了乌苏里江河

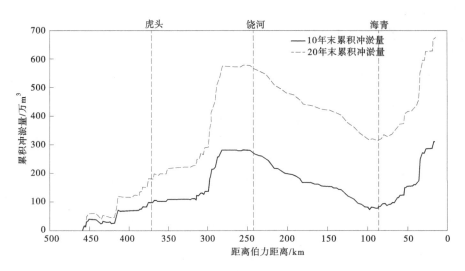

图 3　乌苏里江干流研究河段未来 10~20 年沿程累积冲淤变化

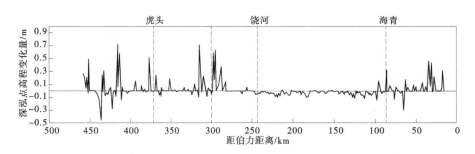

图 4　乌苏里江干流研究河段沿程断面未来 20 年末深泓点高程变幅

道沿程断面数据，并根据洪痕资料及参考文献推算出了乌苏里江干流的频率洪水成果，为数值模型模拟提供了必要的数据基础。

　　本文通过资料分析，采用基于 1999—2008 年松花江实测日均水沙数据估算的水沙系列对乌苏里江进行了冲淤预测。结果可见，未来 20 年，研究河段有冲有淤，总体呈淤积态势。主要淤积河段在饶河上游及海青下游河段，其中大通岛以下至珍宝岛河段淤积最为明显；饶河至海青河段整体冲刷，未来 20 年末冲刷 251 万 m³。乌苏里江长河段未来 20 年末累积淤积 672 万 m³。

　　从沿程深泓点高程变幅而言，研究河段沿程深泓点高程整体变幅不大，除局部淤积明显河段，多数断面深泓高程变化均可控制在 0.1 m 范围内。

参考文献

[1] 孟令辉，董玉森，陈伟涛，等. 东北界河河岸稳定性评价：以乌苏里江饶河段为例 [J]. 地质科技情报，2015，34（6）：214-220.

[2] 黑龙江水利厅. 黑龙江历史大洪水 [M]. 黑龙江：黑龙江人民出版社，1999.

[3] 曲春晖，李长有，朱丹. 乌苏里江流域水文概况 [J]. 黑龙江水专学报，1999（2）：31-33.

[4] 中国水利学会泥沙专业委员会. 泥沙手册 [M]. 北京：中国环境科学出版社，1989.

[5] 闻雅. 乌苏里江—鸭绿江口段界河变迁遥感研究 [D]. 长春：吉林大学，2014.

[6] 廖厚初，李来山. 2016 年乌苏里江暴雨洪水分析 [J]. 东北水利水电，2017，35（4）：50-52.

[7] 戴长雷，王思聪，李治军，等. 黑龙江流域水文地理研究综述 [J]. 地理学报，2015，70（11）：1823-1834.

数字孪生技术与智慧水利枢纽建设思考

王 岩 刘 斌 徐立建

（江苏省骆运水利工程管理处，江苏宿迁 223800）

摘 要：大型水利枢纽的管理水平决定着工程本质安全、运行调度、效益优化的品质。以信息化为先导，应用成熟的数字信息化技术，突破技术瓶颈，建设智能敏捷、安全可控的现代化工程管理体系就成为水利工程管理迭代升级的必由之路和迫切需求。本文结合泗阳水利枢纽的实际状况，就数字孪生技术和智慧水利枢纽融合，提升工程管理信息化、标准化、精细化水平进行了分析和思考，为后续技术应用和系统建设提供参考依据。

关键词：数字孪生；智慧水利；泵站工程；计算机监控；管理系统

1 工程概况

泗阳水利枢纽位于泗阳县城东南的中运河输水线上，是南水北调东线第四梯级，江苏省江水北调、淮水北调第一梯级抽水工程。枢纽主要由泗阳站、泗阳二站和泗阳节制闸等三座大型水工建筑物及其附属工程组成。工程上承沂沭泗，下接洪泽湖，是中运河水系重要节点控制工程，是江苏省淮北宿迁、徐州地区补水、泄洪的关键性口门工程。

泗阳站建成于 2012 年 5 月。该站设计调水流量 165 m³/s，总抽水能力 199 m³/s，是南水北调东线一期装机容量、抽水流量最大的泵站。该站装设 6 台套立式全调节轴流泵（含备机 1 台），叶轮直径 3 100 mm，单机设计流量 33 m³/s，单机功率 3 000 kW，总装机容量 18 000 kW；设 110 kV 户内变电所，同时担负泗阳站、泗阳二站的供电功能，主变为 110 kV/35 kV/10 kV 三圈油浸式变压器，容量 31 500 kVA。

泗阳二站建成于 1996 年，2022 年 8 月完成加固改造。该站装设 2 台套液压全调节轴流泵，单机流量 33 m³/s，总装机容量 6 000 kW；设 35 kV 户内变电站，主变容量 10 000 kVA。

原泗阳节制闸建成于 1960 年，2013 年拆除重建。主闸身共 7 孔，每孔净宽 10 m，设计流量 1 000 m³/s，配弧形钢闸门和绳鼓启闭机。

2 现状分析

2.1 计算机监控系统

泗阳站、泗阳二站、泗阳节制闸计算机综合监控系统已经建成。基于 DCS 架构的计算机监控系统，技术上已经成熟，运行状况良好。系统实现了技术数据的采集、运行参数越限报警、自动控制、远程控制、数据统计、运行报表自动打印、数据自动存储和远程传输等功能。泗阳水利枢纽集中监控中心已经建成，可以实现 3 座水利工程的集中监控和数据向上级监控中心上传，具备了"无人值班、少人值守"的技术条件。

2.2 视频监控系统

工程视频监控系统已经建成，安防结合技防，实现了重要部位、重要设备视频站点的全覆盖布设，数据存储、图像摄取处理、传输实现了数字化，显示设备、网络设备完备。

作者简介：王岩（1972—），男，高级工程师，主要从事大型泵站的运行和管理工作。

2.3 网络系统

枢纽内部局域网建设和网段划分完成。传输线路为租用电信公司专用线路，实现了工控网和办公网物理隔离。

2.4 网络安全

由于没有架设行业专用骨干网络，网络安全的硬件设施还不很完备，系统运行存在安全隐患。网络设备防护、安全机制、信息存储和传输的保密控制等，还存在不少安全漏洞，亟需加强。

2.5 存在短板

现有系统的技术架构，包括数据架构、数据交换架构、应用集成架构，还没有统一标准，数据的利用率不高，共享度较低，与流域相关系统没有形成协同，没有形成有价值的资源。

工程现有的综合监控系统，具备了数字孪生工程的雏形，基本实现了工程管理的智能化要求，管理技术和管理手段仍然是传统模式，在实现对泵站、水闸、河道等基础设施的全面数字化建模，形成虚拟对象在信息维度上对实体对象的精准信息进行表达和映射，实现管理过程的模拟仿真、评估、优化、预测和决策等智慧化功能上，对照数字孪生工程的技术要求，还不具备相应的现实条件。

3 系统规划

3.1 功能需求

智慧泗阳水利枢纽建设，其需要实现的功能是：工程设施、设备的安全运行；机组、闸门调度方案优化；运行效益的优化；工程运行缺陷的分析和预警；建设节点工程的基础数据库；为调水系统和流域提供赋能数字，服务于水利工程运行的技术经济指标。在此基础上，实现"预报、预警、预演、预案"功能，为工程管理业务决策提供科学化和智慧化的数据支撑和精准指导。

3.2 数据要素

泗阳水利枢纽管理着两座大型泵站、一座大型水闸、两个高压变电所（站）、泵站和水闸的进出水河道，具有一定的节点性枢纽典型性。从技术管理的角度看，数据要素是关键。相关数据主要有：①变电所（站）的技术数据，包括电流、电压、功率、功率因数、电能计量、运行温度湿度、气体绝缘开关设备的气体压力数据、在线绝缘数据、操作信息、报警信息、故障和事故信息、调度信息等；②泵站技术数据，包括主机组运行技术参数，含励磁设备和辅机设备，除相关电气数据外，还有叶片角度、流量、抽水量、振动、转速、运行时间及相关统计数据、辅机设备的运行压力、运行温度等；③水文数据，包括水位、水质、雨量、河道断面、水下地形数据等；④水闸运行数据，主要包括开展孔数、闸门开度、流量及数据统计等；⑤水工建（构）筑物数据，包括高程、垂直位移和水平位移、裂缝观测等。

3.3 基于 BIM 的数字孪生平台建设需求

3.3.1 设计原则

（1）数据获取和存储。充分利用现有计算机监控系统、LCU、RTU 等设备，完善设备功能，增设前端感知设备和传感器，增设监测要素，重点是机电设备的在线监测数据、数据地板需要提供的相关水利专业数据，含水文、水力学、生态环境数据等，进一步完善要素数据的采集，保证数据精度，以数据库服务器为核心，实现数据的安全、存储、高速读取和链接，构建基础数据底板，提供支撑"算据"。

（2）数据模型平台搭建。以工程单元、网格为模块，应用成熟的 BIM、GIS 技术进行地理空间大数据模型建设。地理空间数据模型主要包括数字正射影像图（DOM）、数字高程模型（DEM）、数字表面模型（DSM）、倾斜摄影影像/激光点云、水下地形、建筑信息模型（BIM）。结合系统规划，完成泵站、水闸、管理环境地理空间数据、厂房及设备空间全息模型建设。

（3）专业智能模型开发。基于水利工程运行的原理、规律、优化等，进行数理统计和数据挖掘，构建数据驱动的知识库，进行工程运行模拟仿真，开发水利工程管理精细化管理平台，实现"2+N"

智能应用运行，优化重塑调度运行流程，提高优化调度和运行效益、安全管理品质。

（4）组件开发与集成。实现枢纽一张图，对工程运行全要素、全场景进行数字映射，实现运行场景数字化，进一步完善计算机监控与视频监控这2个相对独立系统的融合，实现图像和声音摄取对应相关电气、机械参数的相互参照，提高预警反应能力，同时实现高度集成的运行现实场景模拟化动画演示、动态可视，进行模型渲染，改善人机交互技术条件。

（5）软件优化。结合工程改造，升级计算机监控系统软件、应用软件，包括相关服务器报表、统计软件，优化开发环境，提高系统运行的可靠性、安全性和可维护性。

（6）硬件升级。随着数据库规模容量的扩大和数据处理、服务功能、传输速率技术要求的提高，应当对现有系统硬件设备进行升级，在保证安全、可靠的前提下，提高相关硬件，包括数据采集和传输设备、现地控制设备、上位机设备、应用服务器等硬件设备的技术性能，增加数据存储、处理设备，满足软件开发与兼容、系统运行及服务功能要求。

（7）网络建设。以 B/S 为架构，完善枢纽局域网建设，完善网络功能分区，建设标准化机房，为系统接入水利专业广域网提供安全、可靠的接口技术条件，进一步完善网络安全建设，保证数据存储、传输的安全性。

3.3.2 系统架构设计

泗阳水利枢纽信息化平台总体框架主要包括智能感知层、基础支撑层、数据资源层、应用支持层、业务应用层、展示层并融合标准规范、网络安全等方面技术基础。具体技术架构见图1。

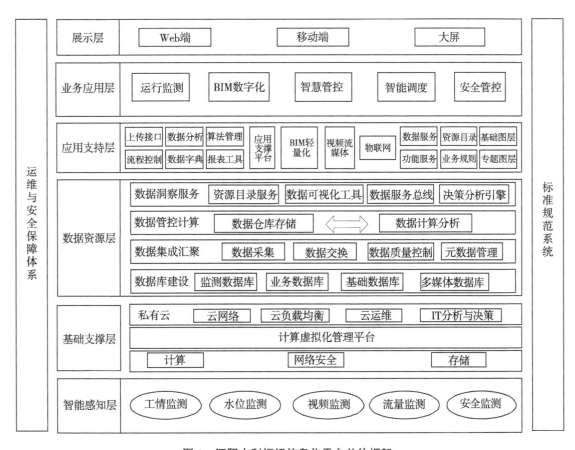

图1 泗阳水利枢纽信息化平台总体框架

（1）智能感知层。主要是指终端采集传感器，包括水位计、流量计、监控探头、安全监测设备、PLC 等，数据直接送至位于服务器中的物联平台。工情监测信息通过 ModbusTCP/OPC 协议采集自动化控制系统信息。视频监视画面通过架设的流媒体服务器和相应的转流平台接入综合管理平台。

（2）基础支撑层。主要指网络、存储、计算三大基础。其中，网络主要是指涉及的工控网、视频网、5G 传输网、互联网及水利专网，以五大网络为基础，实现不同业务间的数据互联和边界网络的安全。存储和计算基于具有虚拟化管理能力的私有云平台组成，负责数据的存储、转发、计算、备份等工作。

（3）数据资源层。以数据为核心，负责对数据资源进行管理，包括元数据、库数据、集合数据等，通过资源管理池进行不同类别数据资源的管理，并基于元数据进行数据筛选，根据仓库数据进行数据的分析和决策等服务，满足系统平台的多层次多业务的调用分析，为运行管理监督决策服务。

（4）应用支持层。主要是只针对具体业务系统需采用的一些中间件，为业务应用开发使用提供基础支持。包括接口服务、上传下载插件、BIM 引擎、视频流转码中间件、GIS 地图等。基于这些中间件，为应用系统平台提供更好的使用体验。

（5）业务应用层。以具体业务为基础，综合管理平台支持单业务系统和多业务系统，同时为满足系统的扩展需求，后期可基于开发框架继续新增业务模块或业务逻辑等，最终实现同一平台、同一账号、不同权限、不同终端的综合业务平台，避免了信息孤岛和多系统的重复建设。

（6）展示层。主要是可访问系统平台的界面。本项目信息系统，在有网络环境下，可通过浏览器、手机及监控中心大屏等方式访问，满足随时随地使用系统平台的需求，无须独立下载客户端，所有展示端均为客户端，业务及信息交互均通过自建的私有云数据中心进行，可有效保障数据安全，降低对本地运行环境的配置要求。

（7）安全及规范体系。是指信息安全和开发设计规范。系统设计开发严格遵循信息安全标准，从网络通信、安全设备、操作系统、软件程序、数据库以及信息安全管理等多维度提升信息安全，多层次守住信息安全底线。同时，软件开发及部署遵循水利信息化及软件开发相关规范，提升软件开发质量和使用体验。

3.3.3 系统技术要求

数字化工程管理在 BIM 应用支持模块的基础上，构建面向泵站的具有个性化的数字化工程展示平台，为泗阳水利枢纽日常运行管理工作提供丰富多彩的数据展示服务。

总体架构设计遵循"安全实用、适度超前"的指导思想，综合利用人工智能、数字孪生等新一代信息技术，建设"三网合一、三层融合、二体系贯穿"的架构体系。横向融合层面，主要包括泗阳水利枢纽数据补充采集、会商系统、泗阳水利枢纽数字孪生 3 个功能层融合建设；纵向贯穿层面，主要构建数字河湖建设标准化和数字信息安全保障两大体系，满足泗阳水利枢纽数字河流建设、数字流场分析、水利数据挖掘、定制化飞行场景展示以及涉水信息智能推送等功能的需求。

泗阳水利枢纽数字孪生平台建设需采用 HTML5、WebGL 等移动互联网三维可视化技术，在集成泗阳水利枢纽地形地貌、河流断面、枢纽信息等静态信息与降水、水位、视频等动态信息的基础上，实现泗阳水利枢纽数字化映射。具体地，包含全河三维数字建模、视频智能分析、雨水工情信息接入与动态展示、数字流场分析、水利枢纽运行状态管理、水利数据挖掘、定制化飞行展示场景、涉水信息智能推送等功能。

针对枢纽日常工作的主题业务，遵循当前主流 W3C 标准和规范，采用 SOA 架构，基于 BIM、GIS 等技术，通过数字化设计，为用户提供泵站监控类信息、工程概要类、工程模型类、工程维护类、工程防洪类、水情类、空间类、视频类、预警类信息的服务功能，通过多维空间的平台展示完成对以上类型信息的重构、查询、深度处理、统计分析等功能。

4 智慧平台管理制度建设

建设智慧管理制度平台的三维交互式展示平台，将通过地理信息系统技术、虚拟现实技术、BIM 建模技术，实现泗阳水利枢纽管理范围内场地、建筑物、设备模型、感知及运维信息以数字孪生的形式在计算机中真实、直观、形象、方便泵站运行状态、异常监控的可视化管理与运维。

（1）工程展现方面。通过三维展示，把工程管理范围内的泵站、水闸等工程实体按空间地理位置有机组织，能直观、形象、全面地表现整个工程及沿线周边环境，为全面认识和了解工程提供一个三维可视化的虚拟平台。

（2）工程管理方面。基于信息模型，对工程的特征属性信息进行有效集成，在可视化环境下可以对全线工程进行有效管理。泵站管理方面，从实景三维虚拟场景中点击站房，即可进入泵站的机组管理界面，对泵站运行状态、异常监控等实现三维可视化管理与运维。

数字孪生智慧水利枢纽建设是一项系统工程，涉及的专业技术门类广泛，系统的规划、设计、建设、运行、维护等，对工程管理单位来说，是一项突破传统思维的工作，原有的计算机监控管理办法，已经不能完全适应新的技术条件的要求。技术的进步必将带来管理体制的变革，需要以系统化、工程化思维，加强前期制度设计，加快引进、培养专业人才，开展技术研究，完善工程措施和技术管理办法，提供可复制的制度保障措施。

5　结语

水利是国民经济的战略性基础产业和基础设施，不仅是农业的命脉，也是保障国家安全和可持续、高质量发展的基础性保障。建设智慧水利，是提升水利工程品质、实现高质量发展的重要举措。对具体的工程管理来说，提出了更高的要求，迫切需要进一步适应信息化要求，提升工程建设和管理的数字经济思维能力和专业素质，加快技术手段的创新，为工程安全、高效、优化、经济运行和水资源的优化调度和集约利用提供更坚强的技术保障。

参考文献

［1］张建云，刘九夫，金君良．关于智慧水利的认识和思考［J］．水利水运工程学报，2019（6）：1-7.

［2］仇宝云，冯晓丽，黄海田．南水北调梯级泵站技术管理评价指标研究［J］．水力发电学报，2005（2）：114-118.

［3］陈玲，黄介生．灌区管理模型与GIS的集成及应用．［J］．灌溉排水学报，2003，22（3）：29-32.

［4］蒋亚东，石焱文．数字孪生技术在水利工程运行管理中的应用［J］．科技通报，2019，35（1）：5-9.

数字孪生水利工程构建与应用实践

傅志浩　杨楚骅　廖祥君

（中水珠江规划勘测设计有限公司，广东广州　510610）

摘　要：根据水利部关于智慧水利体系、数字孪生工程建设的有关部署，各地水行政主管部门、工程建设单位积极响应，启动或即将启动数字孪生工程建设，而数字孪生技术与水利业务融合尚处于探索阶段，本文依据《数字孪生水利工程建设技术导则》，针对广西某水利枢纽信息化基础与管理现状，尝试将数字孪生技术应用在实际业务中，赋能水利工程运行管理，实现了水利枢纽工程的数据底板、模型库、防汛知识库、防汛"四预"等任务，为数字孪生水利工程建设提供了一套可行的建设思路与应用实践参考。

关键词：数字孪生水利工程；数字孪生平台；模型库；知识库；防洪"四预"系统

1　引言

国家"十四五"规划纲要明确提出"构建智慧水利体系，以流域为单元提升水情测报和智能调度能力"。水利部提出推进智慧水利建设是推动新阶段水利高质量发展的六条实施路径之一[1-2]。数字孪生工程是数字孪生流域最重要的组成部分，是智慧水利建设的切入点和突破点，建设数字孪生工程对推进智慧水利建设与发展具有现实意义且十分必要。随着《数字孪生流域建设技术大纲》《数字孪生水利工程建设技术导则》的发布实施，进一步明确了数字孪生流域（工程）的建设内容，细化了技术要求[3-4]，全面推广到全国各级水利部门，有力促进了数字孪生技术与水利业务的深度融合。国内学者杜壮壮等[5]研究了基于数字孪生技术，融合智能预测和可视化管理，建立一种面向河道工程管理的数字孪生可视化智能管理方法；石焱文等[6]讨论了数字孪生技术在水利工程运行管理过程中的应用，构建了基于数字孪生的水利工程运行管理体系；王国岗等[7]讨论了数字孪生技术在水利水电工程地质勘察中的应用；金飞等[8]讨论了在风电工程的全生命周期数字孪生体系；刘海瑞等[9]讨论了数字孪生技术在流域智慧化管理中的应用，初步形成了数字孪生流域（工程）技术体系。总体来看，数字孪生技术体系真正在实际工程落地中还处于探索阶段，本文以广西某水利枢纽工程为例，探索研究数字孪生水利工程构建思路与典型应用，以期为水利枢纽工程数字孪生建设提供思路与参考。

2　建设思路

2.1　水利信息基础设施提档升级

按照"整合已建、统筹在建、规范新建"的原则，在水利枢纽工程现有水利信息基础设施的基础上，结合水利枢纽对防洪、航运、发电、灌溉、供水等任务的需求，一是加强监测站网布设密度及观测频次，优化工程信息监测站点布局，完善工程信息监测体系，升级枢纽改造水情测报系统，建设集水文监测、水雨情监测、工程安全监测、水质监测、水土保持监测、安防监控等于一体的全方位监测感知网；二是构建高效可靠的物联感知网络，建设水利业务网和水利工控网，升级拦河闸、船闸自

基金项目：中水珠江规划勘测设计有限公司科研项目（2022KY08）。

作者简介：傅志浩（1980—），男，高级工程师，主要从事水利水电工程设计与研究、工程数字技术研究与应用工作。

动化控制系统；三是升级信息基础环境，扩展优化机房环境，提档升级计算存储设备，为智慧枢纽提供"算力"支撑。

2.2 数字孪生平台搭建

依托水利枢纽信息化建设的基础，一是充分共享水利部全国水利一张图（L1级）、广西区公共数据开发平台（L2级）等跨部门数据，收集梳理水利枢纽及影响区域内已有水情、雨情、工情、自然地理、DEM等基础数据，建立数字孪生数据底板；二是在共享水利部、流域各类计算模型的基础上，结合水利枢纽业务需要，完善水利专业模型、人工智能模型及可视化模型，构建模型库，支持工程防洪、航运、发电、灌溉、供水等业务智慧化管理；三是在共享水利部、流域相关知识库的基础上，构建包含调度运行方案、工程安全、业务规则等内容的知识库。

2.3 智能业务应用建设

充分利用安全生产管理信息化系统、水利枢纽数据中心、智能感知巡检系统等已有功能，结合水利枢纽在建设管理和运行维护的潜在需求，重点围绕在建工程施工管理、工程安全监测预警、水库多目标联合调度、会商预演决策等方面开展数据孪生智能业务应用建设，为工程安全运行管理提供有力的决策支持。

2.4 网络安全体系建设

在充分利用已有安全网络体系的基础上，对水利枢纽业务系统的信息安全目标进行理解和梳理，分析达成目标所需条件和保障措施，建设网络安全体系。通过数字孪生水利工程的实施，在传统被动安全运维基础上，建设大数据收集、人工智能分析和人机共智联动等模式，从传统运维到安全运营模式转变；建设安全态势感知预警系统，应对各种突发安全威胁及事件，从被动响应向主动预警过渡，确保威胁预警、事件可控和事件溯源可追踪等，多重事件处置机制。

3 系统构建

3.1 建设目标

按照"需求牵引、应用至上、数字赋能、提升能力"的要求，结合工程数字化转型需求，构建数字孪生水利工程，加快工程在数字化领域算据、算法、算力的全面提升，实现具有预报、预警、预演、预案功能的现代化水利工程智慧管理体系，提升工程运管能力，以智慧化、智能化手段全面推动工程建设与运营管理事业高质量发展。

3.2 总体设计

总体架构划分为实体工程层、信息基础设施层、数字孪生平台层、智能应用层及网络安全体系（见图1）。

（1）实体工程。根据水利有关标准划分为不同部分，按照管理颗粒度和精细化需求划分为水利枢纽工程、水利枢纽通航设施工程、工程下游影响区，其中工程区域还包括范围内的水工建（构）筑物和机电设备及金属结构等。

（2）信息基础设施。主要包括监测感知设施、通信网络设施、工程自动化控制、泄流预警设施、信息基础环境等。

（3）数字孪生平台。主要包括数据底板、模型库、知识库、孪生引擎等。

（4）智能应用。包括防洪兴利智能调度（防汛"四预"）、工程安全智能分析预警、生产运营管理、巡查管护、在建工程施工管理、会商预演决策等业务应用。

（5）网络安全体系。主要包括网络安全管理体系、技术体系、运营体系和监督检查体系、数据安全等。

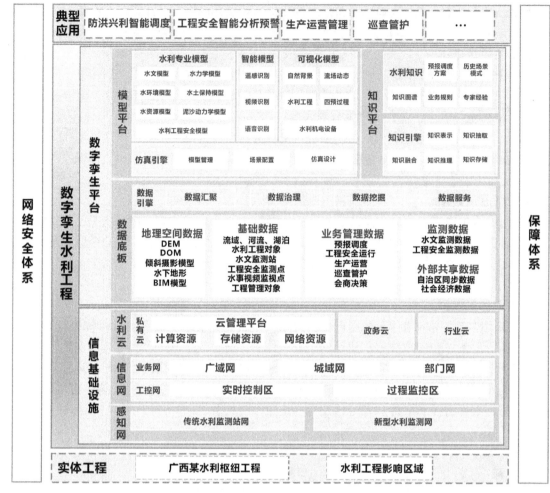

图 1　数字孪生水利枢纽工程总体框架图

3.3　数字孪生平台建设目标与主要内容

3.3.1　数据底板建设

通过深度调研广西某水利工程信息化建设基础，收集梳理水利枢纽及影响区域内已有水情、雨情、工情、自然地理、DEM 等基础数据，创建水利枢纽相关的数字高程模型、正射影像图、倾斜摄影模型、水下地形、BIM 模型，建立数字孪生某工程数据底板。各项数据建设指标如表 1、表 2 所示。

表 1　数字高程模型（DEM）建设指标表

数据类型	建设范围	精度要求	建设方法	更新频次
数字高程模型（DEM）	上游库区及下游影响区陆域	格网大小 12.5 m	高分立体测绘卫星或 ASTER GDEM 数据	3~5 年、地形变化较大时
	坝址区（包括通航设施工程的施工建设范围）	格网大小优于 2 m（陆域）采样间隔优于 1 m（水域）	机载激光雷达航测（陆域）、单波束或多波束测深仪（水域）	每年 1 次

续表 1

数据类型	建设范围	精度要求	建设方法	更新频次
正射影像图（见图2）	上游库区及下游影响区	分辨率优于1 m	卫星遥感影像	每年1~2次
	坝址区	分辨率优于0.1 m	无人机航摄	视工程需要
倾斜摄影模型（见图3）	库区及下游影响区	分辨率宜优于8 cm	无人机倾斜摄影、机载激光雷达等	每年1次
	坝址区	分辨率优于3 cm	无人机倾斜摄影	每年1次
水下地形	坝址区、冲淤变化明显或其他重点水下区域	采样间隔优于0.5 m	单波束或多波束测深仪、单波束测深仪+GNSS RTK	每年1~2次
BIM模型（见图4）	枢纽大坝、厂房、通航设施工程	LOD3.0	工程设计施工图纸翻模、三维激光扫描	改建或除险加固后

表2 基础数据建设指标表

序号	名称	范围	尺度	建设方法
1	社会经济与人口数据	枢纽涉及的县（市、区）	已有移民数据（包括人口、金额等）到村一级	适时适情补充库区两岸200年一遇洪水位淹没线以下区域人口等社会经济数据，以村为单位收集后展示在带有高程的地理信息地图上
			社会经济数据（包括人口、GDP、产业情况等）到县一级	
		下游影响区	—	收集整理地方统计年鉴并将数据矢量化整理入库
2	堤防信息矢量数据	库区重点防护堤防	包括堤防位置、长度、堤型、防洪水位等信息	数字孪生工程相关应用通过调用空间信息服务平台中的堤防相关服务
		下游影响区	包括堤防位置、长度、堤型、防洪水位等信息	开发接口调用珠江委抗旱"四预"系的地图服务
3	河流水系矢量数据	珠江流域	已有一、二、三级河流水系	开发接口调用珠江委抗旱"四预"系的一、二、三级地图服务，补充搜库区中小河流水系矢量数据，并发布相应的地图服务
4	水文、水库、咸情站矢量数据	珠江流域	已有重要水文站、大中型水库及病险水库的矢量数据	开发接口调用珠江委抗旱"四预"系的站点的地图服务
5	大中型水库工程信息数据	珠江流域	已有大、中型水库工程信息数据	开发数据接口，调用珠江委抗旱"四预"系的数据
6	库区防洪工程信息	库区防洪工程	—	搜集梳理库区的防洪工程数据，并入库

图 2　正射影像图　　　　　　　　　　图 3　倾斜摄影模型

图 4　主坝及附属设施模型

3.3.2　模型库建设

3.3.2.1　水利专业模型

（1）来水预报模型。建立水库和工程所在流域主要水文站 24 h、48 h、72 h 等不同预见期的洪水预报模型短期来水预报模型；根据枯水期水量调度和发电调度需求，构建旬尺度的中期来水预报模型和月尺度的长期来水预报模型。

（2）防洪调度模型。根据工程所在流域防洪工程体系组成与某水库防洪调度需要，开发工程所在流域防洪调度静动库耦合数学模型。

（3）库区淹没与洪灾损失评估模型。利用数据底板提供的地形与水文资料，建立某水库库区一维水动力学模型与防护区二维水动力学模型以及洪灾损失评估模型，为计算分析某水库调度对库区回水的影响提供技术支撑。

（4）下游淹没影响分析评估模型。建立一维水动力数学模型与典型堤围二维水动力学模型，进行枢纽下游河道洪水演进计算，并结合经济社会资料，根据淹没计算成果，建立洪灾损失评估模型，分析不同调度方案减免的洪灾损失，评估方案调洪效果与经济社会效益。

3.3.2.2　可视化模型

依托数据底板地理空间数据、监测数据和水利专业模型、智能识别模型，构建水利枢纽工程周边自然背景可视化渲染模型，工程上下游流场动态可视化拟态模型（如库尾、坝前、坝下、通航设施等重点区域），水利机电设备操控运行模型（如发电机组开启、关闭、停机状态），水利工程监测与安全运行模型等可视化模型，充分集成 BIM 模型，能够基于真实数据，实现对枢纽、库区、厂区、通航设施的真实可视化仿真模拟，满足仿真模拟和综合展示等需求。

3.3.3　知识库建设

（1）知识库构建。通过收集整理现有资料、知识建模、知识抽取、知识融合、知识表示等一系列步骤,使用自顶向下结合自底向上的方法实现顶层概念知识的建模,利用自然语言处理结合深度学习算法实现知识的抽取,通过相似度计算实现知识的融合,最终构建包括调度运行方案、调度规则、历史场景等内容的知识库。

(2)知识可视化。通过使用无直连图数据库的可嵌入库的可视化工具,进行知识图谱可视化的开发。对知识库的水利对象、调度运行方案、历史场景、专家经验以及其之间关系的综合表达,通过简单、规范、直观的视觉图形来进一步表达知识(见图5)。

图5 知识表达

3.3.4 构建防洪智能调度业务应用

围绕水利枢纽防洪业务,构建防洪智能调度业务应用"四预"系统(见图6),在数字化场景中实现库区、防护区及下游影响区等重点区域的洪水过程模拟、综合形势分析、调度预演评估以及预案智能推荐等应用,实现及时准确预报、全面精准预警、人机互动的同步仿真预演、动态优化的精细数字预案,提高水库调度的自动化程度和管理水平,为水利枢纽安全度汛、发电、灌溉、航运、供水等综合效益充分发挥提供技术支持,保证水利枢纽的安全高效运行。

图6 防汛"四预"平台展示

4 结语

(1)当前数字孪生水利工程建设大多基于"十三五"期间智慧水利建设成果,感知监测设施、网络基础设施等已较为完备,而体现智能化水平的水利专业模型方面尚显不足,构建流域、区域水利专业模型,尤其是适应在高度城镇化背景下的水利模型尤为重要。在可视化底层引擎部分,基于

Cesium 的 WebGL 和基于 UE 的游戏引擎两条技术路线，在融合过程中 WebGL 在大场景大数据加载方面可圈可点，UE 游戏引擎则在可视化效果较为突出。

（2）利用数字孪生、物联网、云计算等技术，构建数字孪生水利工程平台，可为地方水利主管单位提供数据共享解决方案、防洪"四预"智能调度及监管应用，并实现调度监视、调度分析、调度模型预测、智能预警等，对于提升流域防汛业务管理和决策指挥水平，具有显著的经济社会效益。

参考文献

［1］李国英．建设数字孪生流域——推动新阶段水利高质量发展［J］．水资源开发与管理，2022（8）：3-5.

［2］蔡阳，成建国，曾焱，等．大力推进智慧水利建设［J］．水利发展研究，2021（9）：32-36.

［3］谢文君，李家欢，李鑫雨，等．《数字孪生流域建设技术大纲（试行）》解析［J］．水利信息化，2022（4），6-12.

［4］詹全忠，陈真玄，张潮，等．《数字孪生水利工程建设技术导则（试行）》解析［J］．水利信息化，2022（4），1-5.

［5］杜壮壮，高勇，万建忠，等．基于数字孪生技术的河道工程智能管理方法［J］．中国水利，2020（12）：60-62.

［6］石焱文，蔡钟瑶．基于数字孪生技术的水利工程运行管理体系构建［C］//2019（第七届）中国水利信息化技术论坛论文集，2019：185-190.

［7］王国岗，赵文超，陈亚鹏，等．浅析数字孪生技术在水利水电工程地质的应用方案［J］．水利技术监督，2020（5）：309-315.

［8］金飞，叶晓冬，马斐，等．海上风电工程全生命周期数字孪生解决方案［J］．水利规划与设计，2021（10）：135-139.

［9］刘海瑞，奚歌，金珊．应用数字孪生技术提升流域管理智慧化水平［J］．水利规划与设计，2021（10）：4-6.

数字孪生珠江网络安全体系建设的几点思考

肖尧轩 牟 舵 王 康

（水利部珠江水利委员会珠江水利综合技术中心，广东广州 510611）

摘 要：水利部党组高度重视智慧水利建设，提出智慧水利是新阶段水利高质量发展的最显著标志和六条实施路径之一，数字孪生流域是智慧水利的核心与关键。数字孪生珠江是水利部"十四五"数字孪生流域建设的重要组成部分，是新阶段珠江水利高质量发展的重要抓手。本文简要介绍了数字孪生珠江的建设内容，从网络层面、数据层面、新技术应用层面等方面分析了数字孪生珠江存在的潜在网络安全风险，在健全监测预警、强化纵深防御、提升应急响应等方面探讨了数字孪生珠江网络安全体系建设的工作思路，为下一步数字孪生珠江的网络安全建设提供解决方案。

关键词：数字孪生珠江；网络安全；问题分析；建设思路

1 引言

建设数字孪生流域，即以物理流域为单元、时空数据为底座、数学模型为核心、水利知识为驱动，对物理流域全要素和水利治理管理全过程进行数字化映射、智能化模拟，实现与物理流域同步仿真运行、虚实交互、迭代优化[1]。随着《数字孪生流域建设技术大纲（试行）》《数字孪生水利工程建设技术导则（试行）》《水利业务"四预"功能基本技术要求（试行）》等系列文件陆续出台，数字孪生流域建设已经全面展开。数字孪生珠江是数字孪生技术在珠江流域治理管理层面的深入融合应用，以数字赋能流域防洪、水资源管理与调配等作为重点领域，构建具有"预报、预警、预演、预案"功能的数字孪生珠江体系，为珠江保护治理高质量发展和流域治理管理提供强力支撑。

数字孪生珠江是"十四五"期间珠江委推进智慧水利建设的重要举措，是粤港澳大湾区水安全保障体系中的关键一环，其具有战略定位高、技术路线新、数据量大等特点，一旦失陷将会对经济社会发展带来重大损失。同时，数字孪生珠江建设范围包含珠三角、西江经济带等区域，历年来都是境外网络攻击的热点，网络安全形势极为严峻。因此，面对数字孪生珠江的战略定位和复杂的网络安全形势，必须要贯彻习近平总书记网络强国重要思想，落实水利部关于网络安全工作的系列文件，全方位打造数字孪生珠江网络安全防护体系，对数字孪生珠江安全稳定运行，全面提升珠江保护治理效能具有重要意义。

2 数字孪生珠江简介

数字孪生珠江是利用新一代信息技术在虚拟数字世界中创建一个与珠江流域物理实体相互映射、协同交互的数字孪生体，主要建设任务包括数字孪生平台、信息化基础设施、"2+N"智能业务应用、网络安全体系和保障体系等内容。数字孪生珠江的作用在于：通过对珠江流域内的江河水系、水利工程及影响区域的全面动态模拟，解析水利要素演化规律，实现对自然现象过程、治理管理活动及其影响的快速响应与精准分析，并结合规则和知识的应用，实现决策方案的智能推送与实施。数字孪生珠江的总体建设任务由珠江委、流域各省（自治区）、流域水利工程管理单位根据江河水系分布和业务

作者简介：肖尧轩（1982—），男，高级工程师，主要从事水利信息化、网络安全规划设计工作。

通信作者：牟舵（1989—），男，工程师，主要从事水利信息化、网络安全规划设计工作。

职能协同推进，基于统一规范标准和接口实现共建共享。

3 数字孪生珠江网络安全问题分析

数字孪生珠江具备虚实交互、智能分析、泛在互联等特征，对珠江流域开展水旱灾害防御、水资源调配等业务工作具有重要支撑作用，一旦发生重大故障或遭到破坏将会导致应用中断、网络瘫痪、数据泄露等问题，将直接影响珠江委开展水旱灾害防御、水资源调配等关键业务，情况严重时甚至会波及水利枢纽等重要基础设施，影响流域内经济社会安全。因此，开展数字孪生珠江网络安全体系建设非常必要和重要。结合数字孪生珠江的特点，数字孪生珠江的网络安全问题主要体现在通信网络安全等 5 个方面。

3.1 通信网络问题

数字孪生珠江网络体系包括水文监测网、视频监控网和水利工控网等内容，具有网络覆盖地域广、网络结构复杂、网络节点多等特征。一是网络管理难度大，复杂的网络体系导致网络的日常管理、运行维护、安全防护的难度较大，同时多张网络的接入导致数字孪生珠江的网络暴露面增多，攻击风险也随之增加。二是物联网防护手段有待提升，数字孪生珠江将建设大量的监测感知、视频监控等设备，珠江委现有的网络防护体系在物联网防护、数据加密通信防护等方面手段不够强，物联网设施和数据存在较大安全隐患。三是工控网络安全须高度重视，数字孪生珠江将会与流域内数字孪生水利工程之间进行数据交互，特别共享是水利工程安全生产Ⅰ区、Ⅱ区数据的通信网路，一旦该网络被外界非法入侵，会产生敏感数据泄露甚至水利工程失守的重大安全事件。四是存在内网渗透的风险，数字孪生珠江的部分数据暂存在监控终端设备上，一旦监控终端出现安全问题，攻击者可通过物联网设备渗透到内部网络，会引发不可控的网络安全事件。

3.2 数据安全问题

数字孪生珠江的数据底板包括监测感知数据、基础地理数据、业务应用数据及多媒体数据等，这些数据通过汇集、治理后将形成数字孪生珠江中心数据库，为模型演算、业务应用提供支撑，是整个工程的核心与基础，相应的安全问题也须高度重视。一是数据采集层面，监测感知数据包括水雨情、工程安全监测及视频监控等数据，一旦监测设备被攻击，将会带来数据泄露、数据中断等问题。二是数据传输层面，监测感知设备的数据一般是通过 GPRS、4G 或 5G 等方式进行公网传输，存在数据被非法截获和被篡改的风险。三是数据共享层面，数字孪生珠江建成后，会与流域省区和数字孪生水利工程之间进行数据共享，其中涉及高精度地理数据、遥感数据等敏感度较高的数据，存在敏感数据泄露的风险。

3.3 智能应用系统问题

一是应用系统开发过程中大量使用或调用商业或开源中间件，长期存在中间件漏洞等隐患。二是应用系统开发中存在编码不规范、测试不充分等现象，导致应用系统存在注入漏洞，安全风险隐患极大。

3.4 新技术融合问题

数字孪生珠江将充分融合物联网、大数据、云计算、人工智能、数字孪生等新一代信息技术，形成具有"四预"能力的业务应用体系。但上述各种新兴技术的潜在风险尚未完全发现，多技术的叠加与应用融合，可能会产生新的未知安全问题。

3.5 基础设施问题

数字孪生珠江中的模型演算、"四预"业务应用及可视化模拟对算力要求较高，需要配置高性能的应用服务器、GPU 服务器等基础设施，当前国际形势较为复杂，国外可能随时断供相关设备，须提前防范该风险。

4 数字孪生珠江网络安全建设思路

根据等级保护 2.0、《中华人民共和国网络安全法》、《数字孪生流域建设技术大纲（试行）》及

《水利网络安全保护技术规范》等法律法规和技术要求，结合数字孪生珠江网络安全存在的短板，围绕"预警及时、防御有效、响应快捷、安全可控"的总体目标，以数字孪生珠江建设的信息化基础设施、数据底板和业务应用等为安全保护对象，重点开展监测预警、纵深防御以及攻击溯源等方面安全能力的建设。

4.1　监测预警体系建设

数字孪生珠江主动监测预警体系是指利用大数据、事件关联等技术对网络内关键节点的数据流量以及上级单位共享的情报数据的关联分析，精准发现网络中软硬件设备和业务应用存在的潜在风险和疑似攻击行为，增强珠江委网络安全主动监测预警能力。虽然珠江委依托重点项目构建了较为完善的主动监测预警体系，但随着数字孪生珠江的建设，珠江委现有的计算机网络架构将会发生改变，现有的监测预警体系无法对其进行全方位防护，需要进一步完善，主要包括建设物联网区和流域省区流量探针、安全管理区计算资源池、网络安全大数据分析平台和网络态势感知平台功能扩展等内容。

4.2　纵深防御体系建设

珠江委目前已建成满足等级保护 2.0 的网络安全纵深防护体系，因此为充分利用现有的网络安全防护设施，节约工程投资，数字孪生珠江的纵深防御体系建设主要是在现有的纵深防御体系上进行升级改造。同时，结合数字孪生珠江的特点，纵深防御体系的建设将聚焦物联网安全、云平台安全、数据安全和业务应用安全等领域，打造技术先进、安全可控、攻防兼备的纵深防御体系，全方位保障数字孪生珠江安全运行。

4.2.1　物联网安全

数字孪生珠江将建设一定规模的水义监测、视频监控等物联网设备，为确保上述物联网设备安全，将在珠江委政务外网内新建一个物联网接入区。在该区域配备相应的物联网安全防护设备和系统，主要包括物联网安全管理平台、物联网安全监测系统以及物联网终端安全防护软件，为数字孪生珠江建设的物联网设备提供安全防护。

4.2.2　云平台安全

为确保为数字孪生珠江建设的数据底板、模型平台、知识平台及"2+N"业务应用提供足够的算力支撑，珠江委现有计算资源将会进一步扩大，已有的云计算防护系统已无法满足新增的计算资源的安全防护需求。因此，需要将现有的云计算防护系统进行升级完善，主要包括增配虚拟下一代防火墙、虚拟 WAF、虚拟入侵检测、虚拟安全审计和云堡垒机等云安全防护资源等组件授权，从而实现对云平台的入侵检测和审计等安全功能。

4.2.3　业务应用安全

根据等级保护 2.0 有关要求，数字孪生珠江的业务应用安全将围绕身份鉴别、访问控制及数据加密等方面展开建设，主要通过增配密码基础设施、多因子认证网关等设施实现。通过将数字孪生珠江中的业务应用与密码基础设施、多因子认证平台衔接，实现业务应用的统一身份认证、单点登录、权限控制、安全审计的综合管理。

4.2.4　数据安全

数字孪生珠江建成后，将会产生海量的监测感知、DOM、DEM、视频等数据，数据量大、数据价值高、安全风险大，是整个工程成功落地的关键，也是风险较为集中的环节，必须高度关注。因此，必须要构建集数据采集、传输、应用于一体的全环节数据安全防护体系，该体系能够具备数据防泄露、数据加密、数据溯源等数据安全防护能力，实现对数字孪生珠江数据的安全防护。综合考虑数字孪生珠江的数据特点和规模，数据安全建设应包括数据防泄漏系统、数据加密系统、数据水印溯源系统和大数据安全防护系统，保障数字孪生珠江中感知、传输、应用等各环节的数据安全。

4.3　应急响应体系建设

为提升数字孪生珠江应对网络安全威胁或安全事件的能力，按照珠江委网络安全事件应急预案处置流程，完善一体化运维管理平台，开发建设网络安全集中管控平台和网络安全决策指挥系统，实现对网络安全事件的分析研判、处置指挥调度，同时完善应急响应组织机构和应急预案，加强预案及攻防演练，提高应对突发网络安全事件的组织指挥和应急处置能力。

4.4 安全攻击溯源建设

网络安全攻击溯源是从攻击者视角出发，通过分析，将不同时点、不同部位的攻击碎片重组为攻击事件，并对攻击者手法、目的、背景等进行深度溯源，可实现更精准、高效的威胁发现与处置。数字孪生珠江安全攻击溯源体系按照分级部署和同步建设思路，在委本级和下属单位分别部署设备，委本级作为主平台，委属单位为子平台，全面建成覆盖珠江委和委属单位的的一体化网络安全攻击溯源体系。安全攻击溯源建设包括 WEB 攻击溯源系统、网络攻击溯源系统、邮件攻击溯源系统、主机攻击溯源系统，共同组成珠江流域网络安全攻击溯源体系。

4.5 国产化环境建设

国产化环境建设包括信创环境建设和国产密码应用两部分。一是信创环境建设，从芯片级考虑数字孪生珠江基础设施的安全风险，在选择计算资源设备时，优先选用信创设备。二是密码体系建设，数字孪生珠江将通过国产密码应用体系的建设，为数字孪生珠江建设的"2+N"业务应用及珠江委现有的应用提供统一密码服务，实现敏感数据的加密保护，为珠江委及下属单位的业务系统、安全认证等提供密码服务保障，进一步增强珠江委的信息安全保障能力。

5 结语

本文结合数字孪生珠江可能存在的潜在网络安全风险，对如何做好网络安全建设进行了初步探讨，但对其能取得的成效本文没有进行深入研究，待相关网络安全建设内容落地后，再对监测预警、纵深防御、应急响应、攻击溯源等工作在数字孪生珠江中发挥的效益进行进一步研究。

参考文献

[1] 李国英 . 加快建设数字孪生流域 提升国家水安全保障能力 [EB/OL] . http：//gjkj. mwr. gov. cn/ldjh/202208/ t20220812_ 1591098. html.

浅谈数字孪生在灌区水利工程中的应用

蒋东进[1]　　宗　军[2,3]　　郦四俊[1]

(1. 江苏南水水务科技有限公司, 江苏南京　210012;
2. 水利部水文水资源监控工程技术研究中心, 江苏南京　210012;
3. 水利部南京水利水文自动化研究所, 江苏南京　210012)

摘　要: 水利部在《"十四五"智慧水利建设规划》中提出构建智慧水利体系, 并提出以数字孪生技术为基础, 推进传统水利工程向新型水利基础设施转型, 以提升水利决策与管理的科学化、精准化、高效化能力和水平。针对灌区这类中大型水利工程, 尝试采用数字孪生实现智慧灌区的建设, 最终达到提高资源利用效率、简化日常管理流程的效果。

关键词: 数字孪生; 灌区; 信息化; 水利工程; 自动化

1　引言

采用信息化技术和手段服务水利事业历来受到水利部的重视。近年, 随着虚拟现实技术的发展, 我国在《"十四五"智慧水利建设规划》中正式提出水利工程数字孪生, 即以数字化、网络化、智能化为主线, 以数字化场景、智慧化模拟、精准化决策为路径, 以算据、算法、算力建设为支撑, 实现与物理世界同步仿真运行、虚拟交互、迭代优化。

我国是一个农业大国, 同时还是一个水资源严重缺乏的国家, 因而节水一直是灌区建设、管理的一个重要指标。王昱等提出, 灌区管理的能力提高可以提升 50% 节水效果, 灌溉的管理水平对实现现代灌区的节水效果具有重要意义。这就对灌区的管理部门提出了很高的管理要求, 而现在灌区的智慧化还相对缺乏, 监测手段单一, 难以有效提升管理水平。

因此, 是否可以将灌区的运行管理和数字孪生技术进行结合, 从而实现技术服务于管理, 各地都在进行积极的尝试。本文以某中型灌区为例, 介绍数字孪生技术在智慧化灌区中的应用, 并简单分析其成效和优缺点。

2　背景介绍

该灌区处于东部某省, 位于平原河网, 水域面积 13 km², 河网率 6.1%。灌区现状有效灌溉面积 14.31 万亩 (1 亩 = 1/15 hm²), 惠及全市 50% 的乡镇、28% 的土地面积, 产出了全市 50% 的粮食。灌区水源主要依靠 A、B、C、D 四座泵站从其他水系提水, 再通过 48.19 km 的骨干灌渠和大量小型泵站、闸站输送到田间地头。

本次项目建设内容包含自动化系统提升、立体感知体系建立、数字孪生智慧应用系统建设、支撑保障系统升级, 主要涉及 16 处自动化站点、17 处水位监测站、3 处墒情监测站、5 处水质监测站、19 处流量监测站、32 处视频监控站点的工程建设。在工程的建设过程中同步进行了数字孪生场景的搭建和应用场景的设计工作, 以达到工程交付的同时完成虚拟场景的同步展现。

3　场景搭建

数字孪生场景搭建依托于各类采集设备和建设蓝图, 采集方式包括卫星遥感、无人机、无人船

作者简介: 蒋东进 (1984—) 男, 工程师, 仪器部主任, 从事水文仪器研制及推广工作。

等。本次项目中的现实世界相对庞大，受限于经费和时间，最终决定采用全灌区 DEM 地形数据+重要引水泵站周边倾斜摄影+主要沟渠道无人船河底地形测绘+泵站建筑物及泵房内泵机 3Ds Max 精细建模。

3.1 数据采集

全灌区 DEM 数据由当地国土部门提供，由于整个灌区处于平原地区，整体走势比较平缓，因此使用的数据精度为 10 m。

根据项目需求，无人机航摄倾斜三维模型需要完整地表现出工程附近的真实地理环境，包含建筑物、地形、道路、绿化、路灯等。本次项目为 13 座重点引排水泵站前后 200 m 范围、主要渠道段、灌区试验站等位置（面积共约 5 万 km²），通过三维影像数据采集（无人机倾斜摄影测量），构建工作底图。本项目采用本省 CORS 进行像控点测量，测量控制点时每个控制点观测 2 次；影像分辨率：航摄影像地面分辨率优于 5 cm。

项目要求对 6 座重点泵房进行精细建模和内部 BIM 建模，通过建设方调取施工设计图纸、竣工图纸、水泵图纸，并结合现场实拍照片和视频进行模型生产。

对灌区内主要沟渠道进行水下地形测绘，总渠 1、2 渠首段（面积约 2 万 km²），利用建设单位提供的已知控制点或坐标转换参数，进行坐标转换参数计算或复核，并进行精度分析。导航定位精度满足 1∶2 000 深度测量中的定位精度要求；测图比例 1∶2 000；高程基准面采用当地理论基准面，工作水准点按四等水准精度施测；平面控制网坐标系采用 1954 年北京坐标系；测深方式：多波束测深系统全覆盖测量。

3.2 数据处理

3.2.1 河底测绘数据处理主要软件

3.2.1.1 QPS QINSy 多波束数据采集与后处理软件

QINSy 是一套完整的系统，其覆盖了工程设计、数据采集和地图生产等工作。无论是用来疏浚、多波束测量、海洋研究、定位导航、石油平台移动、管线检查，还是 ROV 应用，QINSy 提供了高效和可靠的解决方案。

QINSy 支持各种类型传感器，包括 GPS 接收机、潮位仪、单波束或多波束测深仪、侧扫声呐、超短基线等设备。QINSy 支持多种数据格式，如 DXF、S-57、XTF、GeoTIFF、GSF、BAG 或 ASCII 码文件，允许用户使用其他应用程序进行数据转换。

从海底障碍物探测到管线检查，从锚系控制到水深测量或海底地貌测量，QINSy 的模块化设计和软件内在的特点使其具有广泛的应用。在本项目中该软件主要用于多波束外业采集与内业处理。

3.2.1.2 CARIS 多波束处理系统

CARIS HIPS 系统是多波束数据后处理的一个软件包，特别是对海量数据的处理（如多波束测量数据），有着很高的效率和质量控制能力。HIPS 软件的特点主要体现在海洋测量数据清理系统（HDCS）和整个数据处理流程中的数据可视化模型两个方面。HDCS 是对测深、定位、潮位、姿态等数据进行误差处理并将各类测量要素信息进行融合的数据处理模块；HDCS 采用科学声线跟踪模型及严谨的误差处理模型对水深数据进行归算、误差识别与分析；HDCS 采用半自动数据归算、过滤和分类工具增强人机结合工作效率，把更多的误差改正参数应用到最终的水深数据中，以得到接近理想的精度。数据的可视化模型是 HIPS 的又一大特点，从原始数据进入 HIPS 到形成最终的成果，友好的 Windows 风格界面始终伴随着用户，操作直观，流程清晰。

3.2.1.3 Hypack 水道测量软件

该软件为水上测量、导航软件，是美国 COASTAL 公司的产品。基于 Windows 操作界面，功能丰富、齐全，是目前国际上最完善的水道测量软件包之一。具有准备、测量、处理、成果输出等多个模块，在测量过程中可实时显示船舶位置坐标、船首方位、速度、偏航状态及 GNSS 接收卫星信号状态等信息。在本项目中主要用于单波束水深测量的外业采集和内业数据处理。

3.2.1.4 Leica Geo Office 软件

Leica Geo Office 是综合强大的数据处理软件。Leica Geo Office 软件（简称LGO）是徕卡测量系统的一款商业数据处理软件，具有功能强大、易于使用、数据分析能力强、处理速度快等特点。能够无缝隙地输入徕卡 GNSS、全站仪和水准仪测量数据，能够对各种数据进行组合处理及平差，平差模块采用与知名处理软件 Bernese 相同的 MOVE3 平差内核，使用者能够根据需要对卫星系统、采样率、电离层模型等进行设置，以获得最优的测量结果。LGO 软件带有多个实用工具，如卫星可用性、面积 & 体积计算、外业设计、格式管理器等，能够满足测量过程中一些特殊的需求和计算，提高工作效率。

3.2.2 三维倾斜摄影数据处理主要软件

航摄飞行获取的原始影像数据使用与相机镜头配套的专业系列软件进行图像后处理。对每架次飞行获取的影像数据进行及时、认真的检查和预处理，严格按照匀光、匀色步骤去对航摄影像进行调整生成，最终获得最佳成像效果的影像数据。所有成果进行自身质量检查合格后整理归档，得到最终航摄成果。

影像预处理是航摄影像从不可见到可见，实现其色彩还原的重要步骤。在数码航摄中，影像预处理对后期成果的影响在于处理速度和匀光匀色的调校。为了获得最好的数据，我们将按照以下要求进行处理：

（1）采取分布式不间断处理数据，保证数据以最快的速度处理出来，提高反馈效率，加快项目完成速度。

（2）影像预处理原则是使影像的直方图尽可能布满 0~255 色阶的区间，并接近正态分布。确保真彩影像色调丰富，颜色饱和，彩色平衡良好，彩色还原正常。

（3）在光线明暗差距不大的航摄状况时，对同一条航线使用同一调色模板；若明暗差距大，大气透明度不高，对一幅或几幅影像进行逐个调色，以达到最佳的真实色彩。

我们结合以往倾斜摄影测量数据处理的经验，可在影像质量检查阶段和 Mosaic 阶段对影像颜色进行调整，改善摄区局部因为天气影响导致的有雾、反差较大等颜色问题，以消除因为雾气、反差等因素的影响。数据预处理的质量控制流程如图 1 所示。

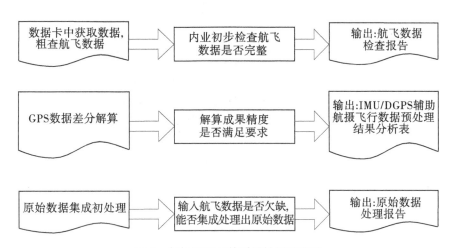

图 1　数据预处理的质量控制流程图

倾斜摄影数据的空三处理使用 Bentley 公司的 Context Capture Center Master 软件。Context Capture Center Master 软件的 AT 模块采用光束法局域网平差空中三角测量，支持垂直影像和倾斜影像同时导入参与空三计算。具体方法为：

①导入相机检校文件与每张像片的外方位元素，创建摄区空三工程文件。根据外方位元素配置工程，如图 2 所示。

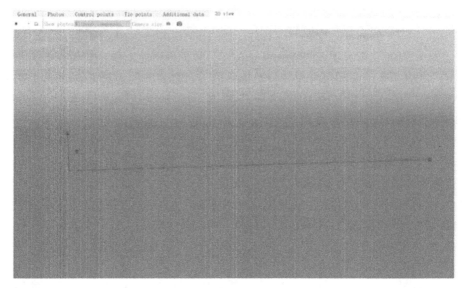

图 2　影像导入

②将摄区外业像控点量测到空三工程中。为保证控制点的量测精度，每个控制点在每个镜头上至少刺 2~3 个点位，根据点位信息将控制点量入软件模块。摄区像控点量测示意如图 3 所示。

图 3　像控点量测示意图

③空中三角测量计算设置作业区所有垂直和倾斜影像全部参与空三计算，如图 4 所示。

④量测的像控点参与空三计算，如图 5 所示。

⑤每张像片（包含倾斜影像）的外方位元素使用 POS 数据处理结果进行计算，如图 6 所示。

（4）航摄空中三角测量成果检查。

Context Capture Center Master 软件 AT 模块经过 Extracting Keypoints（提取特征点）、Selecting Pairs（提取同名像对）、Initialization Orientation（相对定向）、Matching Points（匹配连接点）、Bundle Adjustment（区域网平差）等步骤的运算处理，得到作业区空中三角测量成果。为提高空中三角测量的成果精度，可以使用软件对航摄作业区进行二次空三运算，最终得到更精确的航摄作业区空三结果，并生成航摄空中三角测量成果报告。

图 4

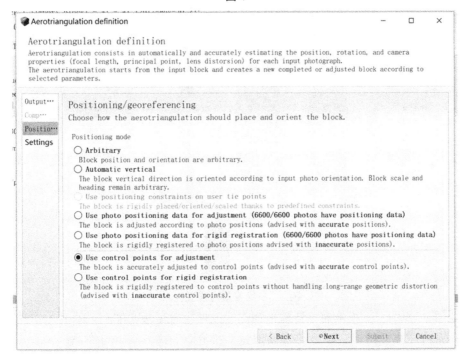

图 5

（5）实景三维模型制作。

建模处理工作站采用并行 GPU 框架硬件，专用硬盘存储可保证快速数据读取及高效计算。另外，并行处理能力极大地提高了计算机速度，减少了运行时间。三维模型的生产使用 Smart 3D Capture 软件处理的空三成果作为数据源。空中三角测量处理得到的特征点。模型制作的计算任务量较大，为提高数据处理速度，处理过程中可将摄区分割成多个模型单元进行处理。其软件构架及处理流程如图 7 所示。

数据成果提供以下数据格式：

Context Capture Center Master 软件完全根据航摄获取的影像数据制作三维模型成果，可以真实还原地物的空间位置、形态、颜色和纹理。

（6）三维模型的修补与编辑。

ContextCapture Master

Aerotriangulation report

Photo		Before aerotriangulation			After aerotriangulation		
Photogroup	File name	Number of points	RMS of reprojection errors [px]	RMS of distances to rays [u]	Number of points	RMS of reprojection errors [px]	RMS of distances to rays [u]
SONY_ILCE-QX100	DSC00274.JPG	1	0.07	0.002	1	0.08	0.002
SONY_ILCE-QX100	DSC00275.JPG	1	0.05	0.001	1	0.06	0.002
SONY_ILCE-QX100	DSC00276.JPG	1	0.06	0.001	1	0.08	0.002
SONY_ILCE-QX100	DSC00277.JPG	1	0.05	0.001	1	0.06	0.001
SONY_ILCE-QX100	DSC00329.JPG	1	0.10	0.002	1	0.10	0.003
SONY_ILCE-QX100	DSC00330.JPG	1	0.06	0.002	1	0.07	0.002
SONY_ILCE-	DSC00331.JPG	1	0.07	0.002	1	0.08	0.002

OK

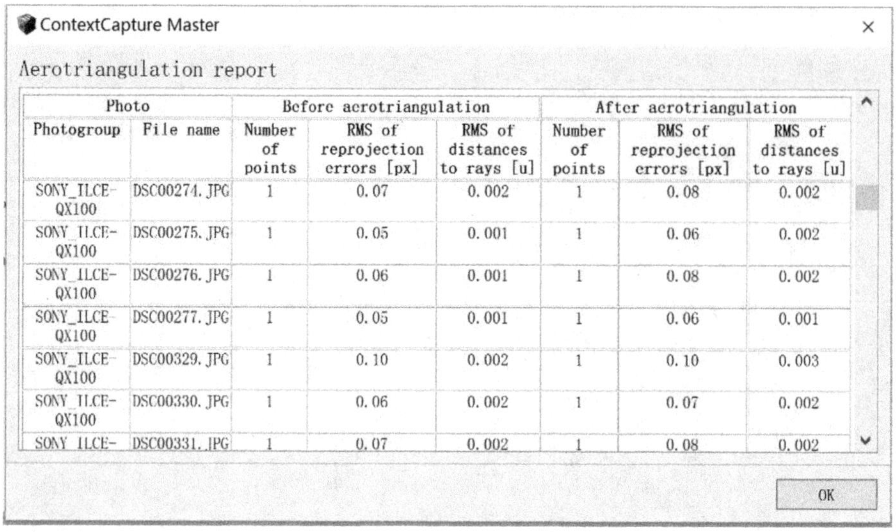

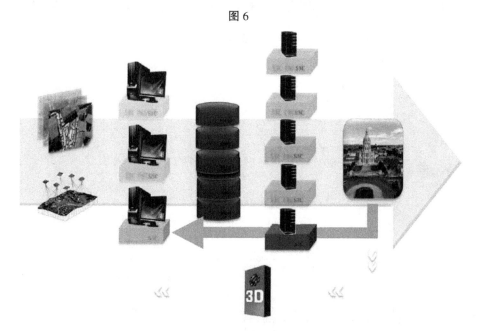

图 6

图 7　三维实景建模流程

在三维建模的过程中，由于水面等特殊地物在空三加密时无法匹配到正确的连接点，会导致生成的三维模型出现漏洞，如图 8 所示。我们需要对这些模型漏洞进行编辑与修补。

①从三维模型成果中挑选出有漏洞的模型分块。

②将有漏洞的模型分块导入第三方软件中进行修补。

③将修补完漏洞后，将模型重新导入 ContextCapture Center Master 软件中，将原漏洞的位置贴上应有的纹理，如图 9 所示。

在首批三维数据成果场景生成后，采用“反复处理修补—质量控制—再生产”的模式，直到生产出满足要求的三维成果数据。重点在成果中对玻璃面反光建筑物、相关水域、路面杂波等情况进行优化处理。

3.3　场景呈现

将卫星影像图叠加 DEM 地形数据后，形成整个灌区场景的基础底图，在这个底图基础上加入倾斜摄影模型、BIM 精细模型、河底地形测绘模型，就形成了整个灌区的数字孪生场景。通过与工程现场的自动化设备进行联动，使得数字模型与真实物理世界一一对应。

图 8　模型修饰前

图 9　模型修饰后

4　业务应用

4.1　灌区现状感知

首页中以灌区水资源现状为主题，展示当前灌区运行总体状态，包括地理信息展示、模型展示、数据统计、关键指标预警告警等。采用数据联动的方式，将各类现实中的数据在模型中展示，例如将水位高低通过模型直接展示，水位上涨后数字孪生场景也对应将水位上涨到相应高度；水泵的运行工况和闸门的当前开度也通过模型表示，当现实中的闸门开启时，孪生场景中的闸门也对应开启并触发水流效果；当水泵开启时，通过计算提水量与实际水位上涨，在下游河道中展示对应上涨的水位。通过实时的数据联动，保持孪生场景下的工况情况与现实一致，目前可以达到 5 min 的更新频率。

4.2　灌区水资源调度

在水资源调度中，通过展示当前灌区水量现状，结合未来降水和灌区内植物需水信息，给出建议提水量，并根据灌区内各部位沟渠的水位现状生成水量调度方案。当方案通过审核进入实施状态后，联动数字孪生灌区内响应的泵站进行提水示意，并将水体流向信息进行展示，全方位对现实情况进行模拟，实现水资源调度虚拟与现实联动。

4.3 水利工程设备

通过对泵站中的水泵、水闸中的闸门设备进行建模，结合自控系统中设备运行状态数据，包括开启关闭状态、电流、电压、温度、闸门开度等，实时展示设备运行状态。同时，为了方便物业人员了解设备结构，辅助维修工作，可将设备模型进行拆解查看，并演示装配流程。

5 结语

通过本次项目的尝试发现，在灌区水利工程中使用数字孪生技术，可以实现将虚拟的空间想象转化为看得见、看得懂的三维图形，通过空间交互的形式，让体验者有更好的理解和记忆。将不同专业世界的人带入到同一个世界里共同交流。

数字孪生技术的加入大大丰富了水利业务的表现形式，同时也更方便日常管理人员的业务操作，而更多的业务场景还有待提出、开发。未来，数字孪生作为一种技术手段可以为智慧水利的发展提供更多的创新思路。

参考文献

[1] 曾焱，程益联，江志琴，等."十四五"智慧水利建设规划关键问题思考 [J]. 水利信息化，2022 (1)：1-5. DOI：10. 19364/j. 1674-9405. 2022. 01. 001.

[2] 王昱. 灌区计划用水管理信息系统的设计与实现 [D]. 杨凌：西北农林科技大学，2007.

[3] 陈健. 水务行业利用数字孪生实现智慧水务的途径研究 [J]. 知识经济，2022，595 (2)：17-18.

河道三维模型构建与应用

魏 猛[1] 杨 柳[2]

(1. 长江水利委员会水文局长江中游水文水资源勘测局，湖北武汉 430010；
2. 长江水利委员会水文局，湖北武汉 430010)

摘 要： 无人机倾斜摄影实景三维建模是目前较流行的建模技术，但如何解决其模型精度不高、野外适用性不强、水下地形无法参与一体化建模等问题，是水陆一体化河道三维模型构建的关键。本文开展多种测绘手段结合的研究，将倾斜摄影测量、机载 LiDAR 及多波束测深三种手段相结合，发挥各自技术的优势，实现对河道三维实景模型全方位的构建，也是现阶段数字孪生数据底板建设的迫切需求。

关键词： 一体化三维建模；倾斜摄影；机载 LiDAR；多波束；配准拼接

1 引言

随着无人机、多波束、数字建模等技术的发展，大数据时代已然到来。结合现阶段水利部《数字孪生流域建设技术大纲》关于"建成覆盖全国的 L1 级数据底板，主要江河流域重点区域建成 L2级数据底板，重点水利工程建成 L3 级数据底板"的算据要求，一体化河道三维模型构建已成为数据底板的首要任务。无人机倾斜摄影技术捕获图像和位置数据相结合，获得具有位置信息的陆上实景三维模型；机载 LiDAR、多波束测深分别获得海量高精度的陆上、水下点云数据等。本文通过综合运用空中、陆上、水下多种数据采集手段，发挥倾斜摄影测量、机载 LiDAR、多波束等技术的优势，整合陆上、水下空间地理信息数据，构建一体化河道三维模型，丰富数据底板的内容，为后期河道场景的模拟、推演提供了条件。

2 一体化三维建模技术

将倾斜摄影测量、机载 LiDAR 及多波束测深技术相结合建立的河道三维模型，其作业过程主要包括水陆一体数据采集、数据解算、坐标转换、空三加密、密集匹配、三维建模、模型融合修饰等，相较于传统倾斜摄影建模方式具有较大的优势，提高了实景模型的利用率[1]，具有高效率、高精度的优点，过程简单，作业周期短，能够得到更加准确、完整的三维实景模型。其数据采集、处理流程如图 1 所示。

2.1 陆上实景三维建模

河道陆上地形获取手段较多，但河道两岸环境较为复杂，单一测绘方式难以真实反映河道地形，故提出综合倾斜摄影海量多角度影像获取和机载 LiDAR 的高精度点云的优点构建陆上实景三维模型的思路。倾斜摄影测量过程中可获得 1 个垂直角和 4 个倾斜角度的目标物的影像[2]，获取目标物顶面和侧面的纹理影像，通过内业数据处理可建立目标物的三维立体模型。机载 LiDAR 相比其他传统航测技术，可以快速、有效地获取三维空间地理信息数据，激光采样获取高密度三维点云数据，通过相机赋色真彩色点云。当测量植被茂密区域时，植被之间重叠严重，倾斜摄影无法准确获取地面高程数据。机载 LiDAR 利用激光多次回波技术，可以较好地穿透植被间的缝隙，进而探测到真实三维地形，

作者简介： 魏猛（1981—），男，高级工程师，局长助理、主任，主要从事河道测绘、水文水资源工作。

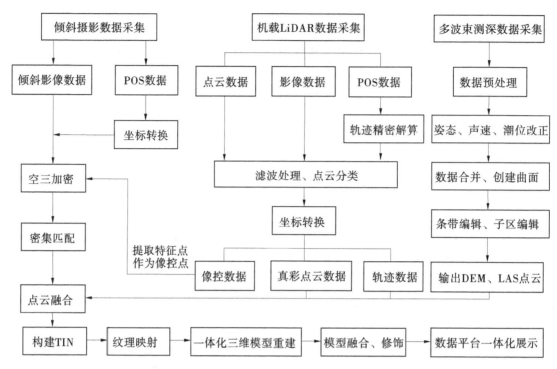

图 1　水陆一体化河道三维建模流程

精确建立地面高程模型。

　　本文陆上实景三维建模首要任务是将机载 LiDAR 生产点云数据融合配准倾斜摄影测量成果,以互相填补空白、提高模型的空间精度和质量。融合处理包括机载 LiDAR 测量数据预处理、倾斜摄影数据预处理、空三加密、密集匹配及数据融合等步骤,其中机载 LiDAR 测量数据预处理目的是通过运动轨迹解算获取点云数据坐标,并对点云数据进行滤波、分类及坐标转换处理,获取测区高精度、高质量、密度适中的真彩点云数据,并提取一批质量高的同名特征点数据作为倾斜影像数据处理所需像控点;融合处理目的是通过空三解算,实现所有像片无缝拼接,并通过加密同名连接点,结合像控点、密集匹配、配准拼接出测区整体性的真彩点云数据,再构建 TIN,通过纹理映射,输出高精度陆上实景三维模型。

2.2　多波束测深水下建模

　　多波束数据具有高精度、高分辨率和海量数据的特点,多波束测深系统的发射、接收基阵采用互相垂直的方式。多波束测深系统的信号发射和接收是由 n 个成一定角度分布的指向性正交的两组换能器来完成的。发射阵平行于船纵向(龙骨)方向,并呈两侧对称向正下方发射扇形脉冲声波。接收阵沿船横向(垂直龙骨)排列。在垂直于测量船航向的方向上,通过波束形成技术在若干个预成波束角方向上形成若干个波束,根据各角度声波到达的时间或相位就可以分别测量出每个波束对应点的水深值。多波束测深技术可在一个条带内得到上百个测深点,能高效地得到高精度、高分辨率的水下地形数据[3],其工作原理如图 2 所示。

　　多波束数据采集结束后进行水深后处理,通过姿态、声速、潮位改正后,开始数据合并、创建曲面,进一步进行条带编辑和子区编辑,其数据滤波一般采用趋势面滤波法、限幅滤波法和中位值滤波法等方法进行数据处理,以获取准确的河底点云数据。多波束曲面建模方式一般包括规则网格模型和 Delaunay 不规则三角网模型,本文推荐采用三角网生长合成法[4] Delaunay 不规则三角网模型,其拓扑关系不复杂,构网精度和效率更高。

2.3　水陆一体融合建模

　　倾斜摄影、机载 LiDAR 与多波束测深系统获取的都是高密度、高精度的三维点云数据,应保证

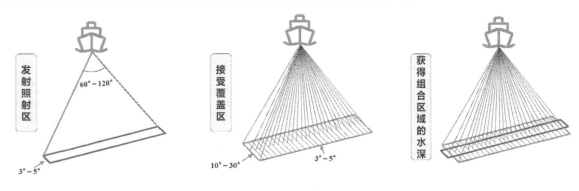

图 2　多波束测深原理示意图

外业采集数据基准的一致性和完整性。建模软件完成倾斜影像严密空三后，依次导入机载 LiDAR 点云和多波束测深点云，使点云数据通过机载 LiDAR 提供的像控点和质量高的同名特征点进行配准、拼接、融合，再提交软件进行自动建模，最终获得三维空间全覆盖的一体化河道三维模型。

3　工程案例

3.1　项目概况

以汉江流域某水文站测验河段为例，以数字化孪生为背景开展水陆一体化河道三维场景的构建。该测区面积约 2.8 km²，呈南北走向，水文站坐落于汉江左岸。施测时，水位偏低，大量岸滩裸露，左岸河床边坡较缓，主槽深泓偏向右岸，左岸建有防洪墙。本工程陆上部分采用无人机倾斜摄影与机载 LiDAR 联合作业模式，水下部分采用多波束测深系统获取精密水下地形，通过水陆一体建模技术构建该水文站河段一体化河道三维模型。

3.2　陆上数据采集及处理

本项目采用飞马无人机进行数据采集，搭载 SNOYA7R4＊5 相机和 DV-LiDAR10 激光模块，采用倾斜影像与 LiDAR 点云同步获取方式，观测采用的 POS 系统为超高精度惯导设备系列，在航飞前确定航摄分区、航线设计、航线敷设、航高、重叠度，同时进行像控点布设与测量，实现利用多角度影像、LiDAR 点云建立可量测的三维模型。本次航飞共飞行 7 个架次，飞行高度 105 m，航向重叠 70%，旁向重叠 80%，共获取测区范围 13 020 张像片，同步获取激光点云数据。

数据预处理基础是 POS 数据解算，利用 Inertial Explore8.7 软件进行，分别用于机载 LiDAR、倾斜摄影数据预处理，将 GNSS 基站、流动站、IMU 数据进行组合导航解算，计算 GNSS 流动站天线到 IMU 中心的偏心矢量，并在软件设置，为每一个 GNSS 基站输入天线高和基站点坐标，解算完成后查看处理精度报告，包括姿态、位置精度、IMU 处理状态等，如图 3、图 4 所示。

倾斜摄影数据处理包括影像数据检查、POS 数据解算、坐标转换等，本文在此不做赘述。机载 LiDAR 测量数据处理，包括点云数据解算、滤波处理、点云分类、坐标转换等，联合 POS 数据和激光测距数据，附加系统检校数据，进行点云数据解算，生成三维点云。点云分类采用 TerraSoild 软件进行：①编辑宏命令，进行噪声点滤除、点云自动分类，分类出默认类、低点、地面点、植被点、建筑点等；②根据地面点生成可编辑模型，在模型上可以直观地看出自动分类不合理处，使用 Assign Point Class 工具直接在可编辑模型上的异常位置单击，即可将错分的地面点重分为默认类，同时可编辑模型也会实时更新；③使用 tphoto 模块将 DOM 添加到 TerraSoild 软件，点云与 DOM 叠加，与可编辑地面模型关联查看，目视检查有无错分、漏分，使用分类编辑工具进行修改；④保存修改后的点云，完成坐标转换，依次输出用于倾斜摄影和激光点云数据配准拼接的轨迹数据和真彩色点云。

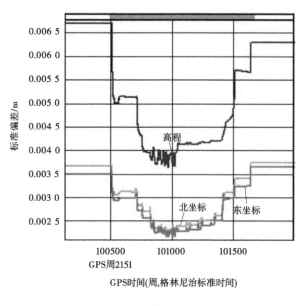

图 3　POS 解算位置精度图　　　　　　　　图 4　POS 解算姿态精度图

3.3　水下数据采集及处理

本项目水下地形数据采用 Sonic2024 型多波束测深系统获取，包括多波束换能器、OCTANS 罗经和运动传感器、GNSS 卫星定位系统、声速剖面仪、表面声速探头等。外业采集主要包括多波束系统设备安装、校准及施测等过程，其中校准质量直接影响多波束测深效果，包含横摇（Roll）、纵摇（Pitch）和航向（Heading）等要素。由于测验河段水深 3～17 m，水下地形较为平坦，本次测量利用 Qinsy 软件基于无验潮测深技采集数据，有效避免传统潮位法测深易受潮位模型误差、船速突变引起 Heave 长周期信号异常以及动态吃水测定不准确的影响[5]。测区布设航线约 17 条，航线间距 20～50 m，重点地物进行航线加密。外业数据采集完成后，采用 CARIS 后处理软件，数据处理主要包括定位数据处理，声速剖面数据处理，潮位数据处理，姿态数据处理，深度数据处理和数据编辑、去噪、合并、清项；创建曲面是对预处理后得到的水深数据通过 Delaunay 不规则三角网构建模型，生成数字高程模型（DEM），并输出 LAS 点云数据。

3.4　河道三维模型整体构建

数据预处理结束后，采用 Bently 公司的 context capture（简称 CC）软件进行融合建模及后期的模型修饰处理。利用机载 LiDAR 测量数据处理过程中提取的同名特征点作为像控点，在倾斜影像上刺点，刺点结束后，再次提交 CC 软件进行严密空三和密集点云匹配。CC 软件完成倾斜影像严密空三后，导入机载 LiDAR 测量数据处理得到的真彩激光点云数据和轨迹文件，使两种点云数据在统一的空间坐标系统下进行拼接融合，通过数据配准技术把影像变成点云进而完成和激光点云信息的精准配准，将倾斜和机载 LiDAR 点云融合到一个基准框架下。对于陆上点云和水下多波束点云的融合，采用激光点云与影像点云配准拼接好的点云作为源点云，与多波束测量 LAS 点云进行配准拼接，最终实现水陆源点云的一体化拼接，再提交软件进行自动建模。自动融合建模过程包括自动构建 TIN、纹理映射、自动生成三维模型。多种点云数据融合建模，对模型的整体效果是有明显改善，特别是建筑物、密集树木区域，通过激光点云数据加密，改善了点云 TIN 网，更真实地还原了密集植被区域的高程精度。测验河段一体化河道三维模型效果如图 5 所示。

4　结语

本文系统阐述了将倾斜摄影测量、机载 LiDAR、多波束等多种水陆数据采集手段综合运用，实现了水陆一体化河道三维模型的构建。提出采用机载 LiDAR 点云精度高的特点融合提升倾斜摄影测量

图 5　测验河段一体化河道三维模型效果

模型精度，构建高精度 TIN，通过纹理映射，输出高精度陆上实景三维模型；通过多波束测深系统，实现水下场景的精细化展示，再以激光点云与影像点云配准拼接好的点云作为源点云与多波束测量 LAS 点云进行配准拼接，最终实现水陆源点云的一体化拼接，弥补了单一测量手段的不足，成功构建了水陆一体化河道三维模型，为数字孪生数据底板建设及后期河道场景的模拟、推演提供了条件。

参考文献

[1] 张晓庆，胡辉辉，王治中，等．水上水下一体化三维河道场景构建与展示 [J]．测绘通报，2020（12）：118-121.

[2] 邓林建，程效军，程小龙，等．一种基于点云数据的建筑物 BIM 模型重建方法 [J]．地矿测绘，2016，32（4）：14-16.

[3] 黎建洲，刘源，邹双朝．多波束测深技术在长江某水厂取水管现状检查中的应用 [J]．长江科学院院报，2019，36（12）：43-46.

[4] 徐红健．基于多波束测深异常值探测的海底三维建模研究 [J]．集成电路应用，2022，39（3）：186-187.

[5] 周建红，马耀昌，刘世振，等．水陆地形三维一体化测量系统关键技术研究 [J]．人民长江，2017，48（24）：61-65.

数字孪生潘家口、大黑汀水库防洪"四预"平台建设探讨

徐好峰　高滢钦

（水利部海河水利委员会引滦工程管理局，天津　300392）

摘　要： 智慧水利建设是推动新阶段水利高质量发展的主要实施路径之一，其核心任务与目标是建设数字孪生流域。本文对标数字孪生流域建设要求，统筹考虑滦河流域潘家口水库和大黑汀水库的工程现状和发展需求，以"数字孪生流域"建设为核心，对潘家口、大黑汀水库数字孪生防洪"四预"平台，从数据底板、模型平台、防洪"四预"（预报、预警、预演、预案）平台等方面进行深入剖析探讨，为进一步提升潘家口、大黑汀水库管理水平，加快构建现代水治理体系，建设数字孪生滦河提供参考。

关键词： 数字孪生；潘家口水库；大黑汀水库；防洪"四预"平台

1　滦河流域防洪现状

滦河是自成体系的大型水系。滦河水系以山区为主，上中游山区面积占水系总面积的 98.2%，干流总长 888 km，其中山区河道长度达 818 km。至滦县京山铁路桥进入平原，平原河段很短，干流长度仅 70 km。滦河的防洪工程体系于新中国成立后逐渐形成，主要目标是保护下游平原区，逐渐形成了上中游兴建水库调蓄洪水以减轻下游洪水威胁、下游平原河道以排为主的格局。

1.1　水库工程

滦河干流及支流现有潘家口、大黑汀、桃林口、庙宫、双峰寺 5 座大型水库和 12 座中型水库，其中大型水库总库容 44.46 亿 m³，控制流域面积 40 160 km²，占山区面积的 91.4%。大型水库中，潘家口水库与下游大黑汀水库形成梯级串联水库位于滦河干流上，控制流域面积的 4/5（35 100 km²），是滦河流域防洪控制性骨干工程；桃林口水库位于滦河支流青龙河上；其中，潘家口水库承担下游主要防洪任务，大黑汀水库和桃林口水库设计中均不承担下游防洪任务，但在运用中对低标准洪水有一定调蓄错峰作用，减轻滦河下游防洪压力。双峰寺水库位于滦河支流武烈河上，承担水库下游及承德市区防洪任务。庙宫水库位于滦河支流伊逊河上，对减轻伊逊河流域洪水威胁具有一定作用。

1.2　河道堤防

滦河干流上游为山区河道，两岸无堤，大黑汀水库以下至罗家屯段的迁西县城左右岸筑有堤防，城区两岸防洪堤间过流能力 12 350 m³/s。西峡口以下进入山前平原区，河道分岔，迁安市段左、右岸筑有堤防，城区两岸防洪堤间过流能力 20 000 m³/s。

京山铁路桥至入海口段为平原河道，两岸筑有防洪大堤和防洪小埝。防洪大堤分为左、右堤，其左堤设计流量 25 000 m³/s，现状行洪能力 20 000 m³/s；右堤上段设计流量 25 000 m³/s，已基本达到设计标准，右堤下段设计流量 25 000 m³/s，现状行洪能力 15 000 m³/s。防洪小埝分为左、右堤，其

作者简介： 徐好峰（1971—），男，高级工程师，水利部海河水利委员会引滦工程管理局副局长，主要从事规划计划、工程管理、水旱灾害防御等工作。

左堤设计流量 8 230 m³/s，现状行洪能力 4 000 m³/s；右堤上段设计流量 8 230 m³/s，现状行洪能力 6 000 m³/s，右堤下段设计流量 8 230 m³/s，现状行洪能力 4 000 m³/s。

2 系统建设背景

2.1 国家政策导向

党中央、国务院高度重视智慧水利建设，《国民经济和社会发展第十四个五年规划和 2035 年远景目标纲要》明确提出构建智慧水利体系的要求。水利部部长李国英在 2021 年水利部水旱灾害防御工作视频会议上强调要强化预报、预警、预演、预案 "四预" 措施，加强实时雨水情信息的监测和分析研判，完善水旱灾害预警发布机制，开展水工程调度模拟预演，细化完善江河洪水调度方案和超标洪水防御预案。水利部网络安全与信息化领导小组办公室编制的《智慧水利建设顶层设计》提出，"十四五" 重点突破大江大河大湖主要河流的数字孪生流域建设，主要河流与重点区域的流域防洪、水资源管理与调配智能业务应用取得初步成效，水利数字化、网络化水平和重点领域智能化水平明显提升，智慧水利体系初步建成。

2.2 流域防洪需要

滦河水量丰沛，多年平均径流量为 46.94 亿 m³，自古以来洪水多发。据 1500 年来的各种文献记载，滦县水文站洪峰流量接近或超过 10 000 m³/s 的年份有 90 年左右，达到 15 000 m³/s 的年份有 40 年左右，达到 28 000 m³/s 的年份有 11 年左右。通过对潘家口、大黑汀、桃林口、滦县等水文站的历史洪水及实测资料统计，自 1790 年以来发生的范围较大、洪水量级较高并形成大范围灾害的特大洪水年份共计 16 年，平均每 13 年就发生一次较大洪水，洪灾发生频率较高，对滦河下游地区正常的生产生活构成很大威胁。

目前，滦河下游防洪工程体系薄弱，多数堤防尚未达到防洪规划治理要求。因此，滦河干流上大型水库的防洪调度尤为重要，建设潘家口、大黑汀水库数字孪生防洪 "四预" 平台，实现洪水预报、预警、预演、预案功能，可有效提升滦河流域水安全保障能力。

3 数据底板和模型平台建设

3.1 地理信息系统（DIS）建设

潘家口、大黑汀水库数字孪生防洪 "四预" 平台采用高分立体测绘卫星数据制作数字高程模型（DEM），利用卫星遥感影像和 DEM 数据制作数字正射影像图（DOM）数据，结合无人机倾斜摄影，构建 GIS 三维数字场景。GIS 三维数字场景是数字孪生滦河流域平台的基础底图，是 BIM+GIS 信息数据的基础载体，用于提供具有精准的地理坐标、纹理逼真的实景三维模型、嵌入精确的地理信息、更丰富的影像信息以满足预报、预警、预演、预案等多类型业务应用。

3.2 建筑信息模型（BIM）建设

BIM 模型是建筑物、构筑物、设备设施等数据的模型载体，也是数字孪生平台的基础信息模型。为满足数字孪生平台业务应用的需求，建立潘家口、大黑汀水库主坝、溢洪道、电站厂房及变电站等三维可视化模型，从设施管理的角度深化模型数据信息，达到可以在 BIM 模型中查询构件名称、尺寸、材质、安装位置、系统类别、运行数据等内容的目标。目前，潘家口、大黑汀水库数字孪生防洪 "四预" 平台建成的 BIM 模型包括：潘家口、大黑汀水库主坝、副坝、溢洪道、电站厂房及变电站等建筑物的功能级 BIM 模型，水轮机、起重设备、变电站、电力变压器、电力线路、闸门、启闭机等设备模型，主坝、副坝、塌滑体及边坡、库区淹没以及环境量监测涉及的渗压计、量水堰、应力计、钢筋计等仪器模型。大坝 BIM 模型见图 1，水轮机模型见图 2。

3.3 数据融合与处理

对工程数据底板的空间数据进行融合，形成二维三维一体化的高精结构化实体和数字空间，从较为单一的 GIS 数据升级为融合多源、异构、多时态空间数据，以满足应用需求。潘家口、大黑汀水库

图 1 大坝 BIM 模型

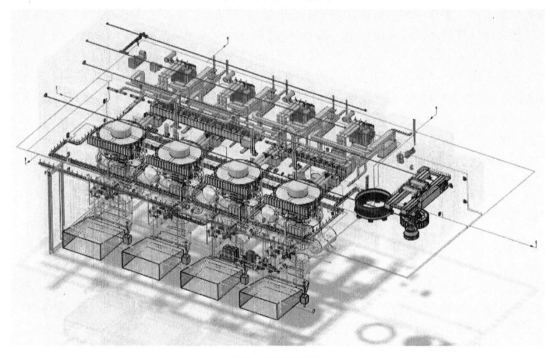

图 2 水轮机模型

数字孪生防洪"四预"平台多维数据融合主要是将 BIM 模型、无人机倾斜摄影、卫星遥感影像、数字高程模型、基础地理数据、监测及业务数据等三维数据，在构建数字孪生可视化场景时进行融合，形成滦河流域数字孪生场景。数据融合技术路线如图 3 所示。

3.4 模型平台建设

模型平台是在数据底板基础上，对水利治理管理活动进行智慧化模拟，为数字孪生流域提供模拟仿真功能。潘家口、大黑汀水库数字孪生防洪"四预"平台构建的模型平台主要包括水文模型（API 模型和新安江模型）、水动力学模型（一维水动力学模型和二维水动力模型）、工程调度模型（水工建筑物操作洪水模拟和水库调度模型），并在此基础上构建了模型管理系统。

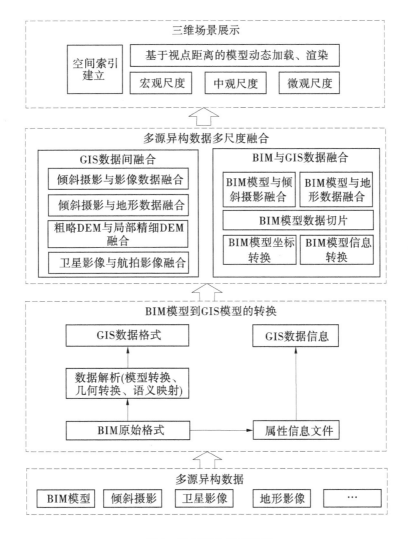

图 3　数据融合技术路线

4　防洪"四预"平台建设

4.1　预报

潘家口、大黑汀水库数字孪生防洪"四预"平台接入了滦河流域的水雨情监测信息，实现了基于潘家口、大黑汀水库三维场景以数据表、图形的形式，动态展示预报范围内的气象、雨情、降雨量、水库水位及出入库流量、视频监测等数据。采用 API 模型和新安江模型进行洪水预报计算，并根据历史水文数据资料，以及水库调度运行资料，对模型参数进行了重新率定，提高水库入库流量计算精度。预报模块具体功能包括：

（1）水雨情查询。查询、分析、统计流域水雨情信息。

（2）预报方案管理。查看、新建、修改、删除预报方案。

（3）洪水作业预报。根据洪水预报的作业流程，即新建预报任务、模型参数提取、状态参数提取、历史降雨自动处理、预报降雨交互、水库调节交互、实时预报计算、计算结果展示和多方案对比分析等环节，进行洪水预报。在预报计算完成后，预报员可根据历史洪水发生规律、降雨特点、水文气象影响因数等，对流域出口断面流量过程预报误差进行交互式实时校正，提高预报精准度。

（4）洪水自动预报。根据默认的水情预报方案配置情况，后台定时、滚动完成预报计算，并自动保存预报结果至数据库。

（5）预报成果管理。可根据预报对象、时间、操作人等不同条件筛选出相关洪水预报结果，实现多场洪水、多次预报洪水过程比对。

（6）精度评定。在场次洪水发生后可将预报过程与实测洪水过程进行对比分析，从而评定该场洪水预报结果的优劣。

4.2 预警

三维场景中直观展示水库水文站和河道水文站预警统计、视频监控、气象预警、洪水预警、应急响应等信息，并建立数据关联。用户可查看实时、历史预警信息，并对区域或个人发布预警信息。

4.3 预演

基于构建的 GIS 三维数字场景、BIM 模型和一维水动力学模型、二维水动力模型、水库调度模型等模型平台，结合滦河下游防洪风险图，实现了洪水演进三维模拟。用户可以自定义输入库水位、控制模型、区间径流和模型约束条件，进行不同洪水模拟计算，形成多个预演方案后开始预演。通过三维场景呈现流域上游降雨及产汇流过程、洪水河道演进、水库大坝提闸泄洪、下游地区淹没情况等，直观形象地展示洪水过程及受灾情况。预演结束后，系统将利用专业的模型算法对预演各项参数进行分析计算，得出预演方案等级形成评估分析报告，为防洪调度决策提供技术支撑。

4.4 预案

预案模块主要展示所采用的方案调度信息、预报预警信息、调度指令执行信息、调度反馈信息汇总、方案执行过程、汛后复盘优化、综合查询、会商等。具有预案存取、新建、重算、复制、移除和起止时间、时段类型、出入库流量、调度期初末水位、泄洪水量、机组发电量等数据比对功能，全面判断和评估各不同方案的防洪兴利效果和大坝安全风险。

5 结论与展望

5.1 结论

数字孪生潘家口、大黑汀水库防洪"四预"平台建设工作以"数字化场景、智慧化模拟、精准化决策"为目标，以大力提升数字化、智能化、科学化水平为方向，探索数字流域场景中的动态交互、实时融合和仿真模拟，结合滦河流域洪水特点，充分运用云计算、数字映射、数字孪生等新一代信息技术，为流域防洪奠定了智慧化的先行示范基础，其前瞻性主要体现在以下方面：

（1）探索形成了数字孪生滦河流域智慧防洪建设方案，为推进智慧流域防洪工作积累了经验。

（2）提出了数据底板建设思路，初步形成了数据底板建设框架和技术标准。

（3）构建了滦河流域"四预"演练数字化场景，初步实现了数字孪生、数字映射技术在数字流域防洪体系中的应用。

（4）基于多技术融合与多平台协同，建设了"四预"业务系统，为数字滦河与智慧防洪体系建设奠定了坚实基础。

5.2 展望

对标"数字孪生流域"及防洪"四预"建设要求，下一步将重点针对所存在的短板问题，围绕以下 3 方面开展技术攻关：

（1）超大规模洪水模拟与预报预警技术：研发多尺度、多过程、分层耦合的超大规模洪水模拟计算框架，提升完善分布式水文水动力学并行加速计算技术，构建流域洪水智能预报模型，研发多阶段梯次性和靶向预警技术。

（2）数字映射、数字场景科学构建与预演关键技术：研发基于多源高分辨率数据的数字化场景与数字流场构建技术，研究基于数字化场景的"四预"全流程一体化预演技术。

（3）形成数字孪生流域智慧防洪建设技术标准体系、智能化预报预警和场景化预演预案体系。

参考文献

［1］河北省水利水电第一勘测设计研究院.滦河流域防洪规划报告［R］.石家庄，2002.

［2］水利部海河水利委员会.海河流域防洪规划［R］.天津，2008.

［3］宋利祥.西枝江流域数字孪生与防洪"四预"体系建设与探讨［J］.中国防汛抗旱，2022，32（7）：12-18.

基于雷达流速仪的在线测流系统设计与分析

房灵常[1]　安　觅[2]　范春艳[1]

(1. 水利部南京水利水文自动化研究所，江苏南京　210012;

2. 江苏南水科技有限公司，江苏南京　210012)

摘　要： 流量测验是水文测验的一项重要工作，本文设计了一套基于雷达流速仪的在线测流系统，采用多垂线流量计算，通过各垂线的平均流速与断面面积，进而计算出各分割断面的流量，求和得到其累计流量。以尤溪水文站为例，进行了雷达流速仪和 LS25-1 型旋桨式流速仪水面流速的比测分析，得出表面流速相关性基本一致，达到一类精度标准，满足该水文站流量测验工作要求，并可实现在线全自动流量监测，也为雷达流速仪在水文测验方面的推广应用提供了依据。

关键词： 水文测验；雷达流速仪；全自动流量监测

1　引言

随着水文监测现代化技术的发展，以减少洪涝灾害产生的影响和伤害为目的，河流断面的流量监测越发重要。河流流量测量涉及防洪安全、水文水利计算、水资源评价等各个方面，是水文工作的重要内容，每年都需要耗费大量的人力、物力去完成测验任务。为了减轻流量测验工作量，长期以来，水文工作者都在寻找减少流量测验次数的方法。常用的方法有：利用流速仪对断面多个点进行测流、走航测验技术测流、基于水力学和水文学模型的水位推算流量等。传统的测流方法多以单次测流或者人工测流为主，测流的历时长，测流的精度不高，且需要耗费水文工作人员大量的时间。本文提出一种基于雷达流速仪的在线测流监测系统，可以使用在宽河道的流量监测，其安装简便，可以替代人工测流。

2　测量原理

2.1　雷达流速仪的测量原理

雷达流速仪流速测量基于多普勒效应，探头斜向下发出一束雷达波，雷达波在照射到水体表面反射，由于多普勒效应，发出去的雷达波和接收到的雷达波会产生多普勒频移 Δf，多普勒频移 Δf 正比于流速[1]。通过测量多普勒频移 Δf 即可测量出流体的流速，两者关系可推算出：

$$V = \frac{1}{2} \cdot \frac{\Delta f}{f_0} \cdot \frac{c}{\cos \alpha} \tag{1}$$

式中：V 为待测量流速；Δf 为多普勒频移；f_0 为雷达发射频率；c 为电磁波的传播速度；α 为雷达波照射方向和水流方向夹角。

2.2　速度面积法

利用雷达流速仪测量流速 V、水位 H 和预先在遥测终端机 RTU 中设置的断面参数，RTU 可以利用水位自动换算出过流面积 S，流体的断面流量公式为[1]：

$$Q = V \times S \tag{2}$$

式中：S 为过流面积；Q 为瞬时流量。

作者简介： 房灵常（1964—），男，高级工程师，主要从事水利信息化设计工作。

由于采用了速度面积法测流，其可以适用于任何形态的断面。

2.3 流量计算原理[2]

依据《河流流量测验规范》（GB 50179—2015），流量的测量采用多垂线流量计算。将断面划分成多个断面，然后计算各垂线的平均流速，通过各垂线的平均流速进而计算出各分割断面的流量，求和得到其整个断面的流量。

部分流量计算公式如下：

$$q_i = \overline{V_i} \cdot S_i \tag{3}$$

式中：q_i 为第 i 部分流量，m^3/s；$\overline{V_i}$ 为第 i 部分断面平均流速，m/s；S_i 为第 i 部分的过流面积，m^2。

断面流量计算公式如下：

$$Q = \sum_{i=1}^{n} q_i \tag{4}$$

式中：Q 为断面流量，m^3/s。

2.3.1 垂线流速计算

部分平均流速计算应符合下列规定。

两测速垂线中间部分的平均流速应按下式计算：

$$\overline{V_i} = \frac{V_{m(i-1)} + V_{mi}}{2} \tag{5}$$

式中：V_{mi} 为第 i 条垂线平均流速，$i = 1, 2, \cdots, n-1$。

靠岸边或死水边的部分平均流速应按下式公式计算：

$$\overline{V_1} = \partial V_{m1} \tag{6}$$

$$\overline{V_n} = \partial V_{m(n-1)} \tag{7}$$

式中：∂ 为岸边流速系数。

岸边流速系数 ∂ 值可根据岸边情况在表 1 中选用。

表 1 岸边流速系数 ∂

岸边情况		∂ 值
水深均匀地变浅至零的斜坡岸边		0.67~0.75
陡岸边	不平整	0.8
	光滑	0.9
死水与流水交界处的死水边		0.6

注：1. 在计算岸边或死水边部分的平均流速时，对于用深水浮标或浮标配合流速仪在岸边或死水边垂线上所测的垂线平均流速，可采用本表；

　　2. 当断面上有回流时，回流区的部分流量应为负值。

由于雷达流速仪是采用非接触式多普勒效应测流速，因此其测量的表面流速和部分平均流速之间是存在误差的。所以，需要采用其他的经过校核过的流速仪进行校核得到校正系数。

2.3.2 垂线流速校核的点数选择

水深小于 1.5 m 时，可采用 0.6 或 0.5 相对水深一点法；

水深大于或等于 1.5 m、小于 3.0 m 时，可采用 0.2、0.8 相对水深二点法；

水深大于或等于 3.0 m、小于 5.0 m 时，可采用三点法；

水深大于或等于 5.0 m 时，宜采用六点法。

垂线上测点流速的分布如表 2 所示。

表 2　垂线上测点流速的分布表

测点数	相对水深位置	
	畅流期	冰期
一点	0.6 或 0.5、0、0.2	0.5
二点	0.2、0.8	0.2、0.8
三点	0.2、0.6、0.8	0.15、0.5、0.85
五点	0、0.2、0.6、0.8、1.0	—
六点	0、0.2、0.4、0.6、0.8、1.0	—
十一点	0、0.1、0.2、0.3、0.4、0.5、0.6、0.7、0.8、0.9、1.0	—

2.3.3　垂线上平均流速的计算

（1）十一点法计算公式如下：

$$V_m = \frac{1}{10}(0.5V_0 + V_{0.1} + V_{0.2} + V_{0.3} + V_{0.4} + V_{0.5} + V_{0.6} + V_{0.7} + V_{0.8} + V_{0.9} + 0.5V_{1.0}) \tag{8}$$

（2）五点法计算公式如下：

$$V_m = \frac{1}{10}(V_0 + 3V_{0.2} + 3V_{0.6} + 2V_{0.8} + V_{1.0}) \tag{9}$$

（3）三点法计算公式如下：

$$V_m = \frac{1}{3}(V_{0.2} + V_{0.6} + V_{0.8}) \tag{10}$$

$$V_m = \frac{1}{4}(V_{0.2} + 2V_{0.6} + V_{0.8}) \tag{11}$$

（4）二点法计算公式如下：

$$V_m = \frac{1}{2}(V_{0.2} + V_{0.8}) \tag{12}$$

（5）一点法计算公式如下：

$$V_m = V_{0.6} \tag{13}$$

$$V_m = KV_{0.5} \tag{14}$$

$$V_m = K_1 V_0 \tag{15}$$

$$V_m = K_2 V_{0.2} \tag{16}$$

式中：V_m 为垂线平均流速，m/s；V_0、$V_{0.1}$、$V_{0.2}$、…、$V_{1.0}$ 为 0、0.1、0.2、…、1.0 相对水深处的测点流速，m/s；K、K_1、K_2 为半深、水面、0.2 相对水深处的流速系数。

通过以上计算原理可得到平均流速，设备测量表面流速进行校核之后可得到校正后的流速，然后利用垂线流速计算的理论依据及部分流量和断面流量的理论依据就可以得到整个断面的流量数据。

3　系统设计

雷达流速仪在线流量监测系统主要由雷达流速仪、雷达水位计、遥测终端机、通信模块、监测软件、供电系统及其他辅助设施等组成。

由于水流在不同位置的流速变化较大，因此在不同的位置均布设多台雷达流速仪，用于非接触测量水表面的流速。放置 1 台雷达水位计，用于测量桥下河道的水位。配置遥测终端机来读取多台雷达流速仪和 1 台水位的数据并且将这些数据进行汇总，按照速度面积法计算整个过流断面的面积，从而得到流量数据，流量计算原理详见 2.3 节，最终将流速、水位、流量数据上传至服务平台。

供电采用市政供电或者太阳能供电，利用遥测终端机对数据进行汇总。

3.1 主要设备参数

3.1.1 雷达流速仪

（1）有效距离：0~40 m。

（2）测量范围：0.1~20 m/s、0.1~40 m/s。

（3）测量精度：±0.01 m/s；分辨率：0.001 m/s。

（4）供电范围：9~24 V；功耗：<1 W。

（5）工作温度：-10~60 ℃；存储温度：-20~60 ℃；相关湿度：95%RH。

（6）通信接口：RS485；防护等级：IP66；天线频率：24 GHz；波束角：12×25°。

雷达流速仪用于河流和渠道的非接触式表面流速测量。流速仪安装在河流、渠道等水体上方（安装高度大于 0.5 m），沿水面夹角 45°~60° 方向向水面发射雷达信号，反射回来的信号会被传感器接收，并通过分析计算转换为表面平均流速。其安装示意如图 1 所示。

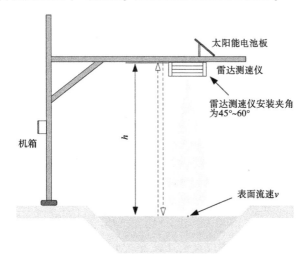

图 1　雷达流速仪安装示意

3.1.2 雷达水位计

（1）测量范围：0~30 m。

（2）分辨率：1 mm。

（3）测量精度：±3 mm。

（4）输出接口：RS485。

（5）工作温度：-10~60 ℃。

（6）存储温度：-20~70 ℃。

3.1.3 遥测终端机

（1）支持流速、水位换算流量。

（2）配套上位机软件可设置渠道、河道类型参数等。

（3）支持 GPRS、GSM、北斗卫星等流量数据远程传输功能。

（4）支持同时向多个站点发送报文。

（5）支持多种工作模式（包括自报模式、查询、应答式、兼容式等）。

（6）内置大容量存储空间，支持 USB 本地数据导出功能。

（7）支持远程升级、配置、维护。

（8）工作温度：-10~60 ℃；配套上位机软件。

3.2 软件平台

遥测终端机每 5 min（可根据情况设定）采集底层传感器的数据，并将其发送至相应的服务器，通过数据查看平台可以实现实时数据的查看、历史报表、历史图形、导出 Excle 等。软件界面如图 2 所示。

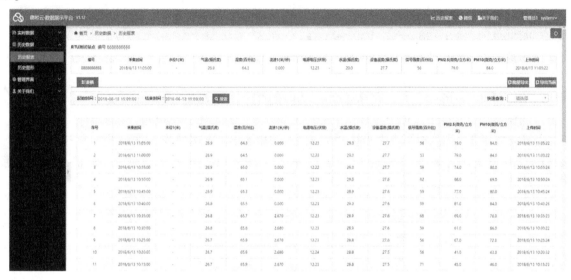

图 2 软件界面

4 应用[3]

该系统能实现流量监测的自动化、智能化，无须进入水体，对于高洪时多漂浮物、大流速、陡涨陡落的山区性河流来说是一种较为理想的测验方式。为了验证基于雷达流速仪在线测流系统适用范围、适用条件、稳定性等性能，在福建尤溪水文站开展了示范应用，为行业推广应用提供技术参考。

4.1 表面流速比测分析

本次试验比测是采用手持式电波流速仪在雷达流速仪安装的同一个位置，以相同俯视角和雷达流速仪同时测量断面表面流速，得出比测结果，如表 3 所示。

表 3 表面流速比测分析表（断面位置：尤溪大桥）

起点距/ m	水位/ m	定点雷达流速/ （m/s）	手持雷达流速/ （m/s）	绝对误差/ （m/s）	百分比 /%	起点距/ m	水位/ m	定点雷达流速/ （m/s）	手持雷达流速/ （m/s）	绝对误差/ （m/s）	百分比 /%
62	100.62	2.04	2.00	0.04	2.00	62	100.13	1.32	1.3	0.02	1.54
87	100.62	3.41	3.32	0.09	2.71	87	100.15	2.76	2.69	0.07	2.60
87	100.32	2.73	2.84	−0.11	−3.87	87	101.27	1.33	1.27	0.06	4.72
87	100.30	2.83	2.78	0.05	1.80	87	101.27	2.97	2.94	0.03	1.02
62	100.58	1.52	1.57	−0.05	−3.18	62	101.27	3.46	3.34	0.12	3.59
87	100.58	3.24	3.20	0.04	1.25	87	100.17	1.63	1.71	−0.08	−4.68
87	100.31	2.72	2.82	−0.1	−3.55	87	100.17	2.86	2.93	−0.07	−2.39
62	100.69	2.10	2.06	0.04	1.94	62	99.95	1.36	1.34	0.02	1.49
87	100.69	3.41	3.32	0.09	2.71	87	99.95	2.41	2.36	0.05	2.12
62	100.60	2.11	1.93	0.14	6.60	62	100.47	2.03	2.02	0.01	0.50

续表3

| 起点距/m | 水位/m | 定点雷达流速/(m/s) | 手持雷达流速/(m/s) | 误差 | | 起点距/m | 水位/m | 定点雷达流速/(m/s) | 手持雷达流速/(m/s) | 误差 | |
				绝对误差/(m/s)	百分比/%					绝对误差/(m/s)	百分比/%
87	100.60	3.38	3.33	0.05	1.50	87	100.47	3.34	3.36	−0.02	−0.60
62	100.65	2.00	1.96	0.04	2.04	62	99.99	1.37	1.34	0.03	2.24
87	100.65	3.37	3.35	0.02	0.60	87	99.99	2.55	2.62	−0.07	−2.67
62	100.68	2.01	1.96	0.05	2.55	62	100.03	1.42	1.39	0.03	2.16
87	100.68	3.39	3.32	0.07	2.11	87	100.03	2.62	2.51	0.11	4.38
62	100.66	2.01	1.95	0.06	3.08	62	100.11	1.44	1.38	0.06	4.35
87	100.66	3.35	3.26	0.09	2.76	87	100.11	2.49	2.54	−0.05	−1.97
62	100.94	2.71	2.67	0.04	1.50	62	100.13	1.33	1.35	−0.02	−1.48
87	100.94	3.63	3.58	0.05	1.40	87	100.10	2.70	2.77	−0.07	−2.53
62	100.15	1.30	1.27	0.03	2.36	62	100.06	1.40	1.37	0.03	2.19
87	100.15	2.78	2.69	0.09	3.35	87	100.07	2.62	2.67	−0.05	−1.87
62	100.13	1.31	1.26	0.05	3.97	62	100.06	1.41	1.36	0.05	3.68
87	100.19	2.74	2.78	−0.04	−1.44	87	100.03	2.61	2.54	0.07	2.76

根据比测结果，绘制手持式电波流速仪与雷达流速仪的相关关系图，发现两者回归系数 0.99，相关线斜率接近 1.0，雷达流速率定后最大测速误差 0.13 m/s，最大误差比例为−6.60%，分析结果如图 3 所示。

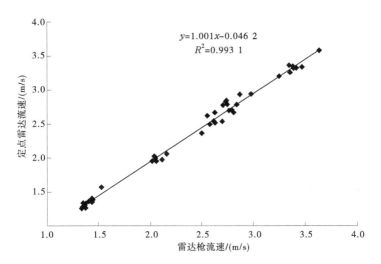

图 3　尤溪站定点雷达流速比测分析

4.2　雷达波流速仪系数及对比分析

在尤溪水文站取流量比测试验 30 次，其中水位变幅 102.37~103.72 m，流量变化 27~251 m³/s。雷达流速仪系数分析测定是由雷达流速仪和 LS25−1 型旋桨式流速仪的测验成果进行断面流量和雷达波流速仪虚流量的计算，根据所计算的结果，进行此次比测试验雷达流速仪系数的计算。

由电波流速仪系数试验成果（见表4）可知，在全部比测试验中，雷达波流速仪系数为0.85，通过所得到的雷达波流速仪系数和虚流量施测值，就能计算出断面流量。转子流速仪法实测流量与雷达波流速仪实测流量的相关关系线见图4。

表4　雷达波流速仪系数试验成果

施测号数	时间（月-日）	起(时:分)	止(时:分)	断面位置	基本水尺水位/m	断面流量/（m³/s）	雷达波虚流量/（m³/s）	雷达波系数
1	08-20	09:22	09:46	基	102.87	80.2	94	0.85
2	08-23	17:12	17:32	基	102.83	72	83	0.87
3	08-26	15:20	15:48	基	103.17	138	157	0.88
4	08-29	16:32	17:00	基	103.47	194	234	0.83
5	08-30	10:17	11:00	基	102.37	21.5	27.9	0.77
6	09-02	10:27	10:55	基	103.25	152	176	0.86
7	09-06	16:08	16:32	基	102.85	74.7	99	0.75
8	09-11	09:20	09:46	基	102.83	71.4	86.5	0.83
9	09-11	10:18	10:42	基	102.83	70.4	87	0.81
10	09-12	10:16	10:44	基	103.17	129	153	0.84
11	09-16	10:12	10:32	基	102.83	71.4	81	0.88
12	09-18	15:40	16:02	基	102.78	63.3	76	0.83
13	09-20	09:36	09:56	基	102.78	66.7	80	0.83
14	09-23	15:48	16:08	基	102.76	63.1	81	0.78
15	09-24	09:35	10:03	基	103.16	136	159	0.86
16	09-25	09:22	09:54	基	103.12	126	145	0.87
17	09-26	09:34	09:54	基	102.76	61.3	72	0.85
18	09-30	09:08	09:28	基	102.77	62.4	76	0.82
19	10-08	09:52	10:24	基	103.41	181	223	0.81
20	10-12	16:02	16:22	基	102.76	63.4	74	0.86
21	10-15	08:52	09:16	基	102.81	69.4	82.3	0.84
22	10-16	09:23	09:49	基	102.78	66.5	82	0.81
23	10-22	14:53	15:14	基	102.64	48	57.6	0.83
24	10-30	08:48	09:09	基	102.69	52.4	61.3	0.85
25	10-30	09:47	10:07	基	102.68	51.1	60.6	0.84
26	10-31	09:57	10:22	基	102.66	50.8	60.9	0.83
27	11-01	10:03	10:27	基	102.76	61.6	72.3	0.85
28	10-04	14:00	14:22	基	103.72	251	298	0.84
29	10-05	20:03	20:25	基	103.6	226	263	0.86
30	10-17	14:00	14:20	基	102.62	43.7	51.6	0.85

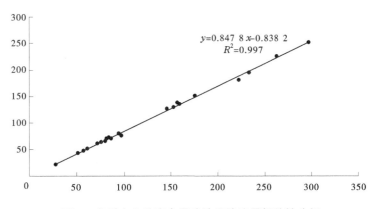

$$y = 0.847\ 8x - 0.838\ 2$$
$$R^2 = 0.997$$

图4 尤溪水文站定点雷达波系统流量相关性分析

以 LS25-1 型旋桨式流速仪断面流量值为真值，进行电波流速仪施测流量误差、标准差及不确定程度的计算，同时进行误差分析（结果见表5）。

表5 定点雷达波表面流量比测分析表

水位/m	流速仪流量/（m³/s）	雷达实测流量/（m³/s）	绝对误差/（m³/s）	相对误差/%	水位/m	流速仪流量/（m³/s）	雷达实测流量/（m³/s）	绝对误差/（m³/s）	相对误差/%
102.87	80.2	80	0.37	0.30	103.16	136	135	0.85	0.62
102.83	72	71	2.01	1.45	103.12	126	123	2.75	2.18
103.17	138	133	3.30	4.55	102.76	61.3	61	0.10	0.16
103.47	194	199	-2.53	-4.90	102.77	62.4	65	-2.20	-3.53
102.37	21.5	24	-10.30	-2.22	103.41	181	190	-8.55	-4.72
103.25	152	150	1.58	2.40	102.76	63.4	63	0.50	0.79
102.85	74.7	84	-12.65	-9.45	102.81	69.4	70	-0.55	-0.80
102.83	71.4	74	-2.98	-2.12	102.78	66.5	70	-3.20	-4.81
102.83	70.4	74	-5.04	-3.55	102.64	48	49	-0.96	-2.00
103.17	129	130	-0.81	-1.05	102.69	52.4	52	0.30	0.56
102.83	71.4	69	3.57	2.55	102.68	51.1	52	-0.41	-0.80
102.78	63.3	65	-2.05	-1.30	102.66	50.4	52	-0.97	-1.90
102.78	66.7	68	-1.95	-1.30	102.76	61.6	61	0.15	0.24
102.76	63.1	69	-9.11	-5.75	103.72	251	253	-2.30	-0.92
102.62	43.7	44	-0.16	-0.37	103.60	226	224	2.45	1.08

根据本文所进行的雷达流速仪系数比测试验结果可知，尤溪水文站雷达波流速仪系数 0.85，达到一类精度标准，满足该水文站流量测验工作要求，并可实现在线全自动流量监测。

5 结语

本文设计的一套基于雷达流速仪的在线测流系统，具有系统化、全自动等特点，不受泥沙、高洪、漂浮物等因素影响，水文工作者通过数据平台即可获得实时水位、流速、流量数据及过程线等信息。以尤溪水文站为例，本文进行了雷达波流速仪和 LS25-1 型旋桨式流速仪水面流速的比测分析得出，表面流速相关性基本一致，达到一类精度标准，满足该水文站流量测验工作要求，并可实现在线全自动流量监测，也为雷达流速仪在水文测验方面的推广应用提供了依据。

参考文献

［1］刘燕强，彭彩霞．雷达流量计在黄壁庄水库入库河道流量监测中的应用［J］．河北水利，2020（3）：45-48.

［2］陈意．小开河引黄闸智能测流系统研究［D］．济南：济南大学，2015：8-10.

［3］钟超．福海水文站电波流速仪系数的分析与探讨［J］，陕西水利，2019（5）：46-51.

［4］欧阳鑫，吕青松．雷达波流速仪流量测验水面流速系数分析［J］．地下水，2022（1）：245-247.

［5］陈伯云，房灵常，张永兵，等．基于定点雷达波在线流量监测系统研发推广专题报告［R］．

［6］中华人民共和国住房和城乡建设部．河流流量测验规范：GB 50179—2015［S］．北京：中国计划出版社，2015.

基于高性能视频的在线水位监测系统
在福建尤溪水文站的示范应用

房灵常[1] 李亚涛[2]

(1. 水利部南京水利水文自动化研究所，江苏南京 210012；
2. 江苏南水科技有限公司，江苏南京 210012)

摘 要： 高性能视频水位监测系统是一项实现水位自动监测的新技术及新设备，该系统具有高度智能化、自动化、全天候工作、不接触水体、环境适用能力强等特点，是水位在线监测的一种新方法。该系统将人工智能技术集成到前端高清摄像机，通过前端设备直接获取视频、图片等素材；应用先进的图像识别水位技术，获取水位并解决风浪、水体倒影、透明度、光照等因素的影响，最后采用 4G 和卫星通信方式将水位数据和水尺抓拍图片传输至数据中心。系统适用于各种水利工程场景的应用，实现江河湖海、闸坝、潮位、大中小型水库的水位在线监测。本文以尤溪水文站为例，对基于高性能视频水位监测系统研发示范技术进行分析与总结。

关键词： 高性能视频水位监测系统；比测分析；尤溪水文站

1 引言

河流的水位是水文测验的重要数据，目前水位在线监测技术已经相当成熟，但是现有的水位在线监测技术只是水位值的测量，特别是中小河流测的单水位站，没有现场的视频图像信息，在发生洪水时对水情难以形成直观的判断，而视频在线水位监测系统利用人工智能技术、网络传输技术和计算机信息技术，是集硬件、软件、网络于一体的综合视频监测与可视化系统，发生洪水时通过 4G（或5G）网络远程查看测站水情，能直观地为防汛抢险部门决策提供科学依据。

2 高性能视频在线水位监测系统设计

2.1 可行性分析

目前，水位监测主要通过利用水位传感器自动采集表征水位和人工现场目测读数这两种方式。自动采集表征水位主要由浮子式、雷达式、压力式、超声波式等水位计监测实现，这些水位计各有各的优点，但缺点也非常明显。例如：浮子式可靠、便宜，适合各种情况使用，但是需要建造观测井房，造价高；雷达式和超声波式必须置于水面之上，使用受限，且受外界干扰多；压力式受水质变化的影响，要经常检查并率定。人工现场目测读数，这种方法耗时耗力，且不能做到实时监测。

基于高性能视频的水位观测技术，利用人工智能高清摄像机读取水尺上的读数，主要实现以下目标：

（1）自动识别水尺，能够同时获取实时图像和水位数据。

（2）实时监测自然条件下水位变化，特别是潮位的监测。

（3）系统可以将识别的水位数据和图像进行自动比对，真正实现无人值守。

（4）水位测量的精度能够接近或达到±1 cm，满足防汛和水文资料整编的要求。

作者简介：房灵常（1964—），男，高级工程师，主要从事水利信息化设计工作。

（5）图像识别系统实用、可靠、先进，且具有国内和国际领先水平。

2.2　系统结构及其组成

视频水位可视化在线监测系统主要由视频 RTU、摄像机、辅助光源、水尺及外围配件、辅助设施、接收软件等部分组成。接收软件安装在数据中心的接收机上，视频 RTU、摄像机、辅助光源、水尺及外围配件组成一体化监测站，安装在水位观测现场。结构示意图见图 1。

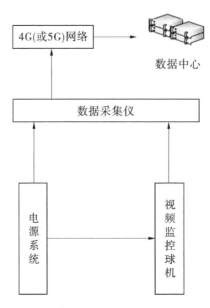

图 1　高性能视频水位在线监测系统结构示意图

2.3　主要技术特点

（1）将人工智能和边界计算技术集成到视频 RTU，通过前端设备获取图片及 RTU 内的算法分析记录水位数据。

（2）先进的图像识别水位技术，解决风浪、水体倒影、透明度、光照等因素的影响。

（3）先进的通信技术，通过 4G 和卫星通信方式传输水位数据和水尺抓拍图片，通过 5G 和光纤传输视频图像。

（4）通过识别的水位数据和水位传感器数据进行比测，实现水位自动监测站的无人值守。

（5）各种水利工程场景的应用分析，实现江河湖海、闸坝、潮位、大中小型水库的图像水位识别。

（6）非接触、安全低损、少维护、无泥沙影响。

（7）安装简单，土建量很少，运行可靠、稳定。

2.4　系统安装方式

摄像机、太阳能电池板等设备安装在立杆上，视频 RTU、蓄电池及供电控制器安装在机箱内，摄像机通过视频 RTU 控电，摄像机安装在距离水尺适宜范围内。测站设立观测水尺（见图 2），水尺桩用方管，基础为混凝基础，尺寸为 0.4 m×0.4 m×0.6 m（长×宽×高），桩身背水面安装水尺牌。

一体化立杆机箱由立杆、维护平台、设备支架、仪器机箱、电池机箱等组成。

立杆选用壁厚 6 mm 的热镀锌钢管，外径下部分 200 mm，上部分 150 mm，表面喷塑处理。立杆高 5.5 m，上方安装避雷针，避雷针高度 1.5 m。维护平台选用热镀锌材料型钢制作，表面喷塑处理，为维护人员提供站立平台。设备支架选用热镀锌材料型钢制作，表面喷塑处理，用于安装太阳能板。

3　测站基本情况

尤溪水文站尤溪大桥上游 90 m 处，东经 118°12′，北纬 26°11′，接近于尤溪县主城区出口处，集水面积 4 450 km², 是国家重要水文站, 该站测验项目有水位、雨量、流量、水质等, 是尤溪河的控制站, 属一类重要水文站。

尤溪水文站前身为西洋水文站, 其设立于 1951 年 6 月, 1990 年因水口水电站建设向上游迁移至现尤溪城区水东村设立尤溪水文站, 现主管机关为福建省水文水资源中心。

尤溪水文站河段顺直, 中高水由于两岸建成防洪堤。左岸为卵石、中间为岩石、右岸为沙卵石; 左岸下游有滩地, 水位在 101.52 m 会有死水出现。低水河宽约 70.0 m, 中高水为 120~140 m, 基本水尺断面上游 350 m 处为尤溪与青印溪汇合口, 上游 1.8 km 处有水东电站水库, 对本站各级水位均有影响。低水由河槽控制, 下游 94 m 处有尤溪大桥, 约 400 m 处有弯道及卡口, 可做中高水控制。

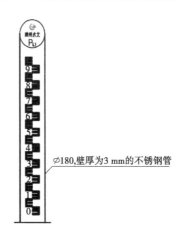

图 2　水尺示意图

尤溪站上游建有两座大型水库, 水位受工程影响严重, 采用频率流量进行水位级划分。水位 103.52 m 以上为高水, 水位 101.22~103.52 m 为中水, 100.82~101.22 m 为低水, 100.82 m 以下为枯水。

水位站建有测井, 安装了浮子式水位计, 自动监测水位, 观测人员定期与水位井上的水尺进行校正。

4　高性能视频监测系统应用分析

4.1　比测分析方法

4.1.1　比测设备

尤溪口水文站参与比测工作的基于后端的高性能视频水位观测系统。比测时将视频识别的水位与人工观测水尺的水位、浮子水位计监测的水位进行比对。

4.1.2　比测分析要求

人工观测应满足《水位观测标准》(GB/T 50138—2010) 的要求。

在进行比测时, 需保证系统的正常运行, 比测前需要检查系统设置的测量时间间隔, 保证人工观测和自动监测的时间统一, 同时根据水尺读数设置初始水位值, 检查浮子水位计的读数, 保证三方数据一致。

4.1.3　比测分析内容

选择水位无涨落变化的时期 (如峰、谷或平水期), 分别在无风、较大风 (1~2 级)、大风 (3~4 级) 三种情况下, 20 min 内连续采用水尺人工观测水位 31 次 (进行随机观测, 有风时采用峰、谷、平三次观测值的平均值算作为一次观测), 填入比测分析表, 同时计算人工水位观测不确定度。

7—10 月每日 9 时、12 时、16 时、18 时人工观测水位和高性能视频水位记录比测分析、计算高性能视频水位自动监测系统的不确定度和随机不确定度。

比测 20 时、24 时及 5 时的视频水位和浮子水位计的比测数据。

4.2　水位数据比测分析

本次水位数据比测将高性能视频监测系统水位识别数据与人工观测水位数据进行比测分析, 9 月、10 月的部分水位数据比测记录见表 1[1]。

表1 水位数据比测分析

时间 （年-月-日T时：分）	水位/m		误差		时间 （年-月-日T时：分）	水位/m		误差	
	视频水位	人工观测	绝对误差	d^2		视频水位	人工观测	绝对误差	i^2
a	b	c	d	e	f	g	h	i	j
2019-09-25T09：00	101.13	101.14	−0.01	0.000 1	2019-10-01T09：00	100.69	100.69	0	0
2019-09-25T12：00	101.14	101.14	0	0	2019-10-01T12：00	100.62	100.62	0	0
2019-09-25T16：00	101.15	101.14	0.01	0.000 1	2019-10-01T16：00	100.63	100.63	0	0
2019-09-25T18：00	101.18	101.18	0	0	2019-10-01T18：00	100.66	100.67	−0.01	0.000 1
2019-09-26T09：00	100.78	100.78	0	0	2019-10-02T09：00	100.63	100.63	0	0
2019-09-26T12：00	100.78	100.78	0	0	2019-10-02T12：00	100.64	100.65	−0.01	0.000 1
2019-09-26T16：00	100.77	100.78	−0.01	0.000 1	2019-10-02T16：00	100.69	100.70	−0.01	0.000 1
2019-09-26T18：00	100.79	100.78	0.01	0.000 1	2019-10-02T18：00	100.68	100.67	0.01	0.000 1
2019-09-27T09：00	100.79	100.78	0.01	0.000 1	2019-10-03T09：00	100.76	100.77	−0.01	0.000 1
2019-09-27T12：00	100.83	100.81	0.02	0.000 4	2019-10-03T12：00	101.14	101.14	0	0
2019-09-27T16：00	100.84	100.82	0.02	0.000 4	2019-10-03T16：00	101.16	101.16	0	0
2019-09-27T18：00	100.80	100.80	0	0	2019-10-03T18：00	101.16	101.15	0.01	0.000 1
2019-09-28T09：00	100.68	100.70	−0.02	0.000 4	2019-10-04T09：00	101.67	101.66	0.01	0.000 1
2019-09-28T12：00	100.78	100.78	0	0	2019-10-04T12：00	101.69	101.67	0.02	0.000 4
2019-09-28T16：00	100.83	100.84	−0.01	0.000 1	2019-10-04T16：00	101.68	101.67	0.01	0.000 1
2019-09-28T18：00	100.78	100.78	0	0	2019-10-04T18：00	101.69	101.68	0.01	0.000 1
2019-09-29T09：00	100.80	100.79	0.01	0.000 1	2019-10-05T09：00	100.69	100.69	0	0
2019-09-29T12：00	100.81	100.81	0	0	2019-10-05T12：00	101.06	101.06	0	0
2019-09-29T16：00	100.80	100.79	0.01	0.000 1	2019-10-05T16：00	101.18	101.17	0.01	0.000 1
2019-09-29T18：00	100.79	100.79	0	0	2019-10-05T18：00	101.72	101.70	0.02	0.000 4
2019-09-30T09：00	100.79	100.79	0	0	2019-10-06T16：00	100.68	100.68	0	0
2019-09-30T12：00	100.80	100.81	−0.01	0.000 1	2019-10-06T18：00	100.63	100.63	0	0
2019-09-30T16：00	100.80	100.80	0	0					
累计（d^2+i^2）					0.003 9				
平均					0.000 243 75				
不确定度（m）= $[(\sum h)/(n-1)]^{0.5}$					0.016 124 5				

通过比测试验，系统一直稳定运行，数据到报率100%，绝对误差最大0.02 m，系统不确定度为0.016 124 5。在系统比测期间，虽然出现水位数据个别报错，但是经过系统升级和算法完善，问题得以解决。系统运行稳定以后，通过比测数据可知，视频识别水位系统误差较小。

5 结语

基于高性能视频水位监测系统在本次示范应用期间运行稳定。从数据比测分析结果来看，比测期间视频识别水位数据与人工观测水尺数据基本吻合，系统的稳定性可满足水文测报要求。

系统在直立水尺和矮桩水尺的应用已趋于成熟，配合后处理算法优化、安装支架及各种兼容的集成方式，可满足不同应用场景的需要。可以适应于摄像机与水尺直线距离不超过 50 m 范围内的河流、湖泊、水库、人工河渠、海滨、感潮河段、城市积水等水域的水位或积水深度监测。

参考文献

［1］陈伯云，房灵常，张永兵，等 . 基于高性能视频的水位观测系统研发示范专题报告［R］.

［2］中华人民共和国水利部 . 水文资料整编规范：SL/T 247—2020［S］. 北京：中国水电水利出版社，2020.

［3］陈伯云，刘九夫，余达征，等 . 组织新技术在水文测报中的研发推广技术总结报告［R］.2019.

基于无人机机载 LiDAR 和无人船测深系统的快速地形测量应用——以思南县文家店乌江大桥勘测为例

梁　栋[1]　李亚虎[1]　王　志[1]　龚秉生[2]

（1. 水利部长江勘测技术研究所，湖北武汉　430011；
2. 长江水利委员会水文局长江中游水文水资源勘测局，湖北武汉　430010）

摘　要： 如何准确高效地测量复杂区域的地面和水下地形，是水利和交通工程勘察中常遇到的难题。本文针对植被覆盖的喀斯特峡谷区域复杂地形，提出了基于无人机机载 LiDAR 和无人船测深系统的地形测量方案，并以贵州思南县文家店乌江大桥桥址区地形测量项目为例，分别采用无人机机载 LiDAR 和无人船测深系统获取地面激光点云和水底深度数据，借助 RTK 技术实现地面和水下地形数据的融合，经数据处理后快速生成正射影像、地形图和实景三维模型。实践证明，该方案测量结果准确可靠，可节约勘察设计的时间和成本，具备推广价值。

关键词： LiDAR；无人机；无人船；激光点云；水下测深；地形测量

1　引言

大比例尺地形图为工程设计施工提供了精准的空间位置信息，是建设智慧水利和数字孪生流域的基础。贵州乌江流域石灰岩广泛分布，石灰岩被水流侵蚀，造就了典型的喀斯特地貌。乌江两岸地势险峻、峡谷深切，山体垂直落差较大，植被密布，且经过多年梯级水电开发，乌江航道水深较大，传统测量手段难以准确获取实际地形信息。针对高低起伏、植被覆盖的喀斯特地貌，即使基于航摄相机的无人机摄影测量也难以穿透植被获取地表信息，且受地形影响，影像分辨率难以保证。如何准确高效地测量复杂区域的地面和水下地形，是水利和交通工程勘察中常遇到的难题。

近几年来，激光雷达技术不断发展且日渐成熟，无人机机载 LiDAR（light detection and ranging, LiDAR）可以穿透茂密植被，准确获取地表信息，具有成本低、速度快、精度高的优势，已经成功应用于地形测量、工程测量、变形监测、古文物保护、房屋重建和数字化林业等领域。周卿和李能国利用机载 LiDAR 在广西南宁市郊进行了 1∶2 000 地形测量，并与航空摄影测量方法进行了比较[1]。邹云和付宓利用 LiDAR 技术对重庆巫镇高速公路进行了 1∶2 000 地形测绘[2]。王亮春等将无人机倾斜摄影和机载 LiDAR 技术运用到抽水蓄能电站地形测量中[3]。李伟利用机载 LiDAR 对重庆植被密集的较陡山区进行了测量，并绘制了 1∶500 地形图[4]。郝长春针对山区地形复杂、植被密布的特点，采用无人机机载 LiDAR 进行了 1∶500 地形测绘[5]。皮鹤和唐世豪基于无人机航摄和机载 LiDAR 技术绘制了 1∶500 丘陵山区的地形图[6]。工程实践表明，机载 LiDAR 适用于工期要求较短、外业作业困难的山区场景，数据精度能够满足绘制勘察设计所需地形图的要求。

对于存在水下障碍物的复杂水域，相比于传统测深方法，无人船测深系统具有吃水浅、自动化程度高、测线更加顺直等优点，可以降低作业风险，保障测量精度。梁昭阳采用无人船测深系统测量了

基金项目： 稀缺样本下的三维地质模型快速更新关键技术研究（长江设计集团自主创新基金项目）。

作者简介： 梁栋（1988—　），男，工程师，主要从事点云数据处理、三维地质建模、不确定性分析研究工作。

晋江市英塘水库水下地形[7]。钱辉等利用无人船对上海崇明潮间带进行了 1∶500 水下地形测量[8]。高艳在蚌埠长淮卫淮河大桥水下地形测量中使用了无人船测深系统，绘制了 1∶1 000 地水下形图[9]。胡合欢等利用无人机和无人船协同作业，获取了长江航道的地形图[10]。卢自来和朱运权利用无人船测深系统对岷江的山区航道进行了断面测量[11]。近年来，无人船以其作业效率高、避免了人员涉水危险、可覆盖更浅水域的优势，得到了越来越广泛的应用。

无人机机载 LiDAR 结合无人船测深系统可以实现陆上水下地形快速精准测量，为工程设计快速提供准确全面的数据支撑。本研究针对植被覆盖的喀斯特峡谷区域复杂地形，提出了基于无人机机载 LiDAR 和无人船测深系统的组合测量方案，并成功应用于贵州省思南县文家店乌江大桥桥址区地形测量工作，通过无人机和无人船协同作业，实现陆上水下地形的高效精准测量，快速生成正射影像、1∶2 000 地形图和三维模型，节约了勘察设计的时间和成本。

2 关键技术及流程

2.1 无人机机载 LiDAR 地形测量

2.1.1 数据采集

首先需对测区进行现场踏勘，规划无人机航线，合理设置无人机起降点和飞行架次，满足数据采集的覆盖范围和精度要求。机载 LiDAR 通常利用 GPS RTK（real-time kinematic，实时动态定位技术）进行定位，并基于 IMU（inertial measurement unit，惯性测量单元）进行姿态测量，根据记录的几何位置、扫描方向和激光测距数据计算被测点的空间坐标。在匀速飞行中，IMU 的姿态测量误差往往随其飞行时间的累积逐渐增大，为保证无人机航测过程中 IMU 姿态测量的准确性，需要在数据采集前后对 IMU 进行校准。因此，在规划航线时，有时需要在航线的起点、终点或者拐弯处增加惯导校准点，通过画"8"字或者加减速实现 IMU 的校准。LiDAR 发射出的激光光斑会随着距离的增大逐渐增大，为保证点云精度的一致性，当地形起伏较大时，建议采用仿地飞行的方式设置航线，即根据地形起伏，始终保持相对于地面恒定的高度飞行。在数据采集过程中，可使用 RTK 设备测量一些控制点和检核点坐标，以便后期进行精度验证。

2.1.2 数据处理

首先将外业采集的激光原始数据、GPS 坐标数据和 IMU 姿态数据导入数据处理软件，生成包含被测对象表面空间位置信息（XYZ）、光谱信息（RGB）、反射率、回波次数信息、相位信息等信息的点云数据。同时，根据工程要求，将点云转换到相应的坐标系统和高程基准。为了满足测区地物覆盖度的要求，机载 LiDAR 获取的点云冗余数据较多，直接处理原始点云数据的效率较低，通常需要对原始点云进行重采样。通过对重采样后的点云进行噪声去除、地面点分类、植被滤除等数据处理，最终得到测区地面点。

2.2 无人船水下地形测量

2.2.1 数据采集

无人船的航线可以基于测区水域的卫星影像或者航拍正射影像进行规划，但是卫星影像的时效性往往难以保证，当水位发生变化时，采用无人机航拍获取的实时影像数据作为参考更加准确。因此，为了避免无人船在自动化测量过程中与障碍物发生碰撞，需首先对测区水域进行无人机航摄作业，获取测区最新的正射影像。然后基于正射影像划定测量范围，规划无人船航线，避开障碍物。无人船在测量过程中，利用船载 GPS RTK 遵循预定的航线航行测量水深。在靠岸的浅滩和存在水中障碍物的水域，需将无人船切换到手动遥控模式，对航线未覆盖到的部分进行补充测量。

2.2.2 数据处理

将测深系统记录的声纳数据导入数据处理软件中，对测深数据的波形进行分析，去除噪声，然后选择合适的采样间隔对数据进行重采样，得到分布均匀的水深点。

2.3 数据整合

将处理后的地面点数据与水深点数据整合，生成等高线和等深线，绘制测区完整地形图，整体技术路线如图 1 所示。

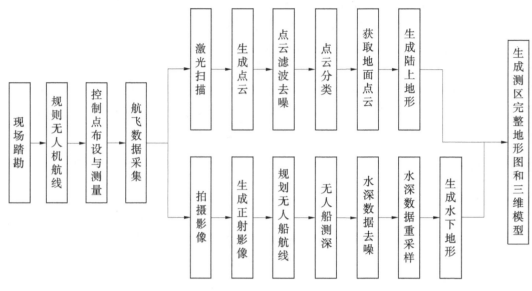

图 1 整体技术路线

以下本文将以贵州省思南县文家店乌江大桥桥址区地形测量为例，探讨分析基于无人机机载 LiDAR 和无人船测深系统的组合测量方案在工程实践中的应用效果与存在问题。

3 工程应用

为促进经济发展，加快新型城镇化进程，改善居民交通情况，贵州省思南县规划建设邵家桥至长坝石林旅游公路，规划线路至文家店镇须建设一座乌江大桥（见图 2）。桥址区地势呈"V"形河谷，为典型喀斯特地貌，地形起伏较大，针叶林、阔叶林、灌丛和草地等自然植被密布，水田和旱地分布于两岸丘陵上（见图 3）。

图 2 拟选定的架桥位置

针对地形起伏和植被茂密的情况，利用激光雷达可以穿透植被获取地面信息的特性，水利部长江勘测技术研究所（简称"长勘所"）提出了利用无人机机载 LiDAR 获取桥址区影像和陆上点云数据的方

图 3 植被茂密的峡谷

案。本项目采用大疆经纬 M300RTK 无人机搭载 L1 激光雷达（见图 4）同时获取地面点云数据和影像数据。大疆 L1 激光雷达测量距离为 450 m（反射率 80%），100 m 处测距精度为 3 cm，支持 3 次回波，可穿透植被冠层获取地表点云。由于测区地形起伏较大，为保证测量精度，本项目采用仿地飞行的方式进行数据采集。为了提高无人机电池利用效率，避免飞行距离太远造成电量过度消耗，在航线规划时将测区划分为乌江左右两岸两部分分别进行测量，左右岸航线如图 5 所示。数据采集完成后，将原始点云数据重采样、去噪、分类、去除植被后，得到地面点云（见图 6）。为了便于下一步无人船规划航线，长勘所对 L1 激光扫描时获取的影像数据进行处理，生成了测区正射影像（见图 7）。

图 4 大疆经纬 M300RTK 无人机搭载 L1 激光雷达

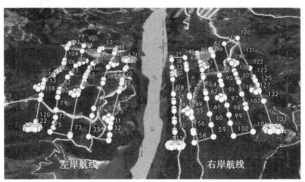

图 5 无人机航线规划

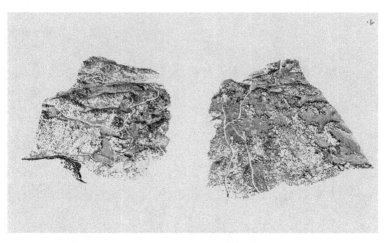

图 6 地面点云

图 7 测区正射影像

下游思林水电站蓄水后，文家店附近乌江两岸水面宽度 200 余 m，水深最深达 75 m 以上。针对乌江复杂的水下地形，长勘所利用带有便携式测深仪的无人船（见图 8），借助无人机获取的正射影像规划航线（见图 9），自动完成乌江水下地形的测量，补齐了桥址区的水下地形数据。本项目采用的水下地形测量设备为华测华微 3 号无人船测深系统，船体 RTK 平面定位精度 ±8 mm+1×$10^{-6}D$（D 为基站与流动站的距离，km）、垂直定位精度 ±15 mm+1×$10^{-6}D$，测深范围 0.15~300 m，测深精度 ±1 cm+0.1%h（h 为水深），水深分辨率 1 cm。在一些靠岸的较浅水域（水深<40 cm），因无人船容易搁浅，采用 GPS RTK 人工采点补充测量。外业测量完成后，经去噪、重采样后，得到水深点数据（见图 10）。

图 8 无人船测深系统

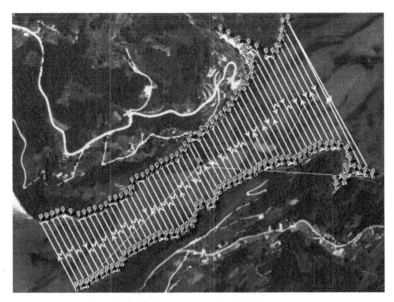

图9 无人船航线规划

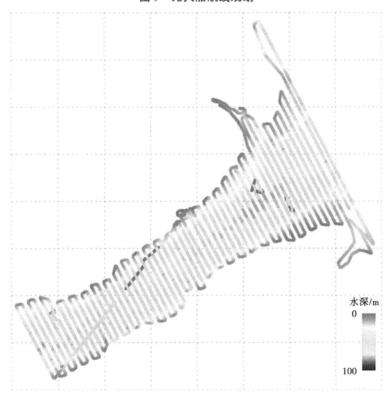

水深/m
0

100

图10 无人船测深数据

最后，将地面点数据和水深点数据配准到统一的工程坐标系下进行融合，依据正射影像绘制测区数字线画图（见图11）生成完整地形图，并构建实景三维模型（见图12），作为后续构建乌江大桥BIM模型的数据基础。

长勘所采用无人机机载LiDAR和无人船自动测深系统辅助勘测，通过内业数据处理生成桥址区正射影像、地形图和三维模型，为设计人员快速地提供了准确的地理数据，在保证测量结果准确可靠的基础上，缩短了测量时间，节约了成本。

图 11　测区完整数字线画图

图 12　测区三维模型

4　讨论

对于地表高程的测量，机载 LiDAR 的准确度往往高于航空摄影测量，但是当测区存在陡峭地形造成遮挡时，航空摄影测量方法相比于机载 LiDAR 在航线规划方面更加灵活[12]。在本次测量中，文家店及附近区域属于典型喀斯特地貌，乌江岸边有部分悬崖山体坡度接近 90°（见图 13），采用机载 LiDAR 竖直向下测量山体时，山壁上的激光点云受地形剧烈变化影响，会出现竖直面点云稀疏、上下分辨率不一致的情况。虽然在本次地形测量中，山壁处点云可以满足地形图制图要求，但是面对精细化的三维建模需求时，稍显不足。建议针对此类小范围场景，利用无人机倾斜摄影的方法进行补充，获取山崖和孔洞的表面几何和纹理信息，对影像数据经过处理后生成点云，与大范围的激光点云数据进行配准与融合，实现测区的全覆盖。因此，针对此类植被覆盖下的复杂山区地形场景，可以首先利用 LiDAR 在测区进行高精度大范围扫描，获取植被覆盖下的地表信息，然后对悬崖等陡峭地形通过局部的倾斜摄影补充测量，通过基于点云的融合，减少数据处理时间，快速出图，实现优势互补。

图 13　悬崖区域激光雷达扫描盲区

5　结论

本文针对植被覆盖的喀斯特峡谷区域地形测量，探讨了数据采集和处理的技术难点与关键问题，提出了基于无人机机载 LiDAR 和无人船测深系统的组合测量方案，并应用于贵州思南文家店乌江大桥桥址区地形测量，获取了高精度陆上与水下地形数据，生成了测区正射影像、1∶2 000 地形图和实景三维模型，为工程设计提供了基础地理资料。本研究表明，无人机机载 LiDAR 使用灵活，测量速度快，适合于植被密集的区域作业，配合无人船测深系统，可实现陆上、水下地形的自动化测量，解决危险区域和传统测量手段难以实施的数据采集问题，具备推广价值。

参考文献

［1］周卿，李能国．基于机载激光雷达技术的地形图成图的探讨［J］．城市勘测，2010（B06）：91-93.
［2］邹云，付宓．基于机载激光雷达的山区高速公路地形测量精度分析［J］．公路交通技术，2012（6）：14-19.
［3］王亮春，杨志义，郭佑国．倾斜摄影，机载激光雷达测量技术在抽水蓄能电站原始地形测量中的应用［C］//中国水力发电工程学会电网调峰与抽水蓄能专业委员会．抽水蓄能电站工程建设文集 2019．北京：中国电力，2019：490-497.
［4］李伟．机载激光雷达辅助地形图绘制的应用实践［J］．测绘通报，2019（S2）：130-133.
［5］郝长春．无人机载激光 LiDAR 在植被覆盖区大比例尺地形测绘中的应用分析［J］．安徽建筑，2019，26（3）：166-200.
［6］皮鹤，唐世豪．无人机影像和机载激光雷达技术在南方线状工程带状地形图中的应用［J］．测绘与空间地理信息，2022，45（2）：34-36.
［7］梁昭阳．无人船测量系统在水库地形测量中的应用［J］．城市勘测，2018（1）：132-135.
［8］钱辉，舒国栋，王露．无人船测深系统在潮间带地形测量中的应用［J］．水利水电快报，2019，40（10）：19-20，41.
［9］高艳．无人船在水下地形测量中的应用与探讨［J］．城市勘测，2019（4）：173-175，179.

［10］胡合欢，汪剑桥，余永周．无人机无人船协同作业在航道测绘中应用探讨［J］．中国水运·航道科技，2021（3）：68-72.

［11］卢自来，朱运权．基于无人船技术的山区河流航道测量［J］．工程建设与设计，2022（2）：67-69.

［12］罗达，林杭生，金钊，等．无人机数字摄影测量与激光雷达在地形地貌与地表覆盖研究中的应用及比较［J］．地球环境学报，2019，10（3）：213-226.

数字孪生漳河建设中水利专业模型与 BIM 耦合应用

曹旭梅[1,2]　　王源楠[1,2]　　刘先进[1,2]　　顿晓晗[1,2]　　肖鑫鑫[1,2]

（1. 长江信达软件技术（武汉）有限责任公司，湖北武汉　430010；

2. 长江勘测规划设计研究有限责任公司，湖北武汉　430010）

摘　要：数字孪生流域建设是"十四五"时期水利部提出的推进水利高质量发展的重要工作，也是构建智慧水利体系的重要组成部分。本文对数字孪生和 BIM 技术的概念、发展现状进行了总结，提出了水利专业模型和 BIM 技术耦合应用的思路，并以数字孪生漳河建设为实例，构建基于水利专业模型和 BIM 耦合的数字孪生平台，可实现流域防洪、水资源调配、工程安全分析等主要业务"四预"在数字孪生平台上以三维可视化方式动态呈现，辅助漳河智慧化模拟、可视化预演、科学化决策，也可为国内其他流域或水利工程数字孪生建设提供参考。

关键词：数字孪生；数字孪生流域；水利专业模型；BIM；"四预"

1　引言

随着大数据、人工智能、物联网、BIM 等信息技术的发展和在工程建设领域的逐渐推广，催生出了诸如智慧水务、智慧园林、智慧工地、智慧城市、智慧水利等一个个新的概念，给基础设施建设领域带来了革命性的影响。水利作为关系国计民生的一项重要基础设施行业，在其建设、管理过程中与信息技术的融合愈加深入。自水利部印发有关推进智慧水利建设、推动数字孪生流域建设的各项指导性文件以来，各地相继开展主要流域和重点水利工程的数字孪生建设工作，而有关数字孪生流域建设的研究也愈加丰富和深入。张绿原等[1] 论述了水利工程数字孪生技术架构设计和建设的重点，并分析了数字孪生技术在两种典型场景中的应用效果；周超等[2] 将构建了水利业务数字孪生建模平台，提供了水利对象、模型、方案、应用的快速化建模途径，相较传统系统开发方式可减少开发工作量；黄艳等[3] 探索了数字孪生长江流域构建关键技术，实现了防洪业务预报、预警、预演、预案的"四预"功能。

水利专业模型是数字孪生流域建设的核心，BIM 是实现数字孪生流域与物理流域数字映射的重要技术手段，但目前关于水利专业模型与 BIM 的深度结合方面的研究还较少，基于此背景，本文对数字孪生水利工程建设中水利专业模型与 BIM 耦合应用进行了初步探索，并以数字孪生漳河建设为例，阐述水利专业模型与 BIM 的耦合方法和应用效果，希望能为水利行业数字孪生建设提供一种有益思路。

2　水利专业模型与 BIM 的耦合方法

2.1　数字孪生流域

数字孪生的概念最早由美国密歇根大学教授 Michael Grieves 提出，意指在虚拟空间构建一个在全生命期内表征物理设备的虚拟实体和子系统，并且建立双向、动态联系。如今，数字孪生的概念早已超出了工业设计领域，在基础设施建设领域应用愈加广泛。

数字孪生流域是指通过对物理流域要素和水利治理管理活动进行数字映射、智能模拟、前瞻预

作者简介：曹旭梅（1993—），男，工程师，主要从事水利信息化研究、BIM 技术研究与应用工作。

演，实现对物理流域的仿真运行、实时监控、虚实交互[4]。数字孪生流域的基础是物理流域时空数据，核心是水利专业模型，驱动力则是水利知识。其总体框架见图1。

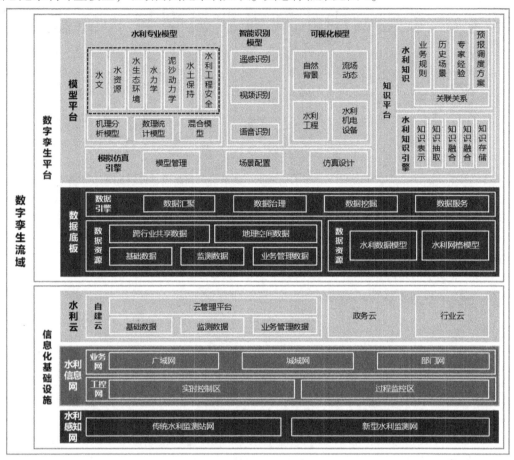

图1 数字孪生流域建设框架

2.2 水利专业模型

水利专业模型为数字孪生流域提供"算法"支撑，也是数字孪生流域建设中最为关键的组成部分。一般而言，数字孪生建设中主要涉及的水利专业模型如表1所示。

表1 数字孪生建设中主要涉及的水利专业模型

按应用场景划分的 模型类别	包含的模型
水文模型	降水预报、洪水预报、枯水预报、冰凌预报、咸潮预报等
水资源模型	水资源及开发利用评价、水资源承载能力与配置、水资源调度、用水效率评价、地下水超采动态评价等
水生态模型	污染物输移扩散、水生态模拟预测、生态流量计算等
水力学模型	明渠水流模拟、管道水流模拟、波浪模拟、地下水运动模拟等
泥沙动力学模型	河道泥沙转移、水库淤积、河口海岸水沙模拟等
水土保持模型	土壤侵蚀、人为水土流失风险预警、水土流失综合治理智能管理、淤地坝安全度汛等
水利工程安全模型	水工建筑物应力应变与位移模拟、渗流模拟、建筑物安全评价和风险预警等

2.3 BIM 技术

BIM（building information modeling，即建筑信息模型）技术诞生已久，随着科学技术的发展和变革，近年来在基础设施建设领域的应用愈加广泛，逐渐改变了基础设施建设中普遍存在的粗放管理模式，推动基础设施行业向数字化、可视化升级。由于具有信息承载能力强、信息表达形象直观等优势，BIM技术适用于各类大型综合性基建项目，特别是建设内容复杂、涉及专业多、施工范围广的复杂项目[5]。

2.4 技术路线

水利专业模型是数字孪生流域的核心，也是实现流域数字仿真、模拟运行、前瞻预演的"算法"支撑，BIM则提供了对物理流域高度虚拟仿真、实现虚实交互的三维可视化场景。通过研发流域数字孪生平台，集成水利专业模型和基于物理流域BIM模型的数字孪生场景，以水利专业模型对流域防洪风险、水库防洪调度、河流水系水量调配、水工建筑物安全性态进行计算分析，以BIM支撑分析过程和结果的可视化呈现，最终实现在数字孪生平台上以三维可视化的方式动态呈现水利业务"四预"，辅助各管理层级智慧化模拟、可视化预演、科学化决策。技术路线见图2。

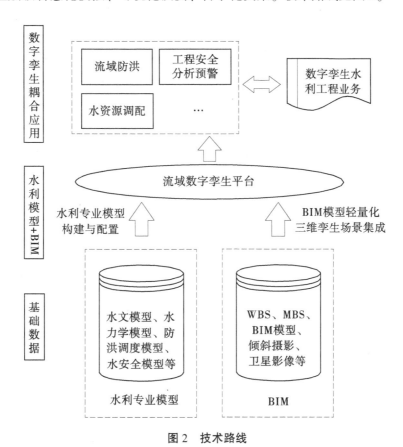

图2 技术路线

3 数字孪生漳河业务应用

3.1 总体框架

漳河位于湖北省荆门市，主要包括流域面积2 212 km²的漳河水库、灌溉面积全国第9的漳河灌区及数量众多的中小型水库和总长7 167 km九级渠道。

本项目按照"整合已建、统筹在建、规范拟建、按需增建、急用先建"的原则，统筹"水库除险加固、灌区一期、灌区二期"，分期开展数字孪生漳河试点建设，构建数字孪生漳河信息化平台，总体框架见图3。

3.2 流域防洪应用

漳河防洪业务包括漳河水库、总干渠及其并串联水库、二干渠、四干渠水雨情测报及洪水调度管理。具体应用包括：①基于漳河流域降雨监测和气象部门降雨预报数据，调用水利专业模型，对漳河水库洪水总量、洪峰流量、峰现时间、洪水过程及下游干渠和串并联水库险工险段水位进行预报；②将雨量、洪峰流量、洪水总量、水位等实时监测数据和预报数据与预警阈值自动比对，在基于BIM的三维数字孪生场景中展示整体预报、预警情况；③针对不同级别的降雨条件和洪水，对不同防洪调度方案下漳河水库以及下游干渠和串并联水库的洪水过程进行预测，并在数字孪生场景中预演洪水过程、淹没范围、灾害损失等；④基于预报、预警、预演结果，形成流域防洪调度预案，并支持预案可视化演示和比对。

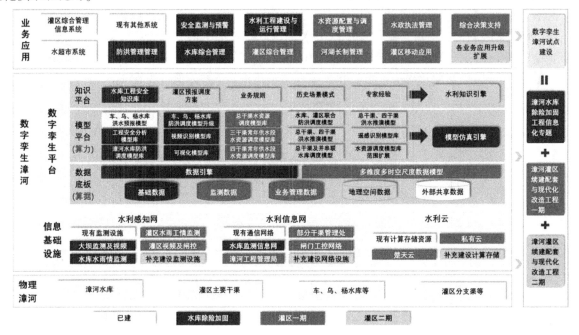

图3　数字孪生漳河总体框架

3.3　水资源调配应用

水资源调配业务包括灌区来水、需水及灌区范围内不同水源可供水量预报。具体应用包括：①基于监测感知数据，预测灌区长期和短期来水量，预报灌区范围内中小型水库等的可供水量，预测灌区农业和非农业需水量；②实时监测灌区水位、流量及闸门开度情况，并基于遥感数据对灌区旱情进行预警；③基于一维水动力模型，对总干渠、一干渠、二干渠、三干渠、四干渠及西干渠常年供水段水量调度和水流进行可视化模拟；④基于预测、预警、模拟结果，形成水资源调配预案。

3.4　工程安全分析应用

工程安全分析业务包括观音寺大坝、鸡公尖大坝及其他重要水工建筑物的安全监测与分析预警。具体应用包括：①基于安全监测数据，调用工程安全分析模型，预测工程变形、渗流等主要效应量，辅助水工建筑物运行状态安全评判，同时支持基于BIM模型进行可视化展示；②针对工程安全监测实时数据、预测数据，调用安全预警模型，建立工程险情、安全隐患分级预警机制；③基于安全监测数据和不同工程运行方案，利用安全分析评价模型，预测主要效应量变化，预演坝体设计浸润线、预测浸润线情况，评估大坝安全性态；④将漳河水库预案电子化，结合工程安全预演分析成果，辅助管理部门动态评估和可视化决策。

4　结语

本文对水利专业模型和BIM技术在数字孪生漳河建设中的耦合应用进行了探讨，构建了一种基于水利专业模型与BIM耦合的技术实现路线，并在数字孪生漳河建设上应用，通过将水文模型、水力学模型、工程安全分析模型等与BIM在业务"四预"上的耦合应用，可实现漳河水库和重要干渠防洪、灌区水资源调配以及观音寺大坝、鸡公尖大坝安全分析等业务的"四预"在数字孪生平台上以三维可视化方式动态呈现，可为国内数字孪生流域和数字孪生水利工程建设提供一定参考。

参考文献

［1］张绿原，胡露骞，沈启航，等．水利工程数字孪生技术研究与探索［J］．中国农村水利水电，2021（11）：58-62．

［2］周超，唐海华，李琪，等．水利业务数字孪生建模平台技术与应用［J］．人民长江，2022，53（2）：203-208．

［3］黄艳，喻杉，罗斌，等．面向流域水工程防灾联合智能调度的数字孪生长江探索［J］．水利学报，2022，53（3）：253-269．

［4］李国英．建设数字孪生流域 推动新阶段水利高质量发展［J］．水资源开发与管理，2022，8（8）：3-5．

［5］许光亮，郑力彬，曹旭梅，等．BIM技术在第十届中国花博会项目施工管理中的应用［J］．施工技术，2021，50（11）：16-19．

关于 BIM 技术在水库大坝中的应用探究

韩晓光[1]　李广永[2]　徐　美[1]

(1. 中国南水北调集团中线有限公司河北分公司，河北石家庄　050000；
2. 青州市水利事业发展中心，山东青州　262500)

摘　要：在经济全面发展的时代背景下，水利水电工程的发展不断加快脚步。在我国的水电水利工程当中，大坝的建设是极重要的工程之一。但目前大坝的建设过程当中仍然面临着集成性不强，工程可视度不高的问题。因此，引入 BIM 技术，充分应用到大坝工程的建设上，是目前亟需探究的实际方向。本文从 BIM 技术的综述出发，分析了目前大坝工程建设对于 BIM 技术的需求，并就此对 BIM 技术在水库大坝建设中的应用进行了探究。

关键词：BIM 技术；水库大坝；应用探究

1　引言

随着时代的不断进步，经济及人民利益的保障依托于水利工程的建设。大坝工程的开展在防洪，发电等工程上有着重大的时代意义。但就目前而言，整个大坝的建设工程仍然存在有工程的协同性弱、信息单一化的现象。整个工程的信息流无法实现互联共通，在一定的生命周期内信息层级也就无法有效连接。这使得水库大坝的建设往往具有更高的安全威胁。因此，在 BIM 技术不断发展的时代环境下，如何将 BIM 技术广泛安全地应用到水利水电的工程建设上。加强针对于 BIM 技术在水库大坝建设工程中的实践应用是目前必要且必行的研究方向。

2　BIM 技术综述

2.1　BIM 技术基本概念

BIM（building information model）技术主要是指对于整体工程信息结构的再度构造，其具体释义是通过对整体建筑工程的数据收集，实现施工前对工程项目的三维模型构建，帮助技术人员对项目安全和设计进行分析，以防止在实际施工当中出现安全问题，保证项目的有序进行。

关于 BIM 的发展主要是经历了三个阶段，首先是在 1975 年提出的建筑描述系统，这一概念的提出建立了 BIM 技术发展的理论基础。其次是产品模型的出现。主要是对产品立体模型的建立，但与完整的 BIM 理念仍有一定差别。最后才是于 2002 年发布的完整的 BIM 概念。

一般来说，BIM 技术主要是有着以下三个特点：①整体信息的完整程度。针对于整个工程的设计方案，材料的使用及所需要涉及的人力、物力等各类信息都需要进行实时的信息收集，以保证模拟时的信息完整。②信息与信息之间的互通关系。在系统进行模型建立的时候，需要对各类信息进行有效分析，并生成相关模型。因此，信息与信息间是有效互联的，一旦某个因素产生变化，与之相关的因素也将产生一定的信息更新，以保证工程模型的实效性。③保证信息的统一性。在不同的建筑施工阶段模拟状态下，要保证实际所用信息是统一的，以避免信息不一导致的细微误差。

2.2　国内外 BIM 技术发展

就国外的 BIM 技术发展而言，美国是最早出现这一概念的国家。其 BIM 技术的实行标准是目前

作者简介：韩晓光（1985—），男，高级工程师，主要从事水利水电工程建设与运行管理工作。

最具有广泛影响力的国家级标准。其主要是针对于技术和分类系统及规范性的信息应用实施进行了一定的标准定义。BIM 技术发展最快的国家是英国。在整个发展过程当中，通过对于 BIM 技术的应用，实现了信息流之间的协同工作，击碎了信息孤岛的现象，实现了模型建立时信息流的有效集成。

而国内 BIM 技术的发展是 2012 年进行了统一的标准划定主要的标准内容。其内容主要在于信息的共享、协同及实践任务的能力反馈。通过对不同施工阶段的 BIM 技术应用，实现每一个阶段的信息流能够互联共通，形成整个工程项目的周期性 BIM 体系[1]。

3 BIM 技术应用对各方的意义

在大坝工程建设的具体施工操作中，BIM 技术的应用功能主要可以分为以下六个方面。图 1 为 BIM 技术应用的功能示意图。而在整个工程当中，BIM 技术应用对于不同的工程参与对象有着不同的意义。

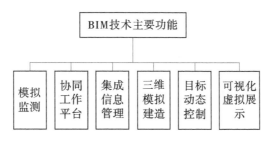

图 1　BIM 技术应用的功能示意

3.1 BIM 技术应用对业主方的意义

整个大坝建设工程的服务对象是业主方，因此在整个工程的项目设计前期，业主需要对整体工程的形式及设计方案，包括该项工程对于这片地域的影响及所需的成本建设做出一定的估量。在业主方提出诉求之后，如何在设计前期进行实时的工程预估，就需要通过对 BIM 技术的应用，对多方的数据进行实时的收集分析。在前期阶段，通过对于工程的立体建模，对工程所需的人力、物力进行实际的预估，以帮助业主方进行下一步的分析判断。同时，根据已有的信息模型，业主方能够更加直观地判定项目工程的建设进度和呈现效果，有利于业主方对于整个项目工程的进一步把控。

3.2 BIM 技术应用对设计方的意义

在大坝的建设工程当中，设计方主要是根据项目的数据及工程的相关设想进行有效的技术方案设计。设计方是连接业主方和施工方的中间人。因此，在实际的设计过程当中，设计方对于 BIM 技术的应用主要是通过对工程数据的分析，进行工程质量把控。在立体建模的层级进行工程施工过程当中的安全碰撞测评，提升对于整个施工过程的质量设计，并且通过对工程的信息进行更加合理的设计分析，把控好整个工程的施工成本，避免出现资源的浪费。同时，传统意义的工程设计一般有多方参与，针对于不同的项目建设环节进行不同的设计，但这样很容易因为信息无法互通，造成设计上的矛盾出现，因此通过 BIM 技术的应用可以实现各单位设计人员之间的信息共享，使得整个设计方案能够实时互通，促进各单位之间的协作发展。

3.3 BIM 技术应用对施工方的意义

整个工程当中最为重要的单位就是施工方。施工方需要在复杂的施工环境当中保证工程的有序进行。在水库大坝的项目建设当中，因为施工环境的多变性，存在着很多的不定性因素，极易导致工程无法顺利进行，而 BIM 技术在大坝工程建设当中的应用可以有效地解决这方面的问题。首先，在施工之前，施工方可以根据 BIM 的模型建立对整体施工当中可能出现不定因素的环节进行实操模拟，寻找可调整的应变对策。其次，根据 BIM 技术的模型建立可以对整个施工流程进行有效的数据分析，对于施工的流程安排及材料的使用情况可以做出一定的评估，保证整个施工方案的合理性和安全性[2]。

4 BIM 技术在水库大坝的应用探究

4.1 基本框架的设立

近年来的大坝建设工程，因为其结构的复杂性，导致传统方法对于整体工程的数据监测无法满足其实时有效的要求，对于大坝工程建设的安全问题，无法形成良好的管理体系。因此，实现大坝安全系统的可视化监控，是目前大坝工程运用 BIM 技术的主要发展内容。整个系统的基本框架构建需要基于大坝工程的具体数据，对立体建模所需的数据进行实时的监测，结合数据模拟推演在施工过程当中大坝的实际情况，确定每一个施工阶段当中大坝的具体安全数值。同时，利用 BIM 技术可以对大坝所属区域的场景气候进行实时的监测，实现可视化模型的构造。图 2 是基于 BIM 技术的安全系统设计。其中，系统应用层可以分为模型的建立、数据集成及对于大坝工程安全系数的预警。通过整体系统的互联，实现对大坝工程建设的有效操控。

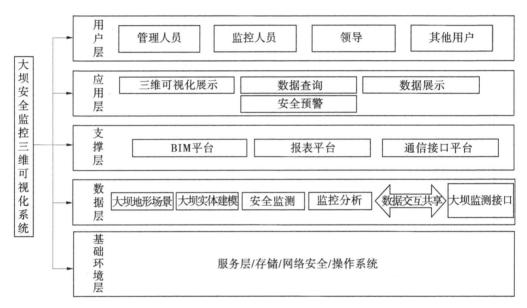

图 2　基于 BIM 技术的安全系统设计

4.2 信息集成系统的设计

（1）针对于大坝建筑工程所属区域的数据分析。一是根据已有的地图或现场的实际测量数据，对该区域的实际地形数据进行整理分析，形成初步的场景模型。二是通过对大坝所属区域的实地调查，进行图像的收集，在已建立的场景模型的基础上，和图片取景的细节进行再一次的比对调整，保证整体模型的精确化和实效性。

（2）大坝的安全监测系统，主要针对环境基本变化值和大坝内部的渗透数值进行检测。对于大坝工程的实际环境情况要进行有效的数据分析，再基于大坝的整体设计进行工程的立体建模，估计其数据的变量特点，且与实际的安全监测结果结合进行分析，确定大坝工程变形的基本数值范围，整理出不同环节不同部位的安全警示标准[3]。

（3）系统信息集成的设计。一方面是测点信息的集成。整个安全系统需要对监测仪器和具体信息数值进行监管和维护。因此，在整个 BIM 模型的构建当中，实际测点的具体方位和数据需要在开放的端口内实现有效的信息集成。针对于不同的施工环节，需要同步其测点的信息方位，保证在对 BIM 模型进行检测时，可以准确地进行测点信息的实时监测。另一方面是对于大坝工程数据监测的信息集成。这里的数据主要是安全系统对大坝工程预警数值的实时监测。对于已经实现监测智能化的测点，应该通过 BIM 技术进行实时的信息共享，保证数据流的畅通共享。而无法做到智能化的测点，在经过人工的勘探之后，需要定时地对安全系统数值进行更新，实现数据的共通化，保证整体的数据系统能够有效运转。

4.3 模型构建的设计

整个模型的构造主要可以分为以下三个方面：

（1）大坝区域场景的建立。地形的建模主要是先对大坝工程所属区域的水域、路基、大坝地基等基础数据的收集，然后根据对大坝的地形实际勘测进行原始地基的设计，再根据实地考察收集到的图像细节进行合理比对，处理模型建立中等高等比的细微误差，使得大坝工程区域场景的建立具备高真实度。

（2）大坝工程本身的数据建模。BIM 应用所涉及的软件基数较大，因此本文以通用型的 REVIT 软件为例，进行大坝模型建立的操作分析。大坝模型的建立是根据已有的大坝设计图纸，通过软件平台对整体的 BIM 模型进行实际的建造，再将实地考察所收集到的地形特点及建筑的数据引入实际的模型建立中，使得整个大坝在模型构造当中的地理方位的定向和建模的呈现更加直观立体。同时，在大坝工程的建模完成后，还需和区域场景设计进行信息的互联，针对同一原点，进行两者的镜像结合，实现整个水库大坝工程可视化模型的建立[4]。

（3）针对于大坝数据监测的可视化分析。监测系统的建立主要是以 Auto CAD 的设计图纸为基本坐标信息，以大坝的中心轴线建立直角坐标系。依照坐标系对实际的监测点进行测量换算，校正监测信息的地理位置，并且在系统当中要设立各个部位的安全警报值，统一其数据编码，实现监控系统的可视化，确保大坝工程预警系统准确有效。

5 结语

时代的进步推动着水利工程的发展。在发展过程中，BIM 技术在水库大坝建设工程中的应用具有重大的意义，也是往后水利工程发展的重要应用技术之一。因此，针对 BIM 技术在大坝工程中的实践探究，需要结合不同工程实际情况持续完成深度有效的探究，以保证 BIM 技术在大坝工程中的有效应用，实现整个工程体系的一体化变革。

参考文献

［1］冯习富，余文锋．BIM 技术在大河水库大坝中的运用［J］．中国战略新兴产业（理论版），2019（14）：1.

［2］田会静，赵建豪，张志青，等．BIM 技术在宜良老青龙水库建设中的应用研究［J］．人民长江，2020，51（S2）：123-125，182.

［3］薛向华，皇甫英杰，皇甫泽华，等．BIM 技术在水库工程全生命期的应用研究［J］．水力发电学报，2019，38（7）：87-99.

［4］费胜，陈堃．BIM 技术在大坝工程设计中的应用探索［J］．安徽水利水电职业技术学院学报，2019，19（1）：42-45.

数字孪生岳城水库建设思路与探索

韩彦美[1]　许秀娟[2]　刘凌志[2]

（1. 水利部海委漳卫南运河德州河务局，山东德州　254300；
2. 水利部海委漳卫南运河管理局，山东德州　254300）

摘　要： 数字孪生岳城水库是数字孪生海河建设的一项重点工作，本文阐述了数字孪生岳城水库的建设目标和系统总体架构，分析阐述了关键技术数字孪生平台建设涉及的数据底板、模型平台、知识平台、孪生引擎4个方面的相关内容，展示了数字孪生岳城水库建成后的预期成效，并提出了相关建议。

关键词： 数字孪生；岳城水库；数据底板；模型；引擎

1　背景

习近平总书记对加快建设科技强国，实现高水平科技自立自强作出了一系列重大战略部署，要坚定不移地建设制造强国、质量强国、网络强国、数字强国，提出了提升流域设施数字化、网络化、智能化水平的明确要求。《中华人民共和国国民经济和社会发展第十四个五年规划和2035年远景目标纲要》提出"构建智慧水利体系，以流域为单元提升水情测报和智能调度能力"，水利部《关于大力推进智慧水利建设的指导意见》明确要求到2025年，通过建设数字孪生流域、"2+N"水利智能业务应用体系、水利网络安全体系、智慧水利保障体系，推进水利工程智能化改造，建成七大江河数字孪生流域，在重点防洪地区实现"四预"，在跨流域重大引调水工程、跨省重点河湖基本实现水资源管理与调配"四预"，N项业务应用水平明显提升，建成智慧水利体系1.0版。

岳城水库位于河北省邯郸市磁县与河南省安阳市殷都区交界处，总库容13亿 m^3，大（1）型水库，是海河流域漳卫河系漳河上的重要控制工程，控制流域面积18 100 km^2，占漳河流域面积的99.4%。2021年，漳卫河系遭遇历史罕见的夏秋连汛，第一次发生两次编号洪水，岳城水库建库以来第一次蓄至水位152.30 m，发挥了巨大的拦洪削峰作用，同时也暴露出水利信息化基础薄弱，防洪预报、预警、预演、预案，工程监测和调度管理自动化、智能化、数字化方面的短板。

数字孪生岳城水库是数字孪生海河建设的一项重点工作，以提升岳城水库防洪、工程安全等业务能力为目标，重点打造数字孪生平台，夯实信息基础设施，围绕防洪兴利智能调度、工程安全智能分析预警、生产运营管理、巡查管护及综合决策支持开展业务应用建设，实现数字岳城与物理岳城的全要素精准映射和同步仿真运行，提升漳河防洪"四预"、工程安全运行管理的数字化、智能化、智慧化水平。

作者简介： 韩彦美（1985—），女，工程师，主要从事水利工程管理、防汛抢险、水资源管理与保护、河湖管理等工作。

2 总体设计

2.1 建设目标

通过搭建数字孪生平台，夯实信息基础设施，提升业务应用智能化水平，推进数字孪生岳城建设，构建防洪水资源调配"四预"、安全监测、生产运营管理、巡查管护、综合决策支持应用体系，实现数字工程与物理工程的要素精准全映射和同步仿真运行，大幅提升工程管理水平，同时按照水利部有关要求和标准汇交数据成果，向水利部本级、海委提供模型调用和模型计算成果、知识库共享。

2.2 总体架构

结合"十四五"实施方案要求及数字孪生技术导则指导意见，将数字孪生岳城水库建设总体划分为信息基础设施、数字孪生平台、智慧业务应用三个层级，以及网络安全体系与技术标准规范两个保障体系。总体架构见图1。

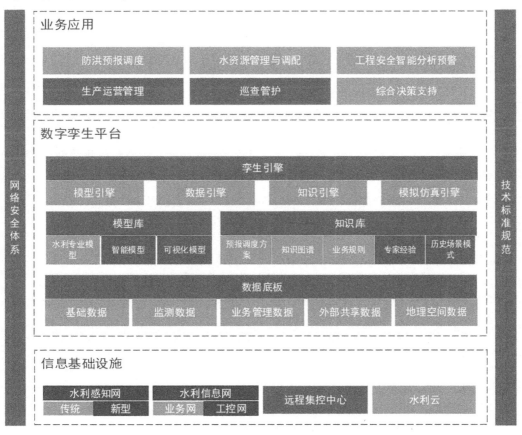

图1 系统总体架构图

3 关键技术

数字孪生岳城水库总体架构分为基础设施、数字孪生平台和智慧业务应用体系三大横向层及网络信息安全体系、标准规范两大纵向层，实现与物理流域同步仿真运行、虚实交互、迭代优化。数字孪生岳城水库关键在数字孪生平台建设，包括数据底板、模型平台、知识平台、孪生引擎4个方面。

3.1 数据底板

在共享水利部本级及海河水利委员会L1级和L2级数据底板基础上，结合岳城水库预报调度及工程安全监测的业务需要，对管理单位现有的各类数据资源进行整合，完成坝区和库区的倾斜航摄影像采集，建设该区域内的实景三维模型，同时完成主坝、副坝、泄洪洞、溢洪道及重点监测断面BIM构建。集成基础数据、监测数据及其他数据，构建监测数据库、预报调度专题数据库、空间数据库、三维模型库、基础数据库，形成岳城水库 L3 级数据底板。数据建设基本要求如表 1 所示，数据建设的关键技术是地理空间数据建设。

表 1　数据建设基本要求

序号	类型	子类	建设方式
1	基础数据		共享
2	监测数据		自建
3	业务管理数据		共享
4	地理空间数据	基础地理空间数据	自建
		水利空间数据	自建
		数字高程模型	自建
		数字正射影像	自建
		倾斜实景三维模型	自建
		水下地形数据	自建
		BIM 模型	自建
5	外部共享数据		共享

地理空间数据建设要完成漳卫河系基础地理空间数据与低精度地形资料收集整编，建设坝区与库区倾斜实景三维模型，制作主坝、副坝、泄洪洞、溢洪道与典型监测断面 BIM；建设坝区、库区 L3 级地理空间数据，主要包括增加坝区、库区周边水面数字高程模型生产；坝区、库区正射影像数据生产制作；库区回水重要断面、冲淤变化明显及其他重点水下区域的水下地形生产；制作民有渠闸及漳南渠闸 BIM、机电设备 BIM，完成监测设施设备建模与安置。

3.1.1　数字高程模型

采用机载激光探测与测量（LiDAR）系统采集工程坝区范围内 3D 点云数据，对获取的点云数据去噪，分类识别出地面点、植被、建筑物等，再进行滤波得到坝区范围 1∶500 高程模型（DEM）数据。

对工程库区采集的倾斜影像数据整理后，采用三维模型处理软件对获取的影像进行三维重建，完成实景三维模型创建，生成分块的 tiff 格式的 DSM 数据并进行拼接。通过 DSM 生成 5 m 间距等高线，采用等高线离散化法将等高线视为离散的数据点，通过三角剖分创建泰森多边形将散点连线构成狄洛尼（Delaunay）三角网，再采用自然邻域插值建立 1 m 分辨率格网 DEM，最后采用最邻近像元法重采样得到 2 m 分辨率格网 DEM，最后生成所需的 DEM 成果。

3.1.2　数字正射影像

对工程坝区、库区采集的倾斜影像数据整理后，采用三维模型处理软件对获取的影像进行三维重建，完成实景三维模型创建，生成分块的 tiff 格式的 DOM 数据并进行拼接，生成精度满足要求的工程范围的航摄正射影像。

3.1.3　倾斜实景三维模型

采用无人机航空摄影测量技术，对岳城水库坝址区、库区进行多视角航空影像采集，制作倾斜实景三维模型，其中坝区倾斜影像地面分辨率优于 3 cm，库区倾斜影像地面分辨率优于 8 cm。

3.1.4　水下地形测量

利用无人船采用单波束测深仪进行水下地形测量，利用 GNSS 获取测深点的平面坐标及水面高程。对测量所得水深、淤泥层界数据进行滤波，将数字高程模型（DEM）导入可视化平台，模拟水下地形纹理，完成三维水下地形模型的创建。

3.1.5 BIM 模型

建设水库重点枢纽建筑物 BIM，包括主坝、副坝、泄洪洞、溢洪道、水库闸门机组、民有渠及漳南渠取水口和闸门 BIM。模型不仅包含工程适宜精度的几何表达信息与适宜深度的属性信息，也应集成工程的位置姿态信息，支撑工程场景三维可视化展示、重点部位高保真模拟。水工建筑物宜构建不低于功能级模型单元（LOD2.0），其中几何表达精度宜不低于 C2，信息深度宜不低于 N2。

3.2 模型库

3.2.1 水利专业模型

模型采用标准化的结构体系进行开发，采用 http 服务的方式提供，并以 JSON 输入输出的方式进行数据传输。所有模型均仅包含算法，不包含计算对象的边界条件、参数等数据，以保持模型的通用性。

3.2.1.1 防洪预报调度模型

围绕防洪调度，开发相关支撑性水利专业模型，对于部分已建模型可以进行改造接入，如河北雨洪模型新、新安江三水源模型、分布式水文模型、降雨径流经验模型、规则调度模型、人工交互调度模型、纳雨能力分析模型、马斯京根演进模型、水动力演进模型。也可统筹考虑开发建设模型，如防洪工程调度配置推荐模型、防洪形势分析模型、最大出库最小模型、最高水位最低模型、联合调度模型、汇流曲线演进模型、水库回水模型。在预报模型建设过程中，尽可能多地选择不同产汇流模型进行多维度验证，提高预报准确性。

3.2.1.2 水资源管理与调配模型

水资源管理与调配模型主要包括基于水库预报、预警和水量调度配置的模型，需要开发建设，如中长期来水预报模型、区域水资源承载能力评估模型、供水预警模型、水库水量调度模型、分河段水量调度配置模型、水质预测模型、水污染应急水量调度模型。

3.2.1.3 工程安全模型

工程安全模型是水利专业模型库最重要的专业模型，由于监测专业模型超强专业性，缺乏通用性，目前基本没有可共享的通用监测专业模型，需要开发建设，如监测数据处理模型、大坝运行安全形态分析模型、大坝运行安全监测"四预"模型、大坝安全智能分析模型。

3.2.2 智能模型

3.2.2.1 机电设备运行优化模型

采集闸门、启闭机、水雨工情监测设备、视频监测设备等关键机电设备的实时在线监测数据和大量历史数据，并利用设备的设计参数和现场试验数据，应用机制模型辨识、机器学习、大数据分析等技术，对设备复杂非线性系统的全工况精确状态重构，建立包含混杂数据预处理、决策规则与知识提取，实际可达优化目标值确定与在线应用的智能运行策略优化的体系。

3.2.2.2 无人机监测 AI 识别模型

以无人机的相机云台与 RTK 定位系统所获取的监测数据为数据源，利用无人机快速与全方位采集的优势和机器视觉的智能识别技术，构建无人机监测 AI 识别模型，将人工智能赋予水利工程安全监测，贯穿海量数据从无人机原始数据分析到工程应用的全链路。主要针对岳城水库建立高频次的动态监管体系，为有无裂缝、塌坑等混凝土工程病害提供智能化、自动安全预警与监测手段。

3.2.2.3 遥感监测 AI 识别模型

以天空地一体化感知体系所获取的遥感监测数据为数据源，利用遥感大数据优势和影像智能识别技术，构建遥感监测 AI 识别模型，将人工智能赋能水利遥感，贯穿海量多源异构数据从处理分析到应用的全链路，从而大幅缩短遥感影像解译周期和提高解译精准度，形成岳城水库全面动态监测成果，从而建立起大场景高频次的动态监管体系，为河湖"四乱"问题、地表水体等提供智能化、自动化识别手段。

3.2.2.4 视频 AI 识别模型

通过对视频监控点进行集中控制管理，形成视频监控中心，并针对视频监控画面利用人工智能技术智能识别视频中所需要的监管信息，从而解决人工监控视频无法 24 h 不间断及多路视频无法逐一细看的问题，让视频监控系统更加实用及智慧化。

3.2.2.5 语音 AI 识别模型

基于人工智能语音识别技术、深度学习算法等技术手段，依托海量语音样本数据，构建语音 AI 识别模型，实现语音信号到相应文本的精准高效转换以及信息归类、关键信息提取等功能。

3.3 知识库

3.3.1 预报调度方案库

构建包括流域预报方案、防洪调度方案、供水调度方案、突发环境事件应急预案、超标准洪水预案等在内的预报调度方案库。随着数据底板的不断完善与更新，宜每年开展方案和预案关键参数率定修正，对方案库同步更新。同时，基于在二三维可视化场景中，展示 BDS、InSAR、裂缝、渗流渗压等预测方案。

3.3.2 知识图谱库

防洪兴利知识以水利业务运行模型为基础，通过节点（实体模型对象）及节点之间的逻辑关系，构建物理实体之间的关联关系、指标关系、空间关系等，从而快速形成数据模型及知识图谱，通过统一的数据模型及知识图谱融通相关数据资源，主要包括物理对象属性数据、物理对象活动运行数据、物理对象之间的关系数据等。在各水库调度规则库和水利数据模型的基础上，深化控制性水库与调度目标对象之间多要素的影响关联和映射关系，引入三元组技术构建漳卫河系控制性水库群联合调度知识图谱，实现流域控制性水库防洪调度关联要素信息的快速获取，支撑防洪调度决策。

3.3.3 业务规则库

根据河系水工程特征和调度运用计划，抽象化涉及的水工程、来水边界站点、控制对象，在此基础上，解析水库的启用条件、来水情况、控制对象、控制需求、运行方式等要素间语义逻辑关系及内在规律，推导梯级水库运行规则的信息化描述构架，为调度方案逻辑化、关联化、服务化提供手段，最终形成可供调度模拟应用的洪水调度规则库构建框架，为水库群调度提供应用基础。

3.3.4 历史场景模拟库

以历史调度方案为支撑，通过分析历史洪水、数据的还原还现、历史调度令的解析，形成历史调度场景库；通过结合历史雨洪相似性分析和聚类分析，大量的历史数据中，挖掘出对当前调度具有参考意义的信息。

3.3.5 专家经验库

基于专家经验决策的历史过程，利用"教学相长"模式，通过文字、公式、图形图像等形式固化专家经验，结合 AI 算法，形成专家经验主导下的融合元认知知识，实现经验的有效复用和持续积累，促进个人经验普及化、隐性经验显性化，专家经验驱动的模式学习与探索为一键全自动诊断分析、复杂情境下的决策提供专家经验支撑。专家经验库建设主要包括重点流域历史场景预报调度经验挖掘、过程再现、经验验证、经验修正等。

3.4 孪生引擎

3.4.1 模型引擎

针对包括预报、调度、工程安全等各类水利专业模型，开发模型引擎以实现对模型的承载和服务提供；提供各类模型版本管理、参数配置、组合装配、计算跟踪等服务能力，实现面向不同场景、业务模型灵活配置和调用；为满足未来业务灵活多变的需求，实现模型的组装和配置。

第一层为通用模型层：采用"参数分离、对象解耦"方式，建立模型的通用化，开发封装技术及模型的标准化接口。第二层为计算模型层：是根据计算分析需要调用模型框架组装和扩展定制适用的模型，并完成单一通用模型（如水库的调度模型、安全预测分析模型、单个蓄滞洪区的应用模型等）或组合的多个通用模型（如水库单个预报分区的预报集合降雨、产流和汇流模型）的调参、率定等建模工作，实现模型实例化，为相关层级提供模型计算和成果调用服务。第三层为业务编排层：根据自身业务实际，基于数据底板建立水工程干支流及上下游水力联系、创建水利对象拓扑结构，依照实际预报调度方案，基于模型框架组装支持某一业务的支持模型。

3.4.2 数据引擎

针对系统涉及的河流、水库、安全监测断面、测站、河段、防洪对象等多种水利对象，详细梳理各类对象的基础属性、特征指标和设计参数，按类型分别进行水利工程对象的系统属性概化，开发对应的水利对象管理功能，为各类水利对象的数字化建模提供支撑，实现系统内所有防洪调度水利对象的统一管理和集中维护。

3.4.3 水利知识引擎

知识引擎是为知识库的管理、提取、应用提供支持，是知识库的驱动器。提供各类知识语义提取、知识推理、知识更新、集成应用等服务能力，实现决策全流程智能化、精准化。针对知识库的扩展和应用，研发服务化、标准化、引擎化技术，形成知识库调用、转移、升级、查询等一系列面向专业用户的知识库搭建、维护和应用工具集，并以服务的形式发布，为知识库的应用提供技术支撑。

3.4.4 模拟仿真引擎

仿真引擎是孪生引擎的重要组成部分，是实现地理信息服务共享的基础，为 GIS+BIM 系统建设提供基础性支撑。主要包括数据底板数据加载、场景管理、空间分析、特效处理等服务能力，实现物理工程的同步直观表达、工程建设运行全过程的高保真模拟。

4 预期成效

充分运用云计算、大数据、物联网、移动互联、人工智能等新一代信息技术，围绕支撑岳城水库管理的业务需求，形成向下能够形成智能化全面感知体系，向上能够实现基于新技术应用的定制化、智慧化、管理应用的数字孪生工程管理模式，充分发挥流域水资源效益。

（1）建设水利感知网、水利信息网、远程集控中心和水利云，为数字孪生岳城水库提供基础设施支撑，保障数字孪生岳城水库的运行。

（2）深化建设数字孪生岳城水库数据底座，并根据不同业务需求开展数字化场景建设。

（3）开发相关水利专业模型、智能模型和可视化模型，完成模型层构建，并实现模型服务的发布与共享。

（4）构建包括预报调度方案库、知识图谱库、业务规则库、历史场景模式库、专家经验库的知识库，实现工程智慧化运用。

（5）重点针对防洪兴利智能调度、工程安全智能分析预警、生产运营管理、巡查管护、综合会商决策等业务全链条过程，实现岳城水库的运行状态与控制管理的模拟与镜像化描述，构建数字孪生岳城水库智慧应用服务体系。

（6）将大坝安全人工观测、库区人工巡查、闸门设备人工控制等人工操作的内容，采用新技术新手段实现，规避人工操作带来的不确定性，降低成本，提高效率。

（7）更加精确掌握岳城水库的来水情况，为汛期防洪提供依据。同时，结合漳卫河流域的水库和工程，统筹调度，降低防洪风险。

数字孪生岳城的建成，通过完善预报方案、实现洪水预报，将为岳城库区提供更高精度的洪水预警信息服务，为提高漳河流域水文情报预报能力提供预报基础支撑；通过工程调度、大坝安全分析等模拟仿真，可快速、系统认知水库运行对防洪及安全方面的作用和影响，提高制订调度方案的科学性，显著提升水库防洪减灾能力。同时，通过数据底板、模型库、知识库等多项能力建设，可提高算据、算法的共享程度，可强化各项业务应用整合，促进业务协同，补齐岳城信息化短板，为未来岳城进一步智慧化发展打下基础。

5 建议

数字孪生基础是数据，信息基础设施和数据底板是一切的前提，应该在应用建设之前大力加强数据资源的采集和整合。数字孪生工程是数字孪生流域的一部分，通过本次数字孪生岳城的建设，可以将建设思路、建设方案进行扩展，进一步向数字孪生漳河流域推广。建议在建设数字孪生的过程中，增强预报人员的信息化和项目管理知识技能，逐步形成掌握预报、调度、管理、开发所必需的知识与技能，精通业务与技术的复合型人才，提高水利信息化建设与管理水平。

参考文献

［1］曾焱，程益联，江志琴，等．"十四五"智慧水利建设规划关键问题思考［J］．水利信息化，2022（1）：1-5.

［2］秦建彬．"长江设计"首个数字孪生工程系统试运行［N］．人民长江报，2022-05-28.

［3］黄艳．数字孪生长江建设关键技术与试点初探［J］．中国防汛抗旱，2022（2）：16-26.

［4］王睿．浑太胡同防洪保护区洪水二维动态模拟研究［D］．大连：大连理工大学，2020.

［5］管建军．无人机倾斜摄影测量精度分析与泥石流单体要素提取及易发性评价研究［D］．焦作：河南理工大学，2018.

基于攻击威胁分析的网络安全态势评估应用

李宪栋　李　鹏

（黄河水利水电开发集团有限公司，河南济源　459017）

摘　要：网络安全态势评估系统的稳定性、准确性和高效性是应用中需要重点关注和解决的问题。在对网络安全态势评估关键技术分析的基础上提出了水利工程网络安全态势评估系统框架，采用层次化网络安全威胁指数模型，设置网络安全态势要素监测、网络安全态势要素提取、网络安全态势融合和网络安全态势评估模块，将网络安全态势等级在 0~1 之间划分为安全、低风险、中风险、高风险和超高风险五级。采用神经网络模型算法、层次化数据融合方法、离线训练计算模型、在线计算网络安全态势分离措施提升网络安全态势评估系统运行性能。

关键词：网络安全；态势评估；系统；性能

1　引言

随着水利信息化、网络化和智能化建设的推进，计算机网络在水利工程中的应用日益广泛。水利工程运行中常用的计算机网络包括大坝安全监测系统、闸门监控系统、电站监控系统、调动自动化系统、生产管理系统和办公系统等。计算机网络的应用提高了水利工程运行的效率和质量，也为工程运行安全管理带来了挑战。

2010 年伊朗"震网"病毒、2015 年乌克兰大停电、2019 年委内瑞拉大停电等安全事件是网络攻击导致的典型安全事件案例，这些事件造成了社会生产生活的不良影响，引起了对网络安全的高度重视。国家和行业制定了网络安全相关法律和标准，为网络安全建设和运行提供了指导。2017 年颁布实施的《中华人民共和国网络安全法》是我国网络安全领域工作的法律依据。信息安全等级保护 2.0 标准引入了主动防御和全面感知的网络防护新思想。基于等级保护规范和网络安全标准指导的网络安全评估采用了合规性评价策略，这种被动型网络安全评估策略很难适应日益发展的网络安全管理需要。随着物联网和信息技术在水利工程中的推广应用，网络安全评估工作量和难度都在快速增加。建立网络安全综合管控平台，实现对水利工程网络安全的全面监控、实时评估和动态预测，做好主动管控，积极采取预防性措施和策略成为水利工程网络安全管理提升的主要方向。

本文在对网络安全态势评估关键技术分析的基础上，提出了适用于水利工程网络安全态势评估的应用系统架构，对网络安全态势评估系统指标设计、态势感知、指标融合和态势等级划分提出了改进建议。在分析系统应用的主要性能要求的基础上，针对性地提出了提升系统运行稳定性、准确性和高效性的技术措施。

2　网络安全态势评估关键技术

网络安全态势评估是网络安全综合管控的关键技术。网络安全态势评估是基于对网络安全活动识别、理解的网络安全总体状态评价和发展趋势估计。网络安全态势评估关键技术主要包括网络安全态势要素提取、网络安全态势要素融合和网络安全态势等级划分。网络安全态势评估研究从定性评估转向定量评估，为网络安全管理水平提升奠定了良好的基础。

作者简介：李宪栋（1977—），男，高级工程师，主要从事水利工程运行管理工作。

2.1 网络安全态势要素提取

2.1.1 评估指标体系确立

建立网络安全态势评估指标体系是进行网络安全态势要素提取的前提。网络安全态势评估指标体系可以从用户不同层次、不同信息来源和不同需求维度划分，可以从环境、硬件、软件和数据维度划分，也可以从网络安全配置指标和网络运行安全指标[1]维度划分。网络安全配置指标包括用于评估网络资产结构的脆弱性和容灾性指标，网络运行安全指标包括威胁性和稳定性指标[2-3]。网络配置安全风险可以通过网络运行性能来反映。网络运行安全评估侧重于网络运行风险分析，常用的网络运行风险分析指标是网络攻击威胁[1,4-6]。指标体系的选择应遵循实用、有效和高效的原则。按照网络结构确立基于运行性能的网络安全态势评估指标体系，可以将网络安全态势指标分为服务级、主机级和网络级，用网络威胁指数表示。

2.1.2 网络安全态势感知

网络安全态势感知是对网络安全态势要素的提取，对指标数据的采集和处理。选择合适的模型将网络安全态势指标量化是网络安全态势感知的主要内容。为了提高网络安全态势感知的准确性和效率，采用人工智能和大数据处理技术对网络安全态势感知模型参数优化是研究的热点，神经网络[7-8]、支持向量机[9-10]、马尔可夫模型[11-12]及这些方法的改进方法是网络安全态势要素感知的主要方法。

网络安全态势感知的结果是网络安全态势要素的量化值。文献[1]提供了基于入侵检测系统和网络性能指标的网络安全态势量化方法。服务级安全威胁指数量化综合考虑了服务的访问量、威胁强度和攻击严重程度，主机级安全威胁指数采用服务级安全威胁指数与其权重的乘积来衡量，网络级安全威胁指数衡量采用主机级安全威胁指数与其权重的乘积来表示。对服务威胁发生的准确衡量是难点，概率模型的引入[4-5]和基于深度学习的网络安全态势要素提取方法[6]提升了安全威胁量化的准确性。

在计算服务、主机和网络系统3个层次的网络威胁指数时须确定威胁严重度、服务重要性权重和主机重要性权重。威胁严重度衡量采用权系数生成理论和攻击严重等级综合计算[5-6]。将 n 种威胁攻击由低到高划分攻击严重等级，第 i 种攻击类型的攻击严重度权重 T_i 可以由式（1）计算，其中 d_i 表示第 i 种攻击类型的攻击严重等级。

$$T_i = \begin{cases} \dfrac{1}{2} + \dfrac{\sqrt{-2\ln\dfrac{2d_i}{n}}}{6}, & 1 \leq d_i \leq \dfrac{n}{2} \\[3mm] \dfrac{1}{2}, & d_i = \dfrac{n}{2} \\[3mm] \dfrac{1}{2} - \dfrac{\sqrt{-2\ln\dfrac{2d_i}{n}}}{6}, & \dfrac{n}{2} < d_i \leq n \end{cases} \tag{1}$$

服务重要性权重用评估时间段内服务使用的用户数量和使用频率的乘积来衡量，可以由式（2）计算，用于主机威胁指数计算时需要进行归一化处理。

$$V_j = \frac{S_{uj}S_{fj}}{\sum\limits_{j=1}^{m} S_{uj}S_{fj}} \tag{2}$$

式中：S_u 为使用评估服务的用户数量；S_f 为使用评估服务的频率；m 为评估服务数量。

主机重要性权重采用主机用户数量与使用频率的乘积来衡量，可以由式（3）计算，用于网络威胁指数的计算时需要进行归一化处理。

$$W_k = \frac{h_{uk}h_{fk}}{\sum\limits_{k=1}^{l} h_{uk}h_{fk}} \tag{3}$$

式中：h_u 为各个主机的用户数量；h_f 为网络中各主机使用的频率；l 为评估网络中主机数量。

2.2 网络安全态势评估

网络安全态势评估是一个多因素综合评估过程。借助数据融合方法将网络安全态势各因素量化指标有机融合，形成表示整个网络安全态势的指标计算值。通过衡量网络安全态势计算值在网络安全态势变化范围内的相对位置，对网络安全状态进行估计，作为调整网络安全管理措施的依据。

目前，网络安全态势评估主要包括基于数学模型、基于知识推理和基于模式识别三类方法。网络安全态势评估关键技术是多源异构数据融合技术，常用的数据融合方法包括层次分析法、模糊关系法和 D-S 证据理论法。

层次化网络安全态势评估模型采用"自下而上、逐层评估"的方法，分别计算服务层威胁指数、主机层威胁指数和网络层威胁指数。为了便于比较，将网络安全态势威胁指数计算值进行归一化处理。计算评估时间段内威胁指数的和，用各类网络攻击威胁指数所占总和的比例作为最后数据结果。服务层威胁通过受到的攻击次数和对网络影响的严重程度来衡量。服务层网络威胁指数计算方法为

$$S_i = \frac{M_i 10^{T_i}}{\sum\limits_{i=1}^{n} M_i 10^{T_i}} \tag{4}$$

式中：M_i 为监测到的第 i 种攻击类型的次数；T_i 为第 i 种攻击类型的威胁严重度；n 为评估时间段内威胁攻击的总次数。

主机层威胁指数计算方法为评估时间段内主机 j 受到的服务攻击威胁指数与其权重的乘积。

$$H_j = \sum\limits_{i=1}^{n_j} S_i \cdot V_i \tag{5}$$

式中：V_i 为服务 i 的重要性权重；n_j 为主机 j 在评估时间段内受到的攻击次数。

网络层威胁指数计算方法为评估时间段内网络内受到攻击的主机威胁指数与其权重的乘积。

$$N_k = \sum\limits_{j=1}^{n_k} H_j \cdot W_j \tag{6}$$

式中：W_j 为主机 j 的权重；n_k 为评估时间段内受到攻击的主机数量。

2.3 网络安全态势等级划分

网络安全态势评估除确定合理的指标体系和网络安全态势要素融合方法外，还需要划分网络安全态势等级。网络安全态势等级的划分需要结合网络安全态势评估指标及其计算值范围进行。进行归一化处理后的网络安全态势指标计算值变化范围为 [0，1]，在此范围内对网络安全态势等级划分。

网络安全态势等级划分可以采用平均划分的原则，这是基于网络安全态势变化是线性的且是均匀变化的假设。在对网络安全态势演化规律认知有限的情况下，这种划分方法是可以参考的方法。网络安全态势等级划分为安全、低风险、中风险、高风险和超高风险五级[13]，如表 1 所示。

表 1　网络安全态势评估等级

态势等级	态势值区间
安全	[0，0.2]
低风险	(0.2，0.4]
中风险	(0.4，0.6]
高风险	(0.6，0.8]
超高风险	(0.8，1.0]

3 水利工程网络安全态势评估系统架构

网络安全态势评估系统应具备如下特点：①全面性。系统要能全面反映网络安全态势。②准确性。系统要能准确地反映网络安全态势。③快速性。系统要能在较短时间内反映网络安全态势。④可预测性。系统要能对网络安全态势发展情况进行预测。⑤工具性。系统要能快速提供网络安全态势改进方案，准确定位网络威胁、网络脆弱点，针对性地提供网络安全提升方案。⑥便利性。网络安全态势要素的数据获取要便于实现，这也是决定网络安全态势评估快速性的重要基础。

适用于水利工程的网络安全态势评估系统包括网络安全态势监测模块、网络安全态势要素提取模块、网络安全态势要素融合模块和网络安全态势评估模块。网络安全态势监测采用流量监测指标，通过常用的网络流量探测器或入侵检测系统实现对网络异常流量的监测和报警。网络安全态势要素提取模块用于对网络流量异常的分析，实现对网络攻击威胁指标的量化计算。网络安全态势要素融合模块实现对不同网络攻击威胁指标的融合处理，通过统计算法，按照威胁指数与其权重的乘积计算出网络安全态势指标值。网络安全态势评估模块完成对网络安全态势值的综合分析和展示，给出网络安全态势值所在范围内的相对位置，通过可视化技术实现对网络安全态势的图形展示，同时提供网络安全管理策略调整建议。

层次化基于网络威胁指数的网络安全态势评估系统满足网络全局评估和网络主要节点主机安全评估的需要。为了提高网络安全态势评估系统的稳定性和准确率，采用经典的神经网络算法进行网络安全态势要素提取，采用层次分析法对各层级指标进行融合。为了提高系统的运行效率，采用离线训练计算模型、在线计算网络安全态势的方法。

4 结论与展望

在对网络安全态势评估技术分析的基础上提出了适用于水利工程的网络安全态势评估系统框架。网络安全态势监测、网络安全态势要素提取、网络安全态势要素融合、网络安全态势评估是网络安全态势评估系统应具备的主要模块。网络安全监测应便于实施，采取基于流量监测的的网络安全威胁要素提取方法实现了对网络安全威胁要素指标的量化。结合网络层次结构，实现服务、主机和网络三个层次的网络安全态势量化评估。将网络安全态势指标统一归结至 0~1 的范围内划分为 5 个等级，便于将不同网络系统的安全态势评估进行比较。

目前对于网络安全态势评估的不同模型不同算法计算后得出的网络安全态势评估结果不尽相同，为评价衡量网络安全态势感知研究方法带来了难度。结合网络安全实际，改进网络安全评估指标体系，统一量化模型，合理划分安全态势等级的研究还有大量工作要做。

参考文献

[1] 陈秀真，郑庆华，管晓宏，等 . 层次化网络安全威胁态势量化评估方法 [J] . 软件学报，2006 (4)：885-897.

[2] 张玉臣，张任川，刘璟，等 . 应用深度自编码网络的网络安全态势评估 [J] . 计算机工程与应用，2020，56 (6)：92-98.

[3] 张然，潘芷涵，尹毅峰，等 . 基于 SAA-SSA-BPNN 的网络安全态势评估模型 [J] . 计算机工程与应用，2022，58 (11)：117-124.

[4] 陈锋，刘德辉，张怡，等 . 基于威胁传播模型的层次化网络安全评估方法 [J] . 计算机研究与发展，2011，48 (6)：945-954.

[5] 常利伟，田晓雄，张宇青，等 . 基于多源异构数据融合的网络安全态势评估体系 [J] . 智能系统学报，2021，16 (1)：38-47.

[6] 杨宏宇，张梓锌，张良 . 基于并行特征提取和改进 BiGRU 的网络安全态势评估 [J] . 清华大学学报（自然科学版），2022，62 (5)：842-848.

［7］肖鹏，王柯强，黄振林．基于IABC和聚类优化RBF神经网络的电力信息网络安全态势评估［J］．智慧电力，2022，50（6）：100-106.

［8］王金恒，单志龙，谭汉松，等．基于遗传优化PNN神经网络的网络安全态势评估［J］．计算机科学，2021，48（6）：338-342.

［9］吴海涛，代尚林，乔中伟，等．基于RBF-SVM智能配变终端的网络安全态势评估［J］．电力科学与技术学报，2021，36（5）：35-40.

［10］胡柳，周立前，邓杰，等．基于支持向量机和自适应权重的网络安全态势评估模型［J］．计算机系统应用，2018，27（7）：188-192.

［11］李欣，段咏程．基于改进隐马尔可夫模型的网络安全态势评估方法［J］．计算机科学，2020，47（7）：287-291.

［12］吴建台，刘光杰，刘伟伟，等．一种基于关联分析和HMM的网络安全态势评估方法［J］．计算机与现代化，2018（6）：30-36.

［13］杨宏宇，曾仁韵．一种深度学习的网络安全态势评估方法［J］．西安电子科技大学学报，2021，48（1）：183-190.

基于移动智能终端的水电设备巡检管理系统设计

邬舒静　　廖家勇

（汉江集团网络信息中心，湖北武汉　430040）

摘　要：水电设备作为供电和供水项目基础建设设备，为提高水资源利用、提升电能产值提供主要动力。水电设备巡检机制是保障水电设备安全稳定运行，提高设备运行数据利用率的重要管理方式。随着移动通信技术和数据采集技术的不断发展，水电设备巡检自动化、智能化需求和传统巡检模式的矛盾逐渐凸显。本文通过对巡检系统需求分析和功能描述设计，结合 GIS 定位技术、移动 APP 开发技术、NFC 识别技术和 Web Server 平台，设计了一款基于移动终端采集的水电设备巡检系统，能够通过移动智能终端扫描采集巡检数据，传送至水电设备巡检管理系统平台，对设备运行状况进行巡检管理和数据分析。通过统计系统实施期间的运行数据，证实了系统功能完整性和性能良好性。

关键词：水电设备；巡检管理系统；移动应用开发；GIS 定位；NFC 识别

1　引言

水利电力基础设施巡检是保障设施设备运行管理必不可缺的安全措施，不同于其他工程项目，水电工程所投入运行的水电机械设备具有规模庞大、种类繁多、时空分散的特点，传统水电企业巡检人员采用"看、闻、听、摸、问、测"六步进行移动式巡回检查，定点定时的查验和记录相关运行数据[1]，水电设备巡检系统不仅要求精准定位巡检路线，同时要求巡检结果实时记录，传输至远程信息管理数据库中，为设备评估及故障管理提供信息依据。目前，我国水电设备的巡检系统大多采用手持移动计算设备（PDA）扫描条形码、智能手机、WebService 等平台技术获取设备信息[2]，利用射频技术（RFID）技术辅助和标识定位智能电网中的电力设备。通过识别配电设备和定位巡检人员，采集和传输巡检数据，强化水电设备规范管理。如要进一步提高巡检设备智能化及数据安全性，现有设备系统仍有较大的提升空间。

（1）存在诸多安全弊端。一是设备数据录入和存档之间存在较长滞后，有效信息易积压。现有的设备信息管理系统侧重于离线管理，巡检人员在室外巡检的过程中，常常依靠纸笔记录的方式记录现场的查验情况，待巡检完后返回控制室再将巡检记录录入巡检系统中存档，大量的待录入数据未及时存档往往形成数据积压，导致设备状态无法更新，不能及时发现故障隐患。二是数据采集分散，遗漏巡检点。由于水电设备安装布线分散，巡检过程完全依赖人的主动性，难以发现未按计划执行的巡检任务，无法保障设备巡检率。三是巡检人员无法跟踪定位。传统的巡检方式无法跟踪定位巡检人员的巡检过程，一方面，设备出现问题时无法追溯责任人，另一方面，在恶劣天气条件下监控受到条件限制，巡检人员的人身安全无法保障。因此，传统的巡检模式对设备管理水平和巡检效率产生了极大挑战，解决巡检模式的诸多问题是水电企业安全、稳定运行的重要保障。

（2）人工采集巡检数据质量无法保障。在物联网环境下，受网络规模的影响，运行数据上下变化幅度大，采集的难度也越来越大。对于在辖区的大量水电设备，诸如变压器、分支箱、窨井盖，精准的运行数据是及时判断设备运行状况最重要的依据，也是巡检任务最重要的内容之一。依靠人工记

作者简介：邬舒静（1989—），女，硕士研究生，主要从事信息化应用管理研究工作。

录和抄表的传统巡检方式效率低下，巡检周期长。对于变电站中未显示于表中的数据，主要依赖巡检人员技术经验判断，经验不足或人为疏忽都会导致巡检人员记录错误数据。实现一人一机的在线设备数据采集对手持设备的传输性能和采集功能有较高要求，手持设备巡检无疑是提高设备巡检质量的重要措施。

（3）巡检到位率无法核对。由于水电基础设施大量分散，辖区监控系统存在视野盲区，长期依赖巡检人员对设施设备布局的熟练掌握和巡检自觉性，缺乏对巡检人员的到位率考核及有效巡检的指标判断。为了保障设备持续稳定运行，着重保障巡检人员按计划如实完成巡检任务，要求巡检设备具备显示设备定位地图和计算巡检到位率的功能。目前的巡检产品尚未有效解决此类需求。

（4）巡检数据利用率不高。人工巡检获取的数据只支持短暂保存，无法获得长期的数据库信息。目前，水电设备巡检工具大多侧重于离线设备管理，由巡检人员定期将已获取的设备运行参数输入至后台，数据采集时间相对滞后，巡检数据二次加工度不高，无法通过已有数据精准判断设备缺陷率，出具相应的消缺处置方案。

随着互联网技术、物联网、大数据等信息技术的推动，水电巡检也进入了数字化管理时代，作为物联网技术与移动通信技术迅猛发展的成果，高能效、高时效的信息采集和大容量存储已逐渐成为基础设施完备的重要策略。智能化水电设备系统关键应用技术，为水电设备的状态检查和故障排查等应用层功能提供可靠的软硬件技术保障，实现实时传输、高频采集、智能分析等巡检诉求提供强有力的技术保障。

基于此，本文在分析目前巡检系统技术缺陷基础上，整合了先进的水电设施巡检管理手段和技术方法，通过成立专项项目小组，对多家水电企业开展深入调查研究，采用信息数据分析、相关技术对比分析等手段明确核心需求，设计了移动设备及巡检系统平台，利用移动终端识别二维码技术及GIS定位技术，实现了巡检员手持移动设备（手机）完成巡检点定位、巡检结果实时上传等功能，最大程度地降低巡检管理风险，为巡检工作可规划、可监控、可查询、可统计、可配置资源提供闭合管理技术。

2 系统方案设计

2.1 水电设备巡检系统结构分析

借助于物联网采集、巡检定位技术及移动终端设备实现的"水电设备巡检系统"，实现了巡检设备无障碍定位、巡检数据移动采集、设备状态无延迟更新等设备监测功能，以及巡检记录无纸化、巡检方案流程化等巡检任务管控功能，便于及时处置设备安全隐患，保障水电设备安全、可靠运行。

水电设备巡检系统（见图1）主要包括两个项目：移动巡检终端、业务管理平台。其中，移动巡检终端支持巡检人员执行各项巡检任务，采集设备运行数据并对故障进行消缺处置。业务管理平台负责巡检任务管理、数据统计分析，设备维护管理以及用户信息管理。

2.2 网络拓扑图设计

巡检系统拓扑图由辖区水电设备、手持设备、网络通信、后台管理平台组成，如图2所示。巡检人员通过开启NFC近场通信，使用手持设备完成水电设备二维码扫描，将数据通过网络及交换机上传至内网服务器端，由后台管理平台对读取的数据进行统计分析，系统在防火墙中部署隔离策略保障数据传输安全。

2.3 巡检范围

水电设备巡检系统的巡检范围主要包括供电系统和供水系统两大部分。

（1）供电设备。巡检范围包括主变压器、断路器、隔离开关、避雷器等站内设备，杆塔及辖区内的全部高压电缆线路的窨井盖。

（2）供水设备。主要为辖区内的供水管网，包括阀门井、窨井盖等。

2.4 移动巡检终端设计

系统巡检功能结构见图3。

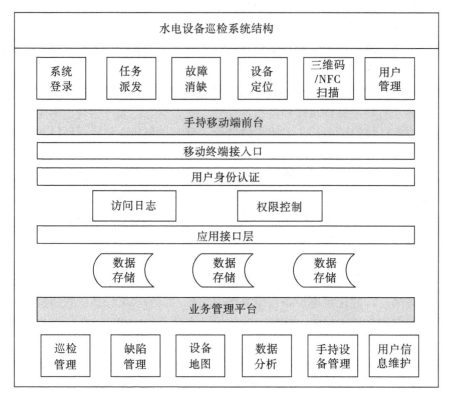

图 1　水电设备巡检系统结构图

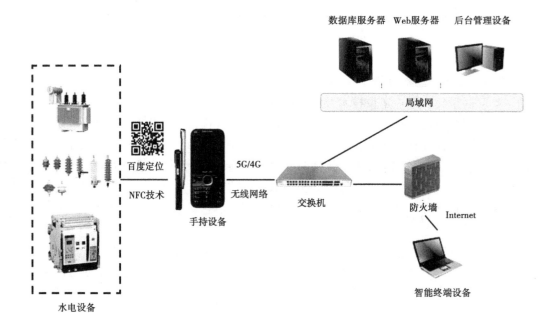

图 2　巡检系统拓扑图

（1）系统登录。通过用户登录进行人员身份确认。为加强对巡检员的管理，该巡检系统采用"人机注册绑定"模式，如巡检员 A 使用手持设备（手机 A）进行巡检，那么该手持设备将与巡检员 A 进行注册绑定，巡检员 A 不能再使用其他手持设备进行巡检操作，同时该手持设备也只能巡检员 A 使用。

（2）消息通知。将待办任务以消息通知形式派发至 APP（应用程序）首页面。

（3）今日巡检任务。屏幕将显示巡检时间、轨迹记录、到点考核、数据传输全部由系统自动完

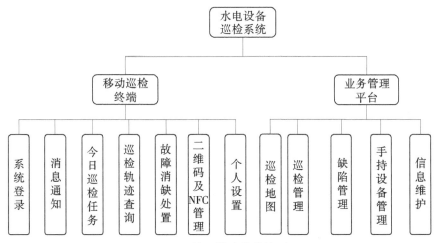

图3 系统巡检功能结构图

成，方便快速提交数据。支持巡检人员将文字、图片、视频及音频等内容编辑、上传至巡检 APP。支持就地下载、保存多条巡检内容信息至手机存储卡上。

（4）故障消缺处置。为巡检员提供待消缺设备列表，促使其及时完成缺陷处理。

（5）二维码扫描。通过扫码设备二维码获取对应设备运行信息。

（6）NFC 巡检管理。通过启动 APP 激活 NFC 功能或提示巡检员启用 NFC 按钮。巡检人员扫描设备 NFC 卡片读取设备运行信息。

（7）个人设置。支持巡检人员自行下载安装巡检 APP，完成用户注册、登录、密码找回。

2.5 业务管理平台设计

业务管理平台功能结构图如图4所示。

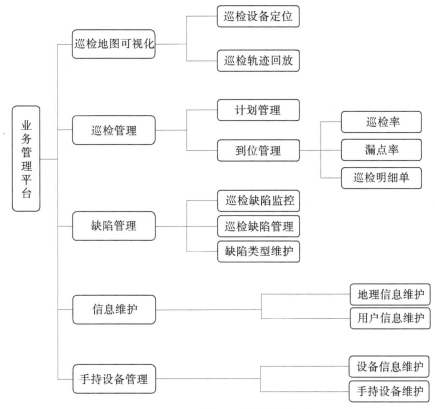

图4 业务管理平台功能结构图

（1）巡检地图可视化。支持精准定位巡检设备，并采集巡检轨迹，生成巡检地图。

（2）巡检管理。支持进行巡检计划制订、巡检人员到位管理、巡检缺陷监控及巡检缺陷管理。对巡检人员的巡检线路进行合理设置，对缺陷设备进行实时监控，最大限度地提高巡检工作的完成效率，降低巡检人员的工作强度。

（3）缺陷管理。支持巡检缺陷监控，并统计巡检率、漏点率、缺陷率、消缺率等核心数据。

（4）手持设备管理。支持对手持设备的硬件维护，以及设备类型信息录入、修改、更新维护。

（5）信息维护。支持对地理位置信息、用户账号、权限进行维护更新。

3　水电设备巡检关键技术

3.1　基于网络 GIS 技术和百度地图式巡检线路路径图

系统使用 HTML5 混合移动开发框架，结合百度地图和 GPS 定位采集的经纬度坐标，动态地生成 GIS 地理信息图层，显示线路路径图信息。GIS 系统作为一款地理信息系统，以其准确、形象、直观的特性能够根据用户兴趣输出查询分析的数据[5]。利用 GIS 采集的经纬度坐标，可以动态生成 GIS 地理信息图层，显示线路路径图。同时，根据 GPS 巡检设备上传的杆塔经纬度信息可计算线路长度，根据定位信息可计算杆塔数量和距双向变电站距离。根据输入的杆塔类型，可自动判别铁塔数量、耐张塔数量、直线塔数量、水泥杆数量、耐张杆数量、直线杆数量。这些数据根据定位信息改变，当线路因技改或改造后发生改变，只要重新定位数据自动更新，并在 GIS 中显示出新的线路路径图。

3.2　基于 NFC 的近距离无线通信与物联网融合技术

相比于其他 RFID 手持设备技术，NFC 读写距离短，抗干扰性强，数据传输安全[6]。系统在手机应用开发过程中，使用网络层 NFC 模块与巡检设备运行数据进行交互，进一步解除了巡检环境和功耗作业对数据传输的限制，保障了数据采集的稳定性和安全性。

3.3　基于 Web Service 的移动应用开发技术

采用 Web Service 进行移动应用的开发，将产生跨平台、可操作的应用程序。Web Service 平台是一款独立的、低耦合的、自包含的、基于可编程的 Web 应用程序，可使用开放的 XML 标准进行程序开发[7]。考虑系统远期的扩展，系统利用 Web Service 技术突破了现有巡检系统可拓展性不强的缺陷。构建了外网移动端、客户端、内网数据库的多层系统架构，在 Web 服务器上层采用 MyBatis 框架，可与公司现有多个生产系统对接，可持续增加巡检点。未来还可根据用户要求，进行二次开发，满足多项需求。

4　巡检系统的应用

系统基于对水电行业深入的调研和完备的实施方案完成项目开发，符合水利系统设备设施巡检各项需求，具有设备设施类型维护、设备设施信息管理、缺陷类型管理、手持设备管理等基本信息维护功能，实现了对巡检计划、巡检缺陷监控和消缺、巡检到位等业务的管理，以及巡检率、漏点率、综合查询等查询分析功能。

$$日巡检率 = \frac{日巡检到位数量}{日计划巡检数量} \times 100\%$$

$$日漏检率 = \frac{日漏检数量}{日计划巡检数量} \times 100\%$$

根据该系统某年巡检记录查询（见图5），一季度日巡检数量达 16 219 次，二季度日巡检数量达 15 674 次，三季度日巡检数量达 16 188 次，四季度日巡检数量达 12 679 次。

由现有数据（见表1）可知，巡视到位巡检率均超过 100%，每季度漏检率平均值为 0.08%。巡检结果显示，使用该巡检系统能够保障稳定、持续的巡检任务。巡检计划执行程度受气候、定位影响因素较小。

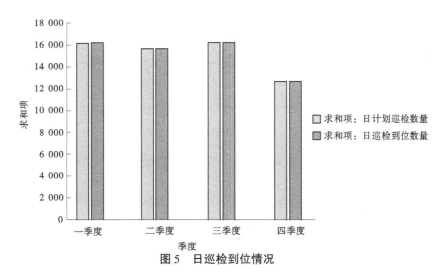

图 5 日巡检到位情况

表 1 日计划巡检完成情况

巡检季度	日计划巡检数量	巡检到位数量	巡检漏检数量	巡检率/%	漏检率/%
一季度	16 219	16 252	12	100. 20	0. 07
二季度	15 674	15 676	10	100. 01	0. 06
三季度	16 188	16 212	16	100. 15	0. 10
四季度	12 679	12 697	12	100. 14	0. 09

5 结语

该水电设备巡检系统采用移动智能终端扫描技术及 Mobile Web Service 技术, 整合现有手机平台, 实现了对水电设备的巡检管理。通过移动手机获取设备运行状况、录入巡检结果、查收巡检任务, 实时掌握设备状况, 保障设备状态及时更新, 巡检管理系统采用 B/S 架构, 通过浏览器解决了无纸化办公、设备巡检率、漏检率、设备异常信息等数据进行统计分析, 提高了设备统筹管理效率, 有效降低了设备故障率, 实现了设备检修维护、巡检任务派发、巡检台账管理等多项功能, 改善了恶劣环境对出巡任务的条件限制, 提高了巡检数据的采集质量, 保障了设备巡检完成率, 进一步提高了数据利用率。

参考文献

[1] 曾晓辉, 文成玉, 陈超, 等. 基于二维码的移动巡检新系统的设计与实现 [J]. 电子技术应用, 2014, 40 (9): 4.
[2] 蒙晨曦. 移动巡检系统的设计与实现 [D]. 成都: 电子科技大学, 2015.
[3] 任润虎, 徐振梅, RenRunhu, 等. 手持式 PDA 配电智能视频巡检管理系统设计 [J]. 电气技术, 2013 (4): 4.
[4] 代欣. 物联网环境下电子数据智能采集算法研究 [J]. 电子世界, 2017 (19): 2.
[5] 胡圣武, 朱燕霞. 网络 GIS 的发展及其应用 [J]. 测绘工程, 2007, 16 (4): 5-9.
[6] 王宇伟, 张辉. 基于手机的 NFC 应用研究 [J]. 中国无线电. 2007 (6): 3-8.
[7] 龚瑞琴, 毕利. 基于 Web Service 的 Android 技术应用研究 [J]. 电子技术应用, 2014, 40 (1): 3.

浅谈潘家口、大黑汀水库无人机智能巡检技术应用

徐好峰　付立文　刘兵超　高滢钦

（水利部海河水利委员会引滦工程管理局，天津　300392）

摘　要：潘家口、大黑汀水库无人机智能巡检技术主要应用无人机遥感技术进行视频影像数据采集处理、智能信息提取和影像数据比对，通过人工智能识别模型，对动态影像进行变化分析。逐步推广应用至库区管理范围内河湖督查巡检、水事违法行为发现查处等工作中，对库区管理范围内的防汛工程、抢险救灾和"四乱"、碍洪等河湖监管问题进行常态化巡检，加快推进潘家口、大黑汀水库智慧化建设。

关键词：潘家口、大黑汀水库；无人机；智能巡检；智慧化建设

潘家口、大黑汀水库（简称潘、大水库）位于滦河干流，作为大型水库工程，其对于滦河防洪体系十分重要，特别是 2021 年，海河流域遭遇百年罕见夏秋连汛，滦河发生 1 号洪水，潘、大水库充分发挥了枢纽的防洪减灾作用。同时，潘、大水库作为引滦入津输水工程的重点水库，肩负着为天津、唐山供水的重任。基于潘、大水库重要的防洪和供水作用，需要加强水库巡检，保障水库防洪排涝和补水供水能力。

1　基本情况

1.1　工程概况

潘家口水库位于河北省唐山市与承德市地区的交界处的滦河干流上，为多年调节水库，坝址以上控制面积为 33 700 km²，占全流域面积的 75%。坝址以上多年平均径流量为 24.5 亿 m³，占全流域多年平均径流量的 53%，1 000 年一遇洪水设计，5 000 年一遇洪水校核，是一座以供水为主，兼顾防洪、灌溉、发电等综合效益的大（1）型水库。水库死水位 180 m（大沽高程），汛限水位 218.00 m（大沽高程），正常蓄水位 222.00 m（大沽高程），最高蓄水位 224.70 m（大沽高程），总库容 29.3 亿 m³。

大黑汀水库位于唐山市迁西县滦河干流上，为年调节水库，坝址以上控制流域面积 35 100 km²，100 年一遇洪水设计，1 000 年一遇洪水校核，其中潘家口与大黑汀水库之间流域面积为 1 400 km²。它是一座承接潘家口水库下泄水量，拦蓄潘家口、大黑汀水库区间来水，为跨流域引水创造条件与上游潘家口水库联合运用，发挥防洪、供水作用的大（2）型水库。水库死水位为 121.50 m（1956 年黄海高程），汛限水位及正常高蓄水位均为 133.00 m（1956 年黄海高程），总库容 3.37 亿 m³。

1.2　项目背景

潘、大水库监管的巡检手段有人工巡检、在线监测和无人机巡检。人工巡检工作量大，巡检效率低；在线监测，采用站点摄像头，仅能对有限固定区域进行监控，设备维护费时费力；无人机巡检也是依靠技术人员进行小范围的飞行巡检，未实现大面积、高频次、高效率的巡检。

目前，潘、大水库河湖监管问题巡检工作以人工巡检为主，水库巡检需求不断细化和强化，巡检任务更加明确和繁重，每年需要投入大量的人力进行巡检工作，因地理环境限制，实际巡检效率有待

作者简介：徐好峰（1971—），男，高级工程师，主要从事规划计划、河湖管理、水旱灾害防御、水库运行管理等相关工作。

提高，随着潘、大水库监管巡检任务运行的常态化，巡检监管对象更加明确，巡检里程不减，而巡检需求和人力缺员的矛盾却日益突出，传统依靠人力为主的水库监管巡检模式，在运维质量、工作效率和经济效益上已无法满足当前及未来管理标准化、降本增效的战略发展需要。

2 智能巡检技术应用

潘、大水库无人机智能巡检系统具有全自动作业能力，可以实现水库无人值守，智能化解决水库防汛、"四乱"监测、水政执法等监管问题，做到水库监管要素可视化呈现，实现水库监管的智能化、高效化。

2.1 巡检范围

结合"四乱"、防汛监测、违规排放及捕鱼等问题的监测和管理需求，利用2019年测定的潘家口和大黑汀库区的管理范围线成果，确定巡检工作范围为：潘家口水库上游小彭杖子至大黑汀水库大坝的河道长度约120 km，宽度沿河道管理范围线进行水平面外扩约10 m的区域，面积约180 km²。库区巡检示意图如图1所示。

图1 潘家口、大黑汀水库巡检河道示意图

2.2 技术内容

（1）针对"四乱"监测、水政执法等监管问题，结合防汛常规化巡检需求，建设一套无人机智能巡检系统，实现潘、大水库整个库区河道远程监测功能。

（2）收集整理滦河流域卫星遥感影像数据，建立一期卫星影像数字场景作为数据底图，以无人机智能巡检系统第一期拍摄的影像数据为潘、大水库监管问题解译数据基础，可叠加后期无人机航摄影像进行多期数据对比分析；根据历史影像、水库基础数据、监管数据和"四乱"问题等，建设潘、大水库监管"一张图"。

（3）巡检数据处理。对无人机航摄影像进行空三加密、正射纠正、匀光匀色、镶嵌等处理，制作数字正射影像图（DOM），以DOM为底图并进行捕鱼、违规排放、防汛监测及"乱占、乱采、乱堆、乱建"等问题解译，与前期数据进行叠加分析，判断库区岸线及水体变化情况。

2.3 技术路线

潘、大水库无人机智能巡检工程主要包括构建一套无人机智能巡检系统，建立监测区域的数字场景底图及"一张图"，无人机巡检遥感数据处理服务。

无人机智能巡检系统建设完成后，无人机执行巡检任务，无人机和机库之间通过微波链路实施传输视频和监控无人机姿态信息，视频数据和智能解译成果数据直接接入智慧大屏，实时显示航摄的视频和无人机航迹位置；无人机巡检数据服务主要是对巡检数据进行处理，联合无人机 POS 信息把航空影像数据经过空三解算、正射纠正、镶嵌等处理成具有真实地理坐标的数字正射影像图，并建立无人机巡检数据本底数据库，以已有的航空影像为基准，进行卫星影像和航空影像的地理位置几何纠正，与无人机多期巡检数据叠加作为一张图的基础；巡检视频、解译成果等数据接入智慧大屏，实现巡检图像、视频、水库监管问题解译成果等可视化展示，为监管提供数据支撑。总体技术路线如图 2 所示。

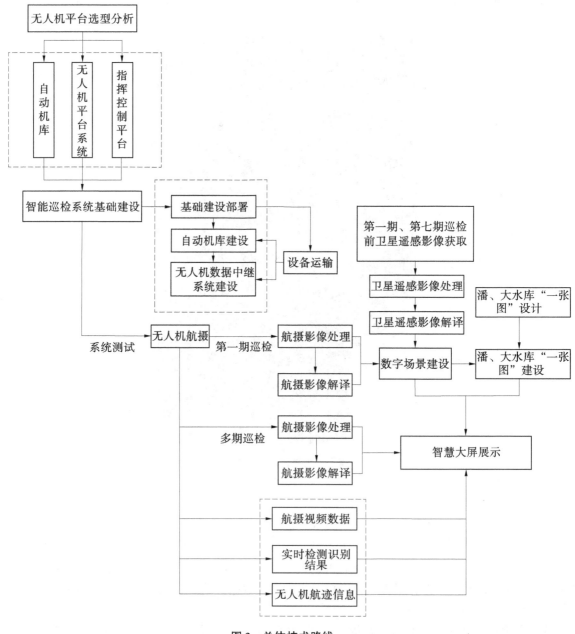

图 2 总体技术路线

3 关键技术分析

3.1 数字场景底图及"一张图"建设

数字场景底图作为巡检任务和巡检数据处理的原始数据，通过数字场景底图的建设，建立河道监管问题变化分析的基准，同时为"一张图"建设提供底图数据；潘、大水库河道监管"一张图"为本项目建设的无人机智能巡检系统服务，主要完成河道巡检数据的汇集、存储，对数据处理、解译分析成果进行综合展示，为水库河道管理部分提供信息的查询和统计工具，能够更好地发挥无人机智能巡检系统在实际工作中的作用。

3.1.1 数字场景底图建设

收集整理滦河流域卫星遥感影像数据，在无人机第一次巡检任务开始前和第七次巡检任务开始前，分别建立一期卫星影像数字场景作为数据底图，基于无人机智能巡检系统第一期拍摄获取的影像数据，通过空三加密、正射纠正、匀色、镶嵌、DOM 图面修编等步骤，制作潘、大水库库区 DOM，通过影像解译为潘、大水库监管问题提供解译数据基础，用于叠加之后多期无人机航摄影像制作的 DOM 进行数据对比分析。

3.1.2 潘、大水库"一张图"建设

潘、大水库"一张图"系统是服务于潘、大水库水库监管业务应用的基础地理信息平台，"一张图"以数字场景建设的影像为底图，以库区基础资料和水利工程信息数据为基础，对潘、大水库异构，多时空水库监管业务应用数据进行资源整合，在"一张图"上进行集中展现和综合分析。

3.2 巡检数据处理解译及对比分析

3.2.1 巡检数据处理

以 2015 年潘、大水库网箱养鱼遥感解译项目的成果资料为基础，该项目航飞影像图处理过程中有像控点纠正，以该航飞影像获取部分像控点对卫星遥感影像进行纠正和处理，获得卫星遥感影像数字正射影像图（DOM），本项目获得的航飞数据经过空中三角测量等处理，制作 DOM，针对 1 年 12 期的航飞影像制作的 DOM，以卫星遥感影像图为基准，通过特征点匹配的方法进行多期影像间的配准，使影像位置对应。

3.2.2 巡检数据解译

在分析工作区地形地貌、环境和遥感资料的基础上，根据遥感影像河道监管目标要素的形状、大小、色调、粗糙度和纹形图案等特征，建立潘、大水库岸线监管目标要素遥感解译标志，综合使用目视解译和智能解译等方法进行监管区目标要素的解译提取，通过专家解译的方法详查筛选出真正的疑似监管问题图斑，构建存量问题图斑"台账"，为问题现场核查、整改复查及库区全生命周期监管提供数据支撑。

3.2.3 巡检数据比对分析

对潘、大水库管理范围内认定的"四乱"问题的重点区域或疑似区域，进行周期性影像航摄，对前后两期影像进行针对"四乱"目标要素智能解译，载入带有属性信息判读筛选后的解译成果，对两期目标要素解译结果进行空间叠加分析，针对河湖监管问题现象，后期检测结果相比于前期检测结果共出现三种情况，分别是监管目标要素增加、减少和无变化，圈定"四乱"目标要素新添区域和整改完成区域，统计两期库区监管同类目标要素的类别、名称、图斑编号、变化位置、变化面积，编制解译分析报告，并提供该区域"四乱"现象发展动态的直观性展示。

4　结语

　　无人机智能巡检技术应用推广至库区管理范围内河湖督查巡检、水事违法行为的发现查处等工作中，对库区管理范围内的防汛工程、抢险救灾和"四乱"、碍洪等河湖监管问题进行常态化巡检，推动全部水库监管要素可视化、高效化，实现水库巡查少人值守、监管问题智能化解决的预期目标，进一步提升水库管理标准化、智慧化水平。

数字孪生技术及其在水利行业的应用

李卫斌[1]　张珊珊[1]　张天一[1]　胡彦华[2]

（1. 西安电子科技大学人工智能学院，陕西西安　710126；
2. 陕西省水利厅，陕西西安　710004）

摘　要：水利是国民经济和社会发展的重要基础设施，将数字孪生技术应用于水利行业是水利事业发展的重要突破点，数字孪生的应用将有利于提高水旱灾害防御能力，提升水资源管理与调配管理水平，对于建设"预报、预警、预演、预案"功能的数字流域具有重要意义。本文从数字孪生的定义及内涵方面展开研究，提出数字孪生技术的总体架构，其主要任务包括综合数据底板、智能模型库和先进知识库，并探讨了构建数字流域的多项关键技术，最后介绍了数字孪生技术在水利行业中的典型应用。

关键词：数字孪生；模型库；知识库；水利灾害

1　引言

《中华人民共和国国民经济和社会发展第十四个五年规划和 2035 年远景目标纲要》明确提出，构建智慧水利体系，加快数字化发展，加快建设数字中国[1]。随着数字孪生技术的发展与应用，为智慧水利的发展提供新技术，为流域治理提供新思路。因此，将数字孪生技术应用于水利行业并解决目前的问题是数字流域建设的首要任务，同时也是践行习近平总书记提出的"节水优先、空间均衡、系统治理、两手发力"的治水思路[2]。在统筹水利业务与现代信息技术融合的同时，加快构建数字孪生流域，对于保障水安全，实现治水为民具有重要意义。

"数字孪生"在美国国家航空航天局（national aeronautics and space administration，NASA）的阿波罗计划中首次应用[3]，该名词最早在美国密歇根大学的 Michael Grieves 教授的产品全生命周期管理（product life cycle management，PLM）的课程中首次提到，但当时并不称为"数字孪生"，而称作"镜像空间模型[4]"，具体描述为"与物理产品等价的虚拟数字化表达"。之后，NASA 和美国空军研究实验室（air force research laboratory，AFRL）相继对"数字孪生"做出不同的定义[5]。"数字孪生"的提出引起各国家各公司各科研机构非常高的重视，随后美国提出的"工业互联网"，德国提出"工业 4.0"，中国提出的"中国制造 2025"都重点提到了"数字孪生"。并且 2017—2019 年，Gatner 连续三年将数字孪生列为当年十大战略科技发展趋势之一，并重新对其做出定义。

目前，业界和学术界对数字孪生的定义各不相同，但其核心都是数据。综合来说，数字孪生是将传统技术与人工智能、区块链、物联网、云计算、大数据、虚拟现实和增强现实等新兴技术融合，基于物理实体和虚拟孪生体构建的、可以进行时空实时交互的庞大网络系统，重点使用智能建模和仿真分析对物理世界中的场景进行全要素、多尺度、多视图的模拟仿真技术。

水利部印发的《关于大力推进智慧水利建设的指导意见》中明确提出推进智慧水利建设的主要任务包括：一是建设数字孪生流域，包括建设数字孪生平台、完善信息基础设施；二是构建"2+N"水利智能业务应用体系，包括建设流域防洪应用、建设水资源管理与调配应用、建设 N 项业务应用；

基金项目：陕西水利科技计划项目（2022SLKJ-17）的支持。

作者简介：李卫斌（1976—），男，教授，主要从事卫星应用、工业智能与数字孪生相关领域的研究工作。

三是强化水利网络安全体系，包括水利网络安全管理、水利网络安全防护、水利网络安全监督[2]。因此，本文介绍了数字孪生技术及其在水利行业的应用，并以此解决水利行业面临的灾害防御和资源开发利用问题。首先提出数字孪生总体框架，通过物理流域抽象概化、逻辑仿真等建立综合数据底版，并构建智能模型库及先进知识库，从而实现数字孪生技术在水利行业的深度应用。

2 数字孪生总体框架

数字孪生流域是以物理流域为单元、时空数据为底座、数学模型为核心、水利知识为驱动，对物理流域全要素和水利治理管理活动全过程的数字化映射、智能化模拟，实现与物理流域同步仿真运行、虚实交互、迭代优化[6]。

数字孪生的总体框架见图 1，主要包括物理流域和数字流域，物理流域主要是物理世界中的江河湖泊、水利工程和相关影响区域等，数字流域包括基础层、核心层、应用层。本文重点讲述数字流域的核心层，包括由时空数据、天空地网构成的数据底板及先进知识库和智能模型库。

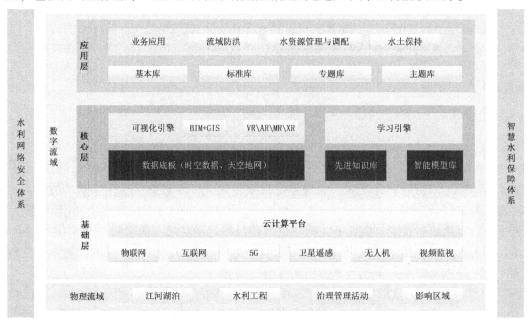

图 1 数字孪生的总体框架

2.1 物理流域

构建虚拟孪生体的基础是真实的物理流域。物理流域主要指现实世界中真实存在的场景，不仅包括江河湖泊、水利工程的地貌地形地势，还包括这些流域所治理管辖活动及其影响到的人类生活区域。在真实的物理流域的基础上，进行建模仿真、数据分析，利用感知网络对物理流域的各项指标进行准确获取，通过信息网络实时传输到云平台进行后续建模、分析、预测及决策。

2.2 数字流域

数字流域首先将物理设备采集数据传输到水利信息基础设施，基于 BIM+GIS 及交互技术构建多尺度、高保真、可视化的数据底板，基于水利知识图谱、专家经验构建先进知识库和基于智能算法、水利专业模型构建的智能模型库，为水利工程提供海量的智能化支撑。

2.2.1 综合数据底板

数字流域是智慧水利的核心，数字流域的基础是构建天空地网一体化的数据底板，其核心是建立多时空尺度、全要素的虚拟物理模型，为物理流域提供高保真数字化映射，呈现虚实结合的可视化场景。构建全要素多尺度的天空地网一体化的综合数据底板，首先通过无人机、卫星遥感、视频监控等技术获取基础地理空间信息，再通过地面站网、视频智能监控等技术获取各类水利对象指标，借助各类感知手段实现对雨量、水位、流速、水质、生态、墒情等多方位的感知和监测。

2.2.2 智能模型库

智能模型库包括四大类：水利专业模型、可视化模型、智能模型、仿真驱动引擎。水利专业模型主要内容是水知识相关模块，包括水文、水力学、泥沙动力学、水资源、水环境、水土保持、水利工程安全七大类专业模型；可视化模型针对不同的业务应用，使虚拟孪生体可以脱离天气、光影、水位、流速等属性，对流域中不同场景进行实时渲染；智能模型利用机器学习等技术感知水利对象和认知水利规律，满足不同场景应用需求[7]，建立大量的智能模型库以便随时调用，并对水利中发生的各种情景进行精准预测、智慧诊断、实时分析、智能决策；仿真驱动引擎通过整合集成各服务接口，建设具有场景配置、建模仿真等功能的驱动引擎。智能模型库目的是建成标准统一、接口规范、分布部署、快速组装、敏捷复用的模型平台[8]，在数字空间对水利治理管理活动进行智慧化模拟，为数字孪生流域提供模拟仿真功能。

2.2.3 先进知识库

先进知识库的重点是水利知识和智能引擎的构建。根据水利知识构建统一的政策法规、技术标准、服务接口、专业术语的知识图谱；对各种调度规则、重大历史洪水进行场景模拟；对相关流域防洪调度方案、水量调度方案等建立防洪预案库，实现对预案、历史经验、场景的高效管理；对防洪专家经验、治水经验等非结构化信息进行知识化表示，作为防洪参考依据，服务于防洪抢险、历史场景模拟、工程维修等应用场景；智能引擎采用人工智能搜索引擎技术，如状态空间法和问题归约法，实现对知识的精准检索和推荐。

2.3 业务应用

构建数字孪生流域，其根本目的是服务于"2+N"水利智能业务应用体系，主要包括流域防洪应用和水资源管理与调配应用及其他 N 项业务应用。流域防洪应用主要是在国家防汛抗旱指挥系统的基础上，扩展定制流域防洪数字化场景[9]，升级完善洪水预报、预警功能，补充旱情综合监测预测功能和淤地坝洪水预报功能，搭建防汛抗旱"四预"业务平台[10]；水资源管理与调配应用主要是完善水资源管理与调配数字化场景，配合政府做好相关政务工作；N 项业务包括水利工程建设和运行管理、水土保持等多项业务综合组成。

3 数字孪生的关键技术

数字孪生的主要关键技术包括：数据轻量化处理技术、高性能算力构建技术、智能库构建技术、可视化仿真交互技术。其中，算据是数字孪生的"输入设备"，算力是数字孪生的"存储器"，算法是数字孪生的"CPU"，交互技术是数字孪生的"输出设备"，这些关键技术共同确保数字流域的安全运行。

3.1 数据轻量化处理技术

数据是数字流域运行的基石。当前数据的采集主要通过大数据和物联网对数据进行轻量处理。

物联网是数据感知的实现方式，通过传感器采集声、热、电、光、力学、化学、生物、位置等数据，并借助无线传感网络对采集到的数据进行回传，是物理世界和虚拟模型建立连接和全面感知的第一步。孪生数据包括多源、多种类、多结构的全要素、全业务、全流程的物理感知数据、模型生成数据、虚实融合数据。数据轻量化处理技术使其可以从海量的数据中筛选并提取有价值的信息，以便物理世界到虚拟模型的数据感知和精准映射。

3.2 高性能算力构建技术

算力是数字流域的基础资源保障，为核心层和应用层提供计算资源保障体系。数字孪生体在有海量数据作为输入的前提下，还需借助超强的计算能力，才能对虚拟模型进行实时分析，主要包括 5G 通信技术、云计算和边缘计算。

5G 通信技术具有高速率、低时延、大容量、高可靠、大连接的特点，正好解决孪生数据在传输中存在的网络带宽不够，传输速率低等引起的虚拟模型更新不及时问题，既解决虚拟模型与物理实体的高传输低时延，同时在大量设备接入网络的同时，也可以保证数据高效传输。

云计算是将大量的计算机和应用程序组成的资源池，由应用程序按需地、动态地分配资源，提供高性能计算、大规模存储和高效能的信息服务，云计算提供的超大算力和其按需使用、分布式共享的特点可以为数字孪生的海量数据动态分配不同的计算、运行和存储能力，大大提高资源的利用率。

边缘计算是对终端采集到的信息直接在就近的本地设备和物联网关上进行边缘智能服务，将边缘计算节点处理过的有用数据和边缘计算节点分析不了的任务及综合全局信息再传输到云计算，来缓解网络的计算压力，更加高效、安全，大大减少云计算的算力，降低数据在传输过程中遇到的风险，分担了云计算存在的集中式计算的压力。

3.3 智能库构建技术

算法是数字孪生的核心。在整个数字孪生中起到关键性的作用，智能库构建技术主要通过机器学习算法和水利知识来实现。

数字孪生模型需要基于多源、多视图的孪生数据做数据输入，借助人工智能算法，训练出不同应用场景的训练模型，适应不同应用场景，才能更好地保证数字孪生的智能运行和智能决策。此外，还需构建以业务应用为导向的知识图谱，将大量的历史经验、知识和专家经验加以整合，以便更迅速准确地找到所需知识[11]。不同的业务应用需建立不同模块的知识图谱，针对不同的雨、水、灾、险情快速做出响应。

3.4 4R 仿真交互技术

交互技术是数字孪生技术的成果展现。交互技术架起物理实体与虚拟模型的桥梁，无缝衔接现实与虚拟，实现可视化和虚实融合，使虚拟模型真实呈现出对应的物理模型并且补充和完善物理实体的信息。

交互技术包括虚拟现实（virtual reality，VR）、增强现实（augemented reality，AR）、介导现实（miedated reality，MR）、扩展现实（extended reality，XR）。VR 是纯虚拟数字画面，单纯借助显示屏来展现虚拟场景；AR 主要是利用跟踪注册技术、虚拟现实融合显示和人机交互技术手段来达到虚拟画面和裸眼现实结合的效果[12]，在对真实世界的信息建模仿真之后，再对虚拟信息渲染融合，最后呈现出用户看到的影像；MR 利用视频透视技术呈现出数字化现实和虚拟数字画面；XR 是前面 3R 技术的总称，旨在创造真实世界和物理世界无缝衔接的"沉浸感"。

4 数字孪生技术在水利行业的应用

构建"四预"（预报、预警、预演、预案）功能的水利信息化体系，必须具备以下功能：利用水利专业模型和河流水文测报系统实现对水情的实时预报与预警的功能；依靠专家经验和机器学习算法扩展模拟计算和动态仿真，实现对洪水的场景预演功能；对流域防洪调度方案、水量调度方案、专家经验和业务规则等实现多预案比选等功能。

陕西省水利厅开展了数字孪生渭河项目的先行先试工作，并取得初步成效；浙江省水利厅推出的"小流域山洪灾害预警和应急联动应用"山洪预警防控系统已上线运行，该系统自上线以来，预报预警成果显著。该系统综合数字孪生技术、分布式水文模型、物联网技术，实现对全域的风险识别、风险研判、风险预警和风险管控。系统不仅可以模拟山洪发生时的淹没过程，还可以显示山洪可能发生的地区，统计山洪影响人数、待转移人数等详细信息，对山洪灾害区内进行点对点语音呼叫、电子围栏、责任人通知，确保"最后一公里"的安全运行。数字孪生技术还应用在小浪底 2022 年防汛应急抢险综合演练中，借助数字孪生技术，小浪底防汛演练中重点演练四个场景：水利枢纽错峰拦蓄、水电坝用电失电演练、水淹地下厂房演练、泄水渠抢护演练，并对小浪底的防洪态势分析、水位涨幅情况预测预报等设立专门的场景界面，在小浪底防讯应急抢险综合演练中发挥重要作用。

通过数字孪生系统可以更好地实现"2+N"的业务应用，实现对流域的防洪抗旱、水资源现状实行管理和调度，为应对流域水利灾害的各种状况提前提供预测预演，最小程度地减少人员伤亡和财产损失。

5 总结

本文从数字孪生技术的定义出发，重点讨论数字孪生技术及其在水利行业的应用，主要包括三个方面：数字孪生的总体框架、数字孪生的关键技术，以及在水利行业中的应用。重点探讨数字孪生技术框架内的数据底板、智能模型库和先进知识库，并阐述了若干关键技术。最后对目前数字孪生技术在水利行业应用进行案例说明。

参考文献

［1］国家发展和改革委员会．中华人民共和国国民经济和社会发展第十四个五年规划和2035年远景目标纲要［M］．北京：人民出版社，2021．

［2］水利部．"十四五"智慧水利建设规划（水信息〔2021〕323）［R］．2021．

［3］Opoku De-Graft Joe，Perera Srinath，Osei-Kyei Robert，et al. Digital twin application in the construction industry：A literature review［J］．Journal of Building Engineering，2021，40．

［4］GRIEVES M W. Product lifecycle management：The new paradigm for enterprises［J］．International Journal of Product Development，2005，2（1-2）：71-84．

［5］TUEGELEJ，INGRAFFEAAR，EASONTG，et al. Reengineering aircraft structural life prediction using a digital twin［J］．International Journal of Aerospace Engineering，2011：1687-5966．

［6］蔡阳，成建国，曾焱，等．加快构建具有"四预"功能的智慧水利体系［J］．中国水利，2021（20）：2-5．

［7］王巍，刘永生，廖军，等．数字孪生关键技术及体系架构［J］．邮电设计技术，2021（8）：10-14．

［8］水利部印发关于推进智慧水利建设的指导意见和实施方案［J］．水利建设与管理，2022，42（1）：5．

［9］部长讲话中的"水利建设与管理"——李国英在2022年全国水利工作会议上讲话节选［J］．水利建设与管理，2022，42（2）：5-7．

［10］李文学，寇怀忠．关于建设数字孪生黄河的思考［J］．中国防汛抗旱，2022，32（2）：27-31．

［11］黄艳．数字孪生长江建设关键技术与试点初探［J］．中国防汛抗旱，2022，32（2）：16-26．

［12］顾长海．增强现实（AR）技术应用与发展趋势［J］．中国安防，2018（8）：81-85．

基于自训练分割技术的河湖水域空间
典型地物智能识别

崔　倩[1]　陈德清[1]　袁建龙[2]

（1. 水利部信息中心，北京　100053；

2. 阿里云计算有限公司，浙江杭州　310000）

摘　要： 着眼于智慧水利建设，紧扣河湖长制工作要求和河湖管理保护部门工作需求，深度融合卫星遥感和人工智能等先进技术，构建河湖水域空间典型地物自动识别模型。针对河湖水域空间地物样本量不足、样本标注依赖度高的问题，创新性地将自训练方法引入语义分割，提出了海量无标注数据的自训练分割，通过计算损失峰值自动筛选伪标签中的噪声数据，研发循环课程学习训练技术降低噪声过拟合，实现抗漂移特定分布批标准化数据强增强。与监督分割方法相比，降低了 80% 训练样本标注量，大幅提升了算法开发效率。

关键词： 智慧河湖；河湖管理保护；智能识别；自训练分割

1　引言

智慧水利建设是新阶段水利高质量发展的显著标志，也是推动新阶段水利高质量发展的六条路径之一。河湖管理是智慧水利的重要业务应用。全面推行河湖长制是，以习近平同志为核心的党中央作出的重大决策部署。为全面贯彻习近平新时代中国特色社会主义思想和党的十九大精神，推动河长制湖长制工作取得实效，切实维护河湖健康生命，2018 年 7 月开始，水利部部署开展全国河湖"清四乱"专项行动，对乱占、乱采、乱堆、乱建等河湖管理保护"四乱"突出问题开展专项清理整治行动，要求发现一处、清理一处、销号一处。

河湖管理保护突出问题整治是全面推行河湖长制的重点内容和重要抓手。河湖问题呈现点多面广、量大类杂、分散隐蔽和动态变化等特点，河湖监管面临专职人员少、问题发现难、技术手段差等突出问题，传统模式主要依赖人工外业巡查和各地逐级问题上报，难以做到全面、及时、精准、有效[1-2]。遥感技术是支撑河湖监管的重要技术手段，通过对全国河湖进行大规模周期性"扫描"发现河湖问题线索。针对传统人工目视解译存在工作效率低、依赖专家经验、主观性强等不足，深度融合遥感和人工智能技术，实现河湖问题发现从人工排查向智能识别转变，提升河湖治理数字化、网络化、智慧化水平，推动智慧河湖建设。

智能识别模型训练需要通过影像标注制作大量训练样本，但是河湖水域空间范围有限，如网箱养殖、光伏电板等，标注样本量难以满足需求，而且影像标注工作耗时、耗力。由于传感器类型、地域分布、影像处理等因素的不同，影像间差异大，各数据集间迁移性差。因此，如何更加高效地利用未标注数据迫在眉睫。为此，提出半监督算法方案，利用海量未标注数据，降低对人工标注的过度依赖。

基金项目： 高分水利遥感应用示范系统（二期）（08-Y30F02-9001-20/22）。

作者简介： 崔倩（1986—），女，高级工程师，主要从事水利遥感应用研究工作。

2 自训练分割技术方案

最新的研究表明，使用大量未标记数据和少量标记数据的半监督学习（SSL）能够显著提高图像分类精度[3]。近期也有一些工作试图将 SSL 应用于语义分割任务[4-5]。在半监督算法里，常用的是伪标签法，但是生成伪标签时会产生大量的数据噪声。本算法针对数据噪声，提出了噪声自动分类筛选，基于特征分布 BN 的数据强增强，自纠正损失函数技术，显著提升了算法精度。

对于无标签数据，使用标注数据训练得到的学生模型，结合语义分割中常用的多尺度测试和翻转测试方法获得更加准确的伪标签。同时为了节约磁盘的空间，仅保留硬分割结果。经过推理后，在无标签数据上就获得了大量伪标签数据。最后微调模型参数，获得能够更好的教师模型。算法框架如图 1 所示[6]。

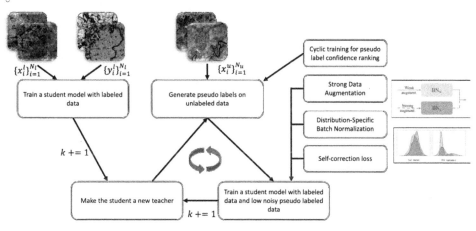

图1　自训练分割算法框架图

2.1 噪声识别筛选

随着迭代次数增加，模型训练逐渐从欠拟合变成过拟合。在模型训练最初的几轮，由于简单样本的特征被快速学习，其损失也快速减小，随着迭代次数的增加，困难样本逐渐被学习。当训练轮数足够多时，模型就会学习噪声数据。然而在单次训练中，很多结果可能存在波动，不够可信。所以，为了提高精度，通过循环训练的方法，让模型在欠拟合和过拟合之间不断切换，记录不同时刻对应的交叉熵，也就是在不断集成不同时刻模型的结果，让结果更加鲁棒。之后，统计所有交叉熵的均值，当均值越大时，其是噪声数据的可能性越大。因此，可以根据交叉熵去除噪声数据。最后，将剔除后的噪声数据结合初始数据集再次微调网络。

2.2 基于特定分布的抗强增强

伪标签中存在噪声且有效标注信息少，使用强数据增强降低噪声数据影响且增加有效标注信息。然而，强增强会影响 BN（batch normalization）的均值和方差的分布，如图 2 所示。

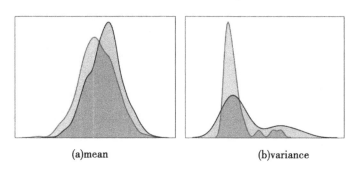

(a)mean　　(b)variance

图2　BN 层的 mean 和 variance 在强数据增强下的分布

为了避免由于数据增强引起的分布漂移，提出特定分布的 DSBN，如图 3 所示。DSBN 在训练过程中使用不同 BN 对强增强数据和弱增强数据分别进行统计，最终使用所统计的弱增强数据 BN 对模型进行推理。以此有效地避免强数据增强对 BN 层的影响。

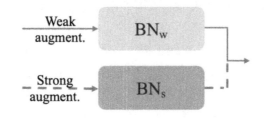

图 3 特定分布的 BN

2.3 改善决策边界模糊问题的自纠正损失函数

语义分割是针对每个像素进行分类的，因此基于交叉熵损失可能导致对噪声数据过拟合。此外，在半监督学习框架中，由于无标签数据仅以伪标签为目标进行学习，因此伪标签中可能存在教师模型能力有限导致的识别错误。

为避免对伪标签中噪声过拟合，本文提出了一种用于语义分割的自校正损失（SCL）方案。首先，在训练阶段，它通过网络输出的置信度给每个像素分配一个自适应权值。此外，还对不可靠区域应用了反向交叉熵损失。与以往的人为设定置信度不同，本方案通过自适应的置信度权重进行反向学习，通过比较学生网络和教师网络的输出来动态地改变学习目标。

$$l_i = w_i \cdot y_i \lg(y_i^*) + (1 - w_i) \cdot y_i^* \lg(y_i) \tag{1}$$

$$w_i = \max\left(\frac{\exp(y_{i0}^*)}{\sum_{j=0}^{c} \exp(y_{ij}^*)}, \ \cdots, \ \frac{\exp(y_{ic}^*)}{\sum_{j=0}^{c} \exp(y_{ij}^*)} \right) \tag{2}$$

式中：i 为位置索引；y_i 为对一个像素 y 的预测；y_i^* 为由教师网络生成的伪标签；w_i 为所有 c 类中在 softmax 之后最大激活的动态权值。

在训练过程中自动调整置信度。如果置信度很高，就采取正向学习；如果置信度很低，即该像素的伪标签不可靠，就采用反向学习。

3 算法验证和对比

将本算法应用于河湖水域空间光伏电板、网箱养殖遥感智能识别，并与其他算法进行了对比。在不同标注样本量情况下，测试识别算法的召回率和准确率。从表 1 和表 2 中可以看到，在标注样本量仅为 20% 情况下，达到了 100% 标注样本量所实现的识别召回率和准确率，即本算法降低了 80% 标注样本量。而且与其他国内外先进算法相比，本算法在召回率和准确率上的表现更好。

表 1 与其他算法在光伏电板数据集上的比较 %

方法	召回率/准确率			
	10%标注样本量	20%标注样本量	50%标注样本量	100%标注样本量
AdvSemiseg	52.5/54.9	62.9/64.8	68.9/68.9	
S4GAN	54.1/56.5	63.1/63.4	69.1/70.4	
CutMix	60.2/59.5	70.2/69.4	73.1/74.4	
DST-CBC	61.2/62.5	72.2/71.4	73.4/75.4	87.3/86.2
ClassMix	69.4/70.5	76.2/73.2	74.9/78.0	
ECS	75.2/73.0	80.1/79.2	82.1/81.2	
Baseline	52.1/54.4	62.1/64.4	68.1/68.4	
本算法	85.1/83.4	87.1/86.4	87.2/86.3	

表 2　与其他算法在网箱养殖数据集上的比较　　　　　　　　　　　　%

方法	召回率/准确率			
	10%标注样本量	20%标注样本量	50%标注样本量	100%标注样本量
AdvSemiseg	54.5/55.9	64.1/63.2	70.9/69.8	
S4GAN	56.3/57.2	66.6/66.2	72.1/73.6	
CutMix	62.2/60.5	71.3/68.3	73.1/72.4	
DST-CBC	60.1/63.4	72.1/70.2	73.4/74.4	85.3/83.8
ClassMix	68.0/69.5	75.2/72.1	71.9/72.0	
ECS	76.2/73.1	81.1/80.2	83.1/80.2	
Baseline	47.1/52.4	60.1/61.2	63.1/64.4	
本算法	82.2/81.1	85.1/83.4	85.2/83.3	

4　识别结果分析

将基于本算法研发的河湖水域空间光伏电板、网箱养殖遥感智能识别模型应用于高分一号、高分二号等国产高分辨率卫星遥感影像，识别结果与人工标注结果吻合度较好，如图4和图5所示。通过分析识别结果可以得出：①遥感影像清晰、成像质量高，识别更准确；②基于高分二号卫星0.8 m分辨率遥感影像的识别结果，比基于高分一号等卫星2 m分辨率遥感影像的识别结果更准确；③特征明显的光伏电板和网箱养殖识别更准确；④光伏电板容易与大棚架子混淆；⑤对成片的、密集的网箱养殖识别更准确；⑥沉在水面以下的网箱容易漏检。

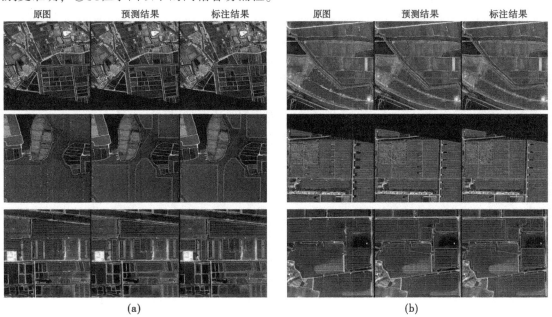

图 4　光伏电板 AI 识别结果

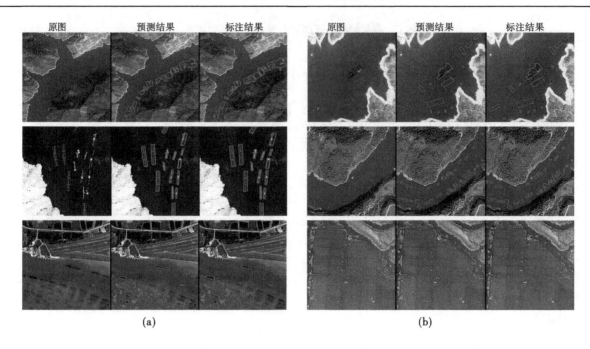

图 5 网箱养殖 AI 识别结果

参考文献

[1] 蔡阳，崔倩. 河湖遥感"四查"机制建立及其应用实践 [J]. 水利信息化，2020，1：10-14.

[2] 崔倩，陈德清. 遥感技术支撑河湖监管典型案例分析 [J]. 水利信息化，2020，2：9-13.

[3] Zoph B, Ghiasi G, Lin T Y, et al. Rethinking pre-training and self-training [J]. Advances in neural information processing systems, 2020, 33：3833-3845.

[4] Hung Wei-Chih, Tsai Yi-Hsuan, Liou Yan-Ting, et al. Adversarial learning for semisupervised semantic segmentation. Proc. Brit. Mach. Vis. Conf., 2018.

[5] Mittal S, Tatarchenko M, Brox T. Semi-supervised semantic segmentation with high-and low-level consistency [J]. IEEE transactions on pattern analysis and machine intelligence, 2019, 43 (4)：1369-1379.

[6] Yuan J, Liu Y, Shen C, et al. A Simple Baseline for Semi-supervised Semantic Segmentation with Strong Data Augmentation [C] //Proceedings of the IEEE/CVF International Conference on Computer Vision. 2021.

数字孪生吴岭灌区总体框架研究与设计

李永蓉[1]　陈小平[1,2]　张振萍[1]　胡斯曼[1]　龚长凌[1]

(1. 武汉长江科创科技发展有限公司，湖北武汉　430010；
2. 长江水利委员会长江科学院，湖北武汉　430010)

摘　要：本文以吴岭灌区为例，建设数字孪生吴岭灌区智慧监管平台，利用 GIS+BIM、多源数据挖掘分析、智能 AI 识别等多项技术，构建数字孪生吴岭灌区"1+2+5"智能业务应用 [1 个 OA、2 个中心（综合数据中心及综合会商中心）、5 个管理业务]，实现灌溉用水的高效化、便捷化、精准化及数据共享，为灌区管理人员提供高效交互平台，促进灌区水资源优化配置、提高水旱灾害防御能力、保障区域社会经济发展等方面发挥重要作用。

关键词：吴岭灌区；GIS+BIM；智能 AI；业务应用；灌溉

党的十九大报告明确提出建设"网络强国、数字中国、智慧社会"的目标。近五年，党中央、国务院围绕数字中国建设制定了一系列战略规划，相关部门扎实有力推动各项规划实施落地，数字中国建设取得新的重大进展。国家高度重视大型灌区的建设与发展，按照近年来《乡村振兴战略规划》的有关要求及《关于开展"十四五"大型灌区续建配套与现代化改造实施方案编制工作的通知》，全国各地全面部署"十四五"大型灌区续建配套与现代化改造工作[1]。

现阶段，我国农业正在向规模化现代农业方向发展，规模化和现代化农业对灌溉供水保证率和服务水平都提出了更高要求。但目前，灌区现代化管理建设相对落后，信息管理不能适应灌区发展需求，因此迫切需要通过应用信息化、数字化、智能化和自动化技术手段提升灌区管理能力和水平，推进灌区高质量发展。

1　吴岭灌区现状

湖北省吴岭水库灌区位于京山以南，天门以北，应城以西，距京山市约 13 km，灌区范围包括京山市的钱场镇、雁门口镇和天门市的九真镇、石家河镇共 4 个镇。灌区南北长 19.42 km，东西宽 18.14 km，国土总面积 30.60 万亩（1 亩 = 1/15 hm²）。吴岭水库灌区国土总面积 30.60 万亩，其中耕地面积 20.9 万亩，占总面积的 68.30%；园地 0.69 万亩，占总面积的 2.25%；林地 0.98 万亩，占总面积的 3.20%；草地 0.49 万亩，占总面积的 1.60%。灌区水源主要是灌区内中型水库 1 座（吴岭水库），承雨面积 102 km²，总库容 6 785 万 m³，水域面积 9.77 km²，是一座以灌溉为主，兼有防洪、水产养殖、城镇供水等综合效益的中型水利工程。吴岭水库灌区渠系主要由东、西两条干渠，以及白段等 11 条支渠组成。渠道总长 100.23 km，其中干渠总长 27.4 km（东干渠 15.7km，西干渠 11.7 km）。

吴岭水库灌区作为湖北省省管重点中型灌区，分别于 2008 年开展了续建配套和节水改造工程建设，2012 年开展了农业综合开发节水配套改造工程建设，2018 年开展了农业水价综合改革试点建设工程，2020 年开展了农业水价综合改革 EPC 项目。对表对标数字灌区要求，现有信息化建设仍存在着一定的差距，难以实现对灌区工程系统进行安全、及时、高效、精准和经济的运行管理，也难以实

作者简介：李永蓉（1985—），女，工程师，主要从事水环境监测及水利信息化工作。

通信作者：陈小平（1979—），男，高级工程师，主要从事水利信息化研究工作。

现水资源的优化配置和高效利用。

2　总体框架

数字孪生吴岭水库灌区建设的总体思路是按照"需求牵引、应用至上、数字赋能、提升能力"智慧水利建设要求，以推动信息技术与水利工程主要业务的深入融合为主线，构建数字孪生吴岭水库灌区整体框架，框架构成包含信息基础设施、数字孪生平台、智能业务应用、网络安全体系和运行保障体系五大部分，实现吴岭水库灌区的物理实体与数字孪生体之间的同步仿真运行、虚实结合、迭代优化。总体框架如图 1 所示。

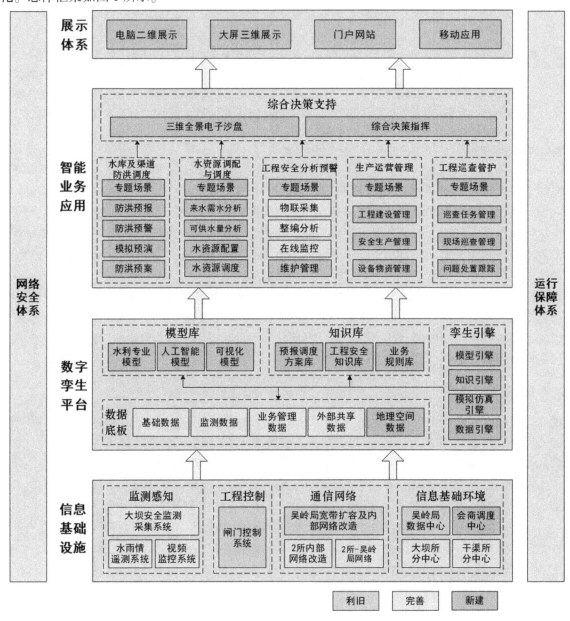

图 1　数字孪生吴岭水库灌区总体框架

2.1　信息基础设施

信息基础设施包括监测感知、工程控制、通信网络和信息基础环境 4 个部分。监测感知方面，大坝安全监测采集系统、水雨情遥测系统、视频监控系统均需根据吴岭水库灌区管理的实际需求开展升级改造；工程控制方面，目前大坝闸门控制系统使用较为稳定，同时考虑大坝泄洪闸和渠首闸的安全需求，不再进行更新；通信网络方面，吴岭管理局与干渠所、大坝所的网络结构与分区合理，主要对干渠所、大坝所的通信网络进行改造；信息基础环境方面，完善大坝所和干渠所分中心，并建设会商调度中心。

2.2 数字孪生平台

数字孪生平台包括数据底板、模型库、知识库和孪生引擎。数据底板方面，针对基础数据、监测数据、业务管理数据、外部共享数据开展搜集整理和标准化治理，并采集部分地理空间数据；模型库方面，构建防洪调度模型、灌溉水资源调度模型、工程安全模型等水利专业模型、遥感影像及视频图像识别等智能识别模型以及可视化模型；知识库方面，构建预报调度方案库、工程安全知识库、调度规则库等，为精准、高效决策会商提供技术支撑；孪生引擎方面，建立数据引擎、知识引擎和模拟仿真引擎，实现数据管理、模型计算、实时渲染等大容量、低时延、高性能等要求。

2.3 智能业务应用

建设水库及渠道防洪调度、水资源配置与调度、工程安全分析预警、生产运营管理、工程巡查管护、综合决策支持6个重点业务。

2.4 运行保障体系

包括制度、标准、规范、科研等保障数字孪生水库灌区高质量管理运行相关的辅助措施。

2.5 网络安全体系

数字孪生吴岭水库灌区相关的网络安全防护体系和管理体系，实现包括主机安全、网络安全、应用安全、数据安全等在内的安全管理，保障整个平台数据存储、传输、访问、共享及各类业务应用的安全高效实用。

3 关键技术

3.1 GIS+BIM 结合技术

地理信息系统（GIS）是综合地球科学、空间科学、信息科学的综合应用工程技术。采用空间信息技术可以缩短规划周期、提高规划效率、节约规划成本[2]。建筑信息模型（BIM）是应用于工程规划、设计、建造、管理的数据化工具[3]。以 BIM 平台为基础，与现代互联网技术建立各式集成应用，能够达到对工程的有效管理和精准控制[4]。GIS 技术可叠加实景模型、DEM（数字高程模型）数据、正摄影像等空间数据信息，具有采集、存储、分析、处理地理信息等功能，能够实现信息的可视化表达，为空间决策分析提供技术支持和服务[5]。BIM 与 GIS 技术的融合，使微观领域的 BIM 信息与宏观领域的 GIS 数据实现交互操作，将 BIM 从微观引入宏观领域，拓展了三维 BIM 的应用范围，为 BIM 技术发展带来了新的契机，可全面提升管理水平和管理效率[6]。

3.2 多源数据挖掘分析技术

通过构建空天地一体化的监测体系，实现智慧灌区立体感知、通道互联[7]。主要感知要素为气象感知、水雨情感知、工情感知、墒情感知、水质感知、无人机遥感、视频监控等。基于现有语义空间不一致的数据资源，采用多源数据挖掘分析技术，开展数据的收集与预处理、解耦与对象抽取、业务属性扩展、空间属性挂接、对象关系挂接、数据入库等分析，整合形成统一语义空间的数据资源，便于数据资源的共享利用和深层次挖掘，实现统一访问、数据查询、数据订阅、可视化报表、多维分析等服务，满足实时数据服务、批量数据共享服务等需求。

3.3 智能 AI 识别技术

随着科技的发展，智能 AI 识别技术在水利行业得到广泛应用。智能 AI+遥感监测，可缩短遥感影像解译周期和提高解译精准度，建立起大场景高频次的动态监管体系，智能识别水域范围内不合规涉水事件。智能 AI+视频监控，可提高监控效率及精准度，实现对目标的识别与预警。物联感知与人工智能深度融合可实现自动巡航、智能识别、自动报警、发送信息、任务处理和反馈的全闭环智能化监管[7]。

3.4 基于智能算法的作物干旱识别诊断技术

利用卫星遥感监测及无人机摄像监测技术，通过卫星遥感图像数据或无人机摄像监测数据与地面自动监测站数据进行同化融合，按分区、土壤类型、生育期率定模型，进而反演土壤含水量，构建区域旱情遥感监测模型，诊断作物干旱情况，依据旱情标准确定旱情等级，与土地利用和作物分布图叠加分析得到耕地、作物受旱面积。

4 业务功能设计

根据平台总体框架，构建数字孪生吴岭灌区一张图应用场景、6 大智能应用（见图 2）。数字孪生吴岭灌区原型图（见图 3）。

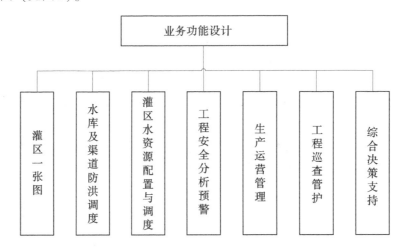

图 2 吴岭灌区业务功能设计图

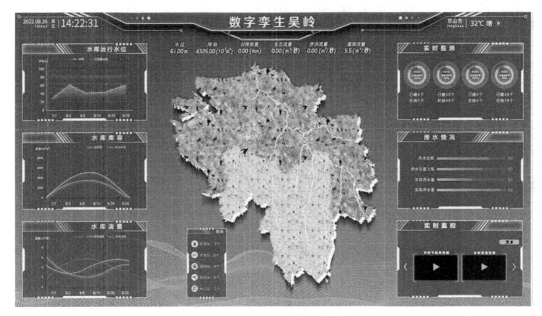

图 3 数字孪生吴岭灌区原型

4.1 灌区一张图

灌区总览展示灌区概况、工程体系（按照东干渠、西干渠、骨干建筑物等）、灌溉面积分布（按照乡镇），用户可以轻松掌握灌区基础情况。在灌区数字孪生基座上，展示灌溉水源（吴岭水库）、大坝枢纽工程、输配水工程（干渠首、干渠道、水闸等）及监测设施（水雨情、视频监测点）等分布情况，演示水库、大坝枢纽工程、渠首闸门、渠道输水、分水闸门等设施运行状态，以及实时监测信息等。

　　基于灌区数字孪生平台，采用 GIS+BIM 技术，将灌区概况、水资源、水旱灾害防御、水工程等业务信息有机关联、深度融合，按照业务场景对业务关键指标进行态势关联信息呈现，便于决策者及相关管理人员迅速掌握灌区综合状态，及时调整相应处置方法和策略。

4.2　水库及渠道防洪调度

　　在数字孪生平台的基础上，基于吴岭水库工程特点，按照防洪"四预"建设要求，以精准水情预报及水库实时调度为动态输入，以防洪调度模型和知识库为驱动，快速生成吴岭水库防洪调度方案，为防洪调度会商提供科学支撑；根据实时及降水量预报，估算产流量，预测洪水位，计算吴岭灌区东干渠和西干渠洪峰流量，预测各水闸排涝能力，综合各种影响因子，顾及灌区降雨和排涝在空间及时间上的矛盾，确定合理的渠道防洪调度方案。主要包含洪水预报、洪水预警、调度预演、防洪预案等功能，有效保障库区及渠道安全。

4.3　灌区水资源配置与调度

　　根据吴岭灌区作物种植结构、灌溉面积、灌溉定额及灌溉水利用系数等关键因素，按照一定的保证率，在干旱年份预估灌区的农业灌溉需水量。系统还能按照时间、供水单元来查询农业灌溉需水量，以及汇总统计本年度灌区灌溉需水量。另外，根据可供水量分析成果，通过"水资源配置模型"计算，生成灌区水资源配置方案，并在不同时段根据实际情况进行参数调整，实现动态配置及特殊干旱年份的配置方案制作。在特殊干旱时期，用户可对配置方案进行调整，使得未来时段的水资源配置更为精确。

4.4　工程安全分析预警

　　在已建大坝安全监测自动化系统基础上，基于数字孪生基础平台，开展工程安全智能分析预警应用建设，实现大坝安全信息采集、存储、处理、分析、监控及预警全生命周期业务应用，开发"安全状态预测、在线监控预警、安全风险预演和预案智能响应"模块功能，提升大坝安全在线监控预警能力，为流域水工程安全管理及调度运行提供技术支撑。

4.5　生产运营管理

　　在生产管理、内部管理等已有系统或功能的基础上，按照工程管理单位相关管理制度规定，突出不同业务环节间的互联互通、数据共享、业务系统，打造智慧综合管理系统，包含"工程建设管理、设备运行管理、安全生产管理、设备物资管理"模块功能，促进数字化转型，支撑水利工程智慧化生产运营。

4.6　工程巡查管护

　　基于工程二三维可视化场景和数据底板，集成卫星遥感、无人机航拍、地形地貌、交通水系、水利专题空间数据库，叠加行政区划、流域确权划界、库区管理范围线、界线界桩、库区标志牌等业务数据，包含"巡查任务管理、现场巡查管理、问题跟踪处置、库区巡查统计"模块功能，实现库区全场景展示，有效支撑渠系工程巡查和库区巡查。

4.7　综合决策支持

　　以数字孪生吴岭水库灌区的数字化场景为基础，融合数据底板中的监测数据与业务流程，构建工程全景可视化平台，实现工程管理综合决策支持业务应用。针对超标准洪水、工程险情、水污染等突发状况发生时，实时开展三维模拟仿真预演，快速分析研判，优化完善应急方案，实现应急预案管理、应急指挥、应急事件回溯及总结全过程可追溯的应急调度指挥模块。

5　结语

　　数字孪生与水的融合是新一代信息技术在水利的综合集成应用。本文基于数字孪生技术构建吴岭灌区智慧监管平台，研究利用 GIS+BIM、多源数据挖掘分析、智能 AI 识别等多项技术，构建数字孪生吴岭灌区 1+2+5"智能业务应用［1个OA、2个中心（综合数据中心及综合会商中心）、5个管理业务]，实现灌溉用水的高效化、便捷化、精准化及数据共享，为灌区管理人员提供高效交互平台，在促进灌区水资源优化配置、提高水旱灾害防御能力、保障区域社会经济发展等方面发挥重要作用。

参考文献

［1］陈立军．大型灌区信息化系统的研究与设计［J］．信息化建设，2016（16）：100-101．

［2］朱强，樊启祥，金和平，等．空间信息技术在水电工程全生命周期中的应用综述［J］．水利水电科技进展，2010，30（6）：84-89．

［3］蒯鹏程，赵二峰，杰德尔别克·马迪尼叶提，等．基于 BIM 的水利水电工程全生命周期管理研究［J］．水电能源科学，2018，36（12）：133-136．

［4］陈沉，张业星，陈健，等．基于建筑信息模型的全过程设计和数字化交付［J］．水力发电，2014，40（8）：42-46，51．

［5］刘晓彬，夏涛，于敬舟，等．基于 BIM+GIS 的灌区工程可视化研究［J］．水利水电快报，2022，43（1）：97-101．

［6］戴巍．BIM 可视化技术在水利工程中的应用［J］．甘肃水利水电技术，2021（57）：57-61．

［7］李春雷，刘立聪，张雅莉，等．遥感技术在河湖"清四乱"中的应用方法探究［J］．浙江水利科技，2019，47（4）：74-77．

北斗卫星导航系统发展与水利应用现状

许立祥　郑　寓　邱丛威　顾晓伟

（水利部产品质量标准研究所，浙江杭州　310012）

摘　要： 传统水利行业管理人员不专业、维护作业不及时及数据处理不智能都将影响项目进展和整体效
益。在监测行业，北斗卫星导航定位技术改变了传统的人工监测模式，全天候、高精度、自动化、
高效益等显著特点掀起了监测界的一场革命。本文通过对北斗卫星导航定位系统的介绍，以及对
现阶段中国水利工程安全监测不足的分析，希望加快北斗卫星导航系统与水利工程安全监测两者
的结合。

关键词： 北斗；卫星导航系统；水利工程；安全；监测

1　北斗系统简介

2020 年 6 月 23 日，我国成功发射北斗系统第五十五颗导航卫星，暨北斗三号最后一颗全球组网
卫星发射完成。2020 年 7 月 31 日习近平总书记宣布北斗三号全球卫星导航系统正式开通。北斗卫星
导航系统是全球首创、星地一体公共服务模式，能够提供更高精度、更安全可靠的卫星导航定位服
务，满足即将到来的万物互联的信息化需求。北斗卫星导航系统是我国完全独立自主研发，从核心设
备到算法代码全部自研，符合国家安全标准。张家栋院士说："我们的卫星定位系统一定要实现独立
自主，因为它代表着一个国家空间和时间的标准体系"。

北斗系统由空间段、地面段和用户段三部分组成。

——空间段由若干颗地球静止轨道卫星、倾斜地球同步轨道卫星和中圆地球轨道卫星等组成。

——地面段包括主控站、时间同步/注入站和监测站等若干地面站，以及星间链路运行管理设施。

——用户段包括北斗及兼容其他卫星导航系统的芯片、模块、天线等基础产品，以及终端设备、
应用系统与应用服务等。

北斗系统定位导航定位系统服务区域覆盖全球，定位的精度在水平和高程距离上可达到 10 m，
测速精度可达到 0.2 m/s，授时精度为 20 ns，通过精密单点定位、星基增强、地基增强等方式，可将
实时定位精度提高到米级、分米级乃至厘米级。经验证，在亚太地区，北斗导航定位系统的精度
更高。

2　定位原理与优势

2.1　定位原理

导航卫星发射测距信号和导航电文，导航电文中含有卫星的位置信息。用户接收机在某一时刻同
时接收三颗以上卫星信号，测量出用户接收机至三颗卫星的距离，通过星历解算出卫星的空间坐标，
利用距离交会法就解算出用户接收机的位置，如图 1 所示。目前，国际上四大全球卫星导航系统，美
国 GPS、中国北斗系统、俄罗斯 GLONASS 和欧洲 Galileo 的定位原理是相同的，均是采用这种三球交
汇的几何原理实现定位。

（1）地球上的北斗用户接收机同时测量自身到至少三颗卫星的距离。

作者简介： 许立祥（1990—），男，工程师，主要从事水利标准化建设与研究工作。

（2）各卫星的位置通过导航电文播发给用户。

（3）以卫星为球心，距离为半径画球面。

（4）三个球面相交得两个点，根据地理常识排除一个不合理点即得用户位置。

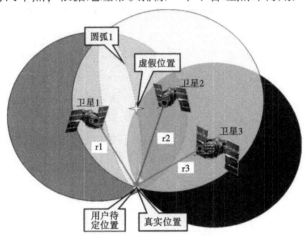

图 1　北斗卫星导航定位原理示意图

2.2　定位优势

北斗卫星导航具有全球性、全天候、连续性和实时性的特点，其应用几乎涉及国防建设和经济社会的各个领域。北斗导航定位系统空间段采用三种轨道卫星组成混合星座，与其他卫星导航系统相比高轨卫星更多，抗遮挡能力强，尤其在低纬度地区性能优势更为明显。并且提供多个频点的导航信号，能够通过多频信号组合使用等方式提高服务精度。创新融合了导航与通信功能，具备基本导航、短报文通信、国际搜救、星基增强和精密单点定位等多种服务能力，系统功能高度集成，实现了集约高效。

3　水利行业应用

北斗系统提供服务以来，已在交通运输、农林渔业、水文监测、气象测报、通信授时、电力调度、救灾减灾、公共安全等领域得到广泛应用，服务国家重要基础设施，产生了显著的经济效益和社会效益。国家"十四五"规划先后 6 次提到大力推广北斗产业化应用，实现北斗产业高质量发展。

受全球气候变化影响，暴雨、台风、洪灾等极端天气现象频发，水库大坝的安全风险陡增，且溃坝溃堤事件时有发生。因此，应用包括北斗技术在内的信息化、数字化、智能化技术进行雨水情监测、工程安全监测，是提高水库大坝特别是病险水库安全监测预警和风险防范能力的必然选择。中国大坝工程协会秘书长贾金生说："北斗与水利水电'联姻'是一个不断发展融合的过程。我们先把先进的北斗软件与水利水电专业设备软件结合、实现技术对接，然后建立平台，证明北斗在水利水电行业可以应用、好用"。

目前，我国水利工程虽然已经取得了很大的发展和进步，提高了工程质量和防护水平，但是依然存在一定的安全隐患，这些问题一旦转化为安全事故，不仅会影响人们的日常生活，还会造成严重的经济损失，所以必须做好有效的预防和控制。因此，做好对水利工程的监测对整体工程安全来说十分必要且很为紧迫。北斗系统是我国自主设计研发的导航定位系统，较 GPS 等系统更加适合军民应用，在安全性、定位精度、适用范围、传输能力、精密授时等方面较 GPS 系统更具优势。基于北斗卫星导航技术的高精度变形监测技术具有测点布置灵活，全天候、全自动化、连续观测等优点，结合北斗短报文应急通信、智能物联网、互联网、云计算、分析评价模型等技术，面向水库大坝、水电站、海塘、堤防、水闸等监测场景。构建了实时监测、智能分析、在线监控、预警预报、人技联防、分析评价和事前、事中、事后闭环的处置方案，实现对水库大坝安全的全面掌控和智能预警，显著提高大坝安全监督管理能力。

4 结语

北斗卫星导航系统技术在水利中的应用由来已久，最初主要是面向水利工程建设，而其中最典型的一类应用便是水工设施的精密形变监测。

新时代水利行业发展对大坝等重大工程的事故风险防范需求加大，大坝形变监测工作显得愈加重要，而北斗水利应用定制终端与应用标准缺乏。应利用高精度北斗实时差分技术，研发实时、动态、高精度坝体位移测量技术与产品，为大坝等水利工程实时安全监测监管提供技术支持。

面对水利行业新的发展阶段及对水利工程安全性的考虑，借助北斗导航系统对水利工程进行高精度监测十分必要。北斗系统由我国自主设计研发的导航定位系统，接收机、天线所用的核心零部件到解算算法均为我国自主研发，较 GPS 等系统更加适合军民应用，坐标数据、解算算法等均满足工程需要，且不存在核心数据外泄风险。现阶段，在中美贸易争端的前提下，北斗系统能够提供更高精度、更安全可靠的卫星导航定位服务，满足对水利工程监测更高精度的需求。

参考文献

［1］桂鸥鹏，蒋鑫.5G 通信技术在智慧水利中的应用前景分析［J］.人民长江，2021（2）：283-288.

［2］朱德军，立浩博.GNSS 遥感技术在智慧水利建设中的应用展望［J］.水利水电技术，2022（4）：1-23.

［3］何龙云，李明载.北斗 RTK 技术在水利工程测量中的应用［J］.吉林水利，2013（2）：39-42.

［4］苏南，斗赋能水电行业高质量发展［N］.中国能源报，2022 08 15.

［5］魏晓雯，北斗深化应用的"水利名片"［N］.中国水利报，2022-05-26.

［6］朱明辉.基于北斗一代的水利防汛监测系统［J］.新应用，2015（7）：70-72.

［7］宋文龙，杨昆，路京选.水利遥感技术及应用学科研究进展与展望［J］.2022（1）：34-40.

松辽委网络安全态势感知平台应用

孟令明[1] 彭 菲[1] 姜 爽[2] 刘阳明[1] 邱天尧[1]

(1. 松辽水利委员会水文局（信息中心），吉林长春 130021；
2. 嫩江尼尔基水利水电有限责任公司，黑龙江齐齐哈尔 161000)

摘 要： 网络安全是一个事关国家安全的重大战略性问题。党的十八大以来，党中央和国务院高度重视网络安全工作。习近平总书记站在战略和全局高度，提出了"没有网络安全就没有国家安全""加快构建关键信息基础设施安全保障体系，全天候全方位感知网络安全态势，增强网络安全防御能力和威慑能力"，为网络安全工作指明了方向。松辽水利委员会开展了网络安全态势感知平台建设，形成了全天候、全方位感知网络安全态势能力，提高了网络安全态势感知、监测预警和应急处置水平。建立统一高效的网络安全风险报告机制、情报共享机制、研判处置机制。

关键词： 网络安全；态势感知

1 概况

水利部松辽水利委员会（简称松辽委）水利业务应用系统在水灾害防御、水资源调度、流域管理方面发挥着重要作用，信息系统的安全稳定运行关系到流域内水利行业的国计民生，因此应予以特别关注并加强信息安全建设，做到系统内安全事件的全局监管、快速发现、及时处理、有效反馈。

本次水利部松辽水利委员会态势感知平台建设项目，基于安恒信息的 AiLPHA 大数据智能安全平台进行开发，结合水利部松辽水利委员会信息系统的个性化业务需求进行功能定制，满足本次项目建设的各项需求。

2 网络安全现状

2.1 高级持续性威胁态势严峻

可持续性攻击，又称 APT 攻击，通常由国家背景的相关攻击组织进行攻击的活动。APT 攻击常用于国家间的网络攻击行动。主要通过向目标计算机投放特种木马（俗称特马），实施窃取国家机密信息、重要企业的商业信息、破坏网络基础设施等活动，具有强烈的政治、经济目的。

根据腾讯安全实验室的 2019 年全球安全的研究，以及搜集的国内外同行的攻击报告，全球的网络安全形势不容乐观。当前全球高级持续性攻击的整体状况如下：

（1）中国依然是 APT 攻击的主要受害国，受到来自于东亚、东南亚、南亚、欧美等各个区域的网络威胁。

（2）网络攻击形势跟地域政治局势有相当密切的关联，地域安全形势复杂的地区，往往是 APT 攻击最为严重和复杂的地区。

（3）APT 攻击不再局限于窃取敏感材料，攻击目标开始跟民生相关，如阿根廷、委内瑞拉的大断电等。

（4）大量的 APT 攻击武器库的泄露，使得网络安全形势更加严峻，如军用网络武器的民用化等，同时也给安全研究者的追踪、溯源带来了一定的困难。

作者简介： 孟令明（1983—），男，高级工程师，主要从事水利信息化、网络安全方面的工作。

2.2 传统安全检测与防护的局限性

由于攻击的多样化和复杂化，传统的安全分析方案和设备无法处理海量规模的数据，难以应对隐蔽的网络攻击。

2.2.1 无法关联

传统安全防护手段的设备和产品都是基于单点检测分析，能获取到的数据类型单一，无法实现对告警信息的二次验证且无法联动不同网络位置的设备进行联动分析，难以区分有效攻击。

2.2.2 无法应对未知威胁

传统安全防护手段的设备和产品都是基于已知规则检测，这些规则都是基于已知的安全事件或者威胁、漏洞等分析和归类生成的检测规则，无法应对未知漏洞（0day）、未知恶意代码攻击、低频行为攻击等未知威胁事件的检测。

2.3 安全分析决策能力弱

随着网络技术的发展，攻击手段进化的针对性和隐蔽性越来越强，传统的防护体系缺乏对未知攻击的检测能力，同时传统防护体系特征匹配跟不上威胁变化，缺乏对流量的深度分析能力。同时，目前的防护体系对网络安全的智能感知能力缺失，不能预判相关的威胁，不能进行有效数据取证与责任判定，无法开展进一步的网络安全管理工作。

3 态势感知平台

AiLPHA大数据智能安全平台是一套完整的网络安全威胁监测预警与态势感知平台，具备网络攻击监测、漏洞挖掘、威胁情报收集、工业互联网安全监测等能力，实现从情报收集、威胁发现、告警、通报、感知，最终到技术处置的闭环处置流程，如图1所示。

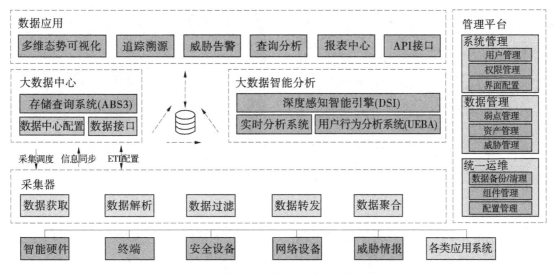

图1 大数据智能安全平台基本架构示意图

通过对网络流量的捕获、还原进而对文件深度进行分析和鉴定，全方位地展示网络中恶意事件和恶意代码的传播态势。通过对安全威胁进行综合分析，实现及早预警、态势感知、攻击溯源和精确应对，降低系统安全风险，净化公共互联网网络环境。

3.1 多维度安全态势感知视图

提供实时告警、攻击来源、网络威胁、系统安全、用户行为、重要业务系统安全、攻击者/资产威胁溯源等内容的大屏展示功能。主要提供如下安全可视化视图（见图2）：

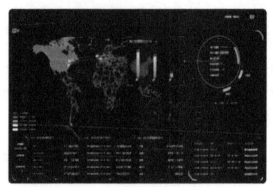

(a)外部攻击态势

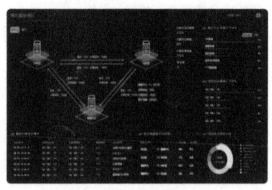

(b)横向威胁感知

(c)资产失陷态势

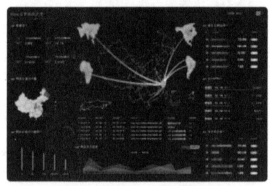

(d)Web业务系统态势

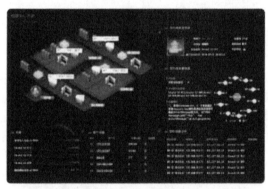

(e)数据中心态势

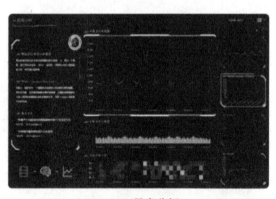

(f)AI异常分析

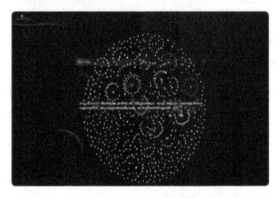

(g)Sherlock网络星空

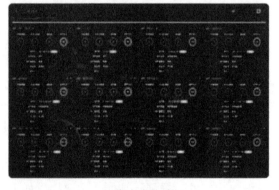

(h)资产态势感知

图2 多维度安全态势感知视图

（1）外部攻击态势。大屏主要展示根据选择的时间范围内的来自互联网攻击的详情。

（2）横向威胁感知。关注松辽委网内部横向威胁态势，分析内部安全域之间的威胁关系，内部资产之间的攻击关系，发现松辽委内部疑似被黑客控制的主机或内部员工的违规操作行为。

（3）资产失陷态势。资产失陷风险态势：数据流方向为内访问外的安全告警事件；即数据源为：安全告警；数据流方向：内访问外。

（4）Web 业务系统态势。数据大屏直观展示 Web 业务系统态势，实时统计分析当天 Web 业务系统态势相关数据，包括进出流量、访问量、攻击量、网站区域访问量、访问区域、访问 IP 排行、访问/攻击路线、详细攻击信息、网站攻击趋势、被攻击网站排行、攻击 IP 排行、攻击类型排行等数据。

（5）数据中心态势。大屏页面使用 3D 逻辑安全域展示内部网络系统发生的安全态势，用户能进行自定义的安全域划分，并根据具体安全域的告警与漏洞信息进行统计。

（6）AI 异常分析。通过模型管理支持针对不同类型的数据采集与处理（全部日志 soc 接收解析后统一放入原始日志中），配置对应的监控模型策略（规则模型、统计模型、关联模型、AI 模型、其他）及告警策略（处理结果统一放入安全事件中，当模型中标记为安全告警时，放入安全事件中的同时放入安全告警中）。在元数据统一管理下，用户可以根据不同的关注领域灵活操作，包括对数据处理逻辑的新增、删除、修改、查询、启动、停止等。

（7）Sherlock 网络星空。夏洛克（Sherlock）赋予你一双福尔摩斯的慧眼，帮你透视整个网络，追踪网络实体的连接关系，发现访问行为的蛛丝马迹。大数据标签画像分析寻找相似的受害团体和黑客组织，AI 算法加持发现观测指标中隐藏的未知威胁，情报、弱点信息辅助安全事件的追根溯源。

（8）资产态势感知。资产威胁溯源可视化分析大屏，为安全运维人员提供包括被攻击行为分析、影响资产范围分析、攻击取证信息等，支持任意资产查询，可呈现被访问趋势、被攻击趋势、被攻击手段、资产状态、资产评分等信息。

（9）攻击者追踪溯源。分析大屏为安全运维人员提供包括攻击行为分析、团伙分析、攻击取证信息、攻击趋势、攻击手段、攻击影响范围等信息；以攻击 IP 为中心，对该 IP 产生的告警类型、所攻击的受害主机 IP，以及使用攻击手段类似相似 IP 等信息进行展示。支持任意攻击者信息查询，可生成详细的攻击者溯源报告，并能够一键导出报告。

（10）资产威胁溯源。大屏从资产的角度考虑，为安全运维人员提供包括被攻击行为分析、影响资产范围分析、攻击取证信息等；可呈现被访问趋势、被攻击趋势、被攻击手段、资产状态、资产评分等信息。帮助用户分析现有资产安全状况，了解资产被攻击详情，帮助事后取证溯源。

（11）平台运行状态监测。AiLPHA 大数据智能安全分析平台运行状态监测，凸显 AiLPHA 具备来自全网安全设备的多元异构数据接入能力，打破数据孤岛，内置丰富的规则和知识库，利用多种计算分析引擎和安全分析工具，可长期保障用户全网资产安全，实时告警威胁情况。同时，平台具备良好的数据存储和计算性能，支持动态扩容缩容，根据需求灵活配置。包含安全运营、安全监测、流量监控、AiLPHA 引擎、日志吞吐量监控、平台性能监控、磁盘容量监控/运维告警模块。

3.2 统一管理安全要素

建立松辽委态势感知平台，全面收集信息系统内部和外部的安全要素，实现对安全要素的体系化、集中化管理，如图 3 所示。通过建立体系化的管理方式，方便运维人员对安全要素集中管理，并能够及时感知资产风险，提升松辽委的网络安全自主可控能力。

3.3 威胁深度检测

收集安全检测防护设备的安全检测防护设备产生的告警，剔除误报提高告警准确率；并对多源安全告警进行关联分析、规则分析、情报分析等，发现潜伏的高级持续性威胁。通过结合多源数据的安全检测分析，提升告警检出率和准确率。

图 3　数据安全管控平台基本架构示意图

3.4　安全事件溯源分析

结合安全事件检测结果，梳理松辽委资产互访关系，基于攻击链阶段推导事件发展过程，分析历史数据实现逆向溯源，如图 4 所示。帮助松辽委安全运维人员梳理安全事件发生链路，并进一步研判安全威胁扩散情况，及时阻断威胁蔓延。

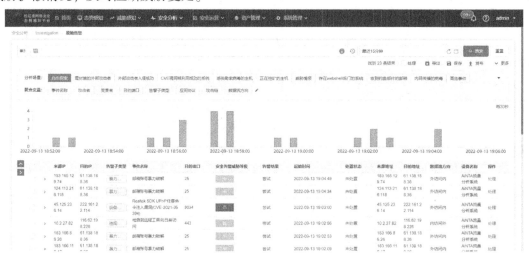

图 4　安全事件溯源示意图

3.5　大数据安全分析能力

利用多种威胁监测技术、大数据关联分析及机器学习技术，配合威胁情报数据服务，对其重要关键信息基础设施进行全面地画像、风险检测、攻击溯源，深度描述在网络安全层面上的人、物、地、事及关联关系五大要素，如图 5 所示。实现了对安全事件的事前预警、事中发现、事后回溯等功能。帮助安全运维人员从全局上把握整体网络安全总态势、建设网络安全管理闭环。

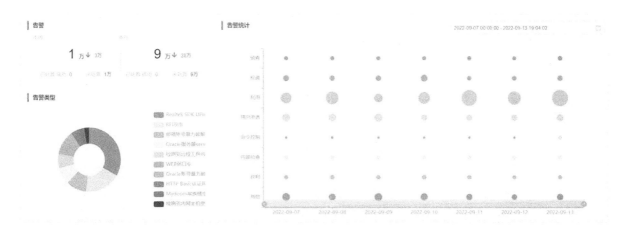

图5　大数据安全分析示意图

3.6　安全运营能力

安全运营工作台对收集到的有代表性的网络攻击行为、新产生的网络安全威胁情报、网络安全整体分析报告和各部门单位的应急处置状况进行统一发布，提高统一调度和指挥能力。系统从安全运营工作台获取安全告警或安全事件的详细信息，并针对此类信息进行调查分析，从而确认安全事件的准确性和影响范围。对已经确认的攻击，则通过相应的预警通报机制完成预警通报工作。

3.7　安全态势分析及运营报告

通过对安全态势数据的周期性归纳总结、统计分析，形成全网安全态势分析报告，如图6所示。平台可以按照固定报表的方式进行安全数据统计分析，统计维度包括但不限于资产类、潜在威胁类、安全防御类、安全风险类、平台使用情况等。报表可满足按照不同周期或维度自定义生成报表的要求，可将网络安全关键指标，通过各种常见的图表（速度表、柱状图、雷达图、饼状图等）进行展示，报表数据形成后，可以按照word、pdf等格式导出。提供如下报表内容和功能：

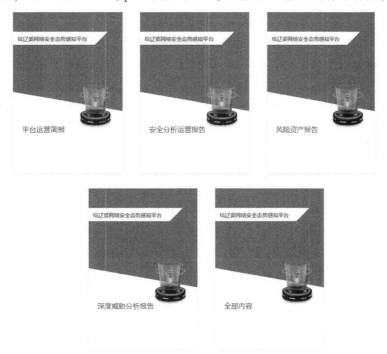

图6　安全态势分析报告示意图

（1）提供包括不限于威胁类、风险类、安全运营类、事件追溯取证类等专题报告，并按照word、

pdf 等数据格式导出。

（2）支持报表根据用户的需求进行自定义组合功能。

（3）支持根据客户网络安全状况，定制符合网络安全和工作需求的报告。

（4）支持报告订阅与推送功能，可以向指定的邮箱定时进行报告推送，报告内容、时间范围与推送频率都可以自由选择，支持按天、按周、按月进行报告推送。

3.8 安全事件管理

通过松辽委当前全网区域流量、重要区域恶意文件分析数据、全网各安全设备告警日志进行集中收集、治理、分析、存储，从而提供智能、快速、准确的安全信息及事件管理和全网安全日志管理和快速查询功能，如图 7 所示。

图 7   安全事件管理示意图

3.9 用户行为画像分析

提供画像及基于各种分析方法的异常检测，通常是基本分析方法来评估用户和其他实体（主机、应用程序、网络、数据库等），来发现与用户或实体标准画像或行为相异常的活动所相关的潜在事件。这些活动包括内部或第三方人员对系统的异常访问（用户异常），或者外部攻击者绕过防御性安全控制的入侵（异常用户）。通过对用户日常行为的聚类及 AiLPHA 大数据分析平台安全域信息，将不同类别的使用者（User）区分出来。当这些用户实体有非职责内操作时，平台会将该用户标记较高异常评分（Anomaly Score）。可为用户提供如图 8 所示的画像分析和用户管理功能。

4   目标与效果

基于大数据技术分析水利部松辽水利委员会信息系统的网络安全态势，实现水利部松辽水利委员会网络安全态势状况整体监测，指导水利部松辽水利委员会系统安全建设后续规划。

打造安全运营协同防护机制。协调联动水利部松辽水利委员会网络安全人员，创建一体化协同防护体系。

通过项目建设实现对安全运维能力建设的赋能，进一步提高水利部松辽水利委员会信息安全建设的技术水平。

图 8　用户行为画像分析示意图

BIM 技术在黄河下游涵闸设计中的应用

倪菲菲[1] 程 锐[2] 李 凯[1]

(1. 河南黄河勘测规划设计研究院有限公司，河南郑州 450003；
2. 中国水利学会，北京 100053)

摘 要：随着河床下切，现有黄河下游干流引黄涵闸引水能力持续下降，大量涵闸急需进行改建，为提高设计效率，引入 BIM 技术，结合水闸设计特点，通过利用 Revit 自定义族，编辑涵闸中各种结构部件，生成涵闸工程模型并计算工程量，实现水闸设计参数化、可视化、精确化，在黄河下游涵闸改建工程设计中，建立水闸工程信息库，满足工程设计需求的同时缩短设计工期。
关键词：黄河；涵闸设计；BIM 技术；Revit 自定义族

1 引言

小浪底水库运用以来，由于水库拦沙和调水调沙，黄河下游河道河床持续冲刷下切，同流量水位降低，对引黄涵闸引水能力产生了不利影响；部分涵闸建于 20 世纪 80 年代，存在安全隐患。这些因素制约着下游引黄涵闸引水能力，影响了下游两岸及相关地区粮食安全、城镇生活和工业用水，对供水区生态环境造成了一定程度的影响。为促进黄河流域生态保护和高质量发展，对黄河下游引黄涵闸进行改建是十分必要和迫切的。

水闸是一种利用闸门挡水和泄水的低水头水工建筑物，在水利工程中应用十分广泛。水闸设计过程复杂，从总体布置、水力计算、防渗排水设计到结构计算、地基计算及处理设计，每一项都需要设计人员进行大量的布置和计算。完成以上设计后，还需要计算各部分工程量。当设计资料发生变化时，例如规划设计水位的调整，建筑物高程即发生变化，所有的工程量都要重新计算，导致设计人员需要花费大量时间用于重复设计和工程量计算。

黄河下游涵闸改建工程设计中引入 BIM（building information modeling）技术，利用数字化技术，建立水闸工程信息库，提高水闸设计效率。针对水闸工程设计特点，引入 Revit 软件，辅助开展水闸工程设计，有效解决水闸工程布置多变、工程量计算繁重等问题。Revit 是以 BIM 为核心的三维建筑设计工具。除可以建立真实的三维 BIM 模型外，还可以在 Revit 中生成图纸、表格和工程量清单等信息。由于所有这些信息都来自于 BIM 模型，因此当设计发生变更时，Revit 会自动更新所有相关信息（包括图纸、表格、工程量清单等）。

2 Revit 软件特点

2.1 三维可视化设计

传统的二维设计图纸，只要各个构件的信息在图纸上以线条绘制表达，其真正的构造形式需要自行想象。BIM 将以往的线条式的构件形成一种三维的立体实物图形展示在人们面前。Revit 的原意为 Revise immediately，可译为"所见即所得"，这样的立体实物图形，不仅可以使建筑外观三维可视化，建筑内部构造也可以清晰地展现出来。

基金项目：国家自然科学基金黄河水科学研究联合基金项目（U2243219）。
作者简介：倪菲菲（1982—），女，高级工程师，长期从事水利工程规划设计工作。

2.2 协调性

在工程图纸设计时，由于各专业设计师可能出现沟通不到位的情况，会出现各专业之间的碰撞问题。Revit 的协调性可以帮助处理这些问题，Revit 可在建筑物设计阶段对各专业的碰撞问题进行协调，生成协调数据。

2.3 可出图性

Revit 可以进行正向设计，即按"先模型、后出图"的过程，将设计师的设计思路直接呈现在三维空间，然后通过三维模型直接出图，减少缺漏，提高设计质量。

3 Revit 族的基本概念

族（family）是构成 Revit 项目的基本元素。不论模型图元还是注释图元，均由各种族及其类型构型。Revit 族可分为三种形式：系统族、可载入族和内建族。

3.1 系统族

系统族已在 Revit 中预定义且保存在样板和项目中，用于创建项目的基本图元，如墙、楼板、天花板、楼梯等。系统族还包含项目和系统设置，这些设置会影响项目环境，如标高、轴网、图纸和视图等。Revit 不允许用户创建、复制、修改或删除系统族，但可以复制和修改系统族中的类型，以便创建自定义系统族类型。

相比 SketchUP 软件，Revit 建模极其方便，最主要的是它包含了一类构件必要的信息。由于系统族是预定义的，因此它是三种族中自定义内容最少的，但与其他标准构件族和内建族相比，它却包含更多的智能行为。在项目中创建的墙会自动调整大小，来容纳放置在其中的窗和门。在放置窗和门之前，无须为它们在墙上剪切洞口。

3.2 可载入族

可载入族是由用户自行定义创建的独立保存为 .rfa 格式的族文件。例如，当需要为场地插入园林景观树的族时，默认系统族能提供的类型比较少，需要通过单击【载入族】按钮，到 Revit 自带的族库中载入可用的植物族。

3.3 内建族

内建族是用户需要创建当前项目，专有的独特构件时所创建的独特图元。创建内建族，以便它可参照其他项目几何图形，使其在所参照的几何图形发生变化时进行相应大小调整和其他调整。内建族不能从外部文件载入，也不能保存到外部文件，是在当前项目的环境中创建的，并不打算在其他项目中使用。

要创建族，必须选择合适的族样板。Revit 附带大量的族样板。在新建族时，从选择族样板开始。在新建族时，从选择族样板开始。根据选择的样板，新族有特定的默认内容，如参照平面和子类别。Revit 因模型族样板、注释族样板和标题栏样板的不同而不同。

4 Revit 自定义族在下游涵闸设计中的应用

4.1 水闸族的创建

Revit 系统自带族多为建筑行业所用，如墙、柱、梁等，其设计断面通常较小。而水利工程中的涵闸通常为大体积混凝土工程，系统自带族在某些情况下不能适用，因此需创建适合涵闸设计的自定义族。

涵闸一般由上游连接段、闸室、下游连接段三部分组成（见图 1），上游连接段的作用是将上游来水平顺地引进闸室，并且有防冲和防渗等作用；下游连接段的作用是引导过闸水流均匀扩散，通过消能防冲设施，以保证闸后水流不发生有害的冲刷。闸室段位于上下游连接段之间，是水利工程的主体，其作用是控制水位、调节流量。

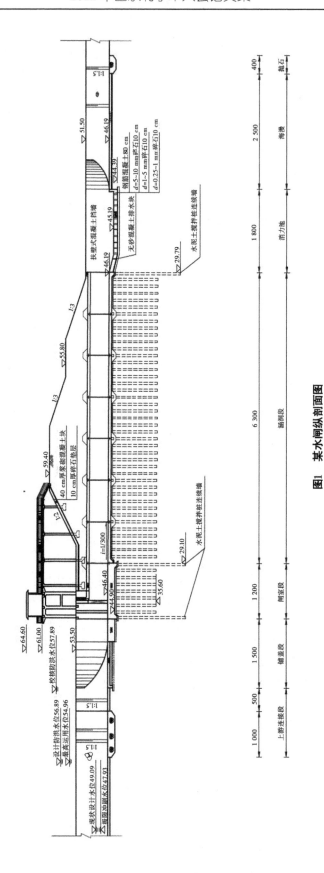

图1 某水闸纵剖面图

（1）上游连接段。包括渠底的铺盖、护底、上游防冲槽及上游翼墙和护坡。

（2）闸室。是水闸工程的主体，包括闸底板、闸墩、胸墙、闸门、工作桥、交通桥等，闸室布置应根据水闸挡水、泄水条件和运行要求，结合考虑地形、地质等，做到结构安全可靠、布置紧凑合理、施工方便、运用灵活、经济美观。

（3）下游连接段。包括下游河床部分的护坦（消力池）、海漫和防冲槽，以及两岸的翼墙和护坡部分，其主要作用是改善出闸水流条件，提高泄流能力和消能防冲效果，确保下游河床和边坡稳定。

上述水闸的各结构部分都可以通过自定义族来创建。以闸室底板为例，创建闸底板族。

在创建底板族之前，先思考闸底板需要几个参数来驱动它的形状。闸底板通常为一定厚度的钢筋混凝土板，一般包括平底板、前齿墙、后齿墙。图2所示为一涵洞式水闸的闸底板，因涵洞式水闸闸室后要接涵洞，闸室末段会有一个收缩段，闸室宽度会发生变化。

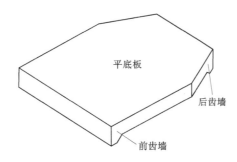

图2　涵洞式水闸闸底板三维图

先在平面图中分析需要哪些参数（见图3）。在俯视图中可以看到底板长度和宽度、收缩段长度和收缩段末端宽度，在主视图中可以看到底板厚度、齿墙厚度和齿墙底宽，在侧视图中可以看到底板宽度、收缩段宽度。综上所述，一个闸底板的参数就可以设置为以下几个：底板长度、底板宽度、收缩段长度和收缩段宽度，底板厚度、齿墙厚度和齿墙底宽。前四个参数可以设置为实例参数，在Revit的属性面板中可以直接显示。后三个参数可以设置为类型参数，这是因为有些水闸闸室下游端可能不存在齿墙，而是一块整体的平底板，将底板厚度、齿墙厚度和齿墙底宽设置为类型参数的好处是可以将齿墙作为闸底板的一部分调用，按需设置。

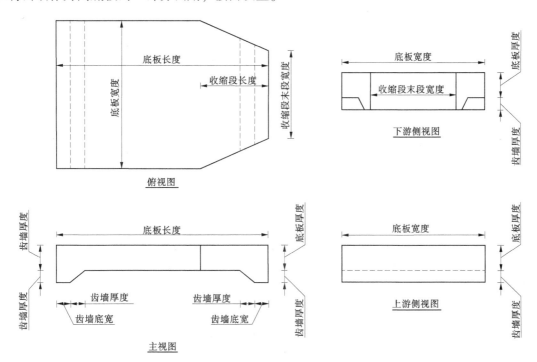

图3　涵洞式水闸闸底板三视图

单击功能区文件选项卡，选择新建→族，选择样板文件→公制常规模型。创建族的过程可以利用"创建"选项卡下相应命令，如形状的创建可以利用"拉伸""融合""放样"等方式，以及可以通过添加参照平面和参照线作为建族的辅助线使用。创建完形状之后，可以利用"注释"选项卡相应功能做各类尺寸标注，以及将这些标注定义成族类型参数。

首先创建一个长方体，在平面视图中将其长、宽分别设置为底板长度、底板宽度两个参数，然后用空心拉伸去剪切这个长方体，做出收缩段，并设置收缩段长度、收缩段宽两个参数（见图4）。然后在前视图中再次利用空心拉伸剪切图形，做出前后齿墙，并设置齿墙厚度及底板厚度参数（见图5），注意这两个参数为类型参数。在草图模式中设置四个包含四个数据的判断，如果存在前后齿墙，则输入前后齿墙厚度与底宽，如果没有齿墙，则齿墙厚度与底宽均为0，如图6所示。创建完参数，打开族类型进行检查是否漏掉某些参数，如图7所示。

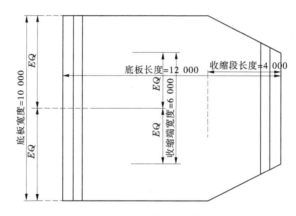

图4　闸底板平面图中的参数

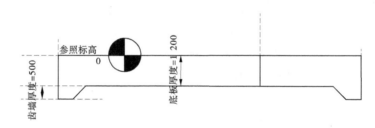

图5　闸底板前视图中的参数

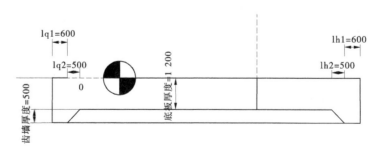

图6　草图模式闸底板前视图中的参数

完成以上操作后，即创建好一个闸底板族。将其载入至项目中，在项目浏览器中找到平底板，拖动至绘图区域，即可看到闸底板。单击闸底板，左侧属性栏中显示了四个实例参数，如图8所示。点击属性栏右上"编辑类型"，则会出现类型参数，如图9所示。可根据实际情况设置，勾选前后齿墙则类型参数的条件判断起作用，输入齿墙厚度和齿墙宽度即可，不勾选前后齿墙，则类型参数条件判断齿墙厚度和齿墙宽度均为0。图9中不勾选后齿墙，原底板即变为一个只有前齿墙而没有后齿墙的闸底板。这说明参数已经成功驱动了形体。

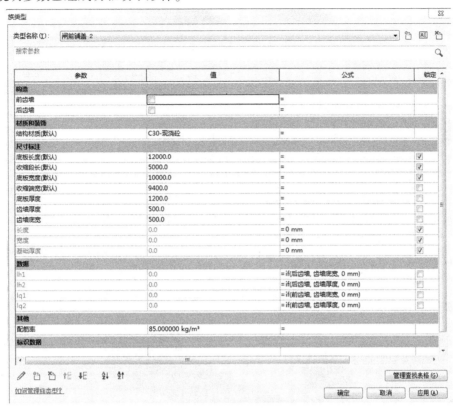

图 7　闸底板族参数界面

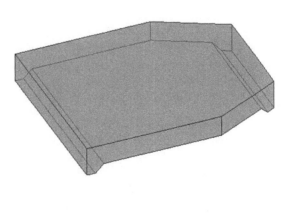

图 8　属性栏中的实例参数

以上是一个闸底板族的创建过程。类似的可以创建水闸其他结构的族。可以将创建好的族按部位存入文件夹中，方便在项目中快速批量导入，例如闸室文件夹中包含闸底板、闸墩、胸墙、预制板等，在做一个新项目时，全选这些族文件，就可以一起导入到项目中。

将所有的水闸结构族导入项目中后，就可以创建水闸模型。各部位的尺寸都可由参数驱动。如

图 10 所示为某涵洞式水闸三维模型。

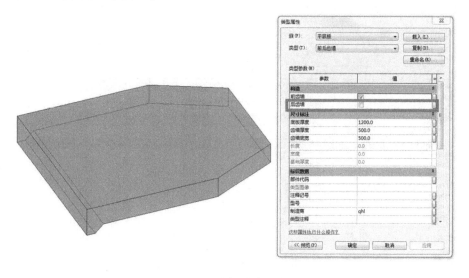

图 9 闸底板的类型参数

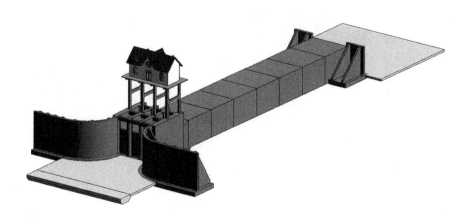

图 10 某涵洞式水闸三维模型

4.2 Revit 自定义族与 CAD 结合辅助闸室稳定计算

根据《水闸设计规范》（SL 265—2016），闸室应进行稳定计算，得出闸底应力分布。基底应力按材料力学偏心受压公式进行计算，当结构布置及受力情况不对称时，其计算公式如下：

$$P_{\substack{\max \\ \min}} = \frac{\sum G}{A} \pm \frac{\sum M_x}{W_x} \pm \frac{\sum M_y}{W_y}$$

式中：$P_{\substack{\max \\ \min}}$ 为闸室基底应力的最大值或最小值，kPa；$\sum G$ 为作用在闸室上全部竖向荷载，kN；$\sum M_x$、$\sum M_y$ 为作用在闸室上的全部竖向和水平向荷载对基础底面形心轴 x、y 的力矩，kN·m；A 为闸室基底面的面积，m^2；W_x、W_y 为闸室基底面对于该底面形心轴 x、y 的面积矩，m^2。

在进行稳定计算时，设计人员需要计算闸室各个部位的重力及对形心轴的力臂，Excel 表格计算量大且容易出错。Revit 中目前还不包括查询各结构部件质心的功能，而 CAD 中可使用 massprop 命令查询对象的体积、质心、惯性矩等。利用 Revit 生成的闸室模型，导入 CAD 中，正确设置 UCS 坐标系后，即可查询各结构部件的体积、质心等，并能将查询结果存盘为 txt 文件，如图 11 所示。

计算闸室稳定时，只需依次查询各部位的体积、质心，即可带入公式进行计算。为方便校核，可将 CAD 查询结果保存为 txt 文档，并按各部位名称命名文件，如图 12 所示。

将以上查询结果带入公式计算。如边墩查询结果为体积 177.752 5 m^3，质心 y 方向为 6.625 6 m，

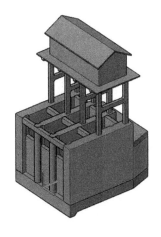
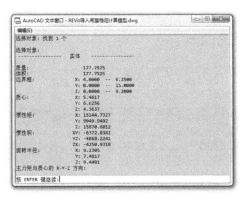

图 11 Revit 闸室模型导入 CAD 后查询闸墩体积与质心

边墩	2020/12/29 18:35	MPR 文件	1 KB
撑梁	2020/12/29 18:14	MPR 文件	1 KB
底板	2020/12/29 18:11	MPR 文件	1 KB
顶板	2020/12/29 18:12	MPR 文件	1 KB
机架桥	2020/12/29 18:13	MPR 文件	1 KB
启闭机房	2020/12/29 18:13	MPR 文件	1 KB
胸墙	2020/12/29 18:51	MPR 文件	1 KB
中墩	2020/12/29 18:38	MPR 文件	1 KB

图 12 各结构部位查询结果

则边墩重力应为

$$G_{边墩} = \gamma \cdot V = 25 \times 177.752\,5 \times 2 = 8\,887.5(\mathrm{kN})$$

而边墩对闸底前沿计算点的力臂为 6.625 6 m，则边墩弯矩应为

$$M = G_{边墩} \cdot L_{边墩} = 8\,887.5 \times 6.625\,6 = 58\,885.02(\mathrm{kN \cdot m})$$

将所有结构部位依次带入计算，即可方便得出闸室稳定计算结果，如图 13 所示。

经 Revit 模型导入 CAD，查询闸室各结构部位体积与质心，所有数据都是可溯源的，计算闸室稳定方便快捷，便于设计人员校核。

4.3 Revit 生成工程量明细表

Revit 模型绘制完成后，可以生成工程量明细表，如图 14 所示。

由于是初步设计阶段，钢筋量往往靠各部位含钢量进行预估。只要在族创建时添加一个参数为含钢量，在明细表中增加字段，设置为"钢筋用量"，输入计算公式"钢筋用量 = 体积 * 含钢量"即可。

明细表中数据与项目信息实时关联，是 BIM 数据综合利用的体现。

5 主要结论及推广范围

利用 Revit 自定义族，可编辑涵闸中各种结构部件，可生成涵闸工程模型并计算工程量。其成果先进性主要体现在以下方面：

（1）参数化。可直接在 Revit 中利用参数驱动各结构设计尺寸，使设计人员进行工程布置时省去大量画图时间，能够快捷准确表达设计意图。

（2）可视化。以所见即所得的方式，生成涵闸三维模型。有助于设计人员总体把握工程布置。

（3）动态化。由模型生成的工程量表，会与模型实时相关。当结构布置发生改变时，工程量表会随即更新，减轻设计人员重复计算工程量的负担。

稳定计算

$\gamma_{con} := 25 \qquad g := 9.81 \qquad \gamma_{brick} := 20 \qquad B_0 := 2.5 \qquad B := 12.5 \qquad L_0 := 15$

1.完建期工况 无水

$G_{边墩} := 177.75 \cdot \gamma_{con} \cdot 2 = 8.888 \cdot 10^3 \qquad L_{边墩} := 6.6256$

$G_{中墩} := 114.71 \cdot \gamma_{con} \cdot 2 = 5.736 \cdot 10^3 \qquad L_{中墩} := 6.71$

$G_{底板} := 281.5125 \cdot \gamma_{con} = 7.038 \cdot 10^3 \qquad L_{底板} := 7.20$

$G_{铺梁} := 6.1717 \cdot \gamma_{con} = 154.293 \qquad L_{铺梁} := 2.43$

$G_{胸墙} := 9.202 \cdot \gamma_{con} = 230.05 \qquad L_{胸墙} := 9.99$

$G_{机架桥} := 45.169 \cdot \gamma_{con} = 1.129 \cdot 10^3 \qquad L_{机架桥} := 8.326$

$G_{启闭机房} := 35.01 \cdot 25 = 875.25 \qquad L_{启闭机房} := 8.30$

$G_{闸门及启闭机} := (4.35 + 11) \cdot 10 \cdot 3 = 460.5 \qquad L_{闸门及启闭机} := 8.72$

$G_{盖板} := (0.3 + 1.5 + 3.4 + 0.5) \cdot 2.5 \cdot 0.12 \cdot 3 \cdot \gamma_{con} = 128.25 \qquad L_{盖板} := 4.07$

$\varepsilon := \dfrac{5}{180} \cdot \pi \qquad \cos(\varepsilon) = 0.996 \qquad \varphi := \dfrac{24}{180} \cdot \pi \qquad \varphi_0 := \dfrac{1}{3} \varphi$

$K_a := \dfrac{(\cos(\varphi - \varepsilon))^2}{(\cos(\varepsilon))^2 \cdot \cos(\varepsilon + \varphi_0) \cdot \left(1 + \sqrt{\dfrac{\sin(\varphi + \varphi_0) \cdot \sin(\varphi)}{\cos(\varepsilon + \varphi_0) \cdot \cos(\varepsilon)}}\right)^2} = 0.427$

$E_{土压力} := 77 \cdot 12.5 = 962.5 \qquad E_{土压力x} := 77 \cdot 12.5 = 962.5 \qquad L_{土压力x} := 8 + 1.54 = 9.54$

$G_{土重} := 19.87 \cdot \dfrac{(12.5 + 11)}{2} \cdot 19 = 4.436 \cdot 10^3 \qquad L_{土重} := 10 + 2.62 = 12.62$

$G := [G_{边墩} \ G_{中墩} \ G_{底板} \ G_{铺梁} \ G_{胸墙} \ G_{机架桥} \ G_{启闭机房} \ G_{闸门及启闭机} \ G_{盖板} \ E_{土压力x} \ G_{土重}]$

$L := [L_{边墩} \ L_{中墩} \ L_{底板} \ L_{铺梁} \ L_{胸墙} \ L_{机架桥} \ L_{启闭机房} \ L_{闸门及启闭机} \ L_{盖板} \ L_{土压力x} \ L_{土重}]^T$

$\Sigma M_1 := G \cdot L = 2.371 \cdot 10^5 \qquad \sum G = 3.004 \cdot 10^4$

$e := \dfrac{L_0}{2} - \dfrac{\Sigma M_1}{\sum G} = -0.393 \qquad P_{shang} := \dfrac{\sum G}{B \cdot L_0} \cdot \left(1 + \dfrac{6\,e}{L_0}\right) = 135.007$

$P_{xia} := \dfrac{\sum G}{B \cdot L_0} \cdot \left(1 - \dfrac{6\,e}{L_0}\right) = 185.386 \qquad \dfrac{(P_{shang} + P_{xia})}{2} = 160.197 \qquad n := \dfrac{P_{xia}}{P_{shang}} = 1.373$

图 13　闸室稳定完建期工况计算结果

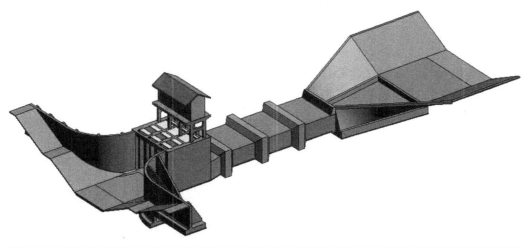

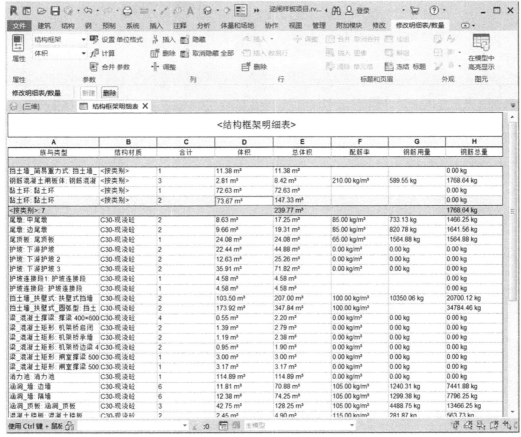

族与类型	结构材质	合计	体积	总体积	配筋率	钢筋用量	钢筋总量
A	B	C	D	E	F	G	H
挡土墙_简易重力式: 挡土墙_	<按类别>	1	11.38 m³	11.38 m³			0.00 kg
钢筋混凝土闸板体: 钢筋混凝	<按类别>	3	2.81 m³	8.42 m³	210.00 kg/m³	589.55 kg	1768.64 kg
黏土环: 黏土环	<按类别>	1	72.63 m³	72.63 m³			0.00 kg
黏土环: 黏土环	<按类别>	2	73.67 m³	147.33 m³			0.00 kg
<按类别>: 7				239.77 m³			1768.64 kg
尾墩: 中尾墩	C30-现浇砼	2	8.63 m³	17.25 m³	85.00 kg/m³	733.13 kg	1466.25 kg
尾墩: 边尾墩	C30-现浇砼	2	9.66 m³	19.31 m³	85.00 kg/m³	820.78 kg	1641.56 kg
尾顶板: 尾顶板	C30-现浇砼	1	24.08 m³	24.08 m³	65.00 kg/m³	1564.88 kg	1564.88 kg
护坡: 下游护坡	C30-现浇砼	2	22.44 m³	44.88 m³	0.00 kg/m³	0.00 kg	0.00 kg
护坡: 下游护坡 2	C30-现浇砼	2	12.63 m³	25.26 m³	0.00 kg/m³	0.00 kg	0.00 kg
护坡: 下游护坡 3	C30-现浇砼	2	35.91 m³	71.82 m³	0.00 kg/m³	0.00 kg	0.00 kg
护坡连接段1: 护坡连接段	C30-现浇砼	1	4.58 m³	4.58 m³			0.00 kg
护坡连接段: 护坡连接段	C30-现浇砼	1	4.58 m³	4.58 m³			0.00 kg
挡土墙_扶壁式: 扶壁式挡土	C30-现浇砼	2	103.50 m³	207.00 m³	100.00 kg/m³	10350.06 kg	20700.12 kg
挡土墙_扶壁式_圆弧型: 挡土	C30-现浇砼	2	173.92 m³	347.84 m³	100.00 kg/m³		34784.46 kg
梁_混凝土矩形: 撑梁 400×600	C30-现浇砼	4	0.55 m³	2.20 m³	0.00 kg/m³	0.00 kg	0.00 kg
梁_混凝土矩形: 机架桥启闭	C30-现浇砼	2	1.39 m³	2.79 m³	0.00 kg/m³	0.00 kg	0.00 kg
梁_混凝土矩形: 机架桥承墙	C30-现浇砼	2	1.19 m³	2.38 m³	0.00 kg/m³	0.00 kg	0.00 kg
梁_混凝土矩形: 机架桥边梁 4	C30-现浇砼	2	0.95 m³	1.90 m³	0.00 kg/m³	0.00 kg	0.00 kg
梁_混凝土矩形: 闸室撑梁 500	C30-现浇砼	1	3.00 m³	3.00 m³	0.00 kg/m³	0.00 kg	0.00 kg
梁_混凝土矩形: 闸室撑梁 500	C30-现浇砼	1	3.17 m³	3.17 m³	0.00 kg/m³	0.00 kg	0.00 kg
消力池: 消力池	C30-现浇砼	1	114.89 m³	114.89 m³	0.00 kg/m³	0.00 kg	0.00 kg
涵洞_墙: 边墙	C30-现浇砼	6	11.81 m³	70.88 m³	105.00 kg/m³	1240.31 kg	7441.88 kg
涵洞_墙: 隔墙	C30-现浇砼	6	12.38 m³	74.25 m³	105.00 kg/m³	1299.38 kg	7796.25 kg
涵洞_顶板: 涵洞_顶板	C30-现浇砼	3	42.75 m³	128.25 m³	105.00 kg/m³	4488.75 kg	13466.25 kg
混凝土楼板: 混凝土楼板	C30-现浇砼	2	2.45 m³	4.90 m³	115.00 kg/m³	281.87 kg	563.73 kg

图 14　由涵闸模型生成的工程量明细表

（4）精确化。由 Revit 生成的工程量可保留小数点后两位，计算结果精确，并可由模型导入 CAD 辅助计算闸室稳定，相比以往设计人员手工计算，提高了设计质量。

在黄河下游涵闸改建工程中利用 Revit 自定义族进行涵闸参数化设计，既满足了工程设计需要，又大大缩短了设计工期。解决了以往 CAD 设计功能单一，依赖手工计算，一旦发生变更需要重新设计的生产方式，达到了预期设计目的。为今后其他涵闸工程设计工作提供了良好的借鉴，具有一定的推广性。

参考文献

[1] 赵春龙，王正中，李岗，等. 水工金属结构 BIM 技术研究与应用 [J]. 人民黄河，2022（9）：155-160.

[2] 罗凯，孙永明，孙峰，等. 基于 Revit 的水闸工程样板开发及应用研究 [J]. 水电能源科学，2020（11）：174-177.

城市水文站网布设方法研究

张利茹[1]　贺永会[2]　李　辉[1]　谷莹莹[3]

(1. 水利部南京水利水文自动化研究所 水利部水文水资源监控工程技术研究中心，江苏南京　210012；

2. 南京水利科学研究院，江苏南京　210029；

3. 河南省陆浑水库管理局，河南洛阳　471000)

摘　要：在全球气候变化与快速城镇化的背景下，中国城市洪涝灾害日益严重。迫切需要更多的基础资料来应对城市洪涝和供水安全，提高水文监测、预警和应对突发事故的能力，因此需要对城市地区的水文站网进行科学的规划和整体优化。利用镇江市水文气象数据及统计年鉴资料，基于遥感数据、土地利用类型数据和历史灾情数据，在城市暴雨洪涝灾害风险区划的基础上求取站网需求指数，在研究区现有水文站网布设基础上，同时综合考虑研究区站网密度、水资源管理等多方面因素，基于 GIS 空间分析技术，能快速准确地计算出研究区水文站网需要建议增加的站网布设点数量及对应的位置。该方法快速、准确、直观地给规划设计者提供参考，对镇江市城区现有水文站网布设的整体优化提供了技术支撑。

关键词：水文站网；整体优化；空间分析技术；站网规划

1　引言

水文站网规划、布局和调整是水文的基础工作，直接为水文工作乃至水利工作提供必要的水雨情信息，水文站网对整个水文工作起重大作用。水文站网要根据实际情况进行分析和调整，以便优化水文站网结构，满足经济社会发展对水文工作的要求。目前，我国已初步建成了认识流域水文规律的水文要素观测站网，各类水文测站从新中国成立之初的 353 处发展到截至 2020 年年底的 119 914 处，为国民经济建设提供了大量的水文信息，发挥了重要作用，实现了对大江大河及其主要支流、有防洪任务的中小河流水文监测全面覆盖，并向水资源、水生态、水环境领域延伸。

然而，现有的观测站网监测体系不完善，现有的监测站网主要为河湖水文基础资料的积累和防汛抗旱服务，而水资源管理、水生态保护和水土保持、水环境保护等综合监测能力相对较弱，与水资源、水生态、水环境的管理要求还有较大差距[1]。再加上气候变化和高强度人类活动的影响，使得观测站网的作用和观测方式受到影响，尤其是城市化地区，随着全球气候变化和高强度的人类活动对水文循环及其时空演变规律产生重要影响[2-4]，根据以往实测资料分析得到的统计规律已不能适应新的情况。有的研究学者针对梅雨区开展了相关雨量站网规划研究，取得了一些研究成果，而对水文站网规划布设研究甚少[5-6]。尤其是近几年，城市洪涝问题越来越突出[7-9]，依据传统的《水文站网规划技术导则》（SL 34—2013）布设的水文监测站网得到的监测信息已经不能反映实际的水雨情信息，水文监测站网布局也不能满足城市水文研究的要求。随着"十四五"时期全面开启建设社会主义现代化国家新征程，李国英部长强调，要认真贯彻落实党的十九届五中全会和习近平总书记关于治水工作重要讲话指示批示精神，要强化预报、预警、预演、预案"四预"措施，加强实时雨水情信息的监测和分析研判，要强化科技引领，推进建立流域洪水"空天地"一体化监测系统，建设数字流域。李国英部长要求，加快建设国家水文站

基金项目：中央级公益性科研院所基本科研业务费项目（Y917006）。

作者简介：张利茹（1981—），女，高级工程师，主要从事防洪减灾、水文水资源等方面的研究工作。

网，加强水文规律分析研究，提升水文监测能力。因此，越来越需要考虑多种因素来布设和优化调整水文观测站网。为确保水文站网调整的实时性和准确性，水文站网调整前要进行必要的分析论证，以便使水文站网调整达到系统化、规范化，使站网逐步完善。但目前现有技术中尚缺乏较为精准有效的水文站网布设方法。因此，本研究在城市暴雨洪涝灾害风险区划的基础上求取站网需求指数，然后在研究区现有水文站网布设基础上，同时综合考虑研究区站网密度、水资源管理等多方面因素，基于 GIS 空间分析技术，计算出研究区水文站网需要建议增加的站网布设点数量及对应的位置。该方法能给规划设计者提供技术支撑，以便更快、更准确地对现有水文站网布设进行整体优化。

2 研究区域概况

镇江市中心城区，分布有镇江、谏壁闸和西麓 3 个水文站，分布如图 1 所示。城区防汛方面存在水文站网监测能力不足、水文水情信息服务体系不完善、城市水文防汛巡测能力弱，应急监测设施薄弱三个比较突出的问题。因此，为了应对城区越来越严重的城市洪涝灾害，迫切需要根据一定的规则加密观测站网，获得更加可靠的监测数据，满足城市洪涝精细化管理的需要。

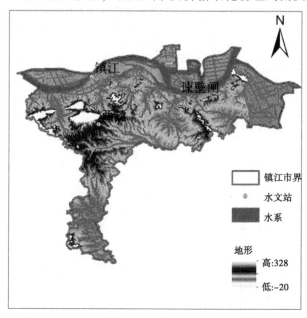

图 1 研究区域及水文测站分布

3 资料与方法

3.1 数据来源

研究中搜集到遥感数据，采用了 MODIS 中分辨率成像光谱仪 2000—2016 年的 MODLT1M 地表温度中国合成产品。降水数据除了包括来自国家气象科学数据共享服务平台的全国基本气象站的资料，还搜集了江苏省加密站网的资料和国家水文年鉴整编的镇江市主城区三个水文观测站（镇江站、谏壁闸、西麓）近 50 年（1968—2016 年）的实测逐月、逐日降水资料。社会经济数据来源于镇江市2017 年统计年鉴资料。土地利用数据来源于中国气象局下发的 1∶5 万的地理信息系统数据，历史灾情数据来源于 1995—2017 年镇江地区洪涝灾害损失统计信息。

3.2 建立城市暴雨高风险指数模型（致灾因子）

暴雨灾害的致灾因子危险性，是指暴雨灾害的异常程度，主要是由灾害的致灾因子活动规模（强度）和活动频次（概率）决定的[10-12]。因而暴雨洪涝灾害危险性可用降水特征来表征。城市不透水面的扩张会使城市中建筑、道路等高蓄热体增加，同时伴随着植被和绿地的减少，这会使城市区域的气温升高，造成"城市热岛"效应。在城市扩张区域，近地面气温全年持续升高[13]。我们认为，城市的热力强迫有利于对流降水的维持，也就是说，城市热岛效应除会使城区气温升高外，还能影响区域的降水过程。通过皮尔逊积矩相关系数法研究城市热岛与夏季降水间的相关关系，发现城市热岛效应与夏季降水存在强的相关关系。因此，认为城市暴雨空间分布特征可由地面温度分布特征来表征，通过以下公式来进行计算。

$$VH = DN \times 0.02 - 273.15 \tag{1}$$

式中：DN 为像元的灰度值；0.02 为辐射缩放比；-273.15 为云掩模值。

3.3 建立城市洪涝风险指数模型（孕灾环境）

假定城市设计暴雨与设计洪水为同频率，根据城区暴雨频率分析结果和所建立的雨洪仿真模型来推求相应频率下城区的设计洪水，考虑到城市地区相对于自然流域地形结构极为复杂，对降雨径流具有较大的阻碍作用，不会出现降雨径流在研究区内随意流动的情况，将研究区按照排水片区划分为多个子区域，对各个子区域进行洪涝模拟。

由于积水受重力作用呈现由高向低流动的过程，因此可根据研究区的地形分布情况，用某时间步长的总积水量与该时间步长积水淹没范围内总积水量体积相等的原理来模拟暴雨内涝风险，计算公式为

$$VE = \iint_A [E_w(x, y) - E_g(x, y)] \, d\sigma \tag{2}$$

式中：A 为积水区；$E_w(x, y)$ 为积水水面高程；$E_g(x, y)$ 为地面高程；$d\sigma$ 为积水区面积微元。

3.4 建立城市承灾体易损性指数模型（承灾体易损性）

城市承灾体易损性是指可能受到洪涝灾害威胁的所有人员及财产的伤害或损失程度[10]。在以往的研究中，暴雨洪涝灾害所造成的损失是根据社会经济统计数据 GDP 和总人口这两个指标来考虑的，但随着研究的不断深入，认为这样简单概化方法得出的结果与实际易损性不相符。因此，本研究试图采用精细化土地类型和历史灾情数据相结合的方法来提高模型与实际环境的差别，建立承灾体易损性模型如下：

$$VS = \omega_g A + \omega_p B \tag{3}$$

式中：ω_g 为经济易损失系数；ω_p 为人口易损失的系数；A 为经济易损性指数；B 为人口易损性指数。

A 值是根据不同场次洪涝灾害下不同土地类型单位面积灾损值进行两两比较，然后利用层次分析法计算得到不同土地利用类型经济易损性指数的平均值。

同理，B 值是根据不同场次洪水灾害下不同土地类型单位面积人口损失进行两两比较，而后利用层次分析法计算得到不同土地利用类型人口易损性指数的平均值。

3.5 城市水文站网规划需求指数模型

水文站网的布设要综合多方面的因素。城市水文站网布设除站网密度满足最低密度布设标准外，还要考虑水资源管理和水量平衡计算等行政管理需求，还要考虑满足城市防洪减灾需要。

本研究从城市防洪减灾需求出发，同时考虑城市暴雨高风险、洪涝风险、承灾体易损性三个方面来构建城区水文站网规划需求指数模型，然后在研究区现有水文站网布设基础上，基于 GIS 空间分析技术，同时综合考虑研究区站网密度、水资源管理等多方面因素，根据求出的站网需求指数建议增加站网布设点，给规划设计者提供技术支撑，以便更快、更准确地对现有水文站网布设进行整体优化。基于城市暴雨高风险、洪涝风险、承灾体易损性三个方面评价因子，构建水文站网规划需求指数模型如下：

$$城市站网规划 = f\left(\begin{array}{c}暴雨高风险，洪涝风险，\\ 承灾体易损性\end{array}\right) \tag{4}$$

考虑到暴雨高风险、洪涝风险和承灾体易损性这三个因子对站网规划的重要性可能不同，故对它们分别赋予不同的权重值，然后根据构建的城市站网规划需求指数模型进行计算：

$$FDRI = (wh \times VH)(we \times VE)(ws \times VS) \tag{5}$$

式中：$FDRI$ 为城市站网规划需求指数，其值越大，则站网设置需求度越高；VH、VE、VS 分别为城市站网规划需求指数模型中三个因子的指数值；wh、we、ws 分别为各因子对应的权重值，其大小取

0~1。

4 研究成果分析

4.1 镇江市暴雨高风险区划

4.1.1 镇江市热岛效应

城市不透水面的扩张会使城市中建筑、道路等高蓄热体增加，同时伴随着植被和绿地的减少，这会使城市区域的气温升高，造成"城市热岛效应"。研究表明，城市热岛效应除会使城区气温升高外[12]，还可能影响区域的降水过程。

首先分析中分辨率成像光谱仪（moderate-resolution imaging spectroradiometer，缩写 MODIS）中国区域温度合成产品反演的地温分布与采用对应地面站网观测数据插值得到地温分布的一致性检测，能够得出结论：利用 MODIS 来反演地温是可行的。然后选用中国 1 km 地表温度月合成产品（MODIS MODLT1M），地理坐标为 WGS-84，根据研究区域的范围在 GIS 中提取得到研究区域的地表温度数据，并对得到的温度数据进行统计计算，最后得到研究区域 2000—2016 年间的地表温度数据。由于原始数据为栅格影像，因此可以通过城市与郊区的边界来划分城市区域与郊区，将城市和郊区的温度划分开来单独计算。热岛效应造成城市区域温度的上升在夏季（6—8 月）会更明显，且建筑物在夜间对温度的持续能力更强，因此本研究重点对该区域的夏季夜间温度进行检验分析，分析结果列于表 1 中。

表 1　2000—2016 年城区郊区年度温差　　　　　　　　　单位:℃

系列	名称	城市	郊区	年均温差
2000—2016 年	6 月夜间日均温	22.69	21.06	1.63
	7 月夜间日均温	23.41	21.59	1.82
	8 月夜间日均温	23.94	22.24	1.70
	6—8 月夜间日均温	23.35	21.63	1.72

由表 1 可以看出，该研究区域 2000—2016 年间 6—8 月城区的夜间温度都比郊区高，其年均温差均超 1.6 ℃，说明该区域的城市热岛效应比较明显。

4.1.2 镇江市热岛效应与降水相关关系

为了判断城市热岛效应造成的城市区域温度上升与局部降水的相关程度，本研究应用皮尔逊积矩相关系数法，对该研究区域 2000—2016 年的夏季夜间温度数据和夏季降水数据进行相关性检验，其检验结果如表 2 所示。

表 2　2000—2016 年夏季降水与夏季夜间月均温度的皮尔逊相关系数检验结果

相关系数	r	t	$t_{\alpha=0.1}$
结果	0.362	1.398	1.356

由表 2 可知，由皮尔逊相关系数 r 求得的检验量 t 的值通过了置信度 90% 的 T 检验，表明在 2000—2016 年间，该区域的城市热岛效应与夏季降水有显著的相关性。因此，认为城市暴雨空间分布特征可由地面温度分布特征来表征，如图 2 所示。

由图 2 可知，京口区、润州区东部、丹徒区高桥镇属于暴雨较高风险发生区，其他各乡镇属于暴雨较低风险发生区。

4.2 镇江市洪涝高风险区划

在建立的城市洪涝高风险区划指数模型中，考虑到城市暴雨内涝积水流速较小，对水面可进行近似和简化以便于计算，将水面近似简化为平面，利用空间插值给地面高程栅格赋值。离散后城市洪涝高风险区划指数模型（2）可以简化为

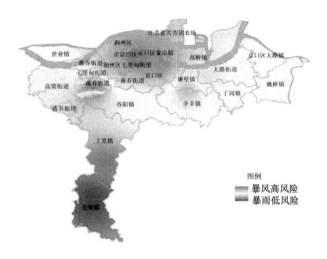

图2 镇江城区暴雨空间分布

$$VE = \sum_{i=1}^{N} [E_w - E_g(i)] \Delta\sigma \qquad (6)$$

式中：$\Delta\sigma$ 为栅格面积；N 为积水区域栅格总数；$E_g(i)$ 为第 i 个栅格的高程。

当栅格面积足够小，式（6）与上式的结果越接近。此时的未知量为 N 和 E_w，而 N 参数可通过 E_w 和 E_g 的关系获得，通过二分法对积水水面高程 E_w 进行求解。

最后计算研究区的积水分布情况，具体方法为：首先对栅格进行判断，若 $E_w - E_g > 0$，则表示该栅格区域有积水，将其积水水深赋值为 $D = E_w - E_g$；若 $E_w - E_g < 0$，则表示该栅格区域无积水，积水水深赋值为0。通过此方法对研究区内所有栅格进行一次计算，即得到研究区积水空间分布数据。

通过洪涝指数模型计算和 GIS 空间分析技术，分别得到镇江市主城区 5 年一遇、10 年一遇、20 年一遇、50 年一遇和 100 年一遇积涝水深图。由于篇幅限制，图3仅给出 5 年一遇和 100 年一遇积涝水深图。

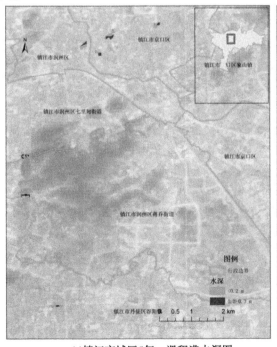

(a)镇江市城区5年一遇积涝水深图

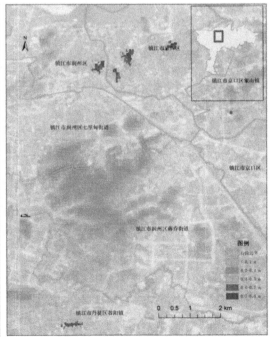

(b)镇江市区100年一遇积涝水深图

图3 不同频率洪水淹没图

由分析结果可知：镇江市5年一遇积涝点有5处且积水面积比较小，10年一遇和20年一遇积涝点也是5处但集水面积明显增大，50年一遇积涝点增加至6处且积水面积继续增大，100年一遇的积涝点增加至7处且集水面积更大，图3更清晰地表明了这种现象。由镇江城区5年一遇、10年一遇、20年一遇、50年一遇、100年一遇的5张洪涝淹没图，综合分析淹没区集中于京口区西部、润州区东部、丹徒区北部。

4.3 镇江市承灾体易损性分析

4.3.1 不同土地类型经济易损性指数

将镇江市土地类型进行整合，根据不同场次洪涝灾害下不同土地类型单位面积灾损值进行两两比较，然后利用层次分析法计算得到不同土地利用类型经济易损性指数的平均值，如表3所示。利用GIS空间分析技术，得到不同土地类型经济承灾体易损性空间分布图，如图4所示。

表3 镇江市不同土地利用类型经济易损性指数

不同土地类型	旱地	林地	草地	水域	城镇用地	农村居民点	未利用土地
系数	0.266 2	0.13	0.037 4	0.056 4	0.231 8	0.255 6	0.022 6

图4 镇江市不同土地类型经济承灾体易损性空间分布

如图4所示，镇江城区高易损失区主要集中于京口区西部、润州区东部和丹徒区北部。

4.3.2 不同土地类型人口易损性指数

镇江市人口易损性，主要考虑的是人口在不同土地类型上的分布情况。与不同土地类型经济易损性指数计算方法相同，根据不同场次洪涝灾害下不同土地类型单位面积人口损失进行两两比较，然后利用层次分析法计算得到不同土地利用类型人口易损性指数的平均值，如表4所示。再利用GIS空间分析技术，得到不同土地类型人口承灾体易损性空间分布图，如图5所示。

表4 镇江市不同土地类型人口易损性系数

不同土地类型	旱地	林地	草地	水域	城镇用地	农村居民点	未利用土地
系数	0.03	0.04	0.03	0.02	0.51	0.40	0.07

从图5可知，镇江市暴雨洪涝灾害风险高人口损失区，主要集中于各个市县的城区、村庄聚居点，镇江市区最大。

4.3.3 承灾体易损性指数

依据所构建的城市承灾体易损性指数模型，求出镇江市承灾体易损性指数。

图5　镇江市不同土地类型人口易损失空间分布

本模型中认为在任一场暴雨洪涝灾害评估中，经济损失和人口损失同等重要，因此易损失系数分别取0.5。然后利用GIS空间分析技术，得到镇江城区承灾体易损性分布图，如图6所示。

图6　镇江城区承灾体易损性分布

从图6中可知，镇江承灾体高易损区主要京口区、润州区东部和丹徒区北部。

4.4　镇江市水文站网整体优化

城市站网规划需求指数模型中三个因子权重值先由专家打分法和层次分析法原理构造判断矩阵，然后采用求和法计算出权重因子，再对计算结果进行一致性检验，最后确定城市站网规划需求指数模型中三个因子的权重，如表5所示。

将求出的暴雨风险、洪涝风险和承灾体易损性三个评价因子指数结果和根据层次分析法原理计算确定的三个评价因子权重值输入城市站网规划需求指数模型中，结合GIS空间分析技术，进行镇江市城市水文站网规划需求指数计算，结果如图7所示。由图7分析可知，镇江市京口区、镇江市润州区、镇江市京口区象山镇水文站网建设需求最高，镇江市润州区七里甸街道、镇江市润州区蒋桥街道、镇江润州民营经济开发区、镇江市丹徒区谷阳镇次之。

表5　城市站网规划需求指数

因子	暴雨风险	洪涝风险	承灾体易损性
权重	0.41	0.38	0.21

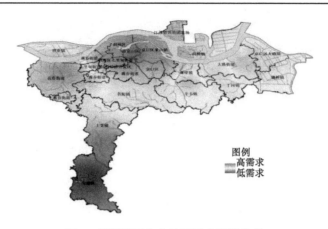

图7 镇江城区水文站网需求指数分布

依托城区水文站网需求指数模型计算出的站网需求指数只是从城区防洪减灾的角度进行了整体规划，实际规划中还要根据城区现有站网密度、生态环境保护、水资源量计算及管理等行政管理需求等综合考虑，基于 GIS 空间分析技术，计算绘制镇江市城区水文站网规划分布图，如图8所示。

图8 镇江城区水文站网规划

由图8可知，在研究区已有3个水文站网分布的基础上，新增加了11个站网拟建站点，准确、快速、智能地确定出水文站网的具体布设位置，相比于传统水文站网布设方法，省去了很多实地考察所需要的时间和人力，结果准确可靠，研究结果为镇江市的水文站网整体优化提供了技术参考。

5 结论

（1）从城市防洪减灾需求出发，在城市暴雨洪涝灾害风险区划的基础上考虑城市暴雨高风险、洪涝风险、承灾体易损性三个方面来构建城区水文站网规划需求指数模型，在研究区现有水文站网布设基础上，综合考虑研究区站网密度、水资源管理等多方面因素，基于 GIS 空间分析技术，能快速准确地计算出研究区水文站网需要建议增加的站网布设点。该方法能更快、更准确、更直观地给规划设计者提供参考，以便对现有水文站网布设的整体优化提供技术支撑。

（2）本文针对城市水文站网需求指数模型进行了一定的探索，新构建的城市水文站网需求指数模型只考虑了降水、水位等相关影响要素，后续研究中需要融入更多的影响因素，该方法需要在今后的研究中进一步丰富和完善。

参考文献

[1] 王晶. 城区水文站网规划研究——以聊城市为例 [D]. 泰安：山东农业大学，2018.

［2］陶诗言.中国之暴雨［M］.北京：科学出版社，1980.

［3］张利茹，贺永会，唐跃平，等.海河流域径流变化趋势及其归因分析研究［J］.水利水运工程学报，2017（4）：59-66.

［4］张建云，王国庆，金君良，等.1956—2018年中国江河径流演变及其变化特征［J］.水科学进展，2020，31（2）：153-161.

［5］孙大利，刘晓阳，王久珂，等.雨量站网测量精度的评估［J］.气象科技进展，2015，5（5）：50-54.

［6］李莉君，张静怡，孔胃.DEM支持下的梅雨区雨量站网规划研究［J］.水文，2019，39（2）：67-71.

［7］张建云，王银堂，贺瑞敏，等.中国城市洪涝问题及成因分析［J］.水科学进展，2016，27（4）：485-491.

［8］宋晓猛，张建云，贺瑞敏，等.北京城市洪涝问题与成因分析［J］.水科学进展，2019，30（2）：153-165.

［9］王远坤，王栋，黄国如，等.城市洪涝灾害风险评估与风险管理初探［J］.水利水运工程学报，2019（6）：139-146.

［10］刘希林.区域泥石流危险度评价研究进展［J］.中国地质灾害与防治学报，2002，13（4）：1-9.

［11］刘贤赵，康绍忠，刘德林，等.基于地理信息的SCS模型及其在黄土高原典型流域降雨-径流关系中的应用［J］.水力发电学报，2005（6）：57-61.

［12］李辉.基于GIS的潍坊市暴雨洪涝灾害风险区划［D］.南京：南京信息工程学院，2012.

［13］翟园.西安地区降水和温度变化特征研究［D］.兰州：兰州大学，2014.

数字孪生流域方案研究

刘志成¹ 谢天云² 安晓伟³

(1. 珠江水利委员会珠江水利科学研究院，广东广州 510611；
2. 珠江水文水资源勘测中心，广东广州 510611；
3. 华北水利水电大学，河南郑州 450000)

摘 要：大数据的高速发展，推动着传统业务的变革，如何借助数字化设备实现水旱灾害防御和智慧化管理是亟需解决的难题。本文以乌涌数字孪生流域为例，为流域"四预"提供三维可视化方案，实现传统水利升级，对全流域综合治理提供全新的思路。

关键词：数字孪生；乌涌流域；"四预"

1 引言

城市高强度开发，导致地面"硬化率"提升，引起产汇流时间加快，每到汛期，"城市看海"已成为一种社会现象[1]。近年来，郑州暴雨"7·20"、广州暴雨"5·22"造成地区受灾、交通中断、人员伤亡。随着时代的发展，物联网、云计算、人工智能等信息化不断升级，水利行业亟需打破传统，来化解高密度城市发展带来的水旱灾害防御的诸多挑战。数字孪生核心是构建仿真模型以实现信息空间和物理空间的无缝集成与实时映射[2]，从而对物理空间对象进行全生命周期管控，降低复杂系统预测不确定性和规避应急事件带来的风险[3]。

乌涌流域作为广东省重要流域单元，位于珠江三角洲，其区域包含鱼珠临港经济区和鱼珠港，南面南海风暴潮，北部拦蓄山水，伴随着防汛抗旱和智慧兼管的要求提升，对乌涌数字孪生流域提供新思路：首先是流域智慧监测体系升级，目前乌涌流域水位监测、排水监测点较少，设备老旧，未能实现全流域覆盖。其次是数据智慧化程度需要提升，乌涌流域水务执法监管信息化、数字化程度不够，需建设多种智能应用，提高涉水建设项目、水域岸线等业务智慧融合。最后，乌涌流域亟需建立数字化决策平台，目前预报、预警、预演、预案4个方面应用程度低。

2 区域概况与数字孪生流域总体框架

2.1 流域概况

乌涌作为珠江黄埔水道的一级支流，集雨面积58.65 km²，高程在7~377 m，其中城市建设用地占流域面积的81.2%，流域内高度开发[4]。区域主要保护对象为广州科学城、广本汽车工厂、中国石化厂等。以广汕公路和广园快速路为界，整个排涝片分为北、中、南三部分，北部以山区为主，中部为半山半城区，南部为河网区。干流全长24.13 km，河道比降1.54‰。主要支流乌涌左支集雨面积14.6 km²，全长8.51 km，河道比降1.70‰。其他支流为小乌涌、三㘵涌、下沙涌、本田厂排水渠等12条河道。干流北部有水库2宗，其中水口水库为小（1）型水库，相应库容812.5万 m³，黄鳝田水库为小（2）型水库，相应库容16.33万 m³。南部河口建有乌涌水闸，总净宽32 m，水闸分五孔，每孔净宽6.4 m（见图1）。

作者简介：刘志成（1990—），男，中级工程师，主要从事工程水文、水利规划方面研究工作。
通信作者：安晓伟（1989—），男，讲师，主要从事水利工程方面研究工作。

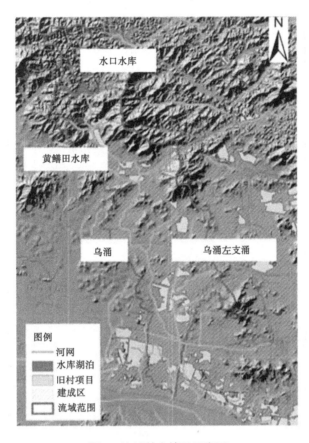

图 1　流域基本情况示意图

2.2　总体框架

按照数字孪生流域建设的主要内容，乌涌数字孪生流域建设总体思路以水旱灾害防御和智慧化管理为基础，从全面感知、智慧融合、构建模型支撑服务云平台和智能指挥决策平台四个方面。数字孪生乌涌流域建设总体框架见图 2。

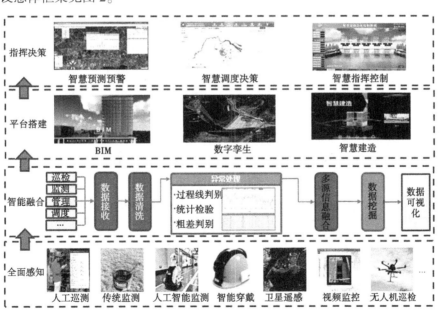

图 2　数字孪生乌涌流域建设总体框架

全面感知包括数字化监测体系，通过人工巡测、传统监测设备监测、人工智能监测、智能穿戴、卫星遥感等设备采集数据。智能融合包括对采集数据的接受和数字清洗，达成对多源数据融合，数据挖掘最终达到数据可视化的目的。通过对资源的整合，构建数字化平台，达到智慧化预测预警、调度决策、指挥控制等方面的内容。

3 数字孪生流域建设方案

3.1 全面感知

（1）基础数据。包括地理测量数据、高精度航拍数据与 DEM 数据（见图 3），获取乌涌、小乌涌、三㟁涌、下沙涌、本田厂排水渠等河流特征信息和空间信息，作为工程平台搭建的数据支撑。

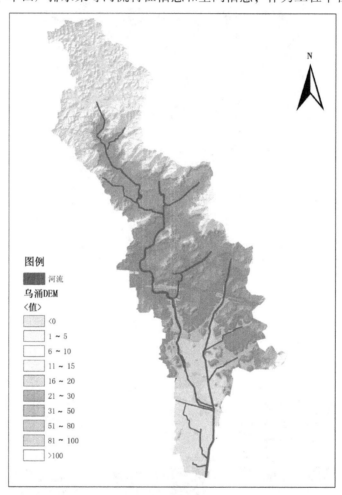

图 3　乌涌流域 DEM 数据

（2）监测数据。增加监测设备，实现乌涌干流、左支流、三㟁涌等河涌、水口水库、黄鳝田水库和区域调蓄湖、管网、地表积水、水务工程的全面感知。在加强对水文要素监测的基础上，注重对水利工程自身的安全监测，如水口水库大坝、乌涌干流河道堤岸的安全检测等；加快推进城市内涝监测体系建设，对广园快速路、科学大道、广汕公路等城市主干道、下沉式立交、部分隧道、低洼地带等内涝风险点部署内涝积水监测设备；完善乌涌干支流河口水位监测，广本、广园河道卡口等关键点水位监测。

（3）调度数据。收集乌涌下游片区水闸、三㟁涌泵站、下沙涌泵站等水务设施的调度的控制与统一监管；加强对调蓄池、调蓄湖等海绵设施的调度监管，对调蓄设施补充配置相关的自动化监控设备，实现基于水情涝情的智能联动及远程统一调度控制。

（4）分类管理数据。分类管理现有河道数据、城镇开发边界数据、基本农田数据、生态农田保护区数据、人口数据、经济发展数据、历史洪涝灾害数据等，建立不同类型数据集合。

（5）水务物联标准化。实现水务监测数据的互联互通，通过整合外江、内河涌、湖库、水闸、泵站、山洪沟等视频监控信息，共享接入现有公安、交通、城管等部门在水务方面的视频监控系统。

3.2 智慧融合

乌涌流域的水雨情监测数据、水质监测数据、排水管网及监测数据分布在不同的部门，跨业务调取数据困难、同类数据多头采集，数据、用户、平台的割裂为深入融合制造了障碍，不利于防洪排涝智慧化体系建设。为了打通系统、数据、应用之间的共享壁垒，解决数据跨部门、跨业务共享的难题，乌涌流域正建立一个智慧化共享体系，对不同用户提供数据输入端口，提高了信息资源的利用效率和共享水平。

（1）数据接入标准化。建立数据采集平台，对乌涌流域不同部门的数据进行管理和控制（见图4）；对服务器系统资源、数据库资源、消息队列使用情况、报文信息进行监控统计。基于数据采集平台，实现水务部门、工程建设部门、工程运行管理部门全联通的物联网平台，让大数据获取变成"微信拉群"一样简单。

图4　乌涌流域数据采集端口

（2）数据处理标准化。在实际的数据采集过程中，受到诸多因素如测量仪器损坏、人工录入错误等影响，往往存在大量缺失数据、异常数据以及包含大量噪声的数据。乌涌流域建立具有标准流程的数据处理平台，主要流程包括数据清洗、针对同一数据多重数据来源进行多源数据融合、数据同化。

（3）数据服务标准化。建立数据服务标准化接口，明确接口任务及输入输出。

3.3 平台搭建

构建乌涌流域分布式水文水动力模型，基于智慧融合数据，建立流域水旱灾害防御情景模拟，接入实时监测数据动态模拟流域降雨、产流、汇流、以及内涝点等，利用仿真引擎调用动态模拟，为指挥决策做支撑。基于流域水文水动力模型，精准预报流域洪水、内涝。同时，构建乌涌干流整治、支流下沙涌泵站、龙伏涌调蓄湖等重要水利工程新建后的洪涝模拟和水工结构有限元分析模型，分析水工结构稳定性，支撑水利工程管理模块建设。此外，开发流域洪水快速动态算法，选取最优化机器学习模型，建立乌涌流域多模型集合预报模式，实现基于不同降雨情景匹配的流域洪水快速动态计算。

3.4 指挥决策

通过平台搭建，以乌涌流域分布式水文模型为主体，为仿真引擎提供所需的各项数据，最后通过仿真引擎完成对防洪与调度过程的仿真模拟，达到智慧化预测预警、调度决策、指挥控制等方面目的。

4 模型成效

乌涌数字孪生流域建成后，将有效支撑水利工程管理、防洪减灾、智慧化管理等业务应用场景，推动流域精细化、智慧化管理向数字化转型。

在全面感知方面，应用新技术手段实流域信息全域感知，雨水情数据实现分类数据收集；通过智慧融合，实现跨区域、跨部门共享，数据动态更新，各类监测数据及时汇聚至统一平台并共享，实现流域全业务、全过程监测数据实时映射到数字流域。建立平台，基于数字孪生可视化仿真，直观预演各类调度方案，动态对比调度结果并优化调度方案，实现"四预"管理目标，推动流域管理由传统的预案调度、经验调度模式向预报调度模式转变。

5 小结

(1) 本研究以乌涌流域为单元，设计了乌涌流域全面感知、智慧融合、构建模型支撑服务云平台和智能指挥决策平台，对乌涌流域水旱防御和智慧化监管具有强有力的推进作用。

(2) 信息基础设施层面充分利用乌涌流域现有水文监测、站点监测的数据服务。对来自不同部门的多源数据融合，构建全流域乌涌数字化平台，达到智慧化决策的目的。

参考文献

[1] 陈文龙，夏军. 广州 "5·22" 城市洪涝成因及对策 [J]. 中国水利，2020 (13)：4-7.

[2] 冶运涛，蒋云钟，等. 数字孪生流域：未来流域治理管理的新基建新范式 [J]. 水科学进展，2022 (4)：1-20.

[3] 李国英. 建设数字孪生流域 推动新阶段水利高质量发展 [J] 水资源开发与管理，2022，08 (8)：3-5.

[4] 刘志成，雷保瞳. 基于 MIKE11 模型在智能化调度的感潮区模拟计算 [J]. 陕西水利，2019 (4)：72-73，76.

基于 HTML5 的水文信息监测软件应用平台

冯志雨[1,2]　孙本国[3]　谈晓珊[1,2]　陈柏臻[1,2]　刘　恋[1,2]　赵鹏飞[3]

(1. 水利部南京水利水文自动化研究所，江苏南京　210012；

2. 江苏南水科技有限公司，江苏南京　210012；

3. 新疆维吾尔自治区水文局水文实验站，新疆乌鲁木齐　830000)

摘　要：水文信息监测软件应用平台主要实现水位、流量、流速、降雨量、面雨量等水文参数信息的存储及终端输出，依据《水文监测数据通信规约》（SL 651—2014），前端利用 HTML5 输出展示，后端使用 Java 语言，前端使用 JavaScript，辅助使用 MySQL 数据库、Web/Client Socket 流。平台实现了水文监测要素数据的实时展示与历史记录展示，并且实现了平台的定时刷新与数据授权录入。

关键词：水文信息；监测；水文规约；Java；定时刷新

1　引言

大中型内陆河流域是保障国家粮食安全的重要基础。我国现有部分内陆河流域已经实现了信息化，但仅限于基础信息的采集、存储，缺少结合内陆河流域实际水文业务对信息进行深度分析、利用的机制，尚未实现智慧化。以内陆河流域水利工程管理、统筹用水、防洪调度等为导向，结合内陆河流域实际业务，开展智慧水文信息监测建设已成为必然趋势。8 月以来，长江流域累积面雨量 72 mm，较常年同期偏少 64%，长江干流及主要支流来水量较常年同期偏少 40%~80%。当前，长江中下游干流及洞庭湖、鄱阳湖水位较常年同期偏低 4.89~7.20 m，江湖水位均为有实测记录以来同期最低。据预测，9 月中下旬长江流域降雨仍然偏少，长江中下游及洞庭湖、鄱阳湖水系来水偏少，水位将持续下降，旱情可能进一步发展，抗旱形势依然严峻[1]。精准对接每一处内陆河流域、每一个城乡供水取水口，多引、多调、多提，精打细算用好每一方抗旱水源。加强"四预"措施。密切关注长江流域雨情、水情、旱情，深入分析旱情对群众饮水和农业生产的影响，滚动预测、预报，及时发布干旱预警，加强分析预演，优化调度方案，组织制订应急预案，落实抗旱保供水兜底措施。

本文开发的水文信息监测软件应用平台，后端运用 Java 使用 ServerSocket 方法，获取网络字节输入流 InputStream 对象，根据《水文监测数据通信规约》（SL 651—2014）[2] 解析报文，设计回执报文（包含测点编号、功能码、发报时间、流水号等）并回复工程设备，获取的报文数据依据测点用途划入到对应的 MySQL 数据库表中，前端应用 JavaScript 调用后端 controller 层接口，获取相应的水文数据，并且通过定时任务自刷新终端页面数据。最终实现了内陆河流域水位、流量、闸前水位、闸后水位、日降雨量、面雨量等水文要素的数据展示，有效地实现了"四预"措施中的预警、预报。

2　相关工作

2.1　ServerSocket 描述

在客户/服务器通信模式中，服务器端需要创建监听特定端口的 ServerSocket，ServerSocket 负责接收客户连接请求，并生成与客户端连接的 Socket。ServerSocket 构造方法的 backlog 参数用来显式设置

基金项目：新疆水利科技项目水文新仪器应用与示范（XSHJ-2022-08）。

作者简介：冯志雨（1995—），男，助理工程师，主要从事智慧水利、水文信息化方面研究工作。

连接请求队列的长度，它将覆盖操作系统限定的队列的最大长度[3]。不过在以下几种情况中仍会使用操作系统限定的队列最大长度：①backlog 参数的值大于操作系统限定的队列最大长度；②backlog 的值小于或等于 0；③在 ServerSocket 构造方法中没有设置 backlog 参数。ServerSocket 的 accept（）方法，从连接请求队列中取出一个客户的连接请求，然后创建与客户连接的 Socket 对象，并将它返回。如果队列中没有连接请求，accept（）就会一直等待，直到收到了连接请求才返回。

2.2 泰森多边形面积权重

泰森多边形（thiessen polygon），是为了纪念荷兰气候学家泰森而命名的。其最早的应用是降雨量的预测。为了从分布在某一地区的气象台站观测到的年降雨强度计算该地区的降雨量，泰森提出根据气象台站的分布来确定其影响大小（亦即权重）的方法，即先将所有气象台站依据一定原则组成三角形，再作各边的垂直平分线，各平分线相交即构成若干个相邻的多边形（见图 1），这些多边形的面积作为各台站降雨强度的权，按公式 $\sum a_i p_i / \sum a_i$ 即可推算该地区的降雨强度[4]。

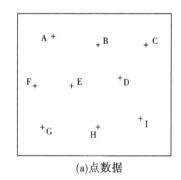

| (a)点数据 | (b)泰森多边形 |

图 1　点数据与泰森多边形

其特点是多边形内的任何位置离该多边形的样点（如居民点）的距离最近，离相邻多边形内样点的距离远，且每个多边形内含且仅包含一个样点。由于泰森多边形在空间剖分上的等分性特征，因此可用于解决最近点、最小封闭圆等问题，以及许多空间分析问题，如邻接、接近度和可达性分析等。

在水文报文解析计算中，经常要用到流域面雨量。当流域内雨量站点分布较均匀时，可以采用算术平均法求得相应的面雨量数据值；当流域内雨量站点分布不均匀时，则常常利用泰森多边形计算各站的权重，进而求得流域面雨量。首先求得各雨量站的面积权重系数，然后用各站点雨量与该站所占面积权重相乘后累加即得。设每个雨量站都以其所在的多边形为控制面积 ΔA，ΔA 与全流域的面积 A 之比为 $f = \Delta A/A$（雨量站的权重数[5]）。

$$P = f_1 P_1 + f_2 P_2 + \cdots + f_n P_n \tag{1}$$

式中：f_1，f_2，$\cdots$，f_n 分别为各雨量站用多边形面积计算的权重数；P_1，P_2，$\cdots$，P_n 分别为各测站同时期降雨量；P 为流域平均降雨量。

3　水文信息监测软件应用平台

水文信息监测软件应用平台是依托 JDK1.8，后端使用 Java 编程语言，前端使用 JavaScript 编程语言，实现了水文要素数据实时查询，历史数据查询，数据补录入库，5 分钟定时自刷新数据，账号登录验证及权限设置。

3.1 《水文监测数据通信规约》（SL 651—2014）解析流程

采用 ServerSocket[6] 侦听指定端口的字节流，完成客户端发送的《水文监测数据通信规约》（SL 651—2014）报文的解析，基本步骤如下：

（1）创建一个服务器 ServerSocket 对象和系统要指定的端口号。

（2）使用 ServerSocket 对象中的方法 accept，获取到请求的客户端 Socket 对象。

（3）使用 Socket 对象中的方法 getInputStream，获取到网络字节输入流 InputStream 对象。

（4）判断 d：\upload 文件夹是否存在，不存在则创建。

（5）创建一个本地字节输出流 FileOutputStream 对象，构造方法中绑定要输出的目的地。

（6）使用网络字节输入流 InputStream 对象中的方法 read，读取客户端上传的文件。

（7）使用本地字节输出流 FileOutputStream 对象中的方法 write，把读取到的文件保存到服务器的硬盘 d：\upload 文件夹中。

（8）使用 Socket 对象中的方法 getOutputStream，获取到网络字节输出流 OutputStream 对象。

（9）使用网络字节输出流 OutputStream 对象中的方法 write，输出流中包含测点编号、功能码、流水号、发报时间等要素值，完成对客户端的准确回执。

（10）将网络字节输入流 InputStream 转换成字符串，根据《水文监测数据通信规约》（SL 651—2014），解析报文中测点，根据测点属性，划分对应的 MySQL 数据表接收参数值。

（11）面雨量数值计算，结合所有雨量测点，根据泰森多边形面积权重系数及各雨量测点的降雨量值，计算该区域的面雨量值[7]。

（12）释放资源（FileOutputStream，Socket，ServerSocket）。

其中，上述步骤（1）~（7），表示服务器端实现客户端 Socket 对象的侦听与原始数据存储；步骤（8）~（9），表示服务器端完成对客户端回执报文的准确传送；步骤（10）~（11），表示对网络字节输入流 InputStream 转换成字符串，然后根据《水文监测数据通信规约》（SL 651—2014）解析原始报文。

3.2 应用平台功能

水文信息监测软件应用平台实现了授权访问功能，通过账号与密码登录，保证了软件应用平台的网络信息安全。图 2 表示应用平台登录界面；图 3 表示前端与后端的交互账号，密码接口返回结果校验。

图 2 水文信息监测软件应用平台登录界面

```
if (data) {
    if (data.code === 1) {    //判断返回值，这里根据的业务内容可做调整
        setTimeout( handler: function () {    //做延时以便显示登录状态值
            layer.msg('登录成功! ', {icon: 6,time:3000});
            window.location.href = getPath() + '/home.html';    //指向数据查询页面的地址
        }, timeout: 100)
    } else {
        //显示登录失败的原因
        layer.alert(data.message,{ icon:2, title:'系统提示'})
        return false;
    }
}
```

图 3　账号登录代码判断逻辑

水文信息监测软件应用平台主页功能，主要实现了来报时间、水位计、库容/流量、降雨量、面雨量、闸前水位、闸后水位等水文要素值的实时查询及历史数据查询，并且实现了电站机组数据上报入库。根据报文解析的水文要素数据，分别建立了水位信息表、雨量信息表、流量信息表、闸位信息表。在 MySQL 数据库中设置 id 为唯一索引，并且设置为自增。MySQL 数据库的配置在 Jdbc.java 文件中，使用 jdbc 数据库连接方法，如图 4 所示。

```
Connection conn = null;
Statement stmt = null;
try {
    //1. 导入驱动jar包
    //2.注册驱动
    Class.forName("com.mysql.jdbc.Driver");
    //3.获取数据库连接对象
    conn = DriverManager.getConnection( url: "jdbc:mysql://localhost:3306/hydrological?useSSL=false",
            user: "root", password: "root");
```

图 4　jdbc 数据库连接代码

如图 5 所示，主页展示的是样本水库，包含站点、来报时间、水位、流量、降雨量、面雨量及电站机组等信息的数据统计。该模块包含了返回首页、数据录入、授权上报数据、定时刷新主页实时数据等功能。

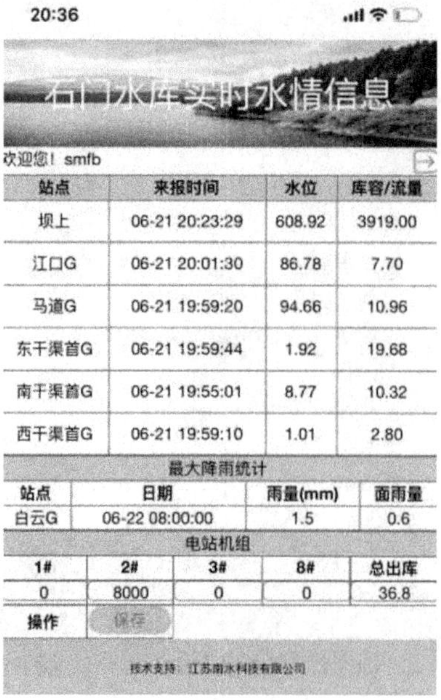

图 5　水文信息监测软件应用平台实时数据界面

如图 6 所示，展示的是数据录入权限校验。利用 HttpSession 原理，当用户第一次访问 Servlet 时，服务器端会给用户创建一个独立的 Session 并且生成一个 SessionID，这个 SessionID 在响应浏览器的时候会被装进 cookie 中，从而被保存到浏览器中当用户再一次访问 Servlet 时，请求中会携带着 cookie 中的 SessionID，去访问服务器时会根据这个 SessionID 去查看是否有对应的 Session 对象，有就拿出来使用；没有就创建一个 Session（相当于用户第一次访问）。账号登录时创建唯一的 Session，数据填报上传后端，后端通过 getAttribute（）方法检索出 Session 的值，然后校验是否存在权限。

```java
User user = (User)(session.getAttribute( name: "smUserInfo"));
String userName = user.getUsername();
if(userName.equals("admin")) {
    msg = "无权限上报数据！";
} else {
    try {
        result = powerStaionRecordProcessService.insertRecord(
                eightMachineSet, totalDelivery);
        if(1 == result) {
            ret = true;
            msg = "电站机组数据上报成功！";
        }
    } catch (Exception e) {
        msg = e.getMessage();
    }
}
```

图 6　数据录入权限校验代码

如图 7 所示，展示的是定时刷新主页实时数据。使用 window.location.reload（）方法，重新加载当前需要的所有内容，包括页面和后台的代码，此过程中实际上是从后台重新进行操作。设置的时间间隔是 300 000 ms，即 5 min。

```javascript
//定时刷新页面，设置5min间隔
window.setTimeout( handler: function(){
        window.location.reload();}, timeout: 300000);
```

图 7　定时刷新主页实时数据代码

如图 8 所示，主页展示的是样本水库的水位、流量，样本闸门的闸前水位、闸后水位，选择时间范围，查看历史数据值。如图 9 所示，在时间选择功能上，为了贴合手机终端操作的便捷性，选用 jquery 日期插件-mobiscroll，实现在移动端滚动选择日期时间。

4　结语

随着水文站测点数量、种类的增多，本文提出的水文信息监测软件应用平台后端处理速度效率会降低，特别是历史数据查询，受到慢 SQL 语句的影响，查询返回结果消耗的时间会加长。另外，在平台设计展示上，需要更多的分页来支撑，Http 长连接造成了终端设备的内存过多消耗。在接下来的研究过程中，将考虑关键数据信息存入 Redis 缓存，MySQL 数据库表结构合理添加索引数量，水文信息监测软件应用平台主页数据精简化展示。

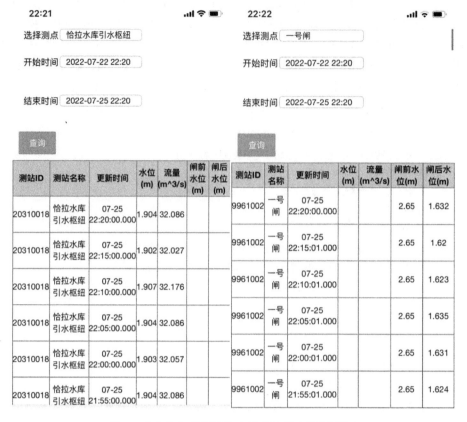

图 8　水文信息监测软件应用平台历史数据界面

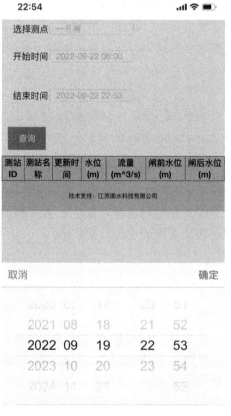

图 9　mobiscroll 插件实现滚动选择日期时间

参考文献

［1］郑凯，毛文迪，张宏愿，等．河南黄河水文信息综合平台的设计与实现［J］．水利信息化，2021（4）：89-92. DOI：10. 19364/j. 1674-9405. 2021. 04. 021.

［2］戴彦群．基于 GIS 水文信息管理系统的设计与实现［J］．计算机技术与发展，2020，30（12）：159-164.

［3］张春玲，张振华，于鹏，等．水文信息化平台建设与展望［C］//2020 年（第八届）中国水利信息化技术论坛论文集．［出版者不详］，2020：549-551. DOI：10. 26914/c. cnkihy. 2020. 016906.

［4］侯京明，徐志国，王培涛，等．一种基于泰森多边形的乡镇级海啸风险评估方法［P］．北京：CN114091756B，2022-07-05.

［5］周雪莹，李芬，李显风，等．气象水文信息实时共享系统的设计与实现［J］．计算机技术与发展，2020，30（7）：194-198.

［6］薛俊杰，陶健成，徐文涛．基于北斗定位的人工智能水文环境信息监测系统［J］．自动化技术与应用，2020，39（5）：136-138.

［7］季宗虎，孙栋元，惠磊，等．疏勒河流域现代灌区智慧应用技术体系研究［J］．水利规划与设计，2022（9）：25-30，63.

以数字孪生流域建设为抓手，提升济宁"四预"能力

刘 驰 吴 举 刘 影

（济宁市水利事业发展中心，山东济宁 272100）

摘 要：通过水务各业务系统建设，数据中台整合，完善水务感知体系，以流域为单元搭建泗河、白马河数字孪生流域。集成气象预报、水文动态监测、研发模型算法，完成洪水预报、三维演进、联合调度、水库安全预警等应用，实现对泗河、白马河全流域洪水科学精准调度，提升"预报、预警、预演、预案"能力。

关键词：数字孪生；提升；"四预"

1 引言

《中华人民共和国国民经济和社会发展第十四个五年规划和 2035 年远景目标纲要》提出了"构建智慧水利体系，以流域为单元提升水情测报和智能调度能力"的明确要求。李国英部长提出要以数字化、网络化、智能化为主线，以数字化场景、智慧化模拟、精准化决策为实施路径，全面加强算据、算法、算力建设，构建具有"四预"功能的智慧水利体系。泗河是济宁防汛的重点，是淮河的重要支流。济宁积极践行急用先行，找准数字化改革的突破点，针对南四湖东部地区（泗河、白马河等流域）建设数字孪生流域防洪系统，提升水旱灾害防御能力，是济宁市水务高质量发展的必然，也是淮河流域高质量发展的必由之路。

济宁地跨黄淮两大流域，境内有流域面积 50 km² 以上的河流 109 条，堤防长度 3 511 km，各类水库 248 座、规模以上水闸 153 座、重点拦河橡胶坝 34 座、规模以上机电井 12.69 万眼、泵站 1 923 座。境内拥有我国北方最大的淡水湖南四湖，湖面面积 1 266 km²，处于南四湖流域最下游，承接着 4 省 8 市 34 个县的客水。湖东地区覆盖面积近全市面积的 1/2，该区域有水库、河道、湖泊、蓄滞洪区，防汛地理条件偏差，所有山塘、重点闸坝都建设在该区域，历年是防汛的重中之重。泗河长度 159 km，流域面积 2 357 km²，其中大中小水库 149 座，干流闸坝 14 座，汛期降水集中，防汛压力大，同时极端天气频发，传统的防汛措施，已不满足现代防汛需要。济宁以水利高质量发展为契机，充分运用物联网、云计算、大数据、人工智能、数字孪生等新一代信息技术，以智慧水利建设为突破，着力提升"四预"水平，全力以赴抓好水旱灾害防御工作。

2 大力度推进智慧水务建设

按照水利部、山东省水利厅安排部署，提前谋划、大力推进以数字孪生流域为重点的智慧水务建设。将智慧水务建设纳入城乡水务事业发展规划，在组织领导、资金投入、体制机制、科技创新上下功夫、求实效，取得阶段性成效。

（1）构建数据中台。按照水利部《智慧水利总体方案》要求，综合水旱灾害、水资源、水文、农村水利、水利移民、水网工程、水利电子政务、水土保持、重点工程视频监控等 9 大涉水数据，建成了水务大数据仓库，打通数据孤岛。

（2）提升硬件环境。数据系统机房整合增加温感、烟感、防火、监控等监测设备，设立运行维

作者简介：刘驰（1978—），男，高级工程师，主要研究方向为智慧水利、防汛抗旱。

护室，监控机房内部情况，全部业务系统迁移政务云并逐步进行二级等保测评。

（3）完善业务系统。强化对各业务系统功能的整合提升，实现综合首页、一点登录，完善水旱灾害防御系统，增加手机端APP（应用程序）。建设泗河数字孪生流域，着力提高防汛抗旱应急调度能力，区域预报、预警、预演、预案"四预"水平不断提升，为提升全市水旱灾害防御能力提供更加坚强有力的智慧支撑保障。

3 重点开展泗河数字孪生流域建设

3.1 研制开发产流汇流模型

尼山、西苇、贺庄、华村、龙湾套、尹城6座水库分别编制新安江三水源蓄满产流模型和地貌单位线流域汇流模型洪水预报方案。书院、波罗树、马楼3个水文站，黄阴集、泗河、红旗、龙湾店闸4个闸坝站，大禹中路桥、大石桥2个新建断面分别编制区间新安江三水源蓄满产流模型和滞后演算流域汇流模型洪水预报方案，上游根据站节点采用马斯京根河道演算模型。根据《淮河流域济宁市实用洪水预报增补方案》，尼山、西苇水库，书院、马楼水文站及南四湖上、下级湖分别编制 $P+P_a$ 降雨径流相关图模型和经验单位线汇流模型的洪水预报方案。制作南四湖南阳、微山岛2个水位站预报，编制水位相关经验模型的洪水预报方案。预报断面如图1所示。

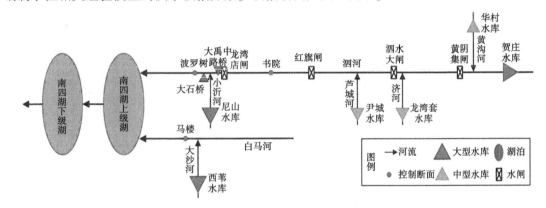

图1 预报断面

以尼山水库预报为例，尼山水库出库流量125 m³/s，模型预计2021年7月29日6时最高水位可达117.59 m，实际7月30日8时库水位117.56 m。预报成果贴近实际情况。预报成果如图2所示。

3.2 泗河流域水力学EFDC模型研制

基于泗河干流2 m高分辨率地形，构建济宁泗河全干流、沿河中泓线横向1 km的范围，30 m网格的水力学模型，用于日常洪水演进模拟。基于泗河水系全流域1∶5万地形图，结合干流30 m水力学模型，构建全流域100 m网格的水力学模型，用于超标准洪水演进模拟。基于实时洪水、预报洪水、指令洪水和设计洪水等四种工况，研发洪水演进模型系统，实现四种工况条件下的数据提取、模型计算、成果保存、成果提取、成果渲染、成果统计等可视化集成系统。选择2020年8月14—16日实测洪水过程进行模型率定。2020年8月15日，泗河流域出现暴雨洪水，8时泗河干流书院水文站洪峰流量1 230 m³/s，经过模拟演进显示洪水淹没范围覆盖兖州区田家村、河头村、焦家村，曲阜市时庄街道马家村、古柳树村、八里铺村6个村庄，其中兖州区河头村最大水深0.95 m，曲阜市时庄街道马家村最大水深2.6 m。据当时洪水灾害调查情况，2020年8月15日暴雨洪水中，兖州区田家村、河头村、焦家村，曲阜市时庄街道马家村、古柳树村、八里铺村等6个村不同程度受淹，其中调查兖州区河头村水深1.1 m，曲阜市时庄街道马家村村南玉米地水深1.4 m。通过模拟对比分析，模拟情况与洪水灾害调查情况基本相符。

3.3 研制库河湖联合调度模型

针对尼山、贺庄、华村、龙湾套、西苇开发集规则调度、指令调度、闸门调度的单库、多库联合

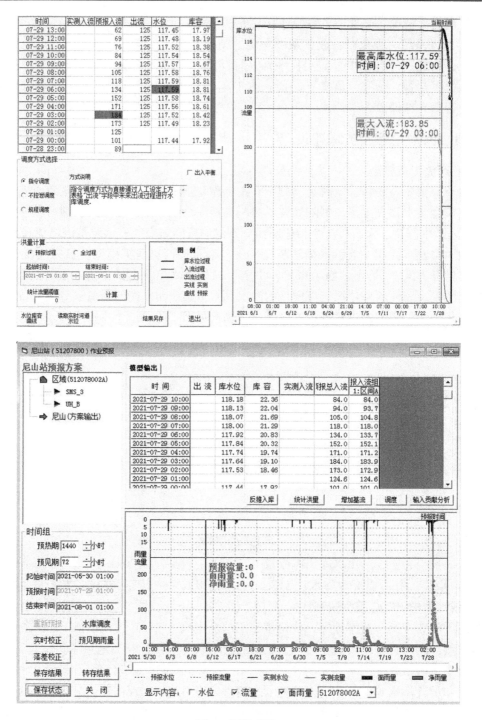

图 2　预报成果

调度的库河湖模型。模拟以上 5 座水库各种调度工况下的泗河书院站、白马河马楼站水位、流量及南四湖上下级湖水位等水情。综合考虑流域内水工程槽蓄、下游南四湖顶托、蓄滞洪区的调蓄作用等影响。通过模型模拟生成洪水演进时空分布过程。实现对特定量级或实测洪水在流域的实际演进情况的展示，从而为预报预警、辅助决策和防灾减灾提供更好的技术支撑。

利用泗河数字孪生系统进行流域内 24 h 300 m 降雨模拟，重点关注贺庄、华村、龙湾套、尹城、尼山 5 座大中型水库入库洪水过程，黄阴集闸、泗水大闸、红旗闸、龙湾店气盾坝 4 座闸坝洪水过程，泗河干流书院、大禹中路桥、大石桥，泗河重点支流石漏河、险河、小沂河等断面洪水过程。模拟上游水库不拦洪情况下，预报黄阴集闸最大洪峰流量 997 m³/s，泗水大闸 2 200 m³/s，红旗闸

2 795 m³/s，书院站 2 856 m³/s，书院站最高水位 70.42 m（书院站 50 年一遇参考流量 4 056 m³/s，对应水位 70.93 m），超过保证水位 69.29 m。低于书院站堤顶高程（书院站左堤顶高程约 71.94 m，右岸堤顶高程约 71.66 m）。$P+P_a$ 模型计算书院站洪峰流量为 1 480+487+686+331 = 2 984（m³/s）。各水库以汛限水位起调进行联合调度，生成初始调度方案，对水库进行规则调度，模拟仿真结果如下。贺庄水库调洪最高水位 150.11 m（允许最高水位 149.24 m），削峰率为 57.73%；华村水库调洪最高水位 151.17 m（允许最高水位 154.79 m），削峰率为 80.97%；龙湾套水库调洪最高水位 149.02 m（允许最高水位 149.86 m），削峰率为 48.67%；尹城水库调洪最高水位 121.39 m（允许最高水位 123.15 m），削峰率为 15.73%；书院断面最大洪峰流量为 1 830 m³/s。初始调度方案中，贺庄水库的调洪最高水位 150.11 m，超过了允许最高水位 149.24 m，其余各水库的调洪最高水位均低于允许最高水位。为此，重点针对贺庄水库以上局部洪水进行二次会商，转入贺庄水库防洪调度会商模块，制订贺庄水库预泄方案，使得贺庄水库的最高水位不高于 149.24 m。经过多轮会商，贺庄水库通过前期预泄（按最大泄流能力）的方式在预泄段将水位由汛限水位 148.0 m 提前降低至 146.6 m，以应对后续的入库洪峰（预泄水量为 995 万 m³）。完成预泄操作后，根据断面防洪情势，利用前期预泄腾空的库容，相机控制贺庄水库的出库流量以拦蓄洪水，对区间洪水实施错峰调度。整个调度期内贺庄水库的调洪最高水位由 150.11 m 降低至 149.1 m，达到了控制在允许最高水位以下的目标。此外，由于贺庄水库的补偿错峰作用，书院断面的洪峰流量进一步削减到 1 720 m³/s。贺庄水库调度过程如图 3 所示。

图 3　贺庄水库调度过程

　　泗河数字孪生系统建设，提高了对洪水的预报精度，提前了预见期，提升了南四湖湖东地区水旱灾害防御能力，为水利高质量发展奠定了基层。

4　综合提升水旱灾害防御"四预"水平

4.1　在预报方面

　　济宁市整合水文系统雨量、水位、墒情、流量、城区河流数据站 207 个，接收山洪灾害防御和农村基层防汛系统雨量、水位站点 485 个，实现南四湖东部所有 246 座大中型水库照明、雨量、水位、渗压、视频全覆盖，逐步完成小型塘坝视频监控建设。建立级联集控平台，建设监控站点 796 处。重点研发泗河全流域（144 个小水库、5 个大中型水库、14 个闸坝、1 个蓄滞洪区 2 356 km²）集成"降水—产流—汇流—演进"全过程模型，实现气象水文、水文水力学耦合预报及预报调度一体化，并针对泗河重要支流小沂河、险河、石漏河等研发预报模型，按照未来三天天气预报滚动预报全流域水情，提前了洪水预见期。

4.2 在预警方面

以泗河为例，系统依据预报自动计算大中型水库纳需能力，对泗河书院、金口坝、兖州大石桥、波罗树等各控制典型断面、泗沂蓄滞洪区、28 处险工险段、14 座闸坝、38 处桥梁、43 处穿堤涵闸等工情安全状况作出初步判断。对预报超过预警标准的河道断面、水库、自动识别，智能生成预警单，实现预警信息一键发送，并根据书院控制水位生成水库闸坝联合调度最优方案，最大限度地调峰错锋，有效提升了预警水平。

4.3 在预演方面

构建泗河、洸府河、白马河大尺度数字流域场景（1∶10 000）4 949 km²，河道三维数字场景（1∶2 000）泗河 308.5 km²、白马河 101.3 km²、洸府河 81.9 km²。水下三维数字场景泗河 44 km²、白马河 6 km²、洸府河 4.8 km²。根据洪水预报和河流工况模拟推演洪水演进过程，对桥梁、管涵、路缺口、险工险段、蓄滞洪区进行三维展示，支撑防洪调度方案集合生成。为预演提供智慧化支撑。

4.4 在预案方面

集成各类防洪方案并做数字化处理，根据预报的水情、工情自动触发相应级别的预警、响应模板，也可根据上报的险情点，快速建立险情点和抢险物资、抢险队伍和抢险方案关联，自动匹配抢险专家、物资、队伍、自动生成抢险技术方案及调度路线，第一时间对险情做出快速反应，提升了预案执行性。

泗河数字孪生流域平台如图 4 所示。

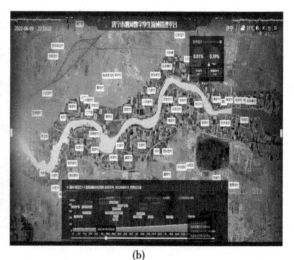

| (a) | (b) |

图 4　泗河数字孪生流域平台

5　结语

搭建数字孪生流域底座，以流域水循环机制为纽带，运用新一代信息技术，研制各类专业模型，开展智慧水务建设，提升流域防洪减灾应对及决策能力，是水利高质量发展实施的必由之路。

面向"四预"的安徽省洪水预报调度综合系统设计探析

王玉丽　史　俊　方　泓

（安徽省水文局，安徽合肥　230000）

摘　要：针对安徽省洪水预报现状及存在的问题，开展全省范围内的洪水预报调度一体化技术研究，研发出面向"四预"的安徽省洪水预报调度综合系统。该系统采用 B/S、C/S 系统结构，加入微服务框架，提升系统运行效率；同时充分运用大数据、人工智能等新技术实现洪水预报技术、防洪调度管理等业务；以预报调度一张图为统一交互界面，集成降雨态势分析、防洪形势分析、雨水情监测预警、洪水预报、调度方案分析及调度影响分析等功能模块，实现调度决策智能化与过程可视化。系统将全面提升洪水预报、防洪调度结果的科学性和效率，可为防御洪水、避险减灾提供决策支持。

关键词：安徽省；洪水；预报调度；系统设计

1　应用现状

随着预报技术与计算机技术的全面融合，安徽省洪水预报站点及覆盖面不断扩大。目前，安徽省作业预报断面覆盖淮河、长江、新安江流域167条河流，预报断面224个，基本覆盖全省重要一级支流、大型水库、重点中型水库和沿江沿淮湖泊。但近年来随着社会对洪水预报和防洪调度工作要求的不断提高，安徽省洪水预报与防洪调度工作存在的不足也逐渐显现。安徽省洪水预报方法主要有相关法、模型计算和多元回归法，其中采用预报模型的占比较小，仍以经验相关法为主；行蓄洪区及圩区运用后的河道洪水特性研究开展不够，预报难度大；退水预报要求高，现阶段不能满足预报精度；部分流域水网区水力条件复杂，仍以水文学预报方法为主，预报方案精度低；预报与调度系统不能有效结合等。

针对上述问题，在现有安徽洪水预报软件的基础上进行升级改造，研发全省范围内的分布式水文模型集群、河网一二维水动力模型，提高洪水预报的精度；开发 B/S 版和 APP（应用程序）版的应用体系，为洪水预报应用拓展应用场景；通过水文数据服务、预报模型网络化接口和洪水预报方案服务的接口建设，为水工程综合调度提供基础，实现流域洪水模拟可视化、防汛形势分析、预报调度一体化、指挥调度等功能，进而全面建成新一代安徽省洪水预报调度综合系统。

2　主要建设内容

2.1　流域及预报断面测量与资料收集分析

收集流域内已有的平面控制、高程控制、地形图资料，对资料的空间框架基准、数学精度、逻辑符合性等进行分析。对流域内河道断面和局地地形开展控制测量，以空间数据模型进行多源异构数据的综合统一管理，建立本地综合地理数据库。其中，在需要建立一维水动力学模型的河段进行河道断面测量，在需要建立二维水动力学模型的圩区进行河道断面测量、地形测量。同时，针对淠河流域

作者简介：王玉丽（1992—），女，硕士研究生，主要从事水情预报研究工作。

"四预"应用建设的要求，对溧河全流域开展高精度地形、影像、倾斜摄影等数据的采集。

2.2 水文预报模型库建设

研发安徽省内重点流域适用的水文模型，构建安徽省全省范围内的流域分布式模型。在考虑水工程综合调度系统、溧河"四预"系统建设需要的情况下，重点对巢湖、滁河、溧河、史河的分布式模型进行参数率定。构建一维模型支持巢湖、滁河、史河、溧河的河道洪水水动力学演进，构建二维水动力模型支持洪泛区二维洪水演算。耦合分布式水文模型和水动力模型，为水工程综合调度系统和溧河"四预"系统提供算法模型。其中，模型建设成果具备开放集成功能，可供水工程联合调度系统、洪水预报系统等相关系统集成调用。

2.3 水文预报软件升级

针对目前操作系统国产化要求和趋势，对现有洪水预报软件进行改造，以兼容统信（UOS）操作系统。升级改造部分主要是对数据和计算密集型模块，包括参数率定、方案建立和修改、模型计算部分的模块。新建 B/S 洪水预报系统，基于现有的安徽省洪水预报建设成果，对接 C/S 版洪水预报系统的方案库、模型库和数据资源，建设雨水情信息服务、单站作业预报、河系预报和洪水预警等功能，建设数据服务管理功能用于获取和管理共享的方案库和数据资源，同时建设数据服务接口，为移动版应用和联合调度系统等相关系统提供预报方案和数据服务。研发移动版预报系统，以移动网、互联网为依托，为预报人员提供了一种跨地域、高时效的工作机制，大大提高工作效率和交互效率。

2.4 水工程综合调度系统建设

利用水文、水动力、洪水分析等水利专业分析工具，开发通用架构水工程综合调度模型，并在安徽省洪水易发的重点流域巢湖、滁河、史河、溧河流域应用，提升安徽省水工程综合调度决策能力。总体建设分为两个部分，分别为水工程综合调度模型及方案建设、水工程综合调度系统建设，确定以组件化、配置化、流程化和面向服务为核心的总体建设思路。

2.5 溧河流域"四预"应用建设

基于洪水预报能力提升和水工程联合调度建设成果，在洪水易发且对淮干洪水影响较大的溧河流域开展"四预"系统的示范应用建设。利用溧河流域现有监测、预报、调度等建设成果，采用高精度数字流域数据和数字孪生技术，开展溧河流域预报、预警、预演、预案体系建设，实现虚拟流域先行，物理流域后行的模式。

3 系统设计要点

3.1 设计原则

安徽省洪水预报调度综合系统建设覆盖面广、要求高、难度大，为全面满足洪水预报与调度需求，使得系统具有较高的运行质量与效率、较强的运用周期，系统设计遵循以下原则：

（1）实用可靠。系统充分考虑安徽省流域及水利工程特点，满足安徽省洪水防御工作的需求，坚持适用、可靠的原则，符合日常习惯。

（2）先进性。系统力求相关技术方向的高起点和先进性，并适应技术的发展趋势。

（3）高效稳定性。系统运行速度将满足水雨情分析、预报调度方案制作等时效性要求。

（4）易扩展性。安徽水库群调度需求和目标复杂，预报调度的技术业务本身尚处于不断发展之中，系统的业务需求还在逐步完善，采用开放式的结构进行系统的设计和开发，使系统具有较好的扩展性。

3.2 系统整体框架

安徽省洪水预报调度综合系统的架构采用业界成熟通行的实现方案和技术体系，在设计中以信息安全和行业信息化标准为开展工作的基础保障。采用结构化软件设计方式，将系统进行纵向切分，自上而下划分为：综合系统、业务应用、应用支撑、数据基础等层面。安徽省洪水预报调度综合系统总体架构如图 1 所示。洪水预报调度业务工作流程如图 2 所示。

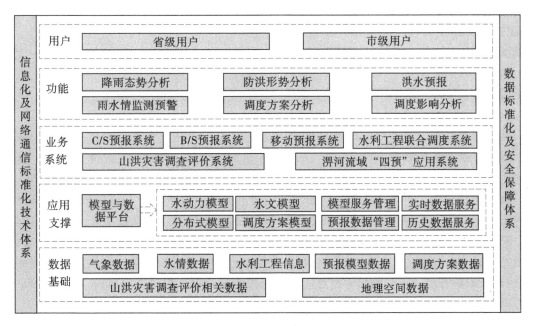

图1 安徽省洪水预报调度综合系统总体架构

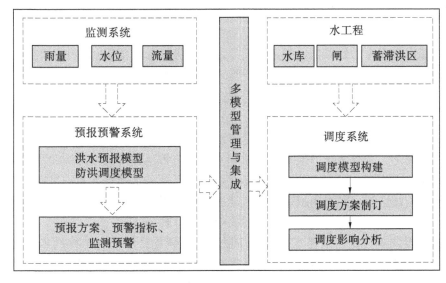

图2 洪水预报调度业务工作流程

（1）数据基础。以安徽省现有的数据库引擎及数据为基础，建设预报方案库和预报结果库，同时补充地形、BIM、倾斜摄影等地理空间数据。主要数据库包括实时雨水情监测库、历史雨水情数据库、水利工程信息库、预报模型库、预报方案库、地理空间数据库、山洪灾害调查相关数据库等。

（2）应用支撑。主要提供数据服务和模型服务，通过将底层的数据封装为标准统一的接口，为上层的应用提供数据支撑，确保数据来源可追溯，做到一数一源；建立模型服务接口，将各类应用进行解耦，把基础的计算部分编写为服务接口，实现通用的预报调度计算功能，为各种不同类型的终端提供调用服务。应用服务主要包括分布式模型、水动力模型、水文模型、调度模型等。

（3）业务系统。主要由作业人员使用，通过调用应用支撑层进行相应的计算，调用数据服务获取各类数据。建设C/S预报系统、B/S预报系统、移动预报系统、山洪及洪涝灾害调查评价信息系统、水工程综合调度系统以及潖河"四预"应用系统等。

（4）功能。根据项目要求，围绕面向"四预"的安徽省洪水预报调度综合系统设计，通过各类业务应用和应用支撑平台的搭建，综合各类数据与成果，实现预报调度一体化综合功能。

3.3 系统功能模块

安徽省洪水预报调度系统是以预报调度一张图、实时雨水情数据库、预报专用库、洪水预报与调度模型为基础支撑，实现模型与系统紧密集成和协同耦合。通过降雨态势分析、防洪形势分析、雨水情监测预警、洪水预报、调度方案及影响分析等功能，整体实现洪水预报调度一体化。该系统在功能上主要有以下 5 个模块。

（1）降雨态势分析。实现单个雨量站或流域上的过去、现在和未来降雨信息接入和融合展示，研判单个雨量站或流域上降雨的发展趋势，从而对未来的防洪形势有直观的研判。实时接入降雨预报产品，包括数值降雨预报和短临雷达降雨预报产品。实时雨情数据来自于实时雨水情数据库。

（2）防洪形势分析。对当前洪水现状和发展趋势的分析，以确定是否需要进一步采取相应的防洪应对措施。基于 GIS 界面，融合降水预报、实时雨水情、工情及洪水预报结果，进行全流域洪水变化可视化展示，对主要节点防洪形势进行综合研判，并利用信息整合和人工智能等技术，支持对历史洪灾、相关工程、决策建议等信息的快速、智能化检索和分析。对接安徽省山洪灾害调查评价系统，基于水位-淹没影响算法，实现预报水位对应洪水淹没影响计算，提供洪灾风险、洪水量级等信息以确定是否需要进行水工程综合调度。

（3）雨水情监测预警。对降雨、洪水进行预警分析。预警部分包括实时监测预警、预报预警及预警发布管理等。实时监测预警是根据实时雨量、河道洪水数据和预警阈值进行对比，预报预警基于预报模型对未来降雨、河道洪水等要素进行预报，将实时与预报结果对比预警阈值确定是否发出预警、预警范围及预警级别。预警发布管理包括预警指标制定模块和预警发布管理模块。预警指标制定是基于预报对象确定其安全的临界值，制定不同等级的预警指标、预案，其中雨量预警阈值来源于安徽省山洪灾害调查评价雨量阈值成果数据。河道洪水依据站点的各特征水位确定预警级别。预警发布与管理系统基于实时和预报预警，具体实施预警发布、撤销等预警系统管理措施。

（4）洪水预报。系统针对水库、蓄滞洪区、闸坝及重要水利工程断面的洪峰流量、洪峰水位、峰现时间等要素进行计算。其中，针对安徽省全省范围内的小流域构建分布式模型，针对河网及蓄滞洪区的洪水演进构建一、二维水动力模型，其他则采用在全省范围内较为适用的新安江模型、降雨径流相关法，以此建成多模型、多方法的单站点作业预报与河系洪水预报方案信息库，形成多模式预报体系。通过预报模型的选择、降水预报结果的自动获取、预报过程及结果的人机交互与实时校正等模块，实现单站点作业预报的深度优化与整河系的高效快捷计算。

（5）调度方案及影响分析。系统支持洪水预报调度一体化计算，自动将洪水预报输出作为水工程综合调度的输入条件，结合水工程本身的防洪安全与承担下游的防洪任务，采用规则调度、最优化调度或控制条件优先调度，实时地预报出水工程的最高水位和流量过程，实现不同应用场景、条件下的水工程综合调度方案演算，并采用可视化仿真技术模拟调度方案实施后水位与出流变化过程、河道主要控制站的水位与流量过程等，对选定调度方案进行可行性分析，再根据上下游灾害承受能力和损失水平，综合给出最优的调度决策，为防洪防汛提供实时地技术支持。

基于以上建成的安徽省洪水预报调度综合系统，加入倾斜摄影、BIM 三维建模和数字孪生等技术，构建淠河流域的三维仿真场景，实现洪水演进全过程动态仿真。淠河流域"四预"应用系统总体框架如图 3 所示。

3.4 系统特色

针对安徽省洪水与水利工程调度现状运用问题，所构建的安徽省洪水预报调度综合系统主要有以下两个特色：

（1）充分结合了安徽省各流域特性，综合考虑了降雨、下垫面、产汇流特性、江湖关系及水利工程联合作用，构建多模式预报体系。其中，针对洪水易发的巢湖、滁河、史河、淠河等重点流域的洪水预报，分别提出适用的预报模型及方法，以提高洪水预警的精度，延长洪水的预见期。

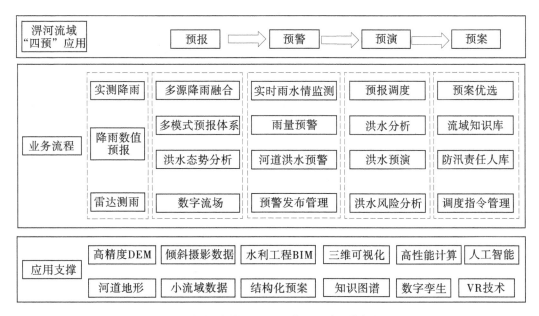

图 3　涡河流域"四预"应用系统总体框架

（2）形成面向"四预"的安徽省洪水预报与水利工程调度一体化模式，对洪水预报及调度业务流程进行深度优化和有机融合，提供深度耦合的预报调度服务，以此支撑涡河流域"四预"应用建设，并为后期全省范围内的"四预"建设奠定基础。

4　结语

安徽省洪水预报调度综合系统以实用可靠、先进、稳定、易扩展为设计原则，采用 B/S、C/S 开发架构，集成降雨态势分析、防洪形势分析、雨水情监测预警、洪水预报、调度方案及影响分析等功能模块，实现调度决策智能化与过程可视化，建设成预报与调度有机结合的一体化模式。与以往的单一洪水预报系统相比，具有人机交互能力强、系统开放性程度高、预报方法灵活多样、运行效率高等显著特点。

参考文献

[1] 肖雪，李清清，许继军，等.洪水预报及防洪调度系统的设计与应用 [J].中国防汛抗旱，2020，30（11）：56-60.

[2] 王凯，钱明开，徐时进，等.淮河洪水预报调度系统建设及在抗流域大洪水的应用 [J].水利信息化，2021，（2）：1-5.

[3] 刘昌军，吕娟，任明磊，等.数字孪生淮河流域智慧防洪体系研究与实践 [J].中国防汛旱，2022，32（1）：47-53.

成都市中小型水库群安全监管
与预警平台关键技术与应用

周柏兵[1,2]　程培哲[3]　徐兰玉[1,2]　郭文旭[3]　夏志欣[3]

（1. 水利部南京水利水文自动化研究所，江苏南京　210012；
2. 江苏南水科技有限公司，江苏南京　210012；
3. 成都市水务局，四川成都　610042）

摘　要：针对小型水库数量多、资金和技术力量薄弱、管理模式落后等问题，开展适用于成都市中小型水库应用管理的水库群安全监管与预警平台相关技术研究。系统支持新型无线通信技术 LoRa 及 NB-IoT 集成方案，具有低功耗、广覆盖、低成本等优势；基于 UDP 协议的大坝监测系统应急触发和响应机制，可实现汛期暴雨、地震等极端工况下的应急预警和自动触发加密监测；针对不同坝型建立了水库大坝群安全预警指标体系。平台的建设方便了自动化系统的远程运维，为成都智慧水务平台提供精准算据，提升精准预报预警、高效智能调度的能力，提高成都中小型水库的管理水平。

关键词：中小型水库；水库群；安全监管；预警平台

1　引言

截至 2021 年，我国小型水库 94 129 座，中型水库 3 934 座，大型水库 732 座，中小型水库占总水库的 99% 以上[1]，它们在灌溉、供水、改善生态环境等方面发挥了巨大作用，效益显著，是水利基础设施的重要组成部分。党中央、国务院高度重视水库安全，习近平总书记 2017 年 11 月作出重要批示，要求坚持安全第一，加强隐患排查预警和消除，确保水库安然无恙；2020 年 7 月作出重要批示，要求"十四五"期间解决防汛中的薄弱环节。可见，水库工程对防汛、供水、生态、发电、航运等至关重要。

中小型水库工程标准低、质量较差、运行维修养护经费投入不足、技术管理薄弱，据统计我国小型水库平均病险比例高达 53.3%[2]。现有的小型水库安全监测往往都以人工观测为主，实现自动化监测系统的较少，监测时效性差。小型水库一般还具有水库集雨面积小、汇流时间短的特点，多数水库往往没有长系列水文资料和成熟的水文预报方案，无法按照大型水库的预报预警与调度方法进行控制运用，因此被动式、单一性的管理理念并不适用于中小型水库。基于以上原因，探索成都市中小型小水库群安全监管与预警平台十分必要。

2　建设内容及关键技术

利用云计算、物联网、大数据等现代信息技术，开展成都市中小型水库安全监管预警标准化平台构建技术研究，为补齐小型水库信息化工程短板，提高智慧监管预警水平，提出具备通用性的中小型水库安全监管预警信息化解决方案，研发成套标准化平台软件。

基金项目：南水自立科研项目（NSZS0818001）。

通信作者：徐兰玉（1981—），女，高级工程师，长期从事水利工程监测及安全评价工作。

2.1 建设内容

2.1.1 云平台技术特点分析及架构设计

对当前云平台发展和应用情况进行分析，寻求适合大坝安全监测行业需求的云平台建设方式，初步设计水库大坝群安全监测、管理、评估、预警一体化云服务平台架构及功能服务。

2.1.2 基于LPWAN的微功耗数据采集设备研发

采用LoRa[3-4]及NB-IoT[5]两种通信技术，研发嵌入式微功耗数据采集设备，解决流域、区域性库坝群海量数据连接、野外恶劣环境下长期低功耗运行、长距离传输等问题。

2.1.3 大坝群安全自动化远程采集及应急监测方法研究

对测量缓存数据库、远程采集交互流程、多线程处理技术、采集服务功能应用等开展研究，形成大坝群安全自动化远程采集方法，实现极端状态应急条件下监测项目的自动触发加密观测。

2.1.4 大坝安全预警指标体系、预警模型及预警准则研究

针对不同坝型的安全监测项目设置情况，研究不同效应量在大坝安全评价中的地位，建立大坝安全预警指标体系，结合监测数据最终提出具有可操作性的、繁简得当的大坝安全预警标准。

2.1.5 多元化的云服务软件研发

搭建成都市中小型水库群安全监管与预警平台，在云平台的基础上搭建Saas级应用服务系统软件，提供远程智能运维服务。

2.2 关键技术

2.2.1 基于LPWAN的微功耗数据采集系统

在国内水利工程安全监测领域，由于工程的范围相对集中，传感器布置大致范围确定，同时传感器数量巨大，因此一般较多采用免费的LoRa技术来进行局域组网，数据汇总后再利用广域公网进行数据的远程传输，此方法可有效避免数据采集终端处应用大量的通信SIM卡及物联网卡，节省通信费用。但在部分监测项目较少的小型水库大坝的应用场合，具有测站少且分散、地域面积大、局域组网困难等因素，一般采用窄带物联网（NB-IoT）或4G/5G组网的方式进行数据直接的公网远程传输。由其应用特点可知，在中小水库群安全监测数据采集系统的终端组网应用中，LoRa和NB-IoT都具有实际应用的可能性。本系统支持新型无线通讯技术LoRa及NB-IoT集成方案，具有低功耗、广覆盖、低成本、海量链接等优势，更适用于小型水库群安全监测应用场景。

基于LPWAN的微功耗数据采集系统的硬件主控部分以MSP430为核心MPU，能够测量4~20 mA等标准信号，存储8 KB数据，嵌入LPWAN无线收发模块（LoRa/NB-IOT），可靠性高，形成一套完整的嵌入式最小微功耗数据采集系统，实现如下关键技术研究：

（1）针对电磁干扰、高低温等自然环境因素影响进行相应的抗干扰设计和EMC优化设计。

（2）能够接入1~1 000监测点的数据采集及单点1~15 km的数据传输。

（3）在系统功耗降低方面研究，使整个系统满足低功耗的要求，降低不间断电源的使用寿命。

（4）系统的防雷电干扰研究和设计，形成完整的电源及通信防雷模块，使得系统在多雷电的环境中可以可靠运行。

2.2.2 安全自动化远程采集及应急监测方法

设计大坝群安全自动化远程采集数据库，对测量缓存数据库、远程采集交互流程、多线程处理技术、采集服务功能应用等开展研究，形成大坝群安全自动化远程采集方法；对汛期暴雨、地震等多种极端特殊工况进行预警（见图1），研究基于UDP协议的大坝监测系统应急触发和响应方法，开辟应急条件下自动触发机制，对关键部位、重点监测项目加密观测。

通过远程采集，专业技术人员无须亲临现场或恶劣的环境也可实现监测管理和运行维护，减少值守工作人员，最终实现远端的无人或少人值守，达到减员增效的目的。此外，通过远程监控现场运行数据的实时采集和快速集中，适时启动远程复测以提升测值的可靠性，从而实现自动化远程采集和应急监测。

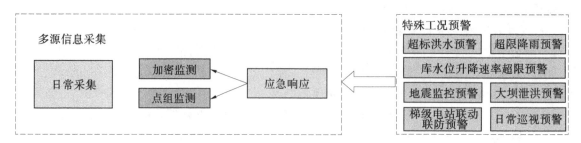

图 1　自动化远程采集应急监测流程示意

2.2.3　大坝安全预警体系建设

大坝安全预警系统充分考虑成都市中小型水库大坝的特点，在土石坝、混凝土坝变形、渗流等监测数据的基础上，综合勘测、设计、施工及运行等资料，研究各水库大坝安全预警指标体系（见图 2），确定预警方法和预警指标。

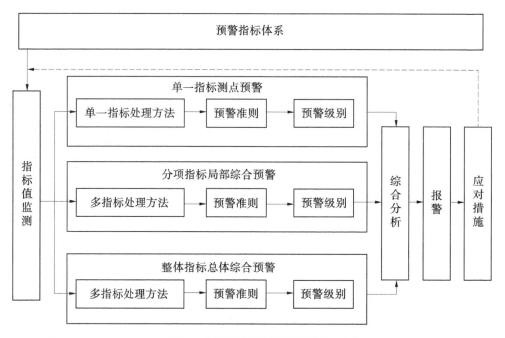

图 2　水库群安全预警指标体系

其中，预警方法按照水库的设备故障预警、指标预警、突变预警、综合预警四种方式进行。设备故障报警分为通信故障和设备故障报警两种，通过设备报警可提醒派人现场检修；指标报警是根据指标数值大小的变化来发出不同程度的报警，最常见的是分级设定阈值；突变预警则可通过设置突变值范围或者通过变化速率来判断，当测值与前一个测值相比，超出上下限突变范围时报警；最后综合诸多监测项目进行考虑，得出一个综合报警模式。综合预警一般建议首先确定重点部位，选定库水位、变形、扬压力或渗流量等合适的安全预警项目作为安全预警指标。

从不同的层次对水库群的安全状况进行预警，才能准确描述流域内或区域内当前所面临的致灾风险，才有助于采取相应的措施。水库群安全预警层次最终包含四个层次：单一指标测点预警、分项指标局部综合预警、整体指标总体综合预警、流域/区域综合预警，通过建立水库群安全预警指标体系以评估水库大坝的服役性态、辨识大坝的潜在风险，实现各小型水库的安全运行预警。

3　平台应用

成都市共有中型水库 6 座、小（1）型水库 53 座、小（2）型水库 184 座。本系统充分考虑了成都市中小型水库大坝数量众多、数据信息量复杂、值守人员技能素质参差不齐、智能化预警需求迫切等问题和现状，充分发挥自动化监测采集、云平台统一管理、微功耗运行、智能分析诊断等技术优势，平台建设遵守高稳定性、成本可控、简便易用、实时性、易维护和可扩展的原则。

自2021年以来，成都市中小型水库大坝安全监测综合管理系统在云平台的基础上搭建了Saas级应用服务系统软件，实现了多水库监测信息的统一展示，同时也能详细展示单个水库的监测情况，如图3、图4所示。目前，系统已经接入成都地区的58座水库的安全监测数据，其中18座水库实现测压管地下水、表面变形自动化监测；接入83座水库的水雨情数据，较好地实现了接入水库的高效运行管理，经受住了2022年"6·1"和"9·5"地震的考验，为成都水务局决策提供了有效支撑。

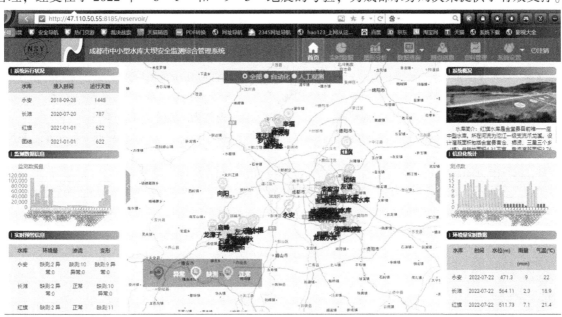

图3 多水库综合信息展示

图4 单水库信息展示

4 结论与展望

基于中小型水库实际应用场景，利用现代信息技术优势建设的成都市中小型水库群安全监管与预警平台是成都市水务局对中小型水库安全监管的积极探索。系统的建设以信息化手段提升了小水库安全监管预警能力，解决了小水库经费和技术人员缺乏、信息化监管平台顶层设计不完善、日常运维管理难度大等问题，为成都市智慧水务平台提供高效、优化、稳定的水库群安全远程采集、综合管理、分析评估、应急预警信息化手段，有益于四川水库群安全自动化系统的建设、运行和维护，为成都智慧水务平台提供精准算据，提升精准预报预警、高效智能调度的能力，提高流域性或区域性水库管理水平，具有重要的意义和广阔的发展前景。

与此同时，中小型水库中存在的大量异构信息融合与智能挖掘能力不足、流域水库群整体安全风险动态预警等难题仍需进一步加强探索。

参考文献

［1］潘文俊，吴纬轶，查士详，等．中小型水库大坝安全管理中的问题及解决策略［J］．珠江水运，2022（17）：55-57.

［2］郜秀成．小型水库大坝安全管理的实践与探讨［J］．中国水能及电气化，2018（11）：51-53.

［3］刘书伦，孙建国．基于 LoRa 物联网的滑坡泥石流远程监测预警系统研究［J］．重庆科技学院学报（自然科学版），2022，24（4）：42-45.

［4］赵静，苏光添．LoRa 无线网络技术分析［J］．移动通信，2016，40（21）：50-57.

［5］戴国华，余骏华．NB-IoT 的产生背景、标准发展以及特性和业务研究［J］．移动通信，2016，40（7）：31-36.

灌区信息化技术发展研究及应用

李贵青

（珠江水利委员会珠江水利科学研究院，广东广州　510000）

摘　要：灌区信息化是促进灌区水资源优化配置、合理调度水资源，提高农业灌溉效率的关键。本文通过对灌区信息化系统技术分析研究，以广州市流溪河灌区信息化系统为例，设计一套具有灌区水情、水质自动测报，灌区实时视频图像监控，灌区用水数据统计查询、信息管理、报表打印，灌区供水、配水的决策支持等功能的灌区信息化系统，为灌区水管单位提供科学用水调度决策，提高用水资源管理效率，压降管理成本，提升灌区水资源管理的效能，以实现灌区用水的科学、高效的管理手段。

关键词：灌区工程；信息化系统；水资源；灌溉

1　引言

目前，我国大多数灌区信息化建设相对滞后，在灌区提升改造的过程中已逐步实现集灌区信息感知、传输及应用于一体的智能化管理，但亟需从深化设计出发，进一步加快落实智慧灌区建设步伐，使信息化作为灌区现代化管理的主要手段。

农业灌区信息化改造建设，极大提高了灌区水管单位的决策及管理水平，是降低管理成本的重要手段，是农业灌区信息化、智慧化建设及发展的必然方向，将使灌区水资源的利用效率、灌区综合管理水平得到显著提高，将实现未来灌区管理的现代化水平。

2　农业灌区普遍存在现状

目前，我国大中型灌区普遍存在水管单位管理能力、水平、技术力量相对薄弱，灌区附属建筑物建设相对滞后，大多数灌区始建于20世纪五六十年代，灌区内基本设施已经运行了几十年，灌区普遍存在年久失修、缺乏计量设施等诸多问题。实施灌区信息化建设水平普遍比较低，参差不齐，无统一技术标准，当前面临着诸多的问题。在灌区改造现代化进程中，常见的改造手段有修复渠道防渗、渠道淤泥清挖、渠系建筑物更新改造等。灌区普遍存在以下3个方面的问题：

（1）灌区工程经过长年运行，渠道渗漏严重，机电设施损坏严重、效率低下，土建结构老化、损毁严重。

（2）灌区用水当中，存在水资源利用率较低，灌区水管单位管理体制机制不健全，农业水价综合改革迫在眉睫。

（3）灌区信息化软硬件标准化、通用化程度低，数据格式不统一，系统兼容性差，形成"信息孤岛"，应用程序各自独立。

目前，有的地区正在建立灌区信息化技术的标准体系，使信息数据更加规范化、管理标准统一化、对信息数据的质量也设定控制标准，对信息的收集，并建立灌区信息化系统的资源共享平台，形成相对统一。

作者简介：李贵青（1994—），男，助理工程师，主要从事水利信息及水利工程质量检测。

为了彻底改变目前灌区现状，合理科学地分配水资源，以及提升水资源利用效率，从灌区现状和可持续发展的切实需求考虑，可以通过系统全面规划，做好顶层设计，建设灌区信息化管理系统，将极大地提高灌区的管理水平和优化水资源调配的能力。其系统模块主要建设内容一般包括水雨情采集、渠道闸门监测及控制、墒情采集、渠道及主要工程部位图像/监控等系统的建设。

3 灌区概述及系统建设目标

以广州市流溪河灌区管理中心为例，所属灌区管辖区域由大坳渠首枢纽工程、李溪拦河坝引水枢纽和灌溉渠系等组成，流溪河灌区内渠系布置为干、支、斗三级配套，从大坳拦河坝引水渠首枢纽分出左右两条总干渠。左干渠全长 47.22 km，设计引水流量为 11.03 m³/s，设有支渠 19 条，总长46.53 km。右总干渠全长 29.72 km，设计流量为 22.36 m³/s，有 10 条支渠（右总干 1 支至 3 支由白云区管理，4 支至 10 支属花都区管理），总长度 29.5 km。右总干至梨园分水后分出一支花干，右干渠至大塘村分水后进入白云区人和镇，另分一条东湖干渠进入花都区东湖灌区；其中花干渠 14.5km，设计流量为 8.24 m³/s，有 10 条支渠，共长 46.3 km。东湖灌区干渠全长 12 km，支渠 3 条共长21 km。

项目建设业主为广州市流溪河灌区管理中心，主要补充安装 16 个重要支渠水情监测点，灌区内布置 3 处水质监测点，以及 4 处视频监控点，建立广州市流溪河灌区管理中心灌区管理信息应用系统（综合信息处理子系统、灌区工程管理子系统、视频图像监视子系统、用水管理子系统、配水调度子系统），以实时采集的信息和工程基础信息为基础，直观展示以使管理部门能够实时掌握、处理、分析灌区各种情况，提高灌区管理决策的科学性和实效性，为灌区灌溉水资源调度提供科学的配水模式，初步实现按需、按期、按量高效供水，做到计划用水量、进行优化配水，科学调配，发挥灌区整体综合效益。

4 灌区信息化系统总体设计

结合灌区信息化建设标准及项目实际需求，广州流溪河灌区管理中心灌区信息化系统分为 3 大模块：信息收集系统、视频监控系统、灌区用水信息管理系统。广州流溪河灌区管理中心灌区信息化系统总体设计框图如图 1 所示。

4.1 信息收集系统

信息收集系统主要包括水质采集子系统及水情采集子系统。信息收集系统的主要功能是采用现代的自动化、光电、计算机等技术对现地监测站水质五参数（pH 值、电导率、溶解氧、浊度、温度）、流速、流量、水位、图像等监测信息进行自动、实时的采集及转换存储。信息采集系统结构如图 2所示。

本项目建设 16 个水情监测点（主要包括明渠流量计、摄像头）和 3 个水质监测点。各个监测站点供电方式均采用太阳能电池板+蓄电池的方式；各个监测点与管理中心采用 GPRS 无线通信方式进行信息的传递。GPRS 通信具有传输速度快、支持多用户并发处理、低功耗、通信费用低、设备结构简单、易维护等优点。水情监测站点、水质监测站点如图 3、图 4 所示。

4.2 视频监控系统

视频监控系统是由摄像、传输、控制、显示、记录登记 5 大部分组成。摄像机通过 GPRS 无线通信方式传输到控制管理中心，可对图像进行录入、回放、处理等操作。管理中心可通过视频监控系统实时了解渠道站点设施、渠道流态，以及是否有垃圾堵住分水闸口等情况，及时根据现场情况做出相应处理措施。

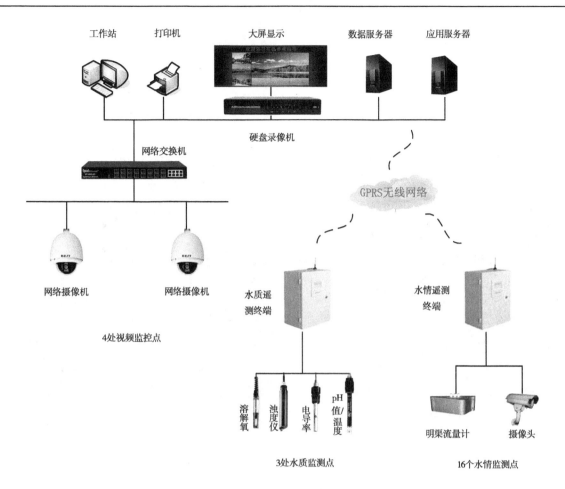

图 1　灌区用水信息管理系统总体设计框图

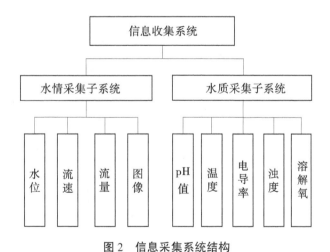

图 2　信息采集系统结构

图 3　水情监测站点图

图 4　水质监测站点图

4.3　灌区用水信息管理系统

广州市流溪河灌区管理中心灌区用水信息管理系统主要包括综合信息处理子系统、灌区工程管理子系统、视频图像监控子系统、用水管理子系统、配水调度子系统、系统管理子系统。灌区用水信息管理系统结构如图 5 所示。

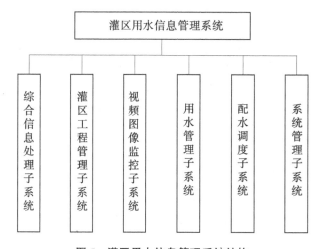

图 5　灌区用水信息管理系统结构

4.3.1　综合信息处理子系统

综合信息处理子系统主要对水位、流量、图像进行采集与处理，为系统对数据信息的查询、统计分析、决策指挥提供基础信息支撑。

4.3.2　灌区工程管理子系统

灌区工程管理子系统可方便、直观地管理各分散的灌溉工程。这对渠道等水利建筑物的维护管理工作、灌区水资源的合理调度指挥工作的开展带来了极大的便利。

4.3.3　视频图像监控子系统

水管单位通过视频图像监控子系统能够实时、直接地了解和掌握各个被监控现场的当前实际情况，管理所值班人员能够直接根据被监控现场发生的情况做出相应的反应和处理，更加实时有效地管理各个渠道。

4.3.4　用水管理子系统

灌区用水信息管理子系统是按照灌区不同的需水情况和工程供水能力，灌区用水信息管理子系统可以分别按日、月、季度、年、多年来统计各个站点的用水情况，可以分别以表格和图像的形式来展现。主要包括灌区信息建立、用水计划、用水统计、数据传递、数据查询等功能。

4.3.5　配水调度子系统

灌区配水调度子系统以流速、流量、水位、雨情等数据作为配水技术手段，根据下游需水量，进行科学合理水量调度，调配灌区用水量，提高农业灌区用水信息管理水平。

4.3.6　系统管理子系统

由于系统是提供给灌区管理所工作人员使用的公开式管理信息系统，使用人员较多，且在使用过程中可能要对灌区数据做一定的改动，并对不同类别人员赋予不同的权限，每一个权限都有相应的使用功能。

系统管理子系统包括如下四部分：①权限管理。②用户管理。③用户信息。④修改密码。

灌区用水信息管理系统界面如图6所示。

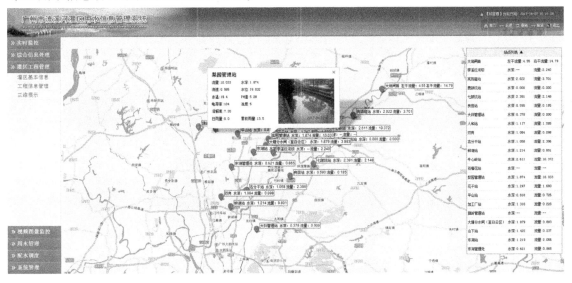

图6　灌区用水信息管理系统界面

5　总结

实施灌区信息化、智慧化，将是未来灌区建设和管理发展的必然之路。灌区实现信息化管理，将极大提高水资源配置及增加灌溉效益。结合广州市流溪河灌区用水信息管理系统的建设，提高了流溪河灌区供水、配水的决策支持，加强了人才队伍建设，提升管理人员整体素质，同时实现了灌区科学、高效管理手段。

参考文献

[1] 魏兵德 . 杂木灌区信息化管理系统建设规划设计 [J] . 农业开发与装备，2016（12）：27.

[2] 谢红兰，储华平，王春树 . 农村中小型灌区信息化系统在欧阳海灌区的应用 [J] . 水利科技与经济，2016（6）：125-128.

［3］陈立军．大型灌区信息化系统的研究与设计［J］．农业科技与信息，2016（16）：100-101.

［4］彭彦铭，程冀，廖晓芳．服务于水权转让的灌区信息化系统研究——以鄂尔多斯市南岸灌区为例［J］．河南水利与南水北调，2015（23）：53-55.

［5］朱薛琰，章飞．甘肃省引大入秦工程灌区信息化系统研究与应用［J］．中国新通信，2015（15）：68-69.

［6］李森，苏超，李文平．中牟杨桥灌区信息化系统的开发与建设［J］．水利建设与管理，2014（3）：65-68.

［7］朱苏秦．新疆哈密石城子灌区信息化系统设计［J］．河南水利与南水北调，2013（20）：23-25.

［8］周大鹏．东港灌区信息化决策支持系统技术研究［J］．水利科技与经济，2013（6）：118-120.

［9］田作佳．东港灌区信息化系统技术研究与应用［J］．水利科技与经济，2013（4）：117-118，120.

［10］肖建华，郭钰．灌区信息化系统集成方案研究与实现［J］．水利信息化，2010（5）：64-68.

［11］陈金水，丁强．灌区现代化的发展思路和顶层设计［J］．水利信息化，2013（6）：12.

［12］陈金水．灌区信息化发展［J］．中国水利，2013（8）：35.

［13］李铮，何勇军，范光亚，等．灌区信息化建设发展现状及应对策略［J］．水利信息化，2017（3）：69.

数字孪生驱动的城市水工程联合调度指挥平台设计

彭　军[1]　姚志武[1,2]　管林杰[1,2]

（1. 长江勘测规划设计研究有限责任公司，湖北武汉　430010；
2. 长江空间信息技术工程有限公司（武汉），湖北武汉　430010）

摘　要：针对城市快速发展而引起的暴雨洪涝问题，依照以防为主的灾害应对机制，借助物联网、云计算、大数据等技术，建立城市级别排水防涝数字孪生治理体系，设计城市水工程联合调度指挥平台，集"感知监控–水情预测–调度模拟–决策指挥"于一体，实现对城市内"降雨–地表–河网–闸泵"全要素实时动态监测和模拟，为水利主管部门进行水工程联合调度与指挥决策提供技术支撑。

关键词：智慧水利；数字孪生；排水防涝；水工程；联合调度

1　引言

在气候变化和城市化背景下，我国城市暴雨洪涝广发、频发，"城市看海""城市看江"现象已屡见不鲜，不仅严重威胁城市居民的生命财产安全，也对社会经济造成巨大影响[1]。2012年北京市"7·21"特大暴雨，2016年西安市"7·24"暴雨，2020年广州市"5·25"特大暴雨，以及2021年河南省郑州市"7·20"、湖北省随州市"8·11"等特大暴雨洪涝灾害，造成严重损失，影响城市经济社会的可持续发展。2022年，住房和城乡建设部、国家发展和改革委员会、水利部三部委联合印发了《"十四五"城市排水防涝体系建设行动计划》（简称"行动计划"），结合近年来相关城市排水防涝的经验教训，明确了重点问题的改进方向和要求，为推进城市排水防涝系统高质量建设助力。行动计划中强调要健全流域联防联控机制，推进信息化建设，统筹防洪大局和城市安全，依法依规有序实施城市排涝、河道预降水位，把握好预降水位时机，避免"洪涝叠加"或形成"人造洪峰"[2]。

数字孪生技术为充分利用物理模型、传感器更新、运行历史等数据，集成多学科、多物理量、多尺度、多概率的仿真过程，在虚拟空间中反映物理实体的全维度、全生命期过程，其本质是以数字化的形式在虚拟空间中构建与物理世界一致的模型，并通过信息感知、计算、场景构建等技术手段，实现对物理世界状态的感知评估、问题诊断及未来趋势预测，从而对物理世界进行调控[3]。

本文以南昌市城区排水防涝信息化为出发点，将水利数字孪生应用于城市内部水工程联合调度中，利用感知监测设备采集降雨、水情、工情、视频等多源数据，借助物联网、云计算、大数据等技术，提出了城市水工程联合调度指挥平台的设计模式，集"感知监控–水情预测–调度模拟–决策指挥"于一体，以数字赋能城市洪涝灾害应对机制，实现数字孪生技术与洪涝模拟技术的深度融合，为水利主管部门进行水工程联合调度与指挥决策提供技术支撑。

基金项目：国家重点研发计划（2021YFC3200202）。

作者简介：彭军（1973—），男，高级工程师，主要从事流域综合规划、大中型水利水电工程建设、水库联合调度、智慧水利等方面的规划、设计、咨询及总承包现场信息化管理等工作。

2 总体设计

2.1 总体架构设计

城市水工程联合调度指挥平台总体架构分为 6 个部分，依次为基础运行环境、前端感知层、数据资源层、平台服务层、业务应用层和用户层，如图 1 所示。

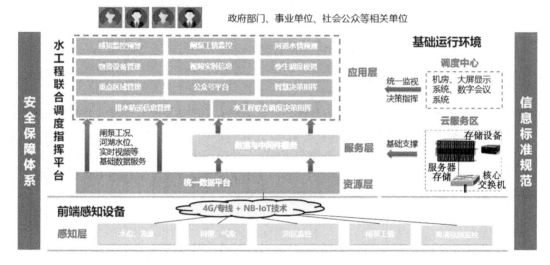

图 1 系统总体架构

2.1.1 基础运行环境

基础运行环境是平台整体运行的基础，包括调度中心和云服务区。调度中心提供机房、大屏展示、数字会议系统，对外提供一屏展示界面以便于统一决策指挥；云服务区提供服务器存储、网络、计算等资源，为资源层和服务层提供基础支撑。

2.1.2 前端感知层

前端感知层作为孪生决策平台窥视真实世界的"眼睛"，用于各类感知监测数据的获取，包括水位计、流量计、雨量计、气象、视频监控、闸泵实时工情等，通过"4G+专线+NB-IoT"的模式进行信息集成汇聚。

2.1.3 数据资源层

数据资源层作为信息平台运行的血液，为孪生决策平台提供基底数据，包括基础信息库、三维模型库、业务规则库、实时监测库和视频监控库。

2.1.4 平台服务层

平台服务层包括数据服务和中间件服务，其中数据服务以数据资源层为基础，对外形成统一的资源服务，如闸泵工况、河湖水位、实时视频、基础信息服务等；中间件涵盖数据交换平台、地理信息平台、报表引擎、工作流引擎等，为应用层提供统一服务，以实现对排水防涝多时序空间数据的管理、分析和可视化呈现。

2.1.5 业务应用层

业务应用层作为孪生决策平台建设的核心，是支撑排水防涝信息管理和水工程联合调度决策指挥的数字化、一体化和可视化管理平台，具体包括感知监控预警、闸泵工情监控、河道水情预测、物资设备管理、视频实时监控、孪生调度模拟、智慧决策指挥等业务功能。

2.1.6 用户层

平台用户有业务管理人员、上级管理部门、技术支持单位和社会公众。其中，上级管理部门指市水利局水旱灾害防御科业务人员，通过分析事务中心回传的实时信息，对整体排水防涝部署进行统筹管理、综合调度，同时监督并指导闸泵现场工作人员日常工作。

2.2 数据库设计

数据是数字孪生平台的核心，实时监测数据的质量与孪生平台的模拟预测精度关系紧密，极大影响孪生平台所提供的排水防涝风险研判与决策。城市水工程联合调度指挥平台数据库（见图2）的数据源分为以下五类：

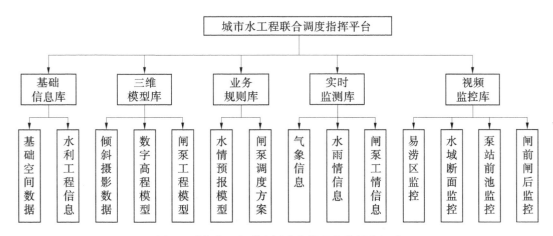

图2 城市水工程联合调度指挥平台数据库组成

（1）基础信息库。包括基础空间数据（包括河流、湖泊、道路等）、水利工程信息（包括堤防、水库等涉水工程）。

（2）三维模型库。包括倾斜摄影数据、数字高程模型、闸泵工程模型，以支撑一张图展示基础上的三维展示、数据融合、动态模拟。

（3）业务规则库。联合调度决策的依据，应建立标准统一、接口规范、敏捷服用的规则层，包括水情预报模型、闸泵调度规则等。

（4）实时监测库。包括气象、水位计、雨量计、流量计、闸泵工情等信息，其中闸泵工情包括闸门开闭状态、泵组运行状态等。

（5）视频监控库。包括重点易涝区、水域断面、泵站前池、闸前闸后等区域的视频监控信息。

2.3 网络结构设计

南昌市城市水工程联合调度指挥平台的网络结构自上到下有两个层级：①市水利局信息中心与各防洪事务中心间的骨干网络；②各防洪事务中心各自管理的水位计、流量计、闸泵、视频监控等物联感知设备组成的局域网络。通信网络从功能上分为视频数据通信网和管控数据通信网，其中视频数据通信网用于传输视频监视系统的视频数据，管控数据通信网用于满足泵站监控及闸泵运行监视的需求[4]。

2.3.1 骨干网络

平台骨干网络将四大防洪排涝管理处的信息中心局域网统一连接到水利局信息中心。骨干网络采用星形结构，网络介质选用单模光纤，通过水利专网方式进行联通。综合考虑业务需求和安全性问题，各个管理处闸泵远程控制权限不对水利局信息中心开放，仅提供各类物联信息的统一集成。

2.3.2 事务中心局域网

各个事务中心采用TCP/IP以太网，是其所管理泵站、闸站、视频监控等设备信息的汇聚点。事务中心网络分办公区和管理信息区，其中管理信息区的管理需要分类管控。闸泵的工控信息考虑到安全级别较高，应与水位、视频等信息进行网络划分，分别连接到事务中心的计算机监控服务器和视频监控服务器，并通过单向网闸进行隔离，从而使外部攻击者无法直接入侵、攻击或破坏闸泵远控系统。单个事务中心网络拓扑结构如图3所示。

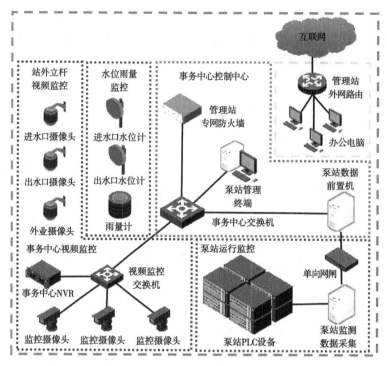

图 3　单个事务中心网络拓扑结构

3　关键技术

3.1　NB-IoT 模式的信息集成

水利实时监测信息采用的无线通信技术主要有蓝牙、WiFi、蜂窝移动通信 4G、ZigBee 等，但针对通信距离远、低功耗、低成本、网络布置灵活的无线通信，现有的无线通信技术难以适用[5]。NB-IoT 技术是一种新兴的 LPWAN（低功耗广域网）技术，具有远距离、低功耗、低速率、低成本、灵活组网等特点[6]。水利信息具有间断性、上报数量少但数量大等特点，特别在城市排水防涝中，涉及水位、管网流量、闸泵工情等信息，所以 NB-IoT 技术在城市内各类水利对象实时信息测报中的应用已势在必行[7]。

NB-IoT 技术在水利信息集成包括"感知-传输-应用"三个层次，感知层包括水位、雨量、流量、工情等信息采集的传感器，传感器通过串口 RS485 或 RS232 与 RTU 连接；传输层中的 NB-IoT 和 RTU 模块将采集到的监测信息传输到云端服务器；应用层中的计算机设备将监测数据进行特定处理和统计后进行展示。NB-IoT 硬件架构图 4 所示。

3.2　基于 LSTM 的水位预测模型

闸门是控制过水通道启闭的重要水利设施，用于控制水位、调节流量、排放积淤等，排水泵站是排水防涝系统顺畅运行的水利枢纽，两者与湖泊和河渠共同担负着城市排涝调蓄的重要任务。城市水工程联合调度过程中，闸泵开启情况与河渠水位密切关联，有效预测河渠水位对后续闸泵调度指挥有着重要意义。

城市洪涝过程涉及降雨径流、管流、漫溢、淹没等水位、水动力多个物理过程，河渠水位变化受众多复杂因素影响，水位数据不仅显现非线性特点还具有时序性和复杂性等特点。长短时记忆神经网络（long short-term memory，简称 LSTM）作为一种特殊的循环神经网络，用于解决机器学习中比较复杂的序列问题，并且对序列问题的处理具有很高的效率[8]。本文利用 LSTM 在处理长时间序列问题上的优势，从大量数据中捕捉隐藏于数据背后的特征规律，进而对河渠重要断面的水位进行预测，为后续水工程联合调度决策提供科学、有效的参考。

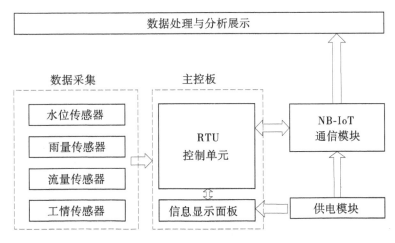

图 4　NB-IoT 硬件架构

3.3　数字孪生驱动的闸泵调度

数字孪生通过集成城市物联网、大数据、建筑信息模型和城市信息模型平台，构建城市时空大数据和未来趋势推演的综合信息载体，具备精准映射、模拟仿真、虚实融合等特征，可重复性且可视化效果好、模拟结果可控，适用于城市暴雨洪涝灾害防洪预演[9]。

城市水工程联合调度过程中，河渠上的排水泵站、泄洪闸的运行情况与整个城区的排水防涝息息相关。传统的闸泵调度方案一般是应对已经发生的问题，结合已有调度经验进行决策，这样不仅会降低决策方案的科学性，并且具有滞后性。通过监测各泄洪闸前水位实时变化数据，并充分参考学习以往泄洪调度经验，结合当前水位信息、降水等因素，预测下一阶段水位变化趋势。根据仿真预测结果和水工程群的联合调度方案，充分利用平台的反馈信息，基于智能算法优选最佳调度方案，更新和指挥平台当前和未来的应对方案，为快速制定防洪排涝调度方案提供技术支撑[10]。数字孪生驱动的闸泵调度框架如图 5 所示。

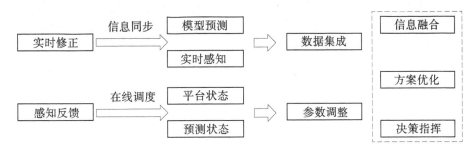

图 5　数字孪生驱动的闸泵调度框架

4　平台功能设计

平台前端展示利用 Unity 和虚幻引擎，一种基于 3D 城市数据创建交互式可视化和体验的最流行的游戏引擎平台。后台服务层则采用目前主流的 SpringBoot 框架，为前端展示与数据分析提供标准、高效的 restful 服务，LSTM 神经网络算法则是基于 Keras（一个由 Python 编写的开源人工神经网络库）搭建。平台功能设计包括感知监控、水情预测、调度模拟、决策指挥等模块。

4.1　感知监控

集成雨量站、水位站、流量计、闸泵工情、视频监控等实时信息，通过一张图的方式宏观展示管理区域内排水防涝的综合态势分析，用户可一目了然地查看存在的问题，并快速做出精准研判，从而提升排水防涝智能调度决策支持能力。

4.2 水情预测

根据实时监测水雨情信息，结合专业的水利计算模型，计算未来一段时间内的河渠水位过程曲线。同时，将预测的过程水位与临界水位进行比对，对可能出现超临界水位事件进行记录，并可查看事件的具体数据详情，并持概化图和地图形式直观展示水雨情未来形势，为指挥调度、预警提醒做辅助支撑。

将闸上水位、闸下水位、河道水位、雨量站、天气预报未来 2 h 降雨等实时信息，以及水闸、泵站控制的入河、出河流量等信息作为输入值，以服务形式调用河渠 LSTM 预测模型，实时计算未来一段时间内的河道水位过程预测曲线。

4.3 调度模拟

根据排水防涝预案分解到每个水闸、电排站，将调度方案中各项调度指令数字化到系统中。结合水工程调度概化图（见图 6），能够直观地看到城区内主要内河、闸站、电排站的连通关系，调度图上一目了然看到水位、闸站、泵站的实时信息。

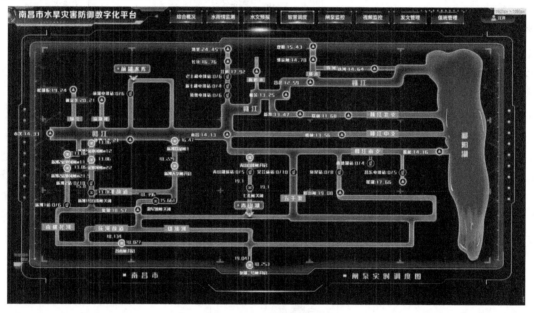

图 6　水工程调度概化图

如水闸的开启或关闭、水闸开启高度、泵站的开启或关闭等，按照当前的雨量、水位信息，以及水闸、泵站的运行状况等信息，智慧调度模型将计算出水位的一个趋势变化，如果未来某个时间段将超过临界值，则将自动触发预警机制，实现了由"经验模式"下的人工调度向"数字模式"下的智能调度转型。

4.4 决策指挥

通过系统实现水工程的联合调度，包括执行方案选定和调度指令记录。其中，执行方案是根据联合调度模拟及方案评估，选定最适应的调度方案，并在线给各管理单位发出调度指令；调度指令记录则是在每次执行联合调度或各管理处单独调度过程中，使调度指令自动记录或人工录入到系统中，记录调度指令的描述、执行时间、执行人员、管理单位等，做到调度记录明确、有迹可循。

5 结语

针对城市排水调度中分散管理、各自为战、步调不一等问题，本文基于数字孪生技术构建了城市水工程联合调度指挥平台，集"感知监控-水情预测-调度模拟-决策指挥"于一体，实现对城市内"降雨-地表-河网-闸泵"全要素实时动态监测和模拟，为南昌市水工程联合调度与指挥决策提供平台支撑。结合目前平台构建与使用情况，下一步将在以下两方面做深入研究：①加强资源整合的范围，通过实时视频数据进行智能分析，提升决策能力；②探究数据间的关联性，优化规则与分析模型。

参考文献

[1] 姜仁贵，王思敏，解建仓，等．变化环境下城市暴雨洪涝灾害应对机制［J］．南水北调与水利科技（中英文），2022，20（1）：102-109.

[2] 住房和城乡建设部，国家发展和改革委员会，水利部．关于印发"十四五"城市排水防涝体系建设行动计划的通知［J］．上海建材，2022（3）：1-3.

[3] 黄艳，喻杉，罗斌，等．面向流域水工程防灾联合智能调度的数字孪生长江探索［J］．水利学报，2022，53（3）：253-269.

[4] 姚志武，管林杰．基于数字孪生的城市防洪排涝智能决策平台设计［J］．水利水电快报，2022，43（5）：99-103.

[5] 刘一均，冯黎兵，郑嘉龙，等．NB-IoT 在水利信息采集中的应用研究［J］．自动化技术与应用，2022，41（3）：106-108.

[6] 魏国晋，张亚，胡春杰．NB-IoT 技术及其在水文中的应用［J］．电子设计工程，2021，29（17）：185-188，193.

[7] 陈敏，胡春杰，阮聪，等．基于 NB-IoT 的水雨情实时监测系统与设计［J］．电子测量技术，2020，43（2）：133-138.

[8] 张洋铭，万定生．改进 PSO-LSTM 的水文时间序列预测［J］．计算机工程与设计，2022，43（1）：203-209.

[9] 高艳丽，陈才，张育雄．数字孪生城市：智慧城市新变革［J］．中国建设信息化，2019（21）：6-7.

[10] 叶陈雷，徐宗学．城市洪涝数字孪生系统构建与应用：以福州市为例［J］．中国防汛抗旱，2022，32（7）：5-11，29.

地表水环境自动评价预警系统的设计与实现

陈 卓[1] 杨寅群[2] 王永桂[1]

（1. 中国地质大学（武汉）地理与信息工程学院，湖北武汉 430074；
2. 长江水资源保护科学研究所，湖北武汉 430051）

摘 要：水环境评价是水环境监管、防控和治理的重要环节之一。针对传统手工水环境评价效率低、方法单一的问题，本文基于 GIS 技术和多类型评价技术，设计开发了一套地表水环境自动评价系统，实现了水质的批量化自动评价、用户自定义评价，并能对评价结果进行空间可视化、趋势分析、超标预警及报表输出。系统采用 C/S 架构，能有效地解决水环境评价业务量大、标准不一的问题，为相关部门的水环境研究、决策提供信息化工具支撑。

关键词：地理信息系统；水环境评价；空间信息化；自动评价系统

1 引言

"十四五"时期是开启全面建设社会主义现代化国家新征程、谱写美丽中国建设新篇章的重要时期[1]。为支撑深入打好污染防治攻坚战，2022 年 1 月生态环境部发布的《"十四五"生态环境监测规划》指出，要建立水生态监测网络与评价体系，在全国重点流域和地级及以上城市设置 3646 个国家地表水环境质量监测断面，开展自动为主、手工为辅的融合监测，支撑全国水环境质量评价、排名与考核。同时，规划还强调，要完善水质评价技术，研究受自然因素影响较大的特殊水体评价办法。这说明，构建一套方法多样、效率高的水环境自动评价系统，对解决传统手工评价效率低、单因子评价方法单一的问题，有着重要的意义。国外对流域水质评价与预警体系的研究起步较早，目前已有一些成熟的系统正在运行[2-4]，国内对水环境评价方法也开展了较多的研究，建立了部分水环境评价系统[5-7]。尽管目前国内外都建立了许多水质评价系统，但目前的水质评价系统大部分为局部区域的定制化系统，只针对特定区域和特定格式的数据开展评价，且大部分系统单纯依赖单因子评价法，很难针对结构不同的数据开展多方法的评价和结果分析。为满足"十四五"水环境监测、评价和考核的需求，本文基于 GIS 技术和水环境质量评价技术，研发了能针对多源异构数据进行评价的流域水环境质量自动评价系统，能为用户提供不同类型的评价方法，并具备环境质量超标预警等功能。

2 系统功能

为满足水环境评价业务的需求，本文设计的系统主要包括基本 GIS 功能模块、水质评价功能模块、水质趋势分析功能模块、水质报表功能模块和水质超标预警功能模块。不同模块的功能结构如图 1 所示。

作者简介：陈卓（2001—），女，硕士研究生，研究方向为地理信息系统开发。
通信作者：王永桂（1987—），男，副教授，主要从事流域环境模拟与仿真、大数据、高性能计算技术研究。

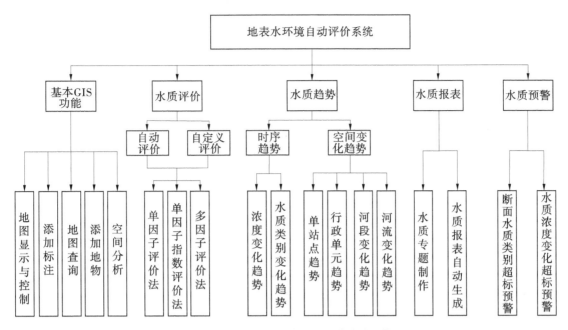

图1 地表水环境自动评价系统功能结构

3 核心算法和关键流程

3.1 水质评价算法和操作流程

3.1.1 水质评价算法

系统集成了单因子评价、单因子指数评价和综合指数评价[8-9]三套评价算法，且支持用户自定义评价算法。已有的三套评价算法如表1所示。

表1 水质评价算法表

算法名称	算法公式	变量含义	适应范围
单因子评价法	$C = \max(C_i)$	C—水体最终评价级别； C_i—水质参数 i 的评价级别； i—水质参数的编号	水环境影响评价中最常用的方法
单因子指数评价法	$P_i = C_i / S_i$	P_i—水质指标 i 的污染负荷比值，为无量纲值； C_i—水质指标 i 的监测值； S_i—水质指标 i 的标准浓度值	评价对象区域的一类水质污染物对水质影响较大且所占比例较大
综合指数评价法	$P = \dfrac{1}{n}\sum_{i=1}^{n}\dfrac{C_i}{S_i}$	P—所有参与评价的水质参数的综合评价指数； n—参与评价水质参数的总数； C_i—水质参数 i 的监测浓度值； S_i—水质参数 i 所对应的标准浓度值	全面反映水体污染的综合情况

3.1.2 水质评价流程

基于决策者的不同水质评价需求，系统提供了多种评价模式，对于实时采集的监测数据的实时评价，默认采用单因子快速评价法。同时，系统还提供了自定义评价功能，可自由选择参与评价的因子和水质评价的方法，以满足用户自定义数据的自定义评价需求。系统在读入水质监测数据文件后，若进行自定义评价，用户可自行选择参与评价的因子和水质评价方法；否则，系统自动依据《地表水环境质量标准》（GB 3838—2002）的表1基本因子，采用单因子评价法进行评价。最终系统将以表格、统计图、水质报表、空间渲染等方式对水质评价结果进行展布，具体水质评价流程如图2所示。

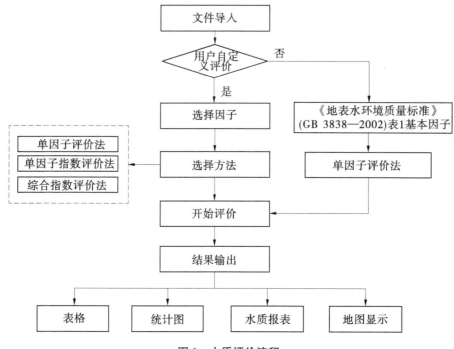

图2　水质评价流程

3.2　水质变化趋势分析流程

系统采用Daniel趋势检验法对水质变化进行趋势分析。当进行趋势分析时，系统将秩相关系数 r_s 的绝对值同spearman秩相关系数统计表中的临界值 W_p 进行比较。如 $r_s > W_p$，则表明变化趋势有显著意义；如 r_s 是负值，则表明在评价时段内有关统计量指标变化呈下降趋势或好转趋势；如 r_s 为正值，则表明在评价时段内有关统计量指标变化呈上升趋势或加重趋势；如 $r_s \leqslant W_p$，则表明变化趋势没有显著意义；说明在评价时段内水质变化稳定或平稳。水质趋势分析流程如图3所示。

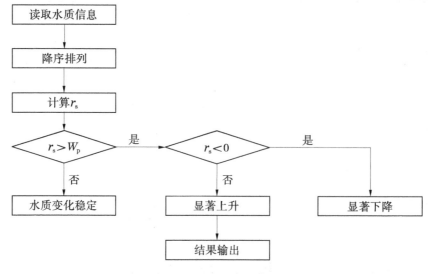

图3　水质趋势分析流程

3.3 水质报表自动生成流程

系统能自动生成水质报表,内容包括监测概况、评价方法及评价标准、监测结果、水质评价结果、结果分析等。系统在生成报表模板后,通过读取水质评价结果,针对结果进行一系列分析并绘制图表,最终导出报表,具体水质报表自动生成流程如图4所示。

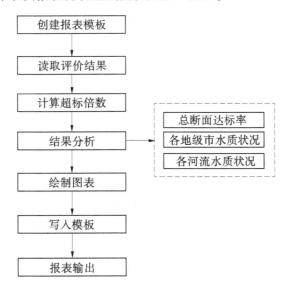

图 4 水质报表输出流程

3.4 水质预警流程

通过设定一系列预警规则,实现地表水水质的自动预警。若水质类别或水质类别变化超过历史最大值或设定阈值,则触发断面水质类别超标预警。若水质污染物浓度变化超过历史最大值或设定阈值,则触发断面水质浓度变化超标预警[10]。流程如图5所示。

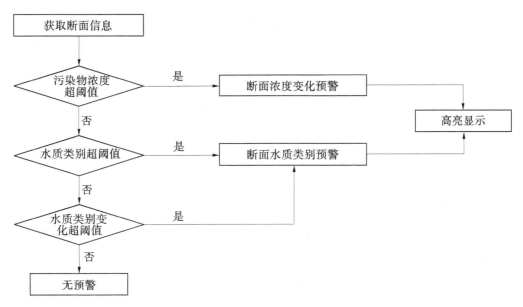

图 5 水质预警流程

4 系统主要模块功能实现

4.1 系统开发环境

系统在 Visual Studio 2012 环境下,基于 ArcEngine 10.2 开发工具包,采用 C#语言开发,系统运行在 Windows 系统,界面设计使用 Developer Express 界面库。

4.2 水质评价模块实现

系统集成了全国水质实时监测数据,并采用单因子评价法对水质进行实时评价,同时支持用户根据研究需要选择不同水质评价方法,实现自定义评价。评价结果通过空间渲染方式进行展示[见图 6(a)],并生成统计图表展示水质信息[见图 6(b)]。

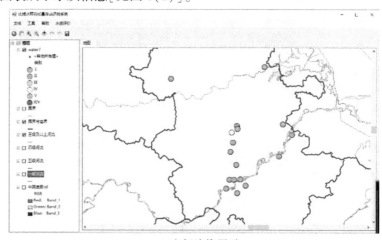

(a)空间渲染展示

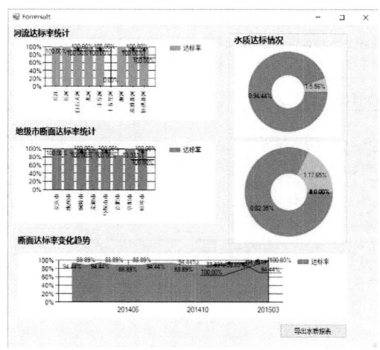

(b)统计图表展示

图 6 水质评价结果展示效果

4.3 水质变化趋势分析模块实现

在系统中,通过 Daniel 趋势检验法实现对断面的污染物浓度变化趋势分析、水质变化趋势分析,确定变化程度。用户可指定需要进行趋势分析的断面,选择时间区间,系统自动进行分析,最后输出趋势变化等级，并以折线图表征变化趋势。水质趋势分析结果如图 7 所示。

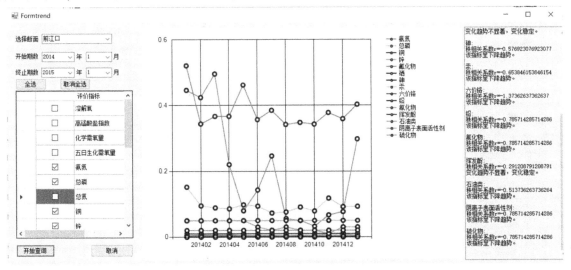

图 7　水质趋势分析结果

4.4　水质报表模块

基于水质评价结果，系统可生成并导出水质报表和水质专题地图。系统在水质评价后，自动生成水质报表。用户既可以选择默认的报表模板，也可以自主选择或调整报表中的内容模块，最后点击一键生成，即可生成评价后的水质报表。水质报表如图 8 所示。

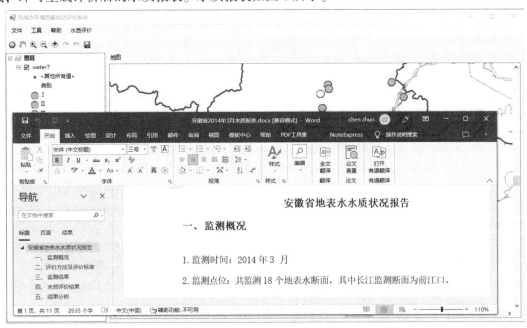

图 8　水质报表输出

4.5　水质预警模块

系统基于水质评价结果，判断水质类别和水质污染物浓度值，若超出设定阈值则高亮显示该断面，并标注提示超标信息，以实现水质预警。系统效果如图 9 所示。

5　结论

当前水质评价和预警的工作量较大，且缺乏统一的标准，需要构建一套地表水环境自动评价系统，实现水质的批量评价与预警。同时，目前大部分系统采用 B/S 结构，对网络要求高。本系统采用 C/S 结构，更加符合系统作为一套专业工具的特点。本文构建的地表水环境自动评价系统利用 GIS

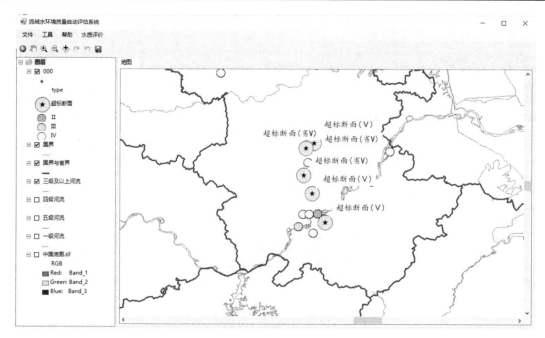

图9　水质预警结果

技术在空间可视化、图属一体化等方面的优势，嵌入地表水环境评价流程，运用组件式 GIS 开发，实现了水质自动评价、水质趋势分析、超标预警、水质报表导出功能，为相关部门的水环境研究、决策提供信息化工具支撑。

参考文献

[1] 马乐宽，谢阳村，文宇立，等．重点流域水生态环境保护"十四五"规划编制思路与重点 [J]．中国环境管理，2020，12 (4)：40-44.

[2] VASUDEVAN S K, BASKARAN B. An improved real-time water quality monitoring embedded system with IoT on unmanned surface vehicle [J]．Ecological Informatics，2021，65：101421.

[3] WONG Y J, NAKAYAMA R, SHIMIZU Y, et al. Toward industrial revolution 4.0：Development，validation，and application of 3D-printed IoT-based water quality monitoring system [J]．Journal of Cleaner Production，2021，324：129230.

[4] ALMETWALLY S A H, HASSAN M K, MOURAD M H. Real Time Internet of Things (IoT) Based Water Quality Management System [J]．Procedia CIRP，2020，91：478-485.

[5] 徐玥，吕一鸣，王正一，等．地表水环境评价系统的开发与研究 [J]．甘肃科技纵横，2020，49 (10)：1-5.

[6] 曹芳平，邹峥嵘．基于 GIS 技术的河流水质评价系统的设计与实现 [J]．测绘科学，2009：192-193.

[7] 谢湉，王平，田炜．基于 VC++ 的地表水环境预测评价系统开发——河流模块的设计与应用 [J]．环境科学与技术，2010，33 (8)：182-184.

[8] 周淼，李维刚，易灵．四种水质评价方法的特点分析与比较研究 [J]．环境科学与管理，2016，41 (12)：173-177.

[9] 郑琨，张蕾，薛晨亮．单因子指数法在水质评价中的应用研究 [J]．地下水，2018，40 (5)：79-80.

[10] 王业耀，姜明岑，李茜，等．流域水质预警体系研究与应用进展 [J]．环境科学研究，2019，32 (7)：1126-1133.

基于 NB-IoT 和 4G 的城市地下管网监测系统研究

梁永荣[1]　牟昀丽[2]　郭　唯[3]

(1. 水利部南京水利水文自动化研究所，江苏南京　210012；

2. 无锡市滨湖区水利管理总站，江苏无锡　214071；

3. 水利部水文仪器及岩土工程仪器质量监督检验测试中心，江苏南京　210010)

摘　要： 为解决城市地下空间无网络信号、信息传输速率低及洪涝期间信息传输慢的问题，提出一种基于 NB-IoT 和 4G 的城市地下管网监测系统研究。以 ARM 为系统监测平台，NB-IoT 为终端节点，4G 为中继协调节点将数据传输至监控中心，组建城市地下空间信息传输系统，实现城市地下空间信息多要素实时监控与高效传输。经过应用与分析，该传输系统能够解决地下空间无网络信号、信息传输慢的难题，为城市洪涝监测预报预警和应急抢险提供快速及时的信息支持，具有良好效果。

关键词： 城市地下空间；洪涝灾害；NB-IoT；4G 网络

1　引言

2021 年郑州遭受特大暴雨席卷，形成千年一遇的城市内涝，经济损失惨重，严重威胁人类生命安全。地下管网的建设正是城市内涝的症结所在，解决城市内涝问题，关键还是要建立大生态格局，打通排水系统，完善地下管网等[1]。

地下管网主要负责城市雨水及污水（合流制）的排放，其水位和运行状态是城市洪涝监测的重要内容之一。而开展地下管网动态监测目前面临较大的挑战是缺乏高效快速的传输方法。原因如下：①城市洪涝监测信息数据量大，需要较高的传输速度；②信息的传输受到城市建筑物的阻挡和干扰，部分监测点位于地下深度管网中，信息传输不畅。

为保障城市地下管网监测信息有效传输，本文提出一种基于 NB-IoT 和 4G 的传输方法，深度融合水文自动测报系统通信技术，拟解决传输时效性低、传输不畅的难题，为城市内涝预报预警及应急抢险提供快速及时的信息支持。

2　系统架构与原理

NB-IoT 窄带专网具有频段低、穿透能力强、路径损耗小、大区制覆盖、网络规划方便、建设维护成本低和抗毁性好等特点，因而对受城市建筑物的阻挡和干扰及地下深度管网检修井内无 4G 信号覆盖的排水监测点采用 NB-IoT 进行数据传输。4G 宽带专网能够提供高速数据传输、高像素的图像上传、大数据量的文件下载甚至是实时的视频传输，因而对地下管网排水口等采用 4G 进行数据传输。

根据两者特点，结合物联网的分层技术，基于 NB-IoT 和 4G 的城市地下管网监测系统的总体架构分为感知层、传输层、平台层和应用层。具体由集成 NB-IoT 模块的智能监测终端、视频监测终端、NB-IoT 基站、4G 基站、OneNET 云平台和 PC 端/手机 APP 端组成，如图 1 所示。

智能监测终端主要包括对流量、水位的监测，集成 NB-IoT 通信模块，低功耗模式运行，平时处于休眠状态，只有当定时唤醒或发生突发事件时才处于工作状态；视频监测终端集成 4G 通信模块，主要采集、存储、传输视频信息。

作者简介： 梁永荣（1986—），女，高级工程师，主要从事物联网技术在水利工程方面的应用工作。

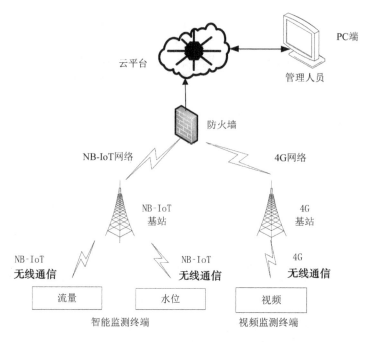

图 1　基于 NB-IoT 和 4G 的城市地下管网监测系统

为降低时延特性，降低网络切换功耗，充分利用窄带公网的穿透性强特性、宽带公网的高速率传输特性，本文分别利用 NB-IoT 和 4G 公网，将数据传输至云平台。平台层通过 OneNET 云平台接收监测的数据，并进行数据存储、分析、处理、显示、以及报警；应用层实现使用电脑 PC 端实时查看数据。

3　监测方法

引起城市内涝灾害的直接原因是地下空间的淹没范围、水位和流速，因此城市地下管网监测要素主要就是淹没范围、水位和流速[2]。

3.1　淹没范围测量方法

淹没范围是内涝监测的重要指标，是内涝预警、交通指挥、应急抢险的重要依据，国内外尚无针对城市内涝观测的专门设备，目前主要采用摄像机进行观测。基于摄像机的淹没范围测量系统架构如图 2 所示。

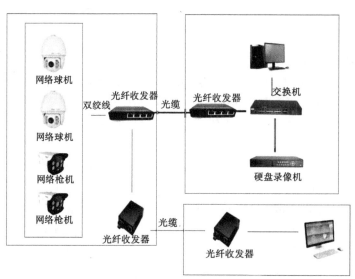

　图 2　基于摄像机的淹没范围测量系统架构

摄像机主要有固定式枪型网络摄像机和便携式高清数码摄像机。固定式枪型网络摄像机测量范围大，测量精度和分辨率可根据需要选定，有多种规格，测量数据可通过专用线直接连接到计算机，方便对数据进行实时保存和管理，主要适用于建筑物周边和墙壁上。但不易安装在交通路口、人行道及商业区，受通信带宽的限制或费用的限制，只能每隔 0.5 h 或 10 min 传输一幅图像，影响了其使用效果。便携式高清数码摄像机可由人携带，在需要的地方开展测量，测量数据保存于摄像机中，任务完成后倒入到计算机中保存，可灵活实现对整个淹没区的观测，在内涝观测实验中应用较多。

3.2 水位测量方法

淹没水位沿用河湖水位监测方法，采用半自动式的无线电子水尺进行监测。无线电子水尺由感应式电子水尺和无线端机组成[3]，通过电子装置感应水位变化，实现数字化分度，并将水位信号传送至无线端机。无线端机由控制器、通信模块、充电模块、防雷模块等组成，具有水位测量、数据保存、远程数据通信等功能。

电子水尺适用于城市内涝水位测量，但地面积水只有在城市内涝发生期间才形成，导致安装固定式电子水尺的难度较大，因此在条件不具备时，进行半自动测量，如图 3 所示。

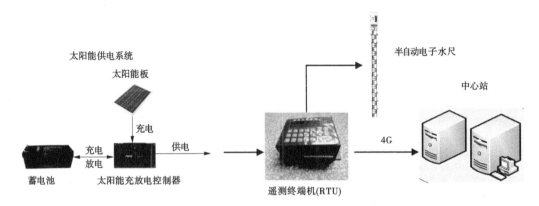

图 3   半自动水位测量系统架构

3.3 流速测量方法

淹没区流速是洪涝预报模型计算方法及参数验证的重要数据，目前可用于城市内涝流速及流量测量的设备主要有电波流速仪和便携式流速仪。流速测量系统架构如图 4 所示。

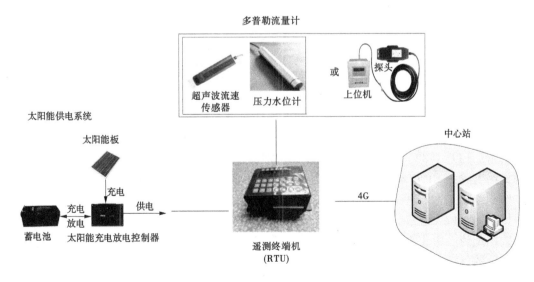

图 4   流速测量系统架构

电波流速仪俗称"雷达测速枪"，采用远距离无接触方法直接测量水面流速，不受使用环境影响、含沙量、漂浮物等的干扰，具有自动化程度高、操作安全、测量时间短、性能可靠、工作稳定、维护方便等优点。测速范围为 0.30~20.00 m/s，精度达到±0.05 m/s，分辨率可达 0.01 m/s，最大测程可达 100 m。在流速较高时，测量精度有保障，但当流速较小时，特别是流速低于 0.7 m/s 时，精度有所下降，使用时需慎重。

便携式流速仪结构简易、轻巧方便、耗电省、功能齐全、稳定可靠。由于设备多为微型，具有起动流速低的特点，适合于城市内涝水流流速较低的需求。测速范围 0.01~4.00 m/s，测流误差小于或等于 1.5%，测量深度可低至 0.045 cm。

4 硬件设计

根据监测方法，本研究采用 NB-IoT 通信模块[4] 和 4G 通信模块的遥测终端，具有休眠+唤醒的工作机制，实现微功耗运行，能够适应电池供电的应用现场，实现视频图像、水位、流量关键信息的实时监测。

智能监测终端是将传感器、采集仪、4G 无线通信模块和供电系统优化集成到一起，主要负责水库大坝现场各监测点的数据采集工作，其硬件结构如图 5 所示。

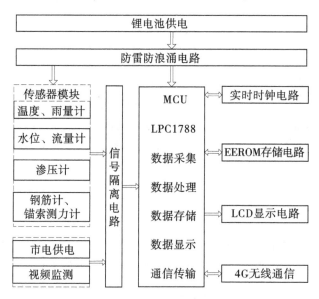

图 5 智能监测终端结构图

监测系统除视频采用市电供电外，其他都采用锂电池供电，采集仪使用 ARM LPC1788 处理器，集成 4G 通信模块。LPC1788 是一款针对各种高级通信、高质量图像显示等应用场合的、高集成度的微控制器。外设组件包括 512 KB Flash 存储器、高达 96 KB 的数据存储器、4 KB 的 EEROM 存储器、5 个 UART、3 个 SSP 控制器、3 个 I2C 接口、一个 8 通道 12 位 ADC、一个 10 位 ADC、多达 165 个通用 I/O 管脚等。LPC 1788 芯片集成了丰富的片内外设，通过对相应的寄存器写入控制字，便可以将内部资源灵活配置到 GPIO 端口上，很好地满足了多要素监测系统的需求。

智能监测终端工作原理是：通过实时采集和控制地表变形、内部变形、浸润线（渗流渗压）、渗漏量、雨量、库水位、流量、气温、水温以及视频图像等多要素数据；同时响应网关下发的控制指令将采集的数据上传。由于水库大坝安全监测多为静态监测，对测量频度要求不是很高，为达到省电使用时间最大化的目标，智能监测终端默认采用定时测量自报的工作方式。采用 14.4 V/19 000 mAh 一次性锂电池供电，平时处于休眠状态，低功耗运行模式。在无须外界供电的情况下可以稳定运行 1 年，完全可以确保雨季、汛期的测报工作的顺利完成。而当发生突发事件时，终端进入工作状态进行数据采集，采集到的数据通过无线传输汇集到 4G 中继网关，并以报文的形式存在 EEROM 中。

因此利用 4G 长距离传输、穿透能力强、抗干扰能力强和超低电流功耗等优点，进行智能监测终端测点布置。一测点或者一断面设置一个智能监测终端，彼此互相独立，可扩展性强，组成水库大坝安全监测局域网，达成监测数据实时传输与智能安全监控的目的。

考虑到设备现场工作环境和系统运行的安全和稳定可靠，设备供电系统主要采用太阳能浮充蓄电池供电，对地下空间监测则采用更换电池方式，设备采用低功耗设计以减少更换电池的频次。

4.1 NB-IoT 电路设计

设备主要包括传感器通信接口、RTU 终端控制器、DTU 通信设备（4G 模块或 NB 模块）、信号防雷器、协议转换模块、太阳能电板、蓄电池以及电源避雷器等，如图 6 和图 7 所示。

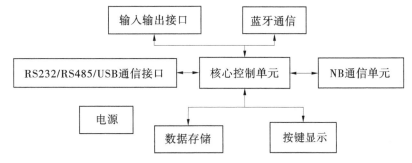

图 6 基于 NB-IoT 的 RTU 原理设计框图

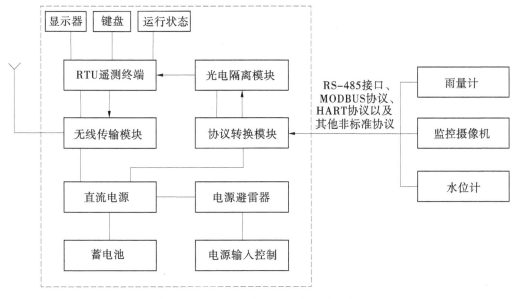

图 7 基于 NB-IoT 的 RTU 总体架构示意图

4.2 4G 电路设计

无线通信入网支持华为 4G 全网通、中兴 4G 全网通及 NB-IoT 通信模块的宽窄融合[6]，如图 8 所示。

4.3 锂电池保护电路设计

锂电池保护电路如图 9 所示。

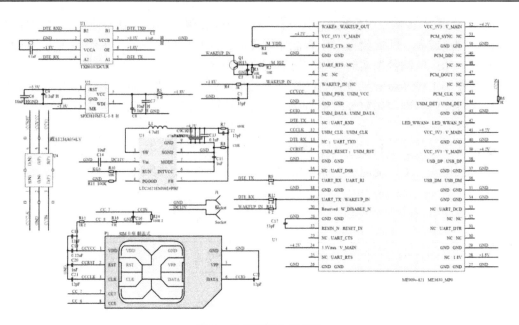

图 8　无线通信入网设计

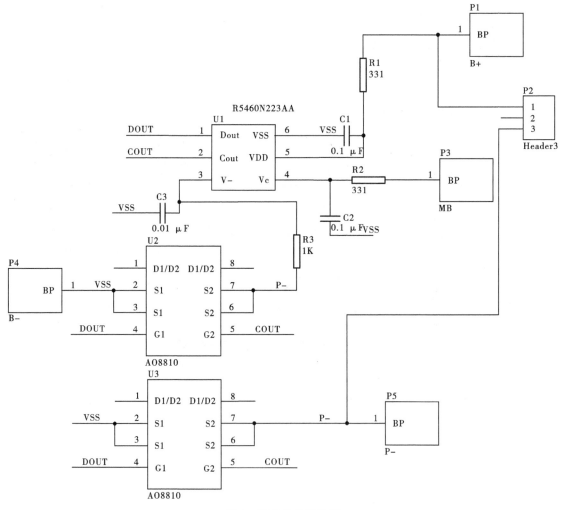

图 9　锂电池保护电路

5 软件设计

5.1 主程序流程设计

监测系统上电后实现第一次上电将 4G、NB-IoT 和 EEPROM 中的参数初始化的功能。主程序流程图如图 10 所示。

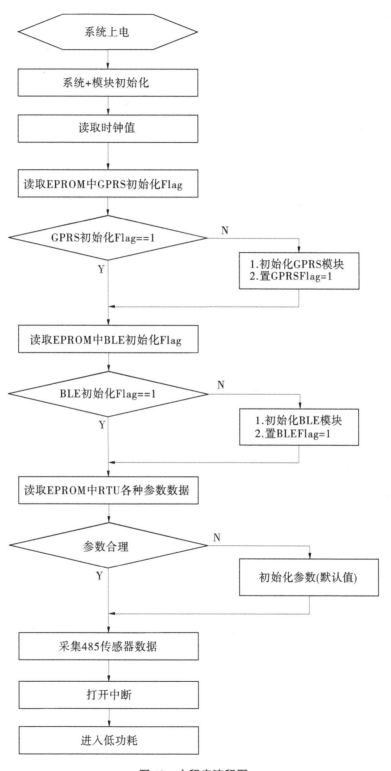

图 10 主程序流程图

5.2 4G 工作流程设计

4G 工作流程图如图 11 所示。不管 DCD 有没有检测为高电平，都要发送数据，DCD 的目的是能够减少 GPRS 模块的上电时间，DCD 监测为高电平后立刻发数，如果没有再等待一段时间（共上线 90 s），发送数据。

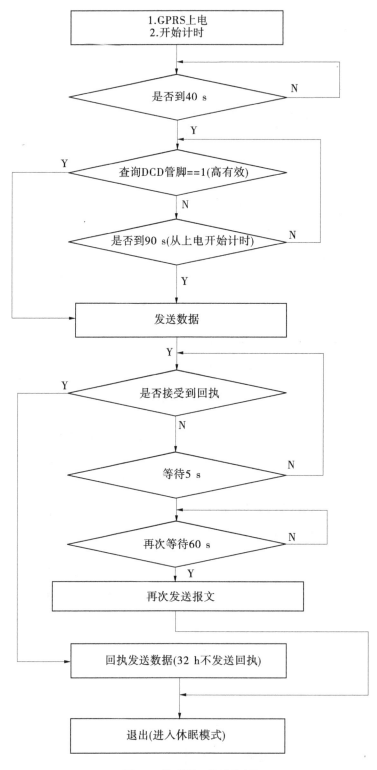

图 11　传感器工作流程图

4G 信号强度采集：定时报需要发送 4G 信号强度，4G 模块上电 60 s 后，在第一次发送数据之前，与宏电模块进行通信。通信模式采用 RDP 协议。

模拟过程如下：

（1）开始测试。

临时开启 rtu 协议发送 7D 7D 7D 00 10 00 00 61 64 6D 69 6E 00 7F 7F 7F；

返回 7D 7D 7D 00 0B 80 00 00 7F 7F 7F，则开启成功，如图 12 所示。

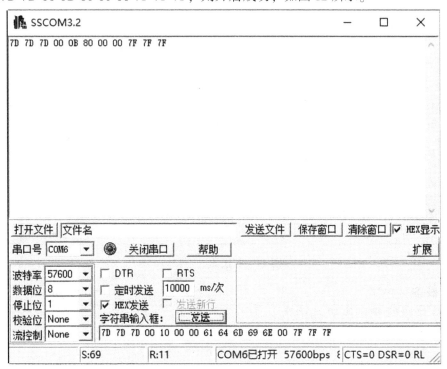

图 12　系统测试（一）

（2）查询信号值强度。

发送 7D 7D 7D 00 0D 07 00 F0 04 00 7F 7F 7F；

返回 7D 7D 7D 00 10 87 00 F0 04 00 01 18 00 7F 7F 7F；

则信号值为 24（16 进制 18 换算为十进制等于 24），如图 13 所示。

（3）复位指令。

发送 7D 7D 7D 00 0B 04 00 00 7F 7F 7F；

返回 7D 7D 7D 00 0B 84 00 00 7F 7F 7F，如图 14 所示。

6　应用分析

深圳市每年汛期受台风影响暴雨频发，内涝严重威胁深圳的城市安全。选取人口高度密集、洪涝危险性较大、防洪排涝工程体系建设基本完成、基础数据条件较好、水文资料较完备的深圳河湾流域作为试点片区开展城市洪涝信息传输技术研究工作。

在内涝观测区布设了 3 个便携式高清摄像机和 3 根电子水尺，通过半自动方式开展内涝淹没水深的观测，观测点如图 15 所示。

暴雨来临前，根据深圳市气象台暴雨预警信息，发布暴雨黄色预警时，观测人员每 10 min 采集一次水位数据，暴雨时每分钟采集一次水位数据。暴雨结束后，对淹没范围和水位进行整编和分析，结果如图 16 所示。

由图 16（a）～（c）可知，内涝通常由短时强降雨引起，致涝降雨中最大 10 min、20 min 及 30

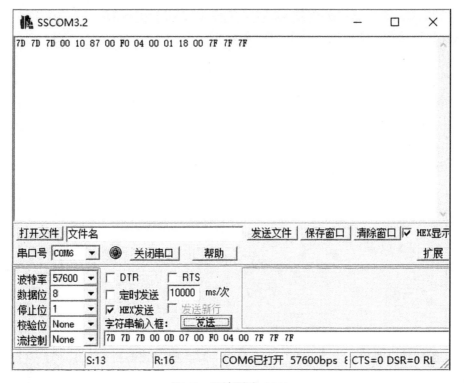

图 13　系统测试（二）

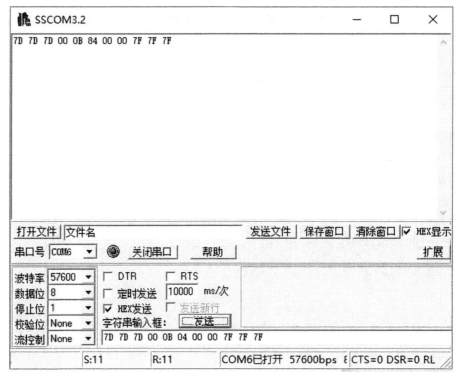

图 14　系统测试（三）

min 降雨量占总降雨量的平均百分比分别为 47.3%、64.7% 和 73.5%。由图 16（d）可知，地面径流的产汇流过程非常迅速，积水相对于降雨的滞后时间从 3~24 min 不等，平均仅为 11 min。由图 16（e）可知，引发积水的降水量阈值低，对于不同的低洼地区，由于排水系统、微地形和降雨空间分布的差异，引发积水所需雨量也不同，一般在 0.2~7 mm，平均为 2.2 mm。由图 16（f）可知，最大淹没深度降临快，内涝达到最大深度所需时间为 16~121 min，平均为 47 min。在观测区域内，如果

图 15　内涝区淹没水深观测点

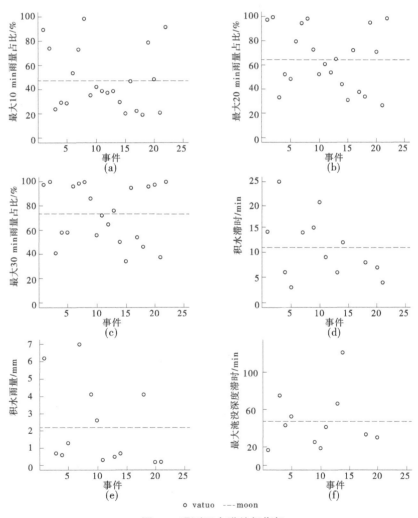

○ vatuo ---moon

图 16　观测区内涝特征指标

未来暴雨导致内涝，淹没深度很可能在 50 min 内达到最大，这要求应急抢险设备提前就位。

7　结语

综上所述，基于 NB-IoT 和 4G 城市地下管网监测系统研究，能够解决视频信息传输速度慢、地下空间及排水管网内监测信息传输不畅的难题，为城市洪涝预报预警及应急抢险提供快速及时的信息支持。

参考文献

[1] 杨弃非. 郑州内涝之思：不用"神化"海绵城市 [N]. 每日经济新闻，2021-08-02 (6).
[2] 唐逸如. 下水道安全考验城市管理水平 [J]. 社会观察，2013 (8)：50-51.
[3] 孙世君，王树生. 一种电子水尺，CN212030673U [P]. 2020-11-27.
[4] 杨观止，陈鹏飞，崔新凯，等. NB-IoT 综述及性能测试 [J]. 计算机工程，2020，46 (1)：1-14.
[5] 解运洲. NB-IoT 技术详解与行业应用 [M]. 北京：科学出版社，2017.
[6] 谷常鹏. 宽窄带异构融合的关键技术研究 [D]. 重庆：重庆邮电大学，2017.
[7] 杨观止，陈鹏飞，崔新凯，等. NB-IoT 综述及性能测试 [J]. 计算机工程，2020，46 (1)：1-14.
[8] 王晓周，蔺琳，肖子玉，等. NB-IoT 技术标准化及发展趋势研究 [J]. 现代电信科技，2016，46 (6)：5-12.

基于东阳市江北片区水环境 GIS 一张图系统建设

张万杨　何祖航　陈　卓　关国梁　王永桂

（中国地质大学（武汉）地理与信息工程学院，湖北武汉　430074）

摘　要：针对东阳市智慧水利实现江北片区的水利一张图建设要求，综合运用基础地理数据、水环境基础数据和业务数据，通过整合多源数据，统一数据和服务标准，建立数据动态更新机制，完成规范化标准体系建设，构建东阳市江北区水利一张图，为东阳市江北片区水环境管理、业务应用提供数据支撑，辅助管理者科学管理和决策，提高街道水环境管理科学化、自动化水平。

关键词：水利一张图；地图服务；东阳；水环境；GIS

1　引言

GIS 一张图系统是一种以实现水利数据资源整合应用与共享为目的，以公共基础地理数据和水利核心业务数据为基础，通过综合运用云计算、大数据、服务融合等技术手段，对多时空水利数据进行综合管理的系统。

随着全国水利一张图在 2015 年全国水利信息化工作会议上正式发布，并于 2019 年 12 月重点围绕丰富数据、强化功能、深化应用、优化展现等方面升级完成，全面推广到全国各级水利部门，有力促进了信息技术与水利业务的深度融合[1-2]。这说明相较于传统的各点位人工定时单独采样单独分析的处理效率低、信息不整合、时效性弱、耗费人力物力、响应速度慢的方法，构建以受纳水体位基础的点源、面源和内源相结合的统筹管理系统有着重要的意义[3]。目前已有一些成熟的系统正在运行[4-6]，例如：宁波市的智慧宁波时空信息云平台在水旱灾害防御、水利工程管理取得重大成效；全国水利一张图为防汛指挥和防洪救灾提供了基础支撑；新疆实现了"水利一张图系统+"的业务系统体系。针对东阳市江北片区管网建设和污水处理率的大幅度提高，为解决东阳市江北街道的雨水溢流污染事件，本文设计了水环境 GIS 一张图系统，基于厂-网-河一体化管理现代化城镇排水系统对管道流量、各排污口占用率及河道水文水质进行实时监测，为东阳市江北街道水环境污染防治和环境管理，减少雨水溢流污染事件发生提供了帮助。

2　系统设计

2.1　设计思路

在东阳市江北街道水环境调查工作的基础上，给予国家和浙江省相关标准规范，开展东阳市江北街道一张图系统的开发。通过综合运用基础地理数据、水利基础数据和水利业务数据，结合 GIS、遥感等技术手段，快速搭建东阳市江北街道一张图管理系统，对东阳市江北街道多时空水利数据进行综合管理与分析，为东阳市江北街道水环境管理、水利业务应用提供数据支撑，辅助管理者进行科学管理和决策，实现实时信息汇总、分析、统计与展示等功能，提高街道水环境管理科学化、自动化水平。

2.2　系统框架

东阳市江北街道一张图系统中的"一张图"主要实现对基础信息数据的收集、整理和入库，开

作者简介：张万杨（2002—），男，本科，研究方向为地理信息系统设计与研发。

展数据的综合展示和查询，实现基础地理信息数据的统计分析，最终形成一个数据中心和一张图管理。其中，数据中心通过对数据的加工、传输和交换，建成规范统一的，包含历史专题数据、基础空间数据、实时数据和综合分析数据的平台。而一张图管理则通过"一张图"的信息集成与整合电子地图来展示东阳市江北街道综合空间地理信息，实现属性数据与空间数据的无缝对接，整体把握全区域的水环境状况。整体上，东阳市江北街道一张图系统架构分为采集层、数据层、传输层、业务层与展现层共五个层次，系统结构层次如图 1 所示。

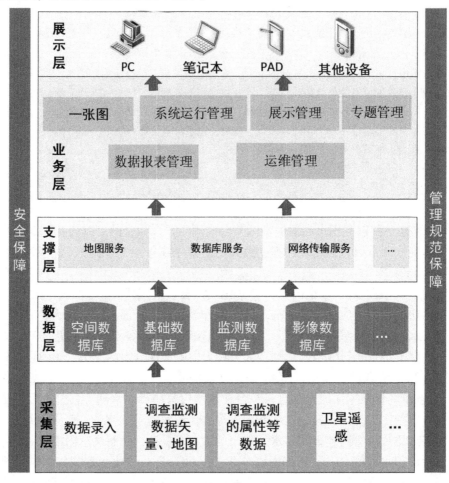

图 1 系统结构层次示意

（1）采集层。采集调查得到的各种地理空间数据和属性数据，对数据进行初步分析，并进行数据的整理入库。

（2）数据层。将采集层采集到的数据，进行归总后入库，形成空间数据、属性数据等基础数据。

（3）支撑层。包括将系统数据库和客户端进行对接，形成传输网络，进行数据传输的传输部分，以及支撑数据库建设的数据库部分和支撑地理空间服务的 GIS 部分等内容。

（4）业务层。实现对街道相关业务的管理，包括时空数据的综合展现、专题管理和数据管理等各项业务功能。

（5）展示层。按照东阳市江北街道一张图系统需要进行展示的各级内容，对用户提供所采集到的所有点线面等相关数据的展示，包括 GIS 地图展示、统计图表展示和报表展示等内容。

2.3 系统功能

根据业务需求，本文将东阳江北片区水环境数字化管理平台系统划分为 GIS 展示模块、水文水质监测模块和统计分析模块共三个功能模块，模块及其功能如图 2 所示。

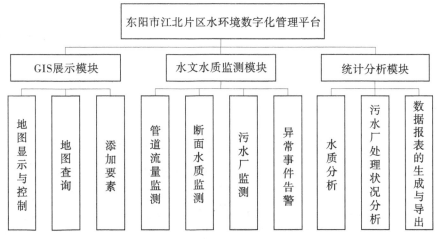

图 2　系统功能模块图

2.4　GIS 展示模块

本模块集成了基本 GIS 功能,包括鹰眼、地图缩放、地图漫游、地图复位、鼠标经纬度显示、空间量测、比例尺功能,提供多要素一体化展示服务,将东阳市基础地理要素、水利专题要素以二维地图的形式叠加到地图底图上。

2.5　水文水质监测模块

本模块主要用对东阳各个断面、管道和污水厂的水质、流量进行实时监控。将实时数据以可视形式,直观地展现在系统中。

2.6　统计分析模块

本模块对东阳市的水利专题数据进行统计分析,主要分为对水文水质信息和水利设施的统计分析,评价指标包括氨氮值、COD_{Cr}、TP、透明度、氧化还原电位。根据东阳水利数据的统计特征、变化趋势、周期性情况等进行时间空间多维度分析服务,通过对数据的统计分析直观展现东阳的水质情况和水利建设成果,为有针对性地解决污染问题并进一步改进处理对策提供技术支持。

3　系统功能实现

3.1　数据库

水利一张图业务数据大多依托多个业务系统,不同业务系统之间数据存储格式不同、标准不同、数据结构不同、数据重复等问题。通过编码转换、统一时空标准、数据格式转换等操作,根据业务需求,建立东阳市江北片区水环境一张图系统地理信息数据库,实现水利空间数据的快速入库、数据更新、备份等管理操作。

根据系统目标和现有监测调查的数据,对现有数据进行采集和整理,形成汇集水利、环保、住建、农业等相关部门的信息数据,系统数据库中的数据类型表 1 所示。

表 1　系统数据库中的数据类型

地理空间数据	属性和动态数据
底图矢量数据	气象监测数据
河流基本属性数据	水文监测数据
涉河水利工程数据	水质监测数据
水功能区数据	排污口数据

3.2 客户端功能实现

客户端功能划分为 GIS 展示模块、水文水质监测模块和统计分析模块三大功能模块进行综合管理，充分发挥地理信息对水利管理和决策方面的辅助作用。

3.2.1 GIS 展示模块

水利专题数据进行集中展示和分层管理（见图 3），通过目录树的形式对地图上各图层进行管理，控制图层的显示与隐藏、调整各图层的透明度，以满足对水利信息的多样化需求。提供片区内水利要素新增、删除、修改与查询操作，可通过直接选取或命名检索查询对象具体信息（见图 4）。

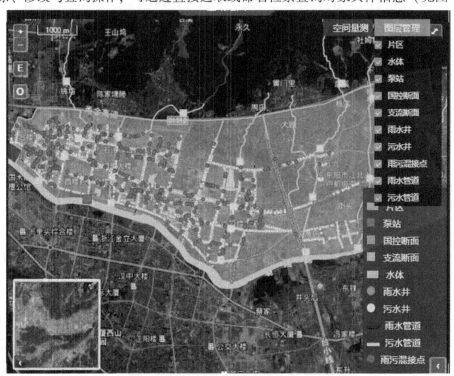

图 3 图层管理示意图

图 4 属性查询示意图

3.2.2 水文水质监测模块

以目录树形式选择断面，可针对不同种类污染物，查看该节断面的实时水质信息；也可选择管道，查询实时流量。若有异常事件如污染物检测或管道流量超过设定阈值发生，将会触发告警功能显示在告警列表中（见图 5），以达到告警目的。

3.2.3 统计分析模块

以目录树形式选择断面，可针对不同种类污染物，查看该节断面的实时水质信息和历史水质信息折线图并与高亮显示的平均情况对比，按照《地表水环境质量标准》（GB 3838—2002）对水质情况

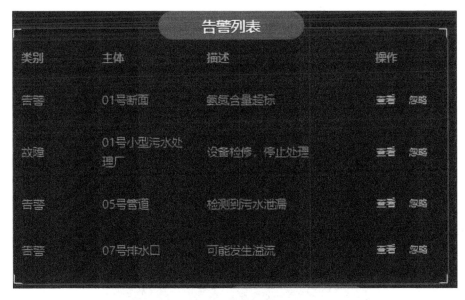

图5 告警列表

进行划分（见图6）。

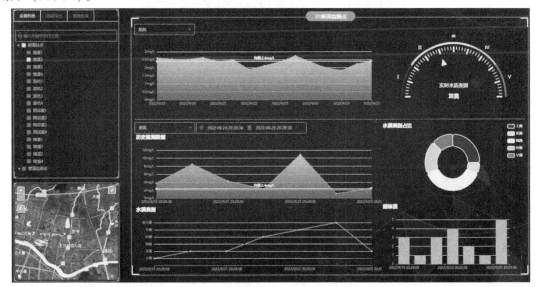

图6 水质情况分析展示图

根据水质数据的统计特征、变化趋势、周期性情况等进行时间空间多维度分析，数据信息可以Excel、PDF、JSON形式导出，支持水质报表生成（见图7）。

基于对污水厂排水口的监控，于污水厂监控界面生成实时图表（见图8）。

4 结论

东阳市江北片区水环境GIS一张图系统通过整合水利时空数据，完成了江北街道层级地理信息数据资源的整合。初步解决了缺乏技术标准、数据共享困难、信息更新滞后的问题，成功架构出厂-网-河一体化管理的现代城镇排水系统，实现了对管网流量占用率和可使用率的实时监测，一定程度减少了未来东阳市江北片区溢流污染事件发生的概率。东阳市江北片区水环境GIS一张图系统加强了该区水环境管理基础，明确了责任主体，使得水利工程效益得到有效保障。未来将根据使用过程中的反馈意见持续优化完善，推进信息技术与水利业务深度融合。

图 7 数据报表导出示意图

图 8 污水厂排污口管道流量实时监测界面

参考文献

［1］蔡阳，谢文君．全国水利一张图建设与应用［J］．水利信息化，2020（1）：1-5．

［2］蔡阳，谢文君，程益联，等．全国水利一张图关键技术研究综述［J］．水利学报，2020，51（6）：685-694．

［3］石泉县水利局．树立新理念 探索新途径 全面提升小流域综合治理水平［J］．中国水土保持，2015（1）：20-22.

［4］叶勇，方佳琳，胡波．基于智慧宁波时空信息云平台水利一张图的建设与应用［J］．浙江水利科技，2022，50（3）：78-82.

［5］徐红．水利一张图："图"上点兵 运筹千里——访水利部信息中心主任蔡阳［J］．中国测绘，2020（9）：8-12.

［6］毛国新，周力．新疆兵团水利一张图服务共享平台建设与应用［J］．水利信息化，2022（1）：82-87.

数字孪生水利枢纽工程管控平台建设

魏鹏刚　黄　勇　王洁瑜　寇一丹

（中国电建集团西北勘测设计研究院有限公司，陕西西安　710000）

摘　要：数字孪生水利工程建设是新时代我国水利事业发展中一项重要的内容，是实现水利工程智慧化管理的必要条件之一，对水利工程的安全高效运维及发电、调水、防洪等功能的发挥至关重要。本文基于黄河流域某水利枢纽工程智慧管控升级需要，围绕数字孪生水利枢纽工程管控平台建设，探讨管控平台设计原则、思路和平台构建等内容，设计完善该水利枢纽的防洪调度、大坝安全监测分析和库区综合管理等系统，建成可视化、可交互的智能运维管控决策系统，以期为今后数字孪生水利工程建设提供有益参考，助力智慧水利发展再上新台阶。

关键词：水利工程；智慧水利；数字孪生；BIM+GIS+IoT

1　引言

近年来，水利部高度重视智慧水利建设和数字孪生技术在水利行业的应用，印发了《关于大力推进智慧水利建设的指导意见》《智慧水利建设顶层设计》《"十四五"智慧水利建设规划》《数字孪生流域建设技术大纲（试行）》《数字孪生水利工程建设技术导则（试行）》等系列文件，全面部署智慧水利建设，将数字孪生水利工程建设作为智慧水利体系关键一环[1]。加快推进数字孪生工程建设，直接关系到智慧水利体系建设成效，对新阶段水利高质量发展十分重要[2]。

目前，数字孪生技术在水利工程行业中的应用尚处于初步发展阶段，主要是利用 GIS 地理信息数据、BIM 建模等技术手段在一定程度上实现了水利工程的虚拟映射，尚未实现与真实物理水利工程之间的虚实共生、孪生共长[3-4]。同时，原有的水利信息化手段已不能满足水库防洪调度、大坝安全管控智慧化升级等业务需求[5-6]，亟需借助"云大物移智"等现代化信息技术手段，将 GIS+BIM+IoT 技术应用于水利工程建设运维全生命周期，建立涵盖预报调度、工程安全、库区管理等业务的数字孪生智慧水利工程管控平台[7]，完善水利设施智能监管和智慧管控体系。

本文以黄河流域某水利枢纽工程的数字化升级项目为案例，探讨水利工程数字孪生管控平台设计和智慧业务体系构建方案。目前，该水利枢纽工程已完成部分信息化工程的建设，包括计算机监控系统、局域网、机房建设、大坝安全监测系统、水情测报系统、网络安全等级划分等，计划进一步完成各类信息系统的建设、优化、升级改造等工作，并利用数字孪生实现智慧水利枢纽建设的目标。

2　总体设计

2.1　设计原则

（1）顶层设计，分步实施。全面分析水利枢纽工程在供水、防洪、发电等方面的业务需求，强化顶层设计，科学确定目标任务，合理设计总体架构，明确实施路线和工作要求。充分结合水利枢纽工程信息化现状，以问题为导向，制定建设目标，分步推进数字孪生工程建设。

（2）创新融合，数字赋能。融合物联网、大数据、人工智能等新一代信息技术，加强水利枢纽

作者简介：魏鹏刚（1993—），男，助理工程师，主要从事智慧水利、水务相关研究及应用工作。

通信作者：黄勇（1988—），男，工程师，主要从事水利水电工程全生命周期数字化、智能化研究及应用工作。

工程信息化基础设施、数据资源、业务应用的整合与成果复用，实现全面互联和充分共享，加快推进"云大物移智"等新技术在数字孪生水利枢纽工程建设中的应用。

（3）统一标准，开放扩展。设计建设过程中遵守水利行业标准规范，保证数据接口规范、数据标准统一，以便于数据与智慧管控一体化平台互联互通，并为未来更多应用系统的接入做好基础。

2.2 设计思路

本工程总体设计遵循水利部《2022年推进智慧水利建设水资源管理工作要点》中"需求牵引、应用至上、数字赋能、提升能力"的要求[8]，以供水保障、防洪调度、库区管理及保障发电业务为主线，以水利枢纽工程运维过程中的信息基础设施升级、业务应用提升、数据资源应用等为主要设计内容，以数字化场景、智慧化模拟、精准化决策为路径，采用先进的物联感知技术、数字化技术，提升算据、算法、算力建设，并基于微服务架构，构建由3中台和3引擎组成的"数字孪生平台"，建设具有防洪调度、大坝安全监测分析和库区综合管理功能的数字孪生水利枢纽工程管控平台，进而全面提升水利枢纽管理单位的生产经营管理水平。

2.3 总体架构

数字孪生水利枢纽工程管控平台建设内容从下到上依次为智慧感知层、基础设施层，数字孪生平台层、智慧业务层、智慧决策层、智慧媒体层，如图1所示。

2.3.1 智慧感知层

在利用和完善现有各类监测设备的基础上，通过水闸、流量计、水位计、渗压计、视频监测、位移监测等前端监测设备获取水利枢纽水资源、水环境、水灾害、水工程的状态数据，形成集约化、多功能监测体系，满足水利工程项目全方位的监测需求，为数字孪生水利枢纽的建设、工程智能化、协同化运维管理提供基础的数据支撑。

2.3.2 基础设施层

基础设施层包括基础网络、云平台设计等内容，是智慧水利枢纽建设的基本内容。

2.3.3 数字孪生平台层

数字孪生平台层主要由3个中台（数据中台、智能中台和应用中台）和3大孪生引擎（数据引擎、知识引擎和模拟仿真引擎）构成。数据中台是各个业务系统的数据提供方，提供统一的数据访问接口，各业务系统也可通过数据访问接口获取数据。数字孪生工程引擎包括数据引擎、知识引擎和模拟仿真引擎，通过数字模型构建和建设、运维等数据关联，以及水利专业模型、人工智能模型、可视化模型和数据库的建设，并结合数据库软件、地理信息平台、数据孪生模拟仿真平台和商业智能软件的运用和建设，最终形成一个与物理水利工程对应的数字化虚拟水利工程，与真实物理水利工程虚实共生、孪生共长，支撑数字孪生水利枢纽的建设及应用。

2.3.4 智慧业务层

智慧业务层涵盖3大业务系统：防洪调度系统、大坝安全监测分析系统和库区综合管理系统，用于提升水利枢纽的防汛调度、大坝安全、库区管理、安全运行等业务的决策能力和管理水平。

2.3.5 智慧决策层

智慧决策层基于二三维可视化场景，利用3大业务系统，为防洪调度、大坝安全监测分析、综合视频管理、库区管理、安全管理和生产运行管理6大决策提供支持。

2.3.6 共建共享

通过共建共享接口实现与上级单位数字孪生平台的互联互通、数据共享、业务协同。

2.3.7 智慧媒体层

通过数字孪生运管中心完成智慧媒体建设，实现与上级单位、水库各管理单位、流域业务协同单位的信息互联互通，并为公众用户参与水利枢纽建设运行提供便捷通道，响应公众关切。

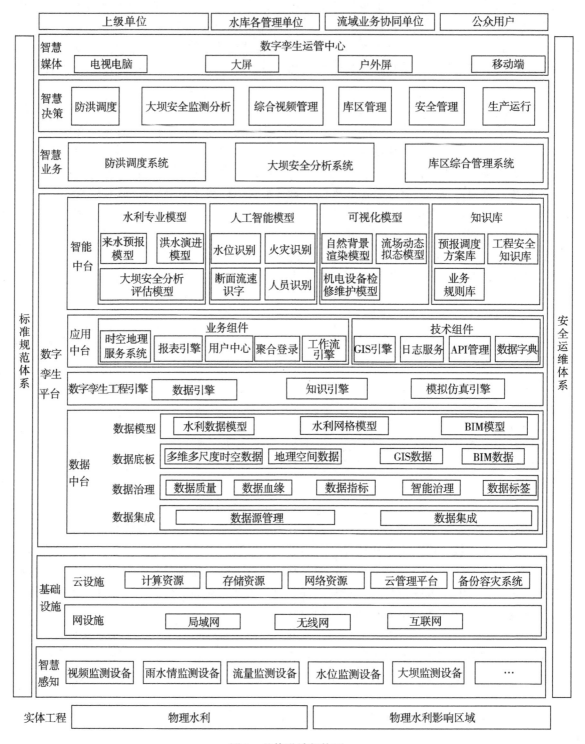

图 1 总体设计架构图

2.4 关键技术分析

2.4.1 BIM+GIS+IoT 技术

BIM+GIS 平台，应用 BIM+GIS 集成、三维模型编辑、三维空间分析、空间查询等功能，为工程各专题业务提供数据可视化及空间分析技术支撑。同时，IoT 平台通过各种传感器设备采集雨水情、水利工程运维状态数据，并将监测数据同步到管控平台，实现对水利工程的智能化感知。也就是说，基于 BIM+GIS+IoT 技术，以 GIS 建模和手工建模（如 3D Max）方式，进行水利枢纽工程主体三维建模，采用 BIM 建模进行主体建筑物、设备设施的空间可视化，并利用 IoT 技术实现监测数据采集、传输应用[9]，即将 BIM+GIS+IoT 技术与水利枢纽工程运行信息深度融合，实现雨水情、工程安全、设备状态等信息全面掌控和及时预警。

2.4.2 微服务组件化技术

微服务组件化是一种架构模式，其主要内涵是基于复用、解耦的目的，将一个大的应用分成多个较小的围绕具体业务的服务，各服务独立运行，服务之间通过定义明确的协议和接口进行通信，进而完成整体平台的开发[10]。微服务组件化技术在智慧水利工程中的应用是指当数字孪生水利枢纽工程管控平台垂直业务应用多、应用之间存在交互时，把核心业务抽取出来，作为独立稳定的服务，实现模型共享复用。每个服务足够内聚，开发效率提高，可各自进行扩展，并能根据需要部署到合适的硬件服务器上，更好地满足数字孪生水利枢纽工程管控平台业务发展的需要。

3 智慧业务应用建设

3.1 业务系统

3.1.1 防洪调度系统

以水库下游影响区内沿河道两岸一定范围内的基础地理空间数据和水利空间数据为基础，构建二三维数字流场场景，并基于数字孪生引擎，集成库区洪水演进模型，进行库区泄洪演进、下游淹没区影响模拟计算，为洪水漫堤、水灾害、防洪调度方案等预演提供形象直观的效果。当水库遭遇超标准洪水或其他不可抗拒因素而可能溃坝时，能提早向水库溃坝洪水风险图确定的淹没范围发出预警、预报，从而提前规避风险、制订调度预案，为流域管理提供决策支持，实现防洪调度方案的预演和预案功能。

3.1.2 大坝安全监测分析系统

水库大坝安全监测分析系统利用物联网、传感器、数据统计分析等技术，对水库大坝的渗流情况、渗水压力、导渗降压等进行监测；根据各个测点的监测结果，得出渗流水头分布图、流速分布图和渗流梯度分布图等并对各测点的过程线、断面浸润线、相关线进行绘制分析。同时，基于现有基础数据、监测感知能力和工程安全运行管理经验，对于大坝重点关注部位，构建 CAE 数字化场景分析，构建具备多源数据分析处理、在线多场耦合结构仿真和实时性态评估功能的大坝安全分析系统，并结合工程安全分析专业模型库、工程运行安全知识库实现大坝在线结构性态仿真和安全诊断分析，实时监控分析预警，以确保大坝的安全。

3.1.3 库区综合管理系统

库区综合管理系统集成多种业务，使多个系统的实时数据在同一张图下融合，为应用系统提供基础地图操作功能，并对水库的水情、雨情、流量、水质、供水、大坝变形、大坝渗压等实时状态进行监测，并能够将所有的监测站点和获取的信息在同一个底图上进行展示。库区综合管理系统可实现对水库主体构筑物、各类设施设备的运维状态参数进行记录，对大坝各个断面的仪器布置情况、运行情况进行记录和归档；对库区淹没区、违章建筑、库区弃渣、水土流失监管、水库周边地质灾害等资料进行管理。同时，基于无线移动终端的数据采集技术、无线局域网技术、射频识别（RFID）技术，采用 Web 应用系统搭建设备管理子系统，实现水库监测设备的信息共享与管理。

3.2 综合决策支持

基于二三维可视化场景，利用水库调度自动化系统，根据实时监测数据、来水预报结果、库区洪水演模拟分析结果、库区下游影响区淹没分析结果，进行防洪调度；并根据水库调度方案或下泄流量，基于水库下游数字流域及实时监测数据，利用水文水动力耦合模型对下游洪水过程进行计算模拟，仿真洪水淹没范围、水深、洪水演进过程，同时计算出社会财产损失进行估算，实现灾前监测模拟预报预警，灾中应急指挥调度，灾后损失分析。

利用大坝安全监测分析系统，根据实时监测数据和大坝安全分析预警模型分析结果，可视化展示坝体结构、监测设备健康状况、大坝安全性态分析图表、安全预警等信息，并将超标部分和临近超标部分进行标记及预警，以便水库管理者及时发现各种存在的隐患及发展趋势，采取一定的工程措施保证大坝的安全运行。

利用库区综合管理系统"一张图"展示，结合视频监测数据 AI 识别分析结果，构建综合库区管理业务场景，将综合视频监测情况、报警信息等进行可视化展示，便于管理人员能够全面了解到水库水情和设备运维的基本状况，并根据报警信息，做到及时防范。同时，接入发电运行、供水管理、集中控制等数据，为生产运行和安全管理决策提供辅助支持，并在已有系统或功能的基础上，基于数字孪生运管平台和监测基础设施，实现关键信息"一张图"集成展示，为综合决策指挥提供可视化、可交互的综合决策平台。

4 结语

数字孪生流域水利枢纽工程建设是一个系统工程，本项目基于空天地一体化物联感知体系搭建数据底座，利用 GIS+BIM 等二三维可视化技术建设多尺度融合的数字化场景，在此基础上构建包括防洪调度、大坝安全监测分析和库区综合管理等业务应用的数字孪生流域水利枢纽工程管控平台，支撑管理单位在水利枢纽工程运维管理工作中的精准化决策，以期推进数字孪生水利工程建设，助力我国智慧水利事业高质量发展。

参考文献

[1] 詹全忠，陈真玄，张潮，等．《数字孪生水利工程建设技术导则（试行）》解析［J］．水利信息化，2022（4）：1-5.

[2] 李国英．推动新阶段水利高质量发展 为全面建设社会主义现代化国家提供水安全保障［J］．中国水利，2021（16）：1-5.

[3] 周超，唐海华，李琪，等．水利业务数字孪生建模平台技术与应用［J］．人民长江，2022，53（2）：203-208.

[4] 刘业森，刘昌军，郝苗，等．面向防洪"四预"的数字孪生流域数据底板建设［J］．中国防汛抗旱，2022，32（6）：6-14.

[5] 邓院林，陈敏，王伟．基于数字孪生的大坝施工智慧管理平台［J］．人民长江，2021，52（S2）：302-304，311.

[6] 蔡阳，成建国，曾焱，等．加快构建具有"四预"功能的智慧水利体系［J］．中国水利，2021（20）：2-5.

[7] 刘志明．以 BIM 技术促数字赋能推进智慧水利工程建设［J］．中国水利，2021（20）：6-7.

[8] 谢文君，李家欢，李鑫雨，等．《数字孪生流域建设技术大纲（试行）》解析［J］．水利信息化，2022（4）：6-12.

[9] 黄艳．数字孪生长江建设关键技术与试点初探［J］．中国防汛抗旱，2022，32（2）：16-26.

[10] 周慧明，张晓春，章洪良，等．基于微服务的二三维一体化电力 GIS 平台设计［J］．制造业自动化，2022，44（7）：131-134.

徐州市铜山区智慧水务综合管理平台研究与应用

佟保根[1]　花基尧[2]　徐振楠[3]　吕　鑫[3]

(1. 徐州市铜山区水务局，江苏徐州　221116；
2. 北京金水信息技术发展有限公司，北京　100089；
3. 河海大学，江苏南京　210024)

摘　要：徐州市铜山区水务局经过智慧水利一期建设，已建成 15 个信息化业务系统，提升了各类涉水业务的执行效能。但各系统存在信息资源整合不够深入、业务协同能力不强、智能化水平不高等问题。因此，铜山区水务局不断深化集成整合核心理念，基于双中台与微服务技术建设了智慧水务综合管理平台、标准化数据治理与融合、集约化基础应用抽取、轻量化业务功能开发，并建成了"水利大脑"对水利业务全流程进行定制化、智能化展示，有效支撑了水利业务的精准化决策调度，全区水利信息化能力得到了根本提升。

关键词：智慧水务；集成整合；微服务；水利大脑

1　引言

党的十九大把"数字中国""智慧社会"作为加快建设创新型国家的重大举措进行部署。水利是关系国计民生的重要基础性、战略性行业，智慧水利则是指水利活动利用新一代信息技术，如云计算、大数据、人工智能等，实现对水利活动的全面感知[1]、互联互通、科学决策、智能应用及泛在服务[2]。近年来，水利部积极推动智慧水利建设，建设数字孪生流域，构建智慧水利体系，推动新阶段水利高质量发展。在水利部的积极推进下，各流域机构与地方水利部门陆续开展了试点性的智慧水利建设。江苏省水利厅完成了机关内网资源整合，并构建了基于统一门户系统与水利资源目录服务的水利云服务中心[3]。上海市水务局构建了覆盖全市的雨情自动测报、积水自动监测采集网，与气象、市政、公安、交通、环保等部门形成防汛防台应急指挥联动调度[4]。江西省水利厅出台了《江西省智慧水利建设行动计划》，依托智慧抚河信息化工程等项目积极开展智慧水利建设[5]。

徐州市铜山区历来十分重视水利信息化的建设。自 2016 年起，铜山区全面开展智慧水利建设工作，完成了前端感知设备、水务专网、相关水务数据库以及业务系统的建设。经过两年多的建设，铜山区水务局共建立建成 418 个视频监控站点、158 处自动雨情监测站、108 处自动水位监测站、105 处预警广播、7 处自动水质监测站与 8 处自动控制闸门，同时建设了防汛防旱综合服务系统、水利工程管理系统、供排水管理系统、河长制管理系统等 15 个业务系统以及相关的业务数据库。铜山区水利业务在信息互联互通、数据采集与视频监控、数据资源管理、业务应用等各方面均有成效。

经过两年的信息化业务系统的使用，水务工作的便捷性与工作效率都得到了极大的提升。但是随着对智慧水利的不断探索与深入思考，铜山区水务局明确了当前铜山区智慧水利建设中存在以下问题亟待进一步解决：

（1）数据缺乏治理，整合深度不足。虽然针对业务需求，建立了各类水利基础数据库和主题数

基金项目：江苏省水利科技项目（批准号：2021080）。
作者简介：佟保根（1966—），男，高级工程师，主任，主要从事智慧水利与水利数字孪生研究工作。
通信作者：花基尧（1986—），男，高级工程师，副总，主要从事智慧水利研究工作。

据库，并建设数据共享交换平台。但随着前端监测手段的日益丰富，监测点的日益增多，大数据环境下的数据治理与数据组织缺乏有效的技术手段，导致数据对业务的支撑能力下降。

（2）业务系统独立，协同能力不强。已建业务系统虽然基于统一的应用支撑平台及数据资源平台，但各业务系统间的协同能力较差，难以充分发挥信息化促进业务水利及业务效率的能力。

（3）业务功能简单，智能化水平不高。目前业务系统中大量应用仍然停留在数据统计查询的功能层面，对信息资源的深度挖掘以及对业务的智能决策辅助不足，尚不能完全满足各类主题会商决策所需的全面信息服务。

针对上述现象及存在的问题，铜山区水务局在已有信息化业务系统的基础上，研究并建设了智慧水务综合管理平台，实现海量数据深度整合，业务数据相互协同以及提升信息化系统智能化水平与用户体验的目的。

2 总体思路

2.1 设计思路

针对业务数据治理深度不足的问题，平台应充分考虑水务系统中的数据来源与数据形式，设计建设水务数据仓库。在水务数据仓库的基础上，进一步集成整合铜山区本级数据资源，以水资源、水政、水工程管理业务需求驱动水务数据治理。此外，形成高质量的数据资产，对省市乡村水利部门和其他委办数据提供统一的传输接口与数据共享服务。

针对业务应用协同能力不足的问题，平台通过对已有和将建业务功能的深入分析，提取出各个业务服务中通用的、可共享的基础能力和业务模块，如 GIS 引擎、权限管理等，作为公共基础组件。以公共基础组件为基础，建设业务支撑平台，所有的业务系统将基于水务数据仓库与业务支撑平台建设，提高业务系统间数据互通、协同工作的能力。

针对智能化服务不足的问题，首先分析智能化服务的需求场景，如水务违法行为识别，智能调度与辅助决策等。其次，基于业务支撑平台设计模型存储与智能调度服务，系统可根据需求与当前运行状态，对模型及其所需资源进行自动调整、调度，实现系统资源的充分利用。

2.2 集成整合方案

数据应用的集成整合包括已建应用与数据的接入和新建应用及数据的接入，并通过集成整合框架完成。新建应用按照标准规范进行建设，并与已建应用一样，以微服务的方式注册到应用发布平台中；新建数据与已建数据通过水务数据仓库进行统一汇聚、存储和分析利用。集成整合框架见图1。

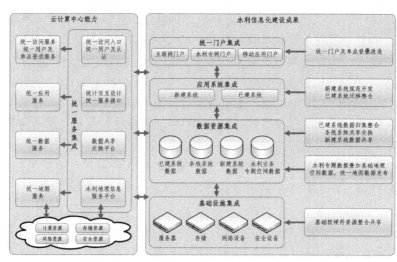

图 1　集成整合框架

2.2.1 基础设施集成

智慧水务综合管理平台部署在水务局机房云平台上，共享和利用水务局其他已建项目建设的计算和存储资源。平台支持云计算环境下的动态部署方式，可通过应用支撑平台的基础云管理能力按需配置和调度云基础设施资源，实现资源的有效利用，保障服务的安全性和高可用。

2.2.2 空间数据集成

平台采集的水务空间专题图层信息，包括如河流、水闸、水库、取水井等地理信息，按照统一格式、坐标系等要求进行加工处理后，完成水利专题数据与水利公共基础地理数据的融合，基于统一的GIS引擎发布地图服务。

2.2.3 数据资源集成

智慧水务综合管理平台相关数据包含新建应用数据、已建应用数据、省市水利条线共享数据等。新建应用数据按照水务数据仓库制定的数据管理规范和技术要求进行数据资源的注册和发布，生成数据资源目录，并对外提供数据检索和共享服务；已建应用数据通过数据离线批量同步方式，将历史或新增数据整合到水务数据仓库中，并按要求完成数据资源的注册和发布；对省市水利业务条线共享的数据，可根据实际情况实施数据集成。

2.2.4 应用系统集成

新建应用系统统一按照技术开发规范、服务集成规范、数据共享规范和交互设计规范等标准规范要求，基于微服务架构，将系统应用服务注册发布为统一应用服务，供其他业务系统共享；对已建系统，根据实际情况开展系统上云迁移或功能模块的集成整合，可通过微服务封装方式进行服务发布和共享。

2.2.5 统一门户集成

通过统一门户建设，整合水利互联网、水利专网和移动端访问入口，并完成用户体系和权限认证的整合改造，实现统一用户和单点登录管理。

2.3 总体框架

在标准规范与现有安全体系的指导下建设综合管理平台，平台主要包括数据获取、数据传输、数据存储与业务应用四个部分，分别对应前端感知、基础设施环境、水务数据仓库、业务支撑与应用服务五个体系。系统总体框架如图2所示。

2.3.1 前端感知体系

前端感知体系由一系列的采集信息的设备组成，包括记录仪、监测站、监控器等。在一期建设的基础上，根据具体业务需求，适当增加视频监控点及移动采集设备。

2.3.2 基础设施环境

系统平台主要依托水务局机房的网络、计算和存储资源，支持弹性扩容，主要提供系统的计算、存储、网络、安全等基础保障。

2.3.3 水务数据仓库

建设水务数据仓库，整合水务局内部和外部共享数据，形成按业务过程、公共基础和主题应用分层建立的水务大数据资源体系，编制统一数据资源目录，发布统一数据共享交换服务，逐步建立形成水务大数据开发能力和水务数据资产管理能力。

2.3.4 应用支撑平台

应用支撑平台是智慧水务综合管理平台的公共能力聚集平台和智慧使能平台，在公共支撑能力基础上，建立满足水务业务应用需求的公共基础服务，包含统一地图、统一门户、统一视频、统一模型、统一服务等水利应用公共支撑服务，视频图像分析等人工智能应用支持服务，未来可进一步扩展水利专业模型、大数据模型、机器智能、知识图谱等智能支撑能力。

2.3.5 应用服务体系

应用服务体系面向水资源管理、水政监察管理、水工程管理等业务，以丰富、灵活的界面设计和

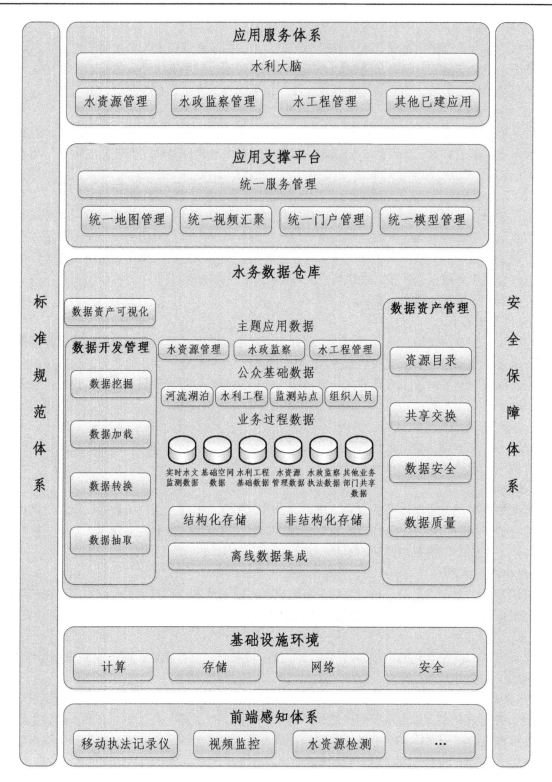

图 2　系统总体框架

应用组装能力，构建满足业务部门和社会公众需求的业务应用，提供水利大脑、水资源管理应用、水政监察应用、水工程管理应用和移动应用等服务。

2.3.6　标准规范体系

　　编制和完善水务数据共享和业务协同的相关管理和技术标准规范，在建设运行过程中加强标准规范的实施评估，及时组织修订完善，推动标准规范全面贯彻落实。

2.3.7 安全保障体系

基于水务局已建的安全保障体系，为智慧水务综合管理平台提供基础环境、网络设施等方面的安全防护，按照等保要求，强化用户授权、认证、审计管理，防范数据遗失和泄露风险，全面保障平台及应用安全。

3 具体实施

平台通过水务数据仓库集成整合已有数据与新建数据，通过应用中台提供业务支撑、业务集成与业务协同的功能。在此基础上，平台集成了具体的业务应用，以实现水务工作的信息化与智能化。最后，水利大脑充分结合建设应用与数据，提供统计信息的实时展示与智慧管理的功能。

3.1 水务数据仓库

水务数据仓库建设的目的是提高水务数据治理与整合能力，以及对业务平台的数据支撑能力，因此水务数据仓库在建设时，应包括数据集成、数据存储、数据计算及数据管理四个功能模块。

数据集成模块负责将铜山区河长制平台、水库管理信息化系统、水资源系统等共享数据集成到中台数据库中，支持 CSV 数据上传、库表导入及非结构化数据的文件形式上传等方式。数据存储和计算引擎负责具体异构数据的存储与管理的实现，以及通过编写 SQL 方式实现对海量数据的分析和处理。水务数据资产管理通过提供友好使用的、灵活控制的资源目录实现水利数据资源目录的动态可视化管理，同时允许用户创建周期性调度数据的计划，并针对数据接入、清洗、治理与服务，提供了相应的可视化功能，动态展现整体或局部数据资源量、数据变化情况、数据存储情况、数据质量状况等信息。

3.2 应用中台

应用中台即业务支撑平台，是在原有的业务综合管理平台的基础上，对业务需求不断分析，将业务模块分解成原子模块，并提炼出的公共的、基础的应用模块，以服务的形式对外发布，提高业务模块的复用性以及业务间的协同能力。

通过分析，应用中台主要包含统一地图管理、统一门户管理、统一模型管理、统一视频汇聚和统一服务管理等。统一地图管理整合铜山区河湖、水资源、水政、水工程等业务相关的水利空间数据，为各业务系统提供基础的 GIS 引擎与地图服务。统一门户管理在现有身份认证系统基础上，建立铜山区水利统一的用户管理体系，包含部门管理、岗位管理、人员管理、角色管理和登录验证等功能。统一模型管理负责各类算法模型的集中整合管理，包括模型注册、计算模块注册、资源注册等。统一视频汇聚整合不同时期建设的视频信息及外部接入共享的视频信息，提供统一的视频流接入和分发服务。统一服务管理提供业务服务注册、发布、监控、日志、认证等功能。

3.3 业务应用

铜山区智慧水务综合管理平台采用微服务架构的模式进行整体设计，以先进的技术架构降低各业务组件和功能模块间耦合的复杂度，充分调度和利用云计算资源能力，确保平台运行的安全、稳定、高效、顺畅。

3.3.1 水资源管理

水资源管理系统基于一期工程的基础，进一步完善水资源数据库及相应的业务应用。

3.3.1.1 水资源数据库

水资源数据库包含与取水、地下水相关的实时监测信息，水资源业务相关的数据信息、与取水用户、取水工程相关的基础信息，与电子地图相关如行政区划、取水口分布、监测井分布等相关的空间信息等，对应的数据库为实时监测数据库（实时库）、业务数据库（业务库）、基础信息数据库（基础库）、空间数据库。

3.3.1.2 业务应用

业务应用包含"四个一"管理、年度用水计划管理、水资源费征收与水资源报表等功能。"四个一"管理包含日常管理与监督管理两大模块。日常管理负责取水户的基本资料管理、取水许可证办理自动提醒、台账管理。监督管理负责定期对取水企业计量设施运行、台账记录、用水管理等工作进行综合统计分析的功能。年度用水计划管理提供取水户用水计划申报、主管单位取用水审核与考核功能。水资源费征收负责统计取水户取用水量并征收相应的缴纳金额。水资源报表提供数据自动汇总计算及水资源报表的编制、查询、修改与发布功能，并提供报表模板管理功能，丰富报表样式。

3.3.2 水利工程管理

水利工程管理系统用于实现对水利工程的监测、信息管理、管护巡查等，包含 PC 端应用和移动端应用。

3.3.2.1 PC 端应用

PC 端应用包含实时监测信息、水利工程基本信息、视频监控、长效管护巡查、统计分析五大模块。实时监测模块满足工程信息与实时运行情况的查看，并发出调整、调度指令更改运行状态。水利工程基本信息为工作人员提供水利工程的基础信息查询和数据统计服务，包括工程外景照片、多媒体资料、设计图纸、工程结构示意图、技术参数等，并在地图上展示工程的具体分布情况。视频监控模块为已授权用户提供工程实时监控，并且可以控制摄像头等设备，了解关键设备的运行状态。长效管护巡查模块包含巡检、设施养护维修、灾情险情数据上报与管理、险工险段地图标绘处理等功能。统计分析则提供针对长效管护巡查记录、工单、故障记录等项目信息的统计分析，查询结果以数据报表、柱状图、饼图等多种方式进行报表的统计分析，并提供报表的输出打印功能。

3.3.2.2 移动端应用

移动端应用针对水利工程长效管护巡查配套使用，包含日常巡检、计划巡检、巡检结果上报、养护维修上报、灾情险情数据上报等。

3.3.3 水政执法管理

水政执法管理系统主要包含执法监视、执法活动、执法能力、执法管理与指挥调度等功能。

执法监视通过前端监控站点结合 AI 算法识别以及执法记录仪和巡查 APP 实时信息，实现违法行为的识别与上报。执法活动模块负责执法巡查案件的上报与受理。执法能力则是负责对执法相关的人员、装备等的管理。执法管理则是对执法案件、制度建设等进行管理。指挥调度则是基于地图服务平台实现对执法人员、装备的实时指挥调度。

3.4 水利大脑

水利大脑基于数据中台和应用中台，汇聚水资源、水利工程、水政系统的业务数据及实时监控，实施多源数据的深度治理与分析，强化云计算、大数据、人工智能、GIS 等技术和业务的融合应用。

基于对数据智能化的抽取，水利大脑可定制化展示水资源管理系统、水利工程管理系统、水政执法管理系统的基础数据、中间数据和业务数据，如水资源统计与使用统计分析数据，涉水案件与实时跟踪进展情况以及水利工程基本信息和雨水情统计情况，可全面、直观反映涉水业务的全流程管理过程（见图 3~图 5）。视频监控专题集成了近 300 路重点河道、水库、闸站等监控点，实时调取监控视频，并基于自主研发的人工智能算法，包括水尺识别与漂浮物识别模型，实时进行智能化分析。当模型检测到超汛限水位或漂浮物时，水利大脑会发出警报，提醒相关人员进行处理（见图 6）。另外，水利大脑针对核心的防汛业务集成了工程信息、监控点位、水雨情、历史防汛、周边物资等全方位信息，并可根据报警点位、调度范围（可动态调整），智能化推送防汛辅助决策信息，极大地提升了基于水利一张图的现场、实时调度能力，如图 7 所示。下一步，水利大脑将进一步研发、集成智能仓储系统、路径规划算法、水利工程调度模型，一键生成多目标防汛预案，最大程度发挥水利大数据能力，如图 8 所示。

4 结论

徐州市铜山区水务信息管理综合平台的研究与开发，为铜山区后续系统设计开发提供了整体框

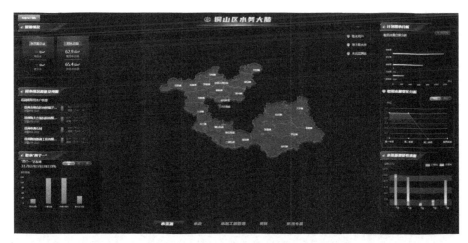

图3　水利大脑——水资源管理业务数据展示

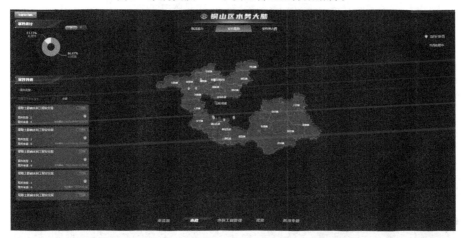

图4　水利大脑——水政监管业务数据展示

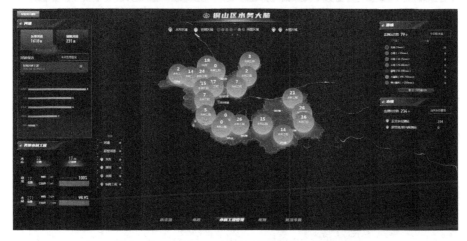

图5　水利大脑——水利工程管理业务数据展示

架。引入双中台机制，实现了公共业务组件共享与多业务间的数据协同。引入AI模型辅助人工工作，提升平台智慧化服务水平。在后续的平台建设中，新建平台可以充分利用双中台机制集成业务模块与共享业务数据，通过集成更多的视频智能分析模型，进一步提高综合管理平台的智慧化服务水平。

图 6　水利大脑——实时监控

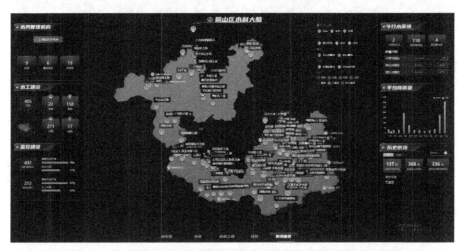

图 7　水利大脑——防汛专题展示

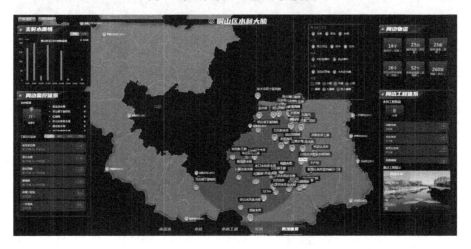

图 8　水利大脑——防汛指挥调度展示

参考文献

［1］IBM 商业价值研究院．智慧地球［M］．北京：东方出版社，2009．

［2］成建国，冯钧，杨鹏，等．水利数据资源目录服务关键技术研究［J］．水利信息化，2014（6）：18-21.

［3］江苏省水利厅信息中心．省水利厅加快推进"智慧水利"工作［EB/OL］．http：//jswater. jiangsu. gov. cn/art/2018/9/3/art_ 42712_ 7804037. html

［4］叶健．江苏水利信息资源整合共享研究与实践［J］．水利信息化，2018（5）：1-5.

［5］许国艳，高祥涛，司存友，等．基于水利云的江苏省水利信息资源整合共享研究［J］．水利信息化，2017（6）：37-40.

水库群智能云服务平台可视化系统设计与实现

常新雨[1,2]　周建中[2]　黄靖玮[2]　纪传波[3]　汪　涛[4]

(1. 昆明电力交易中心，云南昆明　650000；
2. 华中科技大学，湖北武汉　430070；
3. 长江勘测规划设计研究有限公司，湖北武汉　430014；
4. 中国长江三峡集团长江电力公司，湖北宜昌　443000)

摘　要： 为加强智慧水利建设，解决海量异构数据管理分散、水利信息化展示平台落后等问题，实现水利信息数字化、规范化、模块化管理的目标，本文设计并实现了一套水库群智能云服务平台大屏可视化系统。该系统基于 Vue 前端可视化开源框架和 SpringCloud 微服务后端开发框架，采用 Web-Socket 数据传输协议作为核心驱动全屏信息通信与交互，以 WebGIS 地理开发库 Cesium.js 为依托，结合 ECharts、DataV 等应用组件库，设计了一套大屏可视化集成方案，为水利成果展示提供了一个多端协同与信息共享的可视化平台，有利于促进流域水资源高效利用及科学化管理。通过在金沙江下游与三峡梯级的应用实例表明，该可视化系统集成技术能够实现流域水利信息形象、生动的全方位展示，具有较高的应用前景和参考价值，能够为水资源高效开发与利用提供技术支撑。

关键词： 智慧水利；大屏可视化系统；微服务；WebSocket；WebGIS；Cesium

1　引言

随着互联网技术和可视化技术的飞速发展，水利行业信息化、可视化需求受到极大地推动。水利信息展示大屏系统作为水利成果的展示交流平台，能够将信息交互、预报调度、决策模拟、分析评估等应用特色进行高度集中，在辅助决策及信息反馈等方面都起到了重要的作用，并且可视化系统能够展示和传递生动丰富、形象直观的信息，为水利信息可视化平台开发提供强大的技术支撑和参考价值。目前，可视化系统在各行业内都有了广泛的应用，王骁等[1] 研究了一种电网作业大屏展示技术，通过 GIS/GPS 实时音视频直播等技术，实现与监控人员和现场人员的双向音视频互动。顾丽鸿等[2] 针对可视化平台的整体需求，提出了一整套可视化系统架构设计方案，并实现了基于调度信息的大屏展示系统。姜佩奇等[3] 采用 B/S 架构搭建碾压监控可视化平台对传统的土石坝碾压监控平台进行全网络端碾压状态的快速查看与共享。许小华等[4] 利用三维可视化等技术构建了鄱阳湖水利信息三维展示与查询系统，同时利用 Java 构建了鄱阳湖区空间数据库和多媒体数据库。邓理思等[5] 提出了基于航摄时间和航摄区域来存储和检索三维实景模型的方法，并对大藤峡水利枢纽工程三维可视化展示过程进行了研究。目前，水利信息可视化海量异构数据管理分散、信息化展示平台落后，迫切需要攻克水利信息可视化建设中多元业务集成关键技术难题，形成一整套水库群智能调度决策共性技术支撑体系。本文针对长江流域防洪安全与水资源利用协调、水生态与水环境保护等重大需求，重点研究水库群多目标联合调度海量异构数据融合、大数据深度挖掘与混合云模式下基础云平台建设等共

基金项目： 国家自然科学基金重点支持项目（U1865202）；国家自然科学基金重点项目（52039004）；中央高校基本科研业务费专项资金资助（2021yjsCXCY018，2021yjsCXCY020，2021yjsCXCY042）。

作者简介： 常新雨（1995—），男，硕士研究生，研究方向为水文与水资源。

通信作者： 周建中（1959—），男，教授，主要从事水电能源及其复杂系统分析研究工作。

性支撑技术，提出了一种水库群智能调度云服务平台大屏可视化系统设计思路和实现方法，并从系统设计方案、系统关键技术和系统实现应用三个方面分别进行阐述。

2 系统设计方案

2.1 系统总体架构

该智能调度云服务平台系统架构体系为数据层、服务层和表示层三层架构模式，采用多系统双向通信机制实现各部分信息交互。基于 B/S 系统架构，采用 SpringCloud 提供通信微服务、数据服务，并实现与各课题业务间的接口调用与服务集成，系统总体控制架构见图 1。

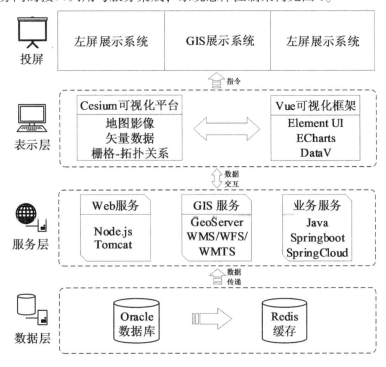

图 1　系统总体控制架构

2.1.1 数据层

数据层的数据库服务器采用 Oracle 数据库，数据库中存放着各个业务功能模块所需的基础信息表。采用 Redis 缓存数据库将数据存储在内存空间中，以此来大幅度提高并发状态下的 Web 访问速度。

2.1.2 服务层

服务层主要包括 Web 服务、GIS 服务及各课题业务服务，是大屏可视化系统的重要组成部分，其承担着访问数据层信息、推送表示层数据，搭建起前后端连接通道的功能，是实现整个系统业务功能的逻辑载体。

2.1.3 表示层

表示层主要以 Web 网页展示业务功能操作，其采用 Vue. js 前端框架实现大屏信息的可视化展示[6]。GIS 展示系统采用 WebGIS 地理开发库 Cesium. js 实现各个课题地理信息数据的同时同轴、同步展示。

2.2 系统业务功能

水库群智能调度云服务平台系统的业务功能模块主要包括基础信息展示、GIS 信息展示、课题成果展示三个部分。其中，基础信息展示包括水库或水文站点流量水位展示、流域信息展示和水库发电展示。在 GIS 信息展示模块主要包括流域影像展示、河网拓扑关系、扩展支持功能、站点信息展示和控制断面划分五个部分。课题成果展示主要包括水文预报成果、供水调度成果、生态调度成果、发电调度成果、蓄水调度成果和应急调度成果展示六个部分（见图2）。

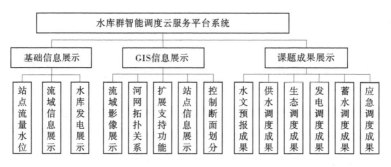

图 2　业务功能模块

3　系统关键技术

可视化系统在开发过程中采用的关键技术可分为多端实时通信技术、实时计算支撑技术和可视化集成方法。考虑到系统前期开发复杂度和后期可维护性、可兼容性和可移植性，下面将对从三个方面对技术选型进行阐述，并说明系统技术选型的原因。

3.1　多端实时通信技术

系统可视化平台采用 WebSocket 协议作为数据传输技术。WebSocket 是一种区别于 HTTP 的新的通信协议，它在客户端和服务器之间建立一条持久化连接通道，以便前后端的实时双向数据交换，且能够以较小的服务器资源和带宽实现持久化连接[7]，工作流程见图3。在 WebSocket API 中，浏览器和服务器只需要完成一次握手请求，两者之间就可以创建持久性的连接，并进行双向数据传输。WebSocket 协议控制的数据包头部较小，数据格式比较轻量，性能开销小，通信高效，在 Web 应用和服务器之间进行频繁双向通信时，能够避免造成资源浪费，并且能够实时地进行通信，提高了工作效率和资源利用率[8-9]。

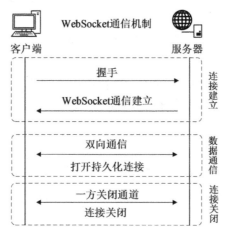

图 3　WebSocket 工作流程图

展示系统接入可视化平台时，各系统向指令服务发送握手请求，指令服务通过 WebSocket 连接池在控制系统和展示系统之间建立多端通信通道，实现实时通信功能，如图4所示。其中，控制系统通过指令服务与三屏系统建立持久化连接，以指令控制大屏的信息展示，三屏接收到指令服务后以投屏复制方法展示在主屏上，实现水利信息的同时同轴、同步展示。控制系统和展示系统与业务服务、数据服务均采用 HTTP 协议的数据传输方式建立通信，以此获取业务数据和基础信息，推送大屏进行展示。业务服务可根据不同场景和需要不断拓展，突出可视化平台高内聚、低耦合、易拓展的特点。

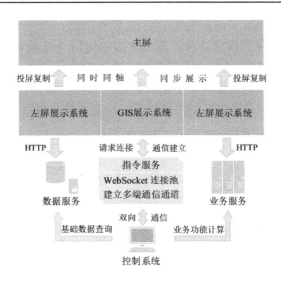

图 4 多端实时通信流程图

3.2 实时计算支撑技术

在业务计算服务模块中,各个课题模型以 SpringCloud 微服务方式进行集成,SpringCloud 作为一套微服务治理的框架,考虑到了服务治理的方方面面,能够实现课题服务之间的高内聚、低耦合,是分布式架构的最佳方案,如图 5 所示。Eureka 负责分布式架构中的负载均衡,Eureka Client 能够将服务的信息注册到 Eureka Server,以实现系统注册发现机制;微服务之间的调用通过 Ribbon 提供均衡负载能力解决分布式架构的容灾能力,引入 Hystrix 的熔断机制来避免因个别服务出现异常引起整个系统的崩溃。由于各课题模型实现语言不同,为便于系统集成和跨平台、跨语言开发,增强系统兼容性,利用 Java 平台中和本地 C++代码进行互操作的 API 接口 JNI 实现不同平台开发语言的调用访问。

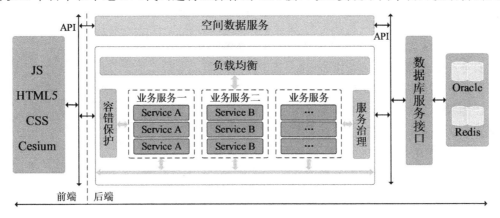

图 5 服务化架构图

为解决流域水资源多源多专业海量异构数据融合支撑问题,可视化系统数据层统一采用分布式数据库 Oracle 作为数据存储技术,为系统提供安全稳定的数据源,数据库中存放各个业务计算模块所需的基础数据表,提供 URL 接口以供业务服务实时计算使用。同时,将数据库作为模型成果共享域,按照 REST API 接口规范将各课题模拟成果、决策方案成果共享至数据库,供可视化系统调用。为提高系统海量数据访问速度和交互效率,系统采用 Redis 缓存实现了非阻塞 I/O 多路复用机制,以提升模型运算效率,减小系统服务器压力。

3.3 可视化集成方法

系统可视化集成方法主要包括 WebGIS 可视化和可视化工具库,通过 WebGIS 技术和开源组件库为水利信息大屏可视化系统开发提供丰富多元的展示方式和组件类型,为可视化系统提供有力的技术支撑。系统 Web 前端可视化框架采用 Vue. js 进行开发和集成,Vue. js 是一套基于 JavaScript 用于构建用户界面的渐进式框架，可以独立完成前后端分离式 Web 项目，如图 6 所示。开发者采用数据驱动和组件化结构进行自底向上增量开发的设计，通过灵活便捷的 API 满足各种功能需求。组件化设计是 Vue.js 的重要特性之一，组件的可复用性和独立性使得 Web 前端可视化系统开发更加灵活，帮助项目实现规范化、组件化、模块化。虽然各个组件相互独立，但是父子组件之间可以通过 prop、ref、emit 等方式进行数据通信。组件具有完整的生命周期，并提供钩子函数帮助开发者控制组件不同周期的行为[6-7,10]。

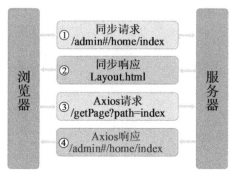

图 6   Vue.js 前后台交互流程

3.3.1   WebGIS 可视化

WebGIS 可视化是将 GIS 技术应用到 Internet 平台的产物，互联网平台为用户提供空间数据浏览、查询和分析交互功能，GIS 技术通过 Web 功能得以扩展和丰富[3]。其具有良好的可扩展性、可操作性和跨平台性，很容易与其他信息服务进行无缝集成，且具备灵活多变的展示形式。Cesium.js 是一套基于 WebGL 的 3D GIS 开源框架，能够使用户快速搭建一款零插件的虚拟地球 Web 应用，具有封装完善、简单易用、渲染迅速等优点，目前在水利信息可视化领域得到了广泛的应用。Cesium.js 支持多种数据格式的导入，包括遥感影像、DEM、矢量图层数据、三维空间数据等，这为地理信息展示提供了多种数据导入和展示形式[11]。可视化系统通过引入 Cesium.js 提供的 JS API，可以实现全球级别的高精度的地形和影像服务、矢量及 3D 模型数据加载、基于时态的数据可视化以及多种场景模式的支持，能够真正地实现二三维一体化，让地理信息展示形式变得更加丰富。Cesium.js 结构体系主要分为核心层、渲染器层、场景层和动态场景四层（见图 7），其中上层模块依赖于下层所提供的功能，同时上层模块对下层功能进行了更高层次的封装与抽象[12-13]。

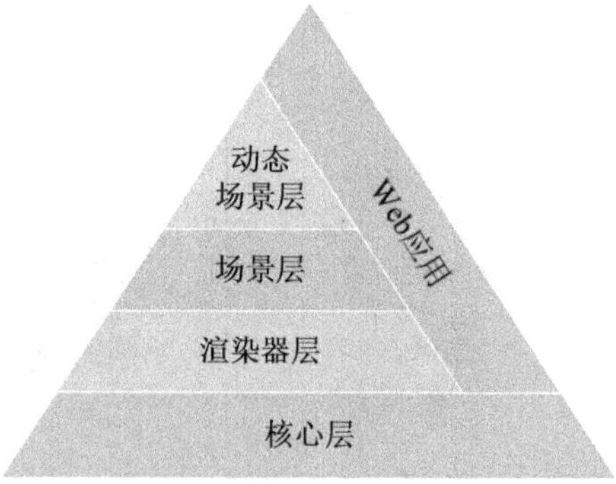

图 7   Cesium.js 体系架构

3.3.2   可视化工具库

在水库群智能调度云服务平台系统开发过程中，使用了许多基于 Vue.js 框架的 UI 组件库和图标库，以此来提高系统开发效率、丰富页面设计、增强视觉效果。这些组件在帮助构建页面框架、优化使用体验方面发挥了重要作用，以下介绍了大屏可视化系统开发过程中使用的组件库及工具库。

3.3.2.1   Element UI 组件库

Element-UI 是一款基于 MVVM 框架 Vue 开源出来的一套前端 UI 组件库，其提供了丰富的 PC 端组件供开发者使用。该组件库提供了大量的简洁、丰富的组件和自定义主题，并且提供了友好的文档和 demo，维护成本小，支持多语言。能够方便地帮助开发者完成测试、构建、部署和持续集成。

3.3.2.2   ECharts 图形库

ECharts 是一个基于 JavaScript 的商业级数据图形库，目前广泛应用于各行业系统需求，能够提供丰富生动、形象直观、可交互、可定制的图形图表库，同时支持折线图、柱状图、散点图等 12 类图表，提供标题、图例、时间轴等 7 个可交互组件，支持图形组件的混搭展现和用户深度交互式数据探索。

2.3.2.3 DataV 大屏数据展示组件库

DataV 是一种基于 Vue 框架的大屏数据展示组件库，其主要用于构建大屏数据展示页面，具有 SVG 边框、装饰图表、轮播图等多种类型的组件可供使用。开发者可以组合不同的配置项，可以达到多变的视觉效果。该组件库轻量、易用、绚丽，具有较强的视觉效果，非常适合水利信息大屏可视化系统平台开发[15]。

4 系统实现与应用

某大屏展示区域为长 2 480 cm、宽 437.5 cm 的大屏，长宽比约 5.7：1。基于此比例，将主屏分三个区域协同展示，尺寸分别为 775 cm×437.5 cm、930 cm×437.5 cm、775 cm×437.5 cm。其中，左右两部分为 1 920 cm×1 080 cm 屏幕同比放大 5 倍，以保证开发效果，中间部分宽屏为 GIS 展示区域，左屏为基础信息展示区域，右屏为课题成果展示区域。

系统在大屏上展示时，将利用专用工作站，由调度控制台访问系统页面后分三屏显示。利用 KVM 系统，将一台服务器的显卡输出 3 路视频信号，通过大屏的编码器及解码器，将服务器显卡视频输出投送到大屏上。图 8 展示了服务器与大屏系统连接原理图。

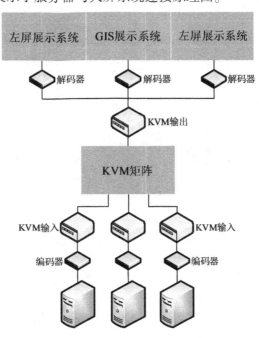

图 8　服务器与大屏连接原理图

系统以同一时间戳进行串联，通过控制系统指令进行通信，各部分采用 WebSocket 与服务单向通信机制实现指令读取，各个展示屏仅负责特定指令下的页面渲染，不提供用户交互操作，交互任务仅由控制系统完成。该大屏展示系统通过控制系统发出的指令切换不同部分的呈现内容。展示系统读取并解析指令信息如视图跳转、内容渲染、三维仿真等，同时读取数据服务并执行浏览器渲染程序，渲染相应系统页面，对于不同的场景和需求，可切换不同的仿真信息投屏呈现。目前，该系统已成功部署于三峡集团宜昌调度中心调控室中，展示系统、控制系统和业务系统集成效果如图 9、图 10 所示。

5 结论

本文从系统设计方案、系统关键技术、系统实现与应用三个方面详细阐述了智能云服务平台的设计方案，基于前后端主流可视化框架，结合流域矢量栅格信息、水利业务成果数据和实际运行基础数

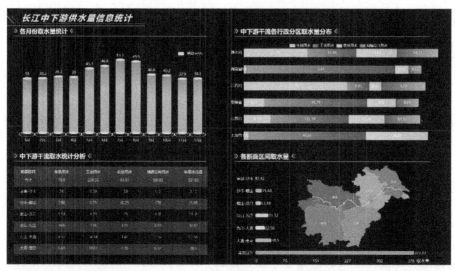

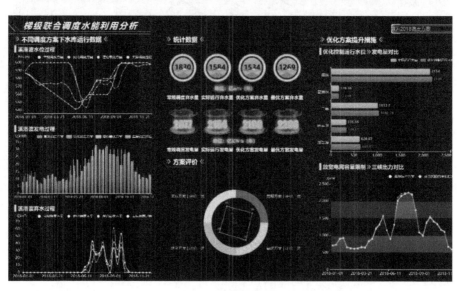

图 9　大屏集成效果

据，对课题研究成果进行了直观展示。

（1）设计并实现了水利信息大屏可视化系统，将防洪、调度、水文等成果进行深度集成，研究

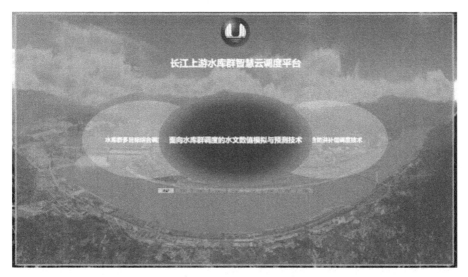

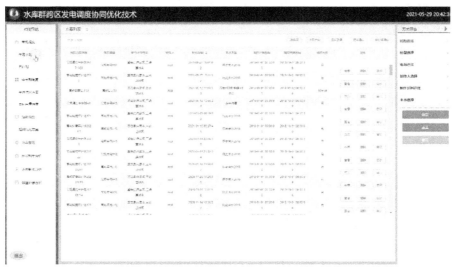

图 10　控制系统及业务系统集成效果

成果兼具科学性、实用性和可靠性，为长江电力流域特大型水库群运行、控制和管理提供强有力的技术支撑和决策支持，具有良好的现实意义和应用价值。

（2）基于 WebGIS 地理开发库 Cesium 创建了集成化、便捷化的水利信息大屏可视化系统，集中展示了金沙江长江上游流域矢量、栅格数据以及流域、水电站、水文控制断面，直观反映了水电站与水电站、水电站与断面、水电站与河网以及断面与河网之间的拓扑关系，丰富了可视化系统的展示形式，提升系统可观赏性。

（3）系统前后端均采用了目前的主流开发框架，且利用前后端分离技术手段，系统使用可靠易用，具有可扩展性、可兼容性和可移植性，为后期运行维护和拓展开发打下了良好的基础。

参考文献

［1］王骁，李永腾，郭鹏程 . 电网作业大屏展示技术的研究［J］. 通信电源技术，2020，37（1）：46-47.

［2］顾丽鸿，毕晓亮，葛朝强，等 . 调度大屏可视化展示系统的研究与应用［J］. 华东电力，2014，42（12）：2860-2863.

［3］姜佩奇，张社荣 . 基于 WebGIS 的土石坝碾压监控可视化平台开发［J］. 水电能源科学，2018，36（6）：68-72.

［4］许小华，李文晶 . 鄱阳湖水利信息三维展示可视化系统设计与实现［J］. 人民长江，2020，51（4）：226-231.

［5］邓理思，刘闯，朱长富．大藤峡实景三维可视化淹没分析系统开发与应用［J］．人民珠江，2021，42（4）：35-39.

［6］牛仁腾．基于 Vue.js 的表单可视化构建系统的设计与实现［D］．武汉：华中科技大学，2017.

［7］王宁．面向大屏的图表展示系统设计与实现［D］．西安：西安电子科技大学，2019.

［8］陆晨，冯向阳，苏厚勤．HTML5 WebSocket 握手协议的研究与实现［J］．计算机应用与软件，2015，32（1）：128-131，178.

［9］齐鑫．面向可视化大屏系统的数据配置平台设计与实现［D］．南京：南京大学，2018.

［10］宋雅．基于 Web 的大屏数据可视化系统的研究与实现［D］．北京：北京邮电大学，2020.

［11］王岩．基于 Cesium 的流域水资源管理三维模拟仿真平台设计与实现［D］．武汉：华中科技大学，2019.

［12］高云成．基于 Cesium 的 WebGIS 三维客户端实现技术研究［D］．西安：西安电子科技大学，2014.

［13］董福豪．基于 Cesium 的水土治理监管平台前端的设计与实现［D］．北京：北京邮电大学，2020.

［14］常新雨，周建中，方威，等．黄龙滩水库中长期径流预报方法研究［J］．水力发电，2021，47（8）：1-6.

［15］Haifeng Shen, Tomasz Bednarz, Huyen Nguyen, et al. Information visualisation methods and techniques：State-of-the-art and future directions［J］．Journal of Industrial Information Integration, 2019, 16.

［16］Honghui Meia, Huihua Guana, Chengye Xin, et al. DataV：Data Visualization on large high-resolution displays［J］．Visual Informatics, 2020, 4（3）.

［17］Rufu Qina, Bin Fenga, Zhounan Xu, et al. Web-based 3D visualization framework for time-varying and large-volume oceanic forecasting data using open-source technologies［J］．Environmental Modelling and Software, 2021, 135.

［18］Peng Shal, Shichao Chen, Liling Zheng, et al. Design and Implement of Microservice System for Edge Computing［J］．ScienceDirect, 2020, 53（5）.

数字孪生泵站关键技术研究

刘思微[1,2]　徐永兵[1]　徐征和[2]　田　莹[3]

（1. 山东省水利勘测设计院有限公司济南市数字孪生和智慧水利重点实验室，山东济南　250013；
2. 济南大学水利与环境学院，山东济南　250000；
3. 南水北调东线山东干线有限责任公司，山东济南　250000）

摘　要：目前，泵站存在着信息全面感知能力、科学决策能力、深度分析能力及智能化运行管理水平低等问题。针对泵站的现存问题，引入数字孪生技术，分析了数字孪生泵站的优势，重点研究了数字孪生泵站的多维数据融合技术、综合决策分析技术、数字孪生泵站的智能运行管控技术等部分关键技术。

关键词：自动化；泵站；数字孪生

1　引言

随着物联网、大数据与人工智能、BIM+GIS 等技术的成熟，数字孪生作为连接现实世界与虚拟世界的纽带，实现虚拟现实交互融合的一种方法，得到了广泛的关注。如何将数字孪生技术与水利工程结合起来，提高水利工程运行管理的智能化、数字化水平，已成为当前研究的热点。

党的十九届五中全会明确提出要"坚定不移建设制造强国、质量强国、网络强国、数字中国"。在《中华人民共和国国民经济和社会发展第十四个五年规划和 2035 年远景目标纲要》中将"加快数字化发展建设数字中国"单独成篇，2021 年水利部明确提出了数字孪生流域和数字孪生工程建设，明确了 11 个重大水利工程开展数字孪生先行先试建设。

数字孪生泵站就是运用数字化技术，为泵站在虚拟世界构建一个数字孪生体，并且与现实世界通过信息基础设施和数字孪生平台交互联通，实时交换数据，实现孪生工程与物理工程互动与融合。

根据数字孪生泵站建设需求，本文结合数字孪生技术，提出数字孪生泵站的概念，并详细讨论了数字孪生泵站系统架构及部分关键技术，为今后数字孪生泵站建设提供理论依据和建设思路。

2　数字孪生泵站

结合《数字孪生水利工程建设技术导则》，按照"需求牵引、应用至上、数字赋能、提升能力"的要求，结合数字化转型，以数字化、网络化、智能化为主线，以数字化场景、智慧化模拟、精准化决策为路径，在数字孪生工程的基础上，推进算据、算法、算力建设，对泵站实体及建设、运行管理活动进行数字化映射、智能化模拟，实现数字泵站与物理泵站的同步仿真运行、虚实交互、迭代优化，构建数字孪生泵站系统架构，提高精准化决策水平。

通过梳理数字孪生泵站建设需求，数字孪生泵站应具有如下主要功能：

（1）智能辅助决策。发挥数字孪生工程全景可视化平台、全场景调用能力，全场景模拟泵站生产运行与管理，提供工程管理综合决策支持，优化工程安全经济运行、降低生产运营能源消耗和成本，为泵站智慧化运行提供支撑。

（2）安全智能分析。一方面，以运行维护为重点，实现"风险预报—安全预警—检修预演—维

作者简介：刘思微（1999—），女，硕士研究生，研究方向为智慧水利。

修预案"四预，逐步提升工程智能化管理水平；另一方面，实现泵站工程的安全预警监控，保障运行安全，杜绝隐患。

（3）应急模拟支撑。加强对工情、水质、工程监控等信息的实时监测预警，根据水情、工情、水质等现状及可能的变化态势，提前分析研判应急事件发生防御形式，为应急事件下泵站运行进行时空模拟、调度风险提前推演。

（4）优化调度。通过各类调度模型，推演不同调度工况下水量调度计划过程，并同时判断泵站及控制节点的调水量、水位、流量等控制是否满足实际需求，调度过程的提前推演减少了实际调度过程中出现的风险问题，为制订下一阶段调度方案提供支持。

3 数字孪生泵站总体架构

根据水利部智慧水利顶层设计及数字孪生水利工程建设总体框架，结合数字孪生泵站的建设目标，形成数字孪生泵站总体框架。主要包括信息基础设施、数字孪生平台、智能决策平台、网络安全体系和保障体系，如图 1 所示。

图 1 数字孪生泵站总体架构

3.1 信息基础设施

信息基础设施主要包括监测感知设施、通信网络设施、信息技术环境等内容建设。旨在采集和更新泵站的地理空间信息、实景三维数据、监控监测数据、工程业务数据等，确保物理设备与虚拟世界的实时镜像和同步运行。

3.2 数字孪生平台

数字孪生平台包括数据底板及模型平台、知识平台及孪生引擎四大部分，以数据底板、模型库、知识库为基础，利用可视化引擎构建数字化场景，利用模型引擎为智能决策平台提供"四预"应用支撑，利用知识引擎实现预案快速检索、查询，为智能决策提供知识检索。

数据底板汇聚信息化基础设施采集到的数据，搭建数字孪生场景。模型平台包括智能模型、水利专业模型及可视化模型，以支撑泵站数字孪生系统建设管理的智慧化及高仿真模拟。知识平台包括知识库、历史情境、专家经验库等，为工程提供知识和专家经验，尽可能使得实验效果更加理想化以及规避一些潜在的安全隐患。

孪生引擎由数据引擎、模拟仿真引擎及知识引擎三大引擎构成，是连接起三个平台的桥梁，是整个系统的关键组成部分。数据引擎是数字孪生引擎中的基础性组件，为数字孪生泵站中的各种模型提供基础的存储计算能力及多维数据融合、处理等能力。模拟仿真引擎为各类水利专业模型、智能识别模型、可视化模型提供资源调度、模型管理、模型计算等功能。知识引擎采用知识图谱技术，对知识库中的基础数据进行知识抽取、融合等操作，最后形成知识应用。模型计算服务及知识应用是分析决策功能的重要组成部分。

4 关键技术研究

针对数字孪生泵站运行中存在的问题，本文仅对多维数据融合技术、智能决策技术及数字孪生泵站的运行管控技术作出研究。

4.1 数字孪生泵站多维数据融合技术

在数字孪生泵站运行中，信息基础设施会感知大量来自泵站的实时数据，包括基础数据、监测数据、业务数据、共享数据以及地理空间数据五个维度的数据，这些数据构成了数字孪生泵站运行的基础——数据底板。借助大数据技术及各种人工智能算法，数字孪生泵站在现有数据基础上，完善数据类型、数据范围、数据质量，优化数据融合、分析计算等功能，充分利用数据引擎，对分散在不同系统的多源异构数据进行治理，通过汇聚、清洗、融合等治理操作后，面向泵站优化调度、设备运行维护、水质检测等应用，设计数据库模型，完成地理空间数据库的建设，同步建立数据的更新、发布、共享等机制与功能，丰富数据内容、提升数据质量，为数字孪生泵站的智能决策及智能运行管控技术提供数据支撑。

4.2 数字孪生泵站智能决策技术

智能决策分析技术依托于数据底板资源，充分利用知识引擎、模型引擎能力，定制优化调度、工程安全、水质监测、设备维护等专题场景，构建综合决策平台，支撑输水调度、工程及设备安全监测、应急模拟等功能。根据水情、工情、水质等现状及可能的变化态势，提前分析研判应急事件发生防御形式，为应急事件下泵站运行进行时空模拟、调度风险提前推演。

4.3 数字孪生泵站智能运行管控技术

基于可视化模型的设备状态检修，以可视化模型为载体，将泵站的物理信息加载于可视化模型中，对采集的泵站各个设备的运行状态信息、视频图像信息进行统一监测，利用多维数据融合技术整合和集成数据信息，对设备进行故障预测、状态评价等，实现数字孪生泵站运行管控技术的可视化、智能化。

5 结论与建议

针对调水泵站，本文引入了数字孪生概念。凭借着高精度、全数字化等优势，数字孪生已然成为预测与模拟领域的重要工具。作为纽带连接物理世界和数字虚拟世界，研究并设计数字孪生系统，可以提高水利工程设计、建造、建管等多方面效率，降低水利工程运行的成本与风险，保障工程运行安全，更是实现数字化、智能化的必然选择。但总体而言，水利行业数字孪生的研究和应用还处于起步阶段，还需紧跟新兴技术，特别是信息技术的发展步伐，积极开展相关技术研究与应用。可以预见，随着信息化、智能化水平的不断发展，多维数据融合技术、智能决策分析技术、智能运行管控技术等关键技术将逐步成熟，数字孪生将为水利行业的跨越发展提供持续动力。

参考文献

[1] 杨可军，张可，黄文礼，等. 基于数字孪生的变电设备运维系统及其构建 [J]. 计算机与现代化，2022（2）：

58-64.

［2］徐跃增，黄莉．基于多智能体的水闸泵站综合自动化系统［J］．水利水电科技进展，2009，29（3）：64-67.

［3］李文正．数字孪生流域系统架构及关键技术研究［J］．中国水利，2022（9）：25-29.

［4］房灵常，唐炜，陈金水．智能泵站关键技术研究［J］．中国农村水利水电，2020（12）：73-76.

［5］卢阳光．面向智能制造的数字孪生工厂构建方法与应用［D］．大连：大连理工大学，2020. DOI：10. 26991/d. cnki. gdllu. 2020. 001699.

［6］田学华，胡祥涛，魏一雄，等．智能车间数字孪生系统开发架构与关键技术标准研究［J］．标准科学，2021（S1）：49-65.

基于 MicroStation 的水工建筑物参数化建模二次开发研究与应用

苏婷婷[1,2] 刘喜珠[1,2] 刘 洁[1] 袁 敏[1] 赵 琳[1]

(1. 山东省水利勘测设计院有限公司，山东济南 250013；
2. 济南市数字孪生和智慧水利重点实验室，山东济南 250013)

摘 要： BIM 建模是数字孪生"数据底板"建设和水利工程设计阶段的重要环节，目前建模方式相对单一难以满足需求，且建模工作量大、对设计人员的专业性要求较高。为提高水工建筑物三维设计的质量和效率，对水工建筑物中使用频率较高、模型存在结构特征规律且建模过程相对复杂的建筑物种类进行归纳和整理，基于 MicroStation 采用 VBA 和 C#两种语言按种类、分批次进行水工建筑物三维模型参数化、模块化设计二次开发，达到操作方便、提高效率的目的。

关键词： BIM；MicroStation；C#；二次开发

"十四五"以来，水利部相继出台《关于大力推进智慧水利建设的指导意见》《数字孪生水利工程建设技术导则（试行）》等多项政策，数字孪生试点工程、智慧水利等建设工作相继开展。"数据底板"建设作为数字孪生建设的重要组成部分，涉及基础数据、感知数据、业务数据、地理空间数据与共享数据，其中地理空间数据包含 BIM 数据。建筑信息模型（building information modeling，BIM）是包含工程几何信息、成本信息和施工信息等物理和功能性信息的数字化表达，实现参建各方信息资源共享、协同作业，具有可视化、协调性和模拟性等特征。BIM 技术的大力应用颠覆了传统水利行业的生产方式和理念，提高了水利行业的信息化程度和精细化管理水平，促进了水利行业的重大变革。

BIM 建模是水利工程设计阶段的重要环节，目前建模方式相对单一，主要采用二维和三维两种建模方式相结合，建模过程工作量大、效率较低，难以满足实际需求；同时，BIM 建模软件对设计人员的技术要求较高。水工建筑物虽然种类繁多，但其结构组成结构和几何规律存在一定的规律性，因此可以采用参数化建模的方式进行。参数化建模是一种以计算机功能为基础的设计方法，建模前对模型的结构尺寸、材料参数等构造特征进行分析，提取模型的特征参数，运用设计函数或算法将模型参数与模型特征进行关联，在软件中输入参数即可完成对模型的自动创建，优点是操作简便、生成模型速度快、效率高，相关设计人员可根据实际需求进行二次开发。

目前，水利工程领域针对不同项目基于 BIM 软件二次开发的研究较为广泛。于彦伟采用模块化设计思路基于 CATIA 进行重力坝三维参数化设计进行了二次开发，对挡水坝段、廊道等各模块进行分布设计和集中装配，实现了重力坝的初步设计。王宁等依托于 Revit 软件平台，以某涵闸项目为例，展示了水工工程 BIM 三维设计的具体实现过程，并详细阐述了 BIM 设计的具体应用。隋国栋等提出了一种基于 Excle-VBA 和 CATIA 的土石坝三维参数化建模方法，将土石坝断面信息存储在 Excel 中，基于 VBA 语言编写代码建立特征参数与三维实体之间的联系，从而实现了土石坝的建模功能。刘鑫基于 Revit 软件构建水工建筑物族库，实现了泵站等参数化建模。傅志浩等较系统地研究梳理了

作者简介： 苏婷婷（1991—），女，助理工程师，主要从事人工智能、水利信息化等研究工作。

通信作者： 刘喜珠（1982—），女，正高级工程师，主要从事数字水利、水利信息化等研究工作。

采用 C#语言进行相关二次开发过程中的关键技术问题，并实现了对典型水工结构三维模型的快速建立。

为满足山东省水利勘测设计院有限公司水工建筑物建模需求，提高水工建筑物三维设计的质量和效率，本文按种类、分批次构建水工建筑物三维模型参数化、模块化设计，以达到操作方便、提高效率的目的。

1 水工建筑物分类

结合山东省水利勘测设计院有限公司水工建筑物建模需求，对水工建筑物中使用频率较高、模型存在结构特征规律且建模过程相对复杂的建筑物种类进行归纳和整理，初步拟定对挡墙构建进行参数化建模。

以挡墙为例介绍生成思路。目前常用的挡墙有悬臂式挡墙、衡重式挡墙、重力式挡墙、扶壁式挡墙和空箱式挡墙。根据不同结构特点，采用放样和一键生成两种生成方式实现，其中悬臂式挡墙、衡重式挡墙、重力式挡墙采用放样生成，扶壁式挡墙和空箱式挡墙采用一键生成。挡墙种类及生成方式如表 1 所示。

表 1 挡墙种类及生成方式

类型	生成方式	名称	具体实现
挡墙	放样	悬臂式挡墙	直线、圆弧、B 样条曲线等
		衡重式挡墙	直线、圆弧、B 样条曲线等
		重力式挡墙	直线、圆弧、B 样条曲线等
	一键生成	扶壁式挡墙	正交扶壁式（直线） 斜交扶壁式（直线） 圆弧扶壁式
		空箱式挡墙	正交空箱式 斜交空箱式 正交空箱扶壁式 斜交空箱扶壁式

2 水工建筑物参数化建模

本文选择基于 Bentley 平台的 MicroStation 进行二次开发。Bentley 是水利工程领域应用广泛的 BIM 软件平台，MicroStation（简称 MS）软件是 Bentley 的三维基础平台，拥有便捷、强大的绘图功能和出色的渲染功能。常见的基于 MS 二次开发方式有三种：MVBA、Addin 和 MDL（MicroStation development language），本文采用 MVBA 和 Addin 两种方式进行水工建筑物参数化建模二次开发，具体流程如图 1 所示。

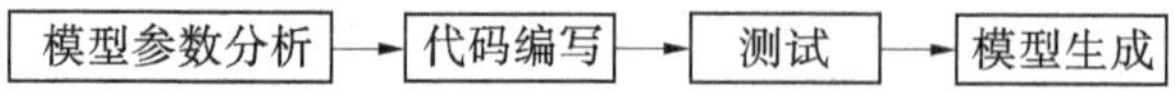

模型参数分析 → 代码编写 → 测试 → 模型生成

图 1 水工建筑物参数化建模流程

2.1 模型参数分析

水工建筑物的三维实体参数化建模中的设计要素主要包括：几何尺寸描述参数，几何体组成关系描述及几何体空间拓扑关系描述等。本文以正交扶壁式挡墙为例分析模型参数。

正交扶壁式挡墙结构主要包括三部分：底板、立墙和扶壁。

（1）底板参数：底板厚度 D、墙趾悬挑长 $b2$、上游侧墙踵悬挑长 $b3$、上游侧底板总宽 $B1$、下游侧底板总宽 $B2$；

（2）立墙参数：墙身总长 L、墙顶宽 $b1$、墙身上游侧总高 $H1$、墙身下游侧总高 $H2$；

（3）扶壁参数：扶壁间距、顶部长度、扶壁个数、边缘距离、立墙顶部自由端高度、墙踵悬挑自由端长度。

考虑到正交扶壁式挡墙结构相对简单，各部分均可由面拉伸而成，拟采用基于特征参数法的截面设计进行参数化建模，分别生成底板、立墙和扶壁，同时考虑各组件空间拓扑关系将三部分进行组合。

2.2 代码编写

本次开发基于 Visual Studio 2019 软件进行，采用 VB 和 C#两种语言进行代码编写，采用 Adapter 设计模式，借助 MVC（model view controller）三层架构实现。Adapter 将各种数据以合适的形式显示在视图中。MVC 即模型（model）-视图（view）-控制器（controller），模型（model）负责对业务进行处理，一般分为业务、数据两种模型；视图（view）主要显示模型的数据，也包括设计人员对图形界面的相关设计；控制器（controller）的主要功能是实现程序功能，响应用户的请求，通过视图把模型的数据管理和设计展示给用户。MVC 模式实现了动态的程序设计，将数据、界面、业务逻辑聚集在一起，使程序可扩展化，并提供了重复利用的可能。

Visual Studio 2019 中添加【类库】并命名，在项目属性窗体中配置生成路径等，在【引用】中添加关于 MS 的相关引用。

2.2.1 窗体设计

窗体用于实现与用户的交互。用户借助窗体进行模型参数的输入和修改，并点击功能键按钮实现模型的生成。此外窗体中还需实现部分参数自动计算功能。

点击【项目】—【添加 Windows 窗体】创建窗体，并依据需求添加文本框、按钮等进行界面设计。正交扶壁式挡墙界面设计如图 2 所示。由于正交扶壁式挡墙参数较多，因此采用 PropertyGrid 作为参数输入，编写代码将属于底板、立墙和扶壁的参数放入对应的模块中，如利用如下代码可分别将底板厚度 D、墙身总长 L 和扶壁厚度分别放入对应的三个模块中。此外还满足部分参数的自动计算功能，如底板总宽的自动求和，扶壁个数的自动计算、边缘距离计算等。

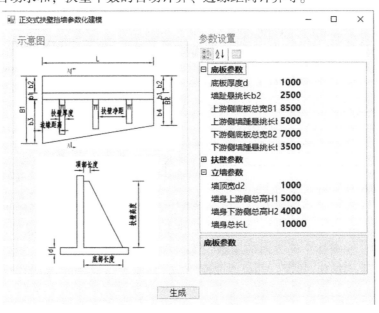

图 2　正交扶壁式挡墙界面设计

［CategoryAttribute（"底板参数"），DescriptionAttribute（"扶壁式挡墙底板"）］
    public double 底板厚度 D

```
{
    get { return D; }
    set { D = value; }
}
```

［CategoryAttribute（"立墙参数"），DescriptionAttribute（"扶壁式挡墙立墙"）］
    public double 墙身总长 L

```
{
    get { return L; }
    set { L = value; }
}
```

［CategoryAttribute（"扶壁参数"），DescriptionAttribute（"扶壁式挡墙扶壁"）］
    public double 扶壁厚度

```
{
    get { return FBW; }
    set { FBW = value; }
}
```

2.2.2 三维实体生成

VBA 和 C#中包含多种三维实体的生成方式，如拉伸、旋转、扫掠、放样及布尔运算等。根据扶壁挡墙的结构特征，采用拉伸的方式进行实体的生成。以底板为例，首先定义某点作为放置点 orign (X_0, Y_0, Z_0)，底板坐标通过几何位置关系计算得出，将四个点定义成为一个面 Shape，再将这个面拉伸底板厚度 D，即可完成底板的三维实体生成，具体代码如下：

```
BIM. Point3d [ ] pts = new BIM. Point3d [4];
pts [0] = orign;
pts [1] = app. Point3dFromXYZ (pts [0] . X, pts [0] . Y + b1 + b2, pts [0] . Z);
pts [2] = app. Point3dFromXYZ (pts [1] . X + L, pts [1] . Y, pts [1] . Z);
pts [3] = app. Point3dFromXYZ (pts [2] . X, pts [2] . Y − B2, pts [2] . Z);
pts [4] = app. Point3dFromXYZ (pts [0] . X, pts [0] . Y − b3, pts [0] . Z);
BIM. ShapeElement shape = app. CreateShapeElement1 (null, ref pts, BIM. MsdFillMode. Filled);
BIM. SmartSolidElement soild = app. SmartSolid. ExtrudeClosedPlanarCurve (shape, 0, D, true);
```

2.3 测试

将所有的代码编写完成后运行，将运行结果放入指定文件中进行反复测试并修改代码，直到生成的模型符合要求。

2.4 模型生成

将生成的 ∗.dll 文件放到 MS 文件中的指定位置，打开 MS 通过 Key-in 命令载入该文件，针对不同生成方式进行不同操作实现模型的生成。

放样类模型：首先在弹出的界面中输入模型参数，再在 MS 界面中放置需要的直线、弧或 B 样条曲线等，然后点击界面中【拾取曲线】按钮，最后双击所放置的线，即可生成模型。

一键生成类模型：在窗体中输入对应参数，部分参数可自动计算产生，参数输入完成后，点击【生成模型】按钮，再点击 MS 界面，即可生成模型。

3 模型展示

重力式挡墙为放样类模型，分直线和圆弧两种生成方式展示。扶壁式挡墙分直线式和曲线式两种，而根据实际使用需求直线式又可分为正交式和斜交式两种方式。挡墙和闸室类参数化建模结果如表 2 所示。

表 2   挡墙和闸室类参数化建模结果

挡墙名称	模型展示	
重力式挡墙	直线式	弧线式
扶壁式挡墙	直线扶壁式挡墙	圆弧式扶壁挡墙
	正交式顶视图	斜交式顶视图
空箱式挡墙	空箱式	空箱扶壁式

4   结语

为满足山东省水利勘测设计院有限公司水工建筑物建模需求，提高水工建筑物三维设计的质量和效率，本文按种类、分批次构建水工建筑物三维模型参数化、模块化设计，以达到操作方便、提高效率的目的。基于 MS 软件采用 VBA 和 C#两种方式进行参数化建模的二次开发，完成了挡墙和整体式闸室的参数化建模。针对实际使用需求就 MS 进行二次开发，有效地提高了 BIM 建模的效率，极大地节省了设计人员的时间成本，提高了设计质量和速度。借助 VBA 和 C#两种功能相对强大的开发语言，开发更符合实际使用需求的程序嵌入到 MS 中进行使用，体现了 MS 可扩展性。生成的模型为三维实体，可直接进行修改、配筋等后续工作，明显减少了正向设计的时间，更加体现了参数化建模的高效和便捷。

参考文献

[1] 翟超．弧形钢闸门数字化设计程序开发［D］．杨凌：西北农林科技大学，2019.

[2] 扈春霞，王子茹．基于 OpenGL 的参数化斜拉桥三维可视化的研究［J］．江汉大学学报（自然科学版），2008（2）：47-49.

[3] 林圣德，薛宏林．基于 Bentley 平台的水利设计单位 BIM 应用标准研究［J］．水利规划与设计，2018（2）：35-37，116.

[4] 于彦伟．基于 CATIA 的重力坝参数化设计系统的研究与开发［D］．郑州：郑州大学，2013.

[5] 王宁，陈嵘，杨新军，等．基于 BIM 技术的水利工程三维设计研究与实现［J］．人民长江，2017（S1）：162-165.

[6] 隋国栋．土石坝三维参数化建模方法的研究与应用［D］．郑州：华北电力大学（北京），2018.

[7] 隋国栋，张幸幸，董福品，等．基于 EXCEL-VBA 和 CATIA 的土石坝三维参数化建模方法［C］∥土石坝技术 2017 年论文集，2017.

[8] 张斌．基于 Bentley 市政快速路 BIM 正向设计应用研究［D］．青岛：青岛理工大学，2018.

[9] 刘鑫．水利水电工程 BIM 族库构建方法的研究［D］．郑州：华北水利水电大学，2018.

[10] 吴学毅，刘军收，尹恒．基于参数化设计的三维桥梁模型构建［J］．图学学报，2013，34（2）：76-82.

[11] 徐鹏，谷江峰，左威龙．基于 Revit 族模型的泵站工程参数化建模初探［J］．小水电，2015（4）：21-23.

[12] 杨鹏．AutoCAD 二次开发在水利工程设计中的应用［J］．华东科技（综合），2018（2）：182.

[13] 傅志浩，吕彬．基于 ABD 平台的水工结构 VBA 二次开发研究［J］．人民珠江，2018，39（2）：55-59.

[14] 刘燕强，张延忠，朱建和．基于 Bentley Microsation 的水工钢闸门三维参数化设计［J］．河北水利，2016（9）：41，46.

[15] 徐超，虞鸿，任刚，等．水工隧洞 BIM 建模关键点的探索［J］．浙江水利科技，2021，49（2）：54-58.

[16] 陈文亮，王良，王成，等．BIM 技术在水利工程施工中的应用［J］．水利技术监督，2021（6）：43-44，70.

数字孪生水利工程建设

杜文博　范　哲　冯建强

（南水北调中线信息科技有限公司，河北石家庄　050035）

摘　要： 数字孪生水利工程建设是建设现代化水利的重要举措，其数字虚拟映射体具有智能模拟、前瞻预演、虚实交互等优点，可以实现水利工程建设的全要素和运营的全周期管理。本文对数字孪生水利工程建设进行了理论分析，提出了南水北调中线工程安全监测业务的数字孪生建设方案，并对关键技术问题进行了阐述。安全监测数字孪生建设可以有效地解决中线工程在实时监测、工程安全评估、安全预警、智能决策、应急预演等方面存在的问题，最终实现南水北调中线工程安全监测业务的智能化运营管理。

关键词： 数字孪生水利工程；智能模拟；工程安全评估；应急预演

1　引言

国家"十四五"新型基础设施建设规划中指出，要大力推动江、河、湖数字孪生、智慧化模拟和智能业务应用建设，加快数字孪生水利工程建设，构建国家智慧水利。在此背景下，中国南水北调集团中线有限公司提出了建设智慧中线的总体规划，对中线工程进行顶层设计，要将中线水利工程建设为具有全面感知、数据资产、信息安全、信息智能检索、智能交互等智能工程，把中线工程打造为智慧渠道、智慧调度、智慧水质、智慧安全等业务智慧生态，实现生产业务和管理业务的全面数字化运营。具体到南水北调中线工程安全监测业务，虽然在工程信息化和数据自动化采集方面已经有了一定的规模，但相较于国家"十四五"规划中数字化、智慧化水利发展要求还存在不少差距，因此我们需要对之前的安全监测设计进行重新优化来适应南水北调工程运行现状。本文以安全监测业务发展需求为牵引，研究提出了南水北调安全监测数字化孪生建设的应用方案，并对安全监测数字孪生系统构架、实现关键问题进行着重叙述，方案设计可为中线工程数字孪生建设提供方案支撑和设计思路。

2　数字孪生水利工程

2.1　数字孪生水利工程概念

数字孪生技术，也被称为数字映射[1]或数字镜像技术，它是将我们现实世界中的物理实体以数字化的方式创建虚拟出来，用来模拟、验证、预测，甚至控制物理实体的全生命周期过程[2]。而数字孪生水利工程是数字孪生技术在水利方面的运用，该技术是以水利工程为单位，结合时空数据、数字模型、水利理论知识在数字空间内对水利工程单位的建设、运营进行全要素和全周期的数字映射、智能模拟、前瞻预演、迭代优化、智能运行。

2.2　数字孪生水利工程建设思考

数字孪生水利工程建设，是水利工程数字化体现，以服务于水利工程建设和运营为目的，在进行数字孪生建设时需要考虑以下几个方面：

（1）孪生对象与需求。在进行水利工程数字孪生建设时，要以业务需求为导向，结合业务实际，要搞清楚孪生对象的适应性、必要性，要清楚为什么搞数字孪生，具体的应用模式是什么。

作者简介：杜文博（1984—），男，高级工程师、注册测绘师，从事安全监测技术管理工作。

（2）工程价值分析。数字孪生水利工程建设需要投入大量的人、财、物，在开展这项业务时需分析数字孪生功能与成本的关系，功能项目选择力求准确，要剔除、消减非必要功能项目，实现产品生命周期的最大经济价值。

（3）数字孪生建设基础。进行数字孪生建设，要考虑实现最终应用模式所依赖的技术组成、实现条件、方式方法、呈现模式及业务规则，需要对目前的技术、设备、方法进行分析，对实现业务数字孪生的产业化实用程度进行评价。

3 工程安全监测数孪生方案

3.1 总体需求与现状分析

为实现信息化、智能化水利运营管理，中国南水北调集团中线有限公司正在全面推进"智慧中线"发展战略，规划建设以大数据、物联网、孪生中心、智慧运营中心、融合指挥平台等为支撑的智慧生态系统工程。南水北调中线工程安全监测数字孪生建设作为智慧生态系统工程的重要组成部分，是智慧中线建设的重要环节。

南水北调中线工程是跨多区域的长距离输水工程，沿线水工建筑和交叉建筑物众多，地质条件复杂[3]，全线共埋设安全监测仪器（测点）8 万多个（支、套、组），监测项目以变形、渗流监测为主，并兼顾主要建筑物的应力应变、温度等监测项目。目前，外观变形以人工测量方式为主，数据采集、计算、整理、分析均通过人工完成，存在监测效率低、数据报告相对滞后、人工测量扰动等问题；在内观仪器方面虽然实现了自动化采集，但是自动化程度偏低，变形数据分析、评价判断较为传统，在工程预警和预演方面，主要依靠人为经验和固定阈值等传统模式。

3.2 业务需求提出

按照南水北调中线工程数字孪生总体要求，对南水北调中线安全监测业务需求进行梳理，业务需求如下：工程安全监测经过多年的运行，部分工程监测内容发生变化，安全监测设计需要重新优化；目前监测体系在面对极端天气、疫情等突发事件时，响应时间滞后，需要改进；监测内容需从点状监测向面状监测、三维立体发展，覆盖所有监测区域、监测对象；工程巡查主要依靠人工巡视、巡查，需要进行智能化、无人化改造；测绘技术、信息网络技术、数字技术等新技术的发展，为水工建筑物数字孪生提供基础技术条件。

3.3 功能需求分析

通过对安全监测业务的整体分析，结合安全监测过程中全生产要素的作业流程及数据成果等需求，基于数字孪生技术提出总体功能要求，主要包括以下 7 个方面（见图 1）：实现中线工程安全监测数据自动采集；工程外观空间实景智慧巡视、巡查；基于三维建模技术实现监测部位变形信息三维模型展示；监测数据传输、数据平台建设；监测数据、工程资料、设备设施等数据库建设与管理；监测部位应急预警、安全评估、智能决策；实现监测测绘成果规范化、标准化输出。

3.4 应用方案构架

基于对南水北调中线工程安全监测的功能需求，结合工业产业技术条件、理论算法，对安全监测数字孪生系统结构进行统一设计，构建一套能包含多种监测方式，满足多场景、不同阶段（施工阶段和运营阶段）监测要求的系统框架。系统框架基本分为实现物理域、监测感知控制体系、数字孪生平台、应用域等体系构成，系统框架如图 2 所示。

3.4.1 实体物理域

实体物理域主要指中线工程需要监测的物理对象，具体包括挡水建筑大坝、沿线河渠交叉建筑物（包括渡槽、倒虹吸、排洪涵洞）、左岸排水建筑物、输水渠道、输水箱涵等各类水工建筑，构建数字体时需要进行精细化划分、分级构建。

3.4.2 监测感知控制体系

综合利用目前已经布置的内观仪器、自动化采集设备、信息平台和外观可应用的北斗/GNSS、卫

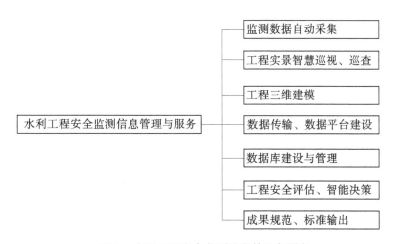

图 1 水利工程安全监测信息管理与服务

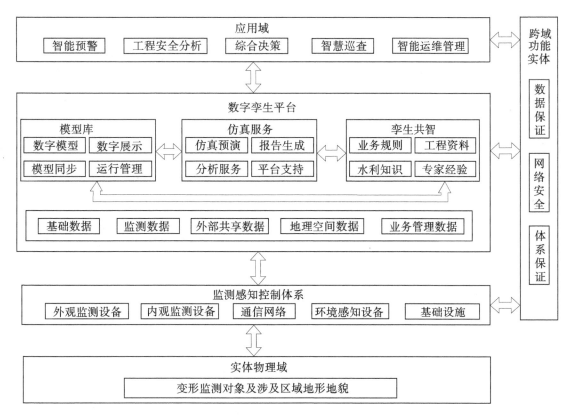

图 2 安全监测数字孪生系统框架

星 InSAR、无人机遥感、MEMS 传感器等新采集技术，引进大数据、云平台、5G 通信技术，在北斗/GNSS 技术提供的统一时空基准下，构建全域立体感知控制体系，为数字孪生平台提供全要素实时感知数据[4]。

3.4.3 数字孪生平台

以中线一张图为基础，以最新的渠道及沿线区域电子地图作为数据地板，对重要建筑采用无人机倾斜摄影、激光雷达扫描、BIM 等技术进行三维数字建模，构建工程多时态、全要素地理空间数字化映射模型；利用数字化模型、监测数据、环境数据、外部共享数据、地理空间数据对模型进行场景仿真模拟服务；利用水利知识、业务规则、专家库、工程资料库、规范标准库实现数字孪生共智。

3.4.4 应用域

应用域主要为用户提供使用服务，包括在线智能预警、数据异常分析、工程安全分析、综合决策、智慧巡查、智能运维管理等。

3.4.5 网络安全与保障体系

在目前已有的网络基础上对工控系统、移动、网络系统进行安全审计工作，同时建立健全运营管理机制，遵循国家、水利及相关行业业务标准规范，制定硬件集成、数据集成、软件集成、门户集成等企业标准规范。

3.5 安全监测数字孪生建设的关键问题

安全监测数字孪生建设是以虚拟的三维数字模型为载体，通过获取多方感知数据对其监测对象分析、仿真、诊断、预测、保障等智能化运营管理，具体在实施过程中，要重点对数感知设备、3D GIS 平台建设、数据质量管理等问题进行业务的实用性研究，以获得可预期的运营模式。

3.5.1 数据感知设备

目前，中线工程安全监测数据感知设备主要为监测内观仪器和外观监测设施。内观仪器多为一些监测应力、应变、温度、渗流的传感器，仪器监测模式和数据输出技术都较为成熟，而外观监测设施和数据采集方式需要全面设计优化，同时在运用新技术方法（北斗/GNSS、卫星 INSAR、无人机摄影监测、激光雷达、MEMS 技术的阵列位移计等）时要在精度、准确度、可靠性、稳定性、故障率、技术成熟度等方面进行全面综合考虑，最终满足中线的智能感知控制体系的设备需求。

3.5.2 3D GIS 平台建设

3D GIS 指的是对区域空间内的研究对象进行三维描述、分析的 GIS 系统[5]，新一代的 3D GIS 除具备传统 GIS 在数据获取、组织、操作、分析和表现优势外，还可支持倾斜摄影测量数据、BIM 模型数据、人工建模数据、点云数据等数据类型输入与操作，通过以 3D GIS 为基础的数字孪生平台，可以实现监测对象的三维全要素显示、二维、三维地图切换、地形地貌、环境渲染、不同级精度建筑模型的无缝切换等功能，强大的三维地理空间分析能力，可以直观呈现和深度挖掘数据变化及规律，提供多种地理空间分布图、空间统计图、空间关系图等分析视图。另外，与仿真计算模型接入融合，可以提供复杂的场景分析支持，对于仿真模型进行动态的信息获取和操控。

3.5.3 数据质量管理

监测数据、工程数据、环境信息数据是数字孪生的基础依据，而这些数据在采集过程中会产生误差或错误，这些误差或错误将直接将影响数字孪生虚拟体的模拟和决策的准确性，有可能对结果造成误判。因此，在安全监测数字孪生建设中要做好原始数据分析、筛选、过滤、融合等数据处理过程，对多源数据的数据进行质量管控，做好数据保证。

3.5.4 智能决策模块

工程安全评估和智能决策是数字孪生平台建设的重要组成部分，涉及工程分析与预警、业务规则、专家知识库、模型与分析方法库、基础数据支持库等多个单元，而每个单元又包括多个方面，例如工程分析与预警单元，就会用到工程监测数据、建筑工程背景资料、数据支持库、方法库、专家库等对监测物体进行数据资料评价、正反分析、物理成因分析、结果分析等信息输出为决策支持模块提供决策支持。

3.6 其他业务深度融合与创新

安全监测业务与智能安防监控业务深度融合，可以提高长距离输水工程安全监测信息的可视化表达效果，辅助安全分析。利用可视化集成平台，可以实现远程现场指挥、安全监测维护人员管理、工程扰动造成的监测异常原因朔源等，根据视频资料可进一步优化工程安全监测分析模型，结合工程观测数据、工程信息、水文信息等数据进行大数据分析，提高工程安全监测和风险预警准备和及时性。

在安全监测巡视、巡查方面仍然存在技术短板，目前以人工巡查为主，在对工程隐患发现方面，尤其是对水下结构物、输水渠道底板、暗光管廊隧洞、大型架空建筑物的隐患发现还存在诸多问题，因此，我们在数字孪生建设过程中要对巡查方式进行创新，针对中线渠道环境特性，引进研发测量机器狗、水下测量机器人、蜘蛛机测量器人等，通过搭载实景摄影与激光三维扫描设备对外部变形数据进行数据采集，实现渠道无人化、智能化实景巡查，实现所见即所得、实现监测与巡查同步完成。

4 结论与展望

在目前已经探索的应用场景中，数字孪生在东线工程进行了应用，实现了泵站智能调度、可视化维护等功能，数字孪生在中线安全监测方面应用还处于探索规划阶段，本文对中线安全监测业务进行调查研究，从总体需求、现状分析、业务需求为出发点，提出了南水北调中线安全监测数字孪生建设的应用方案，并对方案的系统结构框架及关键问题进行了说明，该方案可为中线工程安全监测智能化、数字化孪生建设发展提供一定的技术方案支撑。

预构建中线工程安全监测区域全域标识、工程安全精准感知、数据实时分析、安全预警、智能科学决策的数字孪生运营体系，还需要做多方面的技术研究工作。例如，本文提出的基于 3D GIS 平台的数字孪生建设，是数字孪生建设的重要组成部分，对该平台的具体建设细节及功能实现还需进一步完善，这也是下一步重点研究的内容。

参考文献

[1] 崔玉福，刘质加. 数字孪生卫星技术与工程实践 [J]. 航天器工程，2021，30（6）：62-69.

[2] 郭亮，张煜. 数字孪生在制造中的应用进展综述 [J]. 机械科学与技术，2020，39（4）：590-598.

[3] 程德虎，苏霞. 南水北调中线干线工程技术进展与需求 [J]. 中国水利，2018（10）：24-27，34.

[4] 刘蔚然，陶飞. 数字孪生卫星：概念、键技术及应用 [J]. 计算机集成制造系统，2020，26（3）：565-588.

[5] 伍星星，唐伟靖. 三维 GIS 的基本理论探讨 [J]. 科技咨讯，2010（7）：15，17.

渭河流域大中型水库联合调度（枯水期）模型研究与应用

张晓丽[1]　王　敏[1]　汪雅梅[2]

（1. 黄河水利科学研究院，河南郑州　450003；
2. 陕西省江河水库工作中心，陕西西安　710016）

摘　要：本研究主要针对水库联合调度在最大限度保障供水的前提下，提升控制断面生态保证率。根据渭河干流重点断面生态流量控制指标，研究参与生态调度的干支流大中型水库联合调度模式，分析各水库生态可利用水量，确定各水库出库水量，建立水库联合调度（枯水期）模型，利用渭河系列年 2005 年资料设计枯水系列数据进行模型的方案计算，计算表明，在优先满足生产生活供水和农业用水的基础上，除林家村断面基本无法满足生态保障流量外，魏家堡断面、临潼断面、华县断面均可保证生态用水。

关键词：二维水沙数学模型；洪峰；糙率；溃口

1　干流断面生态流量控制指标及关联水库

依据已有成果综合确定渭河干流各断面生态环境需水量及年内过程分配，作为渭河干流生态调度的目标。中国水利水电科学研究院成果《陕西省渭河干流可调水量分析与调度机制研究》中提出，渭河干流生态调度主要考虑的 5 个重点控制断面林家村、魏家堡、咸阳、临潼和华县生态流量指标见表 1。正常来水年及一般枯水年，要保证低限生态流量；特枯年份下泄流量不低于最小生态流量；丰水年份，要保证适宜流量。

表 1　重点断面生态控制指标　　　　　　　　　　　　　　单位：m³/s

断面	基本流量	低限生态流量	最小生态流量	适宜流量
林家村	7.8	8.6	5.4	12.8
魏家堡	7.2	11.6	8.4	23.5
咸阳	6.2	15.1	10.0	31.7
临潼	6.5	20.1	12.0	34.3
华县	6.5	12	12.0	34.1

参与水库群联合调度的水库有林家村水利枢纽、冯家山水库、石头河水库、羊毛湾水库、金盆水库、李家河水库、零河水库和尤河水库共八个水库。

2　水资源配置模型

2.1　优化水资源配置模型

优化配置模型可以分为一维配置模型和多维配置模型[1]。

作者简介：张晓丽（1982—），女，高级工程师，主要从事水力学及河流动力学研究工作。

2.1.1　一维分配

设某水源可供分配水量为 Q，要分配给 n 个用户。令 x_i 表示分配给第 i 个用户的水量，其配水收益（或称效益函数）为 $g_i(x_i)$。水资源分配就是确定 x_i 的值，使各用户的收益总和最大，即

$$f_n(Q) = \max \sum_{i=1}^{n} g_i(x_i) \tag{1}$$

约束于

$$\sum_{i=1}^{N} x_i \leqslant Q \tag{2}$$

$$0 \leqslant x_i \leqslant Q \tag{3}$$

$$x_i \geqslant 0, \ i = 1, 2, \cdots, n \tag{4}$$

2.1.2　多维分配

设有 m 个水源，某一特定时段可供水量分别为 Q_1，Q_2，$\cdots$，Q_m，要分配给 n 个用户。设 x_{ij} 表示第 j 个水源分配给第 i 个用户的水量，其配水收益（效益函数）为 $g_{ij}(x_{ij})$。各用户的需水量为 d_i。设各用户均可从任一水源取水，这时水量分配是寻求一组 x_{ij}，使总供水效益最大，即

$$Z = \max \sum_{j=1}^{m} \sum_{i=1}^{n} g_{ij}(x_{ij}) \tag{5}$$

约束于

$$\sum_{i=1}^{n} x_{ij} \leqslant Q_j \tag{6}$$

$$\sum_{j=1}^{m} x_{ij} \leqslant d_i \tag{7}$$

$$x_{ij} \geqslant 0 \tag{8}$$

同样地，上述问题可以用动态规划法求解，其递推方程为：

$$f_k(q_1, q_2, \cdots, q_m) = \max\left\{ \sum_{j=1}^{m} g_{kj}(x_{kj}) + f_{n+1}(q_1 - x_{k1}, q_2 - x_{k2}, \cdots, q_m - x_{km}) \right\} \tag{9}$$

2.2　水库调度指标分配

水库调度指标分配是指林家村断面至华县断面河段，根据各河段生态流量指标，把控制断面的生态流量需求，考虑水库功能性用水和蒸发、渗漏等河道损失、各引水口和取水口取、引水量，按一定的原则分配到各参调水库（见图 1）。原则上每个月初进行月河段配水。

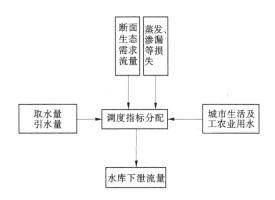

图 1　水库调度指标分配框架

在进行指标分配时应考虑不同地区的客观差异，合理配置水资源。指标分配是一种半结构化的决策行为，受到行政干预、地区平衡等人为因素影响。因此，渭河流域水库调度指标分配模块提供了灵活多样的分配方法，包括同倍比分配、按权重分配和面向对象的协商分配。下面对常用方法作简要介绍。

2.2.1 同倍比分配

同倍比分配是最简单、最具可操作性的配水方法。

设断面生态需水量为 T，共有 m 个水库参与调度，水库的生态需水量为 W_i，则

$$T = \sum_{i=1}^{m} W_i \tag{10}$$

显然同倍比配水不是最好的方法，因为它没有水库功能性用水需求、水库可调水量及用户保证程度等因素的影响，对那些夸大需水要求的用水户分配的水量明显偏多，且在时空分布上缺乏说服力。

2.2.2 按权重分配

指标分配不应对所有水库"一视同仁"，应考虑结合水库用水实际，力争把缺水造成的损失降低到最低限度，避免"大锅水"和"平均主义"。以权重 θ_i 表示 i 水库的缺水紧张程度，θ_i 越大则缺水越严重。

用 i 水库的权重 θ_i 乘以其生态需水量 W_{X_i}，得到修正需水量 $W_{X_i'}$，即：

$$W_{X_i'} = \theta_i \times W_{X_i} \tag{11}$$

对于权重 θ_i 大的水库，其修正需水量 $W_{X_i'}$ 对总加权需水量 TW' 的比值和原需水 W_{X_i} 对总需水量 TW 的比值相比要变大，权重小的水库则正好相反。因此，对于权重大的水库其按权重配水要比同倍比配水大，权重小的水库其按权重分配要比同倍比分配要小，从而重点保证了水库主要用水户用水需求。

按权重分配比同倍比分配前进了一步，因为它通过赋予相对缺水的水库较大的权重，来增加该水库的可调水量，减少缺水损失，体现了优化配水的思想，使得水量分配更趋合理、公正，同时按权重配水具有较强的时效性，在时空分布上更有说服力。

2.2.3 协商分配

协商分配是用户根据其经验判断，在同倍比分配或按权重分配基础上，对一个或多个水库的配水量进行调整的分配方法。

设 i 水库初始分配生态水量为 W_{D_i}。用户对 i 水库分配生态水量 W_{D_i} 进行调整，设调整量为 ΔW，则调整后分配生态水量 $W_{D_i'}$ 为：

$$W_{D_i'} = W_{D_i} + \Delta W \tag{12}$$

由于 i 水库分配生态水量发生改变，其他水库分配生态水量也要发生相应的变化，本次采用同比例缩放法，即

$$W_{D_j'} = W_{D_j} - \Delta W \times \frac{W_{D_j}}{\sum_{\substack{k=1 \\ k \neq 1}}^{m} W_{D_k}}, \quad j = 1, 2, \cdots, m; j \neq i \tag{13}$$

对上述分配如果仍不满意，可以继续调整，直至用户满意为止。

协商分配比较灵活，给用户很大的自主权，增加了决策的艺术性，但任意性较大，分配是否合理，在很大程度上依赖于决策支持信息是否完备，决策者的知识、经验是否丰富及其素质是否良好等。

本次研究首先采用同倍比分配，然后通过模型不断试算，逐渐寻求最优的分配模式。

3 水库联合调度研究

水库群优化调度的问题，目前研究的途经主要是通过建立水库调度过程的数学模型来进行的。图 2 为渭河多水库联合调度原理图，根据下游控制断面生态需求目标流量，来进行水库群指标分配，考虑水库实际供水需求、来水情况、蒸发渗漏等损失，得出水库下泄流量过程；采用不同的调度模式不断试算，寻求最优的调度方案；再经过枯水演进模型进行演进计算，得出下游控制断面流量过程；

如果满足生态需求目标，则调度方案完成，如果不满足，则适当调整参数，重新演算，直到满足为止。

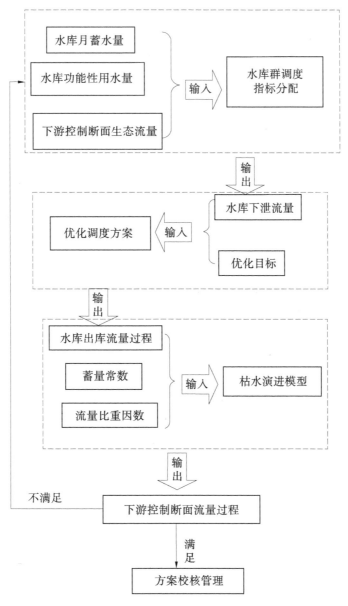

图2　渭河多水库联合调度原理图

多水库联合调度问题分两步处理，首先是单个水库的调度，解决给定时段来水、蒸散发，引退水等条件变幅要求下，如何保障供水定额的前提下提供控制断面的生态流量。其次是多水库联合调度研究分析，解决关联水库群在给定时段来水、蒸散发，引退水等条件变幅要求下如何优化分配区间水库生态供水量，有效保障控制断面生态需求。

供水为第一级目标，生态环境用水为第二级目标。通过上下游联合调度尽量将供水与生态需求相结合，提高水资源利用效率，加大河道下泄流量。根据生态流量的需求，结合水库非汛期主要承担的供水、灌溉等任务，尽可能满足下游生态需求。基于渭河下游水库群数量较大，经与生产单位协商，初步拟定林家村水利枢纽、冯家山水库、石头河水库、羊毛湾水库、金盆水库、李家河水库、零河水库和尤河水库共八个水库参与控制调度，其中林家村断面关联水库为林家村水利枢纽，魏家堡断面关联水库为冯家山水库、石头河水库，咸阳断面关联水库为羊毛湾水库、金盆水库，临潼断面关联水库为李家河水库，华县断面关联水库为零河水库和尤河水库。本次研究设定了两种水库联合调度模式

（见图3）。

图 3　模型调度方案

3.1　按照满足断面生态需求调度

根据人机交互界面，用户可以选择计算控制断面，选定计算控制断面后，系统会自动关联相关水库。在计算各控制断面生态流量时，当前计算控制断面的上断面假设满足基本生态流量需求，该模式拟定当前计算控制断面的生态需求仅由该断面相关的水库提供，基于相关研究，用当前断面生态需求减去上断面生态需求即可计算出当前区间的生态需求差额，考虑区间引、退水量，按照各水库的调度模式，将最终的生态需求水量按照同倍比分配模式优化分配给关联水库进行调度。其中，单水库调度模式分为4种类型：

（1）优先保障全部的供水需求，包括城市生活用水、工业用水、灌溉用水，考虑来水、蒸散发、引退水、有效库容等参数下，计算水库出库水量，并计算控制断面关联的多个水库联合出库生态水量，计算控制断面生态保证率。

（2）优先保障必须的供水需求，包括城市生活用水、工业用水和农业用水不可破坏部分，考虑来水、蒸散发、引退水、有效库容等参数下，计算水库出库水量，并计算控制断面关联的多个水库联合出库生态水量，计算控制断面生态保证率。

（3）优先保障定额的供水需求，包括城市生活用水、工业用水和农业用水定额，考虑来水、蒸散发、引退水、有效库容等参数下，计算水库出库水量，并计算控制断面关联的多个水库联合出库生态水量，计算控制断面生态保证率。

（4）优先保障定额断面生态需求，反求水库供水保证率，为决策提供参考依据。

具体调度规程参考如下：

$$水库可调水量 = 水库上月末蓄水量 + 本月来水量 - 蒸散发损失 - 某水位下库容$$

①当本月可调水量 ≥ 水库城市、工业用水 + 农业灌溉 + 生态用水时：

$$水库出库流量 = 水库生态需求流量$$

②当本月可调水量 ≤ 水库城市、工业用水 + 农业灌溉 + 生态用水

且当本月可调水量 ≥ 水库城市、工业用水 + 生态用水时：

$$水库出库流量 = 可调水量 - 水库城市、工业用水$$

$$生态保证率 = \frac{水库出库流量}{断面生态需求}$$

各单独水库调度计算完成后，根据单库计算的出库生态水量，将最终的生态需求水量按照同倍比分配模式优化分配给关联水库进行调度，迭代优化循环后得出最佳水库联合调度出库方案。

3.2 按照同等控制条件调度

保证下一断面生态需求时，上一断面关联的水库调度也按照选择的调度方案进行调度，所有的关联水库都参与调度。

（1）优先保障全部的供水需求，包括城市生活用水、工业用水、灌溉用水，考虑来水、蒸散发、引退水、有效库容等参数下，计算水库出库水量，并计算控制断面关联的多个水库联合出库生态水量，计算控制断面生态保证率。

（2）优先保障必需的供水需求，包括城市生活用水、工业用水和农业用水不可破坏部分，考虑来水、蒸散发、引退水、有效库容等参数下，计算水库出库水量，并计算控制断面关联的多个水库联合出库生态水量，计算控制断面生态保证率。

（3）优先保障定额的供水需求，包括城市生活用水、工业用水和农业用水定额，考虑来水、蒸散发、引退水、有效库容等参数下，计算水库出库水量，并计算控制断面关联的多个水库联合出库生态水量，计算控制断面生态保证率。

（4）优先保障定额断面生态需求，反求水库供水保证率，为决策提供参考依据。

各单独水库调度计算完成后，根据单库计算的出库生态水量，将最终的生态需求水量按照同倍比分配模式优化分配给关联水库进行调度，迭代优化循环后得出最佳水库联合调度出库方案。

4 集成系统建设

系统在现有的基础数据库、调度指令与算法规则等基础上完成研发，系统具备数据录入修改、调度方案生成、库区调度计算、系统管理等功能。

系统从业务逻辑层面主要分为数据层和业务层。数据层使用 ACCESS 开发，数据主要包括水库与调度相关基础数据、分析数据，河道与调度相关基础数据、分析数据等。业务层使用 VB 开发，封装核心业务逻辑。主要包括用户登录管理模块、数据读取模块、方案定制模块、调度方案计算模块、数据查询模块、计算结果输出模块等。系统总体架构如图 4 所示。

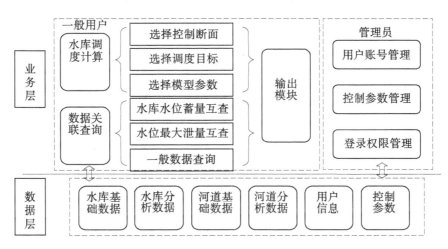

图 4 水库联合调度系统总体架构图

水库调度核心业务流程：用户登录系统，读取典型年份来水和预报的入库过程，选择不同的控制断面、调度目标和模型参数，选择使用集成耦合在系统中的各调度算法，对水库群调度方案进行计算，并完成基于图表的可视化显示。

通过该模块可完成不同调度方案下计算结果查询，通过图表（柱状图、饼图、过程线）直观地显示出当前水库业务数据，最后通过综合分析模块完成对当前及未来水库形势的分析和展示，帮助决策者在特定的复杂决策环境中选择合理、可行的调度方案。本系统分析显示分为四个部分，包括业务数据显示、出库流量显示、水位变化显示及特征值统计显示。数据结果界面如图 5 所示。

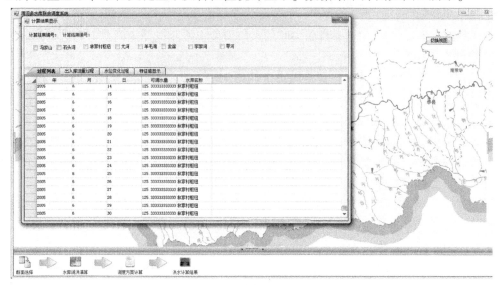

图 5　数据结果显示

5　渭河干支流水库调度方案计算

模型方案计算根据系列年 2005 年资料设计枯水系列数据，利用设计的枯水系列进行模型的方案计算分析，设计系列各水库来水量见图 6。各水库的功能性用水情况见表 2~表 9。

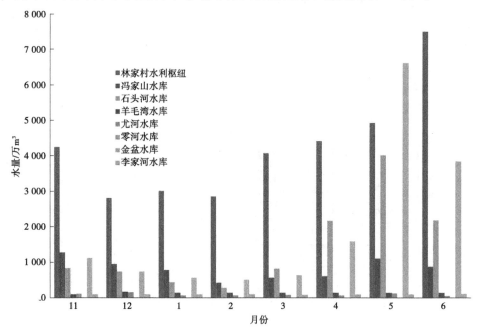

图 6　2005 年各水库来水量统计

表 2　林家村水利枢纽功能性用水统计　　　　　　　　　　　　　　　　单位：万 m^3

时间（年-月）	2004-11	2004-12	2005-01	2005-02	2005-03	2005-04	2005-05	2005-06
来水	4 234	2 807	3 011	2 853	4 071	4 416	4 921	7 493
供水	5 216	4 390	4 499	4 083	5 794	5 825	0	5 671

表 3　冯家山水库功能性用水统计　　　　　　　　　　　　　　　　单位：万 m³

时间（年-月）	2004-11	2004-12	2005-01	2005-02	2005-03	2005-04	2005-05	2005-06
来水	1 273	952	779	426	569	601	1 109	868
城市生活用水	155	152	171	145	159	146	163	167
工业	97	156	157	123	157	169	151	166
灌溉			539	82	527	1 357	926	3 038
发电（一级）			309		213	1 623	13	877
发电（二级）						466		3

表 4　石头河水库功能性用水统计　　　　　　　　　　　　　　　　单位：万 m³

时间（年-月）	2004-11	2004-12	2005-01	2005-02	2005-03	2005-04	2005-05	2005-06
来水	837	732	428	280	815	2 174	4 017	2 181
城市生活用水	414.72	428.42	437.30	499.28	751.04	658.26	778.80	807.36
灌溉	25.8	77.29	320.71	49.6	268.08	760.33	568.23	1 848.72

表 5　金盆水库功能性用水统计　　　　　　　　　　　　　　　　单位：万 m³

时间（年-月）	2004-11	2004-12	2005-01	2005-02	2005-03	2005-04	2005-05	2005-06
来水	1 122	731	569	500	628	1 585	6 607	3 839
城市生活用水	2 592	2 674	2 257	1 518	1 863	1 533	2 160	2 698
灌溉	0	0	166	246	177	103	131	551
发电	2 928	3 004	2 428	1 764	2 041	1 635	2 314	4 307

表 6　羊毛湾水库功能性用水统计　　　　　　　　　　　　　　　　单位：万 m³

时间（年-月）	2004-11	2004-12	2005-01	2005-02	2005-03	2005-04	2005-05	2005-06
来水	95.9	166.1	142.0	142.0	142.0	137.4	142.0	142.0
灌溉	0	277	0	101	809	0	0	62

表 7　李家河水库功能性用水统计　　　　　　　　　　　　　　　　单位：万 m³

时间（年-月）	2004-11	2004-12	2005-01	2005-02	2005-03	2005-04	2005-05	2005-06
来水	650	669	645	690	720	740	771	779

表 8　尤河水库功能性用水统计　　　　　　　　　　　　　　　　单位：万 m³

时间（年-月）	2004-11	2004-12	2005-01	2005-02	2005-03	2005-04	2005-05	2005-06
来水	92	62	78	75	82	70	99	52
城市生活用水	86	89	94	85	99	96	99	101
工业	37	38	36	33	38	32	32	35

表9 零河水库功能性用水统计 单位：万 m³

时间（年-月）	2004-11	2004-12	2005-01	2005-02	2005-03	2005-04	2005-05	2005-06
来水	2	7	10	12	13	2	2	1

2005 年为枯水系列年，因此生态保障流量保障低限生态流量。优先满足生产生活供水和农业用水，在此基础上计算水库出库流量和断面生态保障率，见表10、表11。

根据表10、表11可以看出，林家村水利枢纽供水需求较大，远远多于来水量，根据计算林家村水利枢纽无法提供生态流量，它的蓄水量加上来水情况，仅仅只够最低生活生产用水需求。

表10 各水库出库水量统计 单位：万 m³

月份	林家村	冯家山	石头河	羊毛湾	金盆	李家河	尤河	零河
11	0	1 866	1 866	390	497	1 296	0	0
12	0	1 928	1 928	390	547	1 339	0	0
1	0	1 928	1 928	390	547	1 339	0	0
2	0	1 742	1 742	390	457	1 210	0	0
3	0	1 928	1 928	390	547	1 339	0	0
4	0	1 866	1 866	480	427	1 296	0	0
5	0	1 433	2 424	400	537	1 339	0	0
6	0	0	3 732	367	570	1 296	0	0

表11 各控制断面生态保障率 %

月份	林家村	魏家堡	咸阳	临潼	华县
11	0	100	100	100	100
12	0	100	100	100	100
1	0	100	100	100	100
2	0	100	100	100	100
3	0	100	100	100	100
4	0	100	100	100	100
5	0	100	100	100	100
6	0	100	100	100	100

林家村断面基本无法满足生态保障流量；魏家堡断面经过冯家山和石头河联合调度后，魏家堡断面的生态保障率为100%；尤河水库仅能满足供水需求，无法提供生态用水，临潼—华县断面仅靠零河水库调度，由于上游断面临潼可以满足生态流量需求，因此华县也能够保证生态用水。

6 小结

水库联合调度提高渭河干流断面生态流量保证率有一定潜力，水库联合调度中，通过模型不断试算，逐渐寻求最优分配模式，模型系统采用标准化、通用化算法（方法），在设计上实现参数与算法的分离，增强其通用性，减小重复开发量，优化系统运行机制。通过数据库、方法库、模型库、任务链分级管理，实现处理任务增减和选择的灵活性。通过强大的可视化组件和后期二次开发，实现数据的分析显示。

利用渭河系列年2005年资料设计枯水系列数据进行模型的方案计算，在优先满足生产生活供水和农业用水的基础上，除林家村断面基本无法满足生态保障流量；魏家堡断面、临潼断面、华县断面均可保证生态用水。

参考文献

[1] 薛松贵，侯传河，王煜，等．三门峡以下非汛期水量调度系统关键问题研究［M］．郑州：黄河水利出版社，2005.

[2] 严伏朝，解建仓，等．渭河下游小流量演进规律演进［J］．西安理工大学学报，2010，26（3）：265-270

[3] 刘华振，刘俊，等．马斯京根法在黄河吴堡—龙门区间洪水演算中的应用［J］．水电能源科学，2012，30（6）：53-55.

[4] 张旭昇，孙继成，等．改进的马斯京根法在渭河洪水演算中的应用［J］．人民黄河，2010，32（11）：36-38.

[5] 黄河勘测规划设计研究院有限公司．陕西省泾河东庄水利枢纽工程建议书：工程规划专题报告［R］．郑州：黄河勘测规划设计研究院有限公司，2012.

[6] 黄河水利委员会，黄河水资源调度管理与调度［M］．郑州：黄河水利出版社，2010.

[7] 黄河勘测规划设计研究院有限公司．黄河干流梯级水库群综合调度方案制定：黄河流域水量分配方案优化［R］．郑州：黄河勘测规划设计研究院有限公司，2014.

[8] 中国水利水电科学研究院，陕西省江河水库管理局．陕西省渭河干流可调水量分析与调度机制研究技术报告：渭河干流各河段生态环境控制指标［R］．北京：中国水利水电科学研究院，2014.

防汛多尺度预演可视化技术研究与应用

田茂春　赖　杭　范光伟　杨　跃

（珠江水利科学研究院，广东广州　510611）

摘　要： 洪水防御需要考虑的因素众多，包括洪水的量级、影响的范围，关注的保护对象等，当前防汛预演面临可视化场景缺乏、效果不直观等问题。为准确反映关注对象不同下的洪水特征，运用三维技术，对流域宏观、河段中观、城镇/水工程等多尺度场景可视化进行研究，实现洪水流量过程、水工程调度情况、洪水淹没等进行形象、动态的仿真模拟。珠江水旱灾害防御" 四预" 平台的应用表明，该技术改善了防汛预演效果，提高了预演效率，为流域防汛调度会商决策提供了强力支撑。

关键词： 防汛 "四预"；三维可视化；多尺度预演

1　引言

我国是世界上水旱灾害最频繁、最严重、防御难度最大的国家之一。《中华人民共和国国民经济和社会发展第十四个五年规划和 2035 年远景目标纲要》中明确提出 "构建智慧水利体系，以流域为单元提升水情测报和智能调度能力"。李国英部长指出，智慧水利是水利高质量发展的显著标志，要建立物理水利及其影响区域的数字化映射，实现预报、预警、预演、预案 "四预" 功能。其中，预演是关键，即在数字孪生流域中对水利工程调度方案进行精准预演以及时发现问题，迭代优化方案，科学制定防范措施。为提升预演效果，推进数字孪生流域、"四预" 的建设，大量学者开展了研究。

文献 ［1］使用 Three. js 开源库构建三维场景，实现了基于 WebGL 的内涝淹没过程的三维动态模拟。赵忠琛等[2] 运用 Unitiy3D 三维模拟驱动引擎和内涝相关模型模拟城区内涝发生和发展的过程，并实现了城区内涝三维模拟结果为基础的灾害分析三维系统，可自主设定模型参数快速生成科学、逼真的城区内涝灾害三维虚拟场景。房晓亮等在三维地形场景的基础上，集成相关水文要素，开发实现了一个基于 Skyline 的洪水风险图三维可视化系统[3]。文献 ［4］提出了数字孪生淮河流域智慧防洪试点建设方案，探索了数字孪生淮河流域智慧防洪 "四预" 新模式。文献 ［5］深入探讨了流域数字孪生的概念与意义，梳理了现阶段流域数字孪生发展需求。文献 ［6］应用了数字孪生技术展现了数字流场的概念和视觉效果，直观反映王家坝洪水态势及蒙洼蓄洪区分洪过程。数字孪生黄河、数字孪生珠江以构建数字孪生流域、开展智慧化模拟、支撑精准化决策作为实施路径，数字孪生技术作为其中的技术支撑[7-8]。在海河流域防洪 "四预" 试点中，通过智能感知、三维建模、三维仿真等技术实现数字流域和物理流域数字映射，形成流域调度的实时写真、虚实互动[9]。

本文从流域洪水防御角度出发，对流域视角、河段视角、城镇/水工程等宏观微观相互结合下的多尺度可视化场景相关可视化技术进行研究，以期改善当前流域防汛预演的效果，为高效率、高质量的防汛会商决策提供支撑。

2　技术路线

防汛多尺度预演以流域一张图为数据支撑，对流域水系、河湖、水库以及地形等进行三维可视化

作者简介： 田茂春（1988—），男，硕士研究生，工程师，主要从事计算机图形学、水利信息化等研究工作。

渲染，建立全流域数字化场景；运用 WebGL、LOD 技术等三维技术，实现多尺度信息模型数据的大规模加载与渲染，以 GPU Shader 技术作为三维特效渲染手段，将洪水预报、调度模型、洪水淹没模型等结果数据进行仿真可视化分析，实现多尺度下的防汛预演，架构如图 1 所示。多尺度预演场景位于三维可视化平台，流域一张图为三维可视化平台、应用系统层或其他平台系统提供地图、模型数据服务，模型管理服务平台提供模型计算、结果服务，应用系统层包含数字孪生流域需建设的"2+N"应用，三维可视化平台为应用系统层提供"四预"过程的模拟仿真场景。

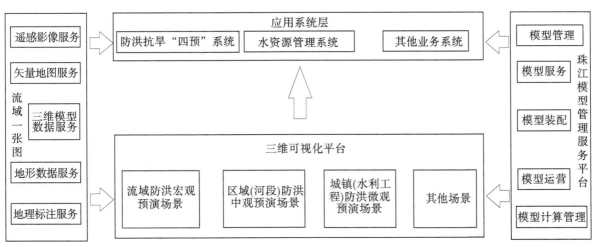

图 1　防汛多尺度预演架构图

3　关键技术

3.1　GPU Shader 技术

计算机图形的渲染从其数据形式到屏幕上的渲染结果需要在 GPU 上进行一系列流水线操作，如图 2 所示。

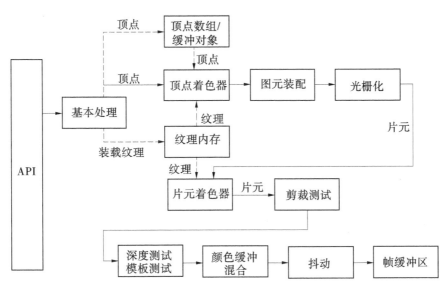

图 2　GPU 渲染管线流程图

显卡厂商为软件工程师提供了顶点着色器、片元着色器，基于着色器，可对各种图形数据进行专业的处理，编程实现满足各种酷炫效果的渲染。防汛多尺度预演可视化效果基于着色器进行建设。

3.2　基于 GPU Shader 技术的流域洪水演进

利用 GPU Shader、GIS 等技术，结合洪水预报数据，通过在地图的河流水系矢量上叠加不同线宽和颜色代表不同洪水，实现流域级洪水演进的预演，从整个流域场景上直观、动态地展示各个河段洪峰的出现和传播过程。利用线宽直观的反映洪水量级。结合各河道控制点的警戒水位、河道堤防防洪等级等基础数据，在洪水传播过程中判断通过某一河段或者某一个测站来水是否超警，根据超警等级用红黄蓝等不同的颜色渲染相应河段，直观反映每个河段的危险程度。

3.3 基于三维技术的洪水动态模拟分析

接入洪水演进方案计算结果，运用三维技术，实现洪水淹没效果演示，结合土地利用类型、人口分布等防灾底板数据，对洪水计算淹没范围内的淹没人口、耕地等进行社会经济损失统计。叠加灾害调查数据，在淹没区同步进行避险转移方案的分析展示，包括淹没范围内需转移人口，安置点位置，转移路径等。

3.4 基于 BIM+GIS 的区域仿真场景构建

基于流域三维数字化场景，结合倾斜摄影模型，直观展示城镇街道建筑，搭建区域基础仿真场景；根据数字孪生工程建设的需要，接入数据底板里建设的采用对象化建模的水闸三维模型数据，如 BIM 可视化模型，实现对水闸闸门以及各部件进行单独查询和平移、旋转等控制，结合模型动画、粒子系统，实现物理水利工程的数字空间映射。

4 多尺度预演可视化场景构建

4.1 流域防汛宏观场景

立足流域统一调度管理，统筹考虑流域上下游、干支流、左右岸、水库群关系，动态分析洪水来源、洪水组成、洪峰传播、错峰和水库拦蓄等过程，初步研判可能出现超警的防洪风险点、风险段和风险区。

流域大尺度的预演主要关注全流域洪水演进情况，实现"降雨—产流—汇流"动态演示，直观展示重要控制断面洪水上涨过程，主要展示要素包括：调度后水库最高水位、最大出库流量、削峰率、拦蓄洪量、距防洪高水位库容；调度后河道站洪峰流量及变幅、洪水量级；调度后淹没区域减少最大淹没面积、减少影响市县及人口，如图 3 所示。建设流程如下：

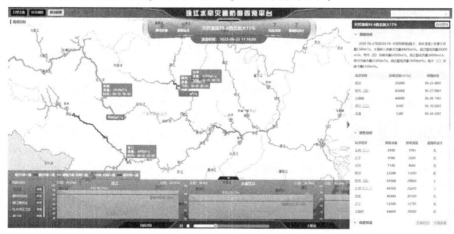

图 3　流域防洪宏观场景预演

（1）建立河流水系可视化拓扑关系。首先，根据重要控制节点，从流域河流水系矢量中选取关注的干支流矢量。其次，根据控制站点、河道的分叉点和汇合点将河流水系矢量分割成不同的河段。然后根据上下游关系建立相应的拓扑关系，即在相应的矢量属性字段中标记每个河段的河段编号及上游河段编号。通过河段编号建立河段间上下游的拓扑关系。最后，将河段上的控制点关联到相应的河段上。实现控制点到河段及河段上下游间关联关系的建立。为洪水演进的预演提供展示的数据基础。

（2）接入洪水预报数据，计算河段的洪水渲染状态。洪水演进预演开始时，接入水情预报部门提供的洪水预报数据，根据每个河段的洪水预报及洪水组成，计算每个河段的洪水渲染状态。包括洪峰的出现时间、结束时间、洪峰流量、是否超警戒等信息。根据洪峰流量及超警信息设置不同的线宽及颜色。

（3）洪水传播动态演示。根据每个河段洪峰的开始时间和结束时间以及河段的长度，计算洪峰的传播速度。根据设置好的河段渲染状态，在场景渲染时，每帧更新河段的渲染状态，实现洪水沿着河道演进的效果。同时，通过实时更新标签的位置实时标记洪峰的位置及流量。

4.2 河段防洪中观场景

立足区域防洪管理，协同重要河段两岸保护区水库、堤防、闸门、泵站等工程运行状况，分析超保河段和超警站点，预演漫溃堤洪水淹没范围、淹没历时、影响分析、社经损失要素指标及避险转移等。

河段防洪场景预演关注调度后洪水预演、淹没过程，展示淹没区域及涨退水过程，主要展示要素包括：调度后淹没统计，统计调度后淹没影响情况变化情况，包括减少最大淹没面积、减少受影响人口等；县区淹没影响，统计调度后受淹没各县区工情、社会经济等影响情况。通过洪水淹没模拟结合淹没影响统计分析实现洪水淹没的可视化和数据量化，为洪水防御提供更加有力的数据支撑，如图4所示。建设流程如下：

图4 河段防洪中观场景预演

（1）加载洪水淹没模型网格。将网格转化成WebGl中可展示的三角网格面，作为后面淹没范围展示的载体。

（2）接入洪水方案计算结果，运用WebGL、GPU Shader等技术，对网格面进行洪水淹没范围、水深渲染。洪水演进预演时，从计算结果中读取每个时刻的网格编号及淹没水深，对相应的网格根据水深赋值不同的颜色，为防止颜色出现斑块状，采用Shader技术对颜色进行插值处理，使得颜色过渡更加自然。最后根据计算结果，逐时刻渲染相应的淹没状态，实现整个洪水演进过程的动态展示。

（3）分析不同区域的社会经济损失数据，避洪转移，人财物等。根据淹没范围，结合社会经济数据、土地利用类型数据、避险转移方案信息，实现社会经济损失的统计分析及避险转移方案的实时动态展示。

4.3 城镇/水利工程防洪微观场景

关注调度后漫堤洪水演进过程中重要城镇、堤防、联围的漫堤、淹没情况，主要展示要素包括：城区淹没过程、各片区淹没水深，自动研判人口、耕地、企业等淹没数量，研判超警站点、超保堤段、漫堤河段等风险。同时，立足重点调度水库工程，结合库区、坝区工程建筑物的高精度影像、倾斜摄影、BIM等可视化模型，精细化预演库区洪水传播过程，研判库区移民人口、耕地、企业等淹没风险；模拟水库在不同拦蓄条件下，研判下游影响区超警站点、超保堤段、漫堤河段等风险。

建设流程为：

（1）城镇（水利工程）小场景构建。在L2级数据地板的基础上，通过加载城镇倾斜摄影模型或者水库大坝 BIM 模型，构建与现实物理环境一致的数字场景，如图 5 所示。

图 5　城镇防洪微观场景预演

（2）叠加洪水淹没模拟结果。在数字场景的基础上，结合方案计算结果，进行洪水淹没模拟。

（3）结果分析研判。通过模拟洪水淹没区域，研判口、耕地、企业等淹没数量，研判超警站点、超保堤段、漫堤河段等风险。在水库工程调度上，研判库区移民人口、耕地、企业等淹没风险；分析水库在不同拦蓄条件下，对下游超警站点、超保堤段、漫堤河段等风险的影响。

（4）初步实现水利工程数字孪生。在水利工程调度场景上，通过接入闸门启闭状态、水位、发电厂发电等实时检测信息，驱动数字场景进行相应的调整，对水闸闸门不同开度、不同泄流进行仿真，实现对水闸闸门抬升、放水等进行可视化渲染、仿真模拟，为闸门调度提供场景支持，如图 6 所示。

图 6　水利工程防洪微观场景预演

5　结论

本文通过立足流域统一调度管理的宏观视角、河段防洪中观视角、城镇/水利工程防洪微观视角，对防汛多尺度可视化进行研究，并在珠江流域进行了应用，模拟了汇流—产流—调度—演进—淹没全过程，识别了河、库、堤、坝、闸等防控风险，研判了防洪薄弱环节，为全面科学地支撑流域智慧化防汛决策会商提供支持。

参考文献

［1］朱祖乐．基于 WebGL 的郑州市区积水路段暴雨洪水三维场景模拟［D］．郑州：郑州大学，2016.

［2］赵忠琛．基于 Unity3D 的城区内涝分析与风险评估［D］．沈阳：沈阳航空航天大学，2018.

［3］房晓亮，张阳，张云菲．基于 Skyline 的洪水风险图三维可视化系统构建［J］．科技创新与应用，2018（33）：21-23.

［4］刘昌军，吕娟，任明磊，等．数字孪生淮河流域智慧防洪体系研究与实践［J］．中国防汛抗旱，2022，32（1）：47-53.

［5］黄艳．数字孪生长江建设关键技术与试点初探［J］．中国防汛抗旱，2022，32（2）：16-26.

［6］陈月华，林少喆，赵梦杰．淮河流域防洪"四预"试点和演练［J］．中国防汛抗旱，2022，32（2）：32-35.

［7］李文学，寇怀忠．关于建设数字孪生黄河的思考［J］．中国防汛抗旱，2022，32（2）：27-31.

［8］甘郝新，吴皓楠．数字孪生珠江流域建设初探［J］．中国防汛抗旱，2022，32（2）：36-39.

［9］李琛亮．永定河"四预"智慧防洪系统建设初探［J］．中国防汛抗旱，2022，32（3）：57-60.

水利与碳中和

库区消落带碳汇生态功能浅析

金　可¹　闫建梅¹　周火明¹　万　丹¹　于　江²　刘文祥¹　张　伟¹

(1. 长江水利委员会长江科学院重庆分院，重庆　400026；
2. 中国三峡建工（集团）有限公司环境保护部，四川成都　610023)

摘　要：本文基于库区消落带生境演变规律和植物自身遗传特性，分析了库区消落带碳汇生态功能。根据植物生理特征，库区消落带落干期植物能够通过光合作用吸收二氧化碳等气体，发挥重要碳汇功能；消落带蓄水期植物碳排放量相对较弱，成为碳源的风险较低。综合植物生态习性和库水涨落节律，得出消落带固碳释氧能力较强的植物是碳储量较高区域的主要碳汇贡献者，并提出了筛选耐受性和固碳能力较强的适生植物、提升植物速生与拓殖技术和构建消落带植物群落等方法开展库区消落带碳汇生态修复，以期为水库碳中和研究提供更多科学指引。

关键词：消落带；碳汇功能；固碳释氧；生态修复

水利水电工程建设在防洪、航运、调水、渔业和生态环境等多个方面均发挥着重要作用，对合理开发水资源和改善流域生态环境意义显著。随着长江流域多座世界级水电站建成投产运行，库区沿岸形成了大面积周期性水位涨落的消落带，是生态保护的重难点区域，也是水库碳源与碳汇研究的重要平台。碳达峰和碳中和"双碳"目标的提出，为库区消落带生态环境修复赋予了新的使命，是实现库区经济效益、社会效益和生态效益有机统一的重要途径。研究库区消落带碳汇生态功能，有助于提升消落带生态修复效果，为实现碳中和目标提供理论参考。

1　库区消落带研究现状

水库消落带是一种特殊的生境，受到库水水位周期性波动影响，逐步形成了一种干湿交替的过渡地带。国外对消落带的研究起步较早，主要研究方向包括生态恢复、氮磷的净化机制、植被恢复与重建、生态系统演变、消落带水文因子与影响因素内在响应等[1-4]。国内针对库区消落带的研究起步较晚，但发展迅速，早期研究主要集中于水库岸线稳定、泥沙淤积及水质安全等方面，近年来研究热点包括消落带形成与类型划分、消落带土壤元素与重金属污染迁移、消落带植被重建与恢复、消落带生境演变规律和消落带修复技术等方面[5-6]。

目前，消落带研究主要集中于三峡库区和金沙江梯级水库。三峡库区消落带研究较为全面，涵盖了消落带植物、土壤、生态环境和生态修复等多个领域[6]。库区消落带植物研究主要技术包括植被调查、植被生理生态指标分析和植被抗逆性生理机制，不同植物物种能够通过调节自身生理代谢逐步适应水淹环境，成为耐受淹没环境的优势物种[7-8]。土壤环境对植物生长影响较大，三峡库区消落带土壤研究重点方向包括氮、磷等元素分布和沉积物重金属污染等[6]。此外，消落带潜在生态环境问题包括水陆交叉污染、水土流失、地质灾害和生物多样性减低等[9]，消落带生态修复技术主要包括适生植物遴选和梯级配置模式，依据消落带生境特征与库水涨落节律，在消落带不同高程配置优势建群物种，形成立体修复模式[10]。

基金项目：乌东德、白鹤滩水电站消落带修复试验项目合同（JG/19042B，JG/19043B）；中央级公益性科研院所基本科研业务费项目（CKSF2021464/CQ）。

作者简介：金可（1990—），男，工程师，主要从事水文地球化学和生态修复方面的研究工作。

金沙江流域是长江上游重要生态安全屏障，下游 4 座梯级水电站均已建成运行，沿岸库区消落带成为改善生态环境的重点区域，生态修复面临着耐受干旱与水淹双重胁迫优势植物遴选的巨大挑战。目前，学者们针对金沙江库区消落带植物遴选与配置、生态修复模式和库区涨落前后适生植物生长特征等开展了系统的研究[11-14]。例如，周火明等结合乌东德库区消落带生境特征和库水涨落节律，提出了植物梯级配置模式[11]。刘金珍等根据干热河谷消落带特点，结合水位波动规律，提出了 4 种消落带生态修复模式，并推荐 10 种植物可作为消落带生态修复先锋物种[12]。王勇等通过实地调查、现场试验，确立了干热河谷水电站库区消落带生态修复应综合植物措施和工程措施[13]。于江等根据乌东德库区消落带试验区蓄水前后植物生长状态对比，筛选出池杉、中山杉、乌桕、枫杨和狗牙根等多种可作为干热河谷库区消落带生态修复的适生植物[14]。

2 库区消落带碳源与碳汇研究现状

水库消落带受水文动力学和水管理双重驱动影响，对水库总体碳通量存在较大影响，计算基于水面的碳通量时需要考虑可变表面积，计算水库碳排放预算时也需要考虑消落带的温室气体排放量。研究表明，库区消落带干燥的水生沉积物可以排放大量的二氧化碳，通过计算消落带面积对气态碳排放和有机碳掩埋的影响，得出全球碳排放和碳埋藏的比例大幅度增加，水库在全球碳循环过程中更倾向于碳源[15-16]。此外，水库不仅具有替代化石能源减少碳排放的碳汇作用，也存在库区水体碳排放的消极作用与影响[17]。

三峡水库和金沙江梯级水库综合考虑防洪、清淤和航运等，采取"蓄清排浑"的运行方式，夏季按照低水位运行，而冬季按照高水位运行。水库特殊的调度方式，对消落带区域碳源与碳汇作用造成极为显著的影响。研究表明，库区夏季出露期消落带植物生长旺盛，能够通过光合作用吸收二氧化碳发挥碳汇功能，在冬季淹没期植物生长季积累下来的有机物在厌氧环境中排放多种温室气体成为碳源[18]。库区消落带碳排放和碳吸收受到季节性水位波动影响较大，碳排放具有明显的多样性，碳源与碳汇作用应根据消落带特征采取相应的措施。消落带在夏季吸收大量的碳成为碳汇，同时在叠加土壤、气候和人为干扰等多重因素后，消落带碳储存量呈现出沿高程梯度和坡度梯度变化的趋势[19]。此外，消落带植物不仅具备碳排放的作用，同时也具备固碳释氧的潜力。研究者探索了三峡库区消落带植被光合固碳特性及碳汇潜力，系统分析了多种适生植物固碳能力，得出乔木竹柳、灌木牡荆、地桃花、草本芦苇和辣蓼等具备较强的固碳能力，是具备消落带碳汇功能的优势物种[20]。

3 库区消落带碳汇生态功能分析

3.1 消落带植物固碳作用

库区消落带生态修复的核心是植物措施，遴选适宜消落带生长的植物，是改善库区消落带生态环境的关键。消落带落干期植物正好处于生长季，适生植物光合作用显著，能够有效吸收二氧化碳成为库区碳汇的重要平台，固碳释氧能力强的植物更是消落带碳汇的重要部分[20]。尽管在植物生长旺季，消落带部分植物因自身习性和外界影响出现枯萎死亡，排放一定的温室气体成为碳源，但绝大部分植物能够充分吸收排放出的二氧化碳，维持碳吸收和碳排放动态平衡。因此，在水库落干期，消落带植物是库区碳汇的主要贡献者。

冬季蓄水期消落带植物排放一定的温室气体，存在成为库区的碳源风险[18]。然而，消落带适生植物不仅具备耐受干旱胁迫的能力，同时具备耐受水淹胁迫的潜力，多种植物能够在淹水环境中生存，具备吸纳消落带排入库区温室气体的能力。经过生态工程修复的消落带区域，在淹水期消落带植物死亡或进入休眠期，受冬季低温影响，温室气体（CH_4、CO_2、N_2O）等呈现出弱排放的特征[21]。此外，库区消落带在淹水时期碳排放总量占年度总排放量的比例相对较低，三峡库区消落带建群种狗牙根等植物群落淹水期温室气体排放量占全年总排放量的比例不足 10%。因此，经过人工修复的库区消落带在淹水期碳排放量相对有限，成为库区主要碳源的风险相对较低。

3.2 消落带碳汇生态修复模式

结合库区消落带碳储存特征和植物固碳能力，在消落带不同高程配置适宜的植物，达到消落带生态修复和固碳释氧双重目的，能够有效改善库区生态环境和降低库区碳排放总量。自然恢复下库区消落带植被生长较少，对吸收二氧化碳等温室气体贡献较小，不具备成为碳汇的条件。人工修复的消落带区域以植物措施为主，水库落干期植物迅速生长萌发，成为重要的碳汇。提升库区消落带碳汇生态功能，可综合考虑以下措施：

（1）植物遴选：筛选耐受性和固碳能力较强的植物，确保消落带不同时期均具有吸收二氧化碳等温室气体的潜力。

（2）植物配置：在消落带碳储量较大的区域（如三峡库区 170～160 m）配置固碳释氧较强的植物，如竹柳和牡荆等，消落带淹没时间较长的区域配置耐淹习性较强和碳排放量相对较小的植物，如多年生草本狗牙根。

（3）植物速生与拓殖：结合植物自身遗传特性，辅助人工措施，在消落带落干期提升植物生长与繁殖的速率，提高植物生长存活率，从而吸收更多水库二氧化碳等气体，发挥碳汇作用。

（4）植物群落构建：基于消落带生境特征和库水涨落节律，结合植物遴选与配置方法，构建消落带立体修复模式和植物群落结构，充分发挥消落带落干期植物碳汇功能，降低消落带蓄水期植物消亡引起的碳排放总量。

4 结论与展望

4.1 结论

本文分析了库区消落带碳汇生态效益，结合消落带生境演化规律和植物碳排放与碳吸收生态机制，指出库区消落带能够作为有效吸收二氧化碳等温室气体的区域，可作为库区主要碳汇平台。主要结论如下：

（1）库区消落带落干期植物生长旺盛，能够通过光合作用吸收 CO_2 等温室气体，发挥碳汇功能。

（2）库区消落带蓄水期植物死亡或休眠，温室气体呈现弱排放的规律，总排放量相对较小，成为库区碳源的风险较低。

（3）库区消落带碳汇生态修复应综合考虑耐受性植物遴选、固碳释氧能力较强植物配置、适生植物速生和消落带植物群落构建等多个方面，提升库区消落带碳汇潜力。

4.2 展望

本文对库区消落带碳汇生态功能进行了浅析，基于消落带不同时期植物吸收碳、排放碳的生态过程，初步得出消落带具备碳汇的功能，但由于研究条件的限制，对库区消落带碳汇过程和碳源与碳汇转化机制等研究仍需进一步完善。今后重点研究方向如下：

（1）动态监测库区消落带落干期和蓄水期植物碳排放和碳吸收过程，量化不同阶段消落带植物吸收二氧化碳等温室气体的比例。

（2）系统研究库区消落带碳源与碳汇转化机制，揭示消落带不同生境、不同植物群落碳汇生态作用机制。

（3）分析固碳释氧能力较强的植物，在淹水环境中自身生理指标变化特征，深入研究植物固碳和抗逆性生理响应内在关联。

参考文献

［1］Whighan D F. Ecological issues related to wetland preservation, restoration, creation and assessment［J］. The Science of the Total Environment, 1999, 240 (1)：32-40.

［2］Venkatachalam A, Jay R, Eiji Y. Impact of riparian buffer zones on water quality and associated management considerations［J］. Ecological Engineering, 2005, 24 (5): 517-523.

［3］Azza N, Denny P, Koppel JV, et al. Floating mats: their occurrence and influence on shoreline distribution of emergent vegetation［J］. Freshwater Biology, 2006, 51: 1286-1297.

［4］Gregory S V, Swanson F J, Mckee W A. An ecosystem perspective of riparian zones［J］. Bioscience, 2005, 41 (8): 540-551.

［5］程瑞梅, 王晓荣, 肖文发, 等. 消落带研究进展［J］. 林业科学, 2010, 4: 114-122.

［6］沈振锋, 张开金, 夏雪, 等. 基于文献计量法的三峡库区消落带研究现状及热点分析［J］. 水生态学杂志, 2021, 42 (1): 26-34.

［7］李强, 丁武泉, 朱启红, 等. 水位变化对三峡库区低位狗牙根种群的影响［J］. 生态环境学报, 2010, 19 (3): 652-656.

［8］黄小辉, 刘芸, 李佳杏, 等. 模拟三峡库区消落带土壤干旱对桑树生理特征的影响［J］. 西南大学学报 (自然科学版), 2013, 35 (9): 127-132.

［9］郑海金, 杨洁, 谢颂华. 我国水库消落带研究概况［J］. 中国水土保持, 2010, 6: 26-29.

［10］黄世友, 马立辉, 方文, 等. 三峡库区消落带植被重建与生态修复技术研究［J］. 西南林业大学学报, 2013, 33 (3): 74-78.

［11］周火明, 于江, 万丹, 等. 乌东德库区消落带生态修复植物遴选与配置［J］. 长江科学院院报, 2022, 39 (2): 50-55.

［12］刘金珍, 樊皓, 阮娅. 乌东德水库坝前段消落带生态类型划分及生态修复模式初探［J］. 长江流域资源与环境, 2016, 25 (11): 1767-1773.

［13］王勇, 李鹏, 穆军, 等. 金沙江干热河谷水电站库区消落带生态修复对策研究［J］. 水土保持研究, 2009, 16 (5): 141-145.

［14］于江, 万丹, 周火明, 等. 库水涨落对乌东德库区消落带植物生长影响初步研究［J/OL］. 三峡生态环境监测, 2022, https://kns.cnki.net/kcms/detail/50.1214.X.20220512.1655.005.html.

［15］Keller P S, Catalán N, von Schiller D, et al. Global CO$_2$ emissions from dry in land waters share common drivers across ecosystems［J］. Nature Communications, 2020, 11: 2126.

［16］Keller P S, Marcé R, Obrador B, et al. Global carbon budget of reservoirs is overturned by the quantification of drawdown areas［J］. Nature Geoscience, 2021, 14: 402-408.

［17］吴晨, 刘攀. 面向"双碳"目标的水库调度进展与展望［J］. 水资源研究, 2022, 11 (1): 1-19.

［18］袁兴中, 刘红, 王建修, 等. 三峡水库消落带湿地碳排放生态调控的科学思考［J］. 重庆师范大学学报 (自然科学版), 2010, 27 (2): 23-25.

［19］孙荣, 袁兴中. 三峡水库消落带湿地碳储量及空间格局特征［J］. 重庆师范大学学报 (自然科学版), 2012, 29 (3): 75-78.

［20］冯晶红, 刘瑛, 肖衡林, 等. 三峡库区消落带典型植物光合固碳能力及影响因素［J］. 水土保持研究, 2020, 27 (1): 305-311.

［21］周上博. 三峡水库消落带生态工程碳汇效益评估［D］. 重庆: 重庆大学, 2015.

南水北调中线工程与新能源应用
技术结合创新模式探索

韩晓光

（中国南水北调集团中线有限公司河北分公司，河北石家庄 050000）

摘　要：实现碳达峰碳中和，是党中央统筹国内、国际两个大局作出的重大战略决策，是贯彻新发展理念、构建新发展格局、推动高质量发展的内在要求，也是着力解决资源环境约束的突出问题、实现中华民族永续发展的必然选择。"十四五"时期，生态文明建设承载着新使命，实现经济社会发展全面绿色转型，需要汇聚各部门各行业合力。南水北调中线工程始终坚持绿色调水，助力绿色发展，着力打造新时代绿色水利工程的典范和样板，积极推进光伏发电等新能源应用技术与水利工程结合创新模式探索，为促进生态文明建设、助力"双碳"目标实现作出积极贡献。

关键词：南水北调中线工程；新能源技术；光伏发电；绿色调水；应用创新

1　引言

"双碳"目标是中国社会主义现代化强国建设目标的一个重要内容，对加速低碳转型和促进经济高质量可持续发展，助推全球可持续发展和后疫情时代绿色复苏的历史潮流，意义重大而深远。南水北调中线工程作为国家重要水利基础设施，在广袤的中国大地上铺就了千里生态长廊，具有得天独厚的资源禀赋，工程沿线新能源资源丰富，为新能源应用技术发展提供了巨大的纵深空间。为此本文就南水北调中线工程与新能源应用技术结合创新模式进行了探索，一是利用南水北调中线工程自身资源优势，在渠道两侧衬砌板上全线布设光伏发电设施构建"光伏天河"[1]助力绿色调水；二是利用南水北调中线工程渠道两侧巡视道路铺设光伏公路，推广新能源汽车在南水北调中线工程运行管理工作中的应用；三是利用光伏发电提水灌溉系统对南水北调中线工程渠道两侧防护林带进行日常浇水养护等工作，积极践行国家"双碳"战略，大力发展新能源产业，助力生态文明建设。

2　南水北调中线工程概况及特点

2.1　工程概况

南水北调中线工程，是国家南水北调工程的重要组成部分，是缓解我国黄淮海平原水资源严重短缺、优化配置水资源的重大战略性基础设施，是关系到受水区河南、河北、天津、北京等省（市）经济社会可持续发展和子孙后代福祉的百年大计。南水北调中线一期工程从加坝扩容后的丹江口水库陶岔渠首闸引水，沿线开挖渠道，经唐白河流域西部过长江流域与淮河流域的分水岭方城垭口，沿黄淮海平原西部边缘，在郑州以西李村附近穿过黄河，沿京广铁路西侧北上，可基本自流到北京、天津。规划分两期实施，先期实施中线一期工程，多年平均年调水量95亿 m³，向华北平原北京、天津

作者简介：韩晓光（1985—），男，高级工程师，主要从事水利水电工程建设与运行管理工作。

在内的 19 个大中城市及 100 多个县（县级市）提供生活、工业用水，兼顾农业用水。

2.2 工程特点

南水北调中线工程全长 1 432 km（其中天津输水干线 156 km），沿线以明渠为主，渠道两侧为巡视道路及防护林带，建筑物有 2 000 余座，包括输水建筑物、排水建筑物、渠渠交叉建筑物；闸站（节制闸、检修闸、分水闸、退水闸）、管理用房、变电站、监测房、强排泵房、退水渠、巡视值班房等。特点是规模大，线路长，站点多，建筑物样式多，交叉建筑物多，总干渠呈南高北低之势，具有自流输水和供水的优越条件。以明渠输水方式为主，局部采用管涵过水，渠首设计流量 350 m³/s，加大流量 420 m³/s。南水北调中线工程线路如图 1 所示。

渠首全长 1 432 km,
6 000 万人喝上长江水，
受益人口 1 亿。
一期每年调水 95 亿 m³,
二期 130 亿 m³

北京市
廊坊市
天津市
保定市
沧州市
京石段应急供水工程
石家庄市
衡水市
漳河北至古道河南段工程
邢台市
穿漳河工程
邯郸市
安阳市
鹤壁市
黄河北至漳河南段工程
濮阳市
新乡市
中线穿黄工程
焦作市
郑州市
沙河南至黄河南段工程
许昌市
平顶山市
周口市
漯河市
陶岔渠首至沙河南段工程
丹江口水库
陶岔渠首枢纽工程
渠首:水位高程约 147 m,
团城湖:水位高程约 49 m,
落差近 100 m

图 1 南水北调中线工程线路

3 南水北调中线工程与新能源结合发展的重要意义

3.1 光伏发电技术概述

光伏发电是利用光伏设备，把吸收的太阳能资源转化为电能的发电方式，是一种新型的、先进的发电方式。这种发电方式较传统发电方式有很多优势：一是光伏发电更接近用电者，有利于降低输电损耗；二是光伏发电有利于缩小输电模式，减少发电成本，能够有效降低用电成本；三是光伏发电较传统发电方式更加清洁和节能，更有利于保护环境。

3.2 光伏发电技术特点

光伏发电具有绿色、安全、可再生等特点，将光伏发电应用技术引入已建成在运行的南水北调中线工程，能够实现优化能源结构、节能减排、绿色环保等多重效应。其特点主要体现在：一是在日常利用光伏发电储蓄备用电能，在应急情况下使用，比如在 35 kV 临时停电或现场闸站、泵站、管理用房等机电金结设备使用频繁，对用电需求较大时作为备用电源使用。二是可以作为非关键区域日常用电使用，如场区照明、绿化喷灌、日常办公、日常维护临时用电等，也可以在大流量输水、防汛应急、冰期输水等阶段作为辅助用电使用。三是节约成本，南水北调中线工程在运行过程中，电费是一笔很大的支出，采用光伏发电自发自用方式可以节省大量电费，降低工程运行成本。四是可以持续发电，光伏板使用寿命较长，可以达到 25~30 年[2]，可以长期稳定提供绿色电能。五是充分利用自然资源为社会提供清洁能源，余电接入公共电网，为附近用户提供绿电，同时还可以获得 0.4 元/（kW·h）左右的电费补贴工程及设备日常维护支出费用。

3.3 光伏发电技术意义

3.3.1 光伏发电有利于维护我国能源安全

为了保障能源安全，我国早在 2005 年就通过并实施了《可再生能源安全法》，要确保我国能源安全，就必须大力推进发展新能源技术应用力度，全方面促进新能源技术发展，减少对传统能源的依赖[3]。随着国民经济的快速发展及传统能源的局限性，传统能源已远远不能满足人类发展对未来能源的需求，所以大力发展光伏发电技术，是促进我国新能源结构优化升级，减少对传统能源的依赖的重要途径。因此，光伏发电有利于缓解我国能源供需矛盾，有利于促进能源结构不断提质升级，更有利于保证我国能源受国际能源市场影响，能有效地保障能源安全。

3.3.2 光伏发电有利于打造绿色水利工程

在水利工程管理运行中，当新能源技术能够得到充分应用时，对于水利工程本身不仅能够避免对水环境及周边环境产生污染，达到减排降碳的效果，还有利于生态环境的良性循环。绿色能源是最理想的能源，可以不受能源短缺的影响，是现代社会发展与环境和谐共生的重要途径，所以我们积极研究水利工程与新能源应用技术结合，科学有效地进行可持续环保管理运行，是实现节能减排、可持续发展的必然选择。

4 南水北调中线工程与新能源结合创新模式探索

以下以南水北调中线工程新乐管理处段工程（见图 2）为例，该辖区渠段位于河北省中部，地处太行山东麓，属暖温带半湿润季风型大陆性气候，四季分明，气温日差较大。春季，气温回升较快，干燥多风；夏秋两季受太平洋副热带高压控制，多炎热天气；冬春季受西伯利亚和蒙古高压控制，气候多干旱少雨，多年日平均气温 15.7 ℃，多年平均无霜期 190 d，多年平均日照时数 2 216 h，气候条件完全满足光伏发电自然资源需求。

图 2　南水北调中线工程某明渠段现场图

4.1 构建"光伏天河"助力绿色调水

南水北调中线干线工程新乐管理处辖区段全长 33.98 km，除去沿线建筑物部分，渠道长度约 30 km。达到设计水位时渠道两侧外露衬砌板约 2 块，每块尺寸为 4 m×4 m，水面以上可供布设光伏设施的衬砌板长度约 8 m，此辖段渠道光伏铺设面积可达到 8 m×30 km×2 侧 = $4.8×10^5$ m²，以每平米铺设 120 W 光伏面板进行计算，该辖段沿线可安装光伏 $5.76×10^7$ W。根据该辖区平均日照时数计算，每平米光伏板每年发电量为 0.12 kW×2 216 h = 265.92 kW·h，全部光伏板每年发电量约 1.28 亿 kW·h，节约标煤约 1.5 万 t，减少 CO_2 排放量约 4 万 t。全线 1 432 km 发电量及 CO_2 减排量约为该辖段的 40 倍，即可节约标煤约 60 万 t，减少 CO_2 排放量约 160 万 t。所发电量可用于南水北调中线干线工程通水运行日常调度及备用电源使用，富余电力可并入公共电网，为周边用户提供清洁电能，有益于南水北调中线工程及周边整体减排降碳，助力绿色调水。

4.2 铺设"光伏公路"推进绿色出行

南水北调中线工程明渠段左右岸两侧为 4 m 宽的巡视道路，新乐管理处辖区段明渠长度约 30 km，左右岸巡视道路总长约 60 km，常年在辖区内巡视作业的车辆总数约 15 辆，包括管理处 4 辆，安保分队 2 辆，警务室 2 辆，安全监测 1 辆，维护队伍 3~6 辆，且全部为传统燃油车，按每辆每年行驶 2 万 km 计算，合计 30 万 km/a，消耗燃油约 10 万 L，每燃烧 1 L 汽油约排放 2.25 kg CO_2，此辖区每年汽车 CO_2 总排放量约 22.5 万 kg。

目前，在"双碳"目标背景下，节能减排成为人们的共识，在南水北调中线干线工程运行管理领域推广新能源汽车的使用，是低碳环保促进人与自然和谐发展的重要措施之一。新能源汽车，是指采用非传统燃料作为动力来源，具有新技术及新结构的汽车，本文以推广纯电动汽车为主，因为在纯电动模式下，汽车的车速、续航能力均能满足南水北调中线干线工程运行管理需求，并且不排放任何有害尾气。其缺点就是充电时间耗时较长，在普通充电模式下需要十几个小时才能完成一次充电，使得电动汽车的使用及其不方便。近年来，无线充电技术成为电动汽车领域的一个研究热点，采用无线充电技术能解决电动汽车充电过程中电缆连接束缚的问题，使得电动汽车使用更加便捷[4]。参考山东济南 2017 年建成通车的世界首条光伏公路，可以尝试将明渠单侧或两侧铺设成"光伏公路"，资料显示，光伏公路的设计寿命、各项参数及性能指标等均优于传统路面公路，光伏公路路面顶层是类似毛玻璃的半透明新型材料，摩擦系数高于传统路面，保证不打滑的同时还有较高的透光率，可以使路面底层的太阳能电池把光能转化为电能，路面下预留的电磁感应圈与电动汽车的无线充电技术配套使用，可以实现电动汽车在此路段行驶过程中，边行驶边充电，将传统公路变成电动汽车的"充电宝"，在夏季和冬季，光伏公路还可以将光能转化为热能，消融路面的积水、冰冻和积雪，保证行车安全。结合南水北调中线干线工程巡视路特征参数，铺设成光伏公路后每千米预计年发电量约 70 万 $kW \cdot h$，减排 CO_2 约 1 000 万 t，采用"自发自用，余电上网"方式全力推进南水北调中线干线工程绿色出行。

4.3 搭建"光伏灌溉"助推低碳养护

南水北调中线工程新乐管理处辖段巡视道路外侧为防护林带（绿化带），宽度约 10 m，内有各类乔木、灌木及草坪等，常年需要灌溉养护，养护面积约 50 万 m^2，养护周期 1~2 次/月，7 d/次左右，夏季干旱炎热时期频次适当增加。目前使用的灌溉方式为养护人员使用燃油发电机带动抽水泵在渠道中取水灌溉，以 30 kW 柴油发电机为例：每小时耗油量为 7.4 kg，浇水养护 1 次需要消耗柴油 7.4 kg/台时×8 台时×7 d×4 台＝1 658 kg，CO_2 排放量约 5 t，1 年按浇水 16 次计算，仅此 1 项养护工作 CO_2 年排放量就达到 80 t，既不利于环境保护，亦在取水时存在人员的潜在风险。

南水北调中线工程渠道中常年有水，且紧邻绿化带，距灌溉中心区域水平距离约 10 m，有着近水楼台先得月的天然优势，结合上述光伏设施能够满足光伏提水灌溉设施建设需求。光伏提水灌溉系统是将太阳能转化为电能，驱动水泵将低位明渠中的水抽到绿化带内进行灌溉养护，这样以太阳能为能源，采用光伏提水灌溉，充分利用太阳能这一清洁能源，成本低，安装布局灵活[5]，可以明显降低 CO_2 排放，减少用工量，缩短养护周期，提高工作效率，提升环保及经济价值，有效助推南水北调中线干线工程日常维修养护向低碳化、零碳化发展。

5 结语

基于南水北调中线工程与新能源应用技术结合的一种创新模式，光伏发电技术充分利用已建南水北调中线工程，每年发电量超 60 亿 $kW \cdot h$，可节约标煤约 70 万 t，CO_2 年排放量减少约 200 万 t，这将有效降低南水北调中线工程碳排放，推动水利工程双碳目标进程。同时还将产生巨大的生态效益和社会效益，为南水北调中线工程"助力绿色调水，奉献绿色能源"提升高质量发展加速度，不断拓展以风光水储一体化统筹发展的新能源布局，为促进南水北调工程实现绿色发展，打造新时代绿色生态工程样板提供重要支撑和保障。

参考文献

［1］魏琦，白保华，何继江，等. 能源与水利结合模式探索——以南水北调西线光伏天河工程为例［J］. 工程科学与技术，2022，54（1）：16-16. DOI：10.15961/j.jsuese.202101033.

［2］郭晓辉，沈久保，彭和鹏，等. 绿色能源在水利工程建设管理中的应用探讨［J］. 城市建设理论研究，2020，19：111-112. DOI：10.19569/j.cnki.cn119313/tu.202019067.

［3］梁文翰．我国分布式光伏发电现状探究 ［J］．中国战略新兴产业，2018，24：31-32. DOI：10. 19474/j. cnki. 10-1156/f. 005002

［4］方蕾．无线充电公路专利技术 ［J］．科技创新与应用，2020，13：20-22.

［5］叶金虎，赖明．乡村振兴背景下光伏提水灌溉技术在农业中的应用研究——以广东云浮地区为例 ［J］．农机与农艺，2022，53（2）：57-58.

海河流域山区植被覆盖度与水热因子关系研究

王庆明[1]　张　越[2]　杨姗姗[3]　马梦阳[1]　赵　勇[1]

(1. 中国水利水电科学研究院 流域水循环模拟与调控国家重点实验室，北京　100038；

2. 水利部水利水电规划设计总院，北京　100120；

3. 中国水利学会，北京　100053)

摘　要： 植被修复是实现"双碳"目标的重要路径，分析植被覆盖度与水热因子（降雨、气温、潜在蒸散发）的时空响应关系，是揭示海河流域山区植被覆盖度变化原因及伴生植被固碳规律的基础。本研究分析了海河流域山区 2000—2019 年植被覆盖度时空演变规律，并探讨植被覆盖度与水热因子的匹配关系及时滞效应等问题。发现植被覆盖度对水热因子的响应并非线性关系，并且水热因子与植被盖度存在时滞效应，进一步采用相关系数法确定植被覆盖度与降雨、气温和潜在蒸散发的滞后时间。研究为揭示植被覆盖度变化原因并制定合理的植被修复规划提供技术参考。

关键词： 海河流域山区；植被覆盖度；水热因子；时滞效应

1　引言

最近的研究表明，近 20 年来全球正在变得更绿，而中国的植被增长尤为显著，对全球植被增长的贡献高达 25%[1]。植被的增长将重新平衡生态系统，如改变地表温度、能量交换和平衡、净初级生产力及水分利用效率等[2-4]。20 世纪 80 年代以来，海河流域山区地表水资源剧烈衰减，植被覆盖度增加导致植被耗水增多是重要原因之一。区域的水热因子（降雨、气温、潜在蒸散发）对植被覆盖度变化有直接影响[5]，研究植被覆盖度与区域水热因子的时空规律，对揭示海河流域植被固碳规律，实现流域碳中和和碳达峰目标具有重要意义。

在植被生长过程中，降雨、温度等气候因素对植被生理的影响具有滞后性，即存在所谓的"时滞效应"[6]。Li 等[7] 发现在黄土高原气候因子对 NDVI 的影响存在 1—3 月的滞后性。Wu 等[8] 指出在全球范围内，植被对降水、气温和日照的响应具有时滞效应，但是存在空间差异，这与植被多样性和气候特征有关。高滢等[9] 发现陕西省植被覆盖度对极端气候的响应也存在滞后性。研究也表明，在解析气候因素对植被变化的贡献时，考虑时滞效应的结果会高于不考虑时滞效应的情况，故在植被变化归因解析时考虑气候的时滞效应是十分必要的。

2　研究区域和研究方法

2.1　研究区域

海河流域山区位于海河流域西部和北部，总面积 18 万 km²，平均海拔在 1 000 m 以上，是海河流域众多河流发源地（见图 1）。海河流域山区属于温带大陆性气候和温带季风气候以及半干旱半湿润地带交界处，年平均气温在 1~10 ℃波动，山区迎风坡降雨量较高，背风坡降雨量较低，且年内降雨分配不均，汛期降水较多，非汛期降水极少[10]。

基金项目： 国家重点研发计划项目（2021YFC3200204）；国家自然科学基金项目（52025093）。

作者简介： 王庆明（1987—），男，高级工程师，主要从事水文水资源研究工作。

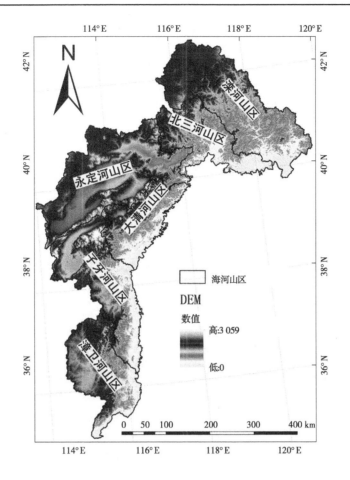

图 1 海河流域山区地理位置及地形

2.2 数据来源及研究方法

2.2.1 数据来源

本研究利用 NDVI 数据计算植被覆盖度。NDVI 数据采用连续时间序列的 SPOT_ VEGETATION 卫星遥感数据,并利用最大值合成法生成逐月数据集,时间范围为 2000 年 1 月至 2019 年 12 月,分辨率为 1 km。气象数据为 2000—2019 年黄淮海流域 182 个气象站的逐日数据,所有的气象数据均通过国家气象信息中心获取(http://data.cma.cn)。在进行空间分析时,NDVI 采样为 2 km 分辨率的格点数据,各气象数据则利用径向基函数(RBF)插值法插补到与 NDVI 数据一致的格点上。

2.2.2 研究方法

2.2.2.1 植被覆盖度计算方法

植被覆盖度(fractional vegetation cover,FVC)指的是单位面积内地面植被垂直投影面积的百分比,反映了植被的密度和植物光合作用面积的大小,本文选用植被覆盖度作为研究对象,并利用像元二分法计算[11],计算公式如下:

$$M = \frac{\text{NDVI} - \text{NDVI}_s}{\text{NDVI}_v - \text{NDVI}_s} \tag{1}$$

式中:M 为植被覆盖度,无量纲;NDVI 为实际归一化植被指数,无量纲;NDVI_v 为纯植被覆盖区域的 NDVI 值;NDVI_s 为裸土覆盖区域的 NDVI 值。

采用降雨(PRE)、气温(T)和潜在蒸散发(ET_0)作为气候影响因子。降水量代表植被生长的水分条件,气温代表植被生长的热量条件,而潜在蒸散发代表植被生长的能量条件。所有气候因子都计算到月尺度上。其中,潜在蒸散发根据 FAO 推荐的 Penman-Monteith 公式估算。

2.2.2.2 水热因子对植被覆盖度影响的滞后性

皮尔逊相关系数用来研究植被覆盖度与气候因子的相关关系,对于时间系列 $X = \{X_1, X_2, \cdots,$

$X_n\}$ 和 $Y = \{Y_1, Y_2, \cdots, Y_n\}$，皮尔逊相关系数计算如下：

$$r = \frac{\sum_{i=1}^{n}(X_i - \bar{X})(Y_i - \bar{Y})}{\sqrt{\sum_{i=1}^{n}(X_i - \bar{X})^2}\sqrt{\sum_{i=1}^{n}(Y_i - \bar{Y})^2}} \tag{2}$$

式中：r 为皮尔逊相关系数；n 为时间序列的长度；i 为时间序号；X_i 为时间序号为 i 的 X 值；Y_i 为时间序号为 i 的 Y 值；$\bar{X}$ 为 X 的均值；$\bar{Y}$ 为 Y 的均值。

r 取值在 $-1\sim1$，当 $r<0$ 时，表明时间序列之间存在负相关；当 $r>0$ 时，表明时间序列之间存在正相关；$|r|$ 越接近 1，表明时间序列之间的相关性越强。

过去的研究发现，植被对气候响应的月尺度上的时间滞后一般小于 3 个月。因此，本研究仅考虑植被覆盖度对气候因子当月和滞后 3 个月内的响应。分别计算植被覆盖度与滞后 0~3 个月的气候因子的相关系数，选取相关系数最大的滞后月份作为植被覆盖度对气候因子响应的滞后时间。

3 结果

3.1 海河流域山区植被覆盖度变化规律

过去 20 年海河流域山区植被覆盖度空间分布及变化规律如图 2 所示，图 2（a）为 2001—2003 年平均植被覆盖度空间分布，北三河山区植被覆盖度最高为 0.46，永定河山区植被覆盖度最低为 0.18。图 2（b）为 2017—2019 年平均植被覆盖度空间分布，与图 2（a）相比，植被覆盖度有明显的提升，绿色的区域占比更多，说明过去 20 年海河山区植被恢复效果明显，并且是全流域的植被覆盖度提升，浅山区和深山区都有所变化，全流域平均植被覆盖度由时段初的 0.34，增加到 0.51。图 2（c）为 2001—2019 年植被覆盖度变化速率，太行山浅山区是植被恢复效果最明显的区域，浅山区降雨相对较多，气温也高于深山区，过去人类活动干扰强烈，经过封山育林和人工造林等水保措施后，植被覆盖度提升效果最为显著。在深山区，植被覆盖度也有不同程度的增加，类似永定河山区，受气温和降水条件影响，植被类型多为草地，植被覆盖度低于浅山区的乔灌林，植被覆盖度提升速率稍低于浅山区。

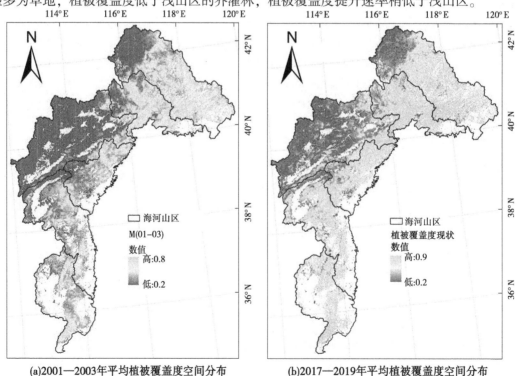

(a)2001—2003年平均植被覆盖度空间分布　　　(b)2017—2019年平均植被覆盖度空间分布

图 2　海河流域山区植被空间分布及变化规律

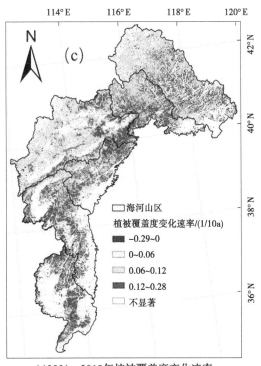

(c)2001—2019年植被覆盖度变化速率

续图 2

海河流域山区植被随时间变化规律如图 3 所示，从图 3（a）中可以看出，海河流域山区 6 个三级区植被覆盖度均有明显的提升，全流域平均植被覆盖度变化速率为 0.10/10 a，其中漳卫河山区变化速率最大，为 0.128/10 a，永定河山区变化速率最小为 0.085/10 a，主要原因是永定河山区海拔较高，以草被类型分布为主，相对其他流域以乔灌林为主，永定河山区的植被覆盖度及其变化速率都较低。从年内变化看［见图 3（b）］，4—10 月是植被覆盖度主要增长时段，其中 6 月植被增长速率最高，为 0.142/10 a，而通常植被覆盖度最高的时间为 7—8 月，可能是气候变暖，植被物候提前，人工植被修复和气候变化影响叠加共同导致的结果。

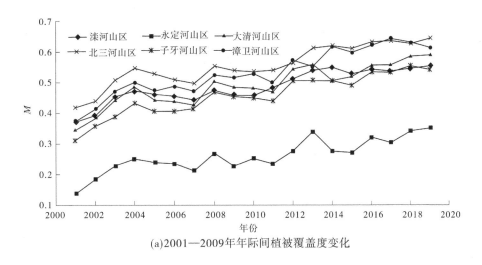

(a)2001—2009年年际间植被覆盖度变化

图 3　海河流域山区植被覆盖度随时间变化规律

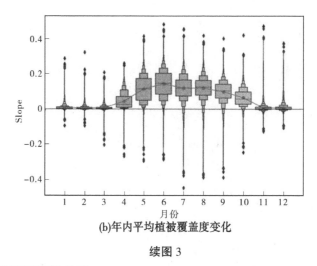

(b)年内平均植被覆盖度变化

续图3

3.2 植被覆盖度与水热因子匹配关系

影响植被覆盖度的水热因子有降雨、气温和潜在蒸散发（代表能量因素），如图4（a）、（d）所示，大部分区域植被覆盖度变化与降雨变化呈正相关关系，占总区域面积的68%，仅有少部分区域植被覆盖度变化与降雨变化呈负相关关系。全流域植被覆盖度与降雨变化的相关系数为0.39，其中永定河流域相关系数最高，为0.58，其次为大清河山区，相关系数为0.47，漳卫河山区，相关系数为0.07，在全流域内最低。如图4（b）、（e）所示，子牙河山区和漳卫河山区植被覆盖度与气温变化呈正相关，永定河山区和大清河山区呈负相关关系，漳卫河山区正相关系数最大，为0.34，永定河山区负相关系数最大，为-0.21。如图4（c）、（f）所示，植被覆盖度与潜在蒸散发变化的关系同样有正有负，滦河山区、北三河山区、子牙河山区和漳卫河山区表现为正相关关系，永定河山区和大清河山区表现为负相关关系。

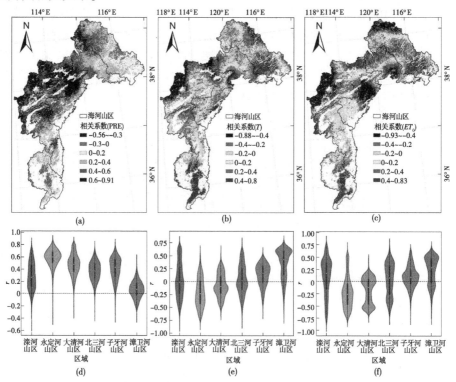

（a）～（c）分别为植被覆盖度变化与降雨、气温、潜在蒸散发变化的相关系数空间分布；
（d）～（f）分别为三级区植被覆盖度与降雨、气温、潜在蒸散发相关系数汇总统计。

图4 海河流域山区植被覆盖度与气候因子相关性

　　不同梯度等级降雨、气温和潜在蒸散发与植被覆盖度变化关系如图5所示。如图5（a）所示，降雨小于600 mm左右时，随降雨增加，植被覆盖度增长速率较快，年降雨量超过600 mm以后植被覆盖度变化明显放缓，说明在海河流域山区降雨量增加到一定程度时，水分供给充分，光热条件（气温、潜在蒸散发）成为主要限制条件。如图5（b）所示，年平均气温低于20℃时，植被覆盖度与气温呈正相关关系，年平均温度高于20℃时，植被覆盖度与气温呈负相关关系，这时气温过高，植被生长受到抑制。图5（c）为植被覆盖度和潜在蒸散发的关系，呈现马鞍状分布，年潜在蒸散发低于650 mm时，植被覆盖度与潜在蒸散发呈正相关关系，年潜在蒸散发高于650 mm低于900 mm时，潜在蒸散发增加对植被覆盖度影响不大，年潜在蒸散发量高于900 mm时，植被覆盖度与潜在蒸散发呈负相关关系。

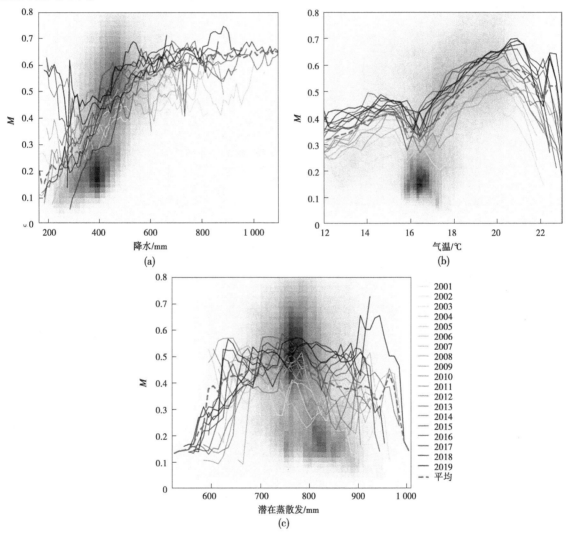

图5　不同梯度降水、气温和潜在蒸散发与植被覆盖度关系

（图中曲线为每年的关系曲线，阴影代表空间分布值，阴影越深代表流域内该气象因子等级的格点越多）

3.3　水热因子对植被覆盖度影响的时滞效应

　　水热因子对植被覆盖度的影响时长不仅限于当月，存在时滞效应，本研究分析了当月和滞后3个月水热因子与植被覆盖度的影响关系，如图6所示。降雨对植被覆盖度的影响主要表现在当月和第2个月，相关系数分别为0.86和0.81，到第3个月相关系数迅速变小；气温对植被覆盖度变化的影响也表现在前两个月，当月和第2个月相关系数分别为0.88和0.89，第2个月相关性甚至更强；潜在蒸散发对植被盖度的影响能够持续3个月，当月潜在蒸散发与当月、第2个月和第3个月植被覆盖度

的相关系数分别为 0.73、0.92 和 0.87，在第 2 个月表现出更强的相关性。说明不同水热因子对植被覆盖度的影响不能在同一月份简单地叠加，植株覆盖度的变化可能受前 1~2 个月的水热因子变化影响，尤其是气温和潜在蒸散发都与次月月植被覆盖度相关性更强。

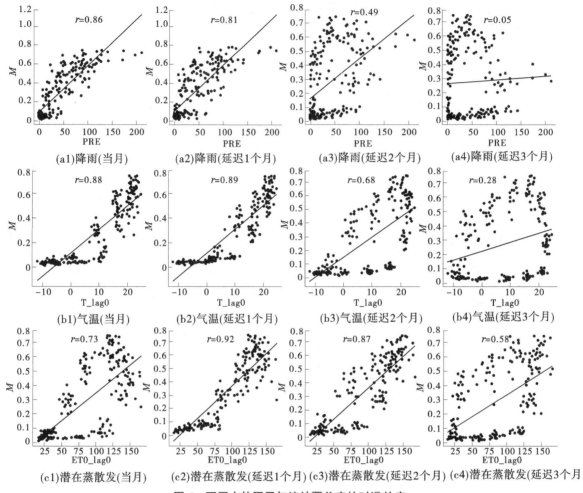

图 6　不同水热因子与植被覆盖度的时滞效应

不同水热因子对植被覆盖度变化时滞效应的空间分布如图 7 所示。图 7(a)为降雨与植被覆盖度月相关性空间分布,71.2%的区域降雨与当月植被覆盖度相关性最强,28.8%的区域降雨与次月相关性最强;图 7(b)为气温与植被覆盖度月相关性空间分布,39.1%的区域气温与当月植被覆盖度相关性最强,60.9%的区域气温与次月相关性更强,主要分布在永定河山区;图 7(c)为潜在蒸散发与植被覆盖度月相关性空间分布, 66.3%的区域潜在蒸散发与次月植被覆盖度相关性最强，主要为滦河山区和太行山浅山区,33.7%的区域潜在蒸散发与第 3 个月植被覆盖度相关性最强,主要分布在永定河山区。

4　结语

过去 20 年海河流域山区植被覆盖度有明显的提升，既有人工修复的影响，也有气候变化的影响，水热因子是影响植被覆盖度变化的直接因素，本研究发现降雨、气温和潜在蒸散发对植被覆盖度变化的影响呈现不同的规律，降雨与植被覆盖度呈现单调增加的关系，但年降雨量超过 600 mm 后，植被覆盖度变化明显放缓；气温与植被覆盖度变化呈现先增加后减缓的规律，当年平均温度低于 20 ℃时，植被覆盖度与气温呈正相关关系，年平均气候高于 20 ℃呈现负相关关系；潜在蒸散发与植被覆盖度变化呈现马鞍形曲线，而年潜在蒸散发量在低于 650 mm 时与植被覆盖度呈正相关关系，超过 900 mm 时与植被覆盖度呈负相关关系。同时，水热因子与植被覆盖度存在时滞效应，水热因子的变化不

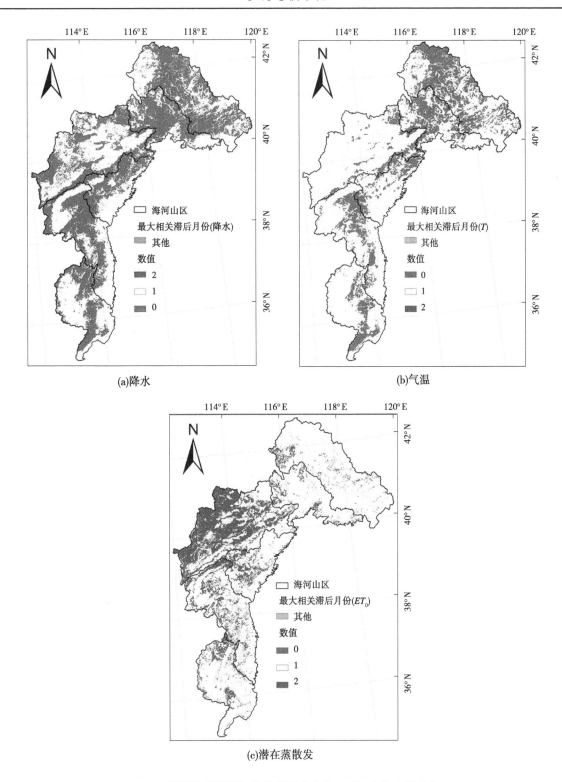

图7 不同水热因子与植被覆盖度变化时滞效应的空间分布

但对当月的植被覆盖度也有影响，对次月甚至是第 3 个月的植被覆盖度也有影响。本研究分析了海河流域山区植被覆盖度变化及对水热因子的响应规律，定量回答不同水热因子对植被覆盖度变化的贡献将是下一步重点研究方向。

参考文献

［1］Chen C, Park T, Wang X, et al. China and India lead in greening of the world through land-use management ［J］. Nature sustainability, 2019, 2 (2)：122-129.

［2］Li H, Wu Y, Liu S, et al. Regional contributions to interannual variability of net primary production and climatic attributions ［J］. Agricultural and Forest Meteorology, 2021, 303：108384.

［3］Jin K, Wang F, Zong Q, et al. Impact of variations in vegetation on surface air temperature change over the Chinese Loess Plateau ［J］. Science of the Total Environment, 2020, 716：136967.

［4］He Y, Piao S, Li X, et al. Global patterns of vegetation carbon use efficiency and their climate drivers deduced from MODIS satellite data and process-based models ［J］. Agricultural and Forest Meteorology, 2018, 256：150-158.

［5］金凯, 王飞, 韩剑桥, 等. 1982—2015 年中国气候变化和人类活动对植被 NDVI 变化的影响 ［J］. 地理学报, 2020, 75 (5)：961-974.

［6］Zuo D, Han Y, Xu Z, et al. Time-lag effects of climatic change and drought on vegetation dynamics in an alpine river basin of the Tibet Plateau, China ［J］. Journal of Hydrology, 2021, 600：126532.

［7］Li P, Wang J, Liu M, et al. Spatio-temporal variation characteristics of NDVI and its response to climate on the Loess Plateau from 1985 to 2015 ［J］. Catena, 2021, 203：105331.

［8］Wu D, Zhao X, Liang S, et al. Time-lag effects of global vegetation responses to climate change ［J］. Global change biology, 2015, 21 (9)：3520-3531.

［9］高滢, 孙虎, 徐崟尧, 等. 陕西省植被覆盖时空变化及其对极端气候的响应 ［J］. 生态学报, 2022, 42 (3)：1022-1033.

［10］王贺年. 海河山区流域生态水文演变规律研究 ［D］. 北京：北京林业大学, 2015.

［11］王建邦, 赵军, 李传华, 等. 2001—2015 年中国植被覆盖人为影响的时空格局 ［J］. 地理学报, 2019, 74 (3)：504-519.

基于 PLUS 与 InVEST 模型的鄱阳湖流域碳储时空动态研究

郑　航[1,2]　肖　潇[1,2]　程学军[1,2]　赵登忠[3]　徐　坚[1,2]
付重庆[1,2]　龙跃洲[4]　邵逸文[5]　贺　奕[6]

(1. 长江科学院空间信息技术应用研究所，湖北武汉　430010；
2. 武汉市智慧流域工程技术研究中心，湖北武汉　430010；
3. 长江科学院，湖北武汉　430010；
4. 长江科学院水力学研究所，湖北武汉　430010；
5. 长江科学院水土保持所，湖北武汉　430010；
6. 香港科技大学，香港　999077)

摘　要：为分析自然资源保护措施与退耕还林工程对流域碳储量时空分布的影响，本文以鄱阳湖流域为研究对象，使用 InVEST 模型结合土地利用信息对研究区 2000—2020 年碳储量变化进行研究；探究 NDVI、NPP 与碳储量、碳密度的相关性；利用 PLUS 模型模拟流域未来土地利用变化情景，分析未来 20 年鄱阳湖流域碳储量与 NDVI 变化趋势。结果显示，鄱阳湖流域约 21.7% 的土地利用类型发生变化，碳储量和碳密度均呈现南部地区高于北部地区的空间分布特征，具有明显的地区差异性；NDVI 和 NPP 与碳储量和碳密度均呈现较强相关性，表明植被面积增加是鄱阳湖流域碳储量上升的主要原因。研究结果可为鄱阳湖流域自然资源保护提供依据。

关键词：鄱阳湖流域；碳储量；InVEST 模型；PLUS 模型

1　引言

全球气候变化目前对人类可持续发展带来了严峻挑战，受到各国学者的普遍关注[1]。有关研究表明，人为碳排放的增加是气候变化的主要原因[2]，而土地利用变化（LUCC）被证实是第二大碳排放来源（仅次于化石燃料燃烧）[3-4]，土地利用变化通过影响陆地生态系统的物质交换与能量循环过程，引起碳源、碳汇变化[5-6]。自 1999 年起，为加强生态保护建设，科学合理利用与管理土地，我国先后实施了退耕还林（GGP）、还草等重大民生工程，流域内土地利用与土地覆被类型发生了巨大变化，土壤碳存储能力也随之发生改变。土壤碳存储能力是评估陆地生态系统可持续发展的重要指标，然而，当前缺少精准、全面地分析土地利用与土地覆被变化对大型流域总碳储量影响的相关研究。

目前，碳储量评估方法较多，传统方法在碳储量评估时空尺度上稍显欠缺，许多学者与专家开始采用评估模型计算或模拟总碳储量变化[7-9]。在众多评估模型中，InVEST（integrated valuation of ecosystem services and tradeoffs）模型具有需求数据少、运行速度快、评估精度高等优点[10-13]，被广泛应用于评估和模拟不同尺度下陆地生态系统碳储量及碳循环[14-15]。

基金项目：长江科学院中央级公益性科研院所基本科研基金（CKSF2021485+kJ）。

作者简介：郑航（1998—），男，硕士研究生，研究方向为水利信息化与水利遥感研究。

通信作者：程学军（1975—），男，正高级工程师，主要从事水利信息化与水利遥感研究工作。

鄱阳湖流域是具有典型代表性的内陆流域，也是长江水系及其生态系统的重要组成部分，以9%的流域面积贡献了长江流域15.5%的水量。本文以鄱阳湖流域为研究对象，在退耕还林、还草政策背景下，研究土地利用变化与碳储量之间的影响机制，分析归一化植被指数（NDVI）、净初级生产力（NPP）与总碳储量、碳密度的相关性，利用PLUS模型（patch-level land use simulation model），基于2000年、2010年、2020年3期遥感影像数据，模拟未来20年鄱阳湖流域土地利用变化，依据模拟结果分析归一化植被指数、净初级生产力变化趋势，为鄱阳湖流域碳储功能的可持续发展及后续生态环境规划提供参考依据。

2 材料与方法

2.1 研究区域

鄱阳湖流域位于长江中下游南岸，海拔在10~2 000 m，流域面积约为16.22万 km²，属亚热带湿润季风气候，年平均气温约为17 ℃，年平均降雨量约为1 620 mm，降雨时空分布不均，具有明显的季节性和区域性[16-17]，鄱阳湖流域主要由山地丘陵、河流水系和大型湖泊三大要素构成独立完整的自然地理单元，流域内包括鄱阳湖区及赣江、抚河、饶河、修河、饶河等五大河[18-19]，五河分别从南、东、西向北流入湖区，形成一个以鄱阳湖平原为底的巨大盆地[20]，具体区域位置图如图1所示。鄱阳湖流域内自然资源丰富多样，土地利用类型主要以农田、森林和草地为主，植被以常绿针叶林、季节性绿色覆被和树草混合覆被为主[21]。

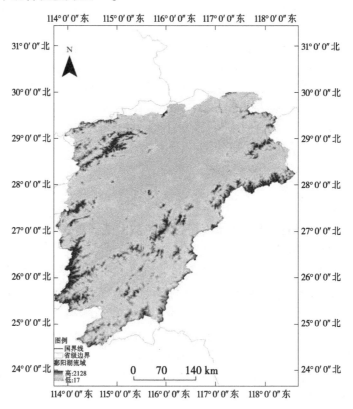

图1 鄱阳湖流域区域位置图

2.2 数据采集与处理

本文选取的2000年、2010年和2020年的Landsat遥感影像数据（TM、ETM、OLI）下载自地理空间数据云官网（http：//www.gscloud.cn/）及美国地质调查局官网（http：//www.usgs.gov/），云量小于10%且植被地物特征明显。根据鄱阳湖流域实际情况和研究需要，依据《土地利用现状分类》（GB/T 21010—2017）和中国科学院《土地利用/土地覆盖遥感监测数据库说明》，将研究区的土地利用类型划分为农田、森林、草地、建筑用地、水域和其他用地6类土地利用类型，分类依据如表1所示。同时，基于2000—2020年影像数据提取净初级生产力（NPP）和最大生长季NDVI。

表1　LULC分类依据

土地利用类型	分类标志
农田	指种植农作物的土地，包括熟耕地、新开荒地、休闲地、轮歇地、草田轮作物地；以种植农作物为主的农果、农桑、农林用地；耕种三年以上的滩地和海涂
森林	指生长乔木、灌木、竹类，以及沿海红树林地等林业用地
草地	指以生长草本植物为主，覆盖度在5%以上的各类草地，包括以牧为主的灌丛草地和郁闭度在10%以下的疏林草地
水域	指天然陆地水域和水利设施用地
建筑用地	指大、中、小城市及县镇以上建成区用地
其他用地	指地表为沙覆盖，植被覆盖度在5%以下的土地，包括沙漠，不包括水系中的沙漠

2.3　InVEST模型

InVEST模型由美国斯坦福大学、大自然保护协会（TNC）与世界自然基金会（WWF）联合开发，主要用于模拟生态服务系统物质量和价值量的变化。该模型可用于淡水、海洋和陆地三大生态评估。淡水生态评估包括洪峰调节和水质等模块，海洋生态评估包括生成海岸保护和生境风险等模块，陆地生态评估包括生物多样性和碳储量等模块。

本文采用InVEST模型中碳储量模块分析鄱阳湖流域2000—2020年的碳储量变化。该模块可模拟4个基本类型碳储量：地上生物量（AGC）、地下生物量（BGC）、土壤有机碳（SOC）、死亡有机碳（DOC）。其中，地上生物量包括叶子、树皮、树枝等存货植被，地下生物量包括植物根系，土壤有机碳包括矿物质土壤和有机土壤种，死亡有机碳包括已死亡植物[22]。

计算碳储量参考公式如下：

$$D_i = D_{above} + D_{below} + D_{soil} + D_{dead} \tag{1}$$

$$C_{TOTAL} = \sum \left[(D_{AFTER} - D_{BEFORE}) \times \Delta A \right] \tag{2}$$

式中：D_i为各土地利用与土地覆被类型的碳密度总量；D_{above}、D_{below}、D_{soil}、D_{dead}分别为AGC、BGC、SOC、DOC的碳密度；ΔA为从一种土地利用类型转移到另一种土地利用类型的面积；D_{BEFOER}与D_{AFTER}为转移前后土地利用类型的碳密度；C_{TOTAL}为碳储量的总变化量。

每种土地利用类型的碳密度均来自相关数据库和文献，如表2所示。

表2　InVEST模型使用的碳密度参数　　　　　　　　　　　单位：MgC/hm²

土地利用覆被类型	AGC	BGC	SOC	DOC	数据参考出处
森林	46.9	11.2	42.3	0.69	Li et al.（2010）[23]；Niu et al（2012）[24]
农田	3.55	2.09	32.34	0.54	Rong et al.（2012）[25]
草地	1.02	8.45	52.52	0.43	Lei et al.（2012）[26]
建筑用地	1.49	0.35	0.04	0.00	中国陆地生态系统碳密度数据集
水域	0.08	0.07	0.00	0.00	中国陆地生态系统碳密度数据集
其他用地	0.36	0.53	1.81	0.03	Wang et al.（2009）[27]

2.4　碳储等级划分

为针对不同区域提出不同的保护措施，本文采用自然断点法划分研究区域碳储等级[28]。将碳储量贡献程度依弱到强的区域划分为一般（$2.73 \sim 38.52$ MgC/hm²）、较强（$38.52 \sim 62.42$ MgC/hm²）及重点保护（$62.42 \sim 101.09$ MgC/hm²）等三个级别，以此得到鄱阳湖流域碳储等级划分，针对一般区域重点研究，加强其固碳能力，针对重点保护区要进行合理管控，作为未来发展的优先保护对象。

2.5 线性回归分析

为研究 NDVI 在 20 年间变化速率，本文采用线性回归法分析 NDVI 在 2000—2020 年的变化趋势。其公式如下：

$$S = \frac{n \times \sum\limits_{i=1}^{m} (i \times xi) - \sum\limits_{i=1}^{m} i \sum\limits_{m=1}^{m} xi}{m \times (\sum\limits_{i=1}^{m} i^2) - (\sum\limits_{i=1}^{m} i)^2} \tag{3}$$

x_i 为第 i 年的 NDVI，$S>0$，则 NDVI 增加；$S<0$，则 NDVI 减少。根据显著性水平，$S>0$ 且 $P<0.01$，NDVI 则为极显著增加；$S>0$ 且 $P<0.05$，NDVI 则为显著增加；$S<0$ 且 $P<0.01$，NDVI 则为极显著减少；$S<0$ 且 $P<0.05$，NDVI 则为显著减少；$P>0.05$，NDVI 不显著变化这 5 类检验类型。

2.6 PLUS 模拟模型

为更深入分析未来碳储量与 NDVI 受土地利用类型变化的影响，使用 PLUS 模拟模型[29-30] 模拟未来土地利用变化，再通过模拟结果对 NDVI 及总碳储量未来 20 年变化趋势进行预测。

PLUS 模拟模型由基于土地扩张分析策略 LEAS（land expansion analysis strategy）的转换规则挖掘模块和基于多累随机斑块种子机制的 CA 的 CARS（CA based on multi-type random patch seeds）模块组成。利用 LEAS 模块提取初期土地利用向末期扩张的部分，再采用随机森林分类（random forest classification，RFC）算法挖掘土地利用类型的惯性概率和变化概率，从而可寻找自然和人为驱动因素与土地利用之间的关系[31]。

LEAS 模块计算公式如下：

$$W_{i,k}^{d}(x) = \frac{\sum\limits_{n=1}^{M} I[h_n(x) = d]}{M} \tag{4}$$

式中：x 为多种驱动力组成的力量；$h_n(x)$ 为向量 x 的第 n 个决策树预测模型；d 为 0 或 1，1 代表存在其他土地利用类型转化为该 k 类土地利用类型，0 表示为其他转化；M 为决策树的总数；I 为决策树集合的指示函数。

CARS 模块主要包含以下两部分：

（1）宏观需求与局部竞争的反馈机制，计算公式为

$$OW_{i,k}^{d=1,t} = W_{i,k}^{d=1} \Omega_{i,k} D_k^t \tag{5}$$

式中：$W_{i,k}^{d=1}$ 为栅格 i 土地利用类型 k 的增长概率；D_k^t 为土地利用类型 k 未来需求的影像，为一个自适应驱动系数；$\Omega_{i,k}$ 为栅格 i 的邻域效应。

（2）多类随机斑块种子阈值递减，概率公式为

当 $\Omega_{i,k}^t = 0$ 且 $W_{i,k}^{d=1} > r$ 时

$$OW_{i,k}^{d=1,t} = W_{i,k}^{d=1} (\eta \mu_k) D_k^t \tag{6}$$

其他 $\qquad\qquad OW_{i,k}^{d=1,t} = W_{i,k}^{d=1} \Omega_{i,k} D_k^t$

式中：r 为随机值，范围为 $0 \sim 1$；μ_k 为新生成土地利用类型 k 斑块的阈值。

3 结果分析

3.1 土地利用类型变化分析

受退耕还林、还草等民生工程影响，鄱阳湖流域出现了明显的土地利用类型转移情况，如图 2 所示。在退耕还林工程初期影响下，森林约占总面积的 56%，农田约占总面积的 37%。在实施退耕还

林工程 10 年后，大量的农田转为其他土地利用类型，农田占比下降至 29%，森林占比上升至 63%，建筑用地占比上升至 2.7%；在实施退耕还林工程 20 年后，森林占比上升至 68%，农田占比下降至 24%，建筑用地占比上升至 4.2%，水域与草地 20 年间面积变化不大，土地利用类型之间的转换及土壤有机质的改变是导致土地碳储量变化的重要原因。

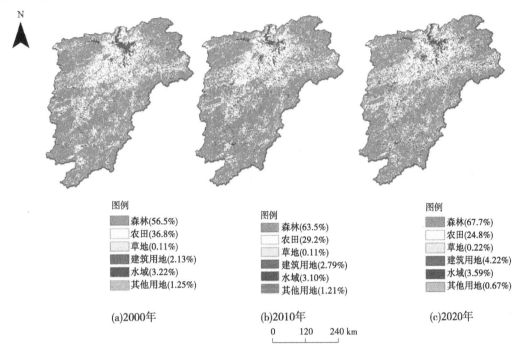

N

图例
森林(56.5%)
农田(36.8%)
草地(0.11%)
建筑用地(2.13%)
水域(3.22%)
其他用地(1.25%)

(a)2000年

图例
森林(63.5%)
农田(29.2%)
草地(0.11%)
建筑用地(2.79%)
水域(3.10%)
其他用地(1.21%)

(b)2010年

图例
森林(67.7%)
农田(24.8%)
草地(0.22%)
建筑用地(4.22%)
水域(3.59%)
其他用地(0.67%)

(c)2020年

0 120 240 km

图 2 2000—2020 年鄱阳湖流域 LUCC 变化

2000—2020 年间鄱阳湖流域土地利用类型发生变化的面积约为 36 900 km²，占整个流域面积的 21.7%，农田减少 22 142.1 km²，20 年间年均减少 1 107.1 km²，森林增加 20 664.6 km²，20 年间年均增加 1 033.2 km²。从图 2 可知，从时间上看，20 年间森林和建筑用地面积呈增加趋势，农田面积呈减少趋势；从空间上看，森林和建筑用地面积增加主要集中在北部地区，经查阅资料得知，该地区坡度小、海拔低且水资源丰富，植物成活率高，受人类活动影响较小。

3.2 碳储量动态变化

受退耕还林工程的直接影响，鄱阳湖流域碳储量由 2000 年的 1 151.5 TgC 增长至 2020 年的 1 260.7 TgC，平均碳密度由 71.44 MgC/hm² 增长至 78.32 MgC/hm²。总碳储量与平均碳密度均呈现"缓慢增加"态势，2000—2020 年间碳储量和平均碳密度分别增加了 109.2 TgC 和 6.88 MgC/hm²。结合图 3 和图 4 可以看出，不同土地利用类型的碳储能力明显不同，固碳能力最强的是森林，占固碳总量的 90%，是鄱阳湖流域内最重要的自然碳库，且森林贡献的碳储总量每年在缓慢增加，20 年间共增加约 190.2 TgC，年均增幅为 1%。农田碳储总量减少最大，20 年间减少量约为 82 TgC，年均减幅为 1.7%，该情况说明退耕还林工程效果显著。土地利用类型转移情况如图 3 所示。

结合图 3、图 4 及表 3 分析得出，鄱阳湖流域在 2000—2020 年 20 年间碳储量和碳密度均呈现南部地区优于北部地区的空间分布特征，具有明显的地区差异性。碳储低值区域主要集中在流域北部，包括南昌市、景德镇市、九江市等，这些区域固碳能力相对较弱，碳密度最低仅为 2.75 MgC/hm² 碳储高值区域主要集中在流域南部，包括吉安市、抚州市、赣州市等，碳密度最高达 101.09 MgC/hm²。鄱阳湖流域碳储区域空间分布都较分散，呈点线状在流域间蔓延，森林、草地与农田碳储量的变化是鄱阳湖流域碳储量变化的主要贡献者。

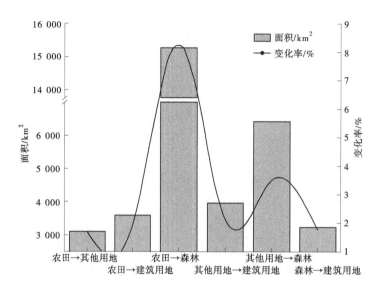

图3 2000—2020 年鄱阳湖流域 LUCC 主要变化

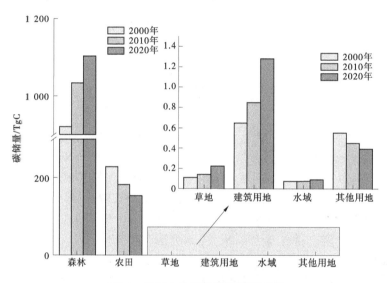

图4 不同土地利用类型碳储总量

表3 2000—2020 年鄱阳湖流域不同碳库总碳储量

年限	AGC/TgC	BGC/TgC	SOC/TgC	DOC/TgC	总量/TgC	平均碳密度 / （MgC/hm²）	总量变化率/%
2000	449	115	578	9.5	1 151.5	71.44	—
2010	497	124	586	9.6	1 216.6	75.60	5.8
2020	527	131	593	9.7	1 260.7	78.23	3.5
总变化	78	16	14	0.2	108.2	6.79	—

受退耕还林工程的影响，地上生物量（AGC）、地下生物量（BGC）、土壤有机碳（SOC）和死亡有机碳（DOC）均有所改善，AGC 与 SOC 在 2000—2020 年间分别贡献了 449~527 TgC 和 578~593 TgC 的碳储量，两者占整个鄱阳湖流域总碳储量规模的 90%，BGC 在整个研究期间变化相对稳定，对碳储量的增加贡献较小，如图 5 所示。

3.3 碳储量强度分级

从碳储量分级图（见图 6）中可得：①鄱阳湖流域碳储重点保护区域主要集中在南部地区及西部

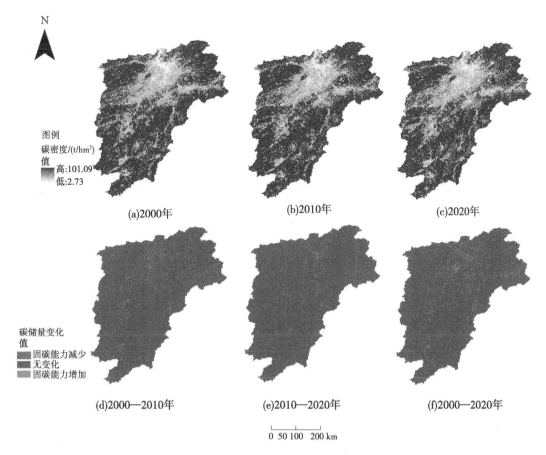

图5　2000—2020年鄱阳湖流域碳密度及碳储量时空变化

的边缘地区，东部地区呈现不连续的面状分布，与前述得到的结论相符。②2000—2020年鄱阳湖流域碳储强度重点保护区域面积占比依次为60.4%、62.2%及65.1%，重要保护区面积在逐年上升。③碳储量一般区域与较高区域主要集中在流域中部及北部地区，呈现片状分布，南部地区也有零散分布，且20年间有少量缩减趋势，未来应当针对该区域重点加强环境保护及退耕还林政策，争取碳储强度尽快达到重点保护等级。

3.4　NDVI变化趋势与碳储量相关性分析

从NDVI变化趋势（见图7）分析可得，鄱阳湖流域生长季NDVI在2000—2020年间增加的部分占整个流域面积的48.5%，主要集中在南部和中部地区；NDVI变化不明显的部分占整个流域面积的46.2%，主要集中在北部地区；NDVI下降的部分占整个流域面积的5.3%，主要集中在南昌市、九江市、景德镇市及上饶市等地区，且主要集中在市区。图8、图9展示了鄱阳湖流域NDVI均值的年际变化及标准化后NDVI与总碳储量变化趋势对比，可以看出NDVI均值年均增长速率经线性拟合后约为4.48×10^{-3}，呈现缓慢上升态势。

经相关性分析检验（Pearson），鄱阳湖流域总碳储量与年均NDVI呈显著正相关性（$P<0.001$）且$R^2=0.81$，拟合结果可信如图8所示。为预测年均NDVI与总碳储量未来的变化趋势，本文采用PLUS模型模拟未来土地利用变化，基于模拟数据对碳储量与NDVI进行预测，预测拟结果如图10所示，可以看出NDVI均值年均增长速率经线性拟合后约为4.49×10^{-3}，R^2为0.79，拟合结果具有可行性与可信性。从图10中可以看出在2033年前年均NDVI呈现缓慢增加态势，增长速率基本与前20年增长速率一致，2033年后年均NDVI增长趋势明显变缓，年均值在0.73周围波动。在自然资源保护及退耕还林、还草的大背景下，鄱阳湖流域2040年的总碳储量（见图11）可以达到1 360 TgC，相较于2020年增加了约100 TgC，年均增加5 TgC。预计未来的碳储空间格局仍会集中在南部地区及西部的边缘地区分布，森林、草地等碳密度较高的用地类型面积仍会进一步增加，建筑用地、未利用地

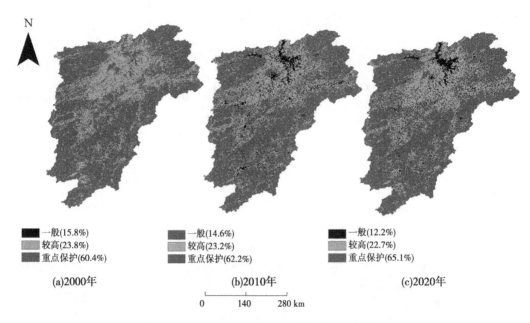

图 6   2000—2020 年鄱阳湖流域碳储量强度分级

等碳密度较低的用地类型会人为加强绿化面积，增加其固碳密度。

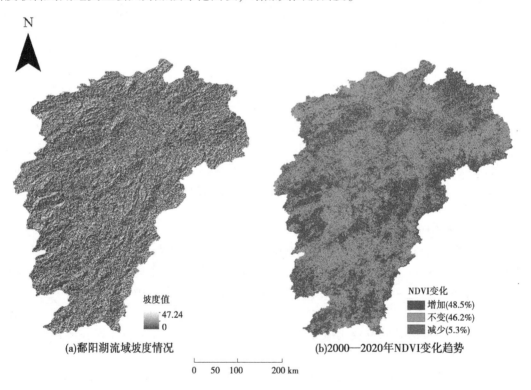

图 7   鄱阳湖流域坡度情况及 NDVI 变化趋势

3.5   碳储量影响 NPP 变化趋势

净第一生产力（NPP）可以很好地揭示区域土地利用类型变化对植物的影响程度，是判定陆地生态系统碳源、汇合调节生态过程的重要指标，在全球变化趋势预测中扮演着重要作用。

结合图 1 和图 12 可以看出，鄱阳湖流域内地形起伏变化较大，主要呈南北方向狭长分布，周边和南部地区以山地和森林植被为主，整个区域在 2000—2020 年间 NPP 由 633 gC/m² 上升至 682 gC/m²，年均变化约 2.45 gC/m²，平均值为 657.5 gC/m²。流域内部分地区 NPP 高达 1 000 gC/m²，

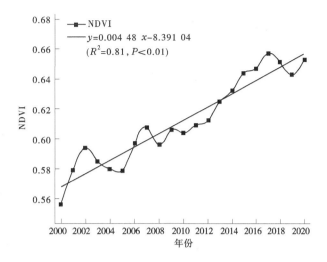

图 8 2000—2020 年平均 NDVI 变化

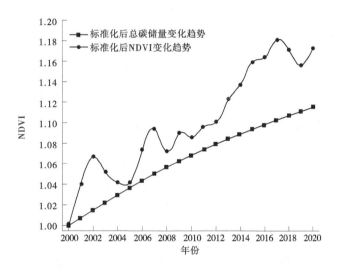

图 9 标准化 NDVI 与总碳储量对比

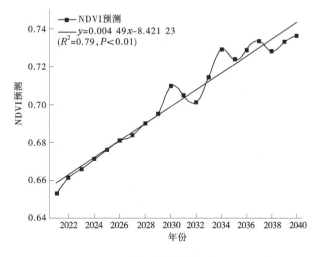

图 10 PLUS 模型计算结果对 NDVI 预测

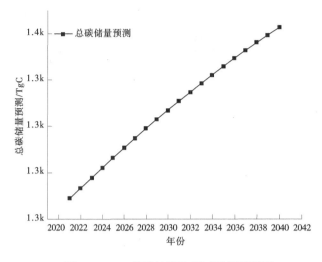

图 11 PLUS 模型计算结果对碳储量预测

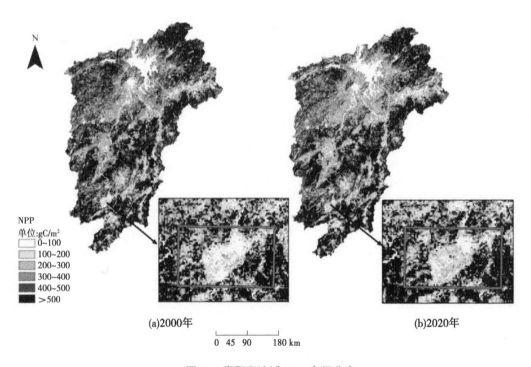

图 12 鄱阳湖流域 NPP 空间分布

NPP 分布高的区域主要集中在省界周边的山区，包括武功山脉、九岭山脉、零山山脉、罗霄山脉、九连山脉、武夷山、怀玉山等。经查阅相关数据资料可知，这些地区海拔较高，植被类型以生产力较高的针阔混交林、常绿针叶林、常绿阔叶林为主，人类活动影响程度较少，自然植被覆盖率高。在平原和山区的过渡地带，植被类型以灌木、乔灌木为主，NPP 结果值在 400～500 gC/m^2。从空间分布看，NPP 呈增加趋势的区域主要位于西北部的九江、宜春、中部的吉安及南部的赣州等地区，呈减少的区域主要分布在北部的景德镇、上饶部分等地区，与流域内碳储量在空间与时间上变化的结果符合，表明 NPP 与碳储总量、碳密度的变化在空间和时间上具有一致性与相似性。

使用 PLUS 模型对鄱阳湖流域土地利用类型变化进行模拟，基于模拟结果计算分析，最后得到未来 20 年流域内 NPP 变化信息。从图 13（b）可以看出，整个区域 NPP 由 684 gC/m^2 上升至 732 gC/m^2，年均变化约 2.41 gC/m^2，平均值为 708 gC/m^2。鄱阳湖流域 NPP 一直延续缓慢上升趋势，可以认为 NPP 的变化与当地生态环境恢复、退耕还林工程的持续开展密切相关。

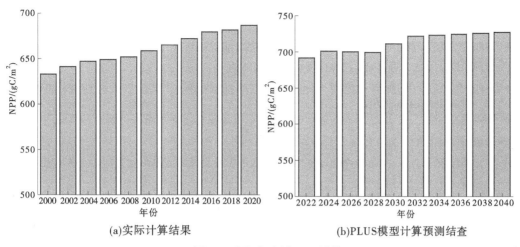

(a)实际计算结果   (b)PLUS模型计算预测结查

图 13 鄱阳湖流域 NPP 计算

4 结论

本文耦合 PLUS 与 InVEST 模型，基于遥感影像提取土地利用类型变化信息，计算并分析了鄱阳湖流域 2000—2020 年间的碳储量及碳储时空分布变化，有助于理解生态工程与碳循环之间的关系，主要得出以下结论：

（1）研究期间内由于自然资源保护与退耕还林工程的持续开展，鄱阳湖流域土地利用变化显著，受益于森林面积的增加，整个流域的碳储总量在有序上升，说明鄱阳湖流域高度落实退耕还林、还草等工程，但建筑用地碎片化分布及扩张使得有一小部分区域碳储量呈下降趋势。

（2）鄱阳湖流域碳储量受海拔高低的影响具有明显的空间特征，固碳能力强的区域主要集中在南部及西部的边缘地区，北部地区固碳能力较弱，2000—2020 年间鄱阳湖流域碳储量总共变化了 109.2 TgC，碳储量、碳密度与 NDVI、NPP 在时间与空间上具有较强的一致性与相关性。

（3）植被面积的上升在碳储量增加中起决定性作用，约 95% 的碳储量增加发生在植被中（包括 AGC 和 BGC）。森林的固碳能力最强，其次是草地与农田。

（4）鄱阳湖流域重点保护区域属于本研究碳储强度分级中最重要的碳库，以生产力较高的针阔混交林、常绿针叶林、常绿阔叶林为主，受人类活动影响较少，自然植被覆盖率高，应对该区域实施严格的自然资源保护，才有利于鄱阳湖流域的土地利用结构优化与可持续发展。

参考文献

[1] 徐冠华，刘琦岩，罗晖，等. 后疫情时代全球变化的应对与抉择 [J]. 遥感学报，2021，25（5）：1037-1042.

[2] Costanza Robert, de Groot Rudolf, Sutton Paul, et al. Changes in the global et al Change, 2014, 26.

[3] Lai L, Huang X, Yang H, et al. Carbon emissions from land-use change and management in China between 1990 and 2010 [J]. Science Advances, 2016, 2 (11)：e1601063-e1601063.

[4] Alma M P, Rogelio C N, Florian K, et al. Identifying effects of land use cover changes and climate change on terrestrial ecosystems and carbon stocks in Mexico [J]. Global Environmental Change, 2018 (53)：12-23.

[5] 邵壮，陈然，赵晶，等. 基于 FLUS 与 InVEST 模型的北京市生态系统碳储量时空演变与预测 [J]. 生态学报，2021，42（23）：35-44.

[6] 向书江，张骞，王丹，等. 近 20 年重庆市主城区碳储量对土地利用/覆被变化的相应及脆弱性分析 [J]. 自然资源学报，2022，37（5）：1198-1213.

[7] 刘洋，张军，周冬梅，等. 基于 InVEST 模型的疏勒河流域碳储时空变化研究 [J]. 生态学报，2019，28（10）：2035-2044.

［8］Jiang W G, Deng Y, Tang Z H, et al. Modelling the potential impacts of urban ecosystem changes on carbon storage under different scenarios by linking the CLUS-S and tne inVEST models ［J］. Ecological Modelling, 2017, 345: 30-40.

［9］李亚楠, 多玲花, 张明. 基于 CA-Markov 和 InVEST 模型的土地利用格局与生境质量时空演变及预测——以江西省南昌市为例［J］. 水土保持研究, 2022, 29 (2): 345-354.

［10］Víctor, Resco, de, et al. Intraspecific variation in juvenile tree growth under elevated CO_2 alone and with O_3: a meta-analysis ［J］. Tree Physiology, 2016.

［11］杨园园, 戴尔阜, 付华. 基于 InVEST 模型的生态系统服务功能价值评估研究框架［J］. 首都师范大学学报（自然科学版）, 2012, 33 (3): 7.

［12］温竹韵, 刘家福, 张尧, 等. 基于 InVEST 模型的吉林西部生境质量时空预测分析［J］. 东北师大学报（自然科学版）, 2022, 54 (2): 142-149.

［13］张薇, 王凤春, 万虹麟, 等. 基于 InVEST 模型的土壤保持服务时空变化及其影响因素分析——以密云水库上游流域河北张承地区为例［J/OL］. 地球物理学进展. http://kns.cnki.net/kcms/detail// 11. 2982. P. 20220727. 1429. 012. html.

［14］Mouillot, Florent, Cheggour, et al. Land use and climate change effects on soil erosion in a semi-arid mountainous watershed (High Atlas, Morocco)［J］. Journal of arid environments, 2015.

［15］史名杰, 武红旗, 贾宏涛, 等. 基于 MCE-CA-Markov 和 InVEST 模型的伊犁谷地碳储量时空演变及预测［J］. 农业资源与环境学报, 2019, 38 (6): 1010-1019.

［16］许斌, 陈志才. 变化环境下鄱阳湖流域降水演变特征分析［J］. 水利水电快报, 2017, 38 (12): 36-38, 42.

［17］许继军, 吴志广. 新时代鄱阳湖区生态防洪若干问题思考［J］. 水利水电快报, 2021, 42 (1): 43-48.

［18］Venturini V, Islam S, Rodriguez L. Estimation of evaporative fraction and evapotranspiration from MODIS products using a complementary based model ［J］. Remote Sensing of Environment, 2008, 112 (1): 132-141.

［19］郭伟杰, 贡丹丹, 赵伟华, 等. 鄱阳湖流域饶河水生态环境保护与治理对策研究［J］. 水利水电快报, 2020, 41 (2): 65-70.

［20］徐坚, 李国忠, 郑航, 等. 基于遥感的鄱阳湖五河滨岸带生态功能分区［J］. 长江科学院院报, 2021, 13 (4) 1-10.

［21］黄兰贵, 殷环环, 张航, 等. 鄱阳湖出口浮游植物群落与环境因子分析［J］. 水利水电快报, 2021, 42 (8): 77-82.

［22］杨洁, 谢保鹏, 张德罡. 基于 InVEST 和 CA-Markov 模型的黄河流域碳储量时空变化研究［J］. 中国生态农业学报, 2021, 29 (6): 1018-1029.

［23］Li Y. Carbon storage of Cunninghamia lanceolata mature plantation in Shaowu, Fujian province ［D］. Beijing: Chinese Academy of Forestry.

［24］Niu D S, Wang Z, Ouyang. Comparisons of carbon storages in Cunninghamia lanceolata and Michelia macclurei plantations during a 22-year period in southern China, Journal of Environmental Sciences, 2009, 21 (6), 801-805.

［25］Rong J R, C H Li, Y G Wang, et al. Chen. Effect of long-term fertilization on soil organic carbon and soil inorganic carbon in oasis cropland ［J］. Arid Zone Research, 2012, 29 (4), 592-597. (in Chinese)

［26］Lei M. Effects of long-term fertilization on organic carbon fractions and turnover dynamics in paddy soils ［D］. Hunan: Institute of Subtropical Agriculture, CAS, 2012. (in Chinese)

［27］Wang L C Yi, X Xu, B Schütt, et al, Soil properties in two soil profiles from terraces of the Nam Co Lake in Tibet, China ［J］. Journal of Mountain Science, 2009, 6 (4), 354-361.

［28］张凯琪, 陈建军, 侯建坤, 等. 耦合 InVEST 与 GeoSOS-FLUS 模型的桂林市碳储可持续发展研究［J］. 中国环境科学, 2022, 11 (2): 42-52.

［29］Liang X, Guan Q, Clarke K C, et al. Understanding the drivers of sustainable land expansion using a patch-generating land use simulation (PLUS) model: A case study in Wuhan, China ［J］. Computers, Enviroment and Urban Systems, 2021, 85: 101569.

［30］Xun L, Qingfeng G, Keith C Clarke, et al. Understanding the drivers of land expansion for sustainable land use using a patch-level simulation model: A case study in Wuhan, China, Computers, Environment and Urban Systems, under review ［J］. Computer Science, 2010, 11541.

［31］杨漱威，赵娟，朱家田，等．基于 PLUS 和 inVEST 模型的西安市生态系统碳储量时空变化与预测［J］．自然资源遥感，2022，7（3）：41-48.

［32］Liu X P，Liang X，et al. Afuture land use simliation model（FLUS）for simulating multiple land use scenarios by coupling human and natural effects［J］. Landscape and Urban Planning，2017，168：94-116.

［33］何海珊，赵宇豪．低碳导向下土地覆被演变模拟——以深圳市为例［J］．生态学报，2022，41（21）：116-126.

低水位时期清江流域水布垭水库水体
碳含量监测与分析研究

张双印[1,3]　徐　坚[1,3]　赵登忠[2,3]　肖　潇[1,3]　程学军[1,3]　郑　航[1]　付重庆[1]

（1. 长江水利委员会长江科学院空间信息技术应用研究所，湖北武汉　430010；

2. 长江水利委员会长江科学院科技交流与国际合作处，湖北武汉　430010；

3. 武汉市智慧流域工程技术研究中心，湖北武汉　430010）

摘　要： 零碳排放的水电作为清洁能源，在助力国家"双碳"目标实现上具有巨大的潜力，而水库是水电站必不可少的组成部分。在低水位时期，随着水位下降，水库面积、河道宽度等外在环境发生变化，进而对水库水体碳含量的空间分布造成一定影响。然而，当前研究较少关注水库低水位时期的水库碳含量空间分布特征。本研究基于水布垭水库3—6月低水位时期的实测数据，对该水库低水位时期的水体碳含量进行研究分析，结果表明水布垭水库水体碳在3—6月以有机碳为主，含量分布在 9.023~34.119 mg/L，且水体总碳含量的变化与大坝距离、河岸距离有关。

关键词： 清江流域；水布垭水库；水体碳含量；水库碳循环；低水位时期

1　引言

温室气体排放加剧了全球气候变暖，为了积极应对这一挑战，国内国际都开展了广泛的行动[1]。2015年12月，全球178个缔约方签署气候变化协定（《巴黎协定》），促进了全球应对气候变化的政治共识。2020年，习近平总书记在第75届联合国大会一般性辩论上宣布，中国二氧化碳排放力争于2030年前达到峰值，努力争取2060年前实现碳中和。为积极响应国家"双碳"计划，2021年12月，水利部印发《"十四五"水利科技创新规划》，明确指出要重点开展水利工程"碳中和"潜力评价方法的研究。

零碳排放的水电清洁能源利用，是水利水电行业助力"双碳"战略的重要途径[2]。一般情况下，水电站冬季蓄水、夏季泄洪，在防洪调控的同时，将势能转为水电清洁能源。在整个调控过程中，蓄水放水会改变水库水位、水面面积等因素，影响水库水体与外在环境的碳迁移转化过程，进而对水库水体碳含量及其空间分布造成影响[3-4]。

国内外学者通过使用原位观测和遥感监测等技术手段已对水库水体碳含量变化进行了大量监测与分析[5-7]。在监测方法上，Kumar等[8]对当前的监测方法进行了综述，其中遥感手段逐步受到重视[6,9-10]；时空分布特征分析方面，研究者对三峡水库、水布垭水库等的水体碳空间分布特征进行了重点研究分析，为后续研究水库水体碳含量时空分布奠定了基础[11-13]；影响因素方面，研究者分析了密度流（density currents）[14]、水文异质性（hydrologic heterogeneity）[15]、水文管理（hydrological management）[16]、季节变化[17]等对水库碳含量的影响；也有研究分析水位变化（蓄水期）对水库水

基金项目： 湖北省自然资源厅科研计划项目——"三峡库区典型水土流失与滑坡区生态修复关键技术与应用示范"（ZRZY2021KJ10）；长江科学院中央级公益性科研院所基本科研基金（CKSF2021485+KJ）。

作者简介： 张双印（1990—），男，工程师，主要从事高光谱遥感应用、水利碳循环理论研究工作。

通信作者： 肖潇（1986—），女，高级工程师，主要从事水环境遥感、水利碳循环理论研究工作。

体碳的影响[14,18]。尽管前期研究已对水库水体碳含量进行了有益探索，但较少研究关注水库低水位时期的水体碳含量变化，对其含量信息和特征变化不够明晰，因此有必要对水电站低水位时期的水体碳含量信息进行监测研究。

本研究拟基于水布垭水库典型区域原位观测数据，对水布垭水电站低水位时期的水体碳含量空间特征和相关成分信息进行探究分析，为明晰国内典型水库低水位时期的碳含量信息特征提供前期探索，助力水利水电行业服务国家"双碳"战略目标实现。

2 数据与方法

2.1 研究区概况

水布垭水库位于湖北巴东县境内，属于典型的河道峡谷型水库，用途以发电、防洪、航运为主，其沿岸和库底以石质本底为主，宽度为 1~3 km。该水库已在 2008 年建成蓄水，正常蓄水位为 400 m，总库容 45.8 亿 m^3，装机总量达到 1 600 MW。库区内无污染企业，且较少受到人类活动干扰，水质状况良好。作为清江流域梯级水库的龙头枢纽，其在气候条件、水域面积等方面具有很强的代表性，是研究水库低水位时期碳含量变化的理想区域。

本实验共设置典型断面 6 个，分布在坝前、支流等典型区域的岸边、靠近河流中心的区域，具体采集位置和研究区示意图如图 1 所示。

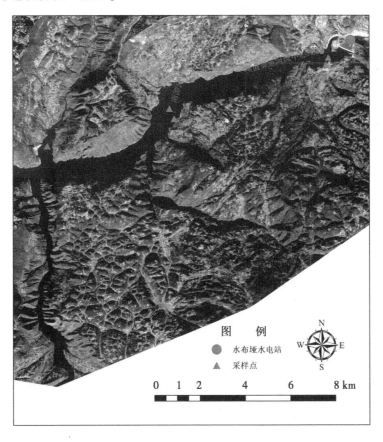

图 1 研究区示意图

2.2 数据采集与分析方法

每年 3—6 月水库处于低水位时期，在此期间，借助渡船和手持 GPS 定位仪，达到指定监测位置，记录并更新采样点的 GPS 信息；然后，用聚乙烯瓶获取表层水体（深度 ≤0.5 m）样本约 100 mL，加入 H_2SO_4 调节水样 pH 值至不大于 2，密封保存在保温箱中，温度控制在 1~5 ℃，2 d 内在实验室进行试验分析，如图 2 所示。在实验室内，先将水样经平均孔径 0.7 μm 的玻璃纤维滤膜过滤，之后使用预热好的 Vario TOC 分析仪（Elementar, Inc., Hanau, Germany）分析获取样本的总碳（total carbon，TC）、总有机碳（total organic carbon，TOC）、总无机碳（total inorganic carbon，TIC）含量。Vario TOC 分析仪的具体操作主要分为以下几个步骤：

图 2　实验数据采集现场和实验室分析

（1）超纯水（电阻率≥18 MΩ·cm）清洗容量瓶 3 次，使用玻璃纤维滤膜（平均孔径≤0.7 μm）过滤水样。

（2）打开电脑主机和分析软件。

（3）开启载气（高纯氧≥99.995%），加热炉升温至 850 ℃，二级压力表压强控制为 0.1 MPa。

（4）设置样本名字等属性，进行样本测量。

（5）重复上述步骤测量其他水样。

3　结果与讨论

3.1　统计分析

各采样点碳含量信息如表 1 所示。总体上，水库低水位时期的总碳含量在 16.478~36.325 mg/L，水库碳含量以有机碳为主，偶有差异。总碳含量的最大值在坝前岸边点，最小值位于桃符口岸边。水体总有机碳含量值与总碳含量整体呈正相关，最大值也在坝前岸边点，达到 34.119 mg/L，最小值的点位发生变化，在南潭河岸边。无机碳整体含量较低，最小值在桃符口靠近河流中心线的点，含量仅为 0.038 mg/L。

表 1　实验数据统计信息

采样点名称	水样碳含量信息		
	总碳/(mg/L)	总有机碳/(mg/L)	总无机碳/(mg/L)
坝前靠近河流中心线点	21.994	21.597	0.397
坝前岸边点	36.325	34.119	2.206
南潭河靠近河流中心线点	17.939	17.761	0.178
南潭河岸边点	23.559	9.023	14.537
桃符口靠近河流中心线点	18.374	18.337	0.038
桃符口岸边点	16.478	16.331	0.147

水库碳含量在空间分布上受采样点空间位置显著影响。图 3（a）和（b）分别表示岸边、靠近

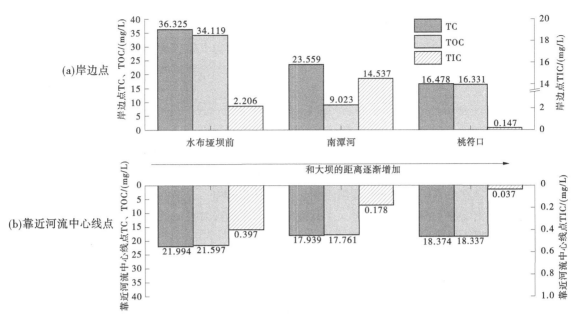

图3　水库低水位时期不同位置碳含量柱状图

河流中心线临近位置点的碳含量变化信息。从图3中能够看出，一方面，与岸边的距离会影响水库碳含量，整体上岸边点的总碳含量高于远离岸边点的含量。在水布垭坝前，靠近岸边的总碳为36.325 mg/L，比靠近河流中心线的点高出14.331 mg/L，南潭河岸边点含量也高出相应临近位置5.000 mg/L，桃符口处有差异，但总体相近。另一方面，与大坝的空间距离也会影响水库碳含量，从图3还能够看出，随着与大坝距离的增加，水体的总碳含量整体在逐渐降低。仅考虑3个岸边点时，距离大坝最远的岸边点水体总碳含量不到坝前监测点水体总碳含量的一半，减少量将近20.000 mg/L，靠近河流中心线的点的情况也与岸边点类似，远离大坝的河流中心线的点的总碳含量都低于坝前监测的总碳含量。

3.2　讨论分析

　　水库是一个复杂的生态环境系统，水体碳含量受到各种环境因素和物理化学反应的影响。之前的研究表明，海拔、水库类型都会影响水库的水体碳含量[19-20]。Li等系统调研了国内主要水库水体总有机碳的含量差异，其含量主要分布在1.25～22.95 mg/L[21]。青藏高原海拔较高，湖泊水体的总碳含量超过400 mg/L，显著高于低海拔区域湖泊水体的总碳含量[19]，作为对比，低海拔的上海长江口区域，水体溶解有机碳平均含量仅为1.59 mg/L[22]。受岩溶区的地下水补给，广西大龙洞岩溶水库水体的无机碳含量能够超过150 mg/L[20]。另外，径流量也会对水体碳含量产生影响，如长江、黄河、珠江的径流量与水体的溶解性有机碳通量呈正相关[23]。本研究在前人研究的基础上，控制了水位、海拔、水库类型等环境变量，仅对低海拔区域河道型水库低水位时期的水体碳含量变化进行研究，分析了大坝距离、岸边距离对水布垭水库碳含量空间分布的影响，对分析水库碳含量影响因素研究进行了有益补充。

　　本研究经过实地取样和实验室分析，对水布垭水库低水位时期的碳含量进行了研究分析。数据表明：水布垭水库低水位时期的总碳含量、总有机碳含量、总无机碳含量分别为16.478～36.325 mg/L、9.023～34.119 mg/L、0.038～14.537 mg/L，水库水体的碳含量以有机碳为主。在南潭河岸边点，无机碳的含量高于有机碳，这可能与该位置的土质构造有关。该位置岩石密集，土壤较少，长期的河流冲刷造成岩石风化分解，进而增加了无机物输入，导致无机碳含量偏高[24]。另外，现有数据分析表明，水库低水位时期的总碳含量随着与大坝距离的增加而降低，且与岸边的距离也会影响水库总碳含量的分布。但桃符口岸边点的总碳、总有机碳含量均低于其靠近河流中心线点的相应观测值，这是因为两个监测位置在支流口的南北两边，北边河流长度较短，流速、流量的差异可能影响了其含量分布[24]。

本研究仅基于有限的观测数据对水布垭水库低水位时期的水体碳含量空间分布进行了分析，空间分布规律有待在更多的实测数据上进行验证。在将来的研究中，我们将增大实测样本数据，分析规律的有效性。

4　结论与展望

本研究基于实测样本数据，对水布垭水库低水位时期的水体碳含量进行了探究分析，研究表明，水布垭水库在低水位时期，水体碳以有机碳为主，含量分布在 9.023 ~ 34.119 mg/L。在低水位时期，水布垭水库的碳含量在空间分布上受大坝距离、岸边距离影响。为进一步揭示其空间分布规律，有必要在未来的研究中增加实测样本进行进一步验证。该研究能够为揭示国内典型水库低水位时期水体碳含量的空间分布规律提供前期理论探索。

参考文献

[1] 赵登忠，谭德宝，汪朝辉，等. 清江流域水布垭水库温室气体交换通量监测与分析研究 [J]. 长江科学院报，2011，28（10）：197-204.

[2] 陈茂山，陈琛，刘定湘. 水利助推实现"双碳"目标的四大路径 [J]. 水利发展研究，2022（8）：1-4.

[3] 刘丛强，汪福顺，王雨春，等. 河流筑坝拦截的水环境响应——来自地球化学的视角 [J]. 长江流域资源与环境，2009，18（4）：384-396.

[4] 汪朝辉，杜清运，赵登忠. 水布垭水库 CO_2 排放通量时空特征及其与环境因子的响应研究 [J]. 水力发电学报，2012，31（2）：146-151.

[5] KUTSER T, VERPOORTER C, PAAVEL B, et al. Estimating lake carbon fractions from remote sensing data [J]. Remote Sensing of Environment, 2015, 157：138-146.

[6] 黄昌春，姚凌，李俊生，等. 湖泊碳循环研究中遥感技术的机遇与挑战 [J]. 遥感学报，2022，26（1）：49-67.

[7] 阙子亿，王晓锋，袁兴中，等. 梯级筑坝下小型山区河流水体碳氮磷的时空特征及富营养化风险 [J]. 湖泊科学，2022，34（6）：1949-1967.

[8] KUMAR A, YANG T, SHARMA M P. Greenhouse gas measurement from Chinese freshwater bodies：A review [J]. Journal of Cleaner Production, 2019, 233：368-378.

[9] XU J, FANG C, GAO D, et al. Optical models for remote sensing of chromophoric dissolved organic matter（CDOM）absorption in Poyang Lake [J]. ISPRS Journal of Photogrammetry and Remote Sensing, 2018, 142：124-136.

[10] ZHU W, YU Q, TIAN Y Q, et al. An assessment of remote sensing algorithms for colored dissolved organic matter in complex freshwater environments [J]. Remote Sensing of Environment, 2014, 140：766-778.

[11] MA Y, LI S. Spatial and temporal comparisons of dissolved organic matter in river systems of the Three Gorges Reservoir region using fluorescence and UV-Visible spectroscopy [J]. Environ Res, 2020, 189：109925.

[12] 龚小杰，王晓锋，刘婷婷，等. 流域场镇发展下三峡水库典型入库河流水体碳、氮、磷时空特征及富营养化评价 [J]. 湖泊科学，2020，32（1）：111-123.

[13] 赵登忠，肖潇，汪朝辉，等. 水布垭水库水体碳时空变化特征及其影响因素分析 [J]. 长江流域资源与环境，2017，26（2）：304-313.

[14] WANG K, LI P, HE C, et al. Density currents affect the vertical evolution of dissolved organic matter chemistry in a large tributary of the Three Gorges Reservoir during the water-level rising period [J]. Water Res. , 2021, 204：117609.

[15] WANG K, LI P, HE C, et al. Hydrologic heterogeneity induced variability of dissolved organic matter chemistry among tributaries of the Three Gorges Reservoir [J]. Water Res. , 2021, 201（117358.

[16] WANG K, PANG Y, GAO C, et al. Hydrological management affected dissolved organic matter chemistry and organic carbon burial in the Three Gorges Reservoir [J]. Water Res, 2021, 199：117195.

[17] 李艳红，葛刚，胡春华. 鄱阳湖水体溶解无机碳的季节变化、输送及其来源 [J]. 湖泊科学，2022，34（2）：

528-537.

［18］张广帅，于秀波，刘宇，等．鄱阳湖碟形湖泊植物分解和水位变化对水体碳、氮浓度的叠加效应［J］．湖泊科学，2018，30（3）：668-679.

［19］赵登忠，汪朝辉，申邵洪，等．青藏高原典型河流与湖泊表层水体碳时空变化特征初步分析［J］．长江科学院报，2018，35（11）：13-19.

［20］李建鸿，蒲俊兵，袁道先，等．岩溶区地下水补给型水库表层无机碳时空变化特征及影响因素［J］．环境科学，2015，36（8）：2833-2842.

［21］LI S，BUSH R T，SANTOS I R，et al. Large greenhouse gases emissions from China's lakes and reservoirs［J］. Water Res., 2018，147：13-24.

［22］林晶，吴莹，张经，等．长江有机碳通量的季节变化及三峡工程对其影响［J］．中国环境科学，2007，27（2）：246-249.

［23］石国华．陆地生态系统溶解性有机碳的时空分布格局与通量估算 ——基于中国三大河流进行分析［D］．杨凌：西北农林科技大学，2017.

［24］赵登忠，谭德宝，李翀，等．隔河岩水库二氧化碳通量时空变化及影响因素［J］．环境科学，2017，38（3）：954-963.

济南黄河绿化提升项目在流域碳循环中减源增汇作用的探索与实践

孔锡鲁[1]　叶　繁[2]

（1. 济南黄河河务局供水局，山东济南　250032；

2. 黄河水利委员会山东水文水资源局，山东济南　250100）

摘　要： 绿化项目在碳循环中减源增汇作用十分明显，因此在大流域中实现低碳目标，需要合理的绿化项目去实现碳循环中减源增汇。本文以济南黄河堤防绿化为例，阐述了低碳理念下绿化提升原则，并提出了绿化项目减排增汇措施，在土地利用中减缓大气二氧化碳浓度上升中的作用，以期提供借鉴和参考。

关键词： 碳减源增汇；堤防绿化；高质量发展；绿色改造提升

大气中二氧化碳等温室气体浓度上升引起的全球变暖，威胁着人类生存和社会经济的可持续发展。在减少温室气体排放、稳定大气二氧化碳浓度的措施中，绿色植被和绿化项目扮演着重要的角色。树木可吸收并固定大气二氧化碳，是大气二氧化碳的吸收汇和储存库，通过适当的绿化项目可增强碳吸收汇，保护现有的碳贮存。因此，绿化项目在未来减缓大气温室气体上升方面将发挥重要作用。

实现碳达峰碳中和，是以习近平同志为核心的党中央统筹国内国际两个大局作出的重大战略决策，是破解资源环境约束突出问题、实现可持续发展的迫切需要，是顺应技术进步趋势、推动经济结构转型升级的迫切需要，也是满足人民群众日益增长的优美生态环境需求、促进人与自然和谐共生的迫切需要。习近平总书记在黄河流域生态保护和高质量发展座谈会上发表重要讲话发出了"让黄河成为造福人民的幸福河"的伟大号召。明确了黄河治理保护的使命就是为流域人民谋幸福，不仅要满足对防洪、供水等方面的基本需求，还要满足在环境生态等方面的高层次需求。济南黄河两岸堤防自黄河标准化堤防建设完成后，尚有 2.37 万亩（1 亩 = 1/15 hm^2）黄河堤防淤背区土地可以进行绿化利用，提升黄河堤防工程绿化用地的防护、生态、游憩功能是现阶段的战略导向和市民安居乐业的迫切需求。本文以济南黄河堤防绿化提升项目为例，尝试将流域碳循环中减源增汇与黄河流域生态保护和高质量发展相融合，能更好地贯彻落实高质量发展思想的同时，逐渐形成碳减源增汇化的生态模式，感受低碳理念融合植物绿化提升项目的优势。

1　碳减源增汇理念下的总体设计理念

绿化提升项目要想深入渗透碳减源增汇理念，需要贯彻以下三点要求：一是碳排放量要求，绿化项目要以减少碳排放为首要目标，保证绿化项目和碳减源增汇理念相符。绿化项目设计的所有流程均要有相应少碳足迹，科学评估碳排放量，如果发现碳排放量过大，要及时采取有效的约束办法，对碳

作者简介： 孔锡鲁（1990—），男，工程师，主要从事水利工程管理工作。

通信作者： 叶繁（1993—），女，工程师，主要从事水文测报的研究工作。

排放量加以控制；二是资源要求，要保证碳减源增汇设计符合规定，碳减源增汇环保理念应该始终作为绿化项目设计的实现目标，以回归自然为主题，改善原有环境，整合原有资源进行环境优化，从而起到减少碳排放的作用；三是监督管理要求，应根据低碳绿化项目的设计规范，监督管理各个设计环节，满足预期绿化项目碳减源增汇的目标。

济南黄河绿化提升项目以碳减源增汇设计为绿化提升理念，从黄河综合治理和发展沿黄地带经济的战略角度出发，针对黄河淤背区这一新生土地资源的特点，在合理利用土地资源的基础上，应用生态经济学原理和系统工程方法，借鉴以往国内外沙滩薄地和黄泛区营造经济林、防护林、用材林的成功经验、科技成果和先进技术。

2 黄河绿化提升项目建设的意义

2.1 改善周边城市"热岛"气候

绿化项目能改善城市小气候。绿地减小，建筑物和水泥硬地的增加，是导致城市"热岛"现象出现的重要原因。在炎热的夏季，气温上升会使城市的消费电量上涨，往往引起更多的碳排放。绿化项目通过植物的蒸腾作用，可以降低周边城市的地面空气温度，形成明显的城市"冷岛"。将绿化项目"冷岛"位于城市"热岛"之间，例如济南黄河绿化提升项目位于携河北跨的济南中间，这样的布置能有效减少城市热岛效应引发的耗能骤增量，为城市居民提供更适宜的生活环境和生存空间。

2.2 减少含碳能源的消耗

绿化项目需要利用大量土地，而城市里的土地寸土寸金，绿化项目所需土地成本极大，济南作为省会中心城市，土地资源珍贵，城市周边也基本为耕地和基本农田，无法提供大量绿化项目所需土地。济南黄河绿化提升项目充分利用了广阔的黄河堤防淤背区，在项目的成本效益方面，有效降低了资金投入，通过减少使用各种人力、物力资源，大幅降低政府及企业在城市绿化项目建设中的成本，也能节省大量资源，实现可持续发展的战略目标。同时，也优化了土地利用结构，通过减少土地利用、加强自然资源管理以及生态修复，进一步增强降碳功能，通过优化碳减源增汇导向的城市空间布局，探索构建低效排放的绿化项目建设用地格局体系。

2.3 推动低碳城市建设

我国提出低碳经济的发展理念最终目标就是要城市的工业、住宅、配套设施等都遵循碳的减源增汇原则，让低碳理念渗透到人们生活中，建设低碳型城市，构建人与自然和谐相处的良好局面。而低碳绿化项目建设作为低碳城市建设的一部分，能为低碳城市建设奠定良好的基础，通过城市低碳绿化项目建设，推动低碳城市的建设[1]。绿化项目的建设能够满足人们对生活环境的需求，同时也是城市发展的必然要求，有效改善城市景观建设。碳减源增汇理念创造了具有简约美的济南黄河绿化提升项目，使济南黄河绿化项目成为一件艺术作品的同时，也使济南这座城市具备一个完善的生态系统，这对改善济南这座黄河流域中心城市环境具有重要意义。

2.4 让绿色低碳理念更加深入人心

现在的人们久居都市，居民们都向往自然，希望身处城市也可以感受到明媚的阳光、新鲜的空气及绿色的景观。恰当的绿化景观设计是可以让城市与人和谐相处的。水体、植被除让人在城市生活中，能亲近自然外，也会提高城市环境和市民的生活质量。济南黄河绿化提升项目在淤背区绿化范围内设置绿道，使其贯穿整个淤背区，供游览骑行或步行游玩，使游人参与到淤背区的景观绿化中去，在游览中亲近自然。满足沿黄人民群众对优质水资源水生态水环境的需要，将济南黄河打造成沿黄生态长廊、文化长廊，建设成济南人民幸福河湖的示范段。通过这样的设计来传达碳减源增汇内涵的同时，也让绿色低碳的意识不断渗入我们的思想中来。

3 基于碳减源增汇理念的绿化提升原则

3.1 因地制宜原则

在尊重济南黄河堤防现状的基础上，因地制宜地进行景观改造，是体现碳减源增汇理念的首要原则。济南黄河绿化提升项目充分利用了淤背区土地资源，详见图1，不仅利用了淤背顶，而且开发了边坡，一地多用，立体种植，提高了土地利用率和生产潜力。因地制宜其实质就是最大限度地利用现有土地资源，减少改造过程中的人为干扰和资源消耗，从而达到节能减排的目标。

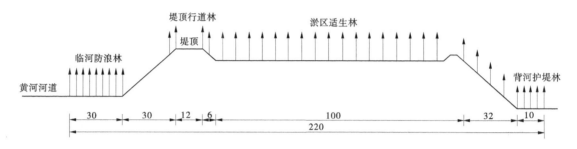

图1 济南黄河防护林断面示意图（单位：m）

3.2 节能减排原则

绿化提升不应为片面追求景观效果而盲目推倒重建，而应根据现有场地植物生长情况，合理选择改造策略[2]。济南黄河绿化提升项目分三种类型进行改造提升：对区域内为空地，没有植物的空白段进行新植；对现有部分植物，枯老病死树株较多的段落进行更换新植；对部分淤背区段落中间树株缺损，达不到株行距标准和景观要求的段落进行补植提升。通过因地制宜地选择改造措施，避免了大规模的机械工作和人工劳动，不仅能在改造过程中减少对黄河两岸环境的干扰和破坏，而且能极大降低改造过程中产生的碳排放。

3.3 可持续发展原则

绿化景观的生命周期包括设计、施工和养护管理3个过程，而后期的养护管理是时间最长，也是耗能耗力最多的一个过程。因此，改造设计不应仅仅追求改造后的初期效果，更应从可持续发展的角度来考虑其今后的养护管理问题。济南黄河绿化提升项目根据树种的不同时期、生长状况、土壤理化性质等因素综合考虑，对常绿树移植苗在夏季使用速效氮肥追肥，秋初使用磷钾肥后期追肥，以加速苗木木质化进程。考虑到自然降雨远远不能满足树种的生长需要，因此增加节水灌溉措施，采用低压管道输水灌溉与滴灌相结合，既适合植物生长，又能达到节约水资源、保护黄河大堤安全的目的。

4 碳减源增汇理念下绿化提升改造的植物措施

植物本身具备低碳排和高碳汇的作用，能够极大地改善黄河两岸的生活环境[3]，济南黄河绿化提升项目充分考量每种植物的具体特点，临时区域内20 m内种植紫叶李等灌木类植物，外50 m内种植雪松等常青植物，最外侧10～30 m内种植五角枫等落叶植物，常绿乔木与落叶灌木搭配在一起，在实现多样性种植效果的同时，又能发挥强大的固碳能力[4]。通过合理搭配，促使各种植物构成良好的生态结构，实现理想的固碳效应。

5 黄河堤防绿化项目设计应用碳减源增汇理念的建议

5.1 不断提升绿化项目总体绿化率

碳减源增汇理念与绿化项目设计的充分融合，不仅是黄河堤防绿化提升的重要任务，也是整个黄河流域生态保护和高质量发展的关键趋势。现如今园林景观设计工艺、技术等越来越先进，对绿化项目水平进行衡量的关键，便是绿化项目的绿化率，保证总体绿化率，可以检验碳减源增汇理念在绿化项目设计中的应用[5]。所以，要想切实提高绿化率，要从绿化项目内部植被结构及景观所处环境着手，基于碳减源增汇环保这一背景，绿化项目既能够彰显绿化项目设计目的，又可以深入落实碳减源增汇理念在设计绿化项目阶段，基于原本地形地貌，扩大绿地面积，在改善原有生态环境的同时，也将提高二氧化碳的吸收率，氧气排放量也会因此提升，居民和大自然更加亲密和谐，更能感受黄河这一自然生态景观的美感。

5.2 基于碳减源增汇理念打造层次感的植被景观

编制绿化项目设计方案，除了设计方向、思路、建设内容等，还要对后期植被搭配、景观效果等进行考虑。对于绿化提升改造项目，更应该在碳减源增汇理念基础上展开，重点体现绿化提升工程的生态性、可持续性。设计环节应将原本生态系统的植被特征、景观结构等加以保留。与此同时，应用生态系统理论，在绿化提升项目设计中创建层次性强的乔、灌、草立体化植被景观，将使两岸堤防的绿色景观更加自然。实践操作方面，要注重植物设计、搭配的层次性，例如提高叶面积指数、植物密度。所有植物之间的搭配，必须保证合理，例如常绿植物和落叶植物、速生植物和慢生植物、原有原生植被和引进植被都可以进行搭配，这样做能有效加强植被景观层次感、立体感。

5.3 注重园林景观的碳减源增汇养护

因为杂草会影响绿化植物生长、养分吸收，也会对绿化项目设计效果带来影响。基于这点原因，园林景观在养护阶段，为了保证整体效果，在园林景观后期养护阶段，还应保证充足的植被肥料供给，使植物生长养分达到要求。具体的肥料供给量，可按照不同的植物生长需求，定期及时补充即可，但要杜绝频繁施肥导致的土壤成分被破坏。进入夏季后，气温升高，会加速水分流失，后期养护工作人员要在非高温的时间段，马上给植物补水。灌溉绿化项目的所用水，可以就近使用黄河水，尽可能地避免使用其他珍贵的淡水。植被生长期间，要做好病虫害防治工作，参考防治经验，制订有针对性的方案，并要尽可能地选择不会对环境造成破坏的病虫防治方法。

6 结语

基于碳减源增汇理念的绿化提升项目建设符合黄河流域生态保护和高质量发展战略，是未来黄河流域周边城市的发展趋势。济南黄河绿化提升项目建成后将起到济南北部的生态廊道的作用，成为北部的一道绿色屏障，有效地减轻了外部的影响，维持了城区相对稳定的大气环境质量水平，增强了黄河两岸景观效果，构成了市民的都市绿色生活轴线。在济南黄河绿化提升项目建设过程中，将碳减源增汇理念贯穿项目全过程，并将碳减源增汇理念真正落到实处。对土地资源的合理规划利用、科学配置园林绿化植物、不断推广应用节水型绿化技术，从而为济南建设低碳高效的黄河流域中心城市绿化奠定了坚实的基础，真正实现"双碳战略"的环保目标，推动黄河流域生态保护和高质量发展。

参考文献

[1] 朱辉菊. 低碳经济发展背景下的低碳高效城市园林绿化建设 [J]. 建筑与结构设计, 2016, 10 (2): 11-12.

[2] 黄琦, 张跃. 山水画意象在园林景观设计中的应用探析 [J]. 美术教育研究, 2021 (12): 82-83.

[3] 杨远东, 王志强, 张绿水. 基于低碳理念的城市道路绿化景观改造——以上饶市凤凰大道为例 [J]. 福建林业科技, 2016, 43 (4): 207-214.

[4] 赵千瑜. 低碳理念下城市园林植物景观设计研究 [J]. 山西建筑, 2021, 47 (10): 159-160.

[5] 程彦民. 古典园林美学在农业园林景观设计中的运用——评《农业景观分类方法与应用研究》[J]. 中国瓜菜, 2021 (6): 107.

水库温室气体排放监测方法研究进展

付重庆[1,2]　徐　坚[1,2]　肖　潇[1,2]　程学军[1,2]　赵保成[1,2]　郑　航[1,2]

(1. 长江科学院空间信息技术应用研究所，湖北武汉　430010；
2. 武汉市智慧流域工程技术研究中心，湖北武汉　430010)

摘　要：我国水电可再生能源丰富，是推进能源转型低碳发展的主力军。随着水电开发对温室气体减排贡献的相关研究成为国内外热点，水库温室气体排放相关研究进入快速发展期，但目前该领域仍有大量科学问题亟待研究。本文尝试梳理现有水库温室气体监测、水库温室气体排放量估算等方面的研究成果，总结了当前各种监测方法的优缺点和适用条件，并从水库温室气体通量与排放纬度分布等方面，分析了中国水库温室气体排放特征。最后总结了目前在监测方法、采样方式、总排放量估算等方面存在的问题，提出了对应的解决措施和改进方向。

关键词：水库；温室气体；水力发电；水-气界面；温室气体通量

1　引言

在全球气候变化背景下，生态系统碳循环已成为研究热点。第七十五届联合国大会上，我国首次提出了"双碳"目标，2021年又将它纳入了"十四五"规划。实现碳达峰、碳中和必然伴随着能源发展的变革，能源发展必须走"绿色、安全、经济"创新之路，创建出现代能源体系以支撑生态文明社会[1]。

建设能源低碳发展道路的突破口是充分利用可再生能源实现电力绿色化。在可再生能源中，水电是一种公认的清洁能源，也是规模最大的可再生能源[2]。据报道，2020年全球水电行业发电量较上一年增长1.5%，减少了相当于6 000 kW及以上火力发电厂燃烧13.35亿t标准煤，我国三峡水电站2020年累积生产清洁能源1 118亿kW·h，创造了单一水电站发电量的新世界纪录[2-3]。由此可见，水电对于减少温室气体排放和生态环境保护具有正向推动力。

发电水库是水电工程重要的组成部分，自研究人员发现水库在修建和运行阶段会通过局部生态系统来影响与大气间温室气体的源汇关系起，相关工作成为了研究热点[4-5]。近30年来，国内外学者在水库蓄水初期淹没区碳循环过程、水库多界面温室气体排放通量、消落带露出/淹没交替下温室气体排放规律、水库深层水过坝下泄过程中温室气体释放现象、放水期下游河道温室气体排放通量变化情况等方面开展了大量的研究和探索[6-8]，从多角度阐述了水库修建及运行对局部温室气体源汇的影响，研发出多种水-气界面温室气体监测方法，包括通量箱法和模型估算法、倒置漏斗法、涡度相关法等用于单一水库和全球水库温室气体排放通量估算研究中[9]。但在实际工作中，不同监测方法由于参与计算的参数不尽相同，结果的精确性、可比性较低。

因此，本文尝试梳理国内外水库水-气界面温室气体交换通量监测方法的相关研究成果，系统阐述了各种方法的原理和优缺点，并分析了其适用范围。同时，通过分析34个中国发电水库的温室气体排放数据，总结了中国发电水库温室气体排放特征。最后探讨了当前水库温室气体源汇研究中存在

基金项目：长江科学院中央级公益性科研院所基本科研基金（CKSF2021485+KJ）。
作者简介：付重庆（1999—），男，硕士研究生，研究方向为水利信息化与水利遥感研究。
通信作者：程学军（1975—），男，正高级工程师，主要从事水利信息化与水利遥感研究工作。

的问题，提出未来的研究内容和重点。

2 水库水–气界面温室气体通量监测方法

科学可靠的原位监测数据是准确量化水库温室气体排放量的基础。目前，水库水–气界面温室气体交换通量监测的主要方法包括通量箱法、模型估算法、倒置漏斗法、超声探测技术、卫星遥感技术等。

2.1 通量箱法

通量箱法是目前最为常见的通量监测方法，由密闭箱体和气体分析系统两部分组成，如图 1 所示。随痕量气体分析技术突破，温室气体自动分析仪相继问世，演变出动态通量箱法，兼具高精度、快速、体积小和低能耗等优势。

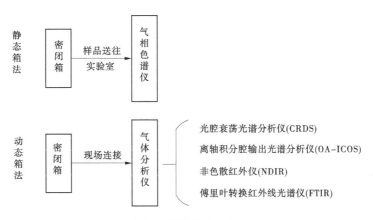

图 1 通量箱法组成

采用通量箱法测定水–气界面温室气体排放通量时，按下式计算[9]：

$$F = \frac{k \cdot f_1 \cdot f_2 \cdot V}{A \cdot M} \tag{1}$$

式中：F 为水–气界面待测温室气体气体通量，mmol/（$m^2 \cdot d$）；k 为通量箱内温室气体浓度随时间变化的斜率，10^{-6}/min；f_1、f_2 为转换系数，分别代表体积分数（10^{-6}）与质量浓度（mg/m^3）的转换系数、分钟与天的转换系数（1 440）；V 为箱体放置于水面上时箱内空气体积，m^3；A 为箱体覆盖的水面面积，m^2；M 为所测温室气体的摩尔质量，g/mol。

相比于通量箱–气相色谱仪法（静态箱法），动态箱法的主要优势在于可进行原位动态监测，减少样品运输成本，操作简单、高效，携带方便。长江科学院赵登忠团队以清江流域水布垭和隔河岩水库为研究区，采用动态箱法开展了水库水–气界面 CO_2 扩散通量的连续监测工作，在成功解析 CO_2 扩散通量与环境因子间相关关系的基础上，进一步探究了水库水–气界面 CO_2 交换规律[10-11]。但通量箱法对监测环境要求较高，更适用于风速较低、水流较小的水体。此外，通量箱法所获数据的准确性受天气、箱体形状和大小（见图 2）、监测季节影响较大。研究表明，当水体表面风速大于 3 m/s 时，箱体的摆动会干扰水–气界面 CO_2 交换通量，造成估算结果偏高[12]；采用不同规格通量箱开展监测工作所得的通量数据存在明显差异，在雨季，通量箱法估算结果通常会偏低，主要是因箱体会对箱内水面产生遮蔽作用（雨强>8.5 mm/h）[13]。

2.2 模型估算法

模型估算法是一种半经验模型方法，通过两相（水–气）中气体浓度和气体交换系数 k_x 计算气体扩散通量。

根据 Fick 定律，模型估算法按下式计算[18]：

$$F = k_x \cdot (C_w - C_{eq}) \tag{2}$$

图 2　不同研究采用的通量箱[14-17]

式中：k_x 为待测温室气体的气体交换系数，cm/h；C_w 为待测温室气体在水体表层的浓度，$\mu mol/L$；C_{eq} 为取样时表层水体和大气达到平衡时的待测温室气体浓度，$\mu mol/L$。

式（2）中，k_x 的估算方法可分为薄边界层模型（TBL）和表面更新模型（SRM）两种，TBL 模型是假定气体在水体表面边界层和大气之间达到溶解平衡过程中发生的气体转移；SBM 模型是假定水面漩涡可取代水面边界层，且取代速度取决于水受到搅动的程度。目前，国内外大多数研究中的 k_x 按下式计算[19]：

$$k_x = k_{600} \left(\frac{600}{S_c}\right)^x \tag{3}$$

式中：k_{600} 为六氟化硫（SF_6）的气体交换系数，cm/h；S_c 为施密特数，t（℃）下待测温室气体的施密特常数；x 为风速系数，风速小于 3 m/s 时取 0.67，大于 3 m/s 时取 0.5。

计算 k_{600} 的模型有多种，如 LM86、RC01、CW03、CL98 等，其中应用最多的是模型 CL98[20]，k_{600} 按下式计算：

$$k_{600} = 2.07 + 0.215 \times U_{10}^{1.7} \tag{4}$$

式中：U_{10} 为水面上方 10 m 处的风速，m/s，由现场监测近水面风速 U 计算：$U_{10} = 1.22 \times U$。

模型估算法主要优势体现在可实现对所有表层水体温室气体的连续监测，可以进行水库温室气体通量的时间序列观测。相比于通量箱法，模型估算法野外采样时间短，计算结果波动幅度较小，精密度较高，更适用于流速较大的河道型水库和水库 CH_4 扩散通量的监测[21]，但模型没有充分体现扩散过程的驱动机制，风速、降雨等环境因素和采样计划都会影响结果，因而该方法所得数据存在一定的不确定性。研究表明，模型估算法中 k_x 除受风速影响较大外，还受波浪、降雨等影响，且该方法单次取样只能获取点上数据，可能忽略偶发的温室气体高排放通量事件，相比于通量箱法，该方法更容易造成估算结果偏低[22-23]。

2.3　涡度相关法

涡度相关法通过测量空气中由湍流涡旋引起的上升和下降气体的分子量，计算示踪气体通量，被广泛应用于陆地生态系统监测，近年被引入到湖泊、水库等水生生态系统温室气体监测工作中[22]。根据雷诺分解法，气体通量通过平均垂直风速的瞬时偏差值 $\overline{w'}$ 和平均气体浓度的瞬时偏离值 $\overline{c'}$ 之间的协方差表示。

采用涡度相关法测定温室气体通量时，按下式计算：

$$F = \rho \cdot \overline{w'} \cdot \overline{c'} \tag{5}$$

当大气温度、湿度变化较快时，会引起气体密度 ρ 测量的误差，需对式（5）进行水汽密度校正，一般采用 Webb 等[24] 提出的 WPL 算法校正。

相比于通量箱法和模型估算法，涡度相关法具有监测面积大、可长时间不间断监测、可分层监测、监测结果更精准等优势。研究表明，在湍流条件下，涡度相关法通常可以监测几十到几百平方米内的温室气体通量[22]。Scholz 等采用涡度相关法，开展以年为单位的温室气体监测工作，准确估计了温室气体排放通量，为解析水体温室气体排放对全球气候变化影响提供可靠依据[23]。但涡度相关法对监测区环境条件有较多要求，监测面积受风速、风向、仪器放置高度和位置影响较大，且设备较昂贵，前提成本投入较高[23]。因此，该方法适合在空气状态稳定、监测面积较大的水体开展监测工作。

2.4 倒置漏斗法

倒置漏斗法主要用于监测水体中通过冒泡释放的气体，由气阀、漏斗、导气管等部分组成［见图3(a)］。使用时将漏斗一端垂直放入水面以下，水库中产生的气体形成气泡上浮，进入漏斗后上浮到导气管顶部带有刻度的采样管，管内液面下降，气体体积为液体下降体积，最后通过气阀收集气体［见图3(c)］。

采用倒置漏斗法测定水库气体冒泡通量时，按下式计算[25]：

$$F = \frac{C \cdot V}{A \cdot t \cdot V_m} \tag{6}$$

式中：F 为待测温室气体通量，mmol/（m²·d）；C 为待测温室气体体积浓度，mL/L；V 为漏斗收集的气体体积，L；A 为漏斗底端面积，m²；t 为监测时长，d；V_m 为标态下气体的摩尔体积，22.4 L/mol。

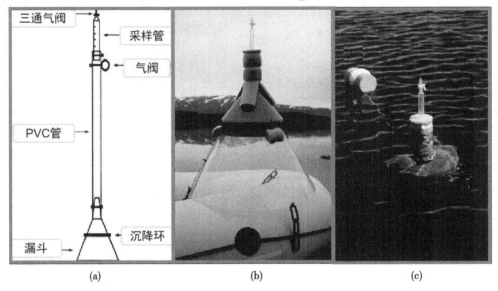

图3 倒置漏斗法装置示意图[25-26]

倒置漏斗法在原位收集气体样品并记录气体体积，操作简单，受天气和环境条件影响较小，且不受气体扩散通量干扰，在研究水库温室气体源汇变化和控制机制方面具有重要作用。有研究采用倒置漏斗法监测水库冒泡通量，并分析气泡气体成分，结果表明水库中通过气泡形式释放的气体主要是 CH_4[26]。然而，倒置漏斗法的覆盖面积有限，在冒泡通量具有高空间变异性的水体，该方法获得的监测数据存在较大的不确定性[27]。因此，倒置漏斗法适用于监测面积较小、水流较缓的水体，且获取的冒泡通量来自水体浅层。

2.5 超声探测技术

超声探测技术可在原位通过回声测深仪获取水体气泡的回声强度，并计算气泡上浮速度和体积，且与倒置漏斗法相同，也需对收集的气体进行浓度分析。

采用超声探测技术测定水库气体冒泡通量时，按下式计算[28]：

$$F = \frac{J_{\text{bubble}} \times 10^6}{M} \tag{7}$$

式中：F 为待测温室气体通量，$mmol/(m^2 \cdot d)$；J_{bubble} 为起泡率，$m^3/(m^2 \cdot d)$；M 为待测气体摩尔体积，22.4 L/mol。

起泡率 J_{bubble} 和单次水体扫描的气泡体积密度 C_{bubble}，分别按式（8）、式（9）计算：

$$J_{\text{bubble}} = C_{\text{bubble}} \cdot V_Z \cdot C \tag{8}$$

$$C_{\text{bubble}} = \frac{\sum_i V_i}{V_{\text{sw}}} \tag{9}$$

式中：V_Z 为气泡上升速度，m/s；V_i 为第 i 个气泡的体积，m^3；V_{sw} 为超声探测设备探测的水体体积，通过发射角度和探测深度计算，m^3。

气泡体积按式（10）计算：

$$V = 2.76 \times 10^5 \times e^{0.295 \times TS} \tag{10}$$

式中：TS 为监测气泡的声目标强度，dB，通过 Ostrovsky 等[29] 提出的方法进行现场校准。

超声探测技术较好地弥补了倒置漏斗法在监测面积和时间上的不足，具备监测面积广、可长时间监测等优势，能捕获较为全面的气泡排放，有效提高了监测数据的精确度。研究表明，超声探测技术具备的快速扫描能力可以准确量化水体气泡密度，通过气泡产生的后向散射系数可以精准计算气泡上升速度，获得准确的气泡通量[29]。Annika 等采用超声探测技术在空间和时间尺度开展了水体气泡通量监测试验，发现水体 CH_4 冒泡通量的时间变化大于空间变化[27]。因此，超声探测技术更适用于水库、湖泊等大型水体。

2.6 卫星遥感技术

卫星遥感技术可获取与水-气界面温室气体排放过程相关的环境因子数据，并进行相关性分析，确定水-气界面通量的控制因子，通过统计回归，建立遥感算法或模型，可以实现对水-气界面气体温室气体排放通量的模拟。目前常用的监测方法均是基于点（通量箱法、模型估算法和倒置漏斗法）或小范围（涡度相关法和超声探测技术）上获取的数据，进行模拟或放大估算整个水库温室气体排放通量。遥感数据具有高时间分辨率、高光谱、高空间分辨率等优势，可实现水库温室气体排放大面积实时连续监测[30]。

近年来，许多研究中采用遥感技术获取环境参数，通过经验模型、机器学习或半解析算法构建遥感算法或模型，得到水体二氧化碳分压（p_{CO_2}）的时空分布，并结合模型估算法估算水体 CO_2 排放通量，实现了水体 CO_2 排放通量的长期预测[30]。遥感技术最先应用在海洋和沿海水域，通过解析海面 CO_2 排放通量的空间变异性规律，评估海洋在全球碳循环中的作用[31]。然而，由于内陆水域和海洋的光学特性、物理化学属性、营养状态和物质循环过程都存在明显差异，这类算法或模型不能直接应用于内陆水域。目前，研究学者对水体碳循环和 CO_2 迁移转化过程有着较清晰的认识，已经识别出水体 p_{CO_2} 的主要影响因素，并且可通过遥感数据得到大部分因素的数值，例如地理坐标、叶绿素浓度、水面温度、溶解有机碳等，理论上开发水体 p_{CO_2} 遥感模型的条件已经具备，但是不同水体之间（湖泊与湖泊之间、水库与湖泊之间等）起主导作用的环境因子存在差异，这将增加模型的不确定性[30]。

3 中国典型发电水库温室气体排放特征

截至 2020 年年底，中国已建成各类水库 9.8 万余座，其中 500 kW 以上水电站已建成 2.2 万余座，水电装机容量和发电量均居全球第一[2]。对中国发电水库排放特征的研究，有助于评估发电水库的清洁特性，并对其在未来的发展提供科学参考。因此，本文通过整理 34 个中国发电水库温室气体排放数据，获得可使用的水库 CO_2、CH_4 和 N_2O 排放数据共 53 个（见表 1），并从水库温室气体排放通量水平及其随纬度变异方面，探究了中国发电水库温室气体排放特征。

表1　中国典型发电水库温室气体排放通量

名称	F_{CO_2}/ [mmol/ $(m^2 \cdot d)$]	F_{CH_4}/ [μmol/ $(m^2 \cdot d)$]	F_{N_2O}/ [μmol/ $(m^2 \cdot d)$]	来源文献序号	名称	F_{CO_2}/ [mmol/ $(m^2 \cdot d)$]	F_{CH_4}/ [μmol/ $(m^2 \cdot d)$]	F_{N_2O}/ [μmol/ $(m^2 \cdot d)$]	来源文献序号
洪家渡	6.33	—	9.6	[32]	龙滩	45.96	—	—	[33]
新安江	26.89	—	17.91	[34]	隔河岩	30.38	—	—	[10]
乌江渡	19.43	—	15.36	[32]	万峰湖	37.1	—	—	[35]
三峡	27.27	75	7.64	[36]	修文	47	—	—	[37]
水布垭	85.02	76.25	—	[11]	红岩	22	—	—	[37]
新丰江	20.78	—	—	[38]	密云	188.73	4 650	3.605	[39]
拓林	-1.24	5.28	0.48	[40]	东风	13.4	—	12	[41]
白云山	0.19	8.88	0.24	[40]	西北口	—	0.018	—	[42]
陡水	0.19	7.2	0.24	[40]	藏木	31.2	30	6.4	[43]
洪门	0.75	34.08	5.28	[40]	小湾	—	—	14.19	[44]
官庄	9.71	36	—	[13]	漫湾	—	—	11.18	[44]
大龙洞	80.1	0.75	—	[45]	糯扎渡	—	—	14.04	[44]
五里峡	-3.27	0.26	—	[45]	景洪	—	—	17.87	[44]
思安江	-24.43	0.45	—	[45]	九龙库群	—	—	15.05	[46]
潘家口	17.91	14.88	3.39	[47]	四五	86.8	360	15	[48]
大黑汀	19.45	72.96	7.44	[49]	丹江口	9	—	—	[50]
百花	24	—	—	[37]	红枫	15	—	—	[37]

注：1. "—"代表无数据。

2. 负值表示水体吸收大气温室气体，正值相反。

3.1　中国发电水库排放通量

本文中中国发电水库CO_2排放通量为$-24.43 \sim 188.73$ mmol/$(m^2 \cdot d)$，估算的通量平均值(F_{CO_2})为29.28 mmol/$(m^2 \cdot d)$，比Li等报道的中国水库F_{CO_2}小约34%，但与其他研究报道的亚热带发电水库和全球水库F_{CO_2}基本一致（相差小于10%）（见表2）。CH_4排放通量为$0.018 \sim 4 650$μmol/$(m^2 \cdot d)$，估算的通量平均值(F_{CH_4})为335.75 μmol/$(m^2 \cdot d)$，仅为其他研究中最低F_{CH_4}的39%，与Deemer等估算的全球水库F_{CH_4}相差一个数量级（见表2）。N_2O排放通量为$0.24 \sim 17.91$ μmol/$(m^2 \cdot d)$，估算的通量平均值(F_{N_2O})为9.31μmol/$(m^2 \cdot d)$，约占中国水库F_{CH_4}的27%。以每1 000 m^2水库排放的温室气体所产生的全球增温潜势（global warming potential，GWP）计算，本文中每1 000 m^2中国发电水库温室气体的GWP（$GWP_{1 000}$）为0.57，小于另外三项估计结果，在相同面积下仅占全球水库温室气体GWP的27%。因此，中国发电水库温室气体排放水平低于国际平均值。

表2　中国发电水库温室气体排放通量与全球范围研究对比

研究对象	F_{CO_2}/ [mmol/ $(m^2 \cdot d)$]	F_{CH_4}/ [μmol/ $(m^2 \cdot d)$]	F_{N_2O}/ [μmol/ $(m^2 \cdot d)$]	$GWP_{1 000}$	来源文献序号
中国水库	44.37	854.17	36.29	1.03	[5]
全球水库	27.10	9 868.91	18.94	2.14	[51]
亚热带发电水库	32.23	2 014.50	—	0.89	[52]
中国发电水库	29.28±40.57	335.75±1 117.17	9.31±5.84	0.57	本文

注：1. "—"代表无数据。

2. "±"前是平均值，"±"后是标准差，其他通量数据均为平均值。

3. 计算亚热带发电水库GWP时，F_{N_2O}数据采用本文参数。

3.2 中国发电水库含碳温室气体排放通量变化规律

中国发电水库含碳温室气体排放的研究多集中在 25°~45°N 的温带/亚热带区域（见图4），并且呈现出明显的南、北差异（南部较多，北部较少），南部主要集中在长江、珠江、闽江等流域。发电水库生物地球化学循环过程复杂，其温室气体的产生和排放受多种环境因子影响，往往表现出较强变异性，不同发电水库间温室气体排放量差异明显（见图5）。

本文中发电水库 F_{CH_4} 的空间变异性呈现出一定的纬度分布规律[图4(a)]，其中 F_{CO_2} 的离散程度较高，规律不明显。有研究表明，发电水库碳排放与纬度之间存在负相关关系[52]，但中国发电水库的纬度规律表现出相反情况，这可能是受水库所在流域的地下水丰度和降雨格局影响。总体而言，由于中国西部地区水库温室气体排放通量的报道较少，相关数据有所缺失，中国水库 F_{CO_2} 和 F_{CH_4} 纬度规律依旧存在较大的不确定性。

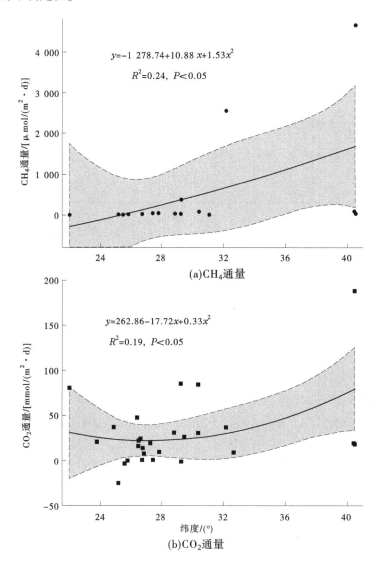

注：图中阴影部分表示95%置信区间。

图4 中国水库 CH_4 和 CO_2 通量的纬度变化

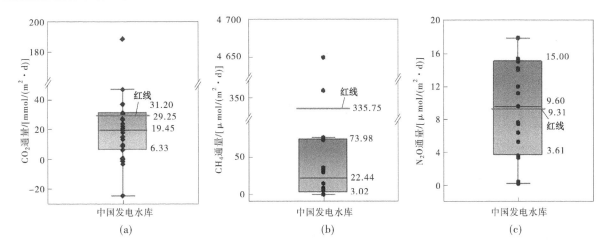

注：1. 箱体表示气体排放通量范围的 25%～75%，箱体内黑线表示中位值。
2. 线帽和虚线表示 1.5IQR 内的范围，红线表示平均值。

图 5 中国发电水库温室气体排放通量

4 有关思考与展望

4.1 存在问题

（1）监测计划制定的采样时间与频次不完善。现有大部分研究多是依据一次或短时间内的多次采样数据，进行水库温室气体平均排放通量的估算，所得结果只能反映水库某段时间或某时间点的排放水平，不能准确估算水库温室气体年排放通量。

（2）常规监测手段覆盖的区域不全面。部分研究只通过数个采样点（分别在消落带、库中、坝前和坝后）获取的通量数据，结合水域面积进行放大计算，最终得出水库温室气体总排放通量，缺失了支流、下游河道、过坝消气等排放途径释放的数据，忽略了水库温室气体排放的空间变异性。并且，在野外工作时，可能发生无法携带监测设备到达预设采样断面或区域，导致缺失部分代表性样点数据，放大了估算结果的不确定性。

（3）仍需进一步辨析水库对流域温室气体源汇的影响。水库会阻断河流连续性，拦截上游带来的泥沙、悬浮颗粒物等，在一定程度上形成碳汇，并且有效减缓下游 CH_4 释放。所以，以水库放水期下游河道释放大量温室气体，不足以判定水库对下游温室气体源汇起负面作用。

4.2 展望

（1）设计科学、规范的采样计划，以获取最具有时空代表性的数据。准确估算水库温室气体年排放量，需要更真实、全面的监测数据。因此，采样位置、频次和时间的确定尤为重要，在时间尺度上需考虑到温室气体排放通量在昼夜、季节、水文周期等方面的差异，在空间尺度上，需对所有水库温室气体排放途径开展监测工作，并且应设置多组平行样。

（2）采用时空覆盖率更高的监测方法，解析水库温室气体排放的时空变异规律。卫星遥感技术可快速获取高时空分辨率数据，再通过反演得到环境参数，计算水体温室气体水-气界面排放通量，结合地面实测进行参数校正，构建并完善卫星遥感算法和模型，这是未来水库温室气体监测的最优方法之一。

（3）评估温室气体排放潜力。开展水库 p_{CO_2} 的连续监测工作，结合模型评估潜在的 CO_2 排放强度。追踪异源性碳在水库碳循环中转化途径，并对其含量进行量化，评价陆源碳输入对水库温室气体排放效应的影响，构建水库碳储量模型，进一步评价水库温室气体排放潜力。

（4）调查水库本底温室气体排放情况，开展水库温室气体净通量评估。水库修建前开展清底工作，避免淹没区内有机物质受水侵蚀而成为碳源。对水库本底和其他人类活动贡献的温室气体排放通量进行调查和监测，综合评估蓄水后水库温室气体净通量。

参考文献

[1] 王仲颖, 郑雅楠, 赵勇强, 等. 碳中和背景下可再生能源成为主导能源的发展路径及展望（上）[J]. 中国能源, 2021, 43（9）: 7-13.

[2] International Hydropower Association. Hydropower Status Report 2021: Sector trends and insights [R]. London: IHA, 2021.

[3] REN21. Renewables 2021 Global Status Report [R]. Paris: REN21 Secretariat, 2021.

[4] 肖潇, 赵登忠, 谭德宝, 等. 气候变化背景下中国绿色水电评估体系探究 [J]. 长江科学院院报, 2016, 33（11）: 104-108.

[5] LI S, BUSH R T, SANTOS I R, et al. Large greenhouse gases emissions from China's lakes and reservoirs [J]. Water research, 2018, 147: 13-24.

[6] KNOX R L, WOHL E E, MORRISON R R. Levees don't protect, they disconnect: A critical review of how artificial levees impact floodplain functions [J]. Science of the Total Environment, 2022, 837: 155773.

[7] 李晓晴, 王伟, 操瑜, 等. 水库消落带碳氮输移转化研究进展 [J]. 土壤, 2021, 53（5）: 881-889.

[8] YAN X, THIEU V, WU S, et al. Reservoirs change p_{CO_2} and water quality of downstream rivers: Evidence from three reservoirs in the Seine Basin [J]. Water Research, 2022, 213: 118158.

[9] 孙志禹, 陈永柏, 李翀, 等. 中国水库温室气体研究（2009—2019）: 回顾与展望 [J]. 水利学报, 2020, 51（3）: 253-267.

[10] 赵登忠, 谭德宝, 李翀, 等. 隔河岩水库二氧化碳通量时空变化及影响因素 [J]. 环境科学, 2017, 38（3）: 954-963.

[11] 赵登忠, 谭德宝, 汪朝辉, 等. 水布垭水库水气界面二氧化碳交换规律研究 [J]. 人民长江, 2012, 43（8）: 65-70.

[12] YANG L, LU F, ZHOU X, et al. Progress in the studies on the greenhouse gas emissions from reservoirs [J]. Acta Ecologica Sinica, 2014, 34（4）: 204-212.

[13] 陈敏, 许浩霆, 郑祥旺, 等. 夏季降雨事件对水库温室气体通量变化的影响: 来自湖北官庄水库的高频观测 [J]. 湖泊科学, 2021, 33（6）: 1857-1870.

[14] 姚骁, 李哲, 郭劲松, 等. 水-气界面 CO_2 通量监测的静态箱法与薄边界层模型估算法比较 [J]. 湖泊科学, 2015, 27（2）: 289-296.

[15] ZHAO Y, SHERMAN B, FORD P, et al. A comparison of methods for the measurement of CO_2 and CH_4 emissions from surface water reservoirs: Results from an international workshop held at Three Gorges Dam, June 2012 [J]. Limnology and Oceanography: Methods, 2015, 13（1）: 15-29.

[16] THANH DUC N, SILVERSTEIN S, WIK M, et al. Technical note: Greenhouse gas flux studies: an automated online system for gas emission measurements in aquatic environments [J]. Hydrol Earth Syst Sci., 2020, 24（7）: 3417-3430.

[17] RIBAS-RIBAS M, KILCHER L F, WURL O. Sniffle: a step forward to measure in situ CO_2 fluxes with the floating chamber technique [J]. Elementa: Science of the Anthropocene, 2018, 6（1）: 14.

[18] TREMBLY A, VARFALVY L, ROEHM C, et al. Greenhouse Gas Emissions: Fluxes and Processes, Hydroelectric Reservoirs and Natural Environments [M]. Berlin: Springer Science & Business Media, 2005.

[19] JäHNE B, HAUßECKER H. Air-Water Gas Exchange [J]. Annual Review of Fluid Mechanics, 1998, 30（1）: 443-468.

[20] COLE J J, CARACO N F. Atmospheric exchange of carbon dioxide in a low-wind oligotrophic lake measured by the addition of SF_6 [J]. Limnol Oceanogr, 1998, 43（4）: 647-656.

[21] ZHANG L, LIAO Q, GAO R, et al. Spatial variations in diffusive methane fluxes and the role of eutrophication in a subtropical shallow lake [J]. Science of the Total Environment, 2021, 759: 143495.

[22] ERKKILä K-M, OJALA A, BASTVIKEN D, et al. Methane and carbon dioxide fluxes over a lake: comparison between

eddy covariance, floating chambers and boundary layer method [J]. Biogeosciences, 2018, 15 (2): 429-445.

[23] SCHOLZ K, EJARQUE E, HAMMERLE A, et al. Atmospheric CO_2 Exchange of a Small Mountain Lake: Limitations of Eddy Covariance and Boundary Layer Modeling Methods in Complex Terrain [J]. Journal of Geophysical Research: Biogeosciences, 2021, 126 (7): e2021JG006286.

[24] WEBB E K, PEARMAN G I, LEUNING R. Correction of flux measurements for density effects due to heat and water vapour transfer [J]. Quarterly Journal of the Royal Meteorological Society, 1980, 106 (447): 85-100.

[25] WIK M, CRILL P M, VARNER R K, et al. Multiyear measurements of ebullitive methane flux from three subarctic lakes [J]. Journal of Geophysical Research: Biogeosciences, 2013, 118 (3): 1307-1321.

[26] HUTTUNEN J T, LAPPALAINEN K M, SAARIJäRVI E, et al. A novel sediment gas sampler and a subsurface gas collector used for measurement of the ebullition of methane and carbon dioxide from a eutrophied lake [J]. Science of the Total Environment, 2001, 266 (1): 153-158.

[27] LINKHORST A, HILLER C, DELSONTRO T, et al. Comparing methane ebullition variability across space and time in a Brazilian reservoir [J]. Limnology and Oceanography, 2020, 65 (7): 1623-1634.

[28] MAECK A, DELSONTRO T, MCGINNIS D F, et al. Sediment trapping by dams creates methane emission hot spots [J]. Environmental science & technology, 2013, 47 (15): 8130-8137.

[29] OSTROVSKY I, MCGINNIS D F, LAPIDUS L, et al. Quantifying gas ebullition with echosounder: the role of methane transport by bubbles in a medium-sized lake [J]. Limnology and Oceanography: Methods, 2008, 6 (2): 105-118.

[30] WEN Z, SHANG Y, LYU L, et al. A Review of Quantifying p_{CO_2} in Inland Waters with a Global Perspective: Challenges and Prospects of Implementing Remote Sensing Technology [J]. Remote Sensing, 2021, 13 (23): 4916.

[31] SONG X, BAI Y, CAI W-J, et al. Remote Sensing of Sea Surface p_{CO_2} in the Bering Sea in Summer Based on a Mechanistic Semi-Analytical Algorithm (MeSAA) [J]. Remote Sensing, 2016, 8 (7): 558.

[32] 喻元秀, 刘丛强, 汪福顺, 等. 洪家渡水库溶解二氧化碳分压的时空分布特征及其扩散通量 [J]. 生态学杂志, 2008, (7): 1193-1199.

[33] 曹玉平, 邓飞艳, 焦树林, 等. 红水河龙滩水库夏季 CO_2 分压分布特征及影响因素 [J]. 生态与农村环境学报, 2018, 34 (6): 521-517.

[34] 杨乐, 李贺鹏, 孙滨峰, 等. 新安江水库二氧化碳排放的时空变化特征 [J]. 环境科学, 2017, 38 (12): 5012-5019.

[35] 张倩, 焦树林, 梁虹, 等. 喀斯特地区水库回水区夏季水体二氧化碳分压变化特征及交换通量研究 [J]. 水文, 2018, 38 (1): 28-34.

[36] LI S, WANG F, LUO W, et al. Carbon dioxide emissions from the Three Gorges Reservoir, China [J]. Acta Geochimica, 2017, 36 (4): 645-657.

[37] WANG F, WANG B, LIU C-Q, et al. Carbon dioxide emission from surface water in cascade reservoirs-river system on the Maotiao River, southwest of China [J]. Atmospheric Environment, 2011, 45 (23): 3827-3834.

[38] 周梅, 叶丽菲, 张超, 等. 广东新丰江水库表层水体 CO_2 分压及其影响因素 [J]. 湖泊科学, 2018, 30 (3): 770-781.

[39] YANG M, GENG X, GRACE J, et al. Spatial and seasonal CH_4 flux in the littoral zone of Miyun Reservoir near Beijing: the effects of water level and its fluctuation [J]. PLoS One, 2014, 9 (4).

[40] 姜星宇, 张路, 姚晓龙, 等. 江西省水库温室气体释放及其影响因素分析 [J]. 湖泊科学, 2017, 29 (4): 1000-1008.

[41] LI S, WANG F, ZHOU T, et al. Carbon dioxide emissions from cascade hydropower reservoirs along the Wujiang River, China [J]. Inland Waters, 2018, 8 (2): 157-166.

[42] 王雪竹, 刘佳, 牛凤霞, 等. 基于走航高频监测的水库冬季水体溶解甲烷浓度分布: 以湖北西北口水库为例 [J]. 湖泊科学, 2021, 33 (5): 1564-1573.

[43] 杨萌, 胡明明, 杨腾, 等. 高海拔水电水库温室气体的排放特征——以雅鲁藏布江藏木水库为例 [J]. 环境科学学报, 2022, 42 (1): 188-194.

[44] 黄亚琦. 澜沧江深大水库氧化亚氮溶存浓度的垂向分布特征及通量研究 [D]. 西安: 西安理工大学, 2020.

［45］李建鸿, 蒲俊兵, 孙平安, 等. 不同地质背景水库区夏季水-气界面温室气体交换通量研究［J］. 环境科学, 2015, 36（11）: 4032-4042.

［46］CHEN J, CAO W, CAO D, et al. Nitrogen loading and nitrous oxide emissions from a river with multiple hydroelectric reservoirs［J］. Bull Environ Contam Toxicol, 2015, 94（5）: 633-639.

［47］杨凡艳, 张松林, 王少明, 等. 潘家口水库温室气体溶存、排放特征及影响因素［J］. 中国环境科学, 2021, 41（11）: 5303-5313.

［48］WANG X, HE Y, YUAN X, et al. Greenhouse gases concentrations and fluxes from subtropical small reservoirs in relation with watershed urbanization［J］. Atmospheric Environment, 2017, 154: 225-235.

［49］龚琬晴, 文帅龙, 王洪伟, 等. 大黑汀水库夏秋季节温室气体赋存及排放特征［J］. 中国环境科学, 2019, 39（11）: 4611-4619.

［50］LI S, ZHANG Q. Partial pressure of CO_2 and CO_2 emission in a monsoon-driven hydroelectric reservoir（Danjiangkou Reservoir）, China［J］. Ecological Engineering, 2014, 71: 401-414.

［51］DEEMER B R, HARRISON J A, LI S, et al. Greenhouse gas emissions from reservoir water surfaces: a new global synthesis［J］. BioScience, 2016, 66（11）: 949-964.

［52］BARROS N, COLE J J, TRANVIK L J, et al. Carbon emission from hydroelectric reservoirs linked to reservoir age and latitude［J］. Nature Geoscience, 2011, 4（9）: 593-596.

梯级发电水库固碳潜力与"双碳"贡献评估有关思考

肖　潇[1,3]　赵登忠[2,3]　徐　坚[1,3]　张双印[1,3]　郑学东[1,3]　付珺琳[1,3]

（1. 长江科学院空间信息技术应用研究所，湖北武汉　430010；

2. 长江科学院国际与科技合作处，湖北武汉　430010；

3. 武汉市智慧流域工程技术研究中心，湖北武汉　430010）

摘　要： 水电清洁能源是目前技术最为成熟并可大规模开发的可再生能源，是我国积极应对气候变化，推动"双碳"目标进程中的主力军。目前，围绕水库温室气体排放、吸收开展了大量的研究工作，对水电站温室气体排放、源汇变化等方面形成了初步认识和结论。但关于发电水库温室气体减排效益、固碳潜力、"双碳"贡献相关的研究尚未形成明确的研究体系，尤其是水电开发全生命周期温室气体减排效益评估、碳中和贡献评价方面。本文尝试梳理目前发电水库温室气体源汇分析、水电工程减排潜力/效益评估、固碳潜力评估等方面有关研究进展，阐述梯级发电水库"双碳"贡献评估有关思考。

关键词： 温室气体源汇分析；减排效益评估；固碳潜力；水利碳中和

1　引言

当前，全球气候变化已成为人类生存与可持续发展的最大挑战，极大促进了全球应对气候变化的政治共识和重大行动。2020 年，习近平总书记在第 75 届联合国大会一般性辩论上宣布，中国二氧化碳排放力争于 2030 年前达到峰值、努力争取 2060 年前实现碳中和。随后，我国"十四五"规划明确提出了碳达峰碳中和目标，制定了 2030 年前碳排放达峰行动方案，印发实施了做好碳达峰碳中和工作的相关意见。相关国家部委随之发布了相关规划文件，明确提出推进水电清洁能源开发、减少化石能源消耗。

水电清洁能源是目前技术最为成熟并可大规模开发的可再生能源，具有显著固碳潜力与碳汇能力，其温室气体减排效益显著[1-3]。预计到 2030 年，水电在全球能源结构中所占比重将提高至近 20%，在温室气体减排方案中具有不可替代性[4]。水库作为水电工程的重要组成部分，在淡水资源供给与调节、可再生能源保障等方面具有突出功能，已成为减缓气候变化不利影响的重要水利工程措施。当前，全球能源供需格局正在深度调整，能源结构低碳化转型加速推进，发电水库已被各国政府纳入基础设施投资建设的优先清单。

中国是世界上修建水库最多的国家（已建成各类水库 9.8 万多座、总库容 8 983 亿 m³），且目前仍旧是开发潜力较大的国家[5]。持续地、有计划地开展水电开发工作是我国能源结构调整、实现"双碳目标"的重要组成部分。自 20 世纪 90 年代起，我国许多研究机构就围绕水库温室气体排放、

基金项目： 湖北省自然资源厅科研计划项目（ZRZY2021KJ10）；长江科学院中央级公益性科研院所基本科研基金（CKSF2021485+KJ）。

作者简介： 肖潇（1986—），女，高级工程师，主要从事水环境遥感、水利碳循环理论研究工作。

通信作者： 赵登忠（1977—），男，正高级工程师，主要从事水利碳循环理论研究工作。

吸收开展了大量的研究工作，目前已对水电站温室气体源汇作用形成了初步认识和结论，认为发电水库具有强大的固碳潜力与碳汇能力，发电水库的清洁能源属性毋庸置疑，在实现生态保护、能源结构调整、节能减排，以及碳达峰、碳中和的进程中起着积极作用。

从以往研究可知，发电水库的建设和运行阶段均会对区域碳循环产生影响，其内外碳源辨析、净排放量估算等还存在不确定的地方。因此，只有开展长周期水库温室气体监测、核算及减排效益评估工作，准确掌握梯级水库全生命周期碳减源增汇基本情况，摸清梯级水电站对碳中和的贡献"家底"，才能有效评价水库温室气体减排效益，拓展水库碳中和效益。此外，关于梯级发电水库温室气体减排效益、固碳潜力、"双碳"贡献相关的研究目前也尚未形成清晰明确的研究体系，尤其是水电开发全生命周期温室气体减排效益评估、碳中和贡献等方面。因此，本文尝试梳理目前发电水库温室气体源汇分析、水电工程减排潜力/效益评估、固碳潜力评估等方面有关研究进展，阐述梯级发电水库"双碳"贡献评估有关思考。

2 发电水库温室气体源汇分析

从查阅文献可知，水库温室气体问题的提出最早可见于 1994 年[6]。早期研究围绕库区消落带植物代谢作用方面展开，至 2008 年后，研究人员才将研究重点转移至水库温室气体。在现有研究中，为反驳国外某些学者质疑蓄水发电的清洁能源属性的言论，大多数研究工作主要集中在水库温室气体源汇分析方面。

从"碳源–碳汇"定义可知，"碳源"是指向大气中释放二氧化碳等温室气体，"碳汇"是指吸收大气中的二氧化碳，从而减少温室气体在大气中浓度的过程、活动或机制。如果按照这个表面上的定义，大多数水库是温室气体排放源，因为在许多水库，都可以观测到库区内温室气体排放。但水库生态系统中的温室气体源汇特征较为复杂，被观测到的温室气体排放量不可简单地归为"碳源"，因此多维度和多变量导致水库温室气体的源汇变化存在很大的不确定性[7]。

目前，在水库温室气体排放途径及其影响因素方面研究人员已经开展了大量工作，取得了较丰富的研究成果。水库温室气体排放至大气的途径主要包括水–气界面自由扩散，消落带土壤、植被呼吸作用扩散，浅水区域气泡释放，水体过坝压力瞬变引起的"消气"释放等四种[8]。而影响水库温室气体排放的主要因素则是贯穿水库建成到运行全生命周期中，除自然环境变化外，还包括以下内容：①永久性淹没陆地上的导致生态系统转变；②因水库梯级调度引起水力学变化导致的颗粒态有机碳输送路径变化；③水库蓄水导致水体藻类水华生消过程变化；④上游蓄水导致下游河道形态转变引起陆源有机碳输入等因素，均会影响水库温室气体排放量[9-12]。

此外，上述研究也同时证明了水库温室气体排放量是分析水库温室气体源汇特征的主要指标。水库排放量分为净排放量和总排放量，其中净排放量指建坝后较建坝前增加的排放量，总排放量是指通过水库水面释放到大气中的温室气体总量[13]。目前由于条件受限，大多数水库已无法获取水库修建前的自然本底数据，研究人员只能计算水库的总排放量，无法估算建库前的自然排放量，导致难以客观综合地评价水电工程对温室效应的贡献比。从大量水库温室气体通量调查结果可知，在核算净排放量上还需要涉及的核心数据包括温室气体类型、评估时空边界、人类活动贡献，再结合水库基础信息、环境因素、水动力条件等可尝试计算水库的温室气体总排放量。

目前，已基本摸清水库温室气体潜在来源、排放量影响因素，但现有研究因技术手段、研究条件限制，在精准评估、预测水库温室气体排放量问题上还存在很大的不确定性，后续应联合考虑多重因素耦合影响，才能对水库温室气体源汇特征开展较为准确的长期预判。

3 水电工程减排潜力/效益评估

在可持续发展的发展战略下，优化能源结构成为节能减排的重大途径之一。有研究表明，水电并入电网后，凭借其清洁高效、可持续再生、节能减排等独特优势，对人类社会的可持续发展做出了巨大贡献，不仅能有效缓解能源缺口，而且对减排温室气体、缓解气候变化等国际发展问题有着明显的贡献[14]。

早期的水库温室气体减排方面的研究，主要集中在通过监测和估算单个水库温室气体排放量来评估水电的温室气体减排效益，研究方法多以现场监测、基于生命周期评价的统计分析，或者是基于清洁发展机制的基准线法和排放系数法为主[2]。但这种方式主要是基于温室气体排放机制评估，更侧重于单个水库尺度，对于衡量梯级发电水库或者大型水电工程的减排效应、流域尺度的受益率评估存在一定局限性。

经过 10 多年的研究，计算水电综合减排效益被认为是可以科学评价水电减排效益的途径之一。水电梯级联合优化调度运行机制以发电效益、节能减排作用为主要目标，而发电效益与节能减排相互影响。因此，就可以通过水电的综合减排补偿来评估水电工程温室气体减排潜力/效益[15-17]。

从整体来看，水电工程的减排主要体现在两个方面：一是水电站本身清洁能源属性自带的减排效益；二是考虑水电站联合优化调度运行，在电力系统中的调峰调频作用，与火电进行联合优化调度，降低电力系统中煤炭消耗量，从而达到减排的效果。在水电、火电共处一个电网的条件下，还可具体计算得出减排量，即通过计算水力发电提供的清洁电能，来核减对应的火电装机容量，再计算可降低的年煤燃烧量，最后得出实质上减少的二氧化碳排放量。

目前，研究人员根据《绿色小水电评价标准》（SL/T 752—2017）、碳足迹认证（ISO 14067）、水电综合减排效益计算、改进的计量经济模型等方式尝试性开展了水电工程温室气体减排潜力/效益评估工作，结果显示水电开发碳减排潜力巨大，能有效缓解能源缺口，对碳减排有明显贡献[18-21]。

4　发电水库固碳潜力评估

从理论上来说，水体固碳能力主要是通过水体内的固碳微生物/植物数量、群落结构来体现的，弱于陆地微生物/植物固碳能力。因此，水库保护区内的陆域固碳潜力主要通过森林固碳能力评估得出，相关内容已开展了诸多研究[22-28]。但除了陆域，消落带由于形成原因特殊，也是库区生态系统重要的组成部分，近些年成为了碳循环研究的热点区域。

消落带是介于水体和陆地间的过渡区，是水体和陆地间物质交换的缓冲区，形态大小受水位涨落影响，是陆地的一段特殊区域，属于湿地范畴[29]。消落带面积通常较小、生境特殊，呈干湿交替变化特征，由于相邻水、陆系统的物质和能量交流频繁，消落带也是库区内生物地球化学过程较为活跃的区域。从消落带自身的特性和已有研究可知，消落带湿地的碳收支作用也是不可忽视的。因此，开展水库的固碳作用评价工作的主要研究区域应包括水库保护区范围内的陆域和消落带。

关于水电水库消落带碳收支相关研究，在我国主要是围绕三峡库区开展的。为满足防洪、清淤与航运等需求，三峡水库实行"蓄清排浊"的运行方式，即夏季低水位运行（145 m）冬季高水位运行（175 m），由此在库区两岸形成了与天然河流涨落季节相反，垂直落差达 30 m、面积近 350 km² 的消落带区域。经过库区多年运行，该区域形成了一个独特的生态系统，在库区碳循环过程中有着显著的贡献。

查阅相关文献可知[30-33]，三峡库区消落带湿地碳循环呈现出随水位变化而变化的特征，碳吸收和碳排放表现出明显的节律性变化，环境变化对消落带固碳能力的影响尤为显著，水位波动通过改变土壤理化性质和植被覆盖面积，来影响微生物群落分布、水体温室气体通量及植被的碳汇能力。从固碳潜力来看，天然的消落带、消落带传统农业、基塘工程、林泽工程等不同土地类型对小尺度碳循环影响不同，导致其总碳汇和净碳汇也有很大区别，可通过对比评估，考虑改变消落带土地利用方式、或者通过消落带生态修复，提升其固碳能力。消落带由于是陆生生态系统与水生生态系统的交错地带，受外源、内源双向影响，在这种湿到干、干到湿的双向演替过程中的其碳汇功能如何波动，以及波动机制和影响因素的辨识，则依旧是需长期关注的研究重点。

5 有关思考与建议

从能源消费结构来看，化石能源燃烧依旧是人类活动排放二氧化碳的主要活动方式。目前，我国能源转型取得初步进展，水能、光能、风能、生物质能等非化石能源得到大力发展与推广，但整体来说，我国能源结构还有较大的调整空间、能源效率还可继续提升。据统计，2020 年我国一次能源消费达 49.8 亿 t 标准煤，占全球总量的 26.1%，能源相关的二氧化碳排放量为 98.8 亿 t，占全球的 30.9%，中国单位 GDP 能耗较高、碳排放偏大，2020 年单位 GDP 能耗 3.4 t 标准煤，是全球 GDP 能耗平均值的 1.5 倍。但是，中国历史人均累计碳排放量低于世界平均水平，远低于美国、英国、法国等发达国家。近年来，随着中国全面深化改革、能源结构持续优化，中国能源消费和二氧化碳排放逐渐进入平台期[34]。因此，推进能源绿色低碳转型发展、实现"双碳"目标，在削减煤炭生产和消费、调整用能结构、化石能源清洁高效利用、加速电能替代、提升碳汇能力等主要路径需齐头并进、多向发力。

水利的自身特性，注定了其与生俱来的绿色低碳性，因此在"双碳"行动中具有不可替代的作用及不容推卸的义务与责任。对于梯级发电水库"双碳"贡献评估相关研究应着重考虑以下几个方面。

5.1 碳中和立体动态监测

梯级发电水库碳排放和碳汇测算是开展水利碳中和贡献核算的基础，目前多依靠人工原位采集获得一手监测资料，对于大尺度范围的核算来说，人工采集工作量巨大。随着多源遥感技术发展，高精度、大区域、多平台空天地一体化立体监测技术成为"碳源/汇"监测的重要辅助手段，开展梯级发电水库碳中和立体动态监测体系建设，建立基于多源监测数据流域梯级发电水库碳排放和碳汇测算方法、指标体系和评估体系设计，研发水利碳中和指标反演与预警关键技术，使碳中和监测向着立体化、智慧化、污染与碳排放联动方向发展，为水电工程碳排放和碳汇监测、评估等工作提供重要科技支撑。

5.2 碳排放量评估研究

开展水电开发过程中，尤其是建设过程中的碳排放量评估相关内容研究。从诸多研究可知，水电开发过程中涉及碳排放的主要是工程措施建设过程，如水库在建设过程中，必然会因改变土地利用类型、改变局部自然环境导致碳排放过高，因此该阶段的碳排放评估是研究重点，如开展本底碳储量核算、评估时空边界划定、水库修建前后点/面源污染负荷量估算等均是净排放量估算的关键基础工作。

5.3 发电水库碳汇潜力评估体系研究

基于水电环评、绿色水电评价、水电开发可持续性评价等相关研究，选择代表性的梯级水库群，综合考虑水库规模、开发目的、运行方式、河流生态环境特征等因素，分析不同参数组合对河流碳汇潜力的影响，系统性开展我国梯级发电水库碳汇潜力影响评估体系构建及相应评估方法研究。

5.4 梯级发电水库减源增汇关键技术研究

梯级水库生态调度通过改变水文动力条件来减缓水库不利生态影响。参考此成功措施，科学调度也能成为水库减源增汇有效手段，即通过减少外源碳输入方式来调节进入水体物质循环的碳元素，还可通过调度提升水电消纳空间，降低电力系统中煤炭消耗量，从而达到减排的效果。为达到生态与经济共赢的良好成效，开展以减源增汇为目的水库多模态调度、小时尺度精细调度、多目标协同调度等关键技术研究，在不降低防洪标准的条件下优选出最优调度方案，从而提升梯级水库综合效益，达到生态与经济共赢的良好成效。

5.5 梯级发电水库固碳潜力评估和碳中和贡献定量核算

梯级水库在修建和运行过程中对自然环境是一个持续动态的影响，对保护区陆域植被和消落带植被的影响尤为显著。作为生态演替过程中的重要生物因子，植被在演替过程中，碳储量、固碳潜力不断发生变化，尤其对于消落带生态系统而言，不同阶段的消落带碳储量、固碳潜力及碳中和贡献率将表现出时空差异性。因此，综合运用卫星遥感数据、地形数据、消落带植被与原位观测实验数据，结合空间分析和机器学习手段，开展库区消落带植被多维时空格局下的碳储量及空间分布估算研究，建立库区动态碳储量、固碳潜力信息数据库，研发碳中和贡献综合评估信息平台，从而定量核算梯级发电水库碳中和贡献，为碳交易提供数据支撑。

参考文献

[1] 林初学. 水坝工程建设争议的哲学思辩 [J]. 中国三峡建设, 2006 (6): 11-15.

[2] 隋欣, 廖文根. 中国水电温室气体减排作用分析 [J]. 中国水利水电科学研究院学报, 2010, 8 (2): 133-137.

[3] Li X, Gui F, Li Q. Can Hydropower Still Be Considered a Clean Energy Source? Compelling Evidence from a Middle-Sized Hydropower Station in China [J]. Sustainability, 2019, 11 (16): 4261.

[4] 王文铭, 艾尉. 低碳经济背景下我国水电发展前景分析及建议 [J]. 中国水利, 2010 (14): 25-26.

[5] 水利部: 我国已建成各类水库 9.8 万多座 [EB/OL]. https://baijiahao.baidu.com/s? id = 1710480739452680329&wfr=spider&for=pc.

[6] 张斌. 金沙江下游梯级水库水体 CH_4、CO_2 分布与源汇特征研究 [D]. 中国科学院大学 (中国科学院重庆绿色智能技术研究院), 2019.

[7] 孙志禹, 陈永柏, 李翀, 等. 中国水库温室气体研究 (2009—2019): 回顾与展望 [J]. 水利学报, 2020, 51 (3): 253-267.

[8] 程炳红, 郝庆菊, 江长胜. 水库温室气体排放及其影响因素研究进展 [J]. 湿地科学, 2012, 10 (1): 121-128.

[9] 崔玉洁. 三峡水库香溪河藻类生长敏感生态动力学过程及其模拟 [D]. 武汉: 武汉大学, 2017.

[10] 毛海涛, 王正成, 林荣, 等. 三峡水库蓄水后上下游河段水沙特性变化及影响因素分析 [J]. 水资源与水工程学报, 2019, 30 (5): 161-169.

[11] 张翎, 王远见, 夏星辉. 水库建成与运行对温室气体排放的影响 [J]. 环境科学学报, 2022, 42 (1): 298-307.

[12] T Diem, et al. Greenhouse gas emissions (CO_2, CH_4 and N_2O) from several perialpine and alpine hydropower reservoirs by diffusion and loss in turbines [J]. Aquatic Sciences, 2012, 74 (3): 619-635.

[13] 王从锋, 肖尚斌, 陈小燕. 三峡水库减排温室气体效应的初步分析 [J]. 人民长江, 2011, 42 (1): 18-21, 25.

[14] 鲁春霞, 马聪, 章予舒, 等. 中国水电开发的生态足迹及其温室气体减排 [J]. Journal of Resources and Ecology, 2013, 4 (4): 369-373.

[15] 秦小华, 李志威, 王亮. 我国水电的碳减排累积效应与未来预期 [J]. 中国农村水利水电, 2013 (1): 140-143.

[16] 李星锐, 朱方亮, 吕朝阳. 流域水电梯级联合优化调度节能减排效应分析 [J]. 人民黄河, 2016, 38 (3): 120-121, 125.

[17] 刘建厅. 水电对电力系统的复杂补偿效益研究 [D]. 西安: 西安理工大学, 2018.

[18] 杜海龙, 魏俊, 李哲. 基于 ISO14067 评估可渡河水电开发碳减排潜力 [J]. 人民珠江, 2017, 38 (12): 45-49.

[19] 胡荣欣, 孟繁盛. 柴河水库电站对生态环境影响评价分析 [J]. 水土保持应用技术, 2021 (4): 17-18.

[20] 曾晨军, 黄本胜, 刘树锋, 等. 水电对实现"双碳"目标贡献分析 [C] //中国水利学会 2021 学术年会论文集第二分册. 郑州: 黄河水利出版社, 2021: 166-170.

[21] 程莉, 孔芳霞, 周欣, 等. 中国水电开发对碳排放的影响研究 [J]. 华东理工大学学报 (社会科学版), 2018, 33 (5): 75-81.

[22] 令狐大智, 罗溪, 朱帮助. 森林碳汇测算及固碳影响因素研究进展 [J]. 广西大学学报 (哲学社会科学版), 2022, 44 (3): 142-155.

[23] 何英. 森林固碳估算方法综述 [J]. 世界林业研究, 2005 (1): 22-27.

[24] 曹吉鑫, 田赟, 王小平, 等. 森林碳汇的估算方法及其发展趋势 [J]. 生态环境学报, 2009, 18 (5):

2001-2005.

[25] Dixon R K, Solomon A M, Brown S, et al. Carbon pools and flux of global forest ecosystems. [J]. Science, 1994, 263 (5144): 185-190.

[26] 王效科, 冯宗炜. 中国森林生态系统中植物固定大气碳的潜力 [J]. 生态学杂志, 2000 (4): 73-75.

[27] Ueyama M, Iwata H, Harazono Y. Autumn warming reduces the CO_2 sink of a black spruce forest in interior Alaska based on a nine-year eddy covariance measurement [J]. Global Change Biology, 2014, 20 (4): 1161-1173.

[28] Keenan T F, Williams C A. The Terrestrial Carbon Sink [J]. Annual Review of Environment and Resources, 2018, 43: 219-243.

[29] 杨萌. 消落带温室气体排放机制研究 [D]. 北京: 北京林业大学, 2016.

[30] 温兆飞. 三峡水库消落带地上净初级生产力时空变化及其影响因素分析 [D]. 中国科学院大学 (中国科学院重庆绿色智能技术研究院), 2017.

[31] 冯晶红, 刘瑛, 肖衡林, 等. 三峡库区消落带典型植物光合固碳能力及影响因素 [J]. 水土保持研究, 2020, 27 (1): 305-311.

[32] 袁兴中, 刘红, 王建修, 等. 三峡水库消落带湿地碳排放生态调控的科学思考 [J]. 重庆师范大学学报 (自然科学版), 2010, 27 (2): 23-25.

[33] 孙荣, 袁兴中. 三峡水库消落带湿地碳储量及空间格局特征 [J]. 重庆师范大学学报 (自然科学版), 2012, 29 (3): 75-78.

[34] 苏义脑, 戴厚良, 匡立春, 等. 碳中和目标下的中国能源发展战略及举措思考 [J]. 中国工程院院刊 (Engineering), 2021, 12.

基于 PSCAD/EMTDC 的光伏并网系统建模与仿真

郭　健[1]　王　耿[1]　耿兴宁[1]　张万亮[1]　李从善[2]

（1. 南水北调中线信息科技有限公司，北京　100000；
2. 郑州轻工业大学，河南郑州　450000）

摘　要：根据光伏电池的物理特性，以及光伏阵列在不同光照强度和环境温度下的输出特性，对基于 boost 电路的最大功率跟踪控制进行理论分析及实现，讨论三相光伏并网逆变器的工作原理，并在 PSCAD/EMTDC 中搭建三相光伏并网系统。通过使用 PSCAD 仿真软件对 300 kW 光伏发电站进行模型搭建，并对其并网过程进行仿真研究，分析其对电网电能质量所产生的影响。

关键词：光伏电池；boost 电路；三相光伏并网逆变器

1　引言

在"双碳"目标的要求下，我国可再生能源装机和消费比重将继续高速增长，这将减少能源生产阶段的碳排放。太阳能作为一种清洁且无限的新能源，相比传统能源更加普遍，且地域分布广阔。能源紧缺问题使得我国大力开发清洁能源、推动构建清洁低碳的能源体系已成为必然趋势[1-3]。为了实现碳中和这一目标，新能源装机在未来很长一段时间内仍将迅速增长。

随着分布式新能源渗透率的提升，其对主干电网的影响机制将趋于复杂。分布式光伏并网电站的容量越来越大，输出功率的波动对电网的影响也日趋明显[4]。研究光伏电池在温度和光照变化时的最大功率输出，以及并网控制效果等，是光伏发电能够大规模应用的重要技术基础。本文对光伏发电系统构成及其并网的原理进行介绍，同时以 300 kW 光伏发电为例，搭建该 300 kW 光伏发电系统的 PSCAD 模型，并对其接入配电网时，所接入配电网电能质量方面的影响进行仿真。

2　光伏电池的等效模型及特性

2.1　光伏电池内部等效电路

光伏电池是利用半导体材料的光伏效应，所谓光伏效应，是指半导体材料吸收光能，由光子激发出的电子-空穴对经过分离而产生电动势的现象[5]。光伏电池实际上就是一个大面积平面二极管，工作原理可以用单二极管等效电路来描述[6]。将光生电流 I_{ph} 看作一个恒流源，材料体电阻和 $P\text{-}N$ 结交界区载流子的负荷以及接触电阻等效为串联内阻 R_s，将边缘处的漏电流等效为并联内阻 R_{sh}，可以得到光伏电池单二极管等效电路[7]，如图 1 所示。当光照强度和环境温度一定时，太阳能光伏电池是一种非线性直流电源。

应用基尔霍夫定律，可得到光伏电池输出 $I\text{-}U$ 特性为

$$I = I_{ph} - I_d\left\{\exp\left[\frac{q(U + IR_s)}{AkT}\right] - 1\right\} - \frac{U + IR_s}{R_{sh}} \tag{1}$$

式中：I_{ph} 为光生电流；I_d 为二极管饱和电流；q 为电子电荷量，取 1.6×10^{-19} C；U 为光伏电池输出电压；R_{sh} 为等效并联电阻，为高阻值，数量级为 $k\Omega$；R_s 为串联等效电阻，为低阻值，小于 $1\ \Omega$；A 为二极管特性因子；k 为玻耳兹曼常数，取 1.38×10^{-23} J/K；T 为电池温度。

作者简介：郭健（1992—），男，助理工程师，主要从事新能源并网控制研究工作。

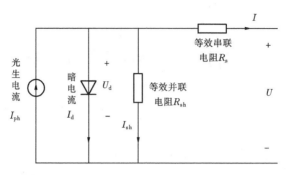

图 1   光伏电池内部等效电路

为使系统能输出较大功率的电能，采用由多个光伏电池经串并联组成的光伏阵列作为光伏电源。

可从生产厂商处得知光伏电池的短路电流 I_{sc}、开路电压 U_{oc}、最大功率点电流 I_m、最大功率点电压 U_m、最大功率 P_m，可得到光伏电池产生瞬时电流 I_{pv} 的工程计算方法[7]

$$I_{pv} = I_{sc}\left[1 - C_1\left(\exp\left(\frac{U_{pv}}{C_2 U_{oc}}\right) - 1\right)\right] \tag{2}$$

$$C_1 = \left(1 - \frac{I_m}{I_{sc}}\right)\exp\left(\frac{U_m}{C_2 U_{oc}}\right) \tag{3}$$

$$C_2 = \left(\frac{U_m}{U_{oc}} - 1\right)\bigg/\ln\left(1 - \frac{I_m}{I_{sc}}\right) \tag{4}$$

考虑到光照强度和温度变化所产生的影响，根据式（2）得

$$I_{pv} = I_{sc}\left[1 - C_1\left(\exp\left(\frac{U_{pv} - \Delta U}{C_2 U_{oc}}\right) - 1\right)\right] + \Delta I \tag{5}$$

$$\Delta I = \frac{\alpha G}{G_{ref}\Delta T} + \left(\frac{G}{G_{ref}} - 1\right)I_{sc} \tag{6}$$

$$\Delta U = -\beta\Delta T - R_s\Delta I \tag{7}$$

$$\Delta T = T - T_{ref} \tag{8}$$

式中：G、T 分别为实际瞬时太阳辐射强度和光伏电池温度；ΔI、ΔU、ΔT 分别为实际瞬时光伏电流、电压、温度与理想值的偏差修正；G_{ref}、T_{ref} 分别为太阳辐射和光伏电池温度参考值，分别取为 1 000 W/m² 及 28 ℃；α 为在参考日照下的电流变化温度系数，A/℃；β 为在参考日照下的电压变化温度系数，V/℃。

2.2   最大功率点

在 PSCAD/EMTDC 中，根据数学模型搭建光伏电池的仿真模块，通过改变光照强度和温度的参数，得到如图 2 和图 3 所示光伏电池的功率-电压（P-U）曲线。从图 2 和图 3 中可以看出，光伏电池的输出特性具有非线性的特点[8]。光照强度越高，光伏电池的输出功率越大，而温度升高时，光伏电池的输出功率则会下降。在一定的光照强度和环境温度下，光伏电池能够在不同的电压（电流）状态中工作，但是只有某一特定的电压（电流），使光伏电池的输出功率达到最大值，而这时光伏电池的工作点达到 P-U 曲线的最高点，即功率最大值[9]。

改变光照强度和温度参数，随着光伏电池的输出电压变化，输出特性如图 4 所示。图 4 中光伏输出特性曲线上任一点对应的横坐标（电压）与纵坐标（电流）的乘积所构成的矩形面积，即是在特定温度下光伏电池输出的功率，不同光照强度下光伏电池输出特性（I-U）如图 5 所示。

光伏电池输出存在一个输出功率最大的点，即最大功率点（maximum power point，MPP）[10]。若能根据实时光照强度和温度调整光伏电池，使其工作在最大出力状态，始终工作在最大功率点附近，可使光伏电池输出永远保持最佳功率，提高整体的发电效率，提升光伏发电的经济效益，称为最大功

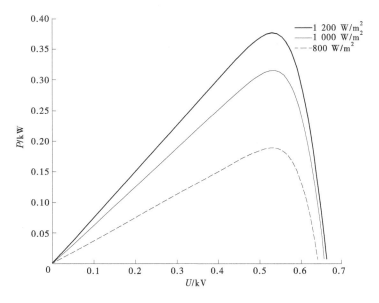

图2 光伏输出功率随光照强度的变化曲线

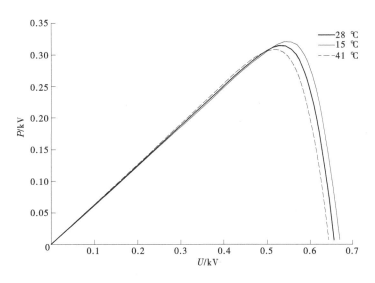

图3 光伏输出功率随温度的变化曲线

率点跟踪（maximum power point tracking，MPPT）[11-12]。

3 光伏系统的最大功率跟踪算法及实现方法

3.1 最大功率跟踪算法

　　光伏系统的最大功率跟踪是通过检测光伏电池在不同工作点下的输出功率，经过比较寻优，从而找到光伏电池在确定光照和温度条件下输出最大功率时对应的工作电压。由于跟踪准确性高，电导增量法具有良好的跟踪性能，原理如图6所示，实际中多采用电导增量法来实现MPPT控制[13-15]，其原理是利用最大功率点处输出功率对输出电压的微分为0，从而推导出其中的等式关系。

　　光伏电池瞬时输出功率为

$$P = UI \tag{9}$$

　　两边对 U 求导可得

$$\frac{\mathrm{d}P}{\mathrm{d}U} = I + U\frac{\mathrm{d}I}{\mathrm{d}U} \tag{10}$$

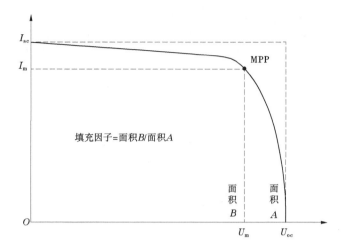

图 4　光伏电池输出特性曲线

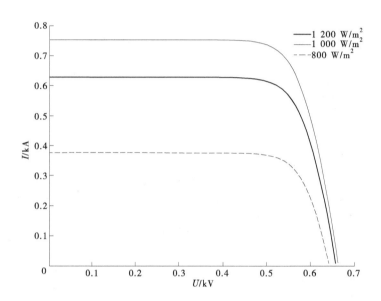

图 5　不同光照强度下光伏电池输出特性曲线

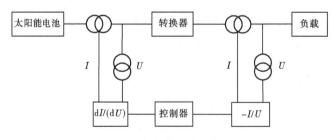

图 6　电导增量法示意图

当 $\dfrac{\mathrm{d}P}{\mathrm{d}U} = 0$ 时，电池工作在最大功率点；当 $\dfrac{\mathrm{d}P}{\mathrm{d}U} > 0$ 时，U 小于最大功率点电压；当 $\dfrac{\mathrm{d}P}{\mathrm{d}U} < 0$ 时，U 大于最大功率点电压。

因此可由式（10）演变为

$$\frac{\mathrm{d}I}{\mathrm{d}U} = -\frac{I}{U} \tag{11}$$

设 U、I 分别为光伏阵列的实时电压与电流，当 $\dfrac{\mathrm{d}I}{\mathrm{d}U} = -\dfrac{I}{U}$ 时，电池工作在最大功率点；当 $\dfrac{\mathrm{d}I}{\mathrm{d}U} > -\dfrac{I}{U}$ 时，U 小于最大功率点电压；当 $\dfrac{\mathrm{d}I}{\mathrm{d}U} < -\dfrac{I}{U}$ 时，U 大于最大功率点电压。从而可根据 $\dfrac{\mathrm{d}I}{\mathrm{d}U}$ 和 $-\dfrac{I}{U}$ 的关系来判断并调整光伏电池的工作电压，以实现最大功率跟踪。

$\mathrm{d}I$ 为扰动前后测量到的电流差值，$\mathrm{d}V$ 为扰动前后测量到的电压差值。因此，通过对光伏电池交流电导 $\mathrm{d}I/\mathrm{d}V$ 和直流电导 I/V 的比较，就可以决定下一次变化的方向，当两者满足式（11）要求时，已经达到最大功率点，不再进行下一次扰动。电导增量法流程如图 7 所示。

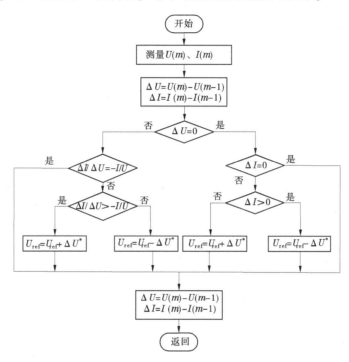

图 7　电导增量法流程图

3.2　最大功率跟踪实现方法

由于光伏电池的输出电压较低，低于电网电压的峰值，要将光伏电池输出的直流电经过 DC/DC 升压（boost）电路升压后再输出给逆变器，从而形成交流电并入电网[16]。采用的 MPPT 控制是通过前级 boost 电路，其结构如图 8 所示。

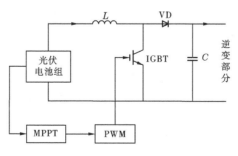

图 8　MPPT 控制实现结构

在搭建的模型中通过前级 boost 电路来实现 MPPT 控制，如图 9 所示。

光伏电池组输出的瞬时电压 U_{pv} 与电流 I_{pv} 送入 MPPT 控制模块后，得到工作于最大功率点处的工作电压 U_{mppt}，如图 10 所示。接着将 U_{mppt} 与光伏电池的瞬时电压 U_{pv} 进行比较，通过 PI 控制器来进行电压的闭环控制，输出脉冲宽度调制（pulse width modulation，PWM）驱动信号 g 来控制绝缘栅

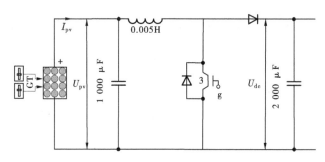

图 9　MPPT 控制的 boost 升压模块

双极型晶体管（insulated-gate bipolar transistor，IGBT）开关的开断，如图 11 所示。通过调整 boost 升压环节占空比，最终得到的光伏电池输出电压符合预期。

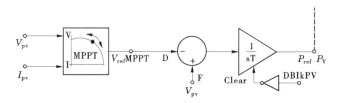

图 10　最大功率点跟踪模块

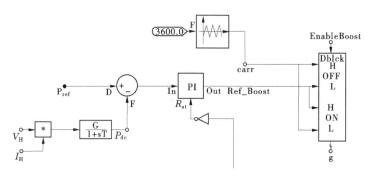

图 11　闭环控制模块

4　光伏并网逆变控制

4.1　三相光伏并网系统的结构

两级式三相光伏系统主要包含光伏电池、boost 电路、三相逆变器、LC 滤波器和电网。前级为直流升压，后级为并网逆变。前级电路中，逆变部分负责将直流转换成与电网同频同相的交流电，经隔离变压器并入中低压电网的公共连接点（PCC）。

4.2　基于旋转坐标系下的光伏并网逆变控制策略

光伏发电功率受温度和光照的影响使发电存在间歇性，不能对发电量进行控制，即光伏发电功率无法按负荷的功率来进行调节。因此，通常采用 PQ 控制策略使光伏发电功率恒为可输出的最大功率[17]。这样便不再需要光伏发电系统根据配电网中馈线电压或其他参数来进行发电功率的调整，以一个恒定的有功功率及无功功率在一个固定值附近输出。

PQ 控制由外环功率控制和内环电流控制两部分组成。经过派克变换，将 abc 三相的电气参数转换到 dqO 坐标系：

$$\begin{bmatrix} f_d \\ f_q \\ f_O \end{bmatrix} = \frac{2}{3} \begin{bmatrix} \cos\theta & \cos\left(\theta - \frac{2\pi}{3}\right) & \cos\left(\theta + \frac{2\pi}{3}\right) \\ \sin\theta & \sin\left(\theta - \frac{2\pi}{3}\right) & \sin\left(\theta + \frac{2\pi}{3}\right) \\ \frac{1}{2} & \frac{1}{2} & \frac{1}{2} \end{bmatrix} \begin{bmatrix} f_a \\ f_b \\ f_c \end{bmatrix} \tag{12}$$

令

$$T_{abc-dqO} = \begin{bmatrix} \cos\theta & \cos\left(\theta - \frac{2\pi}{3}\right) & \cos\left(\theta + \frac{2\pi}{3}\right) \\ \sin\theta & \sin\left(\theta - \frac{2\pi}{3}\right) & \sin\left(\theta + \frac{2\pi}{3}\right) \\ \frac{1}{2} & \frac{1}{2} & \frac{1}{2} \end{bmatrix} \tag{13}$$

则有

$$\begin{bmatrix} u_d \\ u_q \end{bmatrix} = T_{abc-dqO} \begin{bmatrix} u_a \\ u_b \\ u_c \end{bmatrix} = \begin{bmatrix} u_M \\ 0 \end{bmatrix} \tag{14}$$

旋转坐标系下，光伏系统电压变换为 $u_d = u_M$，$u_q = 0$。同理，可对光伏系统电流进行派克变换如下：

$$\begin{bmatrix} i_d \\ i_q \end{bmatrix} = T_{abc-dq} \begin{bmatrix} i_a \\ i_b \\ i_c \end{bmatrix} \tag{15}$$

此时功率可表示为

$$\begin{cases} P = u_d i_d \\ Q = -u_d i_q \end{cases} \tag{16}$$

将式（15）中计算得到的 d、q 轴参考电流值作为电流环的输入，这样便可利用对电流的控制来实现对功率的控制，d 轴电流控制有功功率，q 轴电流控制无功功率。

为实现电流的独立解耦控制，就必须消除耦合电压 $i_L \omega L$ 及电网电压 u 对 d、q 轴电流的影响，因此引入电流状态反馈和电网电压前馈补偿，以实现电流的独立解耦控制，原理如图 12 所示。i_{Ld} 和 i_{Lq} 是换算至 d、q 轴的电网实际电感电流，L 为滤波电感。

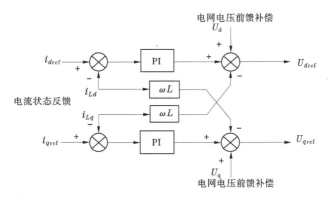

图 12　电流环控制

其中，PI 控制器可根据差量对电流大小进行调节，使得电流控制误差为 0，从而保证输出电压可实时跟随电网电压。输出的 d、q 轴电压在反变换后得到正弦调制信号，经由正弦 SPWM（sinusoida

PWM，SPWM）来控制三相逆变器的开断，从而使光伏系统的直流电变为和电网同频同相的三相交流电，最后并入电网。

光伏系统 PQ 控制结构如图 13 所示。输出电压、输出电流依次经过了派克变换、双环控制、派克逆变换、SPWM 环节，最后作用于逆变器可控开关。

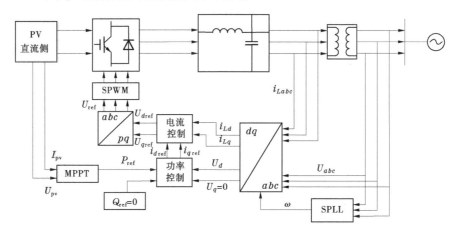

图 13　光伏系统 PQ（双环）控制结构

由于光伏发电系统的最大输出功率取决于其实时的光照强度和温度，而无法任意设定，因此将控制环的输入 P_{ref} 设置为光伏系统经 MPPT 控制后的最大输出功率，而实际中电网一般不需要光伏电站来参与调节无功，因此光伏系统可只输送有功功率。

5　仿真分析与结果分析

5.1　PSCAD 系统建模

本文在 PSCAD\EMTDC 环境下搭建系统仿真模型。光伏阵列的输出功率受光照强度和温度影响，本次仿真模型设置光照强度 1 200 W/m²，温度 25 ℃；boost 电感 $L_1 = 100$ μH，直流母线电容 $C_1 = 1$ 000 μF，逆变桥输出滤波电感 $L_2 = 100$ μH，滤波电容 $C_2 = 3$ 900 μF。阵列输出经升压逆变后与 400 V、50 Hz 交流电网并网，图 14 为在 PSCAD 中搭建的光伏并网系统。

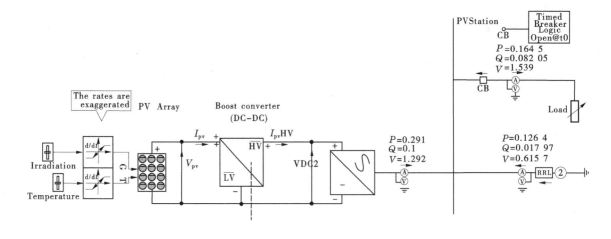

图 14　光伏并网系统模型

5.2　仿真结果与分析

在不改变光照强度温度的情况下，光伏发电系统有功功率动态特性如图 15、图 16 所示。其光伏阵列为输出功率 300 kW，并网逆变器输出电压为 480 V。当负载在 3.5 s 时连接到系统，系统的动态如图 15 所示。负载连接到公共母线时，光伏系统逆变器输出功率 P_{VSC} 保持不变，但电网功率 P_{grid} 随负载 P_{load} 升高而降低。

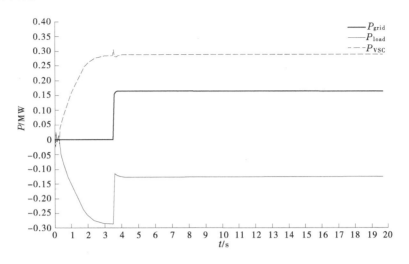

图 15　负载以 3.5 s 的速度连接时系统的动态

在 7.0 s 时，光照强度从 1 200 W/m² 降至 800 W/m²，温度不变，光伏电池输出直流电流 I_{pv} 和电压 V_{pv} 降低，MPPT 的参考功率降低。随着光照强度降低，光伏系统逆变器功率 P_{VSC} 降低。由于光伏发电系统输出功率与光照强度成正比，同时光照强度的变化会引起光伏发电系统输出功率的剧烈变化。光伏发电系统剧烈变化的情况下，其输出功率可以快速跟踪相应光照强度下的最大功率，从而验证了 MPPT 控制的正确性，如图 16 所示。

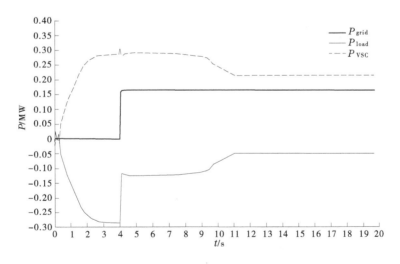

图 16　光照强度降低时系统的动态变化

6　结语

本文分析了太阳光照强度及环境温度变化的光伏阵列数学模型及基于电导增量法的 MPPT 算法。对基于该数学模型和 MPPT 算法，在 PSCAD 中光伏阵列和 MPPT 控制器通用仿真模型，利用该通用模型搭建并网光伏发电系统仿真模型，证明了所建模型及 MPPT 控制器模型能准确反映其物理特性与功能。最后，设置了负载投入，考虑光照强度对并网功率的影响，分析了变光照强度下的光伏发电系统功率动态特性，证明了光伏发电系统并网逆变器控制策略的准确性和有效性，可用于光伏并网及其接入系统运行特性的仿真研究。

参考文献

［1］韩晓平．对于"十四五"电力规划的若干思考［J］．中国电力企业管理，2020（13）：32-35.

［2］陈国平，董昱，梁志峰．能源转型中的中国特色新能源高质量发展分析与思考［J］．中国电机工程学报，2020，40（17）：5493-5506.

［3］刘振亚．中国电力与能源［M］．北京：中国电力出版社，2012.

［4］孙自勇，宇航，严干贵，等．基于 PSCAD 的光伏阵列和 MPPT 控制器的仿真模型［J］．电力系统保护与控制，2009，37（19）：61-64.

［5］乔月竹，韩学军，王大伟．光伏电池建模及 MPPT 仿真研究［J］．黑龙江电力，2014，36（1）：30-34.

［6］王琪，马小三，李海英．基于 PSCAD 的改进后的光伏电池仿真研究［J］．高压电器，2012，48（4）：13-17.

［7］杨秀，杨菲，宗翔，等．基于 PSCAD/EMTDC 的三相光伏并网系统的建模与仿真［J］．上海电力学院学报，2011，27（5）：490-494.

［8］秦鸣泓，杨胜云，常湧．基于 PSCAD/EMTDC 的光伏并网系统建模与仿真［J］．分布式能源，2019，4（4）：10-16.

［9］邢文静．光伏供电系统最大功率点跟踪控制算法研究［D］．石河子：石河子大学，2017.

［10］夏一峰，许健伟，朱金荣．基于改进型变步长电导增量法的光伏最大功率跟踪控制［J］．电气技术，2019，20（3）：18-23.

［11］邢广成，陈芳．太阳能光伏电池建模及仿真研究［J］．电气技术，2019，39（2）：27-29.

［12］张桦，谢开贵．基于 pscad 的光伏电站仿真与分析［J］．电网技术，2014（7）：1848-1852.

［13］卢超．一种改进型电导增量法 MPPT 控制策略仿真研究［J］．信息技术，2019（3）：111-115.

［14］杨斌，闫忠鹏．基于扰动观察法及电导增量法的光伏 MPPT 控制研究［J］．喀什大学学报，2021，42（6）：40-46.

［15］李禹生，李伟令，李晓辉，等．基于 PSCAD 的太阳能电池模型与 MPPT 算法的仿真与实现［J］．电气应用，2019，38（10）：17-21.

［16］杨文杰．光伏发电并网与微网运行控制仿真研究［D］．成都：西南交通大学，2010.

［17］潘惠琴．光伏发电 PQ 控制策略研究［J］．电子世界，2018（21）：52，54.

浅议水生态文明建设对"双碳"的促进作用

施　晔[1,2]　代晓炫[1,2]

(1. 中水珠江规划勘测设计有限公司，广东广州　510610；
2. 珠江水利委员会水生态工程中心，广东广州　510610)

摘　要："双碳"政策的颁布实施对各行各业乃至民众生活均提出了绿色低碳的要求；水生态文明是水利部落实贯彻党的十八大精神，对水利行业发展提出的要求。本文从水生态修复的碳汇效应、水资源管理及水文化宣传的碳减排效应等方面探讨了水生态文明对"双碳"的促进作用，同时对水利行业的低碳转型提出了展望。

关键词：水生态文明；双碳；碳汇

1　引言

为提高中国对全球应对气候变化进程的贡献能力，在全球能源绿色低碳转型的基本框架下实现我国产业转型，解决我国资源环境约束突出问题，以习近平同志为核心的党中央高瞻远瞩，作出了碳达峰、碳中和的重大战略部署，明确必须坚定不移走生态优先、绿色低碳的高质量发展道路，在2030年前实现碳达峰、2060年前实现碳中和的目标。其中，碳达峰是指二氧化碳排放量达到峰值并实现稳中有降；碳中和是指直接或间接产生的二氧化碳与通过植物碳汇等方式吸收的二氧化碳相互抵消，实现二氧化碳"零排放"。

为深入贯彻落实碳达峰、碳中和的重大战略决策，扎实推进碳达峰行动，国务院于2021年10月印发了《2030年前碳达峰行动方案的通知》(国发〔2021〕23号)，提出通过实施能源绿色低碳转型行动、节能降碳增效行动等十大行动，促进碳达峰。"双碳"对水利行业的要求可从水资源、水工程、水生态、水理念四个方面展开，分别为节水增效，水电开发、抽水蓄能，修复水生态环境、提高固碳能力，落实水规划创新和配套管理理念[1]。

党的十八大明确提出了构建社会主义和谐社会、加快生态文明建设，形成经济、政治、文化、社会、生态文明"五位一体"的中国特色社会主义事业总体布局。水是生命之源、生产之要、生态之基。水生态文明建设是生态文明的重要组成部分和基础内容。加快推进水生态文明建设，是促进人水和谐、推动生态文明建设的重要实践，是建设美丽中国的重要基础和支撑。水生态文明是指遵循人水和谐理念，以实现水资源可持续利用，支撑经济社会和谐发展，保障生态系统良性循环为主体的人水和谐伦理形态，是生态文明建设的重要部分和基础内容，也是水利部落实贯彻党的十八大精神，对水利行业建设提出的要求。本文将探究水生态文明建设对"双碳"目标的达成可发挥的作用。

2　水生态文明建设的内容体系

为深入贯彻落实党的十八大关于加强生态文明建设的重要精神，2013年1月，水利部印发了《水利部关于加快推进水生态文明建设工作的意见》(水资源〔2013〕1号)，提出将生态文明理念融入到水资源开发、利用、配置、节约、保护以及水害防治的各方面和水利规划、建设、管理的各环节，加快推进水生态文明建设。

作者简介：施晔(1986—)，男，高级工程师，主要从事涉水综合规划技术咨询工作。

参考水利部 2016 年 4 月 11 日最新发布的《水生态文明城市建设评价导则》（简称《导则》），水生态文明的建设任务主要包含：①建立最严格的水资源管理体系；②建设安全的防洪排涝体系；③建立合理的水资源优化配置与高效利用体系；④建设有效的水资源保护与健康的水生态体系；⑤构建优美的水景观与特色的水文化体系。其中，每一项建设任务下，又包含若干建设内容，具体见表 1。

表 1   水生态文明建设内容体系

序号	建设体系	具体建设内容
1	建立最严格的水资源管理体系	落实最严格的水资源管理制度，严格控制用水总量、用水效率和纳污总量；加强水资源管理能力建设，建立水资源管理目标责任与考核机制
2	建设安全的防洪排涝体系	制定防洪排涝标准，加强防洪体系建设；完善城区排涝体系，增强排涝能力；强化防洪排涝非工程建设
3	建立合理的水资源优化配置与高效利用体系	推行节水型社会建设，进一步完善水资源配置措施；推进城乡供水一体化；促进非常规水资源开发利用，建设中水回用示范工程；推广节水技术，开展节水创优活动
4	建设有效的水资源保护与健康的水生态体系	加强水土保持与上游水源涵养保护，提高森林覆盖率；加强水源地保护工作；推进城镇污水处理设施建设及农村水环境综合整治工作，削减入河污染负荷；实施河流水环境综合整治及生态修复工程
5	构建优美的水景观与特色的水文化体系	打造特色水景观节点；加强水生态文明理念的宣传与教育，使生态文明理念深入人心

3   与"双碳"相关的水生态文明建设内容识别

碳循环是地球系统中生命体与非生命体之间最重要的物质循环之一，对全球气候变化和人类生存发展具有根本性的意义[2]。大气中的二氧化碳经光合作用以有机碳的形式固定在可光合作用的植物中，随着食物链进入动物体内（一部分进入细菌等生物体中），一部分碳会随着呼吸、分解作用再回到大气层，另一部分碳以矿物燃料的形式储存在地壳中。在地球漫长的演化过程中，自然界的碳循环达到了一种相对的平衡，即生产者、消费者、分解者之间的数量关系达到了平衡。但工业革命以来，由于人类的生产生活需要大量消耗矿物燃料，使排放进入大气层的二氧化碳每年递增，这样就破坏了自然界原有的平衡[3]。

物质守恒，碳在地球大气圈内的总量是不变的，"双碳"要削减的是大气中的碳。"双碳"实现的路径复杂多样，涉及能源转型、产业转型、经济手段等，关键在于减少碳排、增加碳汇。

"双碳"的实现主要靠增加植物资源作为碳汇、减少单位生产生活过程中的能源消耗、提升全民对"低碳"的文化自觉。通过对水生态文明措施体系的初步分析，与"双碳"目标有直接联系的建设内容为：水生态修复体系中的水源涵养能力建设、滨水岸线生态修复、湿地保育；水资源管理体系中的用水总量管理、节约用水；水文化中的宣传教育。下面将对水生态文明建设的"双碳"促进作用做简要分析探讨。

4 水生态文明建设促"双碳"效应分析

4.1 水生态修复的碳汇效应

4.1.1 水源涵养能力建设

水源涵养能力建设包含了水土保持及水源涵养林建设等。其中，水土保持主要包含崩岗治理、矿迹地综合修复等措施，依托治坡治沟工程、造林种草等手段，减少水力冲刷导致的表层土壤流失。水源涵养林建设，主要包括封山育林、套种补植、林相改变等措施，目前在南方湿润地区正大力推广森林碳汇工程。

森林生态系统在碳循环中起着非常重要的作用，它是吸收大气中二氧化碳的一个重要碳汇途径。全球森林面积为 41.61 亿 hm^2，森林的生物量、林产品、森林土壤等几个方面与森林生态系统在碳循环中的作用有密切关系，具有决定性作用[4]。基于植物生物量中各组分的计算，可初略估计森林生态系统的生物量中将近一半是碳素含量，即含碳量为 45%~50%[5]。水源涵养能力的建设，进一步促进了森林植物资源的丰富，提高了其林木质量，进而提高了我国的碳汇能力。

4.1.2 滨水岸线生态修复

滨水岸线生态修复是指对护岸形式进行改造，通过在滨岸带种植湿生及浅水水生植物、构建生物栖息的居所、尽量采用缓坡土质护岸形式等措施，人工构建仿自然的滨水岸线，以促进水岸物质能量交换，为生物栖息与迁徙提供廊道空间。

滨水岸线生态修复将增加岸线的植被生物量，根据研究，目前常用的大型水生植物如睡莲、芦竹、再力花等，其生长 6 个月后的茎叶含碳率能达到 28%~40%，且挺水植物最高，沉水植物次之，漂浮植物最低。与乔木、草本植物相比，大型水生植物的含碳率最低，这是因为其光照条件差、光合作用较低[6]。

此外，滨水岸线生态修复还可削减一部分入河营养物，通过"0 能耗"的方式，改善区域河湖水质。因此，整体而言，滨水岸线生态修复不仅可以增加区域的碳汇储量，同时可为水环境治理提供一项"低碳节能"的举措。

4.1.3 湿地保育

为强化水生态敏感点的生态保护，湿地保育成为水生态文明建设的重要举措之一。固碳是湿地重要的生态系统服务功能之一，湿地借助于湿地植被和湿地土壤发挥固碳的作用，湿地是地球上重要的碳库之一。由于湿地的环境特点，湿地在植物生长、促淤造陆等生态过程中积累了大量的无机碳和有机碳。加上湿地土壤水分过饱和的状态，具有厌氧的生态特性，土壤微生物以嫌气菌类为主，微生物活动相对较弱，所以碳每年大量堆积而得不到充分的分解，逐年累月形成了富含有机质的湿地土壤[7]。通过水生态文明建设，可强化湿地保护工作，同时从水力基础条件、水文情势等方面为湿地保护提供支撑。

4.2 水资源管理的碳减排效应

水资源管理的重要考核指标为最严格水资源管理，包含用水总量管理、用水效率管理，同时也列入了节水约束性指标。通过用水总量与用水效率的考核，可倒逼区域进行产业转型升级，转换粗放的发展模式，主动谋求绿色低碳的发展模式。

同时，由于在加强水资源管理建设的过程中，不断压减单位生产的供用水量，则减少了供水所发生的原水引调、自来水制水、管网供水所产生的能耗，且减少了污水厂在处理污水过程中所产生的能耗，进一步减少了碳排放。

4.3 水文化建设的碳减排效应

水生态文明建设离不开所有民众的主动参与，其中一项重要建设内容为：加强水生态文明理念的宣传与教育，使水生态文明理念深入人心。在该项文化建设中，将逐步引导民众们爱水、节水，同时建立人与自然和谐相处的观念，在生活中处处自发地减少生产生活对自然环境的负面影响。而通过生态文明理念的宣传普及，人民大众也更容易接受"低碳"文化，在人们的文化生活及生产实践中实现低碳消费、低碳排放的意识和行为；在涉及物质能源消费的活动中，能以提倡生态文明的目标进行低碳排放和低能源消耗。因此，水生态文明中的水文化建设对低碳的推行可起到积极促进作用。

5 结论与展望

通过水生态文明建设，可改善区域的林草及湿地资源质量，提高碳汇能力；同时通过水资源管理，可进一步促进节水减排；水生态文明的推进也可倡导人民群众选择绿色低碳的生产生活方式。本文只对与"双碳"目标直接相关的水生态文明建设措施做了碳汇与碳减排效应分析；实际上，水生态文明的总目标是在与水利相关的行业树立人与自然和谐的发展观，从根本上是将粗放的对水资源取用模式，改为尊重自然、顺应自然的发展模式，因此与"双碳"的建设目标是一致的。

除上述分析的内容外，水利行业还可通过以下措施践行"双碳"要求：合理有序推进水电工程建设、发展抽水蓄能等，推动能源的清洁化；在水利工程建设中采用低碳建筑材料，在建设、运营过程中优选低能耗的设备，减少工程生命周期的碳排放；在经济效益比选中，纳入生命周期"碳效应"指标，推广生态水利工程。在生态文明的理念下，水利行业可通过全方位的协作，积极落实相应"双碳"目标，为"碳达峰、碳中和"作出贡献。

参考文献

[1] 左其亭，邱曦，钟涛. "双碳"目标下我国水利发展新征程 [J]. 中国水利，2021，22：29-33.

[2] 袁道先. 地球系统的碳循环和资源环境效应 [J]. 第四纪研究，2001，21 (3)：223-232.

[3] 王效科，冯宗炜. 中国森林生态系统中植物固定大气碳的潜力 [J]. 生态学杂志，2000，19 (4)：72-74.

[4] 董文富，关东生. 森林生态系统在碳循环中的作用 [J]. 重庆环境科学，2002，24 (3)：25-27.

[5] 吴颖. 碳达峰与碳中和视角下森林生态与碳循环关系探讨 [J]. 林业建设，2021，10 (5)：34-37.

[6] 陈苗，张才学，孙省利. 十一种大型水生植物固碳能力研究 [J]. 南方农业，2018，12 (13)：14-17.

[7] 段晓男，王效科，逯非. 中国湿地生态系统固碳现状和潜力 [J]. 生态学报，2008，28 (2)：463-469.

浙江省典型县域分质供水体系碳减排效应评估

傅　雷[1]　桂子涵[1]　王士武[1]　陈　钰[1,2]

（1. 浙江省水利河口研究院（浙江省海洋规划设计研究院），浙江杭州　310020；
2. 河海大学，江苏南京　210098）

摘　要： 水资源短缺和污染是公认的世界性难题。在我国经济发达、人口集中、水资源不足的地区，水的供需矛盾尤为突出。我国的碳排放问题同样面临机遇和挑战，能源结构单一化和碳减排技术水平的差异化，使得我国各地区、各行业的碳排放强度在时间和空间上存在很大差异。"高效节水－节能减碳"已成为 21 世纪第三个 10 年中我国水资源利用和管理过程的重要课题。本文选择浙江省义乌市作为我国南方典型缺水型县市的代表，开展义乌市分质供水体系碳减排效应评估，综合评价其"节水－减碳"的双重功效，为我国缺水地区的分质供水和节能减排提供一种思路。

关键词： 水资源利用；分质供水；高效节水；能源消耗；碳减排评估

1　研究背景和意义

水作为一种可以循环利用的资源，一直伴随着人类社会工业现代化的飞速发展。时至今日，水资源短缺和污染已逐渐成为世界性难题[1-3]。据国际水协会统计，目前全世界有 11 亿人缺乏安全饮水，25 亿人缺少用水卫生设施，每年有 500 万人死于与水有关的疾病。预计到 2025 年，世界上将有近 2/3 人口生活在不同程度的缺水地区[4-5]。

我国河川多年平均径流量为 2.62×10^5 亿 m^3，相当于全球年径流量的 5.6%，居世界第 6 位，但人均占有量只有 2 392 m^3/（人·a），相当于世界人均占有量 10 800 m^3/（人·a）的 22%，是美国的 1/5、加拿大的 1/50，居世界第 110 位，被联合国列入世界 12 个贫水国家名单[1,5-7]。据统计，2020 年，我国 666 个城市中，有 330 个不同程度缺水，其中严重缺水的达 108 个；在 32 个百万人口以上的特大城市中，有 30 个城市长期受缺水的困扰。值得注意的是，在我国经济比较发达、人口比较集中的地区，特别是水资源短缺地区的城市，水的供需矛盾尤为突出。由于供水不足，我国工业每年的经济损失达 2 300 亿元；缺水亦同时给城市居民生活造成许多困难和不便，成为城市社会生活的隐忧[8-11]。

我国的碳排放问题同样面临机遇和挑战。统计数据显示，2020 年我国碳排放量占全球的比例为 22.9%，是全球碳排放量最大的国家[12-15]。能源结构单一化和碳减排技术水平的差异化，使得我国各地区及各行业的碳排放强度在时间和空间上存在很大差异。从水资源管理和配置的角度来说，我国广泛存在的分质供水体系，既从水源供给和利用两方面极大地缓解了缺水地区的水资源紧张问题，又从能源消耗和碳减排方面极大地促进了我国"双碳"阶段性目标的实现[14-17]。"高效节水－节能减碳"已成为 21 世纪第三个 10 年中我国水资源利用和管理过程的重要课题，本文以浙江省义乌市作为我国南方典型缺水型县市，开展义乌市分质供水体系碳减排效应评估，综合评价其"节水－减碳"的双重功效。

基金项目： 浙江省基础公益研究计划项目（LGF22E090007）；浙江省软科学项目（2022C35022）；水利部技术示范项目（SF-202212）；浙江省水利科技计划项目（RB2107，RC2139）。

作者简介： 傅雷（1984—），男，高级工程师，主要从事水资源水环境研究工作。

2 区域概况

义乌是浙江省辖县级市,由金华市代管,位于浙江省中部,地处金衢盆地东部,市境东、南、北三面群山环抱,南北长 58.15 km,东西宽 44.41 km,面积 1 105.46 km²,如图 1 所示。根据第七次人口普查数据,2020 年,义乌常住人口已突破 185 万。然而,义乌人均水资源量仅为 433 m³,不足浙江省平均水平的 1/4。从水资源角度而言,义乌市现状水资源只能基本支撑 150 万人口级别的城市发展规模,水资源保障能力与城市发展极不匹配。义乌市与各相邻县(市、区)水资源开发利用率对比如图 2 所示。为此,义乌在近 10 年大力推进分质供水体系的建设,从"开源"和"节流"两个层面打开了节水新局面。

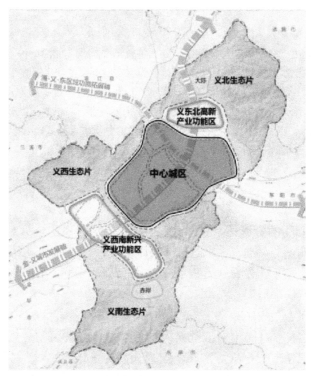

图 1 义乌市区位图

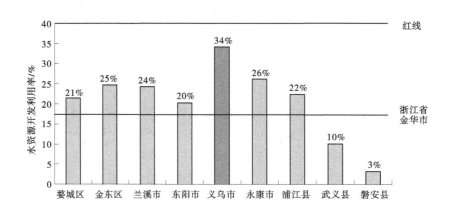

图 2 义乌市与各相邻县(市、区)水资源开发利用率对比

限于自然地理因素,随着义乌社会经济的快速发展,缺水是必然的。目前,义乌区域内地表水开

发利用已接近上限，且已不具备新建水库的条件，域内主要水库也已扩容完成。东阳和浦江的域外引水在未来也很难满足义乌发展的需要。从义乌市的整体发展角度来看，在其全域实施分质供水显然意义重大，在社会经济与生态环境两方面均有极其重要的潜在价值。分质供水的实施，可以大大减少水处理工序，从而大量节省水资源的开发、利用和管理方面的成本，减少能耗；其次，排放的废水经过不太复杂的处理，就又可以循环利用，这样也可以减少取用天然水，节约水资源和能源的整体消耗。不论是从"节水"还是从"减碳"角度而言，分质供水体系的建设和应用对义乌市均有十分显著的社会效益和经济效益。

3 义乌市分质供水模式的选择及碳减排效应解析

分质供水是时代发展的产物，对于满足人们日益增长的水质需求、合理优化配置和利用水资源具有重要的作用。分质供水体系的建设对于水质型缺水状况严峻、人均水资源量极低的义乌市具有重要意义。分质供水因供水对象的不同，可以有针对性地设定供水水质，从而避免出现"优水劣用"；此外，不同的水质处理等级需求，在处理工艺和运输环节上会形成可观的"节能减碳"效应。

国内外的分质供水系统有着较大差别。发达国家城市供水管网建设完善，以利用优良水源、全面提高供水水质为主导思想，一般采用双管网系统进行分质供水。由于水源水质情况复杂、输配水管网建设尚不完善、分质供水技术水平有限等种种原因，国内的分质供水模式目前还无法达到全面提高供水水质的要求。由于不同城市的水源和用水情况不同，因此城市间的供水模式也有较大差别。本文通过对国内外分质供水模式的研究，总结了以下四种目前被广泛应用的分质供水模式，如图3所示。

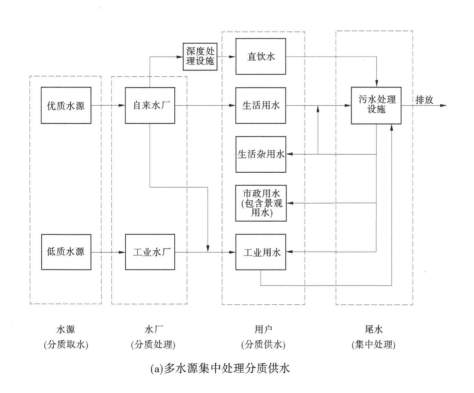

(a)多水源集中处理分质供水

图3　义乌市与各相邻县（市、区）水资源开发利用率对比图

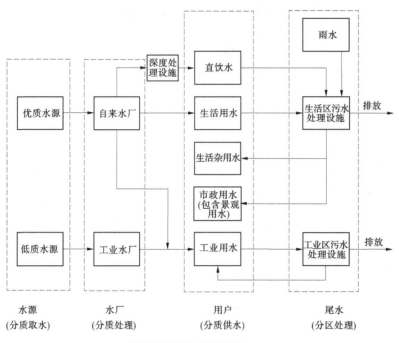

(b)多水源分散处理分质供水

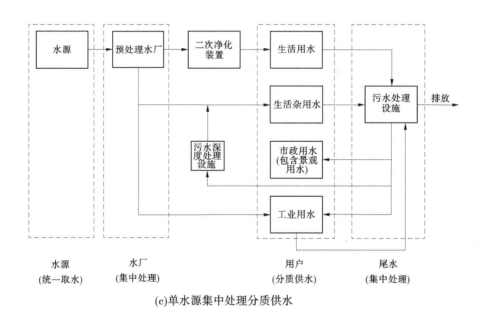

(c)单水源集中处理分质供水

续图 3

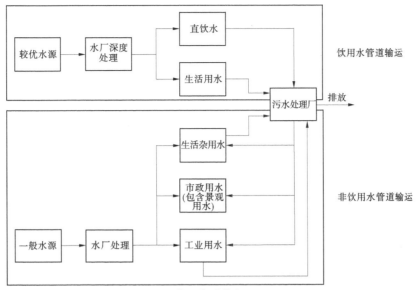

(d)双管网分质供水

续图 3

（1）多水源集中处理分质供水模式：适用于水源多，原水水质情况复杂，工业用水比重大，用水相对集中，水质型缺水情况较为严重的地区。新加坡、中国嘉兴市、太原市等均采用了该模式进行分质供水。其不足之处在于部分城市在重新敷设再生水管道时存在投资建设费用高、工程量巨大等问题。此外，还可能存在污水处理厂离用水点较远，输配过程复杂、水质难以保障的问题。

（2）多水源分散处理分质供水模式：适用于水源多，原水水质情况复杂，工业用水比重大，用水相对集中，生活区工业区分区明显，水质型缺水情况较为严重的地区。我国包头市、宁波市、天津市、常州市等均采用该模式进行分质供水。其不足之处在于该模式与城市的发展现状紧密相关，管网建设投资大。

（3）单水源集中处理分质供水模式：适用于水源单一或可持续大量供水水源少（地下水量不足），资源型缺水较为严重的地区。我国部分北方城市（如济南市等）采用该模式进行分质供水。其不足之处在于一次性建设投资大，管道铺设复杂，会产生管道错接和误用的风险。

（4）双管网分质供水模式：以可饮用水系统作为城市主体供水系统，而另设管网系统将低质水、回用水或海水供冲洗卫生洁具、清洗车辆、园林绿化、浇洒道路及部分工业用水（如冷却水），美国、加拿大、日本等国家采用该模式进行分质供水。其不足之处在于局部或区域性的限制，仅适用于双管网系统建设较为完善，对饮用水有较高需求，且水源充足，管网水质可以得到充分保障的地区。

从义乌市的实际情况出发，目前以提高饮用水水质为主要目的的城市整体分质供水不符合义乌市的现状需求，且能耗较高，碳减排效果并不显著。而从能耗和碳排放的角度而言，基于与经济和社会持续发展的要求相匹配的原则，且与我国"双碳目标"相适应，达到分质供水的战略目的，义乌市目前的分质供水体系主要沿用多水源集中处理分质供水的模式开展建设。

4　义乌市分质供水碳减排效果评估

截至 2020 年年底，义乌有 4 个中水生产点，其中 2 个已开展多年的分质供水工作，即义驾山生态水厂和稠江生态水厂。义驾山生态水厂从义乌江取水，经过深度处理加工后输出中水。经过水厂实测，义驾山生态水厂输出的中水，在臭、味、浑浊度等方面与自来水略有差异。而坐落于中心污水厂隔壁的稠江工业水厂，其水源来自于中心污水厂深度处理后的达标尾水，尾水处理后成为中水。

目前，义乌市居民生活饮用水水质标准参照《生活饮用水卫生标准》（GB 5749—2006），其水质要求较高；而现状义乌市分质供水水厂的出水标准，则参照义乌市水务集团企业《分质供水标准》（Q/0001）执行，两者之间在生化需氧量、铁离子、锰离子、余氯、臭氧、大肠杆菌等指标的标准值（最大值）上存在一定差异。显然，义乌市现行的以义驾山生态水厂和稠江工业水厂为主的分质供水水源，并不适用于替代城镇居民的饮用水。

参考 2020 年度和 2021 年度的《金华市水资源公报》，义乌市 2020 年和 2021 年工业、农业、生活用水量分别为：2020 年，工业用水量 0.960 6 亿 m^3，农业用水量 0.515 3 亿 m^3，生态与环境用水量 0.173 8 亿 m^3；2021 年，工业用水量 0.711 9 亿 m^3，农业用水量 0.512 3 亿 m^3，生态与环境用水量 0.131 9 亿 m^3。显然，在义乌市分质供水体系逐渐完善的背景下，义乌市的工业和农业用水量呈逐年下降态势，亦由此带来了较为显著的碳减排效应。

本文对义乌市分质供水体系支撑下的节能效应和碳减排当量进行计算，是基于美国"USA Greenhouse Gas Reporting Program"中对全美 55 类共 8 442 家企业的温室气体（主要为 CO_2 和 CH_4）统计数据，并结合义乌市水务集团统计的义乌市 2015—2020 年全市取用水能耗数据，对义乌市 2020 年和 2021 年的取用水能源消耗和碳减排效益进行统计计算。由表 1 可知，2020—2021 年，义乌市实施分质供水，共节约工业用水 0.248 7 亿 m^3，农业用水 0.003 亿 m^3，生态与环境用水 0.041 9 亿 m^3。总计降低全市能源消耗约 13 万 kW·h，累积降低碳排放约 3.6 万 t。

表 1　义乌市 2020—2021 年分质供水体系节水-减排总量统计计算表

类型	节水量/亿 m^3	节能效应/（GW·h）	碳减排当量/t
工业	0.248 7	113 374.3	30 837.8
农业	0.003 0	164.0	44.6
生态	0.041 9	19 739.6	5 369.2
合计	0.293 6	133 277.9	36 251.6

5　结论与展望

义乌是一个典型的资源型缺水和水质型缺水并存城市。为解决义乌市当前和长远水资源紧缺问题，保障义乌市国际贸易综合改革试点的顺利推进，在强化节水、高耗水淘汰的前提下，义乌市采用了多水源集中处理分质供水模式，综合采用优质水源（如河道水、水库水、域外引水）及分质供水水源（如工业水厂供水），并针对不同对象，居民生活用水宜选用优质水源，工业企业用水两者兼顾，市政用水等则宜采用分质供水中的中水水源，实现义乌市全域范围内的高效分质供水模式。

2020—2021 年，义乌通过分质供水工作的开展，将优质水源用于生活饮用水，将分质水用于工业企业生产、冲厕、市政道路绿化浇洒等用途，从而置换出更多优质水资源保障居民生活，累积节约优质水资源 2 936 万 m^3，节能超 13 万 MkW·h，碳减排当量超 3.6 万 t。预计到 2030 年，义乌市将实现分质供水体系产生的优质水资源置换量将达到 1 亿 t 以上，实现显著的"节水-减碳"效应。

参考文献

[1] Szinai J K, Deshmukh R, Kammen D M, et al. Evaluating cross-sectoral impacts of climate change and adaptations on the energy-water nexus：a framework and California case study［J］. Environmental Research Letters, 2020, 15（12）.

[2] Jing-Li F, Qin-Ying S, Xian Z, et al. A bibliometric analysis of research on the energy-water nexus from 1963 to 2016 based on SCI-E/SSCI databases［J］. Int. J. of Global Energy Issues, 2018, 41（5-6）.

[3] M. A, T. M. Energy supply, its demand and security issues for developed and emerging economies［J］. Renewable and Sustainable Energy Reviews, 2005, 11（7）.

[4] Margaret A. Gender and climate change in Australia［J］. Journal of Sociology, 2011, 47（1）.

［5］汪恕诚.中国水资源安全问题及对策［J］.电网与清洁能源，2010，26（9）：1-3.

［6］鲍淑君，贾仰文，高学睿，等.水资源与能源纽带关系国际动态及启示［J］.中国水利，2015（11）：6-9.

［7］牛超蓝.中国能源生产与水资源关系研究［D］.兰州：兰州大学，2017.

［8］Josep Vives-Rego，Serge Caschetto，Jordi Faraudo，等.能源和水资源需求持续增长的管理选择：仅从技术科学的角度可以解决该问题吗？［J］.AMBIO-人类环境杂志，2008，37（2）：128-130.

［9］Charter M，Tischner U. Sustainable Solutions：Developing Products and Services for the Future［M］. Taylor and Francis，2017.

［10］Oh X B，Mohammad R N E，Liew P Y，et al. Design of integrated energy-water systems using Pinch Analysis：A nexus study of energy-water-carbon emissions［J］. Journal of Cleaner Production，2021，322.

［11］Qian X，Yu-xiang D，Ren Y，et al. Temporal and spatial differences in carbon emissions in the Pearl River Delta based on multi-resolution emission inventory modeling［J］. Journal of Cleaner Production，2019，214.

［12］林姚宇，吴佳明.低碳城市的国际实践解析［J］.国际城市规划，2010，25（1）：121-124.

［13］Xu X，Huo H，Liu J，et al. Patterns of CO_2 emissions in 18 central Chinese cities from 2000 to 2014［J］. Journal of Cleaner Production，2018，172：529-540.

［14］Ahmad S，Baiocchi G，Creutzig F. CO_2 Emissions from Direct Energy Use of Urban Households in India.［J］. Environmental science & technology，2015，49（19）.

［15］Kan H，Chen B，Hong C. Health impact of outdoor air pollution in China：current knowledge and future research needs.［J］. Environmental health perspectives，2009，117（5）.

［16］施斯，金丰军，卢海新.极端气候条件下海岛城市灾害与防御对策分析——厦门市2013年城市内涝引发的思考与研究：创新驱动发展 提高气象灾害防御能力［C］//第30届中国气象学会年会.南京，2013.

［17］Gu A，Teng F，Lv Z. Exploring the nexus between water saving and energy conservation：Insights from industry sector during the 12th Five-Year Plan period in China［J］. Renewable and Sustainable Energy Reviews，2016，59：28-38.

河流与湖泊碳中和研究热点可视化分析

方喻弘　肖　潇　郑学东

（长江水利委员会长江科学院，湖北武汉　430000）

摘　要：河流与湖泊是陆地水圈的重要组成部分，也是高效水循环过程的重要渠道。研究与河流、湖泊相关的碳中和问题，对达成碳中和战略目标有重要促进意义。本文应用 CiteSpace 软件挖掘相关文献信息生成可视化的数据图谱，分析学界各阶段研究学者、研究机构和研究热点，为河流与湖泊碳中和研究的发展提供相关参考。

关键词：碳中和；知识图谱；河流；湖泊

1　引言

2020 年 9 月 22 日，习近平总书记在第 75 届联合国大会一般性辩论上承诺，中国力争在 2030 年前达到 CO_2 排放峰值，努力争取 2060 年前实现碳中和。中国的碳达峰与碳中和战略，不仅是全球气候治理、保护地球家园、构建人类命运共同体的重大需求，也是中国高质量发展、生态文明建设和生态环境综合治理的内在需求。实现碳中和，实质上是实现人类活动的二氧化碳排放量"收支相抵"，陆地生态系统具有巨大的碳汇能力[1]，河流与湖泊作为陆地水圈的重要组成部分，与生物圈、大气圈、岩石圈等关系密切[2]。碳循环与水循环相辅相成又相互制约[3-5]，实现零排放碳循环过程需要高效水循环过程的辅助和支撑[6]，河流是生态系统间进行物质输送、能量交换的重要渠道[7]，湖泊也具有吸收 CO_2 的功能，是重要的水体碳汇[8]。

国内外学者已进行了许多与河流、湖泊相关的碳中和问题研究，尚无对该研究领域进行可视化综述分析的文献。文献计量可以实现对文献数据基本特征的描述统计和趋势分析，可视化知识图谱在学术文献前沿热点把握方面的作用尤其突出。本文运用文献计量法，对中国知网（CNKI）和 WOS（Web of science）中相关文献进行整理，利用 CiteSpace 进行计量分析，生成可视化的数据图谱，对学界各阶段研究热点进行分析，以期为河流与湖泊碳中和研究的发展提供相关参考。

2　数据来源与研究方法

2.1　数据来源及筛选

鉴于数据库资源的科学性和权威性，本文选用中国知网中文数据库作为中文文献代表性数据检索源，选用 WOS 核心合集数据库作为外文文献代表性数据检索源。

在 CNKI 中文数据库中以主题：碳中和（精确）和（摘要：河流（精确）或摘要：湖泊（精确）或摘要：流域（精确）为检索策略进行检索，时间跨度为 2012 年 1 月至 2022 年 8 月 28 日，获取文献 58 篇，以 Refworks 的格式导出检索结果的全记录（包含全部作者、标题、来源出版物、关键词），经 CiteSpace 软件格式转换功能处理为可用数据格式。

在 WOS 核心合集数据库中以 Carbon Offset * OR carbon neutrality *（主题）和 lake * 或 river * 或

基金项目：长江科学院中央级公益性科研院所基本科研基金（CKSF2021485+KJ）。

作者简介：方喻弘（1991—），女，工程师，主要从事遥感信息技术、湖库碳循环理论的研究工作。

通信作者：肖潇（1986—），女，高级工程师，主要从事水环境遥感、水利碳循环理论的研究工作。

basin * （摘要）为检索策略进行检索，时间跨度为 2012 年 1 月至 2022 年 8 月 28 日，获取文献 529 篇，以纯文本的格式导出检索结果的全记录（包含全部作者、标题、来源出版物、关键词及参考文献）。

2.2 研究方法

本文主要利用 CiteSpace6. 1. R3 作为文献计量的可视化工具，该软件由美国德雷塞尔大学的陈超美博士开发，是一款应用 Java 语言的信息可视化软件，用于对各类数据进行准确计量、聚类分析、科学绘图等，以此展现某一领域的核心主题词、发展趋势等。在以 CiteSpace 为主要研究工具的基础上，辅以 Excel 和 CNKI 的可视化分析功能，得到河流与湖泊碳中和研究有关文献的计量结果。

本文选取的是近 10 年的文献资源，便于观察每一年的研究内容和热点，故在 "Years Per Slice" 中设置为 1。为了使图谱更加美观，让其网络节点数量不发生变化，并且节点之间的线条连接数量大大减少，因此在 "Pruning" 中选择 "Pathfinder" 和 "Pruning Sliced Network"。在 "Node Types" 中逐次选择 "Author（作者）" "Institution（研究机构）" "Country（国家）" "Keyword（关键词）"，其他设置均为默认选项，分次运行 CiteSpace。

3 数据统计与可视化分析

3.1 发文时间统计特征

从时间延伸的角度了解特定研究领域研究的总体发展历程和研究进展，可反映该领域研究被关注的程度。由图 1（a）可以看出，2012—2022 年期间 CNKI 和 WOS 两大数据库年度发文量的趋势相近。2020 年前相关研究处于萌芽并逐步发展阶段，WOS 数据库的总体发文量呈现稳中有升趋势，CNKI 数据库总体发文量稳定。2020 年后，两大数据库的总体发文量均呈现迅猛增长势头。由于我国有许多学者积极参与到了国际合作研究中，故统计 "Country" 标签含 "PEOPLES R CHINA" 的文献数，制图 1（b），可见我国学者在国际研究中的参与度较高，尤其是 2022 年，我国学者牵头或参与撰写了共计 80 篇外文文献中的 53 篇文献。

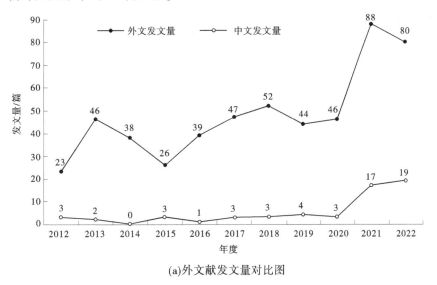

(a)外文献发文量对比图

图 1   2012—2022 年发文时间统计图（2022 年只包含 1—8 月数据）

(b)含中国作者的外文文献统计图

续图1

3.2 研究机构统计特征

用 CiteSpace 软件分析 WOS 数据源生成国家合作和机构合作图谱（见图2、图3）。国家可视化分析 $N=73$，$E=129$，Density $=0.049\ 1$；机构可视化分析 $N=305$，$E=419$，Density $=0.009$（N：节点数；E：连线数；Density：图谱密度）。每个节点代表一个机构或国家，每个节点的大小对应机构或国家的共现频率，即节点面积越大，表示该节点发表文章数量越多；2 个节点之间的距离越短，表示两个机构或国家之间的合作关系越强。连线代表着两端机构或国家合作发表的文献，连线的颜色代表着合作文献的平均年份，例如红色代表两端机构或国家在近两年合作较为密切，紫色代表两端机构或国家在 5 年前有过合作。图谱密度是代表各个节点之间联系强弱的指标之一[9]。通过图表观察到有 73 个国家和 305 个机构参与到了河流与湖泊碳中和研究中，说明河流与湖泊的碳中和问题在世界范围内有较高的研究热度。

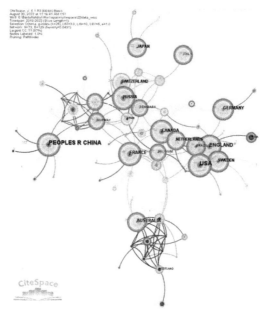

图2 国家合作图谱

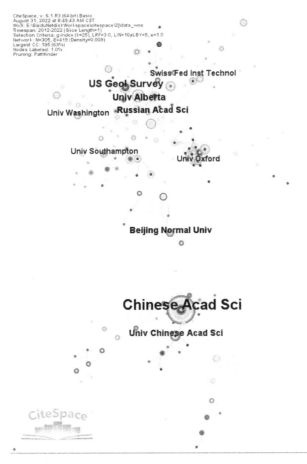

图3 机构合作图谱

在该研究领域发文量较多的国家是美国、中国和英国（见表1），各国对河流与湖泊碳中和的研究连续性较强。美国与英国、瑞典等多国合作研究较为密切，中国与挪威等国有一定合作研究。郭景恒等与挪威Vogt Rolf-David合作分析了近30年长江流域水化学和总质子收支，表明人为负载的硫氮化合物加速了化学风化，但降低了CO_2的固存量[10]。张珂与多国专家合作运用多种模型模拟分析了三种预期土地覆盖变化情景，研究21世纪森林砍伐和气候变化对亚马孙流域水文的影响[11]。Liu Jiangong与美国Valach Alex基于3年的涡动协方差测量，研究了亚热带河口红树林湿地生态系统尺度FCH4的时间变化及其生物物理驱动[12]。Lishan Ran与美国David E. Butman共同量化分析了近30年来中国河流、湖泊和水库CO_2排放的季节性和年度通量，表明中国内陆的碳排放量大幅下降[13]。

表1 国家发文量前20名排序表

发文量	国家	发文量	国家
213	USA（美国）	22	JAPAN（日本）
157	PEOPLES R CHINA（中国）	21	RUSSIA（俄罗斯）
56	ENGLAND（英国）	19	BELGIUM（比利时）
53	CANADA（加拿大）	18	BRAZIL（巴西）
49	GERMANY（德国）	16	ITALY（意大利）
40	FRANCE（法国）	13	NORWAY（挪威）

续表 1

发文量	国家	发文量	国家
38	AUSTRALIA（澳大利亚）	13	DENMARK（丹麦）
30	SWEDEN（瑞典）	10	SPAIN（西班牙）
25	NETHERLANDS（荷兰）	10	INDIA（印度）
24	SWITZERLAND（瑞士）	10	SCOTLAND（苏格兰）

发文量较多的机构是中国科学院、美国地质调查局、阿尔伯塔大学（见表 2）。其中，中国科学院发文量遥遥领先且连续性较强，美国地质调查局发表的论文多集中于 2018 年前。Li Siyue 总结了我国内陆 310 个湖泊和 153 个水库数据，发现我国湖泊和水库的温室气体（二氧化碳、甲烷和氧化亚氮）的面通量远大于以往的估算值[14]。Guo Wei 研究了我国珠江口 4 个月中颗粒有机碳沿盐度梯度从淡水到海水的变化，以确定其来源和处理过程的时空变化，表明在大部分季节里原位浮游植物是河口颗粒有机碳库的主要来源[15]。Anthony K-M-Walter 利用西伯利亚永久冻土层的野外观测、放射性碳测年和空间分析等方法，对全新世湖泊沉积物中碳储量和通量进行了定量研究，发现末次冰消期以来热喀斯特湖沉积物中的碳累积量约为湖泊首次形成时以温室气体形式释放的更新世永久冻土碳量的 1.6 倍，热喀斯特湖在约 5 000 年前由净辐射增温转变为净降温气候效应[16]。Benjamin W Abbott 总结分析了 98 位永冻土专家关于生物量、野火和水文碳通量对气候变化的响应估算报告，表明 21 世纪末北极河流和海岸线坍塌的有机碳释放量可能增加 75%，燃烧导致的碳库损失可增加 4 倍[17]。

表 2 机构发文量前 10 名排序表

发文量	机构	发文量	机构
55	Chinese Acad Sci（中国科学院）	9	Beijing Normal Univ（北京师范大学）
15	US Geol Survey（美国地质调查局）	8	Swiss Fed Inst Technol（瑞士联邦理工学院）
12	Univ Alberta（阿尔伯塔大学）	7	Univ Oxford（牛津大学）
10	Russian Acad Sci（俄罗斯科学院）	7	Univ Washington（华盛顿大学）
10	Univ Chinese Acad Sci（中国科学院大学）	7	Univ Southampton（南安普敦大学）

3.3 研究热点分析

关键词包含了作者的学术思想和观点，反复出现的关键词可以反映该领域的研究热点。在 CiteSpace 中，将"Node Types"（节点来源）设置为"Keyword"，对 CNKI 数据库文献分别进行关键词共现分析和聚类分析，绘制成直观的可视化图谱。图谱由节点（Node）、链接（Link）、类别（Cluster）组成，节点的大小和颜色代表该关键词出现的频次和时间点，节点间的链接代表关键词的共现，节点间的距离反映着关键词间的联系强弱。节点越大、链接越多，则证明关键词的中心性越强，该关键词具有研究热点的代表性就越强。采用 LLR 算法将所有关键词根据研究类别进行划分，可形成合理的聚类图谱，提取出主要的研究方向。通常使用模块化 Q 值和平均轮廓 S 值来评估聚类的质量[18]，当 Q 值越接近于 1，则表明网络的同质性越高；当 S 值越大，则表明网络的聚类结果越好。聚类图谱的要求是其 Q 值（模块值）须大于 0.3，S 值（平均轮廓值）须大于 0.5，呈现的数据才是真实有效的[19]。

根据图 4 所示，本次聚类 Q 值为 0.859 2，S 值为 0.993 9，聚类结果良好，可信度较高。由表 3 中关键词聚类和包含的主要关键词可知，CNKI 数据库中碳循环、碳储量、碳汇、碳达峰、清洁能源、低碳生活、精准扶贫是较突出的研究热点，黄河流域是较热门的研究区域，可归纳为以下四个主要研究方向：

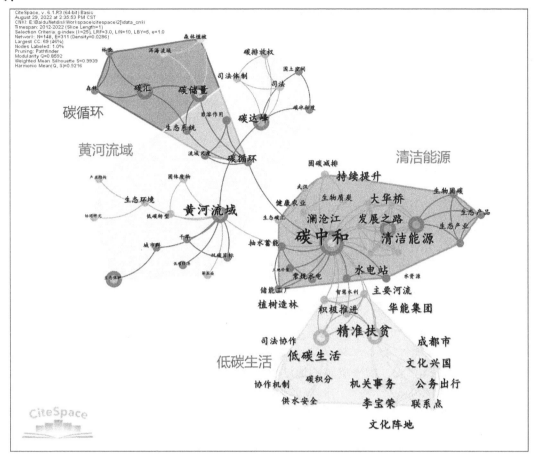

图4　中文文献关键词聚类分析图谱

表3　中文文献关键词聚类明细

类别名称	S 值	关键词个数	主要关键词
清洁能源	1	22	清洁能源、碳中和、生态碳汇、固碳减排
黄河流域	0.995	18	黄河流域、碳达峰、司法、碳中和
低碳生活	0.986	16	机关事务、联系点、主题党日活动
碳循环	0.994	10	碳循环、流域尺度、生态关键带、生态系统

（1）水电、风电、光伏等清洁能源相关研究。2021年，我国能源消费产生的二氧化碳排放量占排放总量约85%，而电力行业占能源行业二氧化碳排放总量40%以上[20]。调节中国能源结构，增加清洁能源占比对于碳中和目标达成起着决定性作用，引导水风光等清洁能源进入高耗能产业集群，对于降低碳排放、优化能源结构有着重要意义[6]。我国学者结合"双碳目标"和高质量发展要求，围绕推动能源结构优化、构建"高效、清洁、低碳、安全"的能源结构的目标开展研究。周建平等[20]等分析了当前我国电力行业的减排目标和容量结构，提出了建设清洁能源基地和储能工厂的政策建议。张茹等[6]研究了水资源利用与保护对于缩减碳源、提高碳汇的天然优势，凝练了多种高效智慧利用与保护水资源的技术方法。谢遵党等[21]探讨了在黄河流域结合广袤土地碳汇能力和充沛水风光电资源为一体的多元开发模式方案。

（2）碳中和目标下的黄河流域经济与生态研究。黄河流域是我国重要的生态功能区域和生态安全屏障，产业结构以矿业、能源和重化工业粗放式开发为主，生态环境负担重，碳排放量大。2019

年，中共中央确定了将黄河流域生态保护和高质量发展列为重大国家战略，2021 年《黄河流域生态保护和高质量发展规划纲要》印发，我国学者在政策指引下围绕"碳中和"主题从生态补偿、资源经济、产业结构等多角度对黄河流域开展了较多研究。马明娟等[22] 构建碳生态补偿理论模型，基于碳排放量与碳汇的测算，探究了 2007—2017 年黄河流域碳生态补偿的时空演化特征，凝练出黄河流域低碳转型与多元化生态补偿机制构建的政策建议。许蕊等[23] 使用改进的 IPAT 模型和集成生态圈模拟器 IBIS，预测了不同情景下 2018—2060 年黄河流域内蒙古段碳排放变化趋势和达峰情况，并从碳增汇、碳减排、碳交易和国土空间规划的角度分别提出了政策建议。任保平等[24] 探讨了黄河流域产业结构调整的制约因素和基本原则，从绿色产业体系、新旧动能转换和产业低碳化转型的角度提出了政策建议。

（3）低碳意识和低碳生活研究。随着城镇化的加速发展，居民消费中所产生的碳排放问题日益严重，威胁着我国城市的环境质量[25] 我国学者在培养低碳意识、鼓励低碳消费、倡导低碳生活方式、推行低碳城市规划的必要性上达成一定共识。刘文龙等[26] 调查分析了低碳意识和低碳生活方式对低碳消费意愿的影响，认为低碳认知和节能行为对消费行为影响较大。刘锐等[27] 认为紧凑城市有助于居民选择低碳生活方式。宋弘等[28] 系统考察了低碳城市建设对空气质量的影响及其作用机制，结果显示低碳城市建设的资金支出远远小于其可能带来的收益，认为低碳城市建设有助于实现污染防治与经济高质量发展的"双赢"目标。张赫等[29] 在低碳城市研究的基础上，探讨了县域城镇空间结构优化方式。丁丁等[30] 从加强战略规划引领、完善实施体系和配套政策、推进产业低碳化发展、加快温室气体清单编制及倡导低碳消费和低碳生活理念等方面对低碳试点地区的工作进展进行了综述。

（4）生态系统碳循环过程、固碳机制和增汇原理研究。中国生态系统具有巨大的碳汇效应且具有很大的提升空间，在国家的"双碳"目标实现中将扮演重要角色[1]，我国学者围绕传统农林业减排增汇技术、生态工程增汇技术和新型生物/生态碳捕集、利用和封存技术开展了研究[31-34]。刘珉等分析了我国构建林业碳汇市场的必要性和可行性，提出了构建林业碳汇市场的八项政策建议，认为"林业投资—林业增长—碳汇增加—碳汇交易—林业投资"的良性绿色发展循环，将成为林业可持续发展的新机制，进而为世界特别是发展中国家提供绿色发展、绿色投资、绿色生态的新模式、新路径[35]。于贵瑞等分析讨论了基于自然解决方案的中国生态系统碳汇功能提升技术和示范应用，认为巩固和提升生态系统碳汇功能，不仅可以为清洁能源和绿色技术创新和发展赢得宝贵的缓冲时间，更重要的是可为国家的经济社会系统稳定运行提供基础性的能源安全保障[1]。

4 结论

关于河流与湖泊碳中和的研究在近 10 年间逐渐受到国内外学者关注，在 2020 年习近平总书记提出"碳中和碳达峰"目标后，我国学者在该研究领域的发文量显著增多，在国际合作研究中参与度显著增高。

近 10 年有 73 个国家和 305 个机构参与了河流与湖泊碳中和研究，在该研究领域发文量较多的国家是美国、中国和英国，各国研究连续性较强。美国与英国、瑞典等多国合作研究较为密切，中国与挪威等国有一定合作研究。发文量较多的机构是中国科学院、美国地质调查局、阿尔伯塔大学。其中中国科学院发文量遥遥领先且连续性较强，美国地质调查局发表的论文多集中于 2018 年前。

中文文献中碳循环、碳储量、碳汇、碳达峰、清洁能源、低碳生活、精准扶贫是较突出的研究热点，黄河流域是较热门的研究区域，可归纳为以下四个主要研究方向：①水电、风电、光伏等清洁能源相关研究；②碳中和目标下的黄河流域经济与生态研究；③低碳意识和低碳生活研究；④生态系统碳循环过程、固碳机制和增汇原理研究。

参考文献

[1] 于贵瑞，朱剑兴，徐丽，等．中国生态系统碳汇功能提升的技术途径：基于自然解决方案［J］．中国科学院院刊，2022，37（4）：490-501.

[2] Dodds w k WHILES-M-R. Freshwater Ecology：Concepts and Environmental Applications of Limnology［M］．London：UK：Elsevier Academic Press, 2019.

[3] 史婷婷．岩溶流域水循环过程碳汇效应研究［D］．武汉：中国地质大学，2012.

[4] 阎广建，赵天杰，穆西晗，等．滦河流域碳、水循环和能量平衡遥感综合试验总体设计［J］．遥感学报，2021，25（4）：856-870.

[5] 张臻．时空异质条件下的大气 CO_2 施肥效应对全球碳水循环影响的模拟研究［D］．南京：南京大学，2013.

[6] 张茹，楼晨笛，张泽天，等．碳中和背景下的水资源利用与保护［J］．工程科学与技术，2022，54（1）：69-82.

[7] 石岳，赵霞，朱江玲，等．"山水林田湖草沙"的形成、功能及保护［J］．自然杂志，2022，44（1）：1-18.

[8] Dong Xuhui, Anderson N. -John, Yang Xiangdong, et al. Carbon burial by shallow lakes on the Yangtze floodplain and its relevance to regional carbon sequestration［J］. Global Change Biology, 2012, 18（7）：2205-2217.

[9] 刘焱．基于 Citespace 的中医药治疗糖尿病肾病的科学计量学研究［D］．北京：北京中医药大学，2020.

[10] Guo Jingheng, Wang Fushun, Vogt Rolf-David, et al. Anthropogenically enhanced chemical weathering and carbon evasion in the Yangtze Basin［J］. Scientific reports, 2015, 5（1）：11941.

[11] Guimberteau Matthieu, Ciais Philippe, Ducharne Agnès, et al. Impacts of future deforestation and climate change on the hydrology of the Amazon Basin：a multi-model analysis with a new set of land-cover change scenarios［J］. Hydrology and Earth System Sciences, 2017, 21（3）：1455-1475.

[12] Liu Jiangong, Zhou Yulun, Valach Alex, et al. Methane emissions reduce the radiative cooling effect of a subtropical estuarine mangrove wetland by half［J］. Global change biology, 2020, （9）：4998-5016.

[13] Ran Lishan, Butman David-E, Battin Tom-J, et al. Substantial decrease in CO_2 emissions from Chinese inland waters due to global change［J］. Nature communications, 2021, （1）：1730.

[14] Li Siyue, Bush Richard-T, Santos Isaac-R, et al. Large greenhouse gases emissions from China's lakes and reservoirs［J］. Water Research, 147：13-24.

[15] Guo Wei, Ye Feng, Xu Shendong, et al. Seasonal variation in sources and processing of particulate organic carbon in the Pearl River estuary, South China［J］. Estuarine, Coastal and Shelf Science, 2015, 167：540-548.

[16] Anthony K-M-Walter, Zimov S-A, Grosse G., et al. A shift of thermokarst lakes from carbon sources to sinks during the Holocene epoch［J］. Springer Science and Business Media LLC, （7510）：452-456.

[17] Abbott Benjamin-W, Jones Jeremy-B, Schuur Edward-A-G, et al. Biomass offsets little or none of permafrost carbon release from soils streams and wildfire an expert assessment［J］. Environmental Research Letters, 11：034014.

[18] 李杰，陈超美．CiteSpace：科技文本挖掘及可视化［M］．北京：首都经济贸易大学出版社，2016.

[19] 史海峥．基于 CiteSpace 的网络传销犯罪研究热点与趋势可视化分析［J］．网络安全技术与应用，2022（8）：149-152.

[20] 周建平，杜效鹄，周兴波．新型电力系统中水电的作用及发展规划研究［J］．水力发电学报：1-12.

[21] 谢遵党，唐梅英，王建利，等．双碳目标下黄河流域水土风光资源一体化开发模式研究［J］．人民黄河，2022，44（5）：5-9，14.

[22] 马明娟，李强，周文瑞．碳中和视域下黄河流域碳生态补偿研究［J］．人民黄河，2021，43（12）：5-11.

[23] 许蕊，黄贤金，王佩玉，等．黄河流域国土空间碳中和度研究——以内蒙古段为例［J］．生态学报，2022，（23）：1-12.

[24] 任保平，豆渊博．碳中和目标下黄河流域产业结构调整的制约因素及其路径［J］．内蒙古社会科学，2022，43（1）：121-127，2.

[25] 石洪景．城市居民低碳消费行为及影响因素研究——以福建省福州市为例［J］．资源科学，2015，37（2）：308-317.

[26] 刘文龙，吉蓉蓉．低碳意识和低碳生活方式对低碳消费意愿的影响［J］．生态经济，2019，35（8）：40-

45，103.

［27］刘锐，窦建奇．低碳导向下的紧凑城市［J］．规划师，2014，30（7）：79-83.

［28］宋弘，孙雅洁，陈登科．政府空气污染治理效应评估——来自中国"低碳城市"建设的经验研究［J］．管理世界，2019，35（6）：95-108，195.

［29］张赫，于丁一，王睿，等．面向低碳生活的县域城镇空间结构优化研究［J］．规划师，2020，36（24）：12-20.

［30］丁丁，杨秀．我国低碳发展试点工作进展分析及政策建议［J］．经济研究参考，2013（43）：92-96.

［31］吴昊平，秦红杰，贺斌，等．基于碳中和的农业面源污染治理模式发展态势刍议［J］．生态环境学报，2022（9）：1919-1926.

［32］李强．流域尺度岩溶碳循环过程——"岩溶作用与碳中和"专栏特邀主编寄语［J］．地球学报，2022，43（4）：421-424.

［33］茶枝义．云南洱海流域森林植被碳储量与碳密度估算［J］．福建林业科技，2018，45（4）：33-37，42.

［34］欧阳海龙，董实忠，高素娟．以生态碳汇助推碳中和的武汉 NbS 实践路径［J］．长江技术经济，2021，5（4）：38-44.

［35］刘珉，胡鞍钢．中国打造世界最大林业碳汇市场（2020—2050 年）［J］．新疆师范大学学报（哲学社会科学版），2022（4）：1-15.

"双碳"目标水利科研发展思路探析

侯　堋　岳鸿禄

（水利部珠江水利委员会珠江水利科学研究院，广东广州　510610）

摘　要： 随着人类发展、科技进步所产生的二氧化碳等温室气体引发的全球气候变暖问题尤为严重，而实现"双碳"目标是减缓气候变暖的根本途径。本文从能源供给、能源需求、增加碳汇3个角度论述了当前"双碳"目标下水利行业面临的机遇与挑战，提出了在"双碳"目标下水利科研的发展思路及方向——新能源建设工程全过程科研咨询转型；城市洪涝污共治全链条科研技术攻关；全地域、全过程生态保护修复科学研究。

关键词： "双碳"；水利科研；碳源；碳汇；发展思路

2020年9月，我国提出"双碳"目标——二氧化碳排放总量力争于2030年前达到峰值，努力争取2060年前实现碳中和。碳达峰是指在某一个时点，二氧化碳等温室气体的排放不再增长达到峰值。碳中和是指通过节能减排、绿色发展等技术，使得碳排放和碳吸收之间达到平衡。实现碳中和是减缓气候变暖的根本途径。

"双碳"目标的实现路径复杂，从根本上讲可以分为减少碳源和增加碳汇两方面。减少碳源是指控制能源消耗、调整生产结构、发展新能源来减少碳排放；增加碳汇是指通过森林、草地、耕地、水体等载体增强二氧化碳的储存汇集[1]。

应对气候变化及由其应运而生的"双碳"目标，水利行业将面临哪些机遇与挑战，水利科研院所如何结合"双碳"目标进行转型和拓展？

1　"双碳"目标下水利行业面临的机遇与挑战

"双碳"目标是一项复杂的系统性工程，涉及多学科、多层次、多维度的研究与改进。针对水利行业，可从减少碳源（能源供给侧、需求侧）及增加碳汇两个方面着手。

1.1　从能源供给侧看水利行业面临的机遇与挑战

我国目前产业结构和工业体系以高碳为主，发电方式主要是火力发电，火电占全国发电量的67.9%，电力行业（含热电联产）碳排放占我国碳排放总量的40%[2]。国家"十四五"能源发展规划提出更加积极的新能源发展目标，加快发展风电和太阳能发电，因地制宜开发水电和地热能，在确保安全的前提下发展核电，同时要加快推进抽水蓄能、新型储能等调节电源建设，增强电力系统灵活调节能力，大力提升能源消纳水平[3]。因此，我国迎来了一波新能源建设热潮，但抽水蓄能电站、小水电属于传统水工程，过去开发建设过程中多注重经济效益而忽略生态影响；地热水属于新能源开发领域，其开发、利用过程过于粗放，资源利用率低和忽视对区域生态环境的影响是当前面临的主要问题；海上风电及海上光伏发电属于新型涉水工程，在复杂海洋动力条件下，新型海上新能源工程的结构安全及输配电效率仍是当下业内的主要研究难点。因此，在开发利用这些可再生能源过程中，如何兼顾高效、安全、生态是新时期水利行业面临的重大挑战。

作者简介： 侯堋（1986—），女，高级工程师，主要从事河口治理与保护、海洋灾害防灾减灾等工作。

1.2 从能源需求侧看水利行业面临的机遇与挑战

在水利行业，污水处理厂和抽水排灌站等都是高耗能产业。在城市化地区，过去数十年来水处理和输水的能源消耗在快速增长，是水利行业的主要碳排放来源[4-5]，由此造成的碳排放量预计在21世纪中叶将达到每年28亿t二氧化碳当量。我国污水处理行业碳排放量占全社会总碳排放量的3%~4%。而这些水处理和输水设施往往是针对过去水资源相对充裕的情况设计建造的，并未将节约能源和提升效率纳入考虑[5]。目前，管道混错接、入流、入渗等质量问题叠加，运行维护管理不足，污水处理厂高标准排放等问题是引发城市污水处理厂网系统低效能、高耗能的主要原因。而设备老旧、缺乏统筹配置及智慧化系统调度是抽水排灌站高耗能主要原因。因此，在"双碳"目标下，如何集约利用水资源，减少污水产生，提高污水厂网及闸泵排站的使用效率，是新时期水利行业面临的主要挑战和机遇。

1.3 从增加碳汇角度看水利行业面临的机遇与挑战

碳汇对促进碳中和目标实现具有同等重要作用。需充分挖潜土壤、植被、海洋等碳库的碳汇作用，做好山水林田湖草沙一体化保护与修复、低碳土地整治、矿山复垦与生态重建、蓝色海洋保护修复等工作，提升生态系统固碳能力[6]。随着经济发展，森林、草原、湖泊及海洋等生态系统都遭到不同程度的破坏，以"滨海蓝碳生态系统"为例，海洋储存了地球上约93%的二氧化碳，而滨海蓝碳生态系统的覆盖面积不到海床的0.5%，但其碳储量却高达海洋碳储量的50%以上。但近几年，滨海蓝碳生态系统每年以34万~98万hm²的速度遭受破坏（Murray et al., 2011）。粗略估计，有67%的红树林、35%的潮汐盐沼和29%的海草床已被破坏[7]。如果这一趋势不改善，百年后，30%~40%的潮汐盐沼和海草床及几乎所有未受妥善保护的红树林都会消失。在习近平生态文明思想指导下，以"双碳"为目标，有必要统筹自然生态系统和人工生态系统保护修复，提升生态系统质量和稳定性，增强生态系统调节气候、固碳释氧、减排增汇的能力[8]。

2 "双碳"目标下水利科研院的发展思路

面对"双碳"目标实现这一新的历史使命和时代要求，水利科研院所需进一步加强科研业务转型与创新，加快构建与"双碳"目标相适应的新发展理念与战略，为"双碳"目标实现提供技术支持，展现水利担当[1]。

2.1 开展新能源建设工程全过程科研咨询转型

围绕"双碳"目标下清洁能源工程建设运行，针对规划、科研、工程管理等领域，建设完善的全过程科研咨询服务体系。深化院企互动，从单一建设前科研咨询向协同开发全过程科研咨询服务转型。

重点研究抽水蓄能电站与流域防洪安全的协同调度关键技术、抽水蓄能电站效能提升、结构稳定分析及防冲减淤关键技术；小水电生态改造技术，保障河道生态流量的最优化调度技术及下泄设施构建技术；海上风电场冲刷防护及监测关键技术；地下水热资源（尤其是中低温地热资源）评估、开发及利用关键技术；华南沿海高波浪能区精确识别技术及海上光伏发电安全运维关键技术；基于数字孪生的智慧水利调控及一体化管理技术研究等。

2.2 开展城市洪涝污共治全链条科研技术攻关

以水资源为核心要素，推进水资源集约节约利用，挖掘水系中的资源和能源利用潜力，加强研发污水资源化路径，研发绿色低能耗的供、排、节水关键技术。围绕城市内涝、雨污管网增效与溢流污染控制等问题，研发高密度城市洪涝污治理从源头到运输到终端污水处理的全链条的科研技术攻关。

重点研发管网智能健康评估及修复、高密度城市海绵城市规划设计、污水处理系统生命周期的碳减排、厂网河湖智慧调度等关键技术，提高水资源利用效率和系统抗御城市洪涝灾害能力，降低污染总量，提升水系统稳定性，减少水工程及污染处理工程的碳排放。

2.3 开展全地域、全过程生态保护修复科学研究

"双碳"目标下,践行绿色发展理念,统筹山水林田湖草,全方位、全地域、全过程系统部署水源涵养、水土保持、防风固沙、海岸防护、生物多样性保护等生态修复任务,系统推进开发利用和保护修复、自然和人工等综合治理措施,不断提升流域及河口生态系统的固碳能力。

重点开展生态系统监测评估,构建面向碳中和的生态修复核心理论体系,加强河、湖及滨海湿地生态治理及保护修复等关键技术攻关;建设集遥感、雷达、地面站点等天空地协同一体化数据监测体系,开展森林、湿地、农田、海洋等生态系统长期动态监测,建立健全生态系统碳通量、碳排放、碳核算体系[9]。

3 结语

"双碳"是当前气候变化条件下人类社会可持续发展的战略目标。实现"双碳"目标需从节能减排、增加碳汇两方面入手。水利行业是经济社会可持续发展之根本,与"双碳"目标实现密不可分。作为水利科研院所,需展现水利担当,从水利能耗方面节能减排,攻关清洁能源相关技术服务能源转型,开展生态保护修复加强碳汇能力,为早日实现可持续发展和民族复兴提供水利方案。

参考文献

[1] UN News. 'Enhance solidarity' to fight COVID-19, Chinese President urges, also pledges carbon neutrality by 2060 [EB/OL]. (2020-09-22) [2021-07-25]. https://news.un.org/en/story/2020/09/1073052.htm.

[2] 左其亭,邱曦,钟涛."双碳"目标下我国水利发展新征程 [J].中国水利,2021(22):29-33.

[3] 中国电力企业联合会. 2020年全国电力工业统计快报数据一览表 [EB/OL]. (2021-01-20) [2021-07-25]. https://www.cec.org.cn/detail/index.html? 3-292820. (China Federation of Electric Power Enterprises. List of statistical express data of national power industry in 2020 [EB/OL]. (2021-01-20) [2021-09-16]. https://www.cec.org.cn/detail/index.html? 3-292820. (in Chinese))

[4] 张建云,周天涛,金君良.实现中国"双碳"目标 水利行业可以做什么 [J].水利水运工程学报,2022(1):1-8.

[5] ROTHAUSEN S G S A, CONWAY D. Greenhouse-gas emissions from energy use in the water sector [J]. Nature Climate Change, 2011, 1(4):210-219.

[6] PARKINSON S. Guiding urban water management towards 1.5 ℃ [J]. Npj Clean Water, 2021, 4:34.

[7] 郭义强.生态保护修复有助于碳中和 [J].资源与人居环境,2021(4):52-53.

[8] 你知道"蓝碳"是什么吗? [J].世界博览,2022(13):14-15.

[9] 鄂竟平.提升生态系统质量和稳定性 [J].中国水利,2020(23):1-3,107.

[10] 郭义强.生态保护修复有助于碳中和 [J].资源与人居环境,2021(4):52-53.

小浪底水库运用后黄河下游颗粒有机碳输运特征

李 彬 肖千璐 张晓华 丰 青 郑艳爽

（黄河水利科学研究院，河南郑州 450003）

摘 要：碳循环是碳中和战略的重要理论基础，河流作为连接陆地与海洋两大碳库的重要通道，是碳循环的关键环节。本文基于实测资料，分析小浪底水库运用后黄河下游颗粒有机碳输运特征，结果表明：自 2000 年小浪底水库运用后，进入下游的沙量减小、泥沙粒径增大，黄河入海颗粒有机碳通量下降，整体在较低水平波动；2010 年 6—7 月调水调沙排沙阶段输沙量增大和泥沙粒径减小的协同效应导致颗粒有机碳通量显著增加，4 d 碳通量占调水调沙期间总碳通量的 40.6%，调水调沙期间碳通量占当年总碳通量的 30.2%；黄河下游颗粒有机碳通量由沿程减小转变为沿程基本保持稳定。

关键词：碳中和；小浪底水库；黄河下游；颗粒有机碳

2020 年 9 月，习近平总书记在第 75 届联合国大会上宣布中国二氧化碳排放量力争在 2030 年前达到峰值，在 2060 年前实现碳中和。碳中和这一重大发展战略不仅涉及生态环境保护，更关系到国家经济可持续发展、能源安全与国际竞争力。碳循环是全球物质能量循环与气候变化的核心问题，而碳中和的本质即是实现碳循环过程中二氧化碳的排放与吸收达到收支平衡，实现二氧化碳零排放。随着碳中和战略的提出，碳循环问题正逐渐成为学术研究的热点。

河流作为全球碳循环的重要一环，是连接陆地与海洋两大碳库的关键通道。河流中的碳主要以溶解态有机碳（DOC）、溶解态无机碳（DIC）、颗粒态有机碳（POC）、颗粒态无机碳（PIC）四种形式存在[1]。Li 等[2] 基于建立的线性回归模型估计全球河流每年的碳通量约为 1.06 PgC，其中溶解有机碳为 0.24 PgC、溶解无机碳 0.41 PgC、颗粒有机碳 0.24 PgC、颗粒无机碳 0.17 PgC。以悬移质为主要传输介质的颗粒态碳是碳通量的重要组成部分，按照颗粒来源可分为外源与内源两种，其中颗粒态无机碳内源主要指河流经无机化学作用沉淀产生的碳酸盐等，外源指流域内母岩经机械侵蚀搬运至河流的碳酸盐；颗粒态有机碳内源指河流中植物光合作用产生和底泥释放的颗粒态有机碳，外源主要来源于土壤侵蚀、陆生植物的碎屑和人类生产、生活排放的有机物[3]。目前，中国河流碳通量的相关研究集中于黄河、长江和珠江，三条河流颗粒态碳通量约占全国河流总碳通量的 96.25%，其中黄河颗粒态碳通量最大[4]。

黄河低流量和高含沙的特点使其碳输运不同于其他河流，同时受自然过程和人类活动影响较大。自 2000 年小浪底水库运用以来，水库拦蓄上游水沙，下游河床受到持续冲刷，由于下游河道水沙条件发生了一定的改变，黄河下游颗粒有机碳输运也呈现新的特征[5]。本文基于实测资料计算黄河下游颗粒态有机碳通量，系统分析小浪底水库运用后黄河下游颗粒有机碳的输运特征。

1 资料与计算方法

本文以黄河下游河段为研究对象，选取花园口、高村、艾山、利津四站，分析小浪底水库运用后

基金项目：国家自然科学基金资助项目（51909100，52009047）；中央级公益性科研院所基本科研业务费专项（HKY-JBYW-2020-03）。

作者简介：李彬（1998—），男，硕士，主要从事水沙运动与河流治理研究工作。

通信作者：丰青（1986—），男，工程师，主要从事水沙运动与河流治理研究工作。

黄河下游河道颗粒有机碳输运特征,其中利津站是黄河入海前最后一个水文站(见图1),能有效反映黄河入海水沙基本特征。本文所用数据为1990—2021年黄河花园口、高村、艾山、利津站历年水沙数据,主要源自黄委会公开发布的资料以及水利部发布的历年《中国河流泥沙公报》。

图1 黄河流域重要控制水文站分布 (来源于《黄河泥沙公报》)

颗粒有机碳主要以悬沙作为输运中介,研究表明水体含沙量与颗粒有机碳通量密切相关,Ludwig等[6]通过统计分析全球多条河流得出颗粒有机碳通量与含沙量的经验公式如下:

$$FPOC = TSS \times POC\% \tag{1}$$

$$POC\% = -0.16(\lg CTSS)^3 + 2.83(\lg CTSS)^2 - 13.6(\lg CTSS) + 20.3 \tag{2}$$

式中:FPOC为颗粒态有机碳通量;TSS为输沙量;POC%为悬移质中有机碳含量;CTSS为含沙量,mg/L。

然而该公式适用范围为CTSS小于2 250 mg/L的河流,对于含沙量较高的黄河,利用此公式计算得到的数值偏大[3,7-8]。王亮[9]基于实测资料发现黄河中下游POC%与悬沙中值粒径D_{50}存在良好的负指数关系如式(3)所示:

$$POC\% = 0.52e^{-0.026}D_{50} \tag{3}$$

本文选择在输沙量和悬沙中值粒径实测数据的基础上联立式(1)~式(3)计算得到黄河下游颗粒态有机碳通量。

2 黄河入海颗粒有机碳通量变化特点

2.1 碳通量年际变化特点

小浪底水库运用后,黄河下游水沙条件发生了一定的变化,颗粒有机碳输运也呈现新的特征。本节基于1990—2021年实测年输沙量和泥沙中值粒径,计算历年POC%及颗粒有机碳通量,分析小浪底水库运用前后黄河入海颗粒有机碳通量的变化。

如图2、图3所示,小浪底水库运用前1990—1999年黄河入海颗粒有机碳年均碳通量为124.2万t,水库运用后2000—2021年颗粒有机碳年均碳通量为41.9万t,减小约66.3%,并且同等输沙量条件下,水库运用后颗粒有机碳通量小于水库运用前碳通量,如2003年输沙量与1998年输沙量相近，但碳通量只有 1998 年的 76%。1990—1999 年，悬沙中值粒径与 POC% 变化较小，碳通量波动幅度与输沙量波动幅度基本保持一致，黄河入海颗粒有机碳年通量整体处于较高水平；2000 年小浪底水库运用后，黄河入海输沙量显著减小，波动也更为平稳，同时由于水库运用对下游河床的冲刷作用，大量粗颗粒床沙再悬浮进入水体，泥沙中值粒径逐渐增大，POC% 逐渐减小，输沙量与 POC% 同方向减小的协同效果导致颗粒有机碳通量显著下降。总体而言，相较于 1990—1999 年，小浪底水库运用后，由于输沙量和泥沙粒径的变化，黄河入海有机碳通量减小，在一个较低水平区间波动。

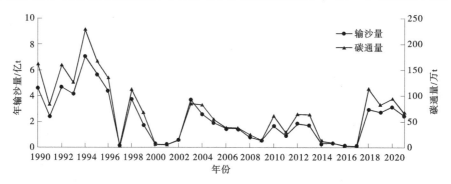

图 2　1990—2010 年黄河入海年输沙量及碳通量变化

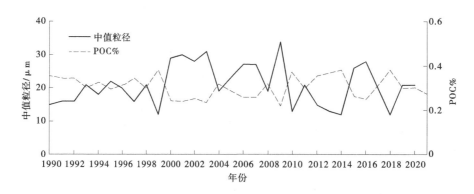

图 3　1990—2010 年黄河入海泥沙中值粒径及 POC% 变化

2.2　调水调沙期间碳通量变化特征

本节以 2010 年黄河调水调沙为例，分析调水调沙期间黄河入海颗粒有机碳通量变化特征。2010 年调水调沙于 6 月 19 日启动，7 月 7 日结束，历时 19 d，共分两个阶段：第一阶段，小浪底水库清水下泄冲刷下游河道；第二阶段，人工塑造异重流，增大小浪底水库异重流排沙比，实现输沙入海。

基于收集的实测资料[10]，绘制调水调沙期间黄河入海颗粒有机碳通量时间变化过程，如图 4、图 5 所示。黄河调水调沙第一阶段：6 月 19—25 日，流量、输沙量及碳通量均呈增加趋势，调水调沙初期大流量冲刷河道导致河床的粗颗粒泥沙进入水体，泥沙中值粒径增大，相应 POC% 逐渐减小，输沙量的增加幅度显著大于碳通量的增加幅度；6 月 25 日至 7 月 8 日，泥沙中值粒径与 POC% 基本稳定，流量、输沙量与碳通量变幅不大，但均在 7 月 8 日出现峰值，至此第一阶段基本结束。黄河调水调沙第二阶段：7 月 9 日起，流量逐渐减小，黄河进入排沙阶段，受水库下泄的异重流影响，河流输沙量大幅增加，同时碳通量也几乎以同等幅度增加，两者于 7 月 10 日达到峰值，并且相同输沙量条件下此阶段碳通量大于第一阶段碳通量，这是因为该阶段水体泥沙主要源自水库库存的细颗粒泥沙，POC% 显著增强，随着调水调沙的结束，流量、输沙量与碳通量逐渐降低恢复到调水调沙实施前水平。

如表 1 所示，调水调沙异重流排沙阶段 7 月 9 日至 7 月 12 日 4 d 的总碳通量为 7.59 万 t，占整个调水调沙期间总碳通量的 40.6%，4 d 的输沙量为 0.17 亿 t，占整个调水调沙期间总输沙量的

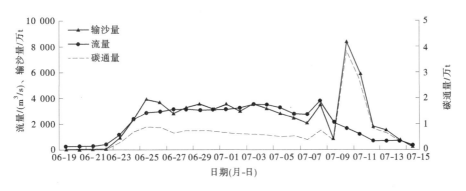

图 4　2010 年调水调沙期间黄河入海碳通量、流量及输沙量变化

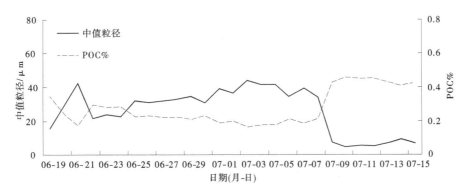

图 5　调水调沙期间黄河入海泥沙中值粒径及 POC% 变化

25.1%；整个调水调沙期间碳通量为 18.70 万 t，占当年总碳通量的 30.2%，输沙量为 0.67 亿 t，占当年总输沙量的 40.1%。由此可知，调水调沙在集中输沙的同时也起着集中输碳的作用，调水调沙期间第二阶段异重流排沙时碳输运效果最好，输送效率略优于输沙效率；调水调沙在年内集中输碳上也起着较好的效果，但整体而言效率略低于输沙效率。

表 1　调水调沙影响下颗粒有机碳通量及输沙量

项目	调水调沙（06-19—07-15）		2010 年	
	07-09—07-12	占比/%	调水调沙（06-19—07-15）	占比/%
输沙量/亿 t	0.17	25.1	0.67	40.1
碳通量/万 t	7.59	40.6	18.7	30.2

3　黄河下游颗粒有机碳通量沿程变化特征

为更好地研究小浪底水库运用后黄河下游河段颗粒有机碳输运沿程变化特征，选取小浪底水库运用前 1998 年与运用后 2003 年河道下游沿程花园口、高村、艾山、利津四个站点的碳通量进行对比分析，1998 年黄河入海输沙量约为 3.77 亿 t，2003 年输沙量约为 3.69 亿 t，两者相差不大，所选年具有一定的可对比性。

由图 6、图 7 可知，1998 年下游河道泥沙中值粒径沿程变化不大，而输沙量和颗粒有机碳通量沿程整体呈减小趋势；2003 年输沙量和中值粒径沿程变化特征发生改变，导致颗粒有机碳通量沿程变化呈现新的特征。水库运用后，花园口泥沙中值粒径减小，但高村、艾山及利津站粒径显著增大，泥沙中值粒径整体呈现沿程增大趋势；河道沿程输沙量均有所下降，但降幅沿程减小，输沙量沿程呈增加趋势，这是由于水库运用对河道的冲刷作用导致河床粗颗粒泥沙进入水体，这与泥沙粒径沿程增大的现象相印证。河道输沙特征的改变直接导致颗粒有机碳输运发生变化，水库运用后下游河道输沙量沿程递增与中值粒径沿程递增导致的 POC% 沿程递减对碳通量的影响效果相互抵消，导致河道颗粒有机碳通量沿程变化不大，基本保持稳定。

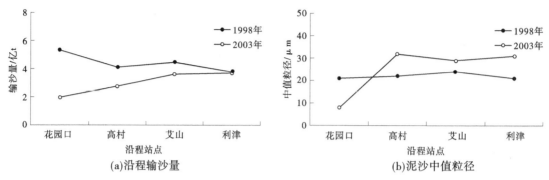

图 6　1998 年、2003 年黄河下游沿程输沙量及泥沙中值粒径对比

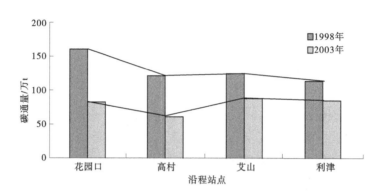

图 7　1998 年、2003 年黄河下游沿程颗粒有机碳通量对比

4　结论

本文基于黄河下游河道实测资料，利用输沙量及泥沙中值粒径计算得到颗粒有机碳通量，分析小浪底水库运用后黄河下游颗粒有机碳输运特征，结果表明：

（1）小浪底水库运用后，黄河下游水沙条件发生变化，由于输沙量减小和泥沙中值粒径增大，黄河入海颗粒有机碳通量有所减小，在较低水平区间波动。

（2）调水调沙在集中输沙的同时也起着集中输碳的作用。2010 年 6—7 月调水调沙第一阶段流量下泄期间，随着输沙量增大颗粒有机碳通量略有增加但波动较小；异重流排沙阶段输沙量增大和泥沙中值粒径减小造成 POC% 增大的协同效应导致颗粒有机碳通量显著增加，4 d 碳通量占整个调水调沙期间总碳通量的 40.6%，调水调沙期间碳通量占当年度总碳通量的 30.2%。

（3）小浪底水库运用后，黄河下游颗粒有机碳通量沿程变化呈现新的特征，由于输沙量沿程递增和 POC% 递减对颗粒有机碳通量的作用相互抵消，颗粒有机碳通量由沿程减小转变为沿程基本保持稳定。

参考文献

［1］段巍岩，黄昌．河流湖泊碳循环研究进展［J］．中国环境科学，2021，41（8）：3792-3807.

［2］Mingxu Li，Changhui Peng，Meng Wang，et al．The carbon flux of global rivers：A re-evaluation of amount and spatial patterns［J］．Ecological Indicators，2017，80：40-51.

［3］姚冠荣，高全洲．河流碳循环对全球变化的响应与反馈［J］．地理科学进展，2005（5）：52-62.

［4］朱先进，于贵瑞，高艳妮，等．中国河流入海颗粒态碳通量及其变化特征［J］．地理科学进展，2012，31（1）：118-122.

［5］孙超．黄河调水调沙时期的碳输运特征及花园口站碳系统各分量的年变化［D］．青岛：中国海洋大学，2007.

［6］Wolfgang Ludwig，Jean-Luc Probst，Stefan Kempe. Predicting the oceanic input of organic carbon by continental erosion［J］. Global Biogeochemical Cycles，1996，10（1）：23-41.

［7］高全洲，沈承德．河流碳通量与陆地侵蚀研究［J］．地球科学进展，1998（4）：52-58.

［8］刘冬梅．黄河干流有机碳及调水调沙时期碳输运规律［D］．青岛：中国海洋大学，2010.

［9］王亮．黄河干流碳输运及人类活动对其影响［D］．青岛：中国海洋大学，2014.

［10］王燕，王厚杰，毕乃双，等．2010年调水调沙期间黄河利津段对人造异重流的响应［J］．海洋地质与第四纪地质，2013，33（5）：53-61.

寒区水利

俄罗斯阿穆尔河流域水资源管理分析与启示

尉意茹[1,2,3]   Виктор Васильевич Шепеле[3]   贾明慧[1,2,4]

（1. 东北联邦大学地质勘探学院，俄罗斯雅库茨克   677000；

2. 黑龙江大学水利电力学院，黑龙江哈尔滨   150080；

3. 俄罗斯科学院西伯利亚分院麦尔尼科夫冻土所，俄罗斯雅库茨克   677000；

4. 黑龙江大学中俄寒区水文和水利工程联合实验室，黑龙江哈尔滨   150080）

摘　要： 黑龙江（阿穆尔河）流域位于亚洲东北部，黑龙江（阿穆尔河）流经中国、俄罗斯和蒙古三个国家。俄罗斯作为水资源最丰富的国家之一，长期以来十分重视水资源的保护，构建了比较系统的水资源管理法律体系，值得我国借鉴，同时也积累了不少经验教训，值得我们认真吸取。

关键词： 水资源管理；阿穆尔河流域；俄罗斯

1　俄罗斯阿穆尔河流域

阿穆尔河作为亚洲东北部的一条国际界河，起源于蒙古肯特山。由石勒喀河和额尔古纳河交汇后向东穿过中国黑龙江省北部边界和俄罗斯远东联邦地区南部，向东北穿越哈巴罗夫斯克边疆区，在其出海口尼古拉耶夫斯基县流入鞑靼海峡。其主流长 2 824 km，若以海拉尔河（国境内，紧邻中俄交界处）为源头计算，则总长度约 4 444 km，作为界河的河长约 4 000 km。阿穆尔河流域水资源特别丰富。阿穆尔河流域有 200 多条支流，主要水系为 1 条黑龙江干流外加的 7 条主要支流。主要支流中，黑龙江干流的右侧支流有松花江、额尔古纳河、乌苏里江；黑龙江干流的左侧支流有结雅河、阿姆贡河、布列亚河与石勒喀河。包括的湖泊有兴凯湖、贝尔湖、呼伦湖等[1-2]。如表 1 所示为阿穆尔河流域水资源特征。阿穆尔河流域俄罗斯部分包括滨海边疆区、哈巴罗夫斯克边疆区、阿穆尔州、犹太自治州以及外贝加尔边疆区，面积约为 85.7 万 km²，占流域总面积的 46.20%[3]。阿穆尔河在俄境内流经两个区域、西伯利亚地区和远东地区。前者包括石勒喀河和额尔古纳河的流经范围，后者则几乎被整条阿穆尔河贯穿。其上游河段至布拉戈维申斯克市，中游从布拉戈维申斯克至哈巴罗夫斯克，下游从哈巴罗夫斯克至入海口[4]。

2　俄罗斯阿穆尔河流域水资源管理制度

2.1　俄罗斯自然资源与生态部

俄罗斯的自然资源主要由自然资源与生态部、能源部、农业部、经济发展部、建设与住房公共事务部等 5 个联邦部级机构负责实施。自然资源与生态部主要负责矿产、油气、林用地、水、森林、气象、动物等资源方面的管理。如表 2 所示为自然资源与生态部概况[5]。

基金项目： 2020 年度高等教育教学改革重点委托项目：中蒙俄经济带寒地农业水利类人才国际化联合培养模式实践与研究（SJGZ20200135）。

作者简介： 尉意茹（1995—），女，助教，主要从事冻土水文地质与雪冰工程研究工作。

通信作者： Виктор Васильевич Шепеле（1941—），男，俄罗斯萨哈共和国雅库茨克人，教授，主要从事寒区地下水相关方向的科研和教学工作。

表 1 阿穆尔河流域水资源特征

序号	河流名称	河长/km	多年平均河口流量/（亿 m³/年）
1	黑龙江干流	4 400	3 942
2	松花江	2 972	762
3	额尔古纳河	1 620	608.39
4	结雅河	1 242	567.6
5	乌苏里江	890	507.85
6	阿姆贡河	723	149.37
7	布列亚河	623	280.81
8	石勒喀河	560	107.25

表 2 自然资源与生态部概况

机构名称	资源类型	职责范围
自然资源与生态部	矿产、油气、林用地、水、森林、气象、动物等资源	地质调查
		矿产资源利用与保护
		油气地质研究与使用许可证发放
		水资源利用与保护
		森林资源利用与保护
		林用地地籍管理
		水文气象与环境监测
		动物资源保护

俄罗斯联邦自然资源与生态部是涉及自然资源管理职能范围最广的联邦执行机关，在其管理范围内，各种自然资源类型均有涉及。其内设有 10 个司，分别是：事务与人事管理司，经济与财务司，法律司，国际合作司，环境保护与国家政策司，地质、矿产利用与国家政策司，森林资源管理与国家政策司，水文气象、环境监测与国家政策司，水资源管理与国家政策司，狩猎经济管理与国家政策司。下设 2 个署：俄联邦自然资源利用监督署，俄联邦水文气象与环境监测署。下设 3 个局：俄联邦地下资源利用局，俄联邦水资源局，俄联邦林业局。在隶属关系上，3 个联邦局和 2 个联邦署之间是平级关系，他们都隶属于自然资源与生态部。涉及水资源的为水资源管理与国家政策司和俄联邦水资源局。俄联邦水资源局在水资源管理与国家政策司的指导下负责水资源资产管理。

2.2 俄罗斯阿穆尔河流域水资源管理局

2.2.1 俄罗斯联邦水资源管理局

根据《俄罗斯联邦水法典》的规定，流域地区在水体利用和保护中是主要的管理单位，流域机构是直属俄罗斯联邦水资源的流域管理机构，是俄罗斯联邦水资源管理的一大特色，被赋予管理相应流域内水利工作的部分权力和权限，在处理流域内涉及水资源利用方面，负责捍卫国家的利益。在做决定时，流域机构应遵循流域生态原则，负责合理开发和利用流域内的水资源，维护河流、湖泊等自然水资源的生态环境状况[6]。根据《俄罗斯联邦水法典》的规定，将俄罗斯联邦划分为 20 个流域地区。分别是：①波罗地海流域；②巴伦支海和白海流域；③德维纳河-伯朝拉河流域；④第聂伯河流域；⑤唐河流域；⑥库班河流域；⑦西部里海流域；⑧伏尔加河上游流域；⑨奥卡河流域；⑩卡马河流域；⑪伏尔加河下游流域；⑫乌拉尔河流域；⑬鄂毕湾上游流域；⑭额尔齐斯河流域；⑮鄂毕湾下游流域；⑯安加拉河—贝加尔湖流域；⑰叶尼塞河流域；⑱勒拿河流域；⑲阿纳德尔河-科累马河流域；⑳阿穆尔河（黑龙江）流域。根据俄罗斯联邦划分的20个流域地区，结合联邦行政区域原则，开设14个水资源管理局，每个管理局下设多个分部。

俄罗斯水资源管理局下设的14个管理分局分别是：①阿穆尔河流域水资源管理局；②伏尔加河上游流域水资源管理局；③奥卡河流域水资源管理局；④德维纳河-伯朝拉河水资源管理局；⑤东斯科耶流域水资源管理局；⑥叶尼塞河流域水资源管理局；⑦西部里海流域水资源管理局；⑧卡马河流域水资源管理局；⑨库班河流域水资源管理局；⑩勒拿河流域水资源管理局；⑪莫斯科-鄂克斯克流域水资源管理局；⑫涅夫斯克—拉多加流域水资源管理局；⑬伏尔加河下游流域水资源管理局；⑭鄂毕湾下游流域水资源管理局。14个水资源管理局职能主要有7个：①在权限范围内保障实行合理利用、恢复和保护水体、预防和消除对水体有害作用的措施；②提交属联邦所有的水的使用权；③使用属本局管辖的水库和综合用途的水利系统，防护性水工设施及其他水工设施，保障其安全；④按照规定程序制定水资源综合利用和保护流程、水利平衡表，并编制水资源状况预测和水体远景利用与保护；⑤保障制定并实行防水措施，设计并确定水体的水保护带及其滨岸防护带，防止水污染；⑥提供同提交属联邦所有的水体状况及水体利用有关信息的国家劳务；⑦管理水体利用合同的国家注册，管理国家水籍，俄罗斯水工设施的登记，实施水体的国家监测，地表水和地下水的国家登记及其利用。

2.2.2 阿穆尔河流域水资源管理部

阿穆尔河流域水资源管理局又下设8个水资源部，分别是堪察加地区水资源部、外贝加尔湖地区水资源部、楚科奇自治州水资源部、阿穆尔州水资源部、犹太自治州水资源部、滨海边疆区水资源部、萨哈林州水资源部、哈巴罗夫斯克地区水资源部。

2004年俄罗斯自然资源部重组的目的在于加强国家对自然资源的控制和管理力度，更充分高效地利用包括水资源在内的各种自然资源，促进俄罗斯经济的发展。同时，扩大管理机构的权限，加强对污染的预防和治理以及对环境的保护，实现人与自然的可持续发展。为实现此目的，体现在水资源管理方面，法律规定俄罗斯自然资源部的主要任务是：第一，对水资源进行调查、开发、利用和保护，对自然环境保护及生态安全保障制定和执行国家政策并进行国家管理。第二，制订和采取各种措施，满足俄罗斯联邦经济对水资源的需求。保护和改善自然环境，提高自然环境质量，合理利用自然资源。第三，协调其他联邦执行权力机关在自然资源调查、开发、利用和保护以及自然环境保护和生态安全保障等方面的活动；第四，综合评估和预测水环境状况和水资源利用状况，保证为国家权力机关、地方自治机关、社会和公众提供有关的信息等。为了实现俄罗斯自然资源部的目的及任务，法律赋予了自然资源部广泛的职权。根据《俄罗斯联邦自然资源部章程》总则的规定，俄罗斯联邦自然资源部的主要职责如下：

（1）俄罗斯联邦自然资源部是联邦执行权力机关，负责在地下资源研究、利用、再生产和保护领域制定国家政策并实施法律调节的职能，包括管理国家地下资源和林业资源，利用和保护水资源，利用、保护和防护林业资源及森林再生产，使用水库及综合意义的水利系统、防护性水利系统及其他水工设施行船水工设施除外，并保障其安全，利用生物界客体并保护其生存环境（除了狩猎范围内的生物界客体），保护特别自然保护区，以及在环境保护领域的工作（生态监察领域除外）。

（2）俄罗斯联邦自然资源部对其管辖的联邦自然资源利用监察局、联邦地下资源利用局、联邦林业局和联邦水资源局的工作实行协调和监督。

（3）俄罗斯联邦自然资源部在其工作中遵守俄罗斯联邦宪法、宪法法律、联邦法律、俄罗斯联邦总统及俄罗斯联邦政府法规，俄罗斯联邦国际合同，以及本章程。

（4）俄罗斯联邦自然资源部同其他联邦执行权力机关、联邦主体执行权力机关、地方自治机关、社会团体及其他组织协同进行工作[6]。

2.2.3 阿穆尔河流域中国驻俄罗斯领馆

阿穆尔河流域水资源管理局所属辖区内主要涉及中国驻俄罗斯领馆主要有 3 个：①中国驻俄罗斯哈巴罗夫斯克总领馆；②中国驻符拉迪沃斯托克总领馆；③中国驻俄罗斯伊尔库茨克总领馆。

（1）中国驻俄罗斯哈巴罗夫斯克总领馆。

领区：哈巴罗夫斯克边疆区（哈巴罗夫斯克市）、阿穆尔州（布拉戈维申斯克市）、犹太自治州（比罗比詹市）、萨哈（雅库特）共和国。

（2）中国驻符拉迪沃斯托克总领馆。

领区：滨海边疆区（符拉迪沃斯托克）、萨哈林州（南萨哈林斯克）、马加丹州（马加丹）、勘察加边疆区（堪察加彼得罗巴甫洛夫斯克）、楚科奇自治区（阿纳德尔）。

（3）中国驻俄罗斯伊尔库茨克总领馆。

领区：伊尔库茨克州（伊尔库茨克市）、外贝加尔边疆区（原赤塔州及阿加布里亚特自治区，现贝加尔市）、布里亚特共和国（乌兰乌德市）、图瓦共和国（克孜勒市）、哈卡西共和国（阿巴坎市）。

3 俄罗斯远东地区水资源管理启示

考虑到我国总体水资源不足，人均占有量更是匮乏的现实，并且认识到，近年来随着我国经济社会的迅速发展，工业化进程的加快，生产用水和生活用水都在急剧增加，水资源短缺的现象日益突出，水环境的破坏日益严重，带来严重的社会和环境问题。我们应当努力吸收和借鉴其他国家的先进管理制度，促进水资源的可持续利用。俄罗斯作为一个水资源十分丰富的市场经济国家，都始终加强对水资源的管理。我国作为一个人均水资源贫乏、旱涝灾害频发、水污染愈演愈烈同时经济迅速增长的转型期国家，应在水资源管理中认真研究俄罗斯的水资源管理法律政策，借鉴和吸收俄罗斯已有的经验教训，开拓思路，进行制度创新，以期为我国相关制度的完善提供依据，加速改革和整合现有的水管理体制，通过法律政策的制定和修改，"取人之长，补已之短"，建立科学高效的水管理制度体系。

参考文献

[1] 张兆廷．黑龙江（阿穆尔河）流域跨国界含水层特征研究［D］．哈尔滨：黑龙江大学，2022.

[2] 丛大钧．黑龙江（阿穆尔河）流域水资源量分析与评价［D］．哈尔滨：黑龙江大学，2019.

[3] 张凯文，戴长雷，丛大钧．黑龙江（阿穆尔河）流域水文地理特征比较分析［J］．山西水利，2019，35（5）：4-7.

[4] 迟闯．俄罗斯远东地区自然资源开发利用与中俄资源合作研究［D］．长春：吉林大学，2008.

[5] 苏轶娜，王海平．俄罗斯自然资源管理体制及其启示［J］．中国国土资源经济，2016，29（5）：54-58.

[6] 王文卿．俄罗斯水资源管理法律制度研究［D］．郑州：郑州大学，2010.

基于寒区水利的学术交流平台规划与思考

程　锐[1]　戴长雷[2]　于　淼[2,3,4]　张晓红[2,3]

（1. 中国水利学会，北京　100053；2. 黑龙江大学水利电力学院，黑龙江哈尔滨　150080；
3. 东北联邦大学，俄罗斯雅库茨克　677000；4. 俄罗斯科学院西伯利亚分院麦尔尼科夫
冻土研究所，俄罗斯雅库茨克　677000）

摘　要：寒区由于其特定的地理位置和环境，导致寒区水利专业涉及的学科较多，包括地球物理、水文气象、地质地貌、水文与水资源等，同时，寒区内水的时空分布与运动规律与非寒区有明显区别。通过分析寒区水利研究基础及其进展，可成立寒区水利专业委员会，对学术交流平台进行规划，着力加强与典型寒区科研机构的国际合作，开展共建实验室、学者互访、联合培养研究生、科研成果交换、共同搭建学术平台等合作，对于推动寒区水利专业学科的发展和研究进展具有重要意义。

关键词：寒区；水利；学术交流平台；规划；专业委员会

1　引言

寒区是指温度低、固体降水在总降水中所占比重较大的冷凉地区。我国寒区分布广泛，包括黑龙江、吉林、辽宁和内蒙古四省（区），西南的青藏高原、西北的青海、甘肃和新疆等省（区），以及华北存在季节性冻融现象的地区。季节性冻土层的季节性冻融循环过程显著地影响了地下水的渗流方向、速度和循环方式，这就导致了寒区内水的时空分布与运动规律与非寒区有明显区别[1]。迄今为止，有关寒区水利领域的研究与非寒区相比较为滞后[2]。黑龙江大学水利电力学院在科研和教学活动中长期致力于突出寒区水利专业特色，着力加强与俄罗斯西伯利亚及美国阿拉斯加等典型寒区科研机构的国际合作，并开展了共建实验室、学者互访、联合培养研究生、科研成果交换、共同搭建学术平台等合作。成立寒区水利专业委员会，对于推动寒区水利专业学科的发展和研究进展具有重要意义。

2　寒区水利学术交流特点

2.1　涉及学科

寒区由于其特定的地理位置和环境，导致寒区水利专业涉及的学科较多，包括地球物理、水文气象、地质地貌、水文与水资源、冰雪工程和水利工程等多学科，也涉及河流、湖泊、含水层、冰川、蓄水池和运河，包括水力学、自然地理学、气象学和生态学等，使其研究方法多元化，是一门综合性学科。

基金项目：2020年度高等教育教学改革重点委托项目：中蒙俄经济带寒地农业水利类人才国际化联合培养模式实践与研究（SJGZ20200135）；2022年度省级外国专家项目立项计划：“一带一路”和“冰上丝绸之路”陆河连接沿程水文气象-经济社会-生态环境耦合创新研究人才交流与合作（G2022056）；国家留学基金（CSC 202008230159）。

作者简介：程锐（1979—），男，高级工程师，主要从事水利水电建筑工程科研工作。

2.2 发展现状

从 20 世纪末期以来，我国寒区水利专业开始逐步发展。兰州国家冰川冻土研究所杨针娘等编著了《寒区水文学》，解决了冰川融雪计算技术问题；徐雪祖等开展了冻土水分运移研究，解决了冻土建筑工程的诸多问题。在寒区冻土水文研究中，周有才和王景生分别提供了冻土上下水变化和冻结土壤含水量增加等珍贵资料。在冰凌研究中，我国水利专家李桂芬和孙肇初两人多次参选为执委会主席，由于他们的组织和参与，有力地推动了我国冰雪技术研究。黑龙江省水文局萧迪芳在分析冻土不透水性、蓄水调节和抑制蒸发等作用和效应的基础上，研究了冻土影响的产流机制、三水转换与地下水补排关系和寒区冻土条件下农田耗水与旱涝关系。黑龙江大学水利电力学院院长戴长雷有力地推动了寒区水利工作的发展，从 2007 年开始，组织了每年一次的寒区学术会议，开展了国内外学术交流和相关部门的协作，编著出版《寒区水科学及国际河流研究》系列丛书，共计 12 部。该系列丛书在寒区水利领域得到了广泛关注与引用。作为此系列丛书支持项目之一的"黑龙江流域冰清监测及跨国界含水层关键技术研究"获得了黑龙江省科学技术奖。

由水利科学技术工作者和团体自愿组成的中国水利学会，是全国性、学术性、非营利性社会团体，是党和政府联系广大企事业单位、高等院校、涉水组织和水利科技工作者的桥梁与纽带。中国水利学会已创建包括水工结构专业委员会、水文专业委员会和农村水利专业委员会等 49 个专业委员会，如表 1 所示。同时，中国水利学会也在努力推进"一带一路"国际水联盟的成立，充分发挥水联盟会员单位的优势，在涉水领域构建更加完善和包容的国际水治理体系，有效应对全球性水挑战，推动实现联合国可持续发展水目标。东北勘测设计院成立了水利部寒区工程技术研究中心，黑龙江大学成立了寒区地下水研究所，东北农业大学成立了寒区冻土特征有关的研究课题组。近年来，较多有关寒区水利专业的学术论文和著作相继发表和出版，为寒区水利专业的进一步发展奠定了基础。

表 1 中国水利学会专业委员会汇总

编号	专业委员会名称	挂靠单位	编号	专业委员会名称	挂靠单位
1	泥沙专业委员会	中国水利水电科学研究院	12	岩土力学专业委员会	南京水利科学研究院
2	施工专业委员会	中国安能建设集团有限公司	13	水工结构专业委员会	中国水利水电科学研究院
3	水文专业委员会	水利部信息中心	14	农村水利专业委员会	水利部农村水利司
4	水力学专业委员会	中国水利水电科学研究院	15	环境水利专业委员会	水利部水利水电规划设计总院
5	水利管理专业委员会	——	16	水利史与水利遗产专业委员会	中国水利水电科学研究院
6	港口航道专业委员会	中交水运规划设计院有限公司	17	遥感专业委员会	中国水利水电科学研究院
7	水利水电信息专业委员会	水利部发展研究中心	18	水利量测技术专业委员会	河海大学
8	水利规划与战略研究专业委员会	——	19	气象专业委员会	水利部信息中心
9	勘测专业委员会	水利部水利水电规划设计总院	20	水生态专业委员会	水利部中国科学院水工程生态研究所
10	水利信息化专业委员会	水利部信息中心	21	水法研究专业委员会	河海大学
11	减灾专业委员会	水利部水旱灾害防御司	22	滩涂湿地保护与利用专业委员会	浙江省水利厅

续表 1

编号	专业委员会名称	挂靠单位	编号	专业委员会名称	挂靠单位
23	水利统计专业委员会	——	34	水资源专业委员会	中国水利水电科学研究院
24	泵及泵站专业委员会	中国灌溉排水发展中心	35	水力发电专业委员会	水利部农村电气化研究所
25	地基与基础工程专业委员会	中国水电基础局有限公司	36	碾压混凝土筑坝专业委员会	中国安能建设集团有限公司
26	混凝土面板堆石坝专业委员会	水利部水利水电规划设计总院	37	牧区水利专业委员会	中国水利水电科学研究院牧区水利科学研究所
27	工程爆破专业委员会	武汉大学	38	城市水利专业委员会	——
28	雨水利用专业委员会	甘肃省水利科学研究院	39	河口治理与保护专业委员会	上海勘测设计研究院有限公司
29	水利水电风险管理专业委员会	水利部水旱灾害防御司	40	地下水科学与工程专业委员会	河海大学
30	调水专业委员会	水利部南水北调规划设计管理局	41	疏浚与泥处理利用专业委员会	河海大学
31	水工金属结构专业委员会	河海大学	42	生态水利工程学专业委员会	中国水利水电科学研究院
32	大坝安全监测专业委员会	南瑞集团有限公司	43	流域发展战略专业委员会	黄河水利科学研究院
33	水利政策研究专业委员会	水利部发展研究中心			

2.3 发展方向

水灾害与水安全属于水利工程一级学科，是一门基础研究与应用研究相结合、为适应新时期可持续发展、服务于水利和环境等工程的新学科。寒区水利专业主要针对冻融下的水灾害形成机制、预测与安全监控、防治技术、安全评估与风险分析以及全管理与保障体系等方面进行研究。寒区水资源时空演变规律及可持续利用系统模式研究，包括水资源时空演变规律研究、不确定性分布式水文模型研究和水资源优化配置及综合管理系统模式研究等三方面的研究。寒区水流泥沙运动机制及河流湖泊开发治理技术研究，包括波浪水流泥沙动力学机制研究、水动力要素时空演变规律及模拟技术研究、河流湖泊水动力过程及其环境效应研究和河流湖泊开发治理技术研究。寒区重点区域水田、旱田不同农作物耗水量试验，得出不同冻土、不同地质条件下作物生育期耗水量及其过程，试验研究田间蒸发过程与土壤冻融过程关系，冻土区渠系计算，旨在解决寒区冻土影响下不同作物耗水量问题，为寒区水利农业规划设计提供科学依据。寒区中小型水库泄洪区冰凌观测研究，解决寒区中小型水库设计和冬季合理调度运行问题。

3 寒区水利学术平台组建的目标

3.1 提高寒区水利科研机构之间业务水平

一直以来，寒区水利专业研究方向上的科研机构、高校单位间没有一个较好的沟通交流平台或机制，在管理体系、实验室环境标准、人员及设备档案管理、实验室安全规程等方面没有交流、学习的机会[3]。

3.2 打造科研交流和人才培训平台

寒区水利专业的研究机构较少，冰雪物理、冻土特性和冻土水文研究较弱，寒区水利缺乏核心技术与关键信息，导致研究相对滞后。因此，开展科研交流、人才培训是学科发展的必然要求[4]。进一步深化学术交流、推进智库建设、做好水利科普、强化服务支持、拓展对外合作、加强自身建设，不断提升学术引领力、战略支撑力、科技传播力、人才组织力、国际影响力、学会凝聚力，为推动新阶段寒区水利高质量发展提供更加有力的支撑。

3.3 科研联合攻关

寒区水利中尚有许多未知和疑难问题需要深入开展研究。组织科技工作者要坚持"四个面向"，大力弘扬科学家精神，追求卓越、敢为人先，攻坚克难、集智攻关，为提升寒区水问题研究贡献更多智慧和力量。通过寒区水利专业委员会的建立，定期组织相关专家进行专业研讨，开展科研联合攻关，为科研进步提供组织保障。

4 寒区水利学术交流平台规划

4.1 运行机制

基于寒区水利的学术交流平台，应以科学人才观为指导，搭建一个学术氛围浓郁、学术理论前沿的平台。另外，要制定合理的监管制度。合理有效的监管制度能够激励科研人员参加学术交流的意愿，提高学术交流的效果。在学术交流活动中，依据科研工作者在参加学术交流活动中的收获、次数、成果等，对科研人员的学术交流能力进行评价，保证科研人员在学术交流活动中的能动性。

4.2 交流模式

国际化合作是实现跨越式发展的重要战略之一，是建设一流学术平台的必经之路。首先，形成高校与高校间、高校与科研院所间的国际合作，国内的学术团队与相关领域的国际前沿学术团队共同开展研究，这样才能更快、更好地站上科技领域的高峰。其次，引进专家。在团队合作的基础上，引进专家组，扩宽研究视野，了解前沿技术，保障研究生的学术交流既有深度，又有广度[5]。再次，联合培养。在国际合作的基础上，双方可以互换研究生，进行联合培养。国内的研究生可以去国外的院校学习先进的技术和经验，国外的学生也可以来我们这里交流访问，激发思想的对碰，在交流中提高研究生的创新能力。最后，学术会议。依托国际合作，将单一的学术交流转化成多模式的团队之间的学术交流，包括视频会议、学术讨论群、网络讲座等形式，切实指导研究生进行学术交流活动，形成持续的、长久的、广泛的学术交流模式[6-7]。寒区水利学术交流平台的发展规划见图1。

5 总结与思考

寒区由于其特定的地理位置和环境，导致寒区水利专业涉及的学科较多，包括地球物理、水文气象、地质地貌、水文与水资源等，同时，寒区内水的时空分布与运动规律与非寒区有明显区别。迄今为止，有关寒区水利领域的研究与非寒区相比较为滞后。因此，应着力加强与典型寒区科研机构的国际合作，开展共建实验室、学者互访、联合培养研究生、科研成果交换、共同搭建学术平台等合作。成立寒区水利专业委员会，对于推动寒区水利专业学科的发展和研究进展具有重要意义。

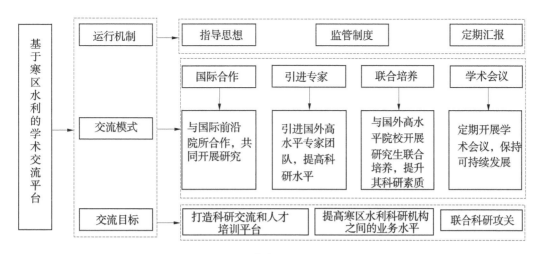

图 1　寒区水利学术交流平台的发展规划

参考文献

［1］阳勇，陈仁升．冻土水文研究进展［J］．地球科学进展，2011，26（7）：711-723.

［2］郭利娜．冻土理论研究进展［J］．水利水电技术，2019，50（3）：145-154.

［3］孙克辉，傅红，李长庚，等．构建多层次学术交流平台，培养研究生创新人才［J］．创新与创业教育，2012，3（6）：37-39.

［4］冯伟兴，贺波，叶秀芬，等．依托国际合作的博士生创新能力培养模式研究［J］．教育教学论坛，2019（10）：101-103.

［5］王新春，姜名荻，张仁堂．积极开展学术交流，促进研究生培养质量的提高［J］．教育教学论坛，2018，14（4）：206-207.

［6］何亮，凌天清．以国际交流与合作促进工科研究生创新能力提升［J］．教育评论，2018（3）：73-76.

［7］王玲．国际大科学计划和大科学工程实施经验及启示［J］．全球科技经济瞭望，2018，33（2）：33-39.

研究生冻土水文学课程内容学习与思考

涂维铭[1,2,3]　戴长雷[1,2,3]　陈　末[1,2,3]

(1. 黑龙江大学寒区地下水研究所，黑龙江哈尔滨　150080；

2. 黑龙江大学水利电力学院，黑龙江哈尔滨　150080；

3. 黑龙江大学中俄寒区水文和水利工程联合实验室，黑龙江哈尔滨　150080)

摘　要：研究生课程教学应注重对研究生进行创新学习能力、科学思维的培养。以黑龙江大学为例，阐述研究生冻土水文学课程学习的内容、组织、考核、学习效果等环节，并提出一些课程相关思考，以期为同类研究生课程的教学与学习提供参考。

关键词：研究生课程；冻土水文学；黑龙江大学

1　引言

课程教学是培养研究生科研自主创新能力的基础，而且对于研究生知识结构的拓宽、批判思维的形成、科研能力的提升都具有非常重要的作用[1]。冻土水文学是一门多学科交叉的课程，涉及地球物理、地质地貌、生态环境、水文气象等多学科，关系到水文水利计算、冰雪工程、水文预报和水资源评价、农业水文气象，以及生态环境和工农业生产的发展[2]。黑龙江大学位于黑龙江省省会哈尔滨市，处于典型的寒区地带，是一所地域特色非常明显的高校[3]。黑龙江大学水利电力学院依据地方特色，为水利工程/土木水利硕士研究生开设冻土水文学专业课，该特色课程的内容学习直接影响冻土水文地质方向研究生的培养质量。本文系统阐述了冻土水文学研究生课程的内容、组织、考核、学习效果，可以为同类课程的教学与学习提供参考。

2　课程内容学习

2.1　课程概况

黑龙江大学冻土水文学研究生课程时间安排在研究生一年级的第二学期，授课老师是一位教授和一位副教授，上课学生是水利工程学术学位和土木水利（水利工程方向）专业学位硕士研究生，课程为 32 学时，上课时间为 8 周，其中 7 周时间教学，最后 1 周进行课程论文考核。

2.2　课程内容

由于冻土水文学没有标准教材，授课老师在参考国内外冻土水文学研究生课程教学体系的基础上，将 3 部国内经典教材《寒区水文学讲义》[4]《寒区水文导论》[5]《肖迪芳寒水研究暨黑龙江寒水探索》[6] 和 1 部国外经典教材 *Permafrost Hydrology* [7] 部分内容整合为研究生的课程讲义。冻土水文学课程讲义内容分为 10 个章节，分别是冻土基础知识、多年冻土水文过程、世界寒区、冻土中的水分、冻土的基本物理指标、多年冻土的概念与分布、冻土水文效应、多年冻土发育的影响因素、多年

基金项目：2020 年度高等教育教学改革重点委托项目：中蒙俄经济带寒地农业水利类人才国际化联合培养模式实践与研究（SJGZ20200135）。

作者简介：涂维铭（1996—），男，硕士研究生，研究方向为冻土水文地质与雪冰工程。

通信作者：戴长雷（1978—），男，教授，主要从事寒区地下水及国际河流方向的教学与科研工作。

冻土与水文学、多年冻土区的环境特征等。

除了常规学习冻土水文学课程讲义外，授课老师还为研究生设计了国外经典纪录片《Frozen Planet》解说词的中英文整理（见图1、图2）和对纪录片进行配音（见图3）的环节。

第3章 世界寒区

The common perception of the world's cold regions are
世界寒区的普遍定义是
those inhospitable frigid zones extending outward from the
那些从北极和南极向外延伸的不适宜
north and south poles that are covered (at least for part of the
居住的寒冷地带，那里被冰雪覆盖（至少在一年
year) with ice and snow, and where one may expect to find
中的部分时间），人们可能期望在那里
vast expanses of frozen ground, glaciers, ice caps, frozen
发现大片冻土、冰川、冰盖、结冰的湖泊
lakes and ice-covered seas. Further away from the poles,
和冰雪覆盖的海洋。　在远离两极的地方，
climatic conditions generally become less severe, and the ice
气候条件通常会变得不那么严峻，一年中的大部分
and snow may disappear for large parts of the year. This

cold region [kəʊld ˈriːdʒən] 寒区；
frigid zone [ˈfrɪdʒɪd zəʊn] 寒冷地带；
north and south pole 北极和南极；
frozen ground 冻土；
glacier [ˈɡlæsiə(r)] 冰川；
ice cap 冰盖；
frozen lake 冰湖；
ice-covered sea 冰封海洋；
climatic condition 气候条件；

图1　讲义外文内容翻译

第二集　极地之春

The sun is absent for up to half the year in the polar regions.
极地区的太阳会消失半年之久。
When it returns,at the beginning of spring,its warmth will transform
当它在初春回来时，　　　　　　　温暖会改变神奇的冰雪世界。
this magical ice world.The greatest seasonal change on our planet is
地球上最壮观的季节　更迭现在正在进行。
now underway.

Spring
春季
Antarctica is still locked in ice,and surrounded by a frozen
南极洲依旧万里冰封，被冰冻的海洋包围。
ocean.Nonetheless,there are signs.Adelie penguins are arriving-just
即便如此，这里也有春的迹象。阿德利企鹅来了但只有雄
the males, they are spent five months at sea,where it's warmer than it
他们在海洋中生活了5个月，那里比陆地温暖
is on land and now they're in a hurry,for spring will be short.They
现在它们需要争分夺秒，因为春天非常短暂。
have travelled 6000 miles across the ocean,since leaving their colony
它们从去年离开栖息地到现在已经长途跋涉6 000英里，
last year,and now they're returning to breed.They cannot lay their

南极(Antarctica)：围绕南极的大陆，地球七大洲之一。位于地球南端，四周被南冰洋所包围，边缘有别林斯高晋海、罗斯海、阿蒙森海和威德尔海等。南极洲由大陆、陆缘冰、岛屿组成，总面积1 424.5万km²，其中大陆面积1 239.3万km²，陆缘冰面积158.2万km²，岛屿面积7.6万km²。全境为平均海拔2 350 m的大高原，是世界上平均海拔最高的洲。

阿德利企鹅(Adelie penguins)：在企鹅家族中属中、小型种类，体长72~76 cm，和许多种类企鹅一样，雌鸟和雄鸟间

图2　《Frozen Planet》解说词整理

2.3　课程组织

课程基本安排在线上进行，研究生除了通过腾讯会议线上学习，还有微信群、公众号等不同的形式进行课程学习和交流。

2.4　课程考核

课程考核形式为平时成绩和课程论文，分值各占20%和80%。平时成绩由课堂表现与平时作业构成。课程论文选题与研究生的毕业论文方向密切相关。课程论文答辩在最后一周进行，由学生在腾讯会议汇报，老师点评并给予成绩。部分课程论文题目见表1。

图 3 《Frozen Planet》配音

表 1 部分课程论文题目

组别	题 目
学硕组	东北冻土区土壤侵蚀研究进展分析
	气候变暖背景下的寒区小流域洪水演变趋势分析——以嫩江流域甘河为例
	基于气候变化的东北地区多年冻土区缩减影响分析
	渗流试验影响因素及误差分析
专硕一组	寒区冻层水理性质特征参数研究综述
	寒区生态流量计算方法研究综述
	季冻区地下水资源量评价方法研究进展
	季冻区积雪与冻融对土壤墒情的影响试验模拟研究
专硕二组	东北亚寒区生产水足迹比较分析
	冻融条件下土壤可蚀性对养分迁移的影响
	典型寒区地下水环境问题分析
	寒区淌流冰分类与概念辨析
专硕三组	寒区小流域春季融雪径流研究进展
	基于 K/M 检验的哈尔滨城区地下水埋深时间序列模型的构建
	冻融期冻土中水分变化影响因素分析

2.5 学习效果

通过研究生课程冻土水文学的学习,同学们掌握了一定的寒区、冻土与水文学知识基础,尤其以冻土水文效应与发育知识学习最为深入。在以寒区、冻土与水文学知识为背景的条件下,冻土水文地质相关的研究成为研究生学位论文的可能选题方向。

3 相关思考

3.1 课程设置

研究生冻土水文学这门课程依据黑龙江大学在地域上的优势而设,加强了研究生与同类专业课寒区水文地理、寒区水文地质学、西伯利亚水利生态环境等课程的关联性。

3.2 课程内容

研究生除了对讲义外文部分进行中英文对照翻译，还对国外经典纪录片《Frozen Planet》解说词进行中英文整理和对纪录片进行配音，加强了研究生的英语口语及专业英语能力。多元化的课程内容也给同类课程提供了借鉴。

3.3 课程组织

研究生大多在线上上课，但是老师线上授课的模式与风格提高了同学们对冻土水文学的学习兴趣，调动了同学们的积极性和主动性。另外，老师将同学们分为4组，每组设置组长，组长带动小组成员完成课上任务与课后作业，锻炼了研究生的组织协调能力。这种分组学习的授课模式也将给同类课程提供参考。

3.4 课程考核

课程考核包括课程论文与平时作业汇总，课程论文加深了同学们对课程的理解，锻炼了同学们的逻辑思维能力，平时作业汇总加强了同学们的思考总结能力。

4 结语

对比同类没有标准教材的研究生课程，这门冻土水文学课程授课采用教师讲授和学生互动相结合的方式，设计了分小组进行讲义整理、讲义外文翻译、国外经典纪录片解说词中英文整理、外文纪录片配音等环节，提高了研究生的学习积极性，同学们小组内与小组间都能配合默契完成平时课后作业，期末考核成绩普遍提高，部分学生参加学术会议发表论文并获奖。另外，课程使研究生对专业研究有了更多热情，成功引导了研究生从被动学习转变为主动学习；同学们的英文文献阅读、学术论文写作及学术交流能力都得到了提高。随着教学改革的不断深入，其他研究生课程也会向此类注重对研究生进行创新学习能力、科学思维的培养的特色课程不断改进和完善。

参考文献

[1] 熊玲，刘芳，李忠. 研究生课程建设的思考与探索 [J]. 华南理工大学学报（社会科学版），2011，13（6）：93-96，118.

[2] 肖迪芳. 寒区冻土水文学问题简析 [C] //赵惠新，戴长雷. 寒区水资源研究. 哈尔滨：黑龙江大学出版社，2008：12-26.

[3] 戴长雷，张凯文，王羽. 寒区水利概论类课程研究生助教效果分析 [J]. 黑龙江教育（高教研究与评估），2019（11）：65-66.

[4] 高坛光，许翔，许民. 寒区水文学讲义 [M]. 北京：气象出版社，2020.

[5] 丁永建，张世强，陈仁升. 寒区水文导论 [M]. 北京：科学出版社，2017.

[6] 肖迪芳，戴长雷，等. 肖迪芳寒水研究暨黑龙江寒水探索 [M]. 哈尔滨：哈尔滨地图出版社，2014.

[7] Ming-ko Woo. Permafrost Hydrology [M]. Springer，2012.

中蒙俄经济带寒地农业水利类人才国际化联合培养模式的研究与思考

于　淼[1,2,3]　　尉意茹[1,2,3]　　周　洋[3]　　张晓红[1,3]

（1. 东北联邦大学地质勘探学院，俄罗斯雅库茨克　677000；2. 俄罗斯科学院西伯
利亚分院麦尔尼科夫冻土研究所，俄罗斯雅库茨克　677000；
3. 黑龙江大学水利电力学院，黑龙江哈尔滨　150080）

摘　要： 中蒙俄经济带是我国"十三五"规划中提出的"一带一路"经济带建设的六大经济走廊之一，是"一带一路"建设重要的北方分支。农业作为我国经济发展的基础产业，在新时代通过"一带一路"建设推动下，使得农业焕发出新的生机。然而目前中蒙俄经济带上农业水利类的人才交流和研究却相对较少，人才国际化培养过程中的主要影响因素和保障条件较为复杂，有待识别和总结。因此，基于寒地农业水利类人才培养国际化的需要，与我国寒地农业水利相关研究等工作基础相结合，探索现代农业水利援外培训途径，为农业水利类学生及教师海外访学机制提供参考。

关键词： 中蒙俄经济带；寒地；农业；水利；国际化；联合培养

1　研究背景

中蒙俄经济带是我国"十三五"规划中提出的"一带一路"经济带建设的六大经济走廊之一，是"一带一路"建设重要的北方分支，是处于丝绸之路经济带沿线的一条主动脉，其覆盖亚欧广阔区域，可推进中国与周边国家基础设施互联互通，将在丝绸之路经济带建设中形成新亮点，在亚欧大陆形成新的区域经济发展格局[1]。中蒙俄经济带以我国太平洋沿岸的环渤海、长三角和珠三角经济圈为起点，充分对接海上丝绸之路和陆上丝绸之路经济带[2-3]。线路途经中国东北地区、内蒙古、西北地区以及蒙古国和俄罗斯等，最终抵达波罗的海、大西洋和地中海沿岸。黑龙江省作为与蒙古国和俄罗斯的交界省区，是我国境内中蒙俄经济带的核心区。其中，黑龙江大学地处冰城哈尔滨，具备对中蒙俄经济带相关研究的先天地缘优势，长期以来与蒙古、俄罗斯等国形成了良好的战略协作伙伴关系，签订了一系列合作协议，具有较好的合作基础。

2　已有基础与平台

2.1　地域基础

黑龙江省地处中国东北寒区，与蒙古国和俄罗斯毗邻，农作物生长条件、种植种类、农业生产特点等较为相似，开展寒地农业研究具有明显的地域优势。在前期工作中，我们已经对中蒙俄经济带寒区相关的农业水利领域和水生态相关问题进行了一系列的研究，具有较为扎实的寒区农业研究基础。

基金项目： 2020 年度高等教育教学改革重点委托项目：中蒙俄经济带寒地农业水利类人才国际化联合培养模式实践与研究（SJGZ20200135）；2022 年度省级外国专家项目立项计划："一带一路"和"冰上丝绸之路"陆河连接沿程水文气象-经济社会-生态环境耦合创新研究人才交流与合作（G2022056）；国家留学基金（CSC 202008230159）。

作者简介： 于淼（1994—），男，博士研究生，主要从事冻土水文地质方向的教学与科研工作。

2.2 平台基础

黑龙江省高校众多，其中，黑龙江大学有着深厚的对俄基础，长久以来与俄罗斯和蒙古国多所高校及科研院所达成了良好的战略合作关系，为"一带一路"中蒙俄经济带交流互访提供了良好的平台基础。在专业平台上，黑龙江大学农业水利工程专业入选 2013 年黑龙江省"卓越农业人才教育培养计划项目"，并设有农业水利的研究生研究方向，具有中俄寒区水文与水利工程联合实验室、黑龙江大学寒区地下水研究所、黑龙江大学寒区水利工程校级重点实验室，实验室面积 3 000 m²，拥有各类试验仪器设备达 1 598 万元。学校一直致力于寒区水利方向的特色科研和教学工作，形成了一系列的创新成果，受到社会和政府的高度重视。近 5 年承担国家科技支撑项目、国家自然科学基金项目、水利部公益性行业基金项目等。

2.3 国际合作基础

黑龙江大学对俄办学 70 余年，设有中俄学院、俄语学院、俄语培训基地、俄罗斯科技合作信息中心，与俄罗斯合作高校打造了全新的课程体系，构建起了宽领域、多层次、高水平"专业+俄语"的对俄战略性拔尖创新人才培养模式，学校在科研和教学活动中致力于突出寒区水利特色，长期与俄罗斯的相关高校与研究机构保持良好的合作关系。水利电力学院的寒地农业水利教学和研究团队扎根寒区，致力于寒地农业水利类人才培养，不断搭建国际合作平台，与俄罗斯科学院西伯利亚分院麦尔尼科夫冻土研究所、俄罗斯东北联邦大学、莫斯科大学等著名寒区科研机构开展了诸如共建实验室、学者互访、联合培养研究生、科研成果交换、共同搭建学术平台等合作。

黑龙江大学已获批中国科技部 2020 年度发展中国家技术培训班项目，将举办"中蒙俄经济带寒区水利工程建设与水资源高效利用培训班"。项目负责人所在学院于 2016 年与俄罗斯西伯利亚冻土所共建"中俄寒区水利工程联合实验室"。项目团队在 2016 年、2018 年先后 2 次以学科团队形式赴西伯利亚冻土所开展培训交流。2019 年 7 月与俄罗斯东北联邦大学在俄罗斯萨哈共和国共同举办"寒区水资源及其可持续利用"学术研讨会，同年 12 月项目团队教师团赴俄罗斯哈巴罗夫斯克进行访问交流。目前，已有 2 名教师前往俄罗斯莫斯科大学访问交流，3 名研究生前往俄罗斯东北联邦大学访学，并有 1 人正在攻读博士学位。与俄罗斯东北联邦大学签订 1 项合作协议，与俄罗斯科学院西伯利亚分院麦尔尼科夫冻土研究所签订 2 项合作协议。项目团队对"一带一路"中蒙俄经济带寒区水利类人才国际化联合培养具有丰富的实践经历，在这些实践基础上深刻分析，可对探索中蒙俄经济带寒地农业水利类人才国际化联合培养的可持续发展模式提供重要保障。

3 联合培养模式的思考

基于寒地农业水利类人才培养国际化的需要，扩大与中蒙俄经济带国家大学及科研机构开展农业水利类人才联合培养的新途径，通过理论研究与实践紧密结合的方法，识别国际化培养过程中包括相关国家局势、国家政策等宏观层面的因素，以及学校国际化发展程度、个人条件等微观层面等制约因素，归纳出包括课程体系和培养模式的完善、师资结构的优化，联合培养援外培训和访学经费来源、人员组织结构的合理性、相应硬件设施的支持和相关政策等方面的保障条件，在既有工作的基础上建立农业水利类学生及教师海外访学机制。基于服务国家对外开放战略的需要，加强国际教育科技文化方面的合作，探索现代农业水利援外培训途径，搭建中蒙俄经济带农业水利研究合作平台，推动"一带一路"沿线国家和地区大学及研究机构的全面合作，为我国寒地农业走出去提供人才与科技支撑，提升国际影响力，为中蒙俄经济带农业发展提供中国智慧，总结出中蒙俄经济带的寒地农业水利类人才国际化联合培养的可持续发展模式。中蒙俄经济带寒地农业水利类人才国际化培养模式实践与研究技术路线如图 1 所示。

4 结语

在通过既有工作的基础上，继续扩大与中蒙俄经济带国家大学及科研机构开展农业水利类人才联

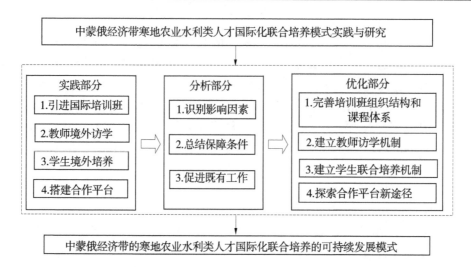

图 1 中蒙俄经济带寒地农业水利类人才国际化培养模式实践与研究技术路线

合培养，实现了教师和学生境外访学和联合培养的目标，并通过积极探索现代农业水利援外培训途径，推动中蒙俄经济带中国农业新技术的推广，搭建新的合作平台，可以有效总结出中蒙俄经济带的寒地农业水利类人才国际化联合培养的可持续发展模式，进而可对我国相关研究提供支撑。

参考文献

［1］孙佳伟．"一带一路"和"冰上丝绸之路"陆河连接可行性研究［D］．哈尔滨：黑龙江大学，2021．

［2］吴青松，马军霞，左其亭，等．塔里木河流域水资源–经济社会–生态环境耦合系统和谐程度量化分析［J］．水资源保护，2021，37（2）：55-62．

［3］戴长雷，李梦宇，孙佳伟，等．中国东北和俄罗斯远东水资源–环境–生态耦合关系探讨［C］//中国水利学会．中国水利学会2020学术年会论文集：第二分册．2020：227-230．

寒区生态流量计算方法研究综述

高雅琪[1,2] 高 宇[1,2] 宋成杰[1,2]

（1. 黑龙江大学寒区地下水研究所，黑龙江哈尔滨 150080；
2. 黑龙江大学水利电力学院，黑龙江哈尔滨 150080）

摘 要：生态流量是保持河湖生态功能以及控制水资源开发利用程度的重要指标，由于北方寒区河流水量较小并且水量随着季节变化较大，有一部分河流会出现"连底冻"的现象，所以生态流量计算方法存在一定的局限性，本文通过对生态流量的国内外研究进展以及常见的 3 种生态流量计算方法的归纳研究，选取适用于寒区河流的生态流量计算方法。

关键词：生态流量；计算方法；寒区；国内外研究

1 引言

水资源在保护生态环境、人类生产活动以及社会发展等方面具有重要意义。然而，水资源的过度开发占用了我国部分地区的水资源生态水量，生态问题越来越明显，如河道断流、生物多样性降低、水质恶化等。生态流流量的定义随着时代的变化不断发展，目前对于它的解释有很多种，一方面为了部分恢复自然水文情势的特征，另一方面以某种程度维持河湖生态系统的健康状态，并可以为人类提供赖以生存的水生态服务所需要的流量以及流量过程[1]。满足两个方面为生态流量的定义。

北方寒区河流水量较小，并且水量会随着季节变化较大，有些月份经常会出现断流的现象。北方河流在冰冻期间，河面全部冻结成冰，有一部分河流会出现"连底冻"现象。由于在冰封期间，河流内的生物量会变得特别少[2]。所以，寒区河流的生态需水在季节性上存在差异，与南方丰水区的河流区别也较大。目前已有的生态流量方法均存在一定的局限性，但是生态流量的计算方法丰富，本文对多种生态流量计算方法进行探讨，选择对寒区河流合适的生态流量计算方法。

2 国内外研究进展

2.1 国内研究进展

我国研究有关生态流量的相关问题相比国外起步较晚，在河流最小流量估算方法上的研究比较集中。1989 年，生态用水的定义由汤奇第一次提出，用于解决塔里木盆地绿洲干旱的问题，结论是绿洲的水量保持总资源量的 40% 以上，可以维系保持现有的绿洲所拥有的水量[3]。21 世纪以后，对于生态流量的研究得到了较快的发展，更多的学者根据河流区域的特点，提出适合各个区域的生态流量计算方法。2000 年，段首控制法首次被提出，目的是在最小需水量的基础上解决污染严重的河道最小生态流量相关问题。2016 年，刘国民选择新安江坝下江段为研究区域，对于不同流量条件下的水深和流量的分布，选择 MIKE21 二维水动力模型进行模拟以及运用 PHABSIM 模型进行耦合，绘制得到流量-WUA 的关系曲线，以此来获得最适宜的生态流量数值，为水库生态调度提供参考[4]。随着时间的推移，对于生态流量的研究不断加深与了解，渐渐明确了生态流量的概念，2020 年 4 月，指

基金项目：2020 年度高等教育教学改革重点委托项目（SJGZ20200135）；横向课题（HC〔2021〕1838）。

作者简介：高雅琪（1999—），女，硕士研究生，研究方向为寒区水文与雪冰工程。

通信作者：高宇（1992—），女，博士，主要从事寒区水文地质方向的教学和科研工作。

出河湖生态流量是指为了维持湖泊、河流等生态系统的功能和结构，需要保留在河湖内符合水质要求的流量（水量、水位）和过程（引用水利部《关于做好河湖生态流量确定和保障工作的指导意见》）[5]。

2.2 国外研究进展

国外对于生态流量研究的发展历程可以分为 3 个阶段：开始阶段（19 世纪）、集中研究阶段（20 世纪 40 年代）以及较大进展阶段（20 世纪 70 年代）。Petts（2010）提出了把河道流量变化特征和流域内生态环境相结合，维持河道生态系统的最小流量概念；Tennant（1976）经过美国西北部 3 个州的 11 条河流调查取证后，提出了用多年平均流量的百分比计算生态流量这一方法，称为蒙大拿法；Mosely（1982）在原有的基础上，以水文要素（湿周率、平均水深、流速等）作为栖息地的评价指标进行改进与升级，得到新 R2-CROSS 法[6]。伴随着对河流生态系统整体思想的不断更新与变化，新的计算方法越来越多，应用最为广泛的两种方法为 BBM 法（南非）和整体法（澳大利亚）。Vlasta 等（2016）从污染物浓度和最小河流流量两方面考虑，并进行联系，从而对河流最小生态流量进行确定[7]；Serena（2018）提出一种新的方法为水文模型校准方法，这种方法的基本原理是通过对水生态区域的创建来对最小生态流量进行确定[8]。

3 生态流量计算方法

据统计，到目前为止，国际上与生态流量相关的计算方法有 200 余种，根据每种方法的特性以及不同时间阶段的划分，常用的方法可以大致分为 3 种，分别为水文法、水力-栖息地法以及整体法[9]，如表 1 所示。

表 1 三种生态流量计算方法比较

方法类别	用途	规模	相对使用频率
水文法	对历史流量数据进行审查，找出河流中天然流量阈值，并可将其视为流量的"安全"阈值	整条河流，应用于区域评估。	较高
水力-栖息地法	选择确定目标物种、群落的栖息地数量和面积随流量变化的情况	选择代表性河流作为研究区，随之扩大到整个流域区域	一般
整体法	涉及多种生态系统因素，用于河流生态系统全部组成成分的流量	整条河流，应用于区域或河流特定尺度	低

3.1 水文法

水文法是依据长序列水文数据确定河道所需流量的过程，不需要实地踏查，计算过程简易、成本低，考虑因素少，一般用于参考或方法比对[10]；主要包括最小月径流量法、年内展布法、Tennant 法、逐月频率计算法、RVA 法等[11]，如表 2 所示。

3.2 水力-栖息地法

水力-栖息地法是根据鱼类的生活历史和习惯，对流速、水深等这些水力条件绘制适应性曲线。通过曲线就能获得不同物种最适合的流量，作为确定生态流量的依据。通过水力计算获得流场分布图，从而可以推算出栖息地的有效面积，同时确定处在此栖息地所涵盖的流量范围。这种方法的优点是：①建立起水力学参数和鱼类生活时的水力条件需求相关关系；②赋予水文情势生态学的意义。

表 2 水文学系列方法比较

计算方法类别		应用范围	实例
90%最小日平均流量法	选用 P-Ⅲ 型频率曲线在 90%频率下对特定月份的最枯流量进行频率分析，即为所求的生态流量最小值	开发利用度高且基础水文资料充足	赣江下游生态流量估算
多年日流量资料排频法	对日流量数据进行排序（由大到小），绘制 P-Ⅲ 曲线，对比不同频率下的流量过程，目的是满足不同目标下的生态用水	长时间序列的水文资料	汉江子午河生态流量研究
最枯月平均流量多年平均值法（最枯月法）	基于长序列的水文数据得到月平均流量，从中选择最小值（已选择的时间序列）为最枯月平均流量	数据要求较高，采用人类影响较少的数据	克孜河流域生态基流量分析
Tennant 法（又称 Montana 法）	用天然流量的多年平均流量的百分比作为基流标准，并且假定在某些特定的河流当中可以维持不同量级的基流，以此就能维持各种状况的鱼类栖息地。优点是快速且简便	含有历史资料记载的地区	唐河流域水文站
NGPRP 法	在考虑气候状况以及频率因素的条件下，将年份分为干旱年、标准年、湿润年三种，取其中的标准年（90%保证率）为最小值流量，其缺点为缺少生物学依据这一因素	长序列水文资料进行年型划分，将生态基流与径流的情况相结合	小水电站生态流量估算
Texas 法	考虑了在不同的生物特性和区域水文特征以及季节变化影响的条件下，最小流量（50%保证率下）月流量的特定百分率，作为最小流量	适用于开发利用度较高的河流	倭肯河流域中下游段河道生态基流计算
RVA 法（变异范围法）	根据自然水文过程水文序列，采用了 5 类组分 33 个水文指标，对比自然水流和改变后的水流，计算出 IHA 并综合评价自然水被干扰前后对于水文情势的改变程度	需要 20 年以上连续的日流量序列	永安溪水文情势影响研究

河流内流量增量法（IFIM）是 20 世纪 70 年代提出的栖息地评价法的一种[12]，到目前为止此方法依旧适用，这种方法的目标是确定人类活动导致的水文情势的变化对栖息地的影响。

迄今为止，栖息地模拟方法有 60 种左右，仅次于水文学方法，但是，在大多数的区域很少运用，所以没有得到进一步的发展。

3.3 整体法

整体法是水力、水文、栖息地模拟法与专家知识的结合，需要河流的基础数据（流速、水深、宽度以及生物资料等），整体研究河床形状、流量、泥沙与河岸带群落之间的关系。整体法的目的是将水生态系统所需水和人类社会需水形成一个整体框架来评估[13]。整体法的流程是通过多学科的专家团队制定的流量标准，把经济、社会、文化目标（除生态目标）归纳入评估框架当中，通过和平台协商，流域的管理者或科学家讨论并进行协商最后达成共识。目前为止，整体法有很多种，但最具有代表性的方法为生态限度框架法（ELOHA）[14]。但整体法由于生态响应的认知有限，此方法还有待提高和完善。另外，整体法成本费用较高且耗费时间长。

4 结语

综上所述，每种方法都有自己的适用条件和重要性，水文法是目前计算方法里面运用最广泛的方法之一，具有计算简单、数据易得以及易于操作等优点，但是在实际应用中却未能反映物种在不同生命阶段对河流生态流量的需求。水文-栖息地法考虑了水深、流速、温度等多种因素，还需要对生态系统进行长期、深入的观察。因此，这两种方法都具有一定的局限性。

结合北方寒区河流的特点，我们可以基于水文断面来进行生态流量的计算，综合基于历史水文数据和河段数据，利用水文频率分析和水力参数计算确定河流生态流量。不仅具有一定的优越性概率保证率，还考虑了河流的水文环境的要求。考虑到寒区季节性变化差异较大，选择对 Tennant 法改进以后的方法，把年度分为两个时段，划分为 10 月至翌年 3 月（枯水季）和 4—9 月（丰水季）两个时段，两个时段计算基流的基准为天然流量的去全年平均流量（不是同时段多年平均天然流量百分比）。

参考文献

[1] 王丹予，张为中. 松花江哈尔滨江段最小环境流量的探讨 [J]. 东北水利水电，1990（7）：20-26.

[2] 杨志峰，崔保山，刘静玲. 生态环境需水量评估方法与例证 [J]. 中国科学：D 辑，2004，34（11）：1072-1082.

[3] 舒畅，刘苏峡，莫兴国，等. 基于变异性范围法（RVA）的河流生态流量估算 [J]. 生态环境报，2010，19（5）：1151-1155.

[4] 武汉清. 基于小水电开发建设的季节性河流生态流量计算及保证措施研究 [D]. 郑州：郑州大学，2016.

[5] 刘悦忆，朱金峰，赵建世. 河流生态流量研究发展历程与前沿 [J]. 水力发电学报，2016，35（12）：23-34.

[6] 段红东，段然. 关于生态流量的认识和思考 [J]. 水利发展研究，2017，17（11）：1-4.

[7] MCMAHON T A, ARENAS A D. Methods of computation of low streamflow [J]. Paris in hydrolog, 1982（36）：107.

[8] Malin, Falkenmark. Stockholm Water-Symposium 1994：Integrated Land and Water Manaement：Challenges and New Opportunities [J].

[9] Jain S K. Assessment of environmental flow requirements [J]. Hydrological Processes, 2012, 26（22）.

[10] Powell G L, Matsumoto J, Brock D A. Methods for determining minimum fresh water inflow needs of Texas bays and estuaries [J]. Estuaries, 2002, 25（6）：1262-1274.

[11] 王琲，肖昌虎，黄站峰. 河流生态流量研究进展 [J]. 江西水利科技，2018，44（3）：230-234.

[12] POFF L R , MATTHEWS J H. Environmental flows in the Anthropocene：past progress and future prospects [J]. Current Opinion in Environmental Sustainability, 2013, 5（6）：667-670.

[13] 汤奇成. 塔里木盆地水资源合理利用及控制措施分析 [J]. 干旱区资源与环境，1991（3）：28-35.

[14] 王西琴，刘昌明，杨志峰. 生态及环境需水量研究进展与前瞻 [J]. 水科学进展，2002（4）：507-514.

基于生态足迹模型的黑龙江省水资源承载力评价

马耀东[1,2]　李治军[1,2]　李若彤[1,2]

(1. 黑龙江大学寒区地下水研究所，黑龙江哈尔滨　150080；
2. 黑龙江大学水利电力学院，黑龙江哈尔滨　150080)

摘　要：以黑龙江省各市作为研究对象，应用生态足迹模型对黑龙江省各市水资源生态足迹和水资源生态承载力进行计算分析，计算结果表明：2020 年黑龙江省水资源生态足迹为 5.09×10^7 hm²，人均生态足迹为 22.773 hm²/人，水资源生态承载力为 9.9×10^7 hm²，水资源生态压力指数为 0.514，黑龙江省各市水资源整体处于可持续状态，且农业灌溉用水占比最大；各市的水资源承载力中，哈尔滨市水资源生态承载力最大，大庆市水资源生态承载力最小；佳木斯市的水资源生态足迹最大，大兴安岭地区水资源生态足迹最小；大庆市、齐齐哈尔市、佳木斯市水资源处于不可持续状态。

关键词：生态足迹；生态承载力；水资源；黑龙江省

1　引言

随着全国的经济快速发展，资源、人口、环境等相关问题突显，黑龙江省作为我国最大的商品粮生产基地，运用生态足迹模型[1-4]对黑龙江省 2020 年水资源承载力进行分析，以期为黑龙江省的水资源生态建设和可持续发展提供相关参考。

2　研究区概况

黑龙江省位于中国东北部，横跨东经 121°11′~135°05′，北纬 43°26′~53°33′，东西跨越 14 个经度，南北跨越 10 个纬度。北、东部与俄罗斯隔黑龙江相望，西部与内蒙古自治区相邻，南部与吉林省接壤。2020 年黑龙江省平均降雨量为 723.1 mm，折合降水量为 3 276.43 亿 m³，比多年平均值多 35.6%。地表水资源量为 1 221.43 亿 m³，地下水资源量为 406.49 亿 m³，水资源总量为 1 419.94 亿 m³，地表水资源与地下水资源重复计算量为 207.98 亿 m³。2020 年全省总用水量与供水量相当，其中农田灌溉用水量为 271.48 亿 m³，工业用水量为 18.53 亿 m³，居民生活用水量为 12.45 亿 m³，林牧渔畜用水量为 6.89 亿 m³，生态环境补水量为 2.32 亿 m³。总用水量中，农田灌溉用水量占 86.4%，工业用水量占 5.9%，居民生活用水量占 4.0%，林牧渔畜用水量占 2.2%，生态环境补水量占 0.7%。全省人均用水量为 837 m³，农田实际灌溉亩均用水量为 411 m³。

3　生态足迹理论及计算方法

3.1　生态理论

生态足迹（ecological footprint）最先由加拿大科学家 William 等提出[5]，提出通过计算某个地区或区域内消耗的资源，以及消纳这些地区人口产生的废弃物所需要的土地面积。水资源生态足迹即生

基金项目：哈尔滨市科协重点学术活动项目"哈尔滨跨县河流生态流量及水量分配专题研讨会"；横向课题（HC〔2021〕1838）。

作者简介：马耀东（1997—），男，硕士研究生，研究方向为寒区水文与雪冰工程。

通信作者：李治军（1978—），男，副教授，主要从事水文学及水资源研究工作。

产的产品和所需服务需要使用的水资源，用单位面积反映用水情况。

3.2 生态足迹的计算

水资源生态足迹法的计算包括水资源生态足迹和生态承载力的计算。水资源生态足迹的计算公式为：

$$EF_w = N \times ef_w = N \times y_w \times \frac{w}{p_w} \qquad (1)$$

式中：EF_w 为水资源总生态足迹，hm^2；ef_w 为人均水资源生态足迹，$hm^2/人$；N 为人口数，人；y_w 为全球水资源均衡因子，取 5.19；w 为各项消耗的水资源量；p_w 为全球水资源的平均生产能力，取 3 140 m^3/hm^2。

生态承载力的计算公式为：

$$EC_w = ec_w \times N = 0.4 \times \varphi \times \gamma \times \frac{Q}{p_w} \qquad (2)$$

式中：EC_w 为水资源承载力，hm^2；ec_w 为人均水资源承载力，$hm^2/人$；N 为人口数，人；γ 为全球水资源均衡因子；φ 为全球水资源产量因子；Q 为水资源总量，m^3；p_w 为全球水资源平均生产能力，m^3/hm^2。

参照之前的研究成果，在水资源承载力计算中，水资源开发利用率超过 30%~40%，可能会引起生态环境的恶化，因此至少有 60% 的水量用于维持生态环境，在承载力的计算中乘以了系数 0.4[6]。

3.3 水资源生态压力指数

水资源生态压力指数为水资源生态足迹与水资源承载力的比值[7]，主要用于表示研究区内水资源可持续状况，其计算公式为：

$$EQ = \frac{EF_w}{EC_w} \qquad (3)$$

式中：EQ 为水资源生态压力指数。

当 $0 \leq EQ < 0.7$ 时，表示水资源供应量可满足用水需求，水资源可持续利用程度高；当 $0.7 \leq EQ < 1.3$ 时，说明水资源的需水量和供水量处在平衡状态；当 $EQ \geq 1.3$ 时，表示水资源用水需求大于可供应量，水资源处于不可持续状态[8]。

4 黑龙江省各市水资源生态承载力综合评价结果

4.1 水资源生态足迹

水资源生态足迹计算的核心数据为水资源利用量，该数据来源于 2020 年《黑龙江省水资源公报》，结合式（1）可计算黑龙江省各行政区的水资源生态足迹值。黑龙江省各市水资源生态足迹计算结果见表 1。

表 1 2020 年黑龙江省各市水资源生态足迹

地区	人均农业用水生态足迹/（$hm^2/人$）	人均工业用水生态足迹/（$hm^2/人$）	人均生活用水生态足迹/（$hm^2/人$）	人均生态用水生态足迹/（$hm^2/人$）	人均水资源生态足迹/（$hm^2/人$）	总水资源生态足迹/hm^2
哈尔滨	0.883	0.033	0.068	0.012	0.996	9.961×10^6
齐齐哈尔	1.489	0.271	0.057	0.037	1.854	7.485×10^6
鸡西	3.718	0.043	0.065	0.001	3.827	5.717×10^6
鹤岗	3.406	0.093	0.065	0.019	3.583	3.17×10^6
双鸭山	2.499	0.053	0.069	0.003	2.624	3.15×10^6

续表 1

地区	人均农业用水生态足迹/（hm²/人）	人均工业用水生态足迹/（hm²/人）	人均生活用水生态足迹/（hm²/人）	人均生态用水生态足迹/（hm²/人）	人均水资源生态足迹/（hm²/人）	总水资源生态足迹/hm²
大庆	0.839	0.233	0.057	0.029	1.158	3.22×10^6
伊春	0.749	0.063	0.064	0.002	0.878	7.66×10^5
佳木斯	4.706	0.158	0.067	0.001	4.932	1.05×10^7
七台河	0.518	0.087	0.063	0.003	0.671	4.59×10^5
牡丹江	0.491	0.103	0.073	0.002	0.669	1.52×10^6
黑河	0.229	0.030	0.062	0.001	0.322	4.11×10^5
绥化	1.126	0.016	0.065	0.001	1.208	4.49×10^6
大兴安岭地区	0	0.005	0.046	0	0.051	1.66×10^4
全省	20.653	1.188	0.821	0.111	22.773	5.09×10^7

2020 年，黑龙江省全省水资源生态足迹为 5.09×10^7 hm²，从表 1 可得出，佳木斯市生态足迹值最大，与该地区农业灌溉用水量较大有关系；大兴安岭地区的水资源生态足迹值最小，与大兴安岭地区作为我国最大的天然林区有关。在人均水资源生态足迹方面，佳木斯市的人均水资源生态足迹值最大，与该地区农业灌溉用水量大、人口较少有关。

4.2　水资源生态承载力

依据式（2）计算可得黑龙江省各市水资源生态承载力和人均水资源承载力，计算结果如表 2 所示。

表 2　黑龙江省各市水资源承载力

地区	水资源承载力/hm²	人均水资源承载力/（hm²/人）
哈尔滨	2.4×10^7	2.42
齐齐哈尔	4.5×10^6	1.12
鸡西	7.6×10^6	5.10
鹤岗	5.1×10^6	5.82
双鸭山	5.3×10^6	4.63
大庆	7.6×10^5	0.27
伊春	9.9×10^6	11.43
佳木斯	6.4×10^6	2.98
七台河	1.4×10^6	2.12
牡丹江	1.1×10^7	4.82
黑河	1.4×10^7	11.41
绥化	4.2×10^6	1.14
大兴安岭地区	6.1×10^6	18.67
全省	9.9×10^7	71.93

由表 2 可知，哈尔滨市水资源承载力最大，为 $2.4×10^7$ hm²，主要由于哈尔滨市年降雨量最多，且水资源总量比其他城市多。其中，大兴安岭地区的人均水资源承载力最高，为 18.67 hm²/人，主要原因是大兴安岭地区人口明显少于其他各市；大庆市的人均水资源承载力最低，为 0.27 hm²/人，主要原因是当地水资源量较少，且人口较多，导致人均水资源承载力明显低于其他各市。

4.3 黑龙江省各市水资源生态压力指数

根据公式（3），结合表 1 和表 2 的计算结果，可以得出黑龙江省各市水资源生态压力数值，结果见表 3。结果表明：黑龙江省的水资源生态承载力是大于当前的生态足迹的，即黑龙江省的水资源供给量大于需求量，水资源开发处于可持续状态；但是佳木斯、齐齐哈尔等城市水资源存在供需矛盾，水资源利用不可持续用的问题，大庆的水资源生态足迹是其水资源承载力的 4.19 倍，供需问题突出，水资源利用处在超载的情况。其余城市的水资源利用处于可持续利用阶状态。

表 3 黑龙江省各市水资源生态压力指数

地区	哈尔滨	齐齐哈尔	鸡西	鹤岗	双鸭山	大庆	伊春
EQ	0.415	1.663	0.752	0.621	0.594	4.236	0.077
地区	佳木斯	七台河	牡丹江	黑河	绥化	大兴安岭地区	总计
EQ	1.64	0.327	0.138	0.029	1.069	0.002	0.514

5 结论

（1）2020 年黑龙江省的人均水资源生态足迹为 22.773 hm²/人，生态足迹为 $5.09×10^7$ hm²，水资源承载力为 $9.9×10^7$ hm²，水资源生态压力指数为 0.514，黑龙江省各市水资源整体处于可持续状态。

（2）黑龙江省各市降水、河流等影响，各市人口的差异，不同产业用水结构等因素影响，黑龙江省各市的水资源生态足迹不同。其中，佳木斯市的水资源生态足迹最大，为 $1.05×10^7$ hm²；大兴安岭地区水资源生态足迹最小，为 $1.66×10^4$ hm²；哈尔滨市水资源生态承载力最高，大庆市水资源生态承载力最低。

（3）大庆市、齐齐哈尔市、佳木斯市水资源处于不可持续状态，供需关系紧张，水资源环境处于不安全不可持续状态。其他城市水资源可持续发展，水资源有较大的开发潜力。

以上计算结果可为黑龙江省水资源配置、发展规划提供相关借鉴。

参考文献

[1] 杨开忠，杨咏，陈洁. 生态足迹分析理论与方法 [J]. 地球科学进展，2000（6）：630-636.

[2] 张志强，徐中民，程国栋. 生态足迹的概念及计算模型 [J]. 生态经济，2000（10）：8-10.

[3] 王书华，毛汉英，王忠静. 生态足迹研究的国内外近期进展 [J]. 自然资源学报，2002（6）：776-782.

[4] 黄林楠，张伟新，姜翠玲，等. 水资源生态足迹计算方法 [J]. 生态学报，2008（3）：1279-1286.

[5] 邢贞成，王济干，张婕. 中国区域全要素生态效率及其影响因素研究 [J]. 中国人口·资源与环境，2018，28（7）：119-126.

[6] 雷亚君，张永福，张敏惠，等. 新疆水资源生态足迹核算与预测 [J]. 干旱地区农业研究，2017，35（5）：142-150.

[7] 徐珊，夏丽华，陈智斌，等. 基于生态足迹法的广东省水资源可持续利用分析 [J]. 南水北调与水利科技，2013，11（5）：11-15，98.

[8] 乔磊. 阜新市水生态足迹分析 [J]. 水利技术监督，2017，25（5）：148-150.

东北亚寒区典型水文地质单元特征分析

范从龙[1,2]　戴长雷[1,2]　常晓峰[3]

（1. 黑龙江大学水利电力学院，黑龙江哈尔滨　150080；
2. 黑龙江大学寒区地下水研究所，黑龙江哈尔滨　150080；
3. 阿拉斯加大学安克雷奇分校，阿拉斯加安克雷奇　999039）

摘　要：为了分析东北亚寒区典型水文地质单元特征，基于 ArcGIS 软件对研究区进行区划，以东北亚水域分区及地下水分区和东北亚主要含水层分布为分析指标。首先划定东北亚寒区的区位与范围，然后对东北亚寒区进行国家及其行政分区，其次进行水域分区，以国际地下水评估中心（IGRAC）编制的地图为参考，选取东北亚地区进行地下水分区和跨国界含水层的划定。研究结果可为东北亚寒区水域及地下水资源的开发和利用、含水层的勘探和研究提供参考。

关键词：东北亚；水文地质单元；含水层；分区

1 引言

水文地质单元（hydrogeological unit）是根据水文地质结构、岩石性质、含水层和不透水层的产状、分布及其在地表的出露情况、地形地貌、气象和水文等因素划分的，具有一定边界和统一补给、径流、排泄条件的地下水分析区域[1]。在水文地质概念模型的建立中，水文地质单元的划分是很重要的一步，是为水资源合理开发利用提供依据的重要手段。区域水文地质单元目前主要根据水文地质条件进行划分，地下水分区和主要含水层分布是水文地质条件研究的重要指标。以东北亚的尺度来看，东北亚地区具有广泛的寒区，与当地的生产生活具有密切联系。东北亚占全球 9.4% 的面积，从北到南开发程度不断提高，蕴藏大量地下水资源，开发潜力巨大，因此研究东北亚寒区典型水文地质单元特征具有重要意义，同时也为后续研究提供参考。

2 东北亚的范围

东北亚（Northeast Asia）是一个地理概念，即东亚东北部地区，为东亚所属的二级区域，日本、韩国称为北东亚，其范围可包括中国东部、朝鲜半岛、日本列岛、俄罗斯远东部分。根据美国外交关系协会的定义，东北亚包括朝鲜半岛和日本列岛。

东北亚寒区陆域纬度范围为 30°N~82°N，经度范围为 75°E~169°W，时区范围为东 6 区至东西 12 区[2]。总人口约 3 亿人，占世界经济总量的 1/5。整个地区地处冷温带，气候寒冷湿润，山高丘多，森林茂密，河流纵横，水域众多。

根据各国官方现有的行政区划，以国家划分共包含俄罗斯、中国、蒙古国、朝鲜、韩国、日本，共 6 个国家，总面积 1 399 km²，占全球陆域总面积的 9.39%。其中，中国以省（自治区）为区划单位，俄罗斯以州（共和国）为单位，其他国家以国为单位。东北亚行政分区见表 1。

基金项目：2020 年度高等教育教学改革重点委托项目（SJGZ20200135）；中国科学院东北地理与农业生态研究所委托项目（XDA28100105）。

作者简介：范从龙（1999—），男，硕士研究生，研究方向为冻土水文地质与雪冰工程。

通信作者：戴长雷（1978—），男，教授，主要从事寒区地下水及国际河流方向的教学与科研工作。

表 1 东北亚行政分区

编号/序号	国家	分区名称
1	俄罗斯	克拉斯诺亚尔斯克边疆区
2		萨哈（雅库特）共和国
3		马加丹州
4		楚科奇自治专区
5		勘察加边疆区
6		哈卡斯共和国
7		图瓦共和国
8		伊尔库茨克州
9		布里亚特共和国
10		外贝加尔边疆区
11		阿穆尔州
12		哈巴罗夫斯克边疆区
13		犹太自治州
14		萨哈林州
15		滨海边疆区
16	蒙古国	蒙古国
17	中国	内蒙古自治区
18		黑龙江省
19		吉林省
20		辽宁省
21	朝鲜	朝鲜
22	韩国	韩国
23	日本	日本

3 东北亚寒区水域分区

东北亚寒区幅员辽阔，水域众多，流域广泛。陆域水系划分对象是地表水，主要河流有 5 条，分别为叶尼塞河、科雷马河、鄂毕河、勒拿河和黑龙江（阿穆尔河）[3]。

本次东北亚水域分区图绘制以世界地表水系图为底图，选取了其中的东北亚部分的水系，在水系图的基础上增加了流域边界线。同时分区图增加了大陆外轮廓、省级边界线、三角洲线、北极圈线以及主要河流湖泊图。其中，各国行政分区边界及河流湖泊由 GIS 软件自带模板提供。利用数据处理成图平台 ArcGIS 将研究区河流湖泊、流域信息、政区边界进行处理整合和成图。图件采用 Asia North Lambert Conformal Conic 投影。东北亚水域分区见表 2。

表 2　东北亚水域分区

序号	编号	分区名称
1	A	泰梅尔半岛沿喀拉海诸河水系流域片
2	B	中西伯利亚高原沿北冰洋诸河水系流域片
3	C	额尔齐斯河-鄂毕河流域
4	D	叶尼塞河流域
5	E	勒拿河流域
6	F	切尔斯基山脉沿东西伯利亚海诸河水系流域片
7	G	科雷马河流域
8	H	楚科奇半岛沿白令海诸河水系流域片
9	I	俄罗斯东南部沿鄂霍次克海诸河水系流域片
10	J	堪察加半岛沿鄂霍次克海诸河水系流域片
11	K	蒙古—内蒙古内流区
12	L	黑龙江（阿穆尔河）流域
13	M	萨哈林岛（库页岛）及千岛群岛沿太平洋诸河水系流域片
14	N	辽东半岛及辽西沿黄渤海诸河水系流域片
15	O	朝鲜半岛沿黄渤海诸河水系流域片
16	P	日本列岛沿日本海诸河水系流域片

4　东北亚寒区地下水分区

国际地下水资源评估中心（IGRAC）编制了一张地图，将全世界划分为 36 个地下水区域。将它们分为四个主要的水文地质环境类别：基底、沉积盆地、高起伏的褶皱山地和火山区域。下面选取了图中的东北亚寒区主要水文地质分区进行分析。其中东北亚主要占世界 36 个水文地质分区中的 6 个。东北亚地下水分区见表 3。

表 3　东北亚地下水分区

序号	主要分布国家	地质环境类别	分区名称
1	俄罗斯	基底	中西伯利亚高原片
2	俄罗斯，蒙古国，中国，朝鲜，韩国	高起伏褶皱山地	中亚及东亚山地片
3	俄罗斯	高起伏褶皱山地	东西伯利亚高地片
4	中国，蒙古国	沉积盆地	中亚及东亚盆地片
5	中国，俄罗斯	沉积盆地	中国东部平原片
6	日本，俄罗斯	火山区	西北太平洋片

分区 1 为中西伯利亚高原片，主要位于俄罗斯中西伯利亚高原，东部主要沿上扬斯克山脉作为分界线，东南部主要沿外兴安岭和杰布洛诺夫山为分界线，向南一直延伸至贝加尔湖。分区 2 为中亚及东亚山地片，主要包括蒙古高原及朝鲜半岛以及中国东北的山地区域。分区 3 为东西伯利亚高地片，主要位于东西伯利亚高原。分区 4 为中亚及东亚盆地片，主要位于黄土高原至蒙古高原一带。分区 5 为中国东部平原片，主要包括中国东北平原及黑龙江流域中下游部分。分区 6 为西北太平洋片，主要包括日本列岛、库页岛、勘察加半岛。

5 东北亚寒区主要含水层分布

国际地下水资源评估中心（IGRAC）编制了"世界大型含水层"地图，将全球划分为 36 个大型含水层。这些含水层系统非常大，规模与亚马孙河流域、尼罗河等类似的大型河流流域相当。这些含水层系统的构造来源于潜在的水文地质评价，即地质学和水文学的结合。地图上大型含水层有助于可视化世界上那些可能有潜在资源可用的区域，以及那些资源已被过度开发的区域。结合相关资料，能够帮助拟订旨在改善水安全的区域政策。选取了东北亚主要含水层分布进行分析。其中，东北亚主要占世界 36 个主要含水层分区中的 5 个。东北亚寒区主要含水层分布见表 4。

表 4 东北亚寒区主要含水层分布表

序号	主要分布（省、州）	分区名称
1	克拉斯诺亚尔斯克边疆区	通古斯盆地片
2	克拉斯诺亚尔斯克边疆区、伊尔库茨克州	安加拉—勒拿阶地片
3	萨哈（雅库特）共和国	雅库特盆地片
4	内蒙古自治区、黑龙江省、吉林省	松辽平原片
5	辽宁省、河北省	黄淮平原含水层系统片

6 结论

（1）东北亚寒区山高丘多，森林茂密，河流纵横，水域众多，大河数量多，水资源丰富，总体开发程度较低，开发潜力巨大。

（2）东北亚寒区陆地划分为 16 个大型水系流域片，其中俄罗斯占 12 个水系流域片（3 个是国际流域片），中国占 4 个水系流域片（3 个是国际流域片），朝鲜占 2 个水系流域片（2 个是国际流域片），韩国占 1 个水系流域片（1 个是国际流域片），日本占 1 个水系流域片。

（3）东北亚寒区有 6 个地下水分区片，包括基底、沉积盆地、高起伏褶皱山地和火山区 4 种主要水文地质类别。

（4）东北亚寒区有 5 个世界主要大型含水层，其中黄淮平原含水层系统片只占一小部分。

参考文献

［1］河海大学《水利大辞典》编辑修订委员会. 水利大辞典［M］. 上海：上海辞书出版社，2015.

［2］李梦宇，戴长雷，赵伟静，等. 亚美寒区生产水足迹比较分析［J］. 合肥工业大学学报（自然科学版），2021，44（5）：646-652.

［3］李新建，张一丁，王美玉，等. 东北亚水文地理区划与分析［J］. 陕西水利，2022（8）：17-20.

西伯利亚煤矿分布与煤炭工业发展特征分析

慕丰宇[1,2]　张一丁[1,2]　尉意茹[2,3]

（1. 黑龙江大学–俄罗斯科学院西伯利亚分院冻土研究所寒区水文水利工程中俄联合实验室，
黑龙江哈尔滨　150080；
2. 黑龙江大学水利电力学院，黑龙江哈尔滨　150080；
3. 俄罗斯东北联邦大学，萨哈共和国雅库茨克　677000）

摘　要：本文梳理总结了西伯利亚主要煤矿的分布特征，主要包括俄罗斯煤炭资源概况，西伯利亚煤炭工业的发展，西伯利亚主要煤矿的特征以及未来煤炭工业发展趋势四个方面。西伯利亚煤炭资源丰富，储量巨大，俄罗斯66%的煤炭资源分布在西伯利亚，不仅能满足国内消耗需求，更能满足向国外出口需求，最适合开采的区域集中在西西伯利亚库兹涅茨克地区。

关键词：西伯利亚；煤矿；资源；工业；分布；俄罗斯

1　引言

由于大量战略投资人进入了煤炭企业并成为煤炭企业发展资金的主要所有者，煤炭领域在过去数年时期里从最初亏损且依靠国家补贴的部门转为了盈利并取得显著效益的投资部门。在煤炭出口领域，俄罗斯排名全球第三位（占煤炭市场的12%）。大约80%的实质煤炭出口都是由西伯利亚企业制造的。目前俄罗斯已探明的煤炭资源储备为1 570 t，预计储备为44 507亿t。大部分的煤矿来源和储备（66%）都位于西伯利亚。而比较适宜于开发优质石煤的煤田则集中散布在西西伯利亚的库兹涅茨克一带，在那些面积不大的地方聚集着若干大矿井，而那里的煤炭资源用途广阔。

2　俄罗斯煤炭资源概况

俄罗斯煤炭资源丰厚，储备占全球储备量的12%，2005年煤炭生产突破3亿t，仅次于美国和中国，位居第三，估计储备将达到50 000亿t。

俄罗斯有多种煤炭，从长焰煤到褐炭，煤炭类型丰富多样。这里炼的焦煤不但储备充足，而且品种繁多，能够满足钢铁行业的需求。炼焦煤的主要地区集中于库兹巴斯伯朝拉，还包括了南雅库特地区和伊尔库茨克火煤田地质。而俄罗斯煤炭资源面临的困难主要是因为区域分布极不均匀。欧洲煤矿储备的一部分包括了以下区域：46.5%的储备分布于俄罗斯中东部，也就是说，俄罗斯煤矿储备的1/3位于俄罗斯中东部的库兹巴斯煤田地质，23%的储备在克斯诺亚尔斯克边疆区，基本上这些储备都是在露天开采的，而且基本上都是褐煤。此外，有几种分散在科米人民共和国（82亿t）、罗斯托夫州（65亿t）和伊尔库茨克州（55亿t）的动力煤炭。

目前，煤炭已成为俄罗斯地理与经济开发中的重点领域，是东西伯利亚、西西伯利亚、中远东等区域，以及乌拉尔区域的重要能源供应来源。上述区域中的某些地方，如远东地区的滨海边区长年燃

基金项目：2020年度高等教育教学改革重点委托项目：中蒙俄经济带寒地农业水利类人才国际化联合培养模式实践与研究（SJGZ20200135）。

作者简介：慕丰宇（1996—），男，硕士研究生，主要研究方向为矿床地下水。

通信作者：张一丁（1970—），女，副教授，主要从事水资源及寒区水文方向的教学和科研工作。

油供应短缺，导致国民经济增长受影响，对劳动力就业率、市民的生活水平及社会保障等产生了不良的影响。但是，煤炭在这些方面还是发挥了巨大的至关重要的作用。

目前，在俄罗斯的地理经济区中仅有 7 个地区是主要煤炭资源产地，有 5 个地区也是煤炭资源的重点消费区域。这 7 个煤炭资源产地中，只有西西伯利亚、东西伯利亚和北高加索 3 个地区的煤炭资源能够自给自足。

在俄罗斯另外 4 个地方，尤其是乌拉尔地区和远东地区，需要大量的煤炭。上述区域所需煤的品种和质量不能单纯依靠自己的煤矿产品来保证。因此，在俄罗斯每年大约有 1/4 的煤矿必须做出改变，而其中大约有 4 000 万 t 至 5 000 万 t 必须在国家之间转移。

3 西伯利亚主要煤矿特征

3.1 西伯利亚主要煤矿概况

西伯利亚煤炭的资源储量，完全能够应付国内外市场需求同时又能够应付国家对出口产品的需要。俄罗斯的总煤矿储备是 1 570 亿 t，估算储量约为 44 507 亿 t。煤炭的主要资源和储量（66%）位于西伯利亚。最适宜开采优质石煤炭的矿井主要集中在西西伯利亚库兹涅茨克州，而该区域最普遍采用的大型矿井也集中在这里。而库兹巴斯煤矿和其他 70 个煤矿的最大不同之处，就是它品质好：灰分浓度为 8%~22%，硫含量为 0.3%~0.6%，最高的燃烧热能为 5 600~8 500 kcal/kg。电力部门所利用的褐煤中有 80.2% 储藏在东希伯尼安斯，大部分则储藏在克拉斯诺亚尔斯克坎斯克—阿金斯克边境地区的矿井。据地质学家估算，这些煤炭的总储量大约为 9 亿 t。据预测，大量煤矿储量将集中于勘察探测期限较短的通古斯煤矿和列宁斯克煤矿。

在西伯利亚经营的主要煤炭企业为东希伯尼安斯煤炭资源无限股份制公司、哈库斯煤炭资源无限股份制公司、赤塔煤炭资源无限股份制公司和卡—赫姆露天矿井公司。电力的主要用户为西伯利亚能源热电厂和东方能源热电厂。

3.2 西伯利亚煤炭运输概况

煤田的大部分产品均远离人口、产业中心和出口转运点，这也是俄罗斯煤炭行业发展的重要问题所在。目前，俄罗斯 89 家主体中均消耗了煤炭资源，而只有 24 家主体生产煤炭资源。从地域上来看，煤炭资源大部分储存于东西伯利亚和俄罗斯中部，距离太平洋海港 5 000~6 000 km，距离黑海港湾 4 500~5 500 km，距离波罗的海港湾 4 000~4 500 km。而煤炭的全部重要耗费者均设在距离 3 200~3 700 km 的矿点。除哈萨克斯坦外，任何边境地上车站均距煤田 4 000 km 以上。98% 的原煤和 99% 的煤炭均通过铁路运输，因此俄罗斯铁路的运输成本在煤矿产品构成中也占有着重要比重。从库兹涅茨至东西伯利亚西部（约 1 500 km）的原煤运输成本占世界煤炭价格的 35%~41%，在乌拉尔地区和欧洲则占世界煤炭价格的 45%~60%。

4 西伯利亚煤炭工业的发展

4.1 经济因素

煤炭工业的发展有两个重要的历史原因：第一个原因是燃煤发电厂从燃气中获取的能量既不合理又廉价，所以不能和其他利用燃气的工厂比较。2000 年，俄罗斯天然气和煤炭的价格比为 0.68∶1，2007 年前为 1.4∶1，但这并不会使石油产品的主要工业原料完全转变为电力产品（美国和俄罗斯之间的价格比为 3∶1）。原油和石化商品相比，依靠国际价格销售天然气更合理一点，同时政府还为减少铁路运输费用而进行了部分补偿。但通过这种经营举措会使国内外市场的煤炭需求提高，大大增加了国内外的煤炭资源开采量，从而提高了天然气资源的供求平衡点。因此，尽管天然气的经济作用过大，但世界各国政府不能让煤炭价格在没有任何基础的情况下上涨。第二个原因是俄罗斯大部分能源消费集中在亚洲部分地区，煤炭主要在东西伯利亚。落后的交通设施仍然阻碍着许多煤炭公司煤炭产量的增长，许多企业已经在投资计划中引入了一些简单产品和资金的关键要素，并将一些关键的资源重新分配到主要生产模式中去。

4.2 国内外市场因素

俄罗斯煤炭的国外市场增长态势尚可。据全球石油服务公司预计，全球市场对煤矿的需求量将增加 20%~25%，特别是在亚太地区国家煤矿的需求额和进口量都将增长。主要原因是西伯利亚在有效控制向国内市场提供煤炭资源的前提下，扩大向日本、韩国输出的可能性。根据《2030 年俄罗斯能源战略（草案）》的要求，在顺利开展建立俄煤贸易的港口工作的前提下，许多出口商相信，由于贸易的风险大，唯有扩大国内外业务的需要，俄煤炭行业才能够长久稳健发展。最近十年来，冶金制造公司的煤供应量为国内需求的 16%~20%，而住房公用单位的住户对煤的需求量为 10%~12%。使用新的煤炭资源产品（如电极、吸收剂、碳黑、石墨复合材料和其他复合材料等）占全球煤炭供应量的不到 1%。电力部门也是一家重要的煤炭消费公司，约占国内供应量的 50%。《2020 年前能源项目分配的总体规划》（草案）中规定了进一步提高西伯利亚联邦区的能源强度。即便上述项目还没有全面推行，热电站的白煤储量也将相当可观。在不同的实际情况下以及对不同方案的规定中，仅东西伯利亚联邦管区的白煤需求量就将从 5 200 万 t 提升至 6 700 万 t（标准燃料），而褐炭需求量也将从 3 800 万 t 提升至 4 200 万 t。

4.3 西伯利亚煤炭工业未来发展趋势

4.3.1 存在问题

世界气候与环境变化使俄罗斯消费下降，可再生能源和煤炭在资源结构中的比例上升，也给包括俄罗斯在内的世界煤炭工业造成了系统性冲击。在全球煤炭行业低迷的背景下，西伯利亚煤矿还面临着一系列更为严峻的挑战，以下是几个比较明显的问题：

（1）煤炭行业的投入降低了。随着欧盟国家近年来实行的经济制裁，煤炭企业逐渐降低了对该产业的投入。但除去昂贵的资金开支和项目投入外，小型矿井仍可以在 18~24 个月内投资，项目回收期通常为 10 年甚至更长。

（2）煤矿的环境状况恶化了。受煤炭产量猛增、有害物质排放增加、土地损毁面积扩大、土地复垦面积减少的影响，采煤产生的固体废物总量和之前相比增加了 30%。

（3）煤炭运输成本大。煤炭大部分都储存在东西伯利亚和俄罗斯中部，距太平洋的各个港口城市是 5 000~6 000 km，距黑海的各个港口城市是 4 500~5 500 km，距波罗的海的各个港口城市是 4 000~4 500 km。所有世界最大的煤炭消费城市，距俄罗斯煤炭的主要开采区是 3 200~3 700 km，并且在除哈萨克斯坦以外，每个中国边境的陆港都距煤矿生产地大约在 4 000 km 以上。

（4）基础设施相对来说是比较落后的，特别是在铁路和港口运输方面，大大限制了对俄煤炭出口。

（5）部分煤炭出产区域严格依赖出口供给。一些煤矿产区由于遭遇了全球煤炭市场价格震荡以及西方国家对俄罗斯制裁的影响，市场竞争力不足。

4.3.2 发展趋势

从可利用能源的年限角度考虑，目前俄罗斯原油和煤炭的总储量开发比分别是 25.5 和 55.9，而煤炭资源的储存产量和开发比超过了 369。由俄罗斯在 2035 年前的能源战略部署即可得知，在天然气资源的开发强度也会逐渐加大，而其他化石资源的消费规模则将从现在的 10% 预估会增加到 2030 年的 14%。随着环境保护和生态约束的逐渐强化，俄罗斯煤炭资源的生存空间将不可避免会被占领，煤炭资源对未来发展的贡献会减少。

按照对俄罗斯 2035 年煤炭工业增长计划的分析与预计，到了 2035 年的时候，俄罗斯煤生产能力将基本扩大到 4.85 亿 t，在乐观状态下还将扩大到 6.59 亿 t。未来，为使煤炭等产品更加贴近中国消费地区，并加强俄罗斯在亚太地区市场上的影响力，预计将俄罗斯知识经济和东西伯利亚在电力产业中的比重将逐渐上升。这些地区的市场总占有率，将由 2018 年的 35% 上升到未来的 44%~51%。由于俄罗斯进一步采取东移战略措施，增加石油出口，出口量将进一步上升。重点开发目标是形成新型的煤炭工业原料基地，改善煤炭资源品质，进而增加煤炭资源产出，提高煤矿安全和矿井环境，升级铁路、港口等基础设施，规范煤炭公司技术培训制度。

5 结语

俄罗斯煤炭生产主要分布于西伯利亚地区，而且储存量巨大，具有十分高的开采潜力。然而，煤炭的具体产量将取决于经济发展和煤炭消耗的能源需求。总体的分布情况过于集中。俄罗斯联邦 89个市场主体中的任何一个主体都可以投资消费煤矿，而只有 24 个市场主体能够利用煤矿别的主体没有办法开采到。因此，导致在西伯利亚本地消耗不了过剩的煤炭资源，运往各地的运输成本过高，从库兹涅茨到西伯利亚（约 1 500 km）的煤炭运输成本为煤炭成本的 35%~41%，从坎斯科-阿钦斯克煤田运出的煤炭成本为 45%~70%。尽管如此，但煤炭总产值和相应纳税额将持续增加，未来一段时间煤炭在俄罗斯的经济地位仍是十分重要的。

参考文献

[1] 柯彦，赵冠一，王雷. 碳中和背景下俄罗斯煤炭出口趋势研究［J］. 煤炭经济研究，2021，41（11）：45-50.

[2] 徐鑫. 近 30 年来俄罗斯煤炭工业发展及未来趋势［J］. 中国煤炭，2021，47（2）：102-109.

[3] 范延新. 俄罗斯煤炭的主要产地研究［J］. 黑龙江科学，2018，9（11）：157-158.

[4] 梁萌，徐鑫，陈欢，等. 21 世纪俄罗斯煤炭工业现状及未来发展战略［J］. 中国煤炭，2017，43（7）：159-164，169.

[5] 赵欣然. 西伯利亚的煤炭工业［J］. 西伯利亚研究，2011，38（4）：89-92.

[6] 周洪涛. 西伯利亚矿产资源的开发及对外贸易［J］. 西伯利亚研究，2010，37（4）：49-52.

中蒙俄经济带沿程地理特征分析

张哲铭[1,2]　尉意茹[2,3]　罗　丽[1,3]

（1. 黑龙江大学水利电力学院，黑龙江哈尔滨　150080；

2. 黑龙江大学中俄寒区水文和水利工程联合实验室，黑龙江哈尔滨　150080；

3. 黑龙江大学寒区地下水研究所，黑龙江哈尔滨　150080）

摘　要：中蒙俄经济带也称中蒙俄经济走廊，是"一带一路"五大航线和六大走廊的重要组成部分，研究其地理特征，对亚欧大陆复杂系统的水系研究与社会经济可持续发展意义重大。本文分析探讨中蒙俄经济带沿程重要节点城市以及研究区域的重要水系，结果表明黑龙江流域松辽流域、色格楞河、叶尼塞河为该研究区域内的重要水系，中国重要水系包括黑龙江流域、松辽流域，蒙古国重要水系包括色格楞河，俄罗斯重要水系包括叶尼塞河。叶尼塞河为研究区内最长河流，流域面积最大。

关键词：一带一路；自然地理特征；中蒙俄经济带；东北

1　引言

习近平同志在 2013 年访问中亚和东南亚地区时，提出构建"一带一路"的重大倡议，加强我国与其他国家合作。由各国共同努力，以铁路、公路、航空、港口等基础设施，促进各国资源跨区域调配，实现互联互通、合作发展[1]。"一带一路"共包含 6 条国际经济走廊，分别为新亚欧大陆桥经济走廊、中蒙俄经济走廊、中国—中亚—西亚经济走廊、中国—中南半岛经济走廊、中巴经济走廊、孟中印缅经济走廊[2]。中蒙俄经济带包括华北通道与东北通道，华北通道始于京津冀到蒙古再到俄罗斯；东北通道始于大连至沈阳、长春、哈尔滨、满洲里再到俄罗斯[3]。沿程交通运输有公路运输、铁路运输、河运等，受水文、气象因素影响，部分河运路段全年通航时间较短[4]。研究沿程地理特征，有助于为中蒙俄三国间的深入交流与合作提供指导，对研究该领域学者提供有效的参考与借鉴。

2　中俄蒙经济带概况

"一带一路"是"丝绸之路经济带"和"21 世纪海上丝绸之路"的简称，中蒙俄经济带属于"一带一路"的北线分支，同时也是"一带一路"倡议中首个落地实施建设的经济带，经济带横跨亚欧大陆，包含多个复杂的气候带与水系，生态系统较为脆弱[5]。中蒙俄经济带包括三个国别，分别为中国、蒙古国和俄罗斯，行政区域如表 1 所示。

区域内水系众多，有黑龙江（阿穆尔河）、松花江、辽河、色楞格河、叶尼塞河、鄂毕河等。

基金项目：2020 年度高等教育教学改革重点委托项目（SJGZ20200135）。

作者简介：张哲铭（1996—），男，硕士研究生，研究方向为冻土水文地质与雪冰工程。

通信作者：尉意茹（1995—），女，助教，主要从事冻土水文地质与雪冰工程研究工作。

表 1　中蒙俄经济带行政区域

国别	行政区
中国	辽宁省、吉林省、黑龙江省、内蒙古自治区
蒙古国	中央省、色楞格省、中戈壁省、南戈壁省、 东方省、东戈壁省、肯特省、苏赫巴托尔省
俄罗斯	诺夫哥罗德州、特维尔州、弗拉基米尔州、下诺夫哥罗德州 基洛夫州、乌德穆尔特共和国、彼尔姆地区、斯维尔德洛夫斯克州 新西伯利亚州、阿尔泰边疆区、克麦罗沃州、哈卡斯共和国 克拉斯诺亚尔边疆区、图瓦共和国、伊尔库茨克州、布里亚特共和国 哈巴罗夫斯克（伯力）边疆区、犹太自治区、滨海边疆区

3　研究进展

3.1　国内研究进展

我国在"一带一路"研究上已取得一定的成果，其中包含经济、文化、政策、生态、土地利用等方面。戴长雷等[6] 利用地形地貌实地踏察、水文地质调研、理论分析与 GIS、RS 等遥感技术相结合的方法分析研究了中国东北和俄罗斯远东地区的流域特征 。孙佳伟在大连—季克西港的研究中发现，冻土发育特征、地温、气温年代际变化为影响该线路可行性的主要因素[1]。姚锦一等[7] 基于深度神经网络完成蒙古高原色楞格河流域水体信息的提取，结果表明深度神经网络方法适合研究河流蜿蜒曲折和难以提取的高原地区。郝林刚等[8] 基于基于 SRTM DEM 数据、NOAA 数据库、worldclim 数据库、全球 2015 年植被覆盖数据、GLCNMO 土地利用数据集、HWSD 土壤数据库等多源全球尺度数据，揭示了"一带一路"水资源分区自然地理特征的空间分布格局等。

3.2　国外研究进展

国内外关于"中蒙俄经济带"已开展相关研究。沿程水文因素研究，如 Ren 等[9]，通过将 logistic 和 CA-Markov 模型应用于色楞格河流域，分析发现流域内人类活动与全球气候变暖是影响土地退化以及耕地草地面积较少的主要原因。Sinyukovich 等[10] 通过分析贝加尔湖长期入水量，发现自1996 年贝加尔湖流入水量逐年减少，与降水量和蒸发量有关 。

3.3　相关研究发展趋势

目前，国内相关"中蒙俄经济带"的研究以经管类研究为主，截至 2022 年 8 月底，笔者以"中蒙俄经济走廊"为关键词在中国知网检索，共计 587 篇相关文献，其中基础科学类论文共计 12 篇（不包括学科交叉）占 2%，经济与管理类文献占比超过 98%，说明在相关领域以经济与贸易合作为主，基础学科的研究严重不足。

4　沿程分区自然地理特征

中蒙俄经济走廊是联通中蒙俄三国及欧亚的核心走廊，包括中俄东北铁路、中蒙俄铁路、俄罗斯西伯利亚大铁路沿线以及中蒙俄边境等地区，具体包括中国东北 3 省和内蒙古自治区，蒙古东部 8 个省，以及俄罗斯 19 个州、边疆区、共和国、直辖市，共计 31 个省级行政单元。

4.1　沿程水文条件

4.1.1　黑龙江（阿穆尔河）流域

黑龙江亦称阿穆尔河，为东亚大河，形成东南西伯利亚与中国之间的部分边界。发源于中国东北、内蒙古北部与西伯利亚之间的边界，并大体沿这条边界向东和东南方向流往西伯利亚城市哈巴罗夫斯克，然后再从那里掉头朝东北方向流去，注入鄂霍茨克海的鞑靼海峡，将西伯利亚与库页岛分开。以克鲁伦河为源头计算，河流总长度约 5 498 km，流域面积为 184.3 万 km²，国内河流长度为 3 473 km，占 63.1%，流域面积 88.7 万 km²，占 48.1%。黑龙江（阿穆尔河）水量丰沛，河流沿岸左接结雅河、布列亚河、阿姆贡河和右岸的松花江、乌苏里江等支流，年平均流量为 8 600 m³/s，入海口多年平均流量为 10 800 m³/s，年径流量为 3 408 亿 m³。黑龙江是国际的著名长河，河长位居世界第六，流域面积位居世界第十。多年平均径流量位居第八。

4.1.2 松辽流域片

松辽流域片泛指东北地区，行政区包括黑、吉、辽三省和内蒙古自治区的东五盟（赤峰市、通辽市、兴安盟、呼伦贝尔市、锡林郭勒）和河北省承德。松辽流域总面积 123.80 万 km²，流域内重要河流有辽河、黑龙江、乌苏里江、绥芬河、图们江和鸭绿江等，其中黑龙江、乌苏里江、绥芬河、图们江和鸭绿江为国际河流。松辽流域蕴含丰富的水资源，流域内水资源总量为 1 888.21 亿 m³，其中地表水为 1 612.04 亿 m³，地下水为 625.53 亿 m³。松花江水系通常划分为 3 个部分——嫩江水系、第二松花江水系和松花江干流水系。

嫩江全长 1 370 km，流域面积为 29.7 km²，支流包括甘河、讷谟尔河、诺敏河、乌裕尔河、雅鲁河、绰尔河、洮儿河、霍林河。

第二松花江在下两江口以上分为两支，分别为头道松花江与二道松花江，第二松花江流域面积 7.34 万 km²，河流总长 958 km。

乌苏里江是中国黑龙江支流，中国与俄罗斯的界河。流域面积 1.87 万 km²，河长 909 km，全年有近 5 个月封冻期。

绥芬河河长 449 km，流域面积为 17 360 km²，流经黑龙江省与吉林省，为中俄两国共有，属于国际河流。我国境内河流长度为 258 km，流域面积 10 069 km²。

鸭绿江位于吉林省与辽宁省东部，是中国与朝鲜的界河。鸭绿江全长 795 km，流域面积 6.4 万 km²。

图们江位于吉林省东南边境，亦是中国与朝鲜的界河。图们江发源于长白山南部，干流全长 525 km，流经朝鲜最终注入日本海。

4.1.3 色楞格河

色楞格河包含鄂尔浑河、哈努伊河和额吉河。同时，色楞格河是蒙古国内最大的河流，其起源于蒙古的杭爱山，流经蒙古国内，注入俄罗斯贝加尔湖，再汇入叶尼塞河，最终注入北冰洋。河长 1 480 km，流域面积 44.8 万 km²。其在蒙古国境内河长 600 km，是蒙古国内水量最充沛的河流，其水量补给包括地下水、冬季融雪、高山融水、雨水以及地下泉水。

4.1.4 叶尼塞河

叶尼塞河是世界十大河之一，是俄罗斯水量最大的河流，同时也是汇入北冰洋的三大西伯利亚河流之一（另外两条为鄂毕河与勒拿河），河流全长 5 539 km，位居世界第五（前四条分别为非洲尼罗河、南美洲亚马孙河、中国长江、美国密西西比河），流域面积 260.5 万 km²。起源于蒙古国的色格楞河，朝北流向喀拉海的叶尼塞湾并汇入北冰洋。流域面积包含西伯利亚中部大部分区域。水系复杂，沿途汇入约 2 000 余条支流，包含安加拉、中通古斯卡河、下通古斯卡河、克姆契克河、阿巴坎河、图巴河和坎河等。

5　结语

（1）狭义上讲，"中蒙俄经济带"是中国东北、蒙古与俄罗斯三国连接的重要纽带；广义上讲，"中蒙俄经济带"也是连接与欧洲各国的不可或缺的一部分。路线北端连接的是俄罗斯，南端是中国以及东北其余各省广袤的疆土，因此"中蒙俄经济带"不能局限于了解小地区范围，更应该统筹探讨整体经济布局与发展。

（2）"中蒙俄经济带"线路上包含着国内外几大重要水系，如松辽流域、黑龙江流域、色楞格河、叶尼塞河等。加强研究区内水文研究可以保护沿程生态区域，促进生态与经济协调发展。

（3）中俄蒙经济走廊在为世界源源不断地注入新活力。中蒙俄关系沟通应更密切、合作更加紧密，应该把握好当下机遇团结协作，建立相关研究组织，深入交流探讨。

参考文献

[1] 郭利丹，周海炜，夏自强，等．丝绸之路经济带建设中的水资源安全问题及对策［J］．中国人口·资源与环境，2015，25（5）：114-121.

[2] 康文梅．贸易便利化提高的国际经贸影响研究——基于"一带一路"六大经济走廊的实证分析［J］．价格月刊，2022（3）：48-54.

[3] 张鹏．以大连港为起点的丝绸之路物流节点布局研究［D］．大连：大连海事大学，2014.

[4] 孙佳伟．"一带一路"和"冰上丝绸之路"陆河连接可行性研究［D］．哈尔滨：黑龙江大学，2021.

[5] 王哲．中蒙俄经济走廊建设背景下东北地区经济一体化研究——基于 SWOT 分析法［J］．东北亚经济研究，2021，5（6）：88-99.

[6] 戴长雷，李梦宇，孙佳伟，等．中国东北和俄罗斯远东水资源–环境–生态耦合关系探讨［C］//中国水利学会2020 学术年会论文集：第二分册．2020：227-230.

[7] 姚锦一，王卷乐，严欣荣，等．基于深度神经网络的蒙古国色楞格河流域水体信息提取［J］．地球信息科学学报，2022，24（05）：1009-1017.

[8] 郝林钢，左其亭，刘建华，等．"一带一路"中亚区水资源利用与经济社会发展匹配度分析［J］．水资源保护，2018，34（4）：42-48.

[9] Ren Y，Li Z，Li J，et al. Comparative analysis of driving forces of land use/cover change in the upper, middle and lower reaches of the Selenga River Basin［J］．Land Use Policy，2022，117.

[10] Sinyukovich V N，Chernyshov M S．Peculiarities of Long-term Variability of Surface Water Inflow to Lake Baikal［J］．Russian Meteorology and Hydrology，2019，44（10）：652-658.

[11] 厉静文，董锁成，李宇，等．中蒙俄经济走廊土地利用变化格局及其驱动因素研究［J］．地理研究，2021，40（11）：3073-3091.

冻土渗透系数测定与探讨

孔维健[1,2]　　谢世尧[1,2]　　冯　雪[1,2]

（1. 黑龙江大学寒区地下水研究所，黑龙江哈尔滨　150080；
2. 黑龙江大学水利电力学院，黑龙江哈尔滨　150080）

摘　要：寒区土壤水文循环过程因冻土层的存在而复杂，冻土层中冰的存在使其水理性质变化引发许多特殊水文现象，在冻土水理性质研究过程中冻土渗透性研究是其中的关键问题之一。土壤的冻结是指存储在土壤中水分的冻结，由于天然的降温使土壤形成连续冻结的土层。冻层与非冻层中土壤的渗透系数虽有明显差异，但冻土渗透系数测定试验仍依据非冻土土壤特征进行，建立在原有渗透系数影响因素基础之上。影响冻土渗透系数的因素主要有密度、含冰量、颗粒级配、非闭合孔隙度等。本文通过查阅有关文献并与寒区水文地质学课程相结合，对冻土渗透系数测定做出简要说明。

关键词：渗透系数；非闭合孔隙度；含冰量；土壤密度

1　引言

冻土是指温度在 0 ℃或 0 ℃以下，并含有冰的各种岩石和土壤。我国具有广大的季节性冻土和多年冻土区，多年冻土主要分布在青藏高原、大兴安岭、小兴安岭等地区，而大部分地区多为季节性冻土，都具有冬季冻结、夏季融冻的特点。在冻土区，土壤冻结作用使冻土区的水文循环机制与过程、工程地质性质等研究变得更加复杂。冻土层水理参数的变化，主要为冻土渗透系数的变化，其中非饱和冻土渗透系数是研究冻土土壤水分迁移的必要参数，对揭示冻土水分动态规律、地下水补给过程、正确进行水文水资源计算等具有重要意义，也对冻土区道路工程建设、水库大坝的修建和农业土壤持水等方面有一定的参考意义。

国外学者 Burt[1] 提到，如果纯水被放置在贮液器中，即使它没有冻结，也将存在一种将水从两侧拉入样品的趋势。但是贮液器的乳糖起到平衡贮液器的电势和在土壤中水的电势的作用。使用的乳糖溶液的浓度与在冰浴中的浓度相同。在冰浴中的乳糖溶液与纯散装冰平衡。未冻土壤水和土壤冰也处于平衡状态。由于整体的温度相同，未冻土壤水和乳糖溶液处于平衡状态。对于每次测量时的温度，都要在贮液器中重新加入冰浴中的乳糖溶液进行调整[2]。这种乳糖解决方案还避免了在贮液器中结冰的问题。贮液器中的乳糖通过分子扩散或者通过流动的水将其输送到土壤中。因此，要在样品的每个端部都装配一个透析膜，限制乳糖进入样品中。

国外学者也曾通过透析膜逐渐进入土壤中的乳糖，使土壤水分与乳糖溶液平衡。土壤水中的乳糖增加了渗透潜能，降低了土壤中的水的冰点[3]。一些融化的冰可以预期发生，这导致正在融化的部分样品渗透系数上升。运行试验后，在样品的进样过程中，会溶解一部分土样。然而，土壤中乳糖的存在并没有显著影响总体样本的渗透系数。因此，乳糖的注入似只对样品的整体渗透系数有很小的影响。但使用达西公式计算时，可能需要进行一些修正，由于融冰层的存在，使冻结试样长度减小[4]。

基金项目：2020 年度高等教育教学改革重点委托项目（SJGZ20200135）。

作者简介：孔维健（1997—），男，硕士研究生，研究方向为寒区水文与雪冰工程。

2 冻结土样制作

2.1 前期准备

准备冻土渗透系数试验前期所需仪器：TST-70 型渗透仪、筛分仪、干燥器、桶、大容量量筒、铲子、计算器、天平等。用天平称得渗透仪净重 3.08 kg。测量测压管与筒的体积，测压管直径 0.6 cm，测压管距上管口 3.5 cm，总长度 73 cm，测压管总体积 0.0206 L，渗透仪筒内高 33.5 cm，内径 10 cm。

2.2 试验土样选取

在试验前期准备工作中，试验土样的选取至关重要。通过对试验区土壤粒径分析，试验场地土壤粒径以小于 0.5 mm 为主，考虑到试验的可行性，本次试验以粒径 0.25~0.5 mm 的中砂替代为试验土样。取一定量粗砂，用筛分仪进行筛分，选出粒径 0.25~0.5 mm 的砂作为试验土样。

2.3 试验土样烘干

试验土样必须充分烘干，避免土样中残留水分产生试验误差。取筛分后的试验土样，进行风干后，将其置于干燥箱内烘干 12 h，箱内温度设定为 110 ℃，取出称量其重量，再次放回到干燥箱继续烘干 2 h 取出称重，直到取出的土样重量不再变化为止。取出土样置于干燥器内干燥 4 h，土样冷却到室温后取出进行下一步操作。

2.4 试验干土样配水

称取烘干后的试验土样分 4 份，装入试验桶中，加水充分搅拌并配制，含水率分别为 2%、4%、6%、8%、10%、12%、14%、16%、18%、20%，搅拌均匀后加盖，并用胶带将桶盖与桶交接处密封，搁置 10 h 左右，使其内部水分充分运移均匀化，进入下一步操作。

2.5 试验土样冻结

试验土样冻结是冻土渗透系数测定试验前期准备最后一个环节，也是控制变量因素的关键。根据典型试验场地监测数据资料，了解到该试验区土质密度特征，本次试验将试验土样干密度分为 1.4 g/cm³、1.5 g/cm³、1.6 g/cm³ 三组试验[5]。第一组：配制土样干密度为 1.4 g/cm³，含水率分别为 2%、4%、6%、8%、10%、12%、14%、16%、18%、20%，分层装填至达西柱内，相应干土样质量为 3.077 kg，填装高度 28 cm，分 4 层填装；第二组：配制土样干密度为 1.5 g/cm³，含水率分别为 2%、4%、6%、8%、10%、12%、14%、16%、18%、20%，分层装填至达西柱内，相应干土样质量为 3.297 kg，填装高度 28 cm，分 4 层填装；第三组：配制土样干密度为 1.6 g/cm³，含水率分别为 2%、4%、6%、8%、10%、12%、14%、16%、18%、20%，分层装填至达西柱内，相应干土样质量为 3.517 kg，填装高度 28 cm，分 4 层填装。试验土柱制作完成后，连同所需试验惰性液体 30%乙二醇溶液放入低温恒温箱冷冻 12 h 以上，实时监测渗透仪内部温度。

3 非饱和冻土渗透系数测定试验

非饱和冻土渗透系数测定试验中主要试验仪器选用 TST-70 渗透仪（见图 1），应用定水头达西试验方法对测定非饱和冻土土壤渗透系数，具体操作步骤如下：

（1）在装土冻结前，安装仪器，检查测压管及调节管接口处是否漏液。向调节管充液，从仪器底部充入惰性液体 30%乙二醇，以液面稍高于金属孔板为止，闭止水夹。观察桶内和测压管液面是否平齐，如果平齐则仪器不漏液；反之则漏液。检查试验仪器是否存在漏液情况，并检查测压管是否被试样堵塞。观察三组测压管液面是否平齐，若不齐平则存在漏液或漏气现象，需及时处理。

（2）调节管管口连到试样上部的 1/3 处，让仪器产生液面差，乙二醇溶液即可渗透土柱，待仪器内部饱和后，惰性液体会从调压管口缓慢流出，仪器上部放置供液装置，惰性液体从供液瓶内由供液管流入渗透仪内，在距渗透仪桶口 3 cm 处安置溢水孔，可保持试验土样所受压力不变。

（3）实时观察记录桶边玻璃测压管液面，待三个测压管液面全部不变后，记录此时三个管的液

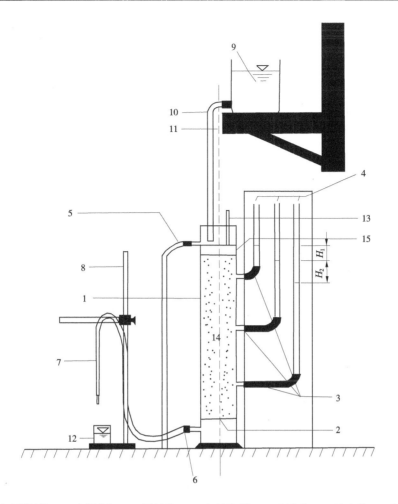

1—封底金属圆筒；2—金属孔板；3—测压孔；4—玻璃测压管；5—溢水孔；6—渗水孔；7—调节管；
8—滑动支架；9—供水瓶；10—供水管；11—止水夹；12—500 mL 量桶；13—温度计；
14—冻土试样；15—30%乙二醇溶液。

图 1 TST-70 渗透仪结构

面值，并计算 H_1 与 H_2 的数值（三个测压管的液面差）。

（4）在调压管下方放置 500 mL 量桶，收集从管内流出的 30%乙二醇溶液，并记录试验过程中流出的乙二醇溶液体积。在试验整个过程中实时用秒表记录每次试验所用的时间。

（5）调压管最高处调至上、中玻璃测压管及中、下玻璃测压管 1/3 高度处，重复以上步骤，分别计算每次的渗透系数，取每次渗透系数平均值为最终值[6]。

根据拟订的方案进行常水头渗透试验，本次以含冰率、试样干密度作为变量测定非饱和冻土的渗透系数和非闭合孔隙度，以非饱和冻土渗透系数与非闭合孔隙度测定为目标，具体数据整理计算公式如下：

$$\rho_d = \frac{m_d}{V_d}, \quad e = \frac{V_{\text{非}}}{V_d} \tag{1}$$

式中：ρ_d 为试验土样的干密度，kg/m³；e 为孔隙度；m_d 为试验土样烘干后的质量，kg；$V_{\text{非}}$ 为试验土样非闭合孔隙体积，m³；V_d 为试验土样烘干后的体积，m³。

$$K = \frac{QB}{AH_{\text{均}}t} \tag{2}$$

式中：K 为试验土样渗透系数，m/d；Q 为 t 秒内的渗透水量，m³；B 为相邻测压孔中心间距；A 为试验土柱横断面面积，m^2；t 为入渗时间，d；$H_{均}$ 为水位差平均值 $\dfrac{H_1 + H_2}{2}$，m。

4 影响因素

4.1 密度对渗透系数的影响

土壤密度是指单位体积土壤烘干后的重量，是描述土壤物理性质的参数之一。在冻土区土壤密度的计算方法亦是如此。

4.2 含冰量对渗透系数的影响

土壤的含冰量是指土壤中所含冻结水分的含量。也是指在土壤空隙内填充的冻结水含量。土壤的含冰量是影响冻土渗透系数的主要因素之一。在冻土层中，土壤中水分冻结后成为固态冰储存在土壤空隙内，严重影响了土壤的渗透能力。

4.3 颗粒级配对渗透系数的影响

土壤颗粒级配又称粒度级配。土壤颗粒级配是指由不同粒度组成的土壤颗粒所占的数量，通常情况下用所占百分数来表示。通过粒度级别的连续性可划分为连续级配和间断级配两种。

4.4 非闭合孔隙度对渗透系数的影响

土壤非闭合孔隙度为有效孔隙度。测定土壤非闭合孔隙度的主要方法为：取一定量的水、达西柱、橡胶管、干燥过后的土样和带刻度的注水装置（如大一点的量筒）。取一定量干燥过后的土样放在达西柱中，再用量筒取一定量水置于低处，将达西柱最低端的橡胶口排出气体，另一端放入量筒中使水从达西柱底部慢慢填充到整个土样中，待土样表面湿润后停止注水，记录土样中水的体积。土壤中水的体积与整个土样的体积比即为土样的非闭合孔隙度[7]。

5 结语

季节性冻土完全冻结时渗透系数随着初始含水率的增加而不断减小，而渗透系数的时空变化受到多种因素的影响。

冻土渗透系数随细颗粒含量的增加而减小，当细颗粒含量超过 20% 时，细颗粒含量对渗透系数的抑制作用更加明显[8]，细颗粒含量较低时可以填充粗颗粒骨架中的大孔隙，细颗粒含量进一步升高可进一步填充颗粒与颗粒间的裂隙，冻结时呈现细粒土渗透特性[9]。

冻土非闭合孔隙度及渗透系数随干密度、初始含水率的增加而减小，初始含水率越高，冻结土样中形成的冰晶体越多，冻土渗透性能越差[10]。初始含水率超过 12% 时，冻土渗透系数随初始含水率升高而减小趋势放缓。冻融循环会增大冻土渗透系数及非闭合孔隙度，但冻融循环次数超过 3 次时，对冻土渗透性能的影响作用较小[11]。

参考文献

［1］Burt T P, Williams P J. Hydraulic Conductivity in Frozen Soils ［J］. Earth Surface Processes, 1976, 1 （3）：349-360.

［2］伍根志，戴长雷，高宇. 非饱和冻土渗透系数测定装置分析与设计 ［J］. 黑龙江大学工程学报，2015，6 （4）：14-17.

［3］祝岩石，伍根志，商允虎，等. 冻土墒情野外试验分析与设计 ［C］//水利量测技术论文选集. 2014：221-226.

［4］戴长雷，常龙艳，梁丽青，等. 积雪和冻土保墒监测试验方案分析与设计 ［J］. 黑龙江大学工程学报，2011，2 （4）：27-32.

［5］戴长雷，常龙艳，孙思淼，等. 寒区冻土层水理性质研究 ［J］. 黑龙江大学工程学报，2013，4 （2）：1-9.

［6］吕雅洁. 哈尔滨地区冻层土壤水热参数监测试验研究［D］. 哈尔滨：黑龙江大学，2013.

［7］常龙艳. 冻层持水性质对寒区冻土保墒的影响研究［D］. 哈尔滨：黑龙江大学，2014.

［8］陈军锋，郑秀清，邢沭彦，等. 地表覆膜对季节性冻融土壤入渗规律的影响［J］. 农业工程学报，2006，22（7）：18-21.

［9］李杨. 季节冻土水分迁移模型研究［D］. 长春：吉林大学，2008.

［10］宋迪. 冬灌条件下土壤冻融过程的试验研究［D］. 沈阳：沈阳农业大学，2009.

［11］商允虎. 寒区冻土水理性质特征参数综合试验研究［D］. 哈尔滨：黑龙江大学，2015.

黑龙江（阿穆尔河）流域水系分区图绘制与思考

齐　悦[1,2]　李梦玲[2]　张晓红[3]

（1. 黑龙江大学-俄罗斯科学院西伯利亚分院麦尔尼科夫冻土研究所寒区水文与水利工程中俄联合实验室，
黑龙江哈尔滨　150080；

2. 黑龙江大学水利电力学院，黑龙江哈尔滨　150080；

3. 俄罗斯东北联邦大学，萨哈共和国雅库茨克　677000）

摘　要： 黑龙江（阿穆尔河）作为中俄两国的重要界河，其水系分区对两国水资源开发利用具有重要意义。本文以黑龙江（阿穆尔河）流域为研究区，以 GlobeLand30 为数据源，主要基于 ArcGIS 软件的 Spatial Analyst Tools（空间分析工具）模块中的 Hydrology（水文分析）完成研究区流域特征提取和水系分区图的绘制。有助于更深刻地掌握流域范围、流域内水系分布情况，进一步对流域进行地下水资源进行评价分析，对作为跨国界河流的黑龙江（阿穆尔河）流域的水权分配的管理问题提供理论依据。

关键词： 黑龙江；阿穆尔河；流域；分区；ArcGIS

1　引言

水系分区是对流域水文条件的概括总结，对流域进行水系区划能够反映流域内水资源的分布情况[1]。黑龙江（阿穆尔河）位于亚洲东北部地区，流域河网密布，水资源丰富，拥有大小支流 1 万余条、湖泊 6 万余个（见图 1）。黑龙江（阿穆尔河）流域内水、水能以及航运等资源储量丰富，绘制流域水系分区图可以更深刻地掌握流域范围、流域内水系分布情况，有助于进一步对流域地下水资源进行评价分析，在此基础上对作为跨国界河流的黑龙江（阿穆尔河）流域的水权分配的管理问题提供理论依据。

2　研究基础

2.1　研究区概况

黑龙江（阿穆尔河）作为世界十大河流之一，是中俄重要的国际界河，流域涉及 4 个国家的 15 个省级行政区[2]。评价河流的三大指标分别为河长、流域面积以及径流量，黑龙江（阿穆尔河）流域在世界十大长河中，河长位于第六，流域面积排名第十，径流量排名第八，属于名副其实的国际界河。

黑龙江（阿穆尔河）流域是指黑龙江干流及其 7 条支流：额尔古纳河、石勒喀河、乌苏里江、松花江、布列亚河（牛满河）、结雅河（精奇里江）、阿姆贡河（兴滚河）[3] 的汇水区域。黑龙江（阿穆尔河）流域位于亚洲东北部，由南源额尔古纳河和北源石勒喀河在中国黑龙江省大兴安岭地区的漠河市以西的洛古河村附近汇合而成，流入鞑靼海峡[4]。流域面积为 185 万 km^2，从两河汇合口到出海口长 2 824 km，以额尔古纳河为源头时河长 4 440 km。

基金项目： 2020 年度高等教育教学改革重点委托项目（SJGZ20200135）；黑龙江大学研究生创新科研项目（YJSCX2021-083HLJU）。

作者简介： 齐悦（1997—），女，硕士研究生，研究方向为冻土水文地质与雪冰工程。

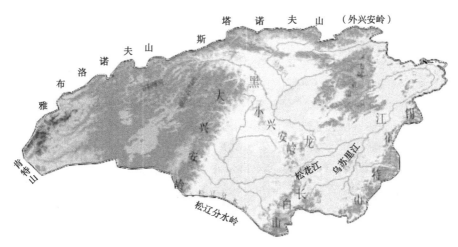

图1　黑龙江（阿穆尔河）流域地形示意图

由于多个国家管理和资料不足等原因，关于黑龙江（阿穆尔河）流域的相关图件存在分区依据不统一且多为分角度、分区域的各个州、国家图件，从全流域视角分区的相关研究较少。存在于地跨4国特殊地理位置下的黑龙江（阿穆尔河）流域[5]，其水资源分区、水文地质特征、区域地下水资源的开发等问题成为多国关注的焦点[6]。为更好地对流域水资源进行合理分配和管理，绘制黑龙江（阿穆尔河）流域水系分区图，基于黑龙江（阿穆尔河）流域地形地貌、水系分布等特征[7]，结合黑龙江大学寒区地下水研究所对黑龙江（阿穆尔河）流域研究成果图，绘制形成黑龙江（阿穆尔河）流域水系分区图。

2.2　数据基础

2.2.1　数据来源

黑龙江（阿穆尔河）流域的试验数据来源于全国地理信息资源目录服务系统 GlobeLand30 数据集（30 m 全球地表覆盖数据），也是目前国内用户可以免费获取的较为完整、可靠的 DEM 数据。Globe-Land30 数据集是中国国家高技术研究发展计划（863 计划）全球地表覆盖遥感制图与关键技术研究项目的重要成果。该数据集包含 10 个主要的地表覆盖类型，分别是耕地、森林、草地、灌木地、湿地、水体、苔原、人造地表、裸地、冰川和永久积雪[8]。

2.2.2　数据处理

黑龙江（阿穆尔河）流域位于亚洲东北部，共涉及中国、俄罗斯、蒙古、朝鲜 4 个国家[9]，根据 4 个国家所流经的行政区，依次选择数据范围，从而获得研究区初始 DEM 数据。首先选中覆盖研究区的数据框加入成果车，进而提交结算，后填写账号信息，所需数据将会以压缩包的形式发送至邮箱，在邮箱中下载得到数据压缩包，解压后导入至 ArcGIS 中即可进行操作。

3　水系分区图绘制

3.1　水系提取

3.1.1　栅格数据预处理

（1）镶嵌。在全国地理信息资源目录服务系统 GlobeLand30 数据集中下载的数据进行解压，具体操作方法：新建 ArcGIS 文件，添加解压后的 DEM 原始数据，通过系统工具箱中 Data Management Tools，选择栅格要素中的栅格数据集，选择镶嵌，导入下载的数据块，任意选择其中一个数据块为目标栅格，将所有数据块镶嵌至目标栅格中，将所有数据以一个数据块为标准合并成一整个数据图层。

（2）洼地填平。在流域水系提取前，先要对 DEM 数据做预处理，来消除 DEM 数据中的伪洼地，保证后续提取的水系是连续的[10]。具体操作方法：将镶嵌后的数据图层，通过系统工具箱中 Data Management Tools，选择水文分析中填洼，输入镶嵌后数据集，对原始 DEM 数据进行洼地填平，输出数据为 Fill. img。

（3）水流方向。水流方向是指水流离开 DEM 栅格时的指向，流向判断是流域特征提取的关键内容[11]。由于流域水文网络是依据水流流向构成的，具有拓扑结构的几何网络，因此除了能表达水文网络构成要素之间的相互关系，更能通过要素之间的拓扑关系来表达流域的汇流关系，流域的汇流关系实际上是流域的水流方向[12]。水流方向的确定是基于 D8 算法，该算法主要思路是计算 DEM 每个栅格单元与其相邻的 8 个栅格单元之间的坡度，选取坡度值最大的栅格单元所在方向确定为水流方向[13]。具体操作方法：使用水流方向计算工具 Flow direction，对输入的预处理后 Fill 图层，计算每个栅格单元水流方向，输出流向栅格数据 FlowDir. img。

（4）水流流量。栅格单元的汇流累积数值反映了其汇聚水流能力的强弱，汇流累积的数值越大，代表上游流向该栅格的水流越多，因此往往子流域（或流域）的出水口的数值，反映了其上游汇流累积水流的强弱[14]。出水口的汇流累积数值越大，反映了该流域越容易生成地表径流，河道的发育程度越好。汇流累积量计算是基于水流方向栅格图层 FlowDir. img，计算流经每个栅格流经的水量，由于研究区范围较大此步骤运行时间较长，生成水流流量栅格数据 FlowAcc. img。

（5）水流长度。目的是计算水流长度[15]，具体操作方法：使用水文分析中水流长度，输入流向栅格数据，测量方法选取 DOWNSTREAM，输出水流长度栅格数据集 FlowLen. img。

3.1.2 水系提取与分级

（1）水系提取。河流的提取是流域特征提取的重要环节，也是水文网络构建的基础[16]。栅格单元的汇流累积数值越大，越容易形成水系，通过设定一个合适的集水面积阈值，大于集水面积阈值的栅格就被定义为水系，等于集水面积阈值的栅格则被定义为河源。因此，在汇流栅格中，对水系的提取就是要提取所有不小于给定的集水面积阈值栅格，而小于给定阈值的栅格单元则被认为无法形成地表径流[17]。具体操作方法：使用地图代数下栅格计算器，使用条件分析 Con 函数，输入 Con（"FlowAcc≥1000"，1），目的是去掉流量比较小的部分。

（2）河流链接。河流链接记录着河网中的一些节点之间的连接信息（河网的结构信息）[18]。具体操作方法：水文分析中的河流链接，输入河流栅格数据 streamnet. img 以及流向栅格数据 FlowDir. img，输出河流链接栅格数据 StreamLink. img。

（3）河网分级。河流的级数按划分方法可分为 Strahler 级数和 Shreve 级数[19]。Strahler 级数确定的方法是：当上游支流的级数相同时，则取上游级数之和；而当上游的级数不同时，则以上游支流的最大级数作为它的级数。Shreve 的级数确定的原则是：总是取其上游支流级数之和作为它的级数[20]。具体操作方法：水文分析中的河流链接，输入河流栅格数据 streamnet. img 以及流向栅格数据 FlowDir. img，河网分级方法选择 Strahler 级数，输出河网分级栅格数据 Streamorder. img。

（4）栅格河网矢量化。栅格河网矢量化是将表示现状网络的栅格转换为表示现状网络的要素[21]。具体操作方法：水文分析中栅格河网矢量化，输入河流栅格数据 Streamorder. img 以及流向栅格数据 FlowDir. img，并勾选简化线，输出栅格河网矢量化栅格数据 shilianghua. shp，右键选择矢量化数据，属性中选择符号系统，类别中选择唯一值，选择 grid_ code，添加所有值，选择合适的线宽和色带，得到矢量化后的河流栅格数据。

3.2 绘制成图

3.2.1 流域边界

本文选择借助 ArcGIS 自动生成流域边界，具体操作为：在水文分析中选择盆域分析，输入流向栅格数据 FlowDir. img，输出盆域边界栅格数据 Basin. img，需要将栅格数据转换为面数据，在 Conversion Tools 中的由栅格转出，选择栅格转面，输入边界栅格数据 Basin. img，输出 shp 格式边界数据 Basin. shp。右键数据框属性，选择能充分反映所绘制图件的地理坐标系和投影坐标系，此处地理坐系为 WGS 1984，投影坐标系为 WGS 1984 Web Mercator（auxiliary sphere）。绘制形成黑龙江（阿穆尔河）流域水系图。

3.2.2　水系分区

对流域图进行绘制，绘制倾斜点并进行捕捉校准，依据校准后的倾斜点，进行水文分析中集水区操作，输入流向栅格数据 FlowDir.img 以及栅格数据或要素倾斜点数据 bzqxd.img，输出集水区栅格数据 jishuiqu.img。分别对黑龙江（阿穆尔河）流域七条支流以及干流进行集水区操作，将黑龙江（阿穆尔河）流域划分为 8 个水系分区，绘制形成黑龙江（阿穆尔河）流域水系分区图，见图 2。

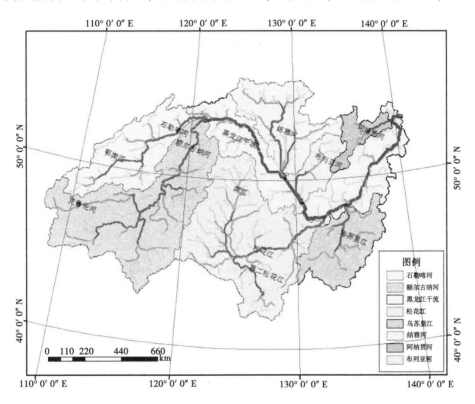

图2　黑龙江（阿穆尔河）流域水系分区图

4　结论与思考

4.1　结论

绘制黑龙江（阿穆尔河）流域水系分区图，结合流域地跨中、俄、蒙、朝 4 国水文特征，基于 ArcGIS 软件，以 GlobeLand30 为数据源，主要基于 ArcGIS 软件的 Spatial Analyst Tools（空间分析工具）模块中的 Hydrology（水文分析）部分，通过流域洼地填平、流域流向确定、流域流量计算、水流长度计算、河流链接等操作，完成研究区流域特征提取和水系分区图的绘制。水系分区图绘制成果可为黑龙江（阿穆尔河）流域下一步地下水资源计算与分析提供理论支撑。

4.2　思考

在对黑龙江（阿穆尔河）流域水系分区图的绘制过程中也存在着许多问题待进一步学习解决，流域中的湖泊（呼伦湖、兴凯湖、结雅水库等）未在流域水系分区图中绘制体现；基于 DEM 数据使用水文分析工具提取的水系与实测河网基本相符，但在地势平坦区或人类活动干扰较大的地区，提取的结果与实际相差较大。

参考文献

[1] 李相南. 面向地表水资源评价的大尺度区域气候–生态–水文分区研究 [D]. 北京：中国水利水电科学研究院，2020.

[2] 戴长雷. 黑龙江（阿穆尔河）流域水势研究 [M]. 哈尔滨：黑龙江教育出版社，2014.

[3] 郭敬辉. 黑龙江流域水文地理 [M]. 上海：新知识出版社，1958.

[4] 丛大钧，戴长雷，李洋，等. 黑龙江流域水文地理耦合区划与分析 [J]. 水利科学与寒区工程，2018，1（9）：39-43.

[5] 常龙艳，李文文，戴长雷，等. 黑龙江（阿穆尔河）流域水文地质区划分析与探讨 [C] //第十届中国水论坛论文集. 2012：398-401.

[6] 戴长雷，王思聪，李治军，等. 黑龙江流域水文地理研究综述 [J]. 地理学报，2015，70（11）：1823-1834.

[7] 戴长雷，李梦玲，张兆廷. 黑龙江（阿穆尔河）流域水文地质区划研究 [J]. 黑龙江大学工程学报，2021，12（3）：209-216.

[8] 全国地理信息资源目录服务系统 GlobeLand30 数据集 [EB/OL]. 2020.06. https：//www.webmap.cn/.

[9] 张凯文. 黑龙江干流凌汛洪水地学成因研究 [D]. 哈尔滨：黑龙江大学，2021.

[10] 于淼，陈雪莲. 基于 Arc Hydro Tools 对辽河流域的自动提取 [J]. 微计算机信息，2010，26（21）：199-201.

[11] 邓必平，严恩萍，洪奕丰，等. 基于 GIS 和 DEM 的东江湖流域水文特征分析 [J]. 湖北农业科学，2013，52（15）：3531-3536.

[12] 徐新良，庄大方，贾绍凤，等. GIS 环境下基于 DEM 的中国流域自动提取方法 [J]. 长江流域资源与环境，2004（4）：343-348.

[13] 陈永良，刘大有，虞强源. 从 DEM 中自动提取自然水系 [J]. 中国图象图形学报，2002（1）：93-98.

[14] 胡应剑. 基于 ArcGIS 的流域水文特征分析方法研究 [J]. 测绘与空间地理信息，2018，41（1）：167-171.

[15] 关铜垒，刘佳嘉，周祖昊，等. 基于 ArcGIS 的内流区子流域划分研究——以苏干湖流域为例 [C] //中国水利学会. 中国水利学会 2021 学术年会论文集：第四分册. 郑州：黄河水利出版社，2021：162-167.

[16] 何灿灿. 基于 DEM 的数字流域特征提取及水文网络构建研究 [D]. 西安：长安大学，2017.

[17] 俞伟斌. 基于 DEM 的数字流域时空特征及提取研究 [D]. 杭州：浙江大学，2014.

[18] 滕俊伟，张恒珍，郭奕浓. 水文网络模型在分布式流域水文模拟中的应用 [J]. 水土保持应用技术，2018（1）：14-16.

[19] 宋晓猛，张建云，占车生，等. 基于 DEM 的数字流域特征提取研究进展 [J]. 地理科学进展，2013，32（1）：31-40.

[20] 刘春雨，赵延，李强. 基于 ArcGIS 的流域水文分析及区域洪水淹没研究 [J]. 电力勘测设计，2019（S1）：81-85.

[21] 刘谋，康卫东，周杰. 基于 MapGIS 的府谷县浅层地下水功能区划分 [J]. 山东化工，2020，49（24）：247-249，251.

大兴安岭额木尔河径流特征计算与分析

贾明慧[1,2] 高雅琪[1,2] 郑永放[1,2]

(1. 黑龙江大学寒区地下水研究所，黑龙江哈尔滨 150080；
2. 黑龙江大学水利电力学院，黑龙江哈尔滨 150080)

摘 要：为探究河流径流的变化特征，以额木尔河为探究对象，额木尔河所属大兴安岭地区，地属偏远寒区。本文具体采用水文统计的方法对额木尔河流域径流特征进行计算，比较出年径流深、径流模数与逐年的最值流量的变化趋势。根据河口水文站（二十五站）1957—1980 年的实测数据资料为基础，分析了额木尔河流域径流的年际、年内变化特征和变化趋势。通过绘制径流过程线，分析变化趋势。结果表明，额木尔河流域年内分配和年际变化较为相似，年内分配不均，变化上具有明显时间差异性，径流在流域内没有显著的空间分布特征，而年际变化极其不稳定。

关键词：额木尔河；径流量；年际变化；年内变化

1 引言

河川径流在气候变化与人类活动的影响下发生了不同程度的变化，分析径流演变规律对流域水资源的开发利用具有重要意义。我国北方地区水资源匮乏，地下水超采严重，制约了经济社会的发展。目前专家学者分析流域径流特征主要是对河流年径流总量、汛期和枯水期径流总量、月径流总量还有逐年洪峰流量等特征分析[1]。本文从时间角度分析了额木尔河流域的径流特征，以了解额木尔河流域的地表径流特征特点。径流分析有多种数理统计方法，从径流地区组成探讨影响径流的因素、绘制多种径流过程线、推求年内分配等方面分析了额木尔河流域的径流变化规律。通过对额木尔河流域进行径流特征计算，反映出河川径流总的蕴藏量，了解各年间径流量变化幅度的大小，对于研究影响流域径流因素以及深入探讨流域径流的变化规律提供理论依据，研究成果为评估额木尔河流域的水资源状况和水生态环境与保护提供一定的参考。

2 研究区概况

额木尔河流域，位于黑龙江省西北部[2]。由于与阿穆尔河同音又称作"额木尔河"。其河有三条，向东方向河源为阿木尔河，河流全长为 469 km，干流全长是大约 360 km，其中额木尔河干流长 230 km；向南方向河源为老潮河；向西方向河源为大林河，在古籍中多以此河系为额木尔河正源。在漠河市的东边额木尔河以阿木尔河构成了具体东部地区独特风格的网状水系结构。阿木尔河发源地可追溯于大兴安岭北坡的风水山、羊山和面包山。向北流淌至劲涛镇然后折向西流去，经图强镇向西北方向流大约长度为 30 km 于西林吉镇的东侧汇入老潮河，本段干流长度大约 130 km，有支流一条，河流宽度为 70 m。额木尔河干流区自上而下从河源位置开始到河口所经过的二级流域包括府库奇河（右岸）、老槽河（左岸）、大林河（左岸）、老沟河（左岸）、大丘古拉河（右岸）、二龙河（右岸）。二级流域的大林河还包括多里纳河（左岸）、克波河（左岸）、古莲河（左岸）3 个三级流域，二级流域大丘古拉河包括 1 个三级流域小丘古拉河（右岸）。

基金项目：黑龙江大学研究生创新科研项目（YJSCX2022-098HLJU，YJSCX2021-083HLJU）。
作者简介：贾明慧（2000—），女，硕士研究生，研究方向为冻土水文地质与雪冰工程。

额木尔河为山区河流，径流主要通过夏季降雨及冬季融雪所补给。额木尔河流域处于西伯利亚冷空气活动的前锋，东亚大陆季风气候特点很突出，为寒温带大陆性季风气候，属于沿江平原温和区，形成沿江温和的特点。通过对额木尔河流域的降水数据进行统计分析可知，额木尔河流域降水量逐年偏少，丰水年与枯水年比较悬殊，且年际、年内分配不均匀。

3 径流特征计算与分析

3.1 年际变化

根据额木尔河河口水文站（二十五站）所提供的 1957—1980 年的月流量、年径流总量等数据资料，对额木尔河径流特征进行计算与分析。二十五站处于额木尔河下游，距离额木尔河入黑龙江江口 7 km[1]。多年平均流量的变差系数可以反映控制测站流域内的径流在多年中的变化情况，计算出变差系数为 0.29，可知变差系数相对较小，径流分布时间过于集中。额木尔河流域所在地由于地理纬度较高，所以冬季占了绝大部分，一般是指 11 月、12 月、1 月、2 月为冬季，3 月、4 月为春季，5 月、6 月、7 月、8 月为夏季，9 月、10 月为秋季。已知额木尔河流域面积为 16 820 km²，通过式（1）和式（2）计算，逐年径流深与径流模数如表 1 所示。

$$R = \frac{W}{1\ 000F} = \frac{QT}{1\ 000F} \tag{1}$$

式中：W 为时段内的径流量；F 为流域面积；Q 为时段内的平均流量；T 为计算时段。

$$M = \frac{1\ 000Q}{F} \tag{2}$$

式中：Q 为流量，L/s，对 Q 赋予不同的意义，径流模数也有不同的含义。

表 1 逐年径流深与径流模数

年份	径流总量/亿 m³	年径流模数/[L/（s·km²）]	年径流深/mm
1957	26.07	5.08	160.14
1958	67.51	13.15	414.68
1959	29.97	5.84	184.09
1960	25.60	4.99	157.25
1961	22.19	4.32	136.30
1962	30.41	5.92	186.79
1963	33.99	6.62	208.78
1964	18.80	3.66	115.48
1965	22.76	4.43	139.80
1966	31.34	6.10	192.51
1967	10.95	2.13	67.26
1968	22.24	4.33	136.61
1969	21.96	4.28	134.89
1970	18.50	3.60	113.64
1971	15.78	3.07	96.93
1972	23.97	4.67	147.24

续表 1

年份	径流总量/ 亿 m³	年径流模数/ [L/（s·km²）]	年径流深/ mm
1973	17.45	3.40	107.19
1974	12.54	2.44	77.03
1975	9.23	1.80	56.70
1976	11.98	2.33	73.59
1977	30.07	5.86	184.71
1978	17.09	3.33	104.98
1979	3.51	0.68	21.56
1980	13.48	2.63	82.80

通过计算径流深与径流模数的数值可以发现，在计算时段内年径流总量平铺在整个流域面积上所得到的水层深度（径流深）逐年变化差别较大，在 1958 年径流深达到最大值 414.68 mm，1979 年径流深达到最小值 21.56 mm。在指定时间内整个额木尔河流域面积所产生的年径流量为径流模数，在 1957—1980 年间径流整体呈现递减趋势。

根据表 2 额木尔河二十五站逐年最值流量实测数据资料可以看出，1958 年雨量丰沛，除年径流深与径流模数达到最大值外，且在 8 月 1 日达到了历史最大流量 2 160 m³/s。可以推测在当年径流量过大，设施还不完善易引发洪涝灾害，对于人类生命财产安全易造成隐患。此外，在这个时间段内 1960 年的 5 月 19 日流量达到了峰值 1 650 m³/s，其余年份流量变化幅度也较大，在 1967 年、1975 年、1976 年最大流量都只在 300 m³/s 左右，枯水期时段较长，干旱少雨，对农业生产较为不利。另外反观最小流量，除插补流量外，年最小流量都是趋近于 0，在漠河市的冬季，最低气温可以低于 −40 ℃，所以在这种恶劣天气下难以产生径流，在部分地方河流冰面可以封冻数十米以上。丰平枯代表年的年内分配曲线见图 1。

表 2　额木尔河二十五站逐年最值流量

年份	年最大流量/（m³/s）	日期 （月-日）	年最小流量/（m³/s）	日期 （月-日）
1957	526	05-12	0.96	12-31
1958	2 160	08-01	0.028	02-11
1959	1 180	09-01	0.18	03-18
1960	1 650	05-19	0.12	04-04
1961	765	06-27	0	02-12
1962	999	07-29	0	01-01
1963	1 270	06-29	0	02-14
1964	588	05-13	0.025 6	03-22
1965	590	05-25	0.020 5	03-22
1966	920	06-15	0	03-01
1967	358	04-26	0	02-01
1968	931	04-26	0	01-01

续表 2

年份	年最大流量/（m³/s）	日期 （月-日）	年最小流量/（m³/s）	日期 （月-日）
1969	792	09-05	0	01-01
1970	789	05-03	0	01-01
1971	654	05-07	0	01-01
1972	881	08-31	0	01-01
1973	1 180	05-13	0	01-01
1974	555	08-07	0	01-01
1975	226	04-27	0	01-01
1976	213	05-29	0	01-01
1977	1 140	07-29	0	01-01
1978	981	07-31	0	01-01
1979	（315）	05-07	（9）	（07-12）
1980	1040	05-01	（27.3）	（08-23）

注： 其中括号中内容是根据已知实测径流资料按照径流关系进行插补的。

3.2 年内变化

本文采用经验适线法绘制额木尔河流域年径流频率曲线，绘制频率曲线时常采用 P-Ⅲ 型曲线作为径流分布曲线，进而推求不同频率设计值选择出最贴近于设计年径流量的年份为典型年。设计频率 P 为 20%，设计值为 31.76；设计频率 P 为 50%，设计值为 19.05；设计频率 P 为 80%，设计值等于 11.15。通过同倍比的方法首先计算出各代表年的放大倍比以及代表年的年内分配，通过 origin 绘图软件绘制出径流过程线，如图 2、图 3 所示。

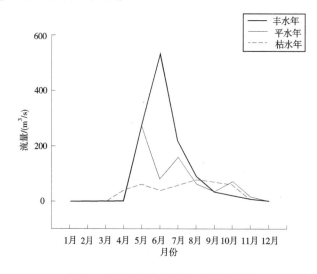

图 1　丰平枯代表年的年内分配曲线

在进行水文计算选择典型年时，应根据年径流总量和年内分配，选择丰水年、平水年和枯水年。由于受气候条件等因素的影响，不同地区的水文年际变化较大，本文综合考虑，基于所推求出的径流量设计值，选择最贴近于设计年径流量的年份为代表年，故选取 1966 年为丰水年代表年，1964 年为平水年代表年，1967 年为枯水年代表年。

额木尔河流域各年份径流集中期基本一致，流域内径流主要由降雨补给。均经过图 2、图 3 多年

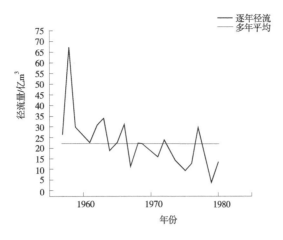

图 2　额木尔河流域径流过程线

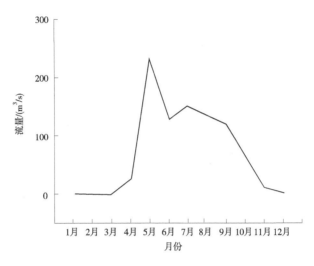

图 3　额木尔河流域逐月流量过程线

平均径流过程线、逐年径流过程线以及逐月径流过程线可以看出，在数据资料 1957—1980 年的时间段内多年平均径流量稳定于 22.4 亿 m³，逐年径流量在 1958 年达到最大值 67.51 亿 m³，可证明当年雨量充沛，在这之后逐年递减，在 1979 年径流量最小为 3.51 亿 m³。另外，额木尔河地处较高纬度地区，冬季时间较长，主要通过降雪补充径流。全年雨量大体集中在夏、秋两季，故在 4—10 月有明显径流。

4　结语

按照河口水文站提供的 1957—1980 年的数据资料，探究额木尔河流域的年际与年内变化，推求出径流深与径流模数，比较出逐年的最值流量。

（1）结果表明 1958 年产生最大径流量，1979 年径流量最小。根据径流资料推求出频率为 20%、50% 和 80% 设计径流值选出最贴近于实测流量的丰平枯典型年，比较出年内分配之间的差异，可清晰看出额木尔河流域年内分配不均，变化上具有明显时间差异性，径流集中期在流域内没有明显的空间分布特征，不同年代径流期也没有明显差异。

（2）根据径流量的资料用 origin 绘图软件绘制出多年平均径流过程线、逐年径流过程线、逐月径流过程线，可以看出月径流变化趋势较年径流明显，多年平均径流量稳定于 22.4 亿 m³。不同年代年径流特性存在差异，1958 年径流达到峰值，1959—1977 年径流相对稳定，变化趋势较小，但在 1977 年后表现为下降趋势。

（3）流域内径流主要由降水补给，因而径流集中期也主要集中于夏秋季降雨较大的时段。由于额木尔河流域面积相对来说较大，流域内径流年内分配特征值时间差异性更加显著，不同代表年径流特性存在明显差异。

参考文献

［1］许德龙．额木尔河大桥水文计算浅析［J］．林业科技情报，2012（3）：132-134，138.

［2］詹庆会，孙福荣，赵秀娟．额木尔河流域水土流失成因及其防治对策［J］．黑龙江水专学报，2005，32（3）：91-92.

［3］李欣欣，孙思淼．额穆尔河径流特征及其与气象因素的相关性分析［J］．黑龙江水专学报，2009（2）：125-127.

［4］张义夫，于成刚，王勇．额木尔河冰坝形成的水热因素分析［J］．黑龙江水专学报．2001（2）：54-55.

［5］阳扬，翟禄新，贾艳红，等．不同土地利用方式下漓江流域降水–径流特征变化分析研究［J］．中国农村水利水电，2022（8）：97-105.

［6］丁爱中，赵银军，郝弟，等．永定河流域径流变化特征及影响因素分析［J］．南水北调与水利科技，2013（1）：6.

［7］卢震林，白云岗，余其鹰．和田河上游62 a径流演变特征分析［J］．水利科学与寒区工程，2022（3）：45-50.

［8］芮孝芳．水文学原理［M］．北京：中国水利水电出版社，2004：45-49.

［9］郭文献，胡鉴闻，王鸿翔．乌江流域径流变化特征及归因识别［J］．水电能源科学，2022（5）：14-17，33.

［10］徐宗学，班春广，张瑞．雅鲁藏布江流域径流演变规律与归因分析［J］．水科学进展，2022（4）：519-530.

工程认证背景下寒区水力计算课程
讲义的实践与思考

苏泉冲[1,2]　　高雅琪[1,2]　　高　宇[1,2]

（1. 黑龙江大学寒区地下水研究所，黑龙江哈尔滨　150080；
2. 黑龙江大学水利电力学院，黑龙江哈尔滨　150080）

摘　要：2020 年黑龙江大学水利电力学院水利水电工程专业顺利通过工程认证，在工程认证的大背景下，学院开展的寒区水力计算特色课程在优化课程体系，提升教学质量中起到了重要作用。其中，对于课程讲义的组织与实践使得这门课程更加完善，框架更加丰富。

关键词：工程认证；课程讲义；效果评价；寒区水力计算；实践检验

1　引言

工程教育专业认证是在 2006 年，由国家教育部组织实施的以加入《华盛顿协定》为主旨的工程教育专业认证试验管理工作。2016 年 6 月，中国政府宣布将加入《华盛顿协议》，并作为会员，意在为我国相关的工程技术人员进入国际工业界从业进行预备教学质量保证，实现了工程技术教学体系全球共同认可以及工程师资格证书全球相互认可[1]。作为中国传统工科的水利水电工程学科，在中国经济社会发展国际化背景下，对提升自身的高等教育质量，深入研究工程教育学科认证标准内涵，建立鲜明独特的水利水电工程学科人才培养方案，有着非常重大的意义[2]。

寒区在中国属于十分重要的地域范围，中国甘肃、青海、新疆西北部三个省（区），西南的藏区，黑龙江省的东北部和西北部以及内蒙古东北部等均处于寒区地带。黑龙江大学是一所具有区域特色的高校，而黑龙江大学水利电力学院更是一所具有明显地方特色的学院。其中寒区水力计算课程是针对大三年级同学的一门专业必修课，旨在为今后从事寒区工程水力计算和寒区管理工作奠定一定的理论基础。同时，从工程认证的角度出发，以国际化的标准，引导教育体制改革和建设，提升专业人才培养的质量。结合水利电力学院水利水电工程专业教学过程中的教育体系，重点讨论寒区水力计算课程教学中参考材料组织的实践与思考，使寒区水利系列特色课程对工程认证的顺利开展起到一定的支撑作用。

2　工程认证背景下寒区特色课程设置要求

工程教育专业认证制度是中国高等教育系统推动工程教育改革发展的重大措施，是中国工程教育国际化的重要标志，对中国高校提高人才培养教学质量有着十分关键的促进意义。为更好地适应国家与社会对各类技能型人才培养的需要，当前各个院校的学科专业建设单位应转变发展观念，从工程教育专业认证角度入手，进一步加强与国际接轨，以符合国际的标准，积极引领工程教育专业建设发展

基金项目：2020 年度高等教育教学改革重点委托项目：中蒙俄经济带寒地农业水利类人才国际化联合培养模式实践与研究（SJGZ20200135）。

作者简介：苏泉冲（1999—），男，硕士研究生，研究方向为寒区水文与雪冰工程。

通信作者：高宇（1992—），女，博士研究生，主要从事寒区水文地质方向的教学和科研工作。

和改革，以不断提升高等工程技术教育人才培养的水平品质[3]。黑龙江大学水利电力学院于 2018 年开始递交工程认可材料，于 2020 年 10 月通过国家工程建设教育认可协会的专家组进校现场认可与考核。通过听取教师汇报、现场察看工程教学设施、检查材料、讲座等方法，学校依据国家工程教育认定规范，对认证专业人员开展了全面考察，并给予了高度评价。

黑龙江大学水利电力学院的优势专业和省级重点实验室等平台，有力地支持了学校水利水电工程学科的建立与发展。在 2006 年，学校获得了全省最早的水利水电工程二级学科博士授权点；2010 年，学校获得中国国内最早的工程领域水利工程专业学位博士授权点；2017 年，学校获得全国水利一级专业硕士学位授权点，目前学校还设有寒区水利校级重点实验室（2012 年）、寒区地下水研究所（2007 年）、寒区水文及水利工程中俄合作研究室（2016 年）等平台。国家教育部制定的专业类研究生培养质量标准和工程教育专业认证通用规范均对人才培养方法课题的设置比例进行了基本规定[4]。黑龙江大学的水利水电工程学科也对课程体系设置做出了灵活调整，以凸显自身学科特点。做法主要包括：①夯实通识基础；②优化课程设置；③形成了"贴近企业生产实际"的工程实践课程体系。在工程学科设置上，学校根据国家高校培养方案的制定原则，以国家水工类学科工程教学规范和标准为基础，将国家水利工程类补充标准中数学及自然科学类、工程技术基础类、学科基础类和学科类课程等学科设定为必修，并确定学科主干课程，建立工程教学框架系统。而其他学科必修和专业选修则主要为可选修学科和特色专业课程，而这些选修课的教学内容则充分考虑了黑龙江省地域特点和高校定位特色[5]。其中，"寒区水力计算"这门课程正是黑龙江大学水利电力学院充分考虑到省内地域特点，以及学院定位特点所开设的特色专业课程。

3 "寒区水力计算"课程教学材料需求分析

通过本课程的教学，训练本科生准确分析和处理寒区冰情和水力计算工程问题的能力，同时训练和增强综合利用所学课程及其他选修学科的基础理论和知识，紧密结合实际生产实践去分析和处理复杂工程技术问题的能力，不但为黑龙江大学创建寒区特色专业奠定基础，同时还为今后从事寒区工程水力计算和寒区管理工作奠定坚实的基础。但是在此前并没有系统的参考资料来配合教学，因此在参考了戴长雷等[6]对寒区冰清监测方面的相关知识以及杨开林等[7]对调水工程和冰情预报技术等有关资料之后，经戴长雷教授以及门下研究生的共同努力下，编写了寒区水力计算这门课程的讲义。

讲义的编写填补了寒区水力计算没有现成资料可以借鉴的空白，同时满足《教学大纲》要求，结合往届讲授经验，参考国内外相关著作，形成讲义，使得课程内容更加充分，对于老师来讲，可以更加系统地进行教学，对于学生来讲，可以充分了解这门课程的整体框架和学习进程。同时在课后进行阅读，可以充分吸收老师课堂所讲内容，也可以提前预习下一堂课要讲的内容，讲义就是授课内容的实体化，使得寒区水力计算这门课程更加完整。

4 "寒区水力计算"讲义内容及来源的选定

根据国内外现有的关于寒区水力计算相关材料的参考，现汇编成"寒区水力计算讲义"，并不断对内容进行增减和改进，添加水力学相关知识，方便同学们进行学习与拓展。讲义共有 12 章，按照由浅入深的讲授顺序进行，并在每章后面添加了本章小节以及延伸阅读。其中，本章小节是对一章的总结，使内容层次更加丰富，同学们在学习完一章之后可以通过本章小结快速吸收所学知识。延伸阅读是对当前涉及的相应寒区水文知识相关书籍做一些系统性的整理，使有兴趣的同学们可以通过延伸阅读来获取更多关于寒区方面的书籍和知识。现把"寒区水力计算讲义"的教学内容、进度以及方式进行整理，如表 1 所示。

表 1　讲义主要内容及相应信息

周学时	主要教学内容	主要教学方法和手段	作业、辅导答疑安排	重点难点
2	绪论 第 1 章　河冰的形成发展过程及特点 　1.1　冰的物理和热力学性质 　1.2　冰花 　1.3　冰的热增长 　1.4　动态冰盖的形成 　1.5　开河 第 2 章　寒区冰情 　2.1　冰的类型 　2.2　河冰的生成 　2.3　河冰的消融 　2.4　河冰的物理性质	课堂讲授	课后习题	教学重点：悬冰坝成因和危害及其示意图；河冰在生成及消融时出现的不同冰情现象。 教学难点：武开河的伴生现象
2	第 3 章　冰坝与冰塞 　3.1　概念与类型 　3.2　成因分析 　3.3　凌汛洪水的特点 　3.4　冰坝与冰塞的研究方法 第 4 章　河冰监测 　4.1　监测目的与监测内容 　4.2　监测站网及监测方法	课堂讲授	课后习题	教学重点：冰坝与冰塞的概念及形成；河冰监测主要项目内容。 教学难点：冰坝凌汛洪水和冰塞凌汛洪水特征的异同；冰塞及冰坝观测的主要项目。
2	第 5 章　冰凌输沙 　5.1　冰凌输沙 　5.2　冰凌输沙能力估算 第 6 章　冰力对工程结构的作用 　6.1　环境力 　6.2　使冰破碎的力 　6.3　冰体运动作用力	课堂讲授	课后习题	教学重点：河冰输沙的影响因素和主要类型；冰与斜面结构间的作用力。 教学难点：河道结冰断面湿周估算、冻结含沙量估算、河冰输沙量估算；冰的韧性变形和脆性破坏
2	第 7 章　河冰作用下的河流泥沙输移 　7.1　引言 　7.2　冰盖对河流流速分布的影响 　7.3　冰对河流泥沙输运的影响 　7.4　冰盖下的河流泥沙输运 1~6 章　总结复习/进行期中考核	课堂讲授	课后习题	教学重点：冰盖对河道的影响、纤路形成的原因。 教学难点：河道因变量的相关参数

续表 1

周学时	主要教学内容	主要教学 方法和手段	作业、辅导 答疑安排	重点难点
2	第 8 章　河道浮冰层承载力 　8.1　引言 　8.2　冰块的承载力 　8.3　浮冰层的承载力 　8.4　短期荷载的分析方法 　8.5　短期荷载的经验方法 　8.6　运动荷载 　8.7　长期荷载 第 9 章　河道冰塞及防治措施 　9.1　概述 　9.2　冰塞洪水 　9.3　冰类型回顾 　9.4　冰塞类型 　9.5　冰塞成因 　9.6　永久性措施 　9.7　预防性措施 　9.8　冰塞洪水的应急管理 　9.9　应急措施	课堂讲授	课后习题	教学重点：冰块的受力平衡、冰块最大承载力的计算； 冰塞防治的永久性措施、预防性措施及应急措施。 教学难点：三种类型的荷载对冰层的影响；冰塞和冰塞洪水的特性
2	第 10 章　河湖冰的分类与分布 　10.1　河冰分类 　10.2　湖冰分类 　10.3　河冰与湖冰的地理分布 第 11 章　中国主要河流冰情特征 　11.1　河流和水库的冰情特征确定 　11.2　主要河流初冰、封冰、解冻日期和最大冰厚确定 　11.3　水库冰厚确定	课堂讲授	课后习题	教学重点：河冰按不同分类的示意图，河冰与湖冰的地理分布。 教学难点：河湖冰冻结期的等温线分布；主要河流初冰、封冰、解冻日期和最大冰厚确定
2	第 12 章　河流冰水运动及相关计算 　12.1　河道中冰水两相流现象 　12.2　冰水两相流的危害及常见的防冰措施 　12.3　河道中动冰冰盖的类型 　12.4　冰盖类型确定及其水力参数计算 　12.5　堵塞系数 　12.6　天然冰塞的堵塞系数分析 7～12 章　总结复习和答疑	课上讲授	课后习题	教学重点：冰盖类型确定及其水力参数计算，天然冰塞的堵塞系数分析，河道中动冰冰盖的类型。 教学难点：冰盖类型确定及其水力参数计算

5　讲义应用效果评价

依据已有的参考教材编制而成的寒区水力计算课程讲义，其内容难度适中，面向本科生教学难度较小，通过引用图片、讲解原理及公式的来源参考使得同学们在上课期间可以更加轻松地学习。讲义的教学实践，注重对问题的发现、分析、综合、方法、实施、评价这六大方面持续提高，并将专业认证的精髓融合于实际教学之中[8]。同时在课程最后，通过对两个教学班进行讲义效果调查问卷（见表2），结果表明学生们对教学内容比较认可，一定程度上提高了学习兴趣。

表2　寒区水力计算讲义调查问卷结果[9]

调查内容	选项	比例	调查内容	选项	比例
你觉得寒区水力计算这门课是一门具有特色的水工专业课程吗	是	100%	寒区水力计算讲义对你这门课程的学习帮助是怎样的	帮助很大	94.4%
	不是	0		一般	5.6%
寒区水力计算对你的其他专业课是否有帮助	是	98.1%		帮助不大	0
	不是	1.9%	讲义中补充的延伸阅读和水力学部分你觉得有必要吗？	有必要	96.3%
你觉得寒区水力计算对你的认知力有提高吗	有	98.1%		没有必要	3.7%
	没有	1.9%			

6　结语

（1）在工程认证的背景下，黑龙江大学水利电力学院开展的寒区水力计算等具有寒区特色的课程，充分考虑省内定位以及学校特色，符合工程认证中重点关注的内容。

（2）在缺少教材的情况下，参考有关讲授内容资料整理成讲义，可以满足授课需求，使课程结构更加完善，并可以在后续的编排修改之下最终形成教材。

（3）通过期末学生课堂调查问卷，更为直观地反映出讲义的生成对学生们的学习效率以及课程质量具有一定的积极因素。

参考文献

[1] 单慧媚，彭三曦，熊彬，等. 本科教学过程质量监控机制现状分析——以桂林理工大学为例 [J]. 科教导刊（中旬刊），2019（11）：9-10.

[2] 钱波. 水利水电工程专业应用型人才培养课程体系的构建 [J]. 西昌学院学报（自然科学版），2019，33（3）：87-91，104.

[3] 胡宇祥，殷飞，李娜. 工程认证背景下水电专业人才培养模式研究 [J]. 高教学刊，2021，7（30）：168-171.

[4] 李炎. 工程教育认证理念下水利水电工程专业建设研究 [J]. 绿色科技，2019（7）：273-274，277.

[5] 刘少东，马永财，刘文洋. 工程教育认证背景下水利水电工程专业培养方案的构建——以黑龙江八一农垦大学为例 [J]. 高等建筑教育，2019，28（4）：48-54.

[6] 戴长雷，于成刚，廖厚初，等. 冰情监测与预报 [M]. 北京：中国水利水电出版社. 2010.

[7] 杨开林，王军，郭鑫蕾，等. 调水工程冰期输水数值模拟及冰情预报关键技术 [M]. 北京：中国水利水电出版社. 2010.

[8] 张乐，彭先龙，乔心州. 工程教育专业认证为导向的"流体机械"课程教学改革实践 [J]. 黑龙江教育（高教研究与评估），2018（6）：13-14.

[9] 陈斌. 向电力类专业的高等数学讲义编写与实践 [J]. 重庆电力高等专科学校学报，2018，23（5）：14-1.

风积沙填筑路基技术在奎素黄河大桥连接线路基设计中的研究

韩卫娜　张　奇

（黄河勘测规划设计研究院有限公司，河南郑州　450003）

摘　要： 奎素黄河大桥位于内蒙古鄂尔多斯市杭锦旗与巴彦淖尔市乌拉特前旗交界处，是连接 G110 和 G109 的重要通道。以奎素黄河大桥及其连接线路基施工为背景，介绍了风积沙填筑路基技术在极寒地区路基设计中的运用，可为类似工程提供参考经验。

关键词： 风积沙；路基；压实；施工

1　引言

奎素黄河大桥及其连接线路基填方 532 989 m³，挖方 59 m³，清表 74 979 m³，如参照以前项目经验，路堤填料从指定取土场取料，取土场土地为耕地，设计要求取土场取土完毕后达到复耕要求。为此，取土场取土深度控制不超过 1.5 m，路基挖方及清基弃土与取土场复耕相结合，以尽量减少用地。按取土深度 1.5 m 控制，本项目需征用耕地 533 亩。由于清表量较小，且部分为老路路面开挖量，所以很难达到用路基挖方及清基弃土与取土场复耕相结合的目的，挖去表层土的耕地失去农业生产能力，这与目前保护耕地资源的政策和国情不符合，需结合地形情况考虑路基填料的来源。

库布齐沙漠是中国第七大沙漠，西、北、东三面均以黄河为界，形态以沙丘链和格状沙丘为主。奎素黄河大桥向南 12 km 即为库布齐沙漠，料源充足，运距合适。所以可考虑从沙漠中取风积沙作为路基填料。但目前国内外对沙漠公路修筑的研究，至今没有形成一套完整的理论实践体系。因此，对沙漠地区开展公路路基施工技术及质量控制方面进行系统深入研究就显得极为重要。

2　工程概况

奎素黄河大桥位于内蒙古鄂尔多斯市杭锦旗与巴彦淖尔市乌拉特前旗交界处，是连接 G110 公路和 G109 公路的重要通道。大桥全长 1 847 m，连接线全长 12.9 km。全线按一级公路标准定线，二级公路标准建设，路基宽 12 m，路面宽 9 m，设计行车速度为 80 km/h，设计车辆荷载等级为公路 I 级。设计公路沿线地质相对简单，地形平缓，路基设计以填方为主。

3　风积沙的工程特性

风积沙结构松散、级配不良、空隙率大、黏聚力小甚至无黏聚力，使得风积沙路基很难被压实，因此有必要从风积沙的物理特性和压实特性着手分析，选出适合用于风积沙路基压实的施工工艺。

4　风积沙路基的压实工艺

4.1　压实工艺选择

根据风积沙的特性分析，风积沙在完全干燥和最佳含水率情况下各有一个峰值（最大干密度），

作者简介：韩卫娜（1982—），女，高级工程师，主要从事市政道桥设计工作。

所以风积沙路基的压实有两种方法,即湿法施工和干法施工。

本项目计划在黄河大桥以南路段使用风积沙填路基,该段总需填方量 13.3 万 m^3,且临近黄河,地下水位较高,无论是从黄河取水,还是打井取水,皆较方便,从考虑节省取土占地和工程效果等因素出发,综合考虑采用湿法施工。

4.2 施工机械要求与选择

风积沙路基压实机械的选择,除满足压实的技术要求外,还应根据工程规模、场地大小、压实机械效率及工期要求等因素综合考虑,应选择在沙漠中能自由行走的 10~20 t 铰接式自动振动压路机,或履带式动率不小于 140 马力(1 马力=735.499 W)的推土机,自动振动压路机的振动频率为 30~45 Hz,振幅为 0.4~1.0 mm。

4.3 风积沙路基的压实工艺

4.3.1 风积沙填料试验

风积沙路基施工前,应将具有代表性的风积沙取样进行风积沙干振、饱水状态下最大干密度试验,施工中如发现沙颗粒粒径、级配有变化,应及时补做风积沙全部试验项目。

奎素黄河大桥路基施工前,对料场取样做了风积沙干密度试验(饱水振动),试验结果见表1。

表 1 风积砂干密度试验(饱水振动)记录

工程名称	奎素黄河大桥及其连接线		试验日期		2008-07-05		筒容积/mL	
建设单位	鄂尔多斯市金威建设集团有限公司		试验规程		《公路土工试验规程》(JTG E40—2007)		3 085	
振动时间/min	4		6		8		10	12
筒+湿土质量/g	10 893		10 945.0		11 023		11 087	11 024
筒质量/g	4 673		4 673		4 673		4 673	4 673
湿土质量/g	6 220		6 272		6 350		6 414	6 351
湿密度/(g/cm³)	2.02		2.03		2.06		2.08	2.06
盘号	8	10	7	8	2	12	15	18	16	1
盘质量/g	22.7	25.7	26.5	22.7	25.4	25.4	21.2	23.7	25.3	23.3
盘+湿土质量/g	83.6	82.7	79.6	84.5	83.9	74.3	88.2	85.0	85.2	88.7
盘+干土质量/g	74.2	73.9	71.2	75.0	74.9	66.7	77.9	75.4	75.8	78.2
水质量/g	9.5	8.8	8.4	9.5	9.0	7.5	10.3	9.6	9.4	10.5
干土质量/g	51.5	48.2	44.8	52.3	49.5	41.3	56.7	51.7	50.5	55.0
含水率/%	18.4	18.3	18.8	18.2	18.1	18.2	18.2	18.5	18.6	19.0
平均含水率/%	18.3		18.5		18.2		18.3	18.8
干密度/(g/cm³)	1.70		1.72		1.74		1.76	1.73
结论	依据《公路土工试验规程》(JTG E40—2007),该风积沙最大干密度为 1.76 g/cm³,最佳振动时间为 10 min							

4.3.2 风积沙掺水方式

风积沙渗水性强，风积沙的含水率如何控制是关键问题。本工程项目由于距黄河很近，路线不长，采用从黄河取水沉淀净化后用洒水车洒水方式。每次填料后，根据填料总质量和试验所得的最佳含水率来确定洒水量，采用这种较精确的方式来使土体达到饱和。填料的含水率应在最佳含水率的 2%～3% 范围内进行控制。对含水率不足的填料采取在路基上的平整区内用洒水汽车进行洒水，洒水量要经过试验确定。填料含水率过大，超过最佳含水率时，运到路基上平整后进行晾晒，经试验检测接近最佳含水率后，进行压实作业。所需加水量可按下式估算：

$$m = (\omega - \omega_0)Q/(1 + \omega_0)$$

式中：m 为所需加水量，kg；ω_0 为土原来的含水率（以小数计）；ω 为土的压实最佳含水率（以小数计）；Q 为需要加水的土的质量，kg。

4.3.3 施工流程

（1）施工放样（见图 1）。首先放出路基的中心线，每 20 m 一桩，然后在路基两侧适当的位置进行拴桩。再根据每填筑层顶面标高放出每层风积沙填筑的边线。边线采用竹竿控制，每 20 m 一桩，桩上必须插红色三角测量旗帜。竹竿长度一般为 60 cm 左右，上面间隔 30 cm 涂刷红、白漆。

图 1　施工放样

（2）场地清理。开工前必须对设计图纸所示或监理工程师提供的各类现有建筑物、障碍物和其他设施的位置及场地清理情况进行现场核对和补充调查，并将结果报请监理工程师核查。根据现场地面实际条件及土质情况按施工规范及设计要求进行基底处理后再施工，场地清理根据填筑施工需要分期分批进行，每次清理长度 500～800 m。场地清理包括清除路基范围内树根、草皮等植物根系，将原地面 0.3 m 厚度以内的耕植土清除，挖除各种废弃材料，并将清除地表土和不适用材料移运至指定的弃土场堆放。做好临时排水设施，排除地面积水和地下水，通过纵向、横向排水沟引入附近的沟渠或低洼处。临时排水设施与设计的路基排水系统相结合，避免造成不必要的浪费，以便降低工程成本。

（3）基地处理。按照设计文件和规范要求，在经过场地清理的施工路段，要根据原地面情况进行基底处理和平整。地面横坡在 1∶1～1∶5 时，将表土翻松，再进行填筑作业；地面横坡陡于 1∶5 时，进行挖台阶处理，台阶顶面做成 2% 和 4% 的内倾斜坡，再进行路堤填筑。由于场地清理后留下基坑、坑穴、沟槽等，用批准的适用填料回填，夯实到周围同样的密实度。

（4）推送填料和摊铺填料（见图2）。推土机从路基两侧或短距离内纵向调配风积沙推运至填方路段，对推运至填方路段的填料，采用推土机并配合平地机整平，摊铺层厚度在干燥无水沙地不得超过50 cm，在潮湿、多雨、洒水碾压路段摊铺层厚度不大于30 cm。可采用填料前后定点测量高程控制松铺厚度。

图2 推送填料

（5）洒水（见图3）。根据填料的含水率，取样试验测定的最佳含水率，确定对填料的洒水量，填料的含水率应在最佳含水率的2%~3%范围内进行控制。洒水后经试验检测接近最佳含水率后，进行压实作业。

（6）稳压。推土机稳压。按照一般土方路基的压实工艺，从路基边缘向内逐轮碾压，碾压时轮迹重叠宽度不小于1/2单轮宽度，单侧轮迹布满一个作业面为一遍，稳压两遍，亦可采用纵向、横向交错的碾压方式。

（7）振压（见图4）。稳压后，再使用振动压路机碾压。碾压遵循"先轻后重，先慢后快，路线合理，保证搭接，均匀压实"的原理碾压。碾压时，在直线路段和大半径曲线路段，应先压边缘，后压中间；在小半径曲线路段，先低（内侧）后高（外侧）。碾压时，碾压轮迹重叠1/2轮宽，避免漏压，前后相邻纵向重叠2 m，并做到无死角，使每层压实度均匀。碾压过程中随时进行整平作业，严格控制压路机行驶速度，行驶速度不大于4 km/h。接合面表层太干，洒水湿润后继续回填，如遭受水泡，先把上层稀泥铲除后，再进行压实。填方接近设计标高后，加强测量控制，如发现高低不平，及时用平地机配合人工找平，然后再压实，直到达到设计所要求的断面标高和质量为止。

5 应用情况

奎素黄河大桥及其连接线工程2008年5月开工，2010年8月完工，2010年9月完成竣工验收并投入运营。针对该项目填方量大，如采用一般填土，征地面积较大，将风积沙用于路基填筑研究充分考虑利用当地原材料风积沙，解决了风积沙不易压实，易风蚀等问题，变废为宝。工程经过近几年的运行考验，大桥及其连接线运行良好，达到了设计预期的目的，沟通了沿黄河两岸的鄂尔多斯和巴彦

图 3　洒水后路基

图 4　振压后路基

淖尔地区，为当地的经济社会发展起到了良好的促进作用。同时也为西北荒漠干旱地区的道路设计积累了宝贵经验，具有较好的参考价值和借鉴作用。

参考文献

［1］黎荐．沙漠地区风积沙填筑公路立即施工技术［J］．铁道标准设计，2003（7）：9-10.

［2］李昌柱，李冬辰．关于风积沙路基（沙基）压实问题的探讨［J］．华北石油设计，2002（3）：25-27.

［3］刘世友．内蒙古省际通道工程风积沙路基施工工艺探讨［J］．内蒙古公路与运输，2002（4）：18-19.

［4］李新伟，潘永杰，王晓飞．沙漠地区公路风积沙路基压实工艺探讨［J］．内蒙古公路与运输，2005（2）：9-11.

中国东北和俄罗斯远东水文−生态−社会耦合研究方法探讨

周　洋[1,2]　于　淼[2,3]　张晓红[2,3]

（1. 黑龙江大学寒区地下水研究所，黑龙江哈尔滨　150080；
2. 黑龙江大学水利电力学院，黑龙江哈尔滨　150080；
3. 东北联邦大学，萨哈共和国雅库茨克　677000）

摘　要： 中国东北和俄罗斯远东地区是"中蒙俄经济走廊"与"冰上丝绸之路"间的关键地带，自然资源丰富，极具开发潜力。对中国东北和俄罗斯远东地区开展水文、生态、社会三方面要素的耦合研究，有利于促进地方经济交往，实现"一带一路"与"冰上丝绸之路"有机相连，对于强化两国友好往来关系、带动地区及周边经济发展有重要意义。本文主要结合研究团体为探讨此区域水文−生态−社会耦合关系而开展的前期工作，阐述对中国东北和俄罗斯远东水文−生态−社会的耦合研究规划以及需要研究的内容。

关键词： 东北；俄罗斯远东；水文；生态；社会；耦合探讨

1　问题的提出

自 2017 年国务院新闻办公室发布《中国的北极政策》白皮书，提出要与各方建立"冰上丝绸之路"[1]，周边各国专家及学者就不断对相关区域展开调查研究。2019 年，由中国水利学会牵头、黑龙江大学水利电力学院参与的黑龙江中俄界河段踏察调研顺利开展[2]。2022 年 6 月 10 日，中俄黑龙江跨界大桥开通货运，中国东北和俄罗斯远东连接进一步加深；同年 8 月，研究团体开展包括中俄黑龙江跨界大桥在内的黑龙江干流段实地踏查，旨在探寻进一步研究规划。

中国东北和俄罗斯远东地区唇齿相依，国际往来密切，且自然资源丰富，包括大量的矿产资源和森林资源，极具开发潜力。该地区覆盖面积较大，包含大面积多年冻土区和季节性冻土区，水文条件比较特殊；区域内多以亚寒带针叶林为主，森林生态系统发达，因此该地区各类水文要素与生态要素相关性较强，具有很高的可研究性。东北地区是我国重要的老工业基地，如今也是重要的出口产地；俄罗斯远东地区同样是俄罗斯重要的石油、天然气以及木材出口基地，但农业相对不发达，十分依赖进口。开展中国东北和俄罗斯远东水文−生态−社会耦合探讨，总结前期研究成果并提出新发展阶段的研究规划，对于进一步开展国际学术交流合作，合作开发区域自然资源，带动地区经济，振兴我国东北老工业基地，连通东北亚地区交通网有重要意义。

2　区域背景

中国东北地区是指松辽流域，主要涵盖黑龙江省、吉林省、辽宁省、内蒙古东四盟（市）以及

基金项目： 国家自然科学基金项目（41202171）；2019 年中国科协"一带一路"国际科技组织平台建设项目（KX-PT2019-004）。

作者简介： 周洋（1999—），男，硕士研究生，研究方向为冻土水文地质与雪冰工程。

通信作者： 于淼（1994—），男，博士研究生，主要从事冻土水文地质学相关方向的教学与科研工作。

河北省承德市一小部分，由辽河流域以及黑龙江第一支流松花江水系流域组成，松辽流域除小部分区域临海，受海洋性季风气候影响较小，整个流域以温带大陆性季风气候为主，冬季严寒漫长、夏季温湿而多雨，主要河流包括黑龙江、松花江、乌苏里江、辽河等[3-4]。流域内矿产资源十分丰富，已探明的石油资源占全国总量的一半以上。

俄罗斯远东地区是指俄罗斯远东联邦管区，是俄罗斯八大联邦管区之一，下辖包括萨哈（雅库特）共和国在内的 11 个州级行政区。俄罗斯远东地区属于典型的大陆性气候，冬季异常寒冷、夏季时间短暂。远东地区流域可分为黑龙江（阿穆尔河）流域以及勒拿河流域。在俄罗斯的 11 个联邦管区中，远东联邦管区矿产资源开发程度位列最后，具有最大的开发潜力，同时也向全俄输送着 30% 的矿物原材料。

中国东北和俄罗斯远东地区陆地总面积达 820 万 km²，其中中国部分的松辽流域总面积为 124 万 km²，俄罗斯部分的远东联邦管区总面积 696 万 km²。

3　研究规划

3.1　研究内容

3.1.1　中国东北和俄罗斯远东水文特征研究

中国东北和俄罗斯远东区域面积辽阔，地貌构造复杂，大部分区域常年处于高寒状态，对于全域落实实地踏查存在一定困难。卫星遥感技术目前已相对发达，可采用多源卫星监测技术，结合专业机构实测资料，获取研究区降水量、陆水总量变化、土壤水量变化、年降水量、年蒸发量、地下水资源储量、农业灌溉用水量以及工业生产用水量数据，对于缺失数据可用模型插补再经实地测量拟合等方式对资料进行补充，最终得到完整的长序列数据。据此长序列水文数据，可分析中国东北和俄罗斯远东地区近 20 年来全球气候变化对该地区（高寒区）的影响。

3.1.2　中国东北和俄罗斯远东生态特征研究

通过研究研究区内植被特征来反映其生态环境。植被分布与纬度、地貌相关性较强，选择中国东北和俄罗斯远东的不同植被覆盖类型、植被指数，采用 TanDEM-X30m DEM 版本高程数据，对研究区内不同水文地理单元内的植被高程分布进行分析。采用长序列植被覆盖变化数据，可分析同一地点植被覆盖时间变化的变异系数、不同水文地理单元的分布指数，以及水生态、水环境状况、能见度、风速、局地气候、空气质量，获取中国东北和俄罗斯远东基本生态环境状况。结合中国东北和俄罗斯远东地区近 20 年来气候、水文要素变化，采用相关分析统计植被覆盖变异系数、分布指数对于气候要素的响应[5]。为了能够显示植被覆盖与气候关系特征在时间轴上变化特征，进一步统计年表与气候数据的滑动相关分析[6]。

3.1.3　中国东北和俄罗斯远东社会特征研究

经济社会的快速发展有助于提升国家或地区的经济实力，促进社会繁荣稳定，但同时会增加水资源的供给压力，且其产生的大量污染物将给地区生态环境带来严重的负面影响。选取人均 GDP、粮食生产量、居民人均可支配收入、城镇化率和人口密度等指标构建其耦合评价体系。

3.2　研究方法

3.2.1　组合权重单指标量化-多指标综合-多准则集成评价方法

针对水文-生态-社会耦合系统进行量化分析，在构建指标体系时需综合考虑全面性和代表性、科学性和目的性、可操作性和实用性等原则[7]，对水文子系统，所选指标主要涉及中国东北和俄罗斯远东区域内年降水量、年蒸发量、地下水资源储量、农业灌溉用水量以及工业生产用水量等，社会子系统主要考虑中国东北和俄罗斯远东地区人均 GDP、粮食生产量、居民人均可支配收入、城镇化率和人口密度等，生态子系统则主要体现地区水生态、水环境状况、能见度、风速、局地气候、空气质量。综上，构建了包含水文（H）、社会（S）、生态（E）3 个准则层，多个指标的评价指标体系。此外，参考已有相关文献和国家规范，并考虑地区特性和实际状况，确定各指标节点值[8]。

3.2.2　实地踏查法

通过收集相关研究的文献，对文献研究内容、研究成果进行总结，形成初步的现阶段研究现状统计。再对现阶段中俄双方已有的研究成果，包括能查找到的和双方已发表的相关研究论文、出版的专著，以及相关会议材料进行整理总结，进而初步得到相关结论。采取实地踏查的方式对部分所需的研究区相关数据进行收集。通过当地的水文站、高校、研究所等科研院所收集相关材料，再辅助实地踏查结果对相关区域的材料进行整理，进而得到较为全面的研究区数据。

3.2.3　遥感技术

遥感技术主要包含运用重力反演和气候实验（gravity recovery and climate experiment，GRACE）重力卫星和中分辨率成像光谱仪（moderate-resolution imaging spectroradiometer，MODIS）。

GRACE 重力卫星是由 NASA 和德国宇航中心（DLR）联合研制的，能够探测到包括表层及深层洋流、地表及地下径流、地球内部质量变化、冰川（冰盖）与海洋间的物质交换等成分在内的重力场变化的一种高精度新型遥感监测工具[9]。GRACE 卫星的主要任务是在全球范围内监测地球重力场的时空变化，GRACE 月尺度时变重力场模型的处理与发布主要有 3 大机构，分别为美国喷气推进试验室（JPL）、德克萨斯州立大学空间研究中心（CSR）及德国波兹坦地球科学研究中心（GFZ）[10]。通过 GRACE 重力卫星数据与全球陆地数据同化系统（GLDAS）反演，可获得中国东北和俄罗斯远东地区地下水储量变化情况，从而判断变化趋势，支撑研究系统中水文要素的分析。

MODIS 是美国发射的 Terra 和 Aqua 两颗卫星上载有的光谱仪，通过使用红色可见光通道（0.6～0.7 μm）和近红外光谱通道（0.7～1.1 μm）的组合来设计植被指数。MODIS Ⅵ 产品在已有的 NOAA-AVHRR NDVI 的延续。NOAA-AVHRR 系列卫星有 20 年的全球 NDVI 资料，MODIS-NDVI 资料的加入，可以为区域植被覆盖研究提供更长的资料序列[11]。运用长时段的植被指数序列资料，结合中国东北和俄罗斯远东 DEM 高程数据，可以分析中国东北和俄罗斯远东地区植被生长空间变化趋势特征、波动特征以及空间分异特征。

最后，可结合中国东北和俄罗斯远东区域地下水储量变化趋势与植被地貌分布变化趋势，分析研究区地下水储量变化对植被地貌分布的影响。结合该地区所种植各种农作物的影响，从农业方面分析地下水储量变化对社会经济的影响。

4　结论与展望

（1）中国东北和俄罗斯远东地区是两国进行国际往来的重点区域，自然资源丰富、开发程度较低，在本区域开展水文-生态-社会三要素研究有重大的现实意义和深远的历史意义。

（2）中国东北和俄罗斯远东地区区域面积较大，可选择以卫星遥感获取地面数据，通过实地踏查、学术交流等方式对遥感数据的真实性进行核实。

（3）水文、生态及社会三系统相关性较强，为保证评价结果的准确性和精确性，采用组合权重单指标量化-多指标综合-多准则集成评价方法对气象、生态的耦合系统进行定量分析。

参考文献

[1] 李梦宇. 基于 GIS 的亚美寒区生产水足迹空间差异比较分析 [D]. 哈尔滨：黑龙江大学，2021.

[2] 孙佳伟. "一带一路" 和 "冰上丝绸之路" 陆河连接可行性研究 [D]. 哈尔滨：黑龙江大学，2021.

[3] 迟宝明，王志刚，林岚，等. 松辽流域水资源现状与地下水开发利用分析 [J]. 水文地质工程地质，2005（3）：70-73.

[4] 袭祝香，杨雪艳，刘玉汐，等. 松辽流域 1961—2017 年极端降水变化特征 [J]. 水土保持研究，2019，26（3）：199-203，212.

[5] 李军. 基于 GIS 的气候要素空间分布研究和中国植被净第一性生产力的计算 [D]. 杭州：浙江大学，2006.

[6] 李宗善，陈维梁，韦景树，等. 北京东灵山辽东栎林树木生长对气候要素的响应特征 [J]. 生态学报，2021，41

（1）：27-37.

［7］关锋．地下水资源管理工作评价体系研究［D］.郑州：郑州大学，2010.

［8］吴青松，马军霞，左其亭，等．塔里木河流域水资源-经济社会-生态环境耦合系统和谐程度量化分析［J］.水资源保护，2021，37（2）：55-62.

［9］苏子校．利用 GRACE 卫星数据估算柴达木盆地水储量变化［D］.北京：中国地质大学，2015.

［10］郑伟，许厚泽，钟敏，等．基于残余星间速度法精确和快速反演下一代 GRACE Follow-On 地球重力场［J］.地球物理学报，2014，57（1）：31-41.

［11］颜丽虹．基于多尺度 NDVI 和 LUCC 的漓江流域生态演变研究［D］.北京：中国地质大学，2012.

［12］戴长雷，李梦宇，孙佳伟，等．中国东北和俄罗斯远东水资源-环境-生态耦合关系探讨［C］∥中国水利学会2020学术年会论文集：第二分册．2020：227-230.

水工橡胶混凝土力学性能及冻融损伤研究现状分析

韩小燕 刘旭邦 王 静 靳丽辉

（华北水利水电大学土木与交通学院，河南郑州 450045）

摘 要：作为一种新型的绿色水工混凝土材料，水工橡胶混凝土在抗裂性、抗冲磨性、耐久性等方面优势突出，其在水利工程领域具有较好的发展前景。在我国西北部寒冷地区，受冻融循环作用影响，水工混凝土各项性能加速劣化，并产生安全隐患。因此，针对水工橡胶混凝土力学性能及冻融损伤的研究具有重要社会经济意义。本文主要整理分析了水工橡胶混凝土强度刚度、抗冻耐久性、应力应变关系的研究现状，总结了现阶段水工橡胶混凝土研究所存在的问题并提出了建议。

关键词：水工橡胶混凝土；力学性能；抗冻耐久性；应力应变关系

1 引言

近年来，随着交通运输业和汽车产业的快速发展，报废的轮胎数量逐年增加，其中未得到有效处理的报废轮胎达 15 亿条[1]。随着汽车数量的增长，这一数字将继续攀升。目前我国废旧轮胎无害化处理及资源化利用水平仍然处于相对落后的状态，过剩的废旧轮胎以传统焚烧、填埋、集中堆放等方式进行处理，不仅侵占大量土地，引发"黑色污染"，而且造成了极大的资源浪费。废旧轮胎橡胶主要以胶粒或胶粉的形式用于制备橡胶混凝土，相关研究成果已有一定的积累，在应用方面也取得了实质性进展[2]，特别是对掺有适宜粒径及掺量的废旧轮胎橡胶的橡胶混凝土在河南省河口村水库和汝阳县前坪水库水利枢纽工程中的原型试验及初步试用结果表明：水工橡胶混凝土（HRC）在抗裂性、抗动力性能、抗冲磨及耐久性等方面的优势突出，其在水利工程领域具有潜在的应用价值。

我国幅员辽阔，经纬跨度广，地势分布高差较大，气候分布复杂多样，西部及北部地区冬期长，昼夜温差大，室外建筑干湿交替频繁，水工混凝土受冻融循环作用显著。受极端低温和寒潮的频繁影响，混凝土受冻融循环作用的范围有所扩大，冻融循环次数增多，作用加剧，水工混凝土冻害问题更为突出。HRC 冻融循环作用下的各项性能增加了橡胶掺量、粒径、表面改性等因素的影响，橡胶粒径、掺量及改性方式的多样性对混凝土各项性能影响存在显著差异，使得 HRC 强度计算理论难以统一，抗冻耐久性寿命以及冻融损伤应力-应变关系的不确定性，进一步加大了相关水工混凝土结构安全设计和以 HRC 为主要材料的水工建筑及设施在整个寿命周期内风险预测与控制的难度，成为制约 HRC 材料在我国水利水电建筑工程中应用的瓶颈。故研究水工橡胶混凝土力学性能及冻融损伤有助于破解北部寒冷地区水工混凝土结构抗冻的技术难题，可为寒冷地区水利水电混凝土结构及设施的设计、抗冻性能提升以及安全运行和维护提供重要支撑。

2 水工橡胶混凝土力学性能及冻融损伤

水工混凝土冻融破坏为多荷载和多物理场耦合作用的结果，其中冻融循环作用和所受荷载的影响最为显著，特别是对于寒冷地区水利水电民生混凝土工程，水工混凝土往往处于一定冻融损伤条件下的应力状态。水工混凝土力学性能受自身骨架体系特征影响显著，抗冻耐久性与孔隙特征、大小及体积百分率等具有直接关系。如图 1 所示，橡胶材料对水工混凝土力学性能和抗冻耐久性的影响显著：

作者简介：韩小燕（1988—），女，主要从事混凝土结构与材料方面的研究工作。

相对于传统水工混凝土，HRC 自身骨架体系和孔结构增加了橡胶材料的影响因素，其拌和物性能、硬化后的力学性能、抗冻耐久性和冻融损伤应力-应变关系产生了不容忽视的变化。

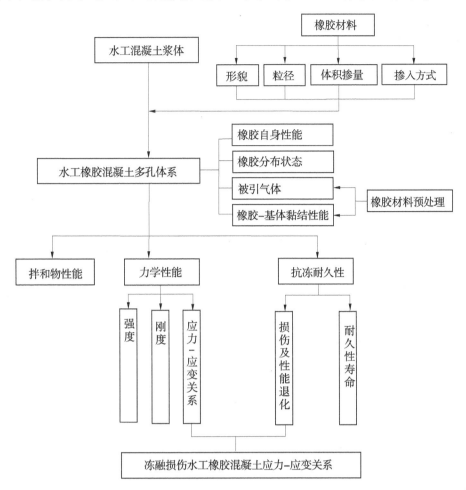

图 1　橡胶对水工混凝土力学性能和抗冻耐久性的影响

　　相对于普通混凝土，HRC 的多孔体系还受橡胶粒径、掺量及掺入方式的影响，表现为近似均匀分布的橡胶弹性体、橡胶-基体界面过渡区及橡胶引入的气泡等，使橡胶材料的掺入显著降低了水工混凝土的强度，含有适宜掺量和粒径橡胶材料的 HRC 在抗裂性能、韧性、保温隔声性能、耐久性及抗动力性能等方面优于传统水工混凝土。此外，橡胶表面裹浆、表面物理及化学改性等有效的橡胶-基体界面强化可弱化橡胶对水工混凝土强度的劣化，改善孔结构，显著提升 HRC 的抗冻性。

　　如图 1 所示，HRC 力学性能及冻融损伤研究主要包含如下 4 方面内容：① HRC 强度和弹性模量及其预测；②HRC 单轴受压损伤演化规律和应力-应变关系；③抗冻耐久性，包括 HRC 冻融损伤劣化规律、冻融损伤模型、抗冻耐久性寿命等；④冻融损伤 HRC 单轴受压损伤演化机制和应力-应变关系。以下主要围绕以上 4 方面内容，将②和④合为一小节，分别对 HRC 的"强度和弹性模量""抗冻耐久性""应力-应变关系"相关的国内外研究现状及发展动态进行综述和分析。

3　水工橡胶混凝土力学性能和冻融损伤研究现状及分析

3.1　强度和弹性模量

　　强度和弹性模量是水工混凝土最基本的性能，是决定混凝土能否投入工程应用和既有混凝土结构能否继续正常工作的前提条件之一。此外，水工混凝土在长期性能和耐久性方面的研究也是基于既定条件下宏观物理及力学性能参数进行的。橡胶对水工混凝土强度的显著劣化不容忽视，无论橡胶粒径大小或形貌（纤维、颗粒）如何，橡胶材料对水工混凝土的强度和弹性模量（刚度）均具有显著的劣化性[3]，水工混凝土强度及弹性模量随着橡胶掺量的增大而显著降低。

进行橡胶表面改性，对提升橡胶与混凝土基体间的黏结性能，改善 HRC 内部结构，增强 HRC 强度具有明显的经济及工程优势。Muñoz-Sánchez 等[4]指出，橡胶材料经酸或碱溶液处理后，其表面亲水性和吸附性增强，表面粗糙度显著增加。陈爱玖、Chen 等[5-6]研究表明，NaOH 溶液改性橡胶颗粒对橡胶混凝土强度的提升受水胶比和橡胶掺量的影响较为明显，其中水胶比越大，橡胶掺量越高，强度提升效果越显著，当橡胶含量为 5%、10%、15% 时，改性橡胶混凝土抗压强度较普通混凝土仅降低 1.3%、7.1%、14.8%。龙广成等[7]试验结果表明，一定掺量的橡胶材料与相同体积分数的气孔对混凝土抗压强度的劣化程度相当，建议橡胶混凝土强度的降低率按每增大 1.0% 的橡胶集料，抗压强度减小 4.5% 进行预测。

HRC 强度及弹性模量同时受橡胶形貌、粒径大小、掺量等多重因素的显著影响。以上内容表明，既有关于橡胶混凝土力学性能研究分别在力学性能变化规律、强度提升及力学性能预测等方面取得了可观的研究成果，积极推动了 HRC 的研究和发展，但仍然存在以下不足：①橡胶在混凝土中的应用较为粗放，粒径和掺量的设定未充分发挥橡胶的性能优势，甚至可能放大橡胶混凝土的性能缺陷；②尚未形成较为统一的 HRC 强度和弹性模量的计算模型或衡量标准，配合比设计缺少基本理论依据。因此，在研究 HRC 抗冻耐久性前，有必要开展力学性能试验，合理配置橡胶粒径、改性方式、掺量等参数，发挥材料性能优势，量化橡胶掺量、粒径、改性方式等强度及刚度影响因素，建立强度和弹性模量预测模型，为 HRC 抗冻耐久性研究奠定基础。

3.2 抗冻耐久性

水工混凝土冻融破坏为冻融过程中基体微细观裂纹不断产生和繁衍，损伤逐步累积的结果，表现为宏观变形、开裂和最终的破坏[8]。

Fagerlund[9]指出，材料耐久性受自身性能和环境共同影响，相同环境条件下，混凝土的抗冻性可视为材料性能的函数。高弹性模量、低强度和憎水性的橡胶材料对于改善混凝土孔隙结构效果显著，适宜粒径和掺量的橡胶材料，可显著提升混凝土的抗冻性。Pham 等[10]研究表明，冻融条件下橡胶水泥基材料比普通水泥基材料具有更强的抵抗力，橡胶材料具有增强混凝土抗冻性能的功效，5 年龄期的橡胶混凝土仍表现出较普通混凝土更为优越的抗冻耐久性。陈爱玖、刘荣桂和王晨霞等[11-13]基于混凝土疲劳寿命公式，分别建立了再生混凝土冻融损伤模型和一定疲劳受损的预应力混凝土构件冻融损伤模型，并指出基于抗压强度的损伤模型精度较基于动弹性模量的损伤模型高，前者精度高达 0.997。受橡胶掺量、粒径、改性方式等多重因素的影响，冻融循环作用下混凝土质量损失、动弹性模量损失、强度损失等变化差异较大，加之缺少基础强度理论，既有研究较少涉及 HRC 冻融损伤模型及耐久性寿命预测的研究。

综上所述，橡胶材料在改善混凝土抗冻耐久性方面基本达成共识。冻融循环作用下水工混凝土性能衰减规律和冻融损伤模型是水工混凝土耐久性寿命预测的基础，是水工混凝土结构性能评估及安全运行的重要依据。HRC 同时受橡胶掺量、改性方式及其他多种因素的影响，在既有研究的基础之上，还须深入开展以下研究：①考虑橡胶掺量及其改性因素影响的 HRC 冻融损伤和破坏过程中混凝土各性能参数的衰减规律；② 考虑各因素影响的 HRC 冻融损伤模型及耐久性寿命预测等。HRC 力学性能及各参数冻融损伤演化规律的明确，是 HRC 冻融损伤应力—应变关系及本构模型研究的基本前提。

3.3 应力—应变关系

近年来，国内外关于普通混凝土本构理论的研究不断趋于成熟，过镇海本构模型[14]、国家标准《混凝土结构设计规范》（GB 50010—2010）（2015）本构模型[15]、Hognestad 模型[16]等是再生混凝土、纤维混凝土及其他混凝土材料应力—应变关系研究的基础，为 HRC 本构关系研究起到了理论基础的作用。

Xu 等[17]试验研究指出，橡胶的掺入可缓和混凝土从静态到剧烈振动过程的应变率急剧增加导致的混凝土刚度和内力的突变，显著提升了约束混凝土的强度和变形，表明橡胶混凝土具有作为水工结构材料发挥其延性、变形适应能力及耗能性能的潜力。赵秋红等[18]基于过镇海本构模型建立的橡胶集料混凝土单轴受压本构模型，对于橡胶掺量不大于 50 kg/m³ 的低掺量橡胶混凝土的本构关系具有较高的预测精度，但不适用于较大掺量的橡胶混凝土，对软化段的预测结果与试验值偏离较大。对此，基于 GB 50010—2010（2015）本构模型，赵秋红等[19]通过在软化段模型引入橡胶材料和钢纤维的特征参数和相关协同系数建立的钢纤维橡胶混凝土单轴受压本构模型，和 Chen 等[20]将各种材料作用下混凝土变形参数引入软化段本构参数建立的玄武岩纤维橡胶再生混凝土本构模型对于橡胶混凝土应力–应变关系具有较高的预测精度和适用性。由于受试验和研究条件的限制，既有与 HRC 相关的应力–变本构模型仅反映了含特定形貌、粒径范围、改性方法的橡胶混凝土应力–应变关系，在普适性方面仍存在一定的局限性。

综合以上研究成果，橡胶对混凝土应力–应变关系的影响显著，考虑到橡胶对混凝土抗冻性的改善作用以及对受压过程中混凝土刚度和内力突变的缓和效果，HRC 冻融损伤应力–应变关系必然与普通混凝土存在较大差异，特别是对于受力及变形较为复杂的软化段。当前，国内外关于 HRC 性能的研究主要为常规条件下的本构关系和冻融损伤研究，极少涉及冻融损伤本构关系方面的内容。根据当前国内外既有橡胶混凝土力学性能及抗冻性研究现状，HRC 损伤本构关系是水工混凝土性能研究发展的必然趋势。在明确了 HRC 力学性能、抗冻耐久性及冻融损伤演化规律的基础上，对于 HRC 冻融损伤应力–应变关系的研究还须明确以下内容：① HRC 在整个抗冻耐久性寿命周期内受压宏、细观损伤演化机制及规律；②冻融损伤 HRC 应力–应变行为，宏、细观冻融损伤本构模型。

4 现阶段水工橡胶混凝土存在的问题

根据国内外关于橡胶混凝土性能的研究现状，与 HRC 力学性能、抗冻耐久性及应力–应变关系相关的研究已取得了一定的研究成果，但仍存在一定的不足和亟待研究的内容，主要表现为以下几方面：

（1）未形成较为统一的力学模型与衡量标准。配合比设计缺少基本理论依据，橡胶未发挥其性能优势，甚至放大了橡胶混凝土的性能缺陷，在高效能利用方面尚显不足。

（2）既有 HRC 本构模型的普适性不足。受试验和研究条件的限制，既有 HRC 本构模型仅反映了含特定形貌、粒径范围、改性方法的橡胶的混凝土应力–应变关系。

（3）HRC 冻融损伤理论体系亟待完善。受橡胶影响的具有复杂孔隙结构的 HRC 冻融损伤机制及破坏演化规律仍不明确，缺少相应的冻融损伤模型及寿命预测模型。

（4）冻融损伤 HRC 应力–应变关系研究不充分。冻融损伤 HRC 应力–应变关系是其受冻融循环和荷载作用下细观孔隙结构界面开裂、裂纹萌生和扩展等复杂物理问题的宏观表现，仍需进一步深入研究。

5 结语

随着废旧轮胎数量越来越多，水工橡胶混凝土作为一种绿色环保材料，应用前景广阔。而随着我国水利水电事业、"一带一路"建设、海洋强国及国家水安全建设的发展，寒冷地区在建和拟建水利水电民生工程日益增多。研究 HRC 基本力学性能及冻融损伤原理有助于其在我国西北部寒冷地区推广。

（1）橡胶材料对水工混凝土的强度及刚度影响显著，水工混凝土强度及弹性模量随着橡胶掺量的增大而显著降低。因此，必须深入研究橡胶粒径、改性方式、掺量等参数作用机制，量化其强度刚度影响，建立相应预测模型。

（2）橡胶材料对改善混凝土抗冻耐久性方面有积极作用。研究在冻融循环作用下水工橡胶混凝土性能衰减和损伤模型，是预测其耐久性寿命的基础。

（3）橡胶材料对混凝土应力—应变曲线关系影响较大。对于水工橡胶混凝土的精细化控制，研究其冻融损伤下本构模型具有重大意义。

参考文献

［1］Xie J, Zheng Y, Guo Y, et al. Effects of crumb rubber aggregate on the static and fatigue performance of reinforced concrete slabs ［J］. Composite Structures, 2019, 228: 111371.

［2］Jwa B, Bda B. Experimental studies of thermal and acoustic properties of recycled aggregate crumb rubber concrete ［J］. Journal of Building Engineering, 2020, 32.

［3］韩庆华, 朱涵. 橡胶集料混凝土理论、试验与应用 ［M］. 北京: 科学出版社, 2016.

［4］Muñoz-Sánchez B, Arévalo-Caballero M J, Pacheco-Menor M C. Influence of acetic acid and calcium hydroxide treatments of rubber waste on the properties of rubberized mortars ［J］. Materials and Structures, 2016, 50 (1): 75.

［5］陈爱玖, 韩小燕, 汪志昊, 等. 改性橡胶混凝土力学性能试验研究 ［J］. 混凝土, 2018 (5): 4.

［6］Chen A, Han X, Wang Z, et al. Dynamic properties of pretreated rubberized concrete under incremental loading ［J］. Materials, 2021, 14 (9).

［7］龙广成, 马昆林, Xu X, 等. 橡胶集料对混凝土抗压强度的降低效应 ［J］. 建筑材料学报, 2013, 16 (5): 5.

［8］李曙光, 陈改新, 鲁一晖. 引气和非引气混凝土冻融损伤微裂纹扩展规律研究 ［J］. 水利学报, 2013 (S1): 7.

［9］Fagerlund G. SIGNIFICANCE of critical degrees of saturation at freezing of porous and brittle materials ［J］. Aci structural Journal, 1975.

［10］Pham N P, Toumi A, Turatsinze A. Effect of an enhanced rubber-cement matrix interface on freeze-thaw resistance of the cement-based composite ［J］. Construction and Building Materials, 2019, 207 (MAY 20): 528-534.

［11］陈爱玖, 章青, 王静, 等. 再生混凝土冻融循环试验与损伤模型研究 ［J］. 工程力学, 2009, 26 (11): 102-107.

［12］刘荣桂, 刘涛, 周伟玲, 等. 受疲劳荷载作用后的预应力混凝土构件冻融循环试验与损伤模型 ［J］. 南京工业大学学报（自然科学版）, 2011, 33 (3): 6.

［13］王晨霞, 刘路, 曹芙波, 等. 冻融循环后再生混凝土力学性能试验研究 ［J］. 建筑结构学报, 2020 (12): 10.

［14］过镇海, 张秀琴, 张达成, 等. 混凝土应力—应变全曲线的试验研究 ［J］. 建筑结构学报, 1982 (1).

［15］中华人民共和国住房和城乡建设部. 混凝土结构设计规范（2015 年版）: GB 50010—2010 ［S］. 北京: 中国建筑工业出版社, 2011.

［16］Hognestad E. A study of combined bending and axial load in reinforced concrete members: a report of an investigation conducted by the engineering experiment station, university of illinois, under auspices of the engineering foundation, through the reinforced concrete r ［J］. 1951.

［17］Xu B, Bompa D V, Elghazouli A Y. Cyclic stress-strain rate-dependent response of rubberised concrete ［J］. Construction and Building Materials, 2020, 254: 119253.

［18］赵秋红, 王菲, 朱涵. 结构用橡胶集料混凝土受压全曲线试验及其本构模型 ［J］. 复合材料学报, 2018, 35 (8): 13.

［19］赵秋红, 董硕, 朱涵. 钢纤维—橡胶/混凝土单轴受压全曲线试验及本构模型 ［J］. 复合材料学报, 2021, 38 (7): 11.

［20］Chen A, Han X, Chen M, et al. Mechanical and stress-strain behavior of basalt fiber reinforced rubberized recycled coarse aggregate concrete ［J］. Construction and Building Materials, 2020, 260 (8-9): 119888.

气候变化下寒区水文研究进展

刘秀华[1]   吕军奇[2]

（1. 河南黄河河务局信息中心，河南郑州   450003；
2. 河南黄河河务局郑州黄河河务局，河南郑州   450001）

摘　要： 随着全球气温升高，全球变暖对水资源影响受到国内外水管理部门及研究者的广泛关注。在目前全球变暖背景下，寒区水文循环和水资源演变发生了显著变化，所引起的寒区水文效应已成为当前气候变化领域的焦点问题。本文通过对寒区水循环与水资源演变研究进行梳理，对气候变化下寒区水文模型进行了讨论，并对未来气候变化背景下寒区水循环研究和寒区水文模拟进行了展望。

关键词： 气候变化；寒区水文；水文模型；

1 引言

寒区水文作为冰冻圈科学与水文圈科学的交叉学科，其水文过程极为复杂。目前，寒区水文的研究主要集中在冰川水文、积雪水文、冻土水文、海冰水文和河湖冰水文等五个方面[1]。寒区水文的主要研究内容是寒区水资源的时空分布及其运动规律，寒区水文与非寒区水文相比，其最大不同体现在水资源的储存与释放形式不同。寒区水资源以固态形式储存，其作为液态释放时不仅受温度等气候要素影响，且与水动力学及下垫面要素等密切相关。同时，寒区水文要素巨大的时空差异也增加了寒区水文过程的复杂性，固态水的分布范围、厚度、覆盖面积、风速、日照、地形等均会对其液态释放产生影响。我国寒区主要分布在中低纬度的青藏高原、西北及东北松花江流域和大、小兴安岭地区[2]，人迹罕至、自然环境恶劣，增加了寒区水文观测的不确定性。与非寒区水文研究相比，寒区水文序列的不足与缺失，更增加了研究的复杂性与差异性。

在当前全球变暖背景下，寒区水文循环和水资源演变发生了显著变化，所引起的寒区水文效应已成为当前气候变化领域的焦点问题[3]。中国作为气候变化的敏感区和影响显著区，升温速率明显高于同期全球平均水平。相关研究表明，1901 年以来的 10 个最暖年份中，除 1988 年外，其余 9 个均出现在 21 世纪，西北、华北、东北和青藏高原成为变暖最为显著的区域[4]。这意味着，我国寒区成为气候变化的显著影响区，寒区水文将产生较大的变化并产生一系列反馈效应[5]。由于我国江河大多发源于寒区，气候变化和人类活动影响的日益加剧使地表产流过程及流域水资源空间分布发生变化，水文序列一致性及水文模型的率定参数也发生改变，这些变化引起了寒区水资源演变及寒区水文模型等一系列反馈效应[6]。寒区水资源演变及寒区水文模型的研究对于了解寒区水文特性及变化环境对寒区水资源影响具有重要意义[7]。本文通过对寒区水循环与水资源演变研究进行梳理，并对气候变化下寒区水文模型进行了讨论，以期为科学应对气候变化、实现变化环境下寒区水资源高效利用与科学发展提供相关借鉴。

基金项目： "十四五"国家重点研发计划项目：黄河水源涵养区环境变化的径流效应及水资源预测（2021YFC3201100）；国家自然科学基金创新研究群体项目：气候变化与水安全（52121006）。
作者简介： 刘秀华（1973—），女，高级工程师，主要从事水利工程建设管理及水文水资源的研究工作。
通信作者： 吕军奇（1973—），男，高级工程师，主要从事气候变化及水资源评价等方面的研究工作。

2 气候变化下寒区水循环与水资源演变研究进展

2.1 气候变化下寒区水循环研究进展

近几十年来，随着全球变暖的日益加剧，我国冻土带呈现总体退化趋势[8-10]，直接影响寒区水循环。具体体现在冰川冻土分布、融冰与融雪径流、地表与地下水转化关系等方面[11]。与国际相比，我国开展此类研究相对较晚，始于 20 世纪 60 年代。气候变化下寒区水循环研究，旨在通过未来气候情景，预测冻土水文变化趋势，进而科学评估气候变化对寒区水文循环的影响，为应对气候变化决策提供参考。因此，正确理解气候变化背景下的寒区水循环变化受到流域管理部门及科研工作者的较多关注[12-14]。

IPCC 第六次评估报告指出，2020 年全球平均温度较工业化前（19 世纪 50 年代至 20 世纪）高出1.2 ℃，2011—2020 年是 1850 年以来最暖的 10 年，预计到 2040 年，地球温升将超过 1.5 ℃，地球气候正接近不可逆转的转折点[15]。冻土作为气候变化的指示器，对寒区水循环有重大影响。因此，学者们针对气候变化背景下冻土变化进行了大量研究等[16-18]。陈博等[19]对我国冻土分布规律进行研究，结果表明，我国冻土呈现显著的季节性变化特征，全国冻土最大深度总体呈减小趋势，受气候变化影响，冻土持续时间减少。郝振纯等[20]对黄河源区季节冻土进行研究，认为冻结下界深度与负积温呈线性关系，气候变化对最大冻结深度小的地区影响更大，且气候变化导致黄河源区季节性冻土最大冻结深度减小。Bernd[21]对山地冻土研究进行了归纳总结，认为在过去的 30 年中，永久冻土区地温有所增加，在接近 0 ℃的地温中，近地表的冰限制了变暖。Tananaev 等[22]提出了一种适用于多年冻土区的冻土水文定义。李忠辉等[23]对吉林省土壤温度与化冻深度关系进行研究，认为土温与平均气温相关性较强、土壤化冻深度与正积温相关性较强。

总的来看，气候变化对冻土影响明显，主要表现在季节性变化、冻土最大深度变化、冻土冻结下界、地温以及化冻深度等方面，这些方面直接作用于冻土层中分布最为广泛的冻结层上水。冻结层上水是寒区水循环的重要一环，与大气直接相连，其补给多来自大气降水或冰雪融水。因此，寒区水循环对气候变化十分敏感，开展气候变化背景下寒区冻土研究对于理解寒区水循环意义重大。同时，随着气候变化与寒区水文研究的深入，寒区冻土相关定义的空白也被快速填补并受到学界认可。

2.2 气候变化下寒区水资源演变研究进展

冻土水文是寒区水文的核心与主体，冻土作为一种固态水库，可调节流域产流量，调丰补枯效用明显，对于寒区水资源演变具有重要影响[24]。冻土本身的脆弱性及其对外部环境的敏感性使其成为气候变化的指示器，一方面，气候变化直接引起冻土面积及厚度的消退；另一方面，冻土退化作用于产汇流过程，进而对寒区水资源产生影响[25]。因此，研究气候变化下寒区水资源演变态势，还要分析冻土变化。

全球学者针对冻土就气候变化响应问题做了大量的研究[26-28]，认为全球变暖导致冻土大面积减少[29]。从全球来看，全球升温导致俄罗斯和北美寒区多年冻土面积不断缩减，阿拉斯加山区冬季径流显著增加，冻土退化速率与海拔呈正相关关系。就我国冻土形式来看，多年冻土区有逐渐向季节性冻土区过渡的趋势[30]，王澄海等[31]就青藏高原高海拔冻土进行研究，认为青藏高原高海拔冻土最大冻结深度总体呈现减少态势，青藏高原除中部地区和柴达木盆地冻土增厚外，其余地区冻土厚度减小。综合国内国际两方面研究，气候变化背景下全球寒区冻土面积与厚度呈现减少趋势，而寒区冻土的退化，通过直接影响寒区径流，进而导致寒区水资源产生变化。Tape 等[32]的研究表明，受气候变化影响，阿拉斯加地区径流量与高径流频率呈现减少趋势。Quinton 等[33]通过对加拿大及北英格兰湾泥碳沼泽区研究发现，全球升温导致区域内的沼泽草原面积不断减小，同时冻土活动层增厚，对活动层水力梯度造成影响，使得 2000 年以来的 10 年间地表径流减少了 47%。与之相反，Kalyuzhnyi 等的研究认为气候变化下的冻土退化导致寒区水资源增加。Guo 等[34]的研究结论表明，在 RCP4.5 情景下，多年冻土界将在 2080—2099 年移动至北极圈附近；在 RCP8.5 情景下，中国西北多年冻土及青藏高原冻土区将在 21 世纪全部退化为季节性冻土。Deb 等[35]通过北美区域气候变化计划（NARC-CAP）气候情景模式，对阿拉斯加 Cook 流域水资源变化进行研究，认为降水和气温的同时升高引起了该河径流的增加，降雪量的减少使得雪水当量有所降低。

总的来看，气候变化背景下的寒区水资源变化复杂，气温升高导致冻土提前进入融化期，导致春汛水量增加和提前，但同时气候变化下的冻土退化对径流影响又具有明显的区域性。气温升高还会使蒸发、降水等水循环要素通量发生改变，从而进一步影响水资源时空分布及其态势。因此，寒区水资源变化需要因地制宜，根据寒区实际情况进行科学评估后得到水资源演变结论，不可一概而论。

3 气候变化下寒区水文模型研究进展

径流模拟是研究寒区水文的重要手段之一，目前世界上关于寒区冻土水文模型的建立多为概念性模型[36]。针对寒区水循环特点，目前寒区水文模拟主要考虑的是非寒区水文模型的直接应用与寒区水文模型的构建。

3.1 非寒区水文模型的直接应用

目前学界存在非常多的水文模型，但大多是针对非寒区进行模拟的水文模型。因此，研究寒区水文时，最简单的寒区水文模拟办法就是根据研究区特点和所选水文模型的特色将非寒区水文模型调整参数后直接应用于寒区水文模拟。在一些研究中，也有学者将非寒区水文模型进行改进，应用于寒区，目前此类模型应用最多的是分布式的 SWAT 模型和集总式的新安江模型。

Fontaine 等[37]对 SWAT 模型的融雪径流模块进行了改进，并进行了高寒山区径流模拟，使精度大大提高。黄清华等[38]应用改进后的 SWAT-GIS 对黑河流域山区径流进行了模拟，证实了浅层蓄水层和海拔对地下径流与融雪过程的关键影响。余文君等[39]将 SWAT 模型和 FASST 模型相耦合，对 SWAT 模型融雪径流模块进行了加强，使融雪径流模拟精度显著提高。

新安江模型是典型的蓄满产流模型，在我国南方地区应用较为广泛，并在科研与实践中得到充分验证。改进的新安江模型假定地面气温与高空气温为线性关系，用以改进雨夹雪分配问题；以热力学原理为基础，以气温和降水为自变量，模拟融雪出水量；以冻土物理冻融过程为基础对土壤水分迁移进行模拟；通过线性公式计算冻土融化时冻土中水分释放的产流损失；根据水量平衡公式计算径流成分及自由水等并调整参数计算融冻其壤中流和地下汇流；按蒸发能力计算有积雪存在时的蒸散发[40]。

综上所述，应用 SWAT 模型模拟寒区水文无外乎两点，一是根据寒区特点，对 SWAT 模型进行着重调参，使模型模拟尽可能符合寒区特点；二是根据寒区特点，对 SWAT 模型的某一模块进行改进，使之符合寒区的单个或多方面特性。新安江模型的改进是十分粗糙的，对于寒区水文过程的每一个细节不能细致体现，同时还忽略了一些具有寒区特征的问题，如冻土渗漏等[41]。

3.2 气候变化背景下的寒区水文过程模拟

近年来，随着人们对于寒区认识的深入和水文模拟的快速发展，基于建模环境的模块化建模成为寒区水文过程研究的新思路。研究者可以根据实际需要搭建适合自己研究区的模型，同时，还可在原有模型的基础上进行二次开发及模型的深度研发。

CRHM[42]（Cold Regions Hydrological Model，CRHM）模型是由加拿大气候与气象委员会于 2006年在 IP3（Improved Processes and Parameterization for Prediction in Cold Regions）计划中开发的综合性寒区水文建模平台，是第一个具备松散模式的模块化集成思想的模块化寒区水文模型。CRHM 模型将EBSM[43]模型、SNTHERM[44]模型、Snobal[45]模型、SNOEPACK 模型等进行了整合，组建了完整的水文过程模块库。周剑等[46]应用 CRHM 模型对中国西北地区寒区水文过程进行模拟，认为此模型的建立可减少寒区水文模拟的不确定性。韩丽等[47]采用 CRHM 模型解析了长江源头流域水文要素对气候因子的响应，在地形复杂、气候因子空间差异性明显、水文空间变量变异性显著的流域取得成功。

目前来看，CRHM 模型模拟寒区水文过程具有以下优点：可对现存关于寒区水文过程的模型和算法进行评估；可根据自身需要对模型进行修改；可不断吸收新开发的水文模拟进入 CRHM 数据库，进而发展新的模型和算法。但同时必须认识到，CRHM 模型在陆面模式与气候模式的耦合方面还很欠缺，所以气候变化背景下寒区陆面模式的开发仍旧任重道远。

4 展望

寒区水循环及水资源演变因为寒区冻土的存在而异常复杂[7]。冻土层冻融直接参与并影响寒区水循环与水资源演变，完善寒区水循环机制除要解决水热耦合问题外，还要解决冻土冻融研究与水循环研究相匹配的问题。完善寒区水循环研究，尤其是变化环境下寒区水循环机制与水资源演变，对于厘清未来寒区水文可能出现的问题具有重要意义。从目前气候变化相关研究来看，归因分析对于气候变化下寒区水文意义重大，在于其能够较好地将寒区水文变化归因于某一或某些驱动因子，这对于寒区应对全球升温具有重要的现实意义。

非寒区水文模型的直接应用与改进、基于模块化建模方法的寒区水文过程模拟和寒区陆面过程模型等都可以作为研究寒区水文循环的有效工具，并对认识寒区水文循环过程和能量水分循环机制做出一定贡献，但是寒区水文过程因其特殊性、复杂性和不确定性，模型中涉及寒区水循环的各环节都还有待完善，开发基于寒区物理机制、符合实际的高精度、多尺度、可耦合的典型寒区水循环模型是寒区水文循环模型发展的必然趋势。

参考文献

[1] 丁永建，张世强，陈仁升．寒区水文导论［M］．北京：中国水利水电出版社，2005.

[2] 程国栋．中国冰川学和冻土学研究 40 年进展和展望［J］．冰川冻土，1998（3）：21-34.

[3] 宋晓猛，张建云，占车生，等．气候变化和人类活动对水文循环影响研究进展［J］．水利学报，2013，44（7）：779-790.

[4] 王国庆，乔翠平，刘铭璐，等．气候变化下黄河流域未来水资源趋势分析［J］．水利水运工程学报，2020（2）：1-8.

[5] 叶仁政，常娟．中国冻土地下水研究现状与进展综述［J］．冰川冻土，2019，41（1）：183-196.

[6] 阳勇，陈仁升．冻土水文研究进展［J］．地球科学进展，2011，26（7）：711-723.

[7] 王喜峰，李玮，牛存稳，等．寒区水循环与寒区水资源演变［J］．南水北调与水利科技，2011，9（3）：88-91.

[8] Shaoling W , Xiufeng Z , Dongxin G, et al. Response of Permafrost to Climate Change in the Qinghai-Xizang Plateau［J］. Journal of Glaciology and Geocryology, 1996.

[9] Keming, Tian, Jingshi, et al. Hydrothermal pattern of frozen soil in Nam Co lake basin, the Tibetan Plateau［J］. Environmental Geology, 2009.

[10] 王晓巍，付强，丁辉，等．季节性冻土区水文特性及模型研究进展［J］．冰川冻土，2009，31（5）：953-959.

[11] 仕玉治．气候变化及人类活动对流域水资源的影响及实例研究［D］．大连：大连理工大学，2011.

[12] 周余华，叶伯生，胡和平．土壤冻融条件下的陆面过程研究综述［J］．水科学进展，2005（6）：887-891.

[13] 胡和平，杨诗秀，雷志栋．土壤冻结时水热迁移规律的数值模拟［J］．水利学报，1992（7）：1-8.

[14] Zhang D , Cong Z , Ni G , et al. effects of snow ratio on annual runoff within budyko framework effects of snow ratio on annual runoff within budyko framework effects of snow ratio on annual runoff within budyko framework［J］. 2019.

[15] 马占云，任佳雪，陈海涛，等．IPCC 第一工作组评估报告分析及建议［J/OL］．环境科学研究：1-11［2022-09-08］．DOI：10.13198/j.issn.1001-6929.2022.08.08.

[16] 王宁，臧淑英，张丽娟．近 50 年来黑龙江省冻土厚度的时空变化特征［J］．地理研究，2018，37（3）：622-634.

[17] 郝建盛，张飞云，黄法融，等．新疆伊犁地区季节冻土沿海拔的分布规律及其影响因素［J］．冰川冻土，2020，42（4）：1179-1185.

[18] 任景全，刘玉汐，王冬妮，等．吉林省季节冻土冻结深度变化及对气候的响应［J］．冰川冻土，2019，41（5）：1098-1106.

［19］陈博，李建平．近50年来中国季节性冻土与短时冻土的时空变化特征［J］．大气科学，2008（3）：432-443.

［20］郝振纯，王晓燕，侯艳茹，等．黄河源区季节冻土最大冻结深度估算方法［J］．水电能源科学，2013，31（5）：73-76，208.

［21］B ernd Etzelmüller．Recent Advances in Mountain Permafrost Research［J］．Permafrost and Periglacial Processes，2013，24.

［22］Tananaev N，Teisserenc R，Debolskiy M．Permafrost Hydrology Research Domain：Process-Based Adjustment［J］．Hydrology，2020，7：6.

［23］李忠辉，韦晓丽，王秀娟，等．吉林省春季土壤温度及化冻深度研究［J］．土壤通报，2016，47（2）：334-338.

［24］秦大河，周波涛，效存德．冰冻圈变化及其对中国气候的影响［J］．气象学报，2014，72（5）：869-879.

［25］李保琦．土壤冻融条件下三江平原径流演变规律研究［D］．北京：中国水利水电科学研究院，2020.

［26］张山清，普宗朝，李景林，等．1961—2010年新疆季节性最大冻土深度对冬季负积温的响应［J］．冰川冻土，2013，35（6）：1419-1427.

［27］陈光宇，李栋梁．东北及邻近地区累积积雪深度的时空变化规律［J］．气象，2011，37（5）：513-521.

［28］李玲萍，李岩瑛．石羊河流域冬季冻土深度变化趋势及原因［J］．土壤通报，2012，43（3）：587-593.

［29］秦云，徐新武，王蕾，等．IPCC AR6报告关于气候变化适应措施的解读［J］．气候变化研究进展，2022，18（4）：452-459.

［30］杨小利，王劲松．西北地区季节性最大冻土深度的分布和变化特征［J］．土壤通报，2008（2）：238-243.

［31］王澄海，董文杰，韦志刚．青藏高原季节性冻土年际变化的异常特征［J］．地理学报，2001（5）：522-530.

［32］Tape K D，Verbyla D，Welker J M．Twentieth century erosion in Arctic Alaska foothills：The influence of shrubs，run-off，and permafrost［J］．Journal of Geophysical Research，2011，116（G4）：G04024.

［33］Quinton W L，Baltzer J L．Hidrologia da camada ativa de um planalto turfoso com permafrost em fusão（Scotty Creek，Canadá）［J］．Hydrogeology Journal，2013，21（1）：201-220.

［34］Guo D，Wang H．cmIP5 permafrost degradation projection：A comparison among different regions［J］．Journal of Geophysical Research Atmospheres，2016，121（9）：4499-4517.

［35］Deb D，Butcher J，Srinivasan R．Projected Hydrologic Changes Under Mid-21st Century Climatic Conditions in a Sub-arctic Watershed［J］．Water Resources Management，2015，29（5）：1467-1487.

［36］关志成，段元胜．寒区流域水文模拟研究［J］．冰川冻土，2003（S2）：266-272.

［37］Fontaine T A，Cruickshank T S，Arnold J G，et al．Development of a snowfall-snowmelt routine for mountainous terrain for the soil water assessment tool（SWAT）［J］．Journal of Hydrology，2002，262（1-4）：209-223.

［38］黄清华，张万昌．SWAT分布式水文模型在黑河干流山区流域的改进及应用［J］．南京林业大学学报（自然科学版），2004（2）：22-26.

［39］余文君，南卓铜，赵彦博，等．SWAT模型融雪模块的改进［J］．生态学报，2013，33（21）：6992-7001.

［40］关志成，朱元甡，段元胜，等．扩展的萨克拉门托模型在寒冷地区的应用［J］．水文，2002（2）：36-39.

［41］李保琦，肖伟华，王义成，等．寒区水文循环模型研究进展［J］．西南民族大学学报（自然科学版），2018，44（4）：338-346.

［42］Leavesley G H，Restrepo P J．The Modular Modeling System（Mms），User's Manual［J］．Available on，1996.

［43］Gray D M，Landine P G．An energy-budget snowmelt model for the Canadian Prairies［J］．Can. J. Earth Sci.，1988.

［44］Jordan R．A One-Dimensional Temperature Model for a Snow Cover：Technical Documentation for SNTHERM［J］．1991（89）.

［45］Marks，Danny，Domingo，et al．A spatially distributed energy balance snowmelt model for application in mountain basins［J］．Hydrological Prochydrological Processesesses，1999.

［46］周剑，张伟，John W. Pomeroy，等．基于模块化建模方法的寒区水文过程模拟——在中国西北寒区的应用［J］．冰川冻土，2013，35（2）：389-400.

［47］韩丽，宋克超，张文江，等．长江源头流域水文要素时空变化及对气候因子的响应［J］．山地学报，2017，35（2）：129-141.

东北地区水-能源-粮食协同安全量化
分析与风险解析

郝春沨　朱　成　刘海滢　仇亚琴

（中国水利水电科学研究院流域水循环模拟与调控国家重点实验室，北京　100038）

摘　要：东北地区是我国水-能源-粮食协同特征较为明显的典型区域。本文选取 6 类 12 项要素，综合分析了研究区水资源、能源、粮食以及土地、气候、经济等要素的协同匹配性，辨识了区域水-能源-粮食协同安全的关键短板，并从水资源可持续性、耕地可持续性、能源可持续性、生态环境可持续性、经济社会可持续性、内外部环境可持续性等 6 个方面阐述了区域水-能源-粮食协同安全面临的主要问题和风险挑战，可为东北地区水-能源-粮食协同安全保障和可持续发展相关决策提供参考。

关键词：水-能源-粮食；协同安全；可持续性；匹配指数

1　引言

资源安全是十八大以来党中央提出的"总体国家安全观"的重要组成部分，而水安全、能源安全和粮食安全是支撑国家资源安全的三个重要方面。水-能源-粮食纽带关系也是近期国内外相关研究的热点[1-3]。早期研究以水-能源、水-粮食、能源-粮食两两要素之间关系刻画和定量分析[4]为主，近年来相关研究侧重于采用统计方法或者机制模型开展多要素耦合驱动仿真以及耦合系统风险解析等[5-6]。基于水-能源-粮食耦合系统的视角开展协同安全量化解析，对水资源保护以及能源、粮食可持续发展具有重要意义。

东北地区是我国最大的商品粮生产基地，粮食产量约占全国的 1/5，在我国粮食安全保障中占有不可替代的重要地位；同时，东北地区也是我国石油、煤炭等化石能源基地，原油产量约占全国的 1/4，是典型的能源及粮食生产基地。以往在区域社会经济发展规划布局中，往往仅考虑水、能源、粮食的某一方面，缺乏对三者协同安全风险的科学认知，一定程度上导致了地下水位下降、黑土地退化、能源稳产难度加大等问题，给区域可持续发展带来严峻挑战。

本文以东北三省黑龙江、吉林、辽宁为研究对象，面向新时代东北全面振兴、全方位振兴重大战略需求，开展水-能源-粮食协同安全量化分析与风险解析，通过水资源、能源、粮食等核心要素以及土地、气候、经济等相关要素的综合解析，识别关键短板、剖析问题症结，支撑东北地区地下水超采治理、粮食稳产增产、能源结构调整及水-能源-粮食系统协同安全和均衡发展。

2　水-能源-粮食协同安全量化分析

2.1　研究方法

东北地区在能源和粮食方面占有重要地位，经济发展也达到了一定的水平，这均与区域水资源、气候、土地等禀赋要素紧密相关。本文通过分析研究区水资源、能源、粮食等要素以及土地、气候、

基金项目：国家自然科学基金项目（52009140）。

作者简介：郝春沨（1986—），男，高级工程师，主要从事水循环模拟与水资源评价相关研究工作。

经济等禀赋之间的匹配性，为分析区域水–能源–粮食协同安全中的主要矛盾及关键短板提供基础。综合考虑数据的可获取性和代表性，选取6类12项要素作为分析对象，如表1所示。

表1 水、能源、粮食与土地、气候、经济要素选取

类别	要素
水	用水总量，废水排放总量
能源	原油，煤炭
粮食	稻谷，玉米
土地	总面积，播种面积
经济	人口，GDP
气候	降水，≥10 ℃积温

采用匹配距离分析水资源、能源、粮食和土地、气候、经济等要素的协同安全性，公式如下：

$$d_i = \sqrt{2}(a_i - b_i)/2 \tag{1}$$

式中：a_i 为要素 a 在全国的占比；b_i 为要素 b 在全国的占比；d_i 为匹配距离，表示两两要素之间的禀赋差异，数值越小差异越小。

各区域下全部要素的匹配距离绝对值之和为区域综合匹配指数，可以对比反映不同区域之间的要素协同安全情况；各类要素的匹配距离绝对值之和为要素综合匹配指数，可以反映不同要素在空间分布上的协同安全状况。

2.2 结果分析

东北三省区域综合匹配指数及要素综合匹配指数分析结果见表2。可以看到，在区域综合匹配指数方面，黑龙江>吉林>辽宁，表明黑龙江的水–能源–粮食与气候–土地–经济的协同安全问题最为突出。在要素综合匹配指数方面，粮食>能源>水资源>气候>土地>经济，表明东北地区粮食和能源的发展定位对水资源、气候、土地等要素形成了较大压力。与1956—2000年相比，2001—2015年东北三省水资源量总体上呈现出减少的趋势，辽宁、黑龙江、吉林的地表水资源量分别减少13.2%、6.5%、1.4%，可能对局部地区能源、粮食形成更显著的制约。

表2 东北三省区域综合匹配指数及要素综合匹配指数分析结果

指标		黑龙江	吉林	辽宁	要素综合匹配指数
水	用水总量	0.48	0.17	0.14	1.72
	废水排放总量	0.55	0.18	0.17	
能源	原油	1.36	0.21	0.26	1.72
	煤炭	0.57	0.28	0.19	
粮食	稻谷	0.74	0.2	0.14	1.66
	玉米	1.15	1.14	0.40	
土地	总面积	0.46	0.16	0.17	1.68
	播种面积	0.55	0.23	0.14	
经济	人口	0.50	0.16	0.15	2.88
	GDP	0.54	0.17	0.19	
气候	降水	0.46	0.17	0.17	3.78
	≥10 ℃积温	0.47	0.19	0.19	
区域综合匹配指数		7.84	3.26	2.33	13.43

黑龙江省能源（特别是石油）和粮食（稻谷和玉米）要素与其他要素的匹配距离多为正值，显示其重要地位和水-能源-粮食关系的典型性。对于黑龙江和吉林，降水、积温、水资源等农业生产要素与稻谷、玉米等的匹配距离多为负值且绝对值较大，显示区域农业生产对气候资源的利用较为充分，同时也可能为水资源带来压力。

3 水-能源-粮食协同安全面临的主要问题

3.1 水资源可持续性

东北地区旱作农业大部分为雨养，正常年份灌溉量较少，干旱年份才需补充灌溉。但是近年来东北地区水稻种植面积迅速增加，每年都需要灌溉，且灌溉定额较高，逐年扩大的水稻种植面积带来灌溉用水需求量不断增加。特别是在枯水年，农田灌溉难以获得足够的地表水供给，往往需要超采地下水进行补充。

根据水资源公报相关统计数据，2017 年，辽宁、吉林、黑龙江的农业用水量分别为 81.6 亿 m^3、89.8 亿 m^3、316.4 亿 m^3，占总用水量之比分别为 62.2%、70.9%、89.6%，农业用水量是区域用水总量的主要构成部分；水田灌溉用水在农田灌溉用水中占比较高，分别达到 78.2%、85.5%、97.9%，占农业用水的绝大部分。农业用水量中地下水供水量分别为 37.1 亿 m^3、34.4 亿 m^3、149.8 亿 m^3，占农业用水量之比分别为 45.5%、38.3%、47.3%，远高于全国平均 17.9% 的水平；地下水供给农业的水量占区域地下水总供水量之比分别为 68.1%、70.9%、89.6%，农业是区域地下水的主要供水对象。

根据水利部发布的 2019 年第 2 期《地下水动态月报》，松嫩平原和辽河平原浅层地下水超采较为严重，地下水位降落漏斗总面积达到 480 km^2，漏斗中心地下水位下降至 30~60 m。地下水的持续超采，导致地下水水位持续下降，灌区机井出水量降低、提水费用增加，地下水矿化度增加、土壤盐渍化加剧等，严重危及地下水资源可持续利用和粮食稳定增产。

3.2 耕地可持续性

由于长期高强度利用，加之土壤侵蚀，导致东北黑土地有机质含量下降、理化性状与生态功能退化，严重影响东北地区农业可持续发展。《东北黑土地保护规划纲要（2017—2030 年）》中提到，近 60 年来，东北黑土耕作层土壤有机质含量下降了 1/3，部分地区下降了 1/2。辽河平原多数地区土壤有机质含量已降到 20 g/kg 以下。同时，由于东北黑土区坡耕地较多，水力侵蚀、风力侵蚀等较为严重。根据第一次全国水利普查成果，东北黑土区水土流失面积超过 27 万 km^2，形成侵蚀沟道 295 663 条，侵蚀强度从微度、轻度、中度、强度到极强烈均有分布。

此外，20 世纪 50 年代大规模开垦以来，东北黑土地逐渐由林草自然生态系统演变为人工农田生态系统。特别是在东北地区西部和北部的半干旱地区，水资源本底条件较差，生态环境脆弱。过度开垦导致林地、草原等自然生态系统退化，同时伴随着粗放的耕作技术和过高的牲畜超载率，容易导致区域植被退化和土地荒漠化，失去了原有的防风固沙、水源涵养等功能，造成可耕作土地减少以及周围土地环境的恶化，影响耕地的可持续性。

由于农业生产强度大，东北黑土区耕地的黑土层厚度已由开垦初期的 80~100 cm 下降到 20~30 cm，部分坡耕地已变成肥力较低的薄层黑土，有的甚至露出了底层的黄土，成为老百姓俗称的"破皮黄"黑土。加强黑土地保护和治理修复，已经成为东北地区实施"藏粮于地、藏粮于技"战略面临的迫切问题。

3.3 能源可持续性

东北地区煤、油、气在全国能源格局中占有重要地位。大庆油田、辽河油田等我国开发较早的油田，石油资源储量日益减少，采油含水率增加、开采难度和成本加大等问题日益显现。随着我国西北和海上原油开采的发展，东北地区原油开采量基本维持在 5 000 万 t 水平，占全国之比由 2000 年的 43.3% 下降为 2015 年的 25.5%。随着东北地区煤、油、气开采范围的扩展和转移，相应开采造成的环境影响也随之扩大，特别是油气开采中的水驱等技术耗水量大，环境成本高。区域能源开发面临产量减少、成本增加、难以持续等瓶颈问题。

此外，东北地区生物质发电和液体燃料产业已形成一定规模，生物质成型燃料、生物天然气等产业已起步。但是，生物质能发展可能较大幅度地增加粮食和水资源的消耗，对粮食安全和水资源供需造成潜在影响。

3.4　生态环境可持续性

在粮食种植方面，东北黑土区有机质含量过低、土层变薄导致土壤肥力下降、保水保肥能力减弱，农业增产需要的施肥量增加，打破了黑土原有稳定的微生态系统，土壤生物多样性、养分维持、碳储存、缓冲性、水净化与水分调节等生态功能退化，同时造成土壤板结、水质污染等生态环境损害。此外，农田灌溉过度取用地表水和地下水，同时也受气候变化、下垫面改变等影响，造成部分河流水量减少，河道基本生态环境流量难以保障，以及部分地区地下水超采，进一步减少了枯水期河道水量补给，对水生生态系统造成显著影响。

在能源生产方面，煤炭、石油等开采过程直接破坏了地下水含水层结构，改变了地下水的补给、径流、排泄方式，地表径流、河道基流的部分或全部转为矿井水或老窑水，且能源开采形成的人为导水通道增大了污染物质迁移扩散风险，对区域的水循环和水环境产生重大影响。

在能源消费方面，煤炭、石油等开发和利用产业链的不合理布局造成用水竞争加剧，使得缺水地区的水资源供需矛盾更加突出。在煤炭、石油等消费结构中占较大比例的相关行业，其在水消费以及工业废污水排放中也占有重要地位，相关产业链对区域水资源和水环境的影响巨大。

3.5　经济社会可持续性

东北黑土区是我国水稻、玉米、大豆的优势产区，但农业规模化水平低，基础地力不高，导致生产成本增加，农产品价格普遍高于国际市场，产业竞争力不强。此外，能源价格受国际国内形势影响较大。

能源安全和粮食安全事关重大，是国家战略的重要内涵，除了价格因素，同时也不能忽视政治因素。能源和粮食的生产既受本地资源禀赋条件的制约，也受外部政治经济形势的影响。因此，水-能源-粮食协同安全既要考虑资源环境可持续发展的要求，也要兼顾经济成本方面的考量，同时必须考虑国家需求和定位，跳出局部平衡的圈子，考虑整体最优。

3.6　内外部环境可持续性

东北粮食主产区水-能源-粮食协同安全面临着内部和外部双重压力。实现水资源开发利用、能源产业发展、生态环境保护与粮食主定位的协调，需要水资源、能源、土地、生态环境、社会经济等多重措施的协同保障。

在内部关系方面，水、能源、粮食三者之间互为耗用，三者的缺口与盈余以及耗用影响对环境及其他产业的外部性较为敏感。

在外部环境方面，气候变化、下垫面变化、城镇化、新时代、进出口需求等外部环境影下，区域粮食增产、能源稳产、水资源保障等存在较为复杂的不确定性风险。

4　结语

本文采用匹配距离和综合匹配指数等指标，基于东北三省水资源、能源、粮食，以及土地、气候、经济等6类12项要素，量化分析了水-能源-粮食协同安全特征，并揭示了相关风险和挑战。分析表明，东北地区水-能源-粮食协同安全状况形势较为严峻，粮食和能源相关行业对水资源、土地等投入要素形成了较大压力，区域面临地下水超采、黑土地退化、能源稳产难度增大等问题，其中黑龙江省最为突出。建议相关区域进一步加强水资源和土地资源的保护和节约集约利用，统筹水-能源-粮食与土地、经济、气候耦合发展布局，落实水资源最大刚性约束制度要求，推进区域可持续发展。

参考文献

［1］ Aiko Endo, Kimberly Burnett, Pedcris M Orencio, et al. Methods of the Water-Energy-Food Nexus ［J］. Water, 2015, （7）: 5806-5830.

［2］ Bell A, Matthews N, Zhang W. Opportunities for improved promotion of ecosystem services in agriculture under the Water-Energy-Food Nexus ［J］. Journal of Environmental Studies & Sciences, 2016, 6 （1）: 1-9.

［3］ 张宗勇, 刘俊国, 王凯, 等. 水-能源-粮食关联系统述评: 文献计量与解析 ［J］. 科学通报, 2020, 65 （16）: 1569-1580.

［4］ 李良, 毕军, 周元春, 等. 基于粮食-能源-水关联关系的风险管控研究进展 ［J］. 中国人口·资源与环境, 2018, 28 （7）: 85-92.

［5］ 刘凌燕, 王慧敏, 刘钢, 等. 供需视角下水-能源-粮食系统风险的驱动机制与政策仿真——面向东北三省的系统动力学分析 ［J］. 软科学, 2020, 34 （12）: 52-60.

［6］ 李红芳, 王会肖, 赵茹欣, 等. 基于 Copula 函数的水-能源-粮食共生安全风险概率 ［J］. 农业工程学报, 2021, 37 （8）: 332-340.

严寒地区抽水蓄能电站冬季运行期悬浮冰块下潜
对工程影响分析

龙　翔[1,2]　洪文彬[1]

(1. 中水东北勘测设计研究有限责任公司，吉林长春　130061；

2. 水利部寒区工程技术研究中心，吉林长春　130061)

摘　要： 严寒地区抽水蓄能电站在冬季运行期间库区水体在低温气候条件下会逐渐结冰，同时形成大量碎冰块，在发电运行期间，冰块可能发生下潜，对机组的安全运行造成影响。本文根据某工程现场浮冰厚度，通过冰块下潜流速公式计算浮冰在该工程中发生下潜的临界流速，同时通过对库区流速场测量，获取不同深度处流速的分布情况，结合浮冰的临界下潜流速，综合分析库区发生浮冰下潜影响工程安全运行的可能性。

关键词： 严寒地区；抽水蓄能电站；浮冰下潜；临界流速

1　引言

严寒地区抽水蓄能电站在冬季运行期间库区水体在极端低温气候条件下会逐渐结冰，随着抽水与发电工况不断转换，水位频繁变化，在库区会形成大量碎冰块。若水库发电运行期间，水面流速大于冰块下潜的临界流速，冰块可能发生下潜，穿过拦污栅后随水流进入机组，对机组的安全运行造成影响。在较早的时候，人们习惯以水流流速的经验临界值来判断冰块在冰盖前缘是否下潜，如 Maclachlan[1] 根据圣·劳伦斯河上的资料，提出了冰块下潜的临界流速是 0.69 m/s，Ashton[2] 认为该临界值为 0.6~0.7 m/s。Kivisild[3] 提出过以 Fr 形式表示的临界值，认为冰盖前缘冰块下潜的临界值 Fr 为 0.08；冰块下潜受冰块本身的性质、水流条件、几何边界条件的影响而变化，国内外有关冰块下潜流速的研究结果比较接近，变化为 0.6~0.7 m/s。如根据黄河下游 9 次开河冰塞的统计分析发现，冰块下潜临界值为 0.68~1.3 m/s；第二松花江白山观测站的冰块下潜流速为 0.8~1.0 m/s。此外，王军[4] 在合肥工业大学的河冰水利学实验室研究了冰下潜与冰块结构尺寸的关系，提出了冰块下潜流速计算公式为：

$$v = 0.103\,4 \left(\frac{t}{L}\right)^{-0.112\,9} \left(\frac{B}{L}\right)^{-0.269\,7} \left(\frac{t}{H}\right)^{-0.491\,9} (9.8t)^{0.5} \tag{1}$$

式中：H 为水表面到出水口中心水深；t 为冰块厚度；L 为冰块长度；B 为冰块宽度。

本次通过对某北方抽水蓄能电站工程运行时流速情况进行测量，结合库区浮冰结构尺寸特点，利用式（1）计算临界下潜流速，分析库区浮冰产生下潜的可能性。

2　库区流速测量

2.1　测量方法

本次在某北方抽水蓄能电站上水库进出水口前方设置流速测量点。该工程上水库正常蓄水位 1 391 m，死水位 1 373 m，进出水口中轴线高程为 1 362 m。沿水面到进出水口轴线高程，等间距布

作者简介： 龙翔（1991—），男，工程师，主要从事冰冻对寒冷地区电站影响的相关研究工作。

置 5 支流速仪，用于测量不同工况下、不同水深处的流速情况。流速仪使用的是 LS1206B 型桨式流速仪，该种流速仪为采用先进的电子技术、传感技术和计算机硬、软件最新研制的小型流速仪，内置 CPU 微处理器、存储器等，功能丰富，使用简单方便。其基本工作原理为：电站抽水蓄能、放水发电过程中，水流便会产生流动，此时流速仪尾翼会偏至平行水流方向，同时旋转部件在水流黏滞力的作用下发生转动产生脉冲信号，转动 1 圈产生 2 个信号，通过手持记录装置便可读出各测量点的产生脉冲信号数，如图 1 所示。

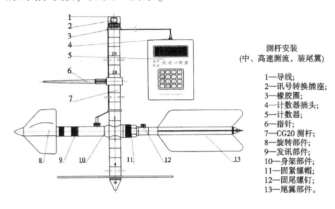

测杆安装
（中、高速测流，装尾翼）

1—导线；
2—讯号转换插座；
3—橡胶圈；
4—计数器插头；
5—计数器；
6—指针；
7—CG20 测杆；
8—旋转部件；
9—发讯部件；
10—身架部件；
11—固紧螺帽；
12—固尾螺钉；
13—尾翼部件。

图 1   LS1206B 型桨式流速仪结构与实物

流速仪安装与布置情况如表 1 所示。

表 1   冰温监测点流速仪安装与布置情况

序号	测点位置	流速仪编号	流速仪安装高程/m
1	进出水口前 距离上游库岸 210 m	LS-1	1 382
2		LS-2	1 377
3		LS-3	1 372
4		LS-4	1 367
5		LS-5	1 362

进行流速测量的同时，记录机组的运行工况，从而分析在不同工况下库区水体流速变化规律，为悬浮冰块下潜分析提供数据支撑。

2.2   流速测量结果

该抽水蓄能电站进出水口前各测点流速测量结果如表 2、表 3 与图 2、图 3 所示。

表 2   上水库进出水口前不同深度处流速

观测时间 （年-月-日）	流速/（m/s）					测量时刻 机组运行工况
	1 382 m	1 377 m	1 372 m	1 367 m	1 362 m	
2021-12-01	0	0.033	0.040	0.063	0.193	1 台发电
2021-12-04	0	0.040	0.103	0.193	0.265	2 台抽水
2021-12-12	0	0.036	0.180	0.315	0.399	3 台抽水
2021-12-18	0.020	0.020	0.048	0.218	0.233	2 台抽水
2021-12-26	0.125	0.140	0.167	0.236	0.574	3 台发电

续表2

观测时间 （年-月-日）	流速/（m/s）					测量时刻 机组运行工况
	1 382 m	1 377 m	1 372 m	1 367 m	1 362 m	
2022-01-08	0.013	0.028	0.035	0.068	0.178	1台发电
2022-01-14	0.010	0.005	0.026	0.044	0.180	1台发电
2022-01-22	0	0.016	0.020	0.048	0.136	1台抽水
2022-02-08	0	0.036	0.044	0.088	0.172	1台发电
2022-02-17	0.051	0.084	0.106	0.141	0.366	2台发电
2022-02-25	0.089	0.083	0.112	0.162	0.390	2台发电
2022-03-01	0.015	0.045	0.108	0.223	0.373	3台抽水
2022-03-11	0.022	0.018	0.056	0.136	0.130	1台抽水
2022-03-21	0.012	0.069	0.183	0.282	0.402	3台抽水
2022-03-30	0.006	0.018	0.030	0.066	0.112	1台抽水
2022-04-07	0.124	0.135	0.160	0.276	0.574	3台发电
2022-04-13	0.125	0.121	0.142	0.215	0.550	3台发电
2022-04-22	0.139	0.148	0.187	0.251	0.518	3台发电
2022-04-28	0.225	0.276	0.352	0.417	0.750	4台发电
2022-04-30	0.043	0.070	0.220	0.315	0.505	4台抽水

表3 不同工况下机组运行时不同深度处平均流速统计

机组运行数量	运行工况	流速/（m/s）				
		1 382 m	1 377 m	1 372m	1 367 m	1 362 m
1台	抽水	0.009	0.017	0.035	0.083	0.126
	发电	0.006	0.026	0.036	0.066	0.181
2台	抽水	0.010	0.030	0.076	0.206	0.249
	发电	0.070	0.084	0.109	0.152	0.378
3台	抽水	0.009	0.050	0.157	0.273	0.391
	发电	0.128	0.136	0.164	0.245	0.554
4台	抽水	0.043	0.07	0.22	0.315	0.505
	发电	0.225	0.276	0.352	0.417	0.750

由上述流速测量结果可知，库区流速呈现如下特征：

（1）各工况下流速都呈现出沿深度增大逐渐增大的趋势。这是由于进出水口位于库底，越接近进出水口则流速越大。本测量时段内浅层1 382 m处所测到流速最大值为0.225 m/s，出现在4台机组同时发电工况下，本测量时段内平均流速为0.020 m/s；最大深度的1 362 m（基本位于进出水口

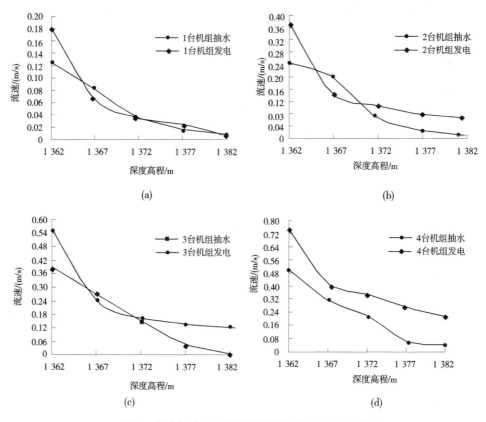

图 2 发电与抽水工况下流速沿深度方向分布情况

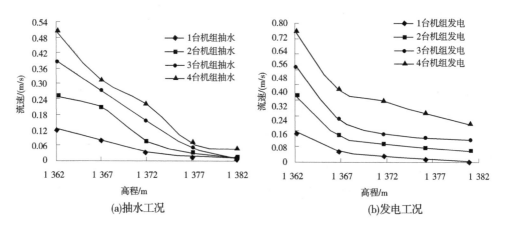

图 3 不同数量机组运行时流速沿深度方向分布

洞中心）处平均流速为 0.148 m/s，最大流速为 0.75 m/s。

（2）机组同时运行数量越多，库区水体流速越大。2022 年 4 月 30 日进行测量时 4 台机组都处于抽水工况下，此时在高层 1 366 m 处测得本测量时段内最大流速为 0.202 m/s。

（3）同条件下，发电工况水体流速大于抽水工况下水体流速，发电工况流速为抽水工况流速的 1.4~1.6 倍。

3 悬浮冰块下潜分析

该抽水蓄能电站工程 2021—2022 年冬季上库库区实测最大冰厚约为 0.6 m，由式（1）可知，冰的临界下潜流速与长度 L、出水口深度 H 成正比，与冰的厚度 t 和宽度 B 成反比。因此，取最不利条件进行验算，冰块尺寸取值方法如下：

（1）临界流速 v 与冰厚 t 成反比。冰厚 t 越大，流速 v 越小，则冰块越容易下潜，因此本次取库区实测最大冰厚 0.6 m 进行计算。

（2）临界流速 v 与冰宽度 B 成反比，但与冰的长度 L 成正比，且与 L/B 成正比，当 $L=B$ 时，冰的临界流速最小，最容易发生浮冰下潜。本次假设冰块长度 L 与宽度 B 相等进行计算，分别取 $L=B=$ 0.1 m、0.3 m 与 0.6 m 进行计算。

（3）水深 H 为上水库水位与进出水口中心（1 362 m）之间的距离，水位变化区范围为 1 373 m（死水位）~1 391（m）（正常蓄水位），因此本次计算水深计算范围为死水位到进出水口中心距离 ［1 373－1 362＝11 m］—正常蓄水位到进出水口中心距离 ［1 391－1 362＝29（m）］。

本次流冰临界流速计算结果如表 4 与图 4 所示。

表 4　不同深度处流冰的下潜临界流速

序号	高程/m	水深/m	冰厚/m	冰宽度/m	冰长度/m	临界流速 v/（m/s）
1	1 391	29				1.69
2	1 388	26				1.60
3	1 385	23				1.51
4	1 382	20	0.6	0.6	0.6	1.41
5	1 379	17				1.30
6	1 376	14				1.18
7	1 373	11				1.05
8	1 391	29				1.56
9	1 388	26				1.48
10	1 385	23				1.39
11	1 382	20	0.6	0.3	0.3	1.30
12	1 379	17				1.20
13	1 376	14				1.09
14	1 373	11				0.97
15	1 391	29				1.38
16	1 388	26				1.31
17	1 385	23				1.23
18	1 382	20	0.6	0.1	0.1	1.15
19	1 379	17				1.06
20	1 376	14				0.96
21	1 373	11				0.86

根据临界下潜流速计算结果可知，该工程悬浮冰盖临界流速在 0.86~1.69 m/s，且水位越接近死水位时，浮冰下潜临界流速最小，最容易发生浮冰下潜情况，临界下潜流速最小为 0.86 m/s。而根据库区流速测量情况，1 373 m 死水位处，现场实测最大流速为 0.352 m/s，远小于流冰临界下潜流速，因此不会发生流冰下潜情况。

4　结语

（1）该抽水蓄能电站工程，各工况下流速都呈现出沿深度增大逐渐增大的趋势。水位变化区内

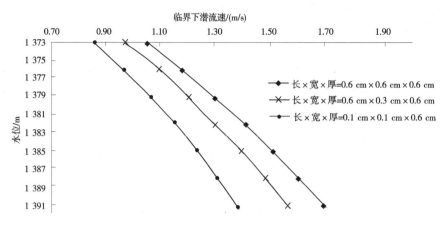

图 4 临界下潜流速变化规律

流速变化范围为 0~0.352 m/s。

（2）悬浮冰盖下潜临界流速为 0.86~1.69 m/s，且水位越低临界下潜流速越小。

（3）水位越接近死水位时，浮冰下潜临界流速达到工程运行时的最小值，最容易发生浮冰下潜情况，此时临界下潜流速为 0.86 m/s，而 1 373 m 死水位处，现场实测最大流速为 0.352 m/s，远小于流冰临界下潜流速，因此不会发生流冰下潜情况。

参考文献

［1］Maclachlan D M. Report of the Joint Board of Engineers ［R］. St. Lawrence Waterway Project, Appendix E, 1926.

［2］Ashton G D. Froude Criterion for Ice Block Stability ［J］. Journal of Glaciology, 1974, 13 (68)：307-313.

［3］Kivisild H R. Hanging Ice Dams ［C］//Proceedings of the 8th Congress of the International Association for Hydraulic Research. 1959, 2 (23)：1-30.

［4］王军. 冰盖前缘处冰块稳定性研究 ［J］. 人民黄河，1997 (1)：9-12.

冻融循环对床面泥沙暴露度的影响

张　磊[1]　　汪恩良[2]　　刘承前[2]　　王大宇[1]　　黄　海[1]

（1. 中国水利水电科学研究院流域水循环模拟与调控国家重点实验室，北京　100048；
2. 东北农业大学水利与土木工程学院，黑龙江哈尔滨　150030）

摘　要： 床面泥沙暴露度是表征泥沙颗粒在床面上位置变化的重要参数，其大小受到多种因素的影响。其中，对于寒区河道，冻融循环便是影响床面泥沙暴露度的重要因素之一。本文通过开展一系列室内试验研究，定量分析了冻融循环对床面泥沙暴露度的影响。结果表明，随着冻融循环次数的增加，床面泥沙相对暴露度有所增大。尤其是针对冻融循环前埋藏于土体样本内，冻融循环后从土体样本内顶出的泥沙颗粒，在冻融循环 1~5 次时暴露百分比 ω 增大较明显，在冻融循环次数大于 5 次之后，暴露百分比 ω 的值略有减小，逐渐趋于稳定，12 次冻融后较冻融前，暴露百分比增幅范围为 7.3%~253.3%。

关键词： 冻融；循环；泥沙暴露度

1　引言

天然河流中，泥沙颗粒在床面上的位置是影响泥沙运动的重要因素之一[1]。由于床面泥沙颗粒粒径大小不同，颗粒之间存在遮蔽作用，已有研究根据床面泥沙位置的相对位置，用床面泥沙暴露度这一参数来表征不同泥沙粒径之间的相互影响[2-6]。为了使用方便，不少学者提出相对暴露度这一概念，是指泥沙颗粒彼此之间的相对位置，被定义为绝对暴露度与颗粒直径的比值，其表达式为：

$$\Delta' = \frac{\Delta}{D} \tag{1}$$

式中：Δ' 为相对暴露度；D 为颗粒直径；Δ 为绝对暴露度。

事实上，影响床面泥沙暴露度的因素众多，如水力条件、泥沙粒径以及河道岸滩类型等[35]，上述因素通过影响泥沙颗粒受力情况，进而会改变颗粒的起动力及抵抗力，影响泥沙输移过程。

在寒区河道中，泥沙颗粒经冻融循环侵蚀作用后，其暴露度也会随之发生变化。冻融循环过程中水分物态变化会对土骨架结构造成显著影响，尤其是对于高含水率坡面引起的颗粒相对位置变化更为显著[7]。但现有的关于冻融循环对床面泥沙暴露度的影响研究多是定性的，而如何定量评估冻融循环对床面泥沙暴露度的影响，已有研究涉及较少。本文通过开展一系列的室内试验研究，分析了不同冻融次数后暴露在视野范围内的泥沙颗粒半径的变化，从而定量给出了冻融循环对床面泥沙暴露度的影响。

2　试验过程与分析方法

试验过程中，需制作 2 个试样，其中试样 1 为试验组，试样 2 为用实际土体制作的试样，作为参考试样，后续分析均是基于试样 1 的实测数据开展的。试样制作完成后，对其进行预处理，包括饱水

基金项目： 中国水利水电科学研究院"五大人才"计划项目（SE0199A102021）。
作者简介： 张磊（1988—），女，高级工程师，主要从事水力学及河流动力学研究工作。

处理、保温处理以及传感器的接入等。预处理后利用显微镜观测试样，拍照记录，作为冻融前的原始数据；然后根据不同要求进行冻融循环试验，并完成试验后的观测、拍照和记录；基于冻融前后的观测结果进行数据分析。

2.1 试验过程

（1）制作试样。取河床岸坡泥沙进行烘干过筛后，按天然干密度加水使其成样，分别放入两个套筒中做成两个土体样本；根据所述河床岸坡泥沙的干密度选取球体模型，所述球体模型的密度值与所述河床岸坡泥沙的干密度值的差值在预先设定的阈值范围内；将球体模型进行过筛，其过筛孔径与所述河床岸坡泥沙大颗粒过筛孔径相同，在其中一个土体样本表面撒上过筛后的球体模型作为试样 1，另外一个土体样本作为试样 2。

（2）对试样进行预处理。对试样 1 和试样 2 进行饱水处理后得到饱和试样，对两个饱和试样的四周和底部进行保温处理，满足单向冻结条件，并在试样 2 中插入温度传感器。

（3）对预处理后的试样进行拍照记录。用显微镜观测试样 1 表层的球体模型，确定观测视野的方位和个数，通常选取不同状态的球体样本足够多的视野作为观测视野，一般来说观测视野的个数不少于 5 个。本实验中选取的观测视野为 5 个，定标并拍照记录，作为冻融循环前的原始数据。

（4）对试样进行冻融循环处理。对试样 1 和试样 2 进行冻融循环处理，具体过程为：将两个试样放入冻融循环设备，设置冻融循环温度，本试验选取的是黑龙江漠河北极村段的河床岸坡泥沙，取开江前当地夜晚最低气温-20 ℃，因此设置冻和融的温度分别为-20 ℃和 20 ℃，然后进行第一次降温，当试样 2 内传感器读数为 0 时，记录所用的时间为 2 h，从而确定本次试验过程中冻和融的时间均为 2 h，然后对两个试样进行先冻后融的冻融循环过程。冻融循环过程结束后用显微镜对步骤（3）中选取的 5 个观测视野进行拍照记录。

（5）对拍照记录的结果进行后处理及数据分析。

2.2 分析方法

试验过程中可能会出现两种情况。其一，球体冻融循环前埋藏于土体样本内，冻融循环后，从土体样本内顶出（见图 1）。针对这种情况，从各观测视野内找出符合要求的球体并标号，用显微镜分别测出标号球体在冻融循环前后暴露在空气中的圆的半径 r，根据下列公式计算出球体模型的暴露百分比 ω 为：

$$\omega = \frac{r}{R} \tag{2}$$

式中：R 为球体的半径。

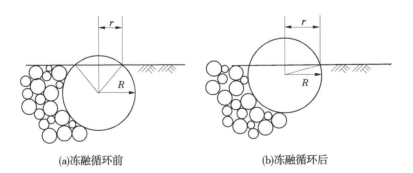

|(a)冻融循环前 | (b)冻融循环后|

图 1　第一种情况的球体冻融循环前后位置变化示意图

其二，冻融循环前埋藏于土体样本内的球体模型，冻融循环后顶出，对上层球体模型暴露度产生影响。从各观测视野内找出符合要求的球体组并标号，分别测出每组标号球体在冻融循环前后上层球体和下层球体的俯视图圆心距 h（见图 2），根据下列公式计算出暴露角的正弦值：

$$sin\theta = \frac{h}{r_1 + r_2} \tag{3}$$

式中：r_1 为上层球体半径；r_2 为下层球体半径。进而可以计算出上层球体模型的绝对暴露度：

$$\Delta = r_1(1 - cos\theta) \tag{4}$$

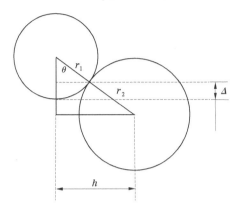

图 2　第二种情况的球体组上层球体与下层球体相对位置示意图

3　结果分析

试验过程中量测不同冻融次数后暴露在视野范围内的泥沙颗粒半径的变化，结果如图 3 和表 1 所示。从表 1 中可以直接看出，冻融循环后球体模型的暴露百分比呈增大趋势，12 次冻融后与冻融前相比，暴露百分比增大了 7.3% ~ 253.3%。这是由于泥沙颗粒经冻融循环后，颗粒间距有所增加，内部孔隙增大，所以颗粒的暴露百分比会增大。

图 3　不同组次冻融后暴露圆测量示意图

基于上述结果，进一步分析了球体暴露百分比 ω 随冻融循环次数的变化情况，如图 4 所示。基于实测结果，本文提出了球体暴露百分比 ω 与冻融次数之间的多项式形式经验关系式：

$$\omega = ax^2 + bx + c \tag{5}$$

式中：x 表示冻融次数；系数 a、b、c 针对不同粒径的实测数据，采用最小二乘法来确定。从图 4 中可以看出，球体模型在冻融循环次数小于 5 次左右时，暴露百分比 ω 增大较明显，在冻融循环次数大于 5 次之后，暴露百分比 ω 的值略有减小，逐渐趋于稳定。需要说明的是，由于在实际操作中受到多种因素影响，如观测过程中的误差等，出现了冻融后比冻融前暴露百分比减小的个别结果在误差范围内是允许存在的。

表 1　不同冻融后的泥沙粒径变化

小球序号	不同冻融循环次数的泥沙粒径变化/mm													暴露百分比/%
	0	1	2	3	4	5	6	7	8	9	10	11	12	
0	0.408	0.408	0.420	0.434	0.414	0.446	0.426	0.466	0.457	0.451	0.446	0.457	0.457	12.0
1	0.182	0.237	0.303	0.349	0.357	0.409	0.383	0.409	0.434	0.414	0.426	0.414	0.420	130.8
2	0.208	0.274	0.309	0.337	0.363	0.383	0.377	0.403	0.394	0.403	0.409	0.409	0.409	96.6
3	0.105	0.211	0.266	0.311	0.351	0.320	0.320	0.363	0.340	0.346	0.357	0.363	0.371	253.3
4	0.208	0.251	0.274	0.314	0.294	0.383	0.420	0.420	0.466	0.409	0.440	0.420	0.426	104.8
5	0.325	0.377	0.400	0.423	0.440	0.471	0.471	0.440	0.466	0.471	0.471	0.457	0.471	44.9
6	0.357	0.369	0.371	0.377	0.377	0.377	0.377	0.363	0.377	0.389	0.394	0.377	0.383	7.3
7	0.288	0.306	0.311	0.314	0.314	0.346	0.351	0.357	0.346	0.363	0.351	0.371	0.357	24.0
8	0.325	0.340	0.349	0.351	0.357	0.351	0.351	0.351	0.351	0.346	0.351	0.351	0.351	8.0

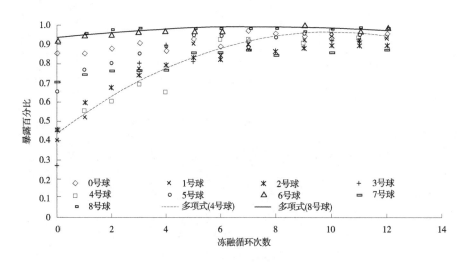

图 4　球体暴露百分比 ω 随冻融循环次数的变化

针对第二种情况的试验数据，其分析结果如表 2 所示。从表 2 的结果中可以看出，绝大部分上层球体在冻融循环后的相对暴露度值明显高于冻融循环前的值，其中相对暴露度增加的最大幅度为 0.148，平均增幅在 0.1 左右，这是由于泥沙颗粒经过冻融循环后，颗粒间的间距有所增大，内部孔隙增大，泥沙颗粒经过"冷筛"作用，相对位置更加稳定，表层泥沙颗粒相对位置的变化主要是由于下层大颗粒泥沙被"筛"出顶起，所以颗粒的相对暴露度会增大。视野 4 中的球体组 4 的数据显示的相对暴露度变小是由于下层相邻几个较大泥沙颗粒被"筛"出顶起，上层泥沙颗粒未滑落，所以相对暴露度变小，开江来水后，该颗粒也易被水流带走。

表2 上层球体的相对暴露度在冻融循环前后的结果对比

视野2	冻融状态	上层球体半径/mm	下层球体半径/mm	俯视图圆心距/mm	暴露角 θ/(°)	绝对暴露度 Δ	相对暴露度 Δ′
球体组1	冻融前	0.389	0.409	0.749	69.817	0.255	0.327
	冻融后	0.389	0.409	0.797	87.131	0.370	0.475
球体组2	冻融前	0.446	0.409	0.791	67.690	0.277	0.310
	冻融后	0.446	0.409	0.817	72.854	0.315	0.353
视野3	冻融状态	上层球体半径/mm	下层球体半径/mm	俯视图圆心距/mm	暴露角 θ/(°)	绝对暴露度 Δ	相对暴露度 Δ′
球体组3	冻融前	0.377	0.389	0.426	33.789	0.064	0.084
	冻融后	0.377	0.389	0.609	52.659	0.148	0.197
视野4	冻融状态	上层球体半径/mm	下层球体半径/mm	俯视图圆心距/mm	暴露角 θ/(°)	绝对暴露度 Δ	相对暴露度 Δ′
球体组4	冻融前	0.389	0.451	0.817	76.561	0.299	0.384
	冻融后	0.389	0.451	0.797	71.588	0.266	0.342
球体组5	冻融前	0.409	0.346	0.729	74.920	0.303	0.370
	冻融后	0.409	0.346	0.740	78.56	0.328	0.401
视野5	冻融状态	上层球体半径/mm	下层球体半径/mm	俯视图圆心距/mm	暴露角 θ/(°)	绝对暴露度 Δ	相对暴露度 Δ′
球体组6	冻融前	0.426	0.440	0.786	65.179	0.247	0.290
	冻融后	0.426	0.440	0.854	80.451	0.355	0.417

4 结语

本文通过开展的系列试验研究探索冻融循环对床面泥沙暴露度的影响，直接定量给出了冻融循环前后床面泥沙相对暴露度的变化幅度，从而定量反映了冻融循环的影响。研究结果表明，泥沙颗粒经过冻融后，暴露度会随之发生变化，并且随着冻融循环次数的不同，暴露度大小也会受到影响。试验结果发现，对于冻融前埋于土体内，冻融后被顶出的泥沙颗粒球体，在1~5次冻融循环时，暴露百分比增大较明显，在冻融循环次数大于5次之后，暴露百分比略有减小，逐渐趋于稳定，12次冻融后与冻融前相比，暴露百分比增幅范围为7.3%~253.3%。对于上层颗粒的球体，冻融循环后相对暴露度的值明显高于冻融循环前的值，最大增幅为0.148，平均增幅为0.1左右。床面泥沙位置是影响泥沙输移的重要参数。上述研究成果可为寒区河道开展泥沙输移计算时实现合理的参数取值提供理论支撑。

参考文献

［1］韩其为. 推移质运动统计理论［M］. 北京：科学出版社，2021.

［2］韩其为，何明民. 泥沙起动规律及起动流速［M］. 北京：科学出版社，1999.

［3］张根广，周双，邢茹，等. 基于相对暴露度的无黏性均匀泥沙起动流速公式［J］. 应用基础与工程科学学报，2016（4）：688-697.

［4］王愉乐，张根广，张宇卓，等. 均匀无黏性泥沙起跃概率及输沙率公式［J］. 泥沙研究，2019（6）：1-6.

［5］张磊，韩其为. 泥沙颗粒床面暴露度的理论分析及应用［J］. 中国水利水电科学研究院学报，2021，19（1）：1-8.

［6］刘佳琪，张根广，李林林. 基于相对暴露度的河床冲刷率及推移质输沙率公式［J］. 泥沙研究，2020，45（4）：1-6.

［7］许春光. 黑龙江黏性土冻结特征及冻融作用对坡面侵蚀影响研究［D］. 哈尔滨：东北农业大学，2021.

兴凯湖水位快速上升原因解析

王大宇[1]　黄　海[1,2]　陈　娟[3]　关见朝[1]　徐栋泽[4]　张　磊[1,2]

(1. 中国水利水电科学研究院，北京　100048；
2. 流域水循环模拟与调控国家重点实验室，北京　100048；
3. 松辽水利委员会流域规划与政策研究中心，吉林长春　130021；
4. 福州大学，福建福州　350108)

摘　要：兴凯湖是中俄界湖，近年来由其水位快速上涨，淹没中俄两国的居民区，冲毁大面积的农田庄稼，造成巨大经济损失。本文基于遥感影像，分析兴凯湖淹没范围的变化情况，通过对兴凯湖周围水文站实测的径流量、降雨量、蒸发量等数据进行水量平衡计算，得到研究区域水位和降水的时空变化特征。结果表明：降雨引起的地表径流、区间汇流以及湖面降雨是引起湖区水位上升的首要原因，在松阿察河入口附近水深最小仅有 1 m，松阿察河口附近形成了一个天然的溢流堰，严重阻碍了湖区泄流。

关键词：兴凯湖；水位上升；遥感影像；泥沙淤积

1　引言

湖泊是地表水的重要存在形式，蕴含了丰富的淡水资源，对区域的发展起重要作用。近年来，由于人类活动和气候变化的影响，湖泊的水位和面积也发生了变化，一些地区的变化较为剧烈，引发了一系列的生态灾难，造成巨大的人财损失。因此，研究引起湖泊水位面积变化的原因具有重要意义。

兴凯湖是中俄界湖，近年来受人类活动和自然因素双重影响，水位快速上涨，冲刷湖岗，沿岸植被破坏严重，沙滩面积剧减，湖岸坍塌速度加快，对湖岸人民生命财产造成严重威胁[1]。同时我国侧的河岸多已开垦为农田，植被破坏以及水流冲刷加剧了我方河岸水土流失。由于兴凯湖是界湖，资料稀缺，目前对兴凯湖水位上涨原因的研究还不够深入全面。李智等[2]通过泥沙淤积分析认为，松阿察河龙王庙湖口处逐年淤积，导致兴凯湖泄洪能力大大降低，是其湖水位上升的主要原因。Bolgov等[3]研究认为灌溉农业发展所引起的人为水资源变化是影响兴凯湖水文情势的重要因素。Speranskaya等[4]认为兴凯湖的水位是由降水量和蒸发量决定的，并预计自然气候过程不会导致湖泊水位发生显著变化。

本文以兴凯湖水位上升原因分析为重点，全面收集兴凯湖及周边地区的地形、水文泥沙、用水供需、涉水工程、入出湖水系等相关资料，分析兴凯湖水位变化对我国侧的影响，基于实地查勘、资料分析、理论研究和数值模拟结果，从径流、泥沙、蒸发、风场及松阿察河过流能力等方面，阐明水位变化的原因。这对研究兴凯湖及周边地区的综合治理措施，提出综合治理工程的实施方案具有重要意义。

基金项目：国家自然科学基金青年科学基金（52009145）；中国水利水电科学研究院基本科研专项项目（SE0145B042021，SE110145B0022021，SE0199A102021）。

作者简介：王大宇（1985—），女，副高级工程师，主要从事水力学及河流动力学研究工作。

通信作者：黄海（1990—），男，副高级工程师，主要从事水力学及河流动力学研究工作。

2 兴凯湖概况

兴凯湖流域面积为 22 400 km²，其中中国侧 7 400 km²，位于中国东北的黑龙江省密山市。兴凯湖共接纳 23 条河流汇入，多数为中小河流，包括中国境内 8 条（1943 年由于修建湖北闸，穆棱河改道汇入兴凯湖），俄罗斯境内 15 条。松阿察河是兴凯湖的唯一泄流通道[5]，并最终流入乌苏里江。兴凯湖由大、小兴凯湖两部分组成，中间间隔一条 10 余 m 高的砂岗，两湖由湖岗上的第一、第二泄洪闸相通。小兴凯湖位于大兴凯湖北部，是我国内陆湖，东西长 35 km，南北宽 5 km，水面面积约 145 km²，平均水深 1.8 m，最深 3.5 m，蓄水量 3 亿 m³，集水面积约 1 299 km²。大兴凯湖现为中俄界湖，南北长约 90 km，东西宽 30~70 km，湖周边总长 300 km，湖面面积 4 010 km²，湖水最深处 10 m，平均水深 4~5 m，蓄水量 175 亿 m³。大兴凯湖以松阿察河口与白棱河口连线为国界，湖界长 70.0 km，连线以北为我国水域，水面面积约 1 080 km²，占兴凯湖总面积的 26.9%[6]。

根据美国地质调查局官方网站收集下载的兴凯湖湖区遥感数据，可分析不同时期中、俄方侧兴凯湖湖面淹没范围变化。本研究下载了 1989—2015 年 Landsat 卫星 MSS、TM、OLI 的 6 期（1989 年、1999 年、2006 年、2009 年、2013 年和 2015 年）遥感数据，数据时相主要集中于每年 9—11 月。通过 ENVI 自动提取遥感影像的水域边界，分析了兴凯湖区域水域面积的变化以及主要淹没区域的分布。水域面积的变化结果如图 1 所示，1989—2015 年期间，由于兴凯湖水位上升，湖区总水域面积呈上升趋势，增幅为 2.5%。其中，中方侧、俄方侧水域面积增幅分别为 1.6% 和 2.9%，俄方侧增幅较大。

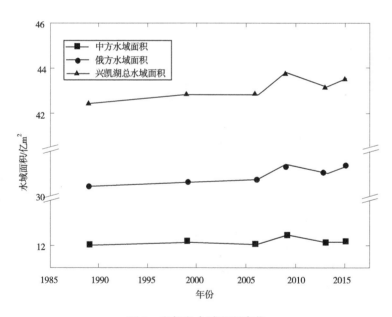

图 1 兴凯湖水域面积变化

对比兴凯湖区 1989 年和 2015 年水边线（见图 2）可见，湖水淹没范围变化明显，以我国侧为例：松阿察河口附近，水边线向陆地推进约 397 m，湖岗西侧大兴凯湖沿岸，水边线向陆地推进约 98 m；湖岗东侧大兴凯湖沿岸，水边线向陆地推进约 147 m。湖岗大范围被湖水淹没，湖岗最窄处的宽度由 1989 年的 453 m 减小至 2015 年的 248 m，长此以往，湖岗自然保护区将不复存在。

3 兴凯湖水位上升的原因

兴凯湖来水主要有以下两个方面：一是小兴凯湖来水，包括穆棱河干流湖北闸断面以上来水和湖北闸—小兴凯湖区间径流；二是俄方境内河流来水及兴凯湖湖面降水，河流主要包括列夫河、新图河、毛河、散塔哈察河等。兴凯湖出流量主要分为三部分：一是大、小兴凯湖湖面蒸发损失；二是湖

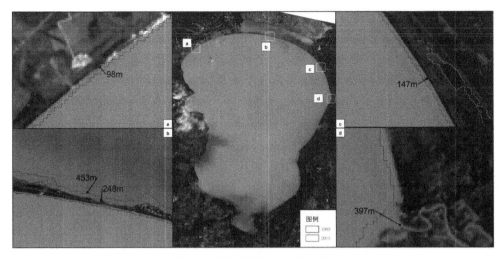

图 2 兴凯湖湖区水边线变化

区周边生产生活用水，基本为农田灌溉用水；三是松阿察河泄流。

3.1 水量平衡分析

基于兴凯湖实测水文数据的统计结果表明（见图 3 和图 4）：穆棱河和列夫河为兴凯湖区的主要水量来源（占总来水量的 83%），分别占到湖区总来水量的 47%、22% 和 14%；出流水量主要包括蒸发量和松阿察河出流，分别占到湖区总出流量的 50% 和 28%。

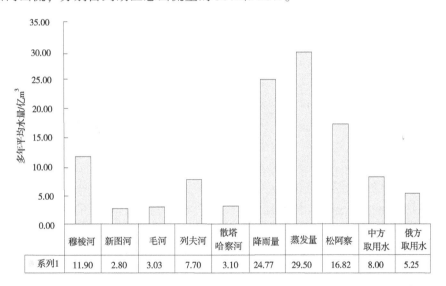

	穆棱河	新图河	毛河	列夫河	散塔哈察河	降雨量	蒸发量	松阿察	中方取用水	俄方取用水
系列1	11.90	2.80	3.03	7.70	3.10	24.77	29.50	16.82	8.00	5.25

图 3 兴凯湖区多年平均进出水量统计

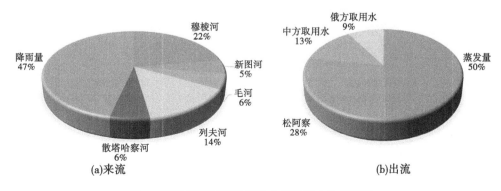

(a)来流　　　　　　　　　　(b)出流

图 4 兴凯湖区各要素进出水量贡献占比示意图

表 1 为兴凯湖水量平衡统计表，将进出湖水量按照中、俄方以及陆面（地表径流入汇）、湖面（降雨量）分别进行统计。需要说明的是，由于中、俄方部分中小支流、松阿察河出流量及俄方取水量等数据缺乏实测资料，通过可收集的实测水文资料统计得到的蓄变量与实际情况有偏差。因此，本文基于由 2006—2016 年兴凯湖水域遥感影像推求的水位—库容曲线对湖区计算蓄变量进行了校准，以"未知进出流总和"表示无资料的湖区进出水量之和，实现进出湖水量的平衡。

表 1　兴凯湖水量平衡统计

年份	入流/亿 m³				出流/亿 m³					未知总和/亿 m³	蓄水量/亿 m³	蓄变量/亿 m³	年末水位/m
	中方陆面	中方湖面	俄方陆面	俄方湖面	中方取水	中方蒸发	俄方取水	俄方蒸发	松阿察河				
2001	10	5	13	14	5	8	5	22	13	10	222	-0.83	69.81
2002	19	7	18	20	5	7	5	20	14	-2	233	11	70.08
2003	5	5	10	14	5	8	5	22	15	15	226	-7	69.89
2004	5	6	9	16	5	9	5	24	14	18	223	-3	69.83
2005	8	6	14	16	5	8	5	21	14	9	223	0	69.83
2006	10	7	13	19	5	8	5	20	14	5	224	1	69.84
2007	10	7	20	19	5	8	5	23	15	4	228	4	69.94
2008	10	6	13	16	5	8	5	22	15	11	228	0	69.95
2009	13	7	13	19	4	8	5	22	15	4	230	2	70.00
2010	15	7	17	18	8	8	5	21	17	15	242	12	70.28
2011	8	5	13	14	7	8	5	21	17	11	235	-7	70.12
2012	6	9	18	23	9	8	5	21	15	1	234	-1	70.10
2013	28	7	27	20	10	8	5	21	17	-6	249	15	70.44
2014	20	9	14	24	11	8	5	22	17	-7	246	-3	70.38
2015	19	8	37	23	12	8	5	22	18	-8	259	13	70.70

由总入湖水量与蓄变量相关关系［见图 5（a）］可见，二者相关性较好，且入湖水量总量 60 亿 m³ 可作为判断湖区水位抬升的临界阈值；由湖面入流量（降雨量）与蓄变量相关关系［见图 5（b）］可见，兴凯湖农场降雨量与湖区蓄变量呈正相关关系，降雨量 600 mm 可作为判断湖区水位抬升的临界阈值。从图 6 可以看出，湖水位的上涨和下降与降雨量呈现明显的跟随关系。综上所述，降雨引起的地表径流、区间汇流以及湖面降雨是引起湖区水位上升的首要原因。

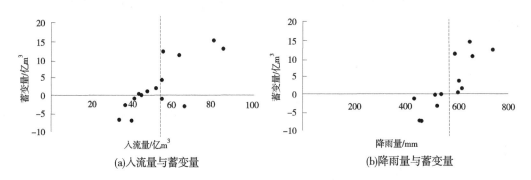

(a)入流量与蓄变量　　　　　　　　(b)降雨量与蓄变量

图 5　入湖水量–蓄变量、降雨量–蓄变量关系图

3.2　泥沙淤积对兴凯湖水位的影响分析

已有研究资料表明穆棱河共计年输沙量为 109.2 万 t/年。东北泡子和小兴凯湖形成了天然的沉沙池，约 60% 的穆棱河来沙量在东北泡子和小兴凯湖中沉降，40% 的泥沙进入大湖，主要沿着湖岸淤积带落淤，淤积面积按 38 km² 估计，估算年平均淤高约 9 mm[2]。综上所述，穆棱河来沙对兴凯湖区域

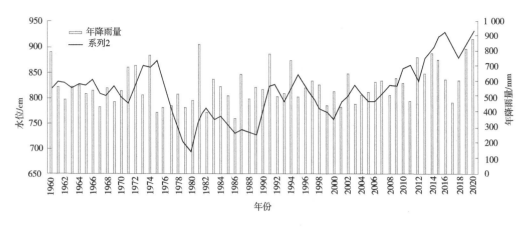

图 6　降雨量和阿斯特拉罕卡站水位变化过程

泥沙淤积的影响有限，湖区水位抬升并非由于泥沙淤积导致湖容减小所致。

3.3　穆棱河对兴凯湖水位的影响分析

　　图 7 为阿斯特拉罕卡站水位 1910—2015 年的变化情况，可以看出兴凯湖水位变化大致以 30 年为周期，呈现周期性的水位升降变化，水位主要在 1.75~3.6 m 范围内波动，多年平均水位约 2.96 m。1943 年穆棱河分洪后至 1955 年间，兴凯湖水位并没有明显上涨，相反经历了长达 10 年的趋势下降变化，且至 1990 年兴凯湖水位经历了 2 个周期性升降过程，在这两个周期升降过程中，兴凯湖水位的最大值、最小值相较于 1943 年穆棱河分洪之前的湖水位并无显著变化，说明湖北闸的修建及运用导致穆棱河水量汇入兴凯湖并未明显改变兴凯湖区水位周期变化的趋势，在 1943—2010 年期间并未明显抬高兴凯湖水位。

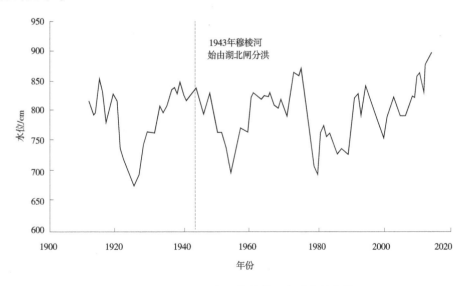

图 7　1910—2015 年阿斯特拉罕卡站水位变化

3.4　松阿察河过流能力影响

　　松阿察河是兴凯湖唯一的泄流通道，其过流能力对兴凯湖的水位有很大影响。如图 8 所示为湖区至松阿察河口附近的地形图及纵剖面地形，可知在松阿察河口附近形成了一个天然的溢流堰，由兴凯湖进入松阿察河的过流通道仅有 40 m 宽，河床底高程约 750 cm。松阿察河口附近的泥沙淤积体是由于湖区环流作用，泥沙随水流输送搬运至唯一的泄流通道松阿察河口，由于松阿察河河道比降小、河型曲折蜿蜒，水流阻力较大，流速缓慢，造成湖区泥沙在松阿察河口逐渐堆积形成了类似沙坎的泥沙堆积体，严重阻碍了湖区泄流。

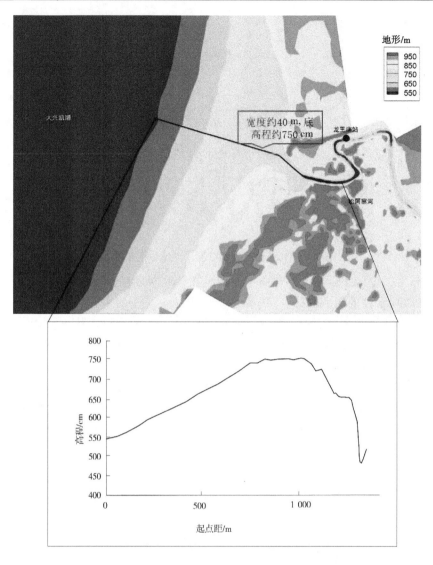

图 8　松阿察河口平面地形和纵剖面图

4　结语

本文分析了兴凯湖水位快速上涨的各方因素，由研究成果可知：

（1）天然降雨量、穆棱河和列夫河为兴凯湖区的主要水量来源（占总来水量的83%），分别占到湖区总来水量的47%、22%和14%，出湖水量主要包括蒸发量和松阿察河出流，分别占到湖区总出流量的50%和28%。

（2）兴凯湖水位的涨落与降雨量呈现明显的正向跟随关系，降雨引起的地表径流、区间汇流以及湖面降雨是引起湖区水位上升的重要原因。入流量、降雨量与蓄变量均有较好的相关关系，入湖水量总量60亿 m^3 和降雨量600 mm 可作为判断湖区水位抬升的临界阈值。

（3）湖北闸的修建及运用导致穆棱河水量汇入兴凯湖并未明显改变兴凯湖区水位周期变化的趋势，在1943—2010 年期间并未明显抬高兴凯湖水位。

（4）受制于松阿察河的过流能力，湖区泄流入松阿察河口处流速缓慢，造成湖区泥沙在松阿察河口处堆积形成类似沙坎的泥沙堆积体，严重阻碍湖区泄流。

（5）由于小兴凯湖的天然沉砂池作用，穆棱河来沙对兴凯湖区域泥沙淤积的影响有限，湖区水位抬升并非由泥沙淤积导致湖容减小所致。

参考文献

［1］孙万光，范宝山，陈晓霞，等．典型风况下兴凯湖波流耦合数值模拟研究［J］．人民长江，2014，45（23）：92-97.

［2］李智，衣起超，吴明官．兴凯湖水位逐年上升原因分析［J］．水利科技与经济，2011，17（8）：4.

［3］Bolgov M，Korobkina E．Extreme levels of the lake Khanka：natural variations or antropogenics impact［J］．EGUGA，2017.

［4］Speranskaya N A，Fuksova T V．Long-term Changes in the Main Components of Lake Khanka Water Regime［J］．Russ. Meteorol. Hydrol.，2018，43：530-538.

［5］刘作慧，王丽华．兴凯湖入湖河口淤沙成因分析［J］．吉林水利，2004（3）：2.

［6］孙冬，孙晓俊．兴凯湖水文特性［J］．东北水利水电，2006，24（4）：21-27.

水安全

泰州市水生态文明城市建设试点成效和经验

崔冬梅[1] 周 华[1] 印庭宇[2] 孙晓斌[2] 缪成晨[3]

（1. 泰州市水资源管理处，江苏泰州 225300；
2. 泰州市引江河河道工程管理处，江苏泰州 225300；
3. 扬州市水利发展中心，江苏扬州 225000）

摘 要：泰州市作为全国水生态文明城市建设试点，围绕水安全、水环境、水生态、水文化、水管理五大体系，构建了"一脉、一城、一湖、三带"的水生态文明建设总体布局，完成了八个方面系统工程建设任务，重点打造了十大重点示范工程，2019 年水利部发文公布通过全国水生态文明建设试点验收。本文对泰州市全国水生态文明城市建设工作进行简要回顾，介绍了试点工作完成情况、建设成效、主要经验做法以及下一步工作展望，以期为其他地区水生态文明城市建设工作提供借鉴和参考。

关键词：水生态；文明城市；泰州

水生态文明是生态文明的重要内容之一[1]。开展水生态文明城市建设试点，是加强生态文明建设的重要举措，是当前水利工作的重要环节。水生态文明城市建设对生态文明建设与发展、生态文明水平提升、美丽中国建立等起着基础性、支撑性和战略性作用。泰州市确定"医药名城、文化名城、港口名城、生态名城"的发展定位，力争在苏中地区率先实现水利现代化，实现"江淮安泰、清水利民"的水利现代化愿景[2-4]。

2014 年 5 月 19 日，泰州市被确定为全国水生态文明城市建设试点。2015 年 3 月 16 日，《泰州市水生态文明城市建设试点实施方案》通过江苏省人民政府的批复。2018 年 7 月 13 日，泰州市水生态文明城市建设试点通过技术评估，同年 12 月 20 日，通过行政验收。2019 年 5 月 23 日，水利部发文公布泰州通过全国水生态文明建设试点验收。

1 研究区概况

泰州市位于江苏省中部，长江北岸，是里下河地区通江门户，为长三角经济区中心城市之一。南临长江，北接淮水，跨长江、淮河两大流域，河网密布，水系发达，有各类河道 24 168 条，湖泊湖荡 23 个。境内以新通扬运河和老 328 国道沿线控制建筑物为界，以北属淮河流域，以南属长江流域。市域总面积 5 787 km²，其中水域面积占 22.15%[2-4]。

泰州市人民政府组织编制的《泰州市水生态文明城市建设试点实施方案》，确定了试点建设范围以泰州市区为主，示范工程辐射至兴化市、泰兴市、靖江市 3 个县级市；围绕水安全、水环境、水生态、水文化、水管理五大体系，构建了泰州市水生态文明建设"一脉、一城、一湖、三带"的总体布局，提出了城乡供水安全保障、防洪除涝工程、城市水环境质量提升工程、水美乡村建设工程、节水减排工程、水生态修复与保护工程、水生态文明制度建设、水文化提升工程等 8 个方面系统工程建设任务，重点打造引江源头保护工程、碧水环城水文化提升工程、溱湖湿地生态修复示范工程、周山河新城水生态示范工程、凤栖湖水生态示范工程等十大重点示范工程，见图 1。

作者简介：崔冬梅（1990—），女，工程师，主要从事水文和水资源研究工作。

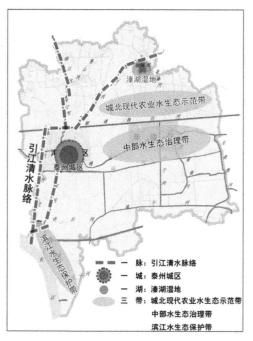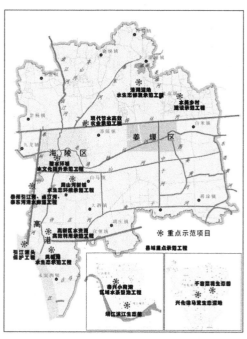

图 1　泰州市水生态文明建设总体布局和十大重点示范工程

2　试点工作完成情况

泰州市在试点期间紧紧围绕破解实施方案中提出的四点存在问题：

（1）围绕污水集中处理率低的问题，全面推进污水处理厂提标扩建和污水收集管网建设，重点实施西北片区、滨江片区、周山河新城污水收集管网建设，全市污水集中处理率在 3 年里得到极大提升。

（2）围绕供水输水系统还不完善问题，加快推进并完成水源地达标建设和区域供水工程，全面提升饮水安全保障水平，应急保障能力得到有效提升。

（3）围绕现代化水资源管理水平有待提升问题，通过全面落实最严格水资源管理制度，不断强化"三条红线"管理，加强河湖蓝线管理，完善水利法规与水利规划体系，水资源管理水平显著提升。

（4）围绕资源环境压力较大问题，开展多项水环境治理和水污染防治工程，实施骨干和城区重点河道综合整治，加大长江引调水量，改善城区水环境，"立足长江、引提结合、江水北上、西水东配"的水资源调配格局初步形成，城区水环境得到有效改善。

围绕实施方案，泰州市投资 91.3 亿元，完成了 103 项建设任务、10 项重点示范工程。建成泰州引江河二期、卤汀河、泰东河清水廊道工程，进一步加固长江堤防、里下河圩堤等主要防洪屏障，以"大安全"夯实了生态文明建设基础；坚持控污截源、源头治理，着力治理黑臭河道，完成主城区西北片区生态修复，以"大整治"构筑平原水网生态格局；实施引江源头保护，推进里下河湿地修复，全市三成长江岸线永不开发，以"大保护"注入生态建设不竭动力；坚持碧水融文，枕水融业，将泰州特色的凤凰文化、盐运文化与水生态文明建设有机融合，以"大融合"彰显水城水乡特色风貌；全面推行河长制、湖长制，落实最严格水资源管理体制，以"大管理"全面推动泰州产业绿色发展。泰州市水生态文明城市建设试点 22 项考核指标全部完成，其中 5 项指标超额完成。

3　主要建设成效

通过试点建设，泰州市水安全保障能力显著增强，人居环境明显改善，水生态文明意识显著提高，水文化特色全面彰显，形成"内环抱老城、外环绕新城"的双水绕城格局，具有良好的示范带动作用。

3.1　经济效益

水生态文明城市建设推动了产业提升，泰州市 GDP 总量由 2015 年的 3655 亿元增加到 2017 年的 4 740 亿元，而用水总量保持在 27 亿 m³ 以下，以用水总量的零增长保障了 GDP30% 的增幅；万元 GDP 用水量下降 17.15%，万元工业增加值用水量下降 20.8%，原有化工、钢铁、印染等高水耗产业向大健康产业、先进制造业、现代服务业聚力转型，提高了水资源利用效率，推动了经济转型发展。

3.2　生态效益

水生态文明城市建设促进了生态文明，卤汀河、泰东河等一批骨干河道先后得到整治，引排功能、自净能力大幅度提升，提高了水系连通性和水体流动性。"治、疏、保"多种措施结合进行水环境综合整治，改善了城区水环境质量。加强湿地保护，加大生态河道建设力度，营造水清、绿透、文昌、城秀的水城特色风貌，提升了人居环境和城市形象。

3.3　社会效益

水生态文明城市建设提高了承载能力，川东港、引江河、周山河等水利工程的建设，为区域供水提供可靠保障，提高了水安全保障水平。取水许可和水资源论证、计划用水、入河排污口管理、水行政执法等各项管理工作更加严格规范，提升了涉水管理水平。传承弘扬具有泰州特色、水乡风貌的水文化，群众对水生态环境的满意度进一步提升，游客对水城慢生活的认可度进一步提升。

4　经验做法

4.1　坚定生态优先理念，狠抓"大保护"

泰州市认真贯彻落实"共抓大保护、不搞大开发"的精神，把修复长江沿岸和水网地区的生态环境摆在压倒性位置，严守用水总量红线、用水效率红线、水功能纳污红线、河道蓝线等红线和蓝线，突出饮用水源保护区、生态湿地保护区、清水通道维护区的保护，着力做好留白、增绿文章，在加强生态保护中实现资源优化、转型升级和更高含金量的可持续发展。抓好长江生态保护区、清水廊道、里下河生态湿地"三大保护"。在 97.78 km 的长江岸线上，仍有近三成岸线保持自然的原生态，没有布局产业项目，留下大片"空白"，用于建设长江生态湿地、亲水空间和滨江森林；长江水源地保护区坚持原生态保护，促进了水源涵养、水质改善和输水通道保护，为全市和南水北调东线工程提供优质清水；里下河地区保留着徐马荒等近百万亩湿地的原生态资源，成为珍稀水生生物的栖息繁衍地和城市发展的"绿肺"。

4.2　实施水系统治理，大力推进"净水、活水、亲水"系列工程建设

泰州市大力推进"净水、活水、亲水"系列工程建设，实现人与水和谐共处。"净水"工程着力治理黑臭河道，整治河道数量、整治长度以及综合整治成效均在江苏省排名第一。加快建设污水处理工程，推动尾水循环利用，积极探索丰水地区开展污水处理厂达标尾水循环利用，有效解决城市尾水出路和减少污染物排放，改善水环境。"活水"工程打造"双水绕城"，全面畅通内环——凤城河，外环——周山河、南官河、凤凰河城市水系，形成双水绕城形态，在中心城区着力抓好 59 条河道的整治和活水畅流工程，消灭盲肠河和"断头河"。实施保水控水工程，主城区河道水位常年保持景观水位（2.6~2.8 m），保障生态水量和水位。对已建的凤城河、凤凰河、周山河景观进行提档升级，实施"河路结合"的亲水工程改造项目，拓宽水面，取消硬质驳岸，取缔隔断行人与水体联系的经济林带，让市民游客可观可游、"人水相亲"。

4.3　注重水文化规划，完善水文化建设和发展长效机制

泰州市重视水文化研究和打造，传承和发扬传统水文化，弘扬现代水利文化。成立了泰州市水文化研究会，研究发展政策，提供技术支撑，并开展水文化宣传与交流活动。建成多个水文化景观工程，完善环河水上游览线路，实现"绿起来、连起来"，形成具有水生态示范特征的人文景点和水文

化教育基地,传承了泰州独特的历史水文化,形成了人水亲密交融的现代水文化,提升了城市生态发展理念。大力开展水生态文明宣传教育,构建"政府主导、广泛参与"的水文化建设体制及发展长效机制,创新具有鲜明时代特色的现代水利文化,实施水文化品质提升工程,塑造鲜明生动的水文化形象,将泰州成功打造成"文化水城"品牌。

4.4 落实最严格水资源管理制度,为水生态文明城市试点建设提供有力保障

泰州市积极落实最严格水资源管理制度,严守生态红线,为试点建设的顺利实施提供了强有力的保障。制定出台相关法规、办法,为水环境治理工作提供强有力的法制保障。每年将用水总量、用水效率、水功能区限制纳污的控制指标分解至各市(区),水资源管理"三条红线"控制指标已作为水资源论证、取水许可、入河排污口审批等工作的基础和依据;严格考核奖惩和责任追究,把贯彻落实最严格水资源管理制度列入对各市(区)政府目标绩效考评体系。

4.5 加强组织领导和部门协同,为水生态文明城市试点建设提供坚强保障

泰州市各级党政领导和相关部门的高度重视和坚强领导、部门协调联动和全力推进是成功实现试点目标任务的关键所在。在试点建设时间紧、任务重,涉及社会各个领域的情况下,泰州市对各市(区)及相关部门的试点任务完成情况进行了严格考核并进行奖惩。

5 结论与展望

泰州市水生态文明城市建设理念先进、布局合理、工作扎实、成效显著、创新特色突出、示范作用明显,实现了建设试点整体目标,完成了试点工作的各项任务。但对照高质量发展的要求、与先进试点地区相比,还存在一些差距。为进一步补齐短板、夯实基础、强化特色,深化试点建设、完善长效机制、放大示范效应,建议如下:

(1)进一步加强组织领导,协调解决重难点问题。保障必要的人力、物力和财力,"抓重点、强弱项、补短板",紧紧围绕工作任务和要求,明确责任,履职尽责,形成推进合力。

(2)进一步巩固试点成果,总结推广试点经验。结合河湖长制工作,统筹协调、深入推进生态河湖行动计划;进一步加大雨污分流及薄弱地区污水管网配套建设力度,完善城市污废水处理和收集系统,提高城市污水集中处理率;因地制宜开展再生水利用,切实提高再生水利用率;继续大力实施河湖连通工程,推进退圩还湖、退渔还湖和退垦还湿,强化生态修复和生态涵养。全面总结和推广试点经验,发挥试点示范效应,继续挖掘潜力,打造精品,将水生态文明建设进一步向纵深推进。

(3)进一步加强宣传教育,提升全民生态文明理念。持续深入开展生态文明宣传教育,加大宣传力度,创新宣传教育形式,使生态文明理念和泰州特色水文化品牌深入人心,适应生态文明多元化、多样化、多层次的要求。

参考文献

[1] 李青英,范进生. 菏泽市水生态文明城市建设的实践与探索 [J]. 水利建设与管理,2013,33(10):38-40.

[2] 董文虎,潘时常. 以泰州为例探讨地区幸福河湖建设的思路 [J]. 水资源开发与管理,2020(11):76-78.

[3] 潘时常,董文虎,兰星. 泰州江海文化的内涵及精神特质 [N]. 中国县域经济报,2021-06-10(7).

[4] 崔冬梅. 泰州市水资源利用与经济发展协调分析 [J]. 水资源开发与管理,2022,8(5):22-28.

梧州临港经济区片区规划需水与水资源条件适应性分析

陈　娟[1,2]　梁志宏[1,2]

（1. 珠江水利委员会珠江水利科学研究院，广东广州　510611；

2. 水利部珠江河口治理与保护重点实验室，广东广州　510611）

摘　要：水资源是社会可持续发展的基础。规划水资源论证目的是使规划与水资源条件相适应，保障社会经济的持续发展，提高规划编制的科学性。本文以梧州临港经济区片区为例，采用不同类别用地用水量指标法和综合生活用水比例相关法进行需水预测，并进行需水合理性分析；对水资源条件进行分析，包括来水量分析及可供水量分析，从而得出梧州临港经济区片区规划与水资源条件基本相适应，为类似经济区规划水资源论证提供参考。

关键词：梧州临港经济区；需水预测；规划水资源论证；来水量；可供水量

水是人类文明的起源，水资源是社会可持续发展的基础。2002 年《中华人民共和国水法》规定"国民经济和社会发展规划以及城市总体规划的编制、重大建设项目的布局，应当与当地水资源条件和防洪要求相适应，并进行科学论证"。2010 年 11 月水利部发布的《关于开展规划水资源论证试点工作的通知》（水资源〔2010〕483 号）提出全面部署和大力推进规划水资源论证试点工作，并首次提出规划水资源论证技术要点（试行）。规划水资源论证是落实"以水定城、以水定地、以水定人、以水定产"和水利行业强监管的重要抓手。规划水资源论证目的就是通过论证使水资源本身可持续发展，使国民经济和社会发展规划以及城市总体规划的编制、重大建设项目的布局规划和水资源条件相匹配，既促进了经济社会的发展，又使环境得到改善、生态保持平衡，达到人水和谐。

杨博等[1]对规划水资源论证的必要性、相关主体、存在的问题及对策建议进行了研究。王新才等[2]提出了规划水资源论证技术体系及编制规划水资源论证时应注意的问题和把握的重点。彭爵宜等[3]分析了水资源配置格局对规划水资源论证的导向作用及后者对前者的深化作用，建立水资源配置与规划水资源论证供需平衡分析模块的数据耦合方法。欧阳如琳等[4]对城市规划水资源论证的技术难点进行了探讨。本文以梧州临港经济区片区为例，重点分析梧州临港经济区片区需水预测及与水资源条件适应性分析。

1　概况

梧州临港经济区片区位于梧州市藤县和龙圩区交接区域，规划范围由产业聚集区（钢铁基地核心区）、白石河区、上小河区三大部分组成，规划总用地面积约 20.22 km²，其中城市建设用地面积为 16.13 km²。规划定位为广西先进钢铁制造的新平台，规划 2030 年炼钢产能为 1 200 万 t/a，规划总人口 3.5 万人。

生活用水由片区外水厂供给，水厂规划规模为 35 万 m³/d，生活水源取自浔江。工业用水通过新建工业水厂供给，工业水厂规模为 10 万 m³/d。工业水厂水源取自上小河。

基金项目：科技基础资源调查项目（2019FY101900）；国家自然科学基金（5170929）。

作者简介：陈娟（1983—），女，高级工程师，主要从事水资源、防洪评价、数模计算及水环境研究工作。

2 梧州临港经济区片区需水预测

2.1 需水预测

考虑到梧州临港经济区片区以高耗水钢铁业为主,故需水预测方法以《城市给水工程规划规范》(GB 50282—2016)[5] 中的不同类别用地用水量指标法和综合生活用水比例相关法进行预测。指标可按式(1)计算:

$$Q = 10^{-4} \sum q_i a_i \tag{1}$$

式中:Q 为最高日用水量,万 m^3/d;q_i 为不同类别用地用水量指标,$m^3/(hm^2 \cdot d)$;a_i 为不同类别用地规模,hm^2。

考虑到梧州临港经济区片区工业类型为钢铁产业,钢铁炼制过程(焦化、高炉、热轧)中需要大量的新水补充,故工业用地用水量指标取上限值 150 $m^3/(hm^2 \cdot d)$,其他用地指标取对应指标的中间值,见表1。

表 1 梧州临港经济区片区单位用地用水量指标表

类别代码	类别名称		用水量指标/ $[m^3/(hm^2 \cdot d)]$	所选指标/ $[m^3/(hm^2 \cdot d)]$
R	居住用地		50~130	90
A	公共管理与公共 服务设施用地	行政办公用地	50~100	75
		文化设施用地	50~100	75
		教育科研用地	40~100	70
		体育用地	30~50	40
		医疗卫生用地	70~130	100
B	商业服务业 设施用地	商业用地	50~200	125
		商务用地	50~120	85
M	工业用地		30~150	150
W	物流仓储用地		20~50	35
S	道路与交通 设施用地	道路用地	20~30	25
		交通设施用地	50~80	65
U	公用设施用地		25~50	37.5
G	绿地与广场用地		10~30	20

梧州临港经济区片区居民生活用水最高日用水量为 2.48 万 m^3/d,工业用水量最高日用水量约为 12.93 万 m^3/d,最高日用水总量为 15.41 万 m^3/d。

综合生活用水比例相关法,可按式(2)计算:

$$Q = 10^{-3} q_2 P(1+s)(1+m) \tag{2}$$

式中:Q 为最高日用水量,万 m^3/d;q_2 为综合生活用水量指标,$L/(人 \cdot d)$;P 为用水人口,万人;s 为工业用水量与综合生活用水量的比值;m 为其他用水(市政用水及管网漏损)系数,当缺乏资料时可取 0.1~0.15。

梧州临港经济区片区综合生活用水量指标取 230 $L/(人 \cdot d)$。根据广西壮族自治区地方标准《工业行业主要产品用水定额》(DB45/T 678—2017)表 24 钢铁联合企业普通钢厂用水定额先进值 ≤3.6 m^3/t、准入值 ≤4.5 m^3/t、通用值 ≤4.9 m^3/t,本次钢的用水定额取 3.6 m^3/t。

梧州临港经济区片区最高日用水量为 14.03 万 m³/d。

以两种方法的均值作为需水预测成果。梧州临港经济区片区最高日需水量 14.72 万 m³/d，其中工业用水最高日需水量 13.38 万 m³/d、生活用水最高日需水量 1.34 万 m³/d。

规划区年用水量可按式（3）计算：

$$W = 365Q/k \tag{3}$$

式中：W 为年用水量，万 m³/a；k 为日变化系数，根据城市性质和规模、产业结构、居民生活水平及气候等因素分析确定，在缺乏资料时宜采用 1.1~1.5，本次取 1.2。

梧州临港经济区片区规划需水量为 4 477.33 万 m³，其中工业需水量 4 069.75 万 m³、生活需水量 407.58 万 m³。

2.2 需水合理性分析

2.2.1 与最严格水资源管理用水总量控制指标符合性分析

根据《梧州市人民政府办公室关于印发我市最严格水资源管理制度考核办法的通知》（梧政办〔2013〕198 号文），梧州市 2015 年、2020 年、2030 年用水总量控制指标分别为 15.55 亿 m³、15.55 亿 m³、15.56 亿 m³。梧州市 2018 年用水总量为 13.73 亿 m³，距离梧州市 2020 年、2030 年用水总量控制指标分别尚有 1.82 亿 m³、1.83 亿 m³ 的新增用水量空间。

梧州临港经济区片区日需水量为 14.72 万 m³/d，年需水量约为 4 477.33 万 m³，在梧州市 2030 年用水控制增量的指标范围内，所占比例为 24.5%。

2.2.2 与水厂供水能力的相符性分析

本次生活需水预测成果为 1.34 万 m³/d，满足水厂为该片区预留的 2 万 m³/d。

本次工业需水预测成果为 13.38 万 m³/d，扣除钢铁企业工业自行供水 5 万 m³/d，新建工业给水厂规模 10 万 m³/d 满足要求。

3 水资源条件分析

3.1 水源分析

梧州市位于桂江、浔江与西江三江汇合口处，生活取水口位于浔江三江汇合口上游约 23.5 km 处，长洲水利枢纽坝址上游 10.3 km，距离下游梧州水文站约 25.3 km。生活取水口以上控制集水面积约为 299 250 km²，与长洲水利枢纽坝址以上集水面积 308 600 km² 相差较小，故本次设计径流直接采用长洲水利枢纽径流成果。长洲水利枢纽坝址有 1946 年至今的径流资料。

3.2 来水量分析

根据长洲水利枢纽坝址 1946—2018 年 73 年年径流系列，按照丰、平、枯水年选择年来水总量接近且年内水量分配对取水较为不利（年内枯水期来水量小）的年份作为典型年。根据典型年的年来水量及年内月来水过程，采用同倍比方法缩放后得到长洲水利枢纽坝址各保证率来水量年内月分配过程。

工业水厂水源取自上小河，上小河无水文站。上小河为浔江右岸一级支流，河口距长洲水利枢纽 2.1 km 处。本次以长洲水利枢纽上游来流量、长洲水利枢纽坝址水位和上小河上游来流量为边界条件建立二维数学模型，模型范围及网格布置见图 1。模型上边界流量平水期采用浔江、上小河和秋米河多年平均流量，枯水期从最不利情况考虑，采用浔江、上小河和秋米河多年最小流量；模型下边界水位分别采用长洲水利枢纽在平水期和枯水期的控制水位。

通过二维数学模型计算结果知，工业水厂水源主要来自浔江回水；枯水期因长洲水利枢纽控制水位高（19.96 m），取水有保障；平水期长洲水利枢纽控制水位低（18.76 m），且上小河上游来水量较小时，本项目取水有风险。结合上小河现状地形资料，上小河交汇口以下南广高铁下游 3 km 附近以及取水口至上小河、秋米河交汇口河段水深较浅，建议河底标高疏浚至 15 m。

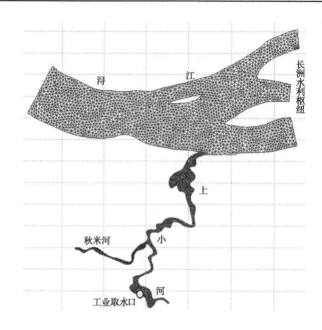

图 1　二维数学模型研究范围及网格布置

3.3　可供水量分析

本次涉及黔浔江，论证范围为梧州市，故需水预测范围为黔浔江水资源分区梧州片区。生活需水以用水定额和规划人口为基础，采用定额法进行预测。工业需水以万元工业增加值用水量进行预测。农业需水包括农业灌溉需水和牧渔畜需水两部分。农业灌溉需水通过灌溉面积及种植结构、灌溉制度、灌溉水利用系数进行需水预测。牧渔畜需水参照相关用水指标确定。黔浔江水资源分区梧州片区规划水平年河道外总需水量（生活需水量、农业需水量、工业需水量和生态需水量）5% 为 88 472 万 m^3，50% 为 69 211 万 m^3，95% 为 74 452 万 m^3，多年平均为 68 638 万 m^3。

2030 年，丰、平、枯水期年平均来水量分别为 26 427 200 万 m^3、18 921 600 万 m^3、13 317 700 万 m^3，扣除上游河道外总需水量，规划区 2030 年年均取水量为 4 477.33 万 m^3，占 2030 年丰、平、枯水期可供水量的 0.017 0%、0.023 7% 和 0.033 8%。可见，2030 年丰、平、枯水期状态下均能满足梧州临港经济区片区取水的要求，取水量占用可供水量的比例很小，余水量较大。

4　结语

本文通过分析梧州临港经济区片区合理需水规模，论证与水资源条件相适应，保障梧州临港经济区片区合理取用水要求，提高梧州临港经济区片区实施的可行性，可为类似经济区规划水资源论证提供参考。

参考文献

［1］杨博，闫佳伟，王红瑞，等. 规划水资源论证现状问题探讨及对策研究［J］. 西北大学学报（自然科学版），2019，49（6）：881-887.

［2］王新才，宋雅静. 规划水资源论证探讨［J］. 人民长江，2015，46（19）：40-43.

［3］彭爵宜，徐志侠，张守平，等. 基于配置的规划水资源论证实践探讨［J］. 中国农村水利水电，2014（11）：68-72.

［4］欧阳如琳，穆恩林，于义彬. 城市规划水资源论证的技术难点探讨［J］. 中国水利，2019（3）：8-10.

［5］中华人民共和国住房和城乡建设部. 城市给水工程规划规范：GB 50282—2016［S］. 北京：中国计划出版社，2017.

唐徕渠灌区现代水网建设的关键问题思考

曹亚宁　陶　东　薛里图

（宁夏唐徕渠管理处，宁夏银川　750001）

摘　要：通过唐徕渠灌区水资源调配网、防洪调度网和水系生态保护网的水网体系建设实践情况，分析唐徕渠灌区工程体系建设、水利信息化体系建设、供用水管理体系建设的初步成效和存在的关键问题，思考推进灌区现代水网建设的对策。

关键词：工程体系；水利信息化；水利管理；现代水网建设

1　灌区工程水网建设现状

1.1　灌区概况

唐徕渠是宁夏引黄灌区最大的自流干渠，始凿于汉，复浚于唐，经历代开发整治，兴盛于今，为宁夏引黄灌溉工程遗产之典范。唐徕渠骨干渠系由唐徕渠干渠，支干渠大新渠、良田渠、第二农场渠组成。唐徕渠从黄河青铜峡水利枢纽河西总干渠引水，北流穿越银川平原，供水覆盖面涉及宁夏吴忠市、银川市、石嘴山市 3 市的青铜峡市、永宁县、兴庆区、金凤区、西夏区、贺兰县、平罗县、大武口区、惠农区 9 个县区 34 个乡镇 175 个行政村和 6 个农垦农场公司的 120 万亩农田灌溉，以及典农河、沙湖等 37 个湖泊 20 万亩生态补水。唐徕渠是保障宁夏引黄灌区 1/5 自流灌溉供水、75%河湖生态补水的"命脉渠"，干渠全长 314 km，骨干工程水工建筑物 868 座，干渠供水斗口 512 座，支斗渠道累计超过 1 600 km，干渠进口引水流量 127 m³/s，年均行水 199 d 左右，年均引水量 10 亿 m³，年均供水量 8.8 亿 m³，其中农业供水量 7.3 亿 m³、生态供水量 1.5 亿 m³ 左右。唐徕渠灌区位于银川平原青铜峡河西灌区的精华地带，是宁夏粮食主产区之一。

1.2　灌区工程体系建设

1998 年以来实施灌区续建配套与节水改造，大规模实施渠道砌护、建筑物翻建改造、除险加固等工程，目前砌护渠道累计 221 km，砌护率 70.4%，除险加固渠道 15 km，新建改造各类建筑物 425 余座，翻建全部病险涵洞，翻修供水斗口 400 余座，灌区以县区灌域为单元，持续优化防洪减灾体系布局，渠道工程防洪安全保障能力、调控能力大幅提升。灌区持续开展农田水利建设，以沟、渠、路配套的机耕条田建设规划为重点修建园田，实现灌区渠、沟、田、林、路、庄统一布局，修建完善灌溉渠系与排水沟相交叉的渡槽、涵洞、交通道路跨沟渠上的桥梁、支斗渠上的闸和斗农渠以及排水沟上的尾水等农田水利配套建筑物，形成了完善的农田园林和农田配套灌排体系。2003 年以来实施高标准基本农田建设 48 万亩，整治沟、渠、路，完成清淤沟道 297 km，实行大网格、宽幅带造林模式，激光平地广泛应用达 90%以上，逐步推广玉米滴灌、蔬菜喷灌等高效节水技术，2021 年高效节水面积达 14 万亩，灌区建成了"田成方、林成网、渠相通、路相连、涝能排、旱能灌"的旱涝保收现代优势特色产业区。

唐徕渠在保障灌区农业供水的同时又承担着银川东南和西北水系、典农河、沙湖、宝湖、阅海湿地公园等 35 个湖泊、12 个湿地、5 个公园等灌区内 20 万亩的湖泊湿地生态补水任务，自 1998 年以来，唐徕渠持续补水量累计达 18 亿 m³，占宁夏湖泊湿地补水量的 75%，在宁夏河湖湿地生态补水中

作者简介：曹亚宁（1992—），女，助理工程师，职员，主要从事水利运行管理的工作。

发挥了无可替代的作用。

1.3 灌区水利信息化建设

水利信息化技术在水利工程运行管理中逐步应用，不断提高水利数据感知能力，持续推进"云、网、端、台"建设，处、所、段三级全部接入宁夏电子政务网（包括互联网 + 云平台 + 水利专网），建成 52 处干渠水位监测、72 处安防及渠道安全视频监控，骨干水利工程监测感知覆盖率达到 60%。运用"巡渠通"手机 APP 软件，对渠道工程关键参数、运行状况、巡查轨迹全过程感知传输。引用新型量测水技术 ADCP 缆道测流、电磁流量计、雷达波测流计、视频测流等，全面提升精准计量。建成 10 处自动量测水断面、19 座大闸远程控制、137 处测控一体化量测水闸门，初步形成骨干工程的计量控制网络构架。推进自动计量设施应用，目前已用于量测水结算的有 61 套。依托唐徕综合业务和节水灌溉（用水户版）手机 APP 软件，构建"智能+"供用水管理体系，为少人值守和全渠道精准控制提供信息和技术支撑。

1.4 灌区供用水管理体系建设

灌区骨干工程实行管理处、管理所、管理段三级管理体系，唐徕渠管理处设 7 个职能科室、11 个管理所、33 个管理段，逐步推进灌区标准化、规范化建设供用水管理模式，精准计量管控支渠直开口供水。灌区田间工程的管理由县域乡村用水组织管理，灌区随着用水权改革，改组农民用水协会，建立以县、乡村、灌溉用水组织三级管理体系，开展灌区田间水资源管理。目前，灌区三市九县区的 34 个乡镇 175 个行政村组成 25 个基层灌溉用水组织。灌区县区水务局负责灌域水权集中管理，乡镇场负责辖区内水资源管理和田间工程维护，田间水利工程管护和灌溉管理由县区水务局指导、受益乡村监督、灌区用水组织实施管理。

2 灌区现代水网建设中存在的关键问题

2.1 水网工程配套体系还不完善

唐徕渠骨干渠道砌护率 70.4%，干渠 30 座水闸、375 座供水斗口未实施自动化测控改造，骨干渠系测控系统与灌区田间信息化控制设施未实现互联互通。灌区支斗渠砌护率 100%，农渠砌护率 80%，田间配套相对完善，但田间水利工程水利信息化技术、设备应用仅处在试点探索阶段，田间供水测控设施配套不足，末级渠系水价计量体系不健全，田间工程自动化测控技术应用仅有 5%。干渠沿线山洪灾害还缺乏全面、系统的治理，骨干渠系与各市县区防洪体系水网共建还不完善。

2.2 水资源节约集约利用水平有待提高

唐徕渠灌区南北种植结构和用水差异大，南部上游以旱作为主，中游以旱作和生态补水为主，水稻集中在地下水高的中下游区域，灌溉方式主要为大田漫灌，2020 年灌区灌溉水有效利用系数仅为 0.545。灌区内农业种植区域分布不均，灌区内 80% 农业灌溉集中在中下游段，中游银川城市段以生态补水为主，农业灌溉面积仅占 5%，上游灌溉面积占 15%。2021 年灌区水稻占 22%、玉米占 44%，高效节水灌溉面积仅为 13%。玉米、水稻灌溉期主要集中在 6—8 月的高温阶段，用水期和用水区域的双重集中以及农业供水与生态补水的叠加，导致灌溉高峰期灌区供用水矛盾凸显。

2.3 水利科技技术缺乏有效的研究和应用

灌区工程建设、精准计量、远程控制体系、数据感知等新技术应用比较单一，技术应用缺乏系统性的整合，骨干工程与田间工程水利信息资源还未实现共享，水利信息数据管理和应用仅处于感知初级状态。渠道长期运行后边坡变形、糙率增大、输水能力减弱、冬季停水渠道冻融等依旧是未解的难题，工程病害防治技术缺乏有效的研究和应用。灌区已引进的测控一体化闸门，在测流计量中受水流流态、水质、工作环境等影响，设备计量的精准性、有效性不达标，55% 的干渠斗口测流数据不能直接应用到水量水费的计量核算中。

2.4 体制机制保障和队伍能力亟待提升

供用水管理体制机制还不健全、保障不到位，田间基层用水管理组织建设不完善，缺乏专业的管理和技术人员，水利管理需求和技术力量不匹配，难以适应现代化水利发展的要求。水利工作长期处于野外，工作环境差，易导致人才流失。管理处现有在职职工 255 人，41 岁以上 204 人，占 80%，大专及大专以下学历占 65.9%。灌区田间管理人员较少，普遍在 50 岁以上，缺乏专业技术人才，水利管理以实践老旧经验为主。供水单位和用水单位双重年龄结构偏大、技术管理人才缺乏、整体队伍能力水平有待提高。

3 灌区现代水网建设的思考对策

3.1 加快工程水网体系构建，夯实水利安全保障

立足推进现代化生态节水型灌区建设，从灌域整体着眼，把握水网体系构建的规律[1]，进一步加快灌区水利工程体系现代化建设，高标准完成骨干渠道现代化提升改造和田间工程配套建设，加快灌区渠系病险工程除险加固，提高灌区水旱灾害预警预报体系覆盖率，加快构建具有预报、预警、预演、预案功能的灌区灌排体系，提升灌区渠系灌溉调度和防洪调度水平，夯实灌区水利安全保障基础。

3.2 优化灌区水资源配置，提升节约集约利用水平

贯彻"四水四定"原则，落实最严格水资源管理制度，坚持把水资源作为最大刚性约束，深化灌区水流产权改革[2]，优化灌区水资源高效配置，推进灌区全面实施深度节水控水行动，大力推广喷灌、滴灌、水稻控灌等灌区节水新技术，加快发展高效节水农业，调整种植结构，压减高耗水作物规模，落实农业综合水价改革政策，健全完善基层水管组织建设，健全灌区水量分配、监督、考核的节水制度政策，加强灌区水资源配置的互联互通，探索跨渠系、跨区域水资源调配的深入实践，优化灌区水资源调配保障能力，全面提升灌区水资源节约集约利用水平。

3.3 完善管理体制机制建设，提升水治理保障能力

以提升水治理体系和治理能力现代化为目标，加大灌区水利管理配套政策支持力度，进一步完善水利管理体制机制建设，对灌区供水组织体系、制度体系、标准体系、安全体系进行升级，破解制约水利发展的体制机制障碍。以完善的体制机制保障、激励用水户节水意识提升、政策重视程度和理解提升，不断提升灌区水利治理能力和水平。以适应灌区现代化水利高质量发展的新要求，加快培养灌区水利管理各方面的专业技术人才，全面提升灌区水利现代化管理能力。

3.4 加快水利科技应用，驱动水利管理现代化

大力实施"智慧水利"建设，以水利信息化创新驱动水利现代化为实践方向，加快水利信息化新技术引用，提高全员对灌区信息化建设应用的认识[3]，注重水利自动化、信息化业务培训和管理能力提升、水利信息业务全方位应用，以信息化改造传统水利管理，创新水利工程运行管理方式，推动灌区工程管理由传统水利向现代水利转型升级，为推进节水型社会和节水型生态灌区建设提供可靠的技术支撑，实现灌区水利工程体系的可持续高质量发展。

4 结语

灌区现代水网建设要以水利高质量发展为根本要求，立足灌区水资源空间均衡配置，以骨干输配水渠系为纲，以灌区渠系联通、沟渠联通、库渠联调的水网联调新格局为目，以灌区控制性调蓄工程为结，以现代治水理念为指导，以现代先进技术为支撑，在现有水利工程架构的基础上，加快骨干工程提升改造，水利科技创新、数字赋能，将水资源调配网、防洪调度网和水系生态保护网"三网"有机融合，加快构建"系统完备、安全可靠、集约高效、循环通畅、调控有序"的现代水网，全面提高灌区水安全、水资源、水生态、水环境治理和管理能力。

参考文献

[1] 李国英. 坚持系统观念 强化流域治理管理 [N/OL]. 人民日报, (2022-06-28) [2022-11-12]. http://www. gov. cn/xinwen/2022-06-28/content_ 5698052. htm.

[2] 李国英. 推动新阶段水利高质量发展 为全面建设社会主义现代化国家提供水安全保障 [J]. 中国水利, 2021 (16): 1-5.

[3] 陶东. 宁夏固海扬水工程泵站信息化建设实践与思考 [J]. 科技创新与应用, 2021, 11 (12): 69-71.

唐徕渠智慧水利建设的实践与思考

薛里图　　陶　东　　曹亚宁

（宁夏唐徕渠管理处，宁夏银川　750001）

摘　要： 以唐徕渠智慧水利建设应用为背景，分析智慧水利建设初步成效和存在的主要问题，从建立完整的灌区信息化建管体系，加快补齐信息化基础设施建设，保障智慧水利健康发展，加快科技成果的引入和人才队伍转型及资金投入保障等方面，思考现代化生态灌区智慧水利建设的关键保障措施。

关键词： 灌区；数字赋能；孪生渠道；智慧水利

1　灌区智慧水利建设概况

唐徕渠灌区骨干渠系由唐徕渠干渠，支干渠大新渠、良田渠、第二农场渠组成。唐徕渠从黄河青铜峡水利枢纽河西总干渠引水，北流穿越银川平原，供水覆盖面涉及宁夏吴忠市、银川市、石嘴山市3市的青铜峡市、永宁县、兴庆区、金凤区、西夏区、贺兰县、平罗县、大武口区、惠农区9个县区的34个乡镇175个行政村和6个农垦农场公司的120万亩农田灌溉以及典农河、沙湖等37个湖泊20万亩生态补水。干渠全长314 km，骨工程水工建筑物868座，干渠供水斗口512座，支斗渠道累计超过1 600 km，干渠进口引水流量127 m³/s，年均行水199 d左右，年均引水10亿m³。

唐徕渠利用灌区续建与节水改造项目、灌区农业水价综合改革项目、现代化生态灌区节水改造项目、管理处岁修项目，借助政务云、水慧通平台实现了管理、建设、办公网络化，以及业务平台和政务云资源共享互通，构建了唐徕渠综合业务应用平台、唐徕渠综合业务通信网络系统、唐徕渠水位遥测信息采集系统、唐徕渠干渠量测水设施系统、唐徕渠水闸控制系统、唐徕渠干渠直开口测控系统、唐徕渠渠道及安防视频监控系统，实现唐徕渠管理业务信息化的全覆盖，初步形成了唐徕渠"智慧水利"体系。

2　唐徕渠智慧水利信息化建设应用初步成效

2.1　灌区智慧水利应用构架初步建成

依托政务云、互联网、水慧通平台共享共联共存模式，建成覆盖管理处业务科室、灌溉管理、工程管理、防汛应急管理、闸门控制系统、灌区"一张图"和移动APP的唐徕渠综合业务平台，实现管理处和灌区业务单位的调度管理、直开口控制、水量计算、用户服务、业务申请、供水管理线上运行管理，形成从水资源计划到配置下发用户的全流程化管控，实现灌溉需水精确到日、供水精准到户、服务评价到人。借助灌区水利信息基础数据分析，建成唐徕渠节水灌溉用水用户版APP，对灌区25个用水组织从用水申请、用水审批、用水灌溉、用水预警、信息推送进行线上服务，将灌区供水服务能力延伸到农户到田间到地头，实现了对9市县34乡镇175个村的农户实行"信息化+服务"。利用水利云平台上灌区各类监控数据、干渠水情数据等信息资源共享，初步实现对灌区面积、作物配水、灌溉周期、用户初始水权和配水量的精准监测。

工程管理数字化逐步推进，建设了数字工程安全管理系统，对全处869座建筑物进行全生命周期

作者简介： 薛里图（1974—），男，高级工程师，主要从事水利信息化管理工作。

数字化建档，对 314 km 渠道、256 名人员、869 套设备进行安全数字化评估或监管，对管理机构进行全方位安防监控，应用"巡渠通"对渠道养护、巡查管理。实现管理和运维任务在线分配、统计、查询，达到调度分组、运维分组、巡护分组线上管理。政务业务信息化全面应用，依托宁夏电子政务平台对水利管理业务职能部门的 75 个岗位按工作职责、职务层级、管理角色梳理工作，优化整合业务流程，将党务、办公、业务、财务向"水慧通"归集，实现了公文处理、信息报送、审核审批、督查考核、财务管理等线上运行。

2.2 智慧水利助推供用水运行管理现代化

唐徕渠以水利云智能感知监测网[1]的采集、无人机、云计算等信息技术运用为突破口，共享水利云上灌区 362 个遥测水位站数据、1 200 多个视频监控点图像信息，购买 153 台巡渠终端、2 架巡查无人机来增强水资源科学统筹调配决策能力，探索唐徕、西干、惠农三渠以及平罗、惠农两县区的跨县区、跨渠系、跨沟道联合调度，初步形成水资源渠系间统一调度，提高灌区水资源丰枯调剂能力。依靠信息化手段初步建成水资源管理与调配"精准"体系，形成了基于灌区信息化服务功能的水资源配置预警、水资源交易机制。唐徕综合业务平台建设应用制定了 21 个标准，编制了 21 个供用水流程，规范了 512 条支渠用户信息，逐步形成供用水标准化流程，初步实现了需水、配水、供水、计量、服务为一体的信息化、规范化供用水体系。

2.3 水利信息技术在灌区的广泛应用

利用测控技术、AI 智能识别、雷达波测流技术、V-ADCP 技术建设干渠直开口自动化测控一体量水设施 157 座，初步实现项目区全渠段测控以及干渠联动控制。利用遥感遥测采集技术对渠道 96 处县乡村以及险工段进行自动水位和流量采集监控，确保实时采集监测点水位数据，实时传输到 11 个管理所 30 个管理段和 25 个用水组织。以物联网+伺服+PLC 自动控制技术建设大闸自动化控制系统，建成了 20 座大闸的远程控制，实现现地手动、现地自动、远程控制的三级控制。高清视频监测整合渠道视频资源部署上云，建设 9 个断面 3 座进水闸、10 个节制闸、7 个退水闸、1 座捞草机、2 座涵洞、2 座山洪渡槽、44 处安防视频共享，为灌区水利管理体制机制改革，灌溉调度、安全管理、水旱灾害防御工作提供强有力的支撑。

3 唐徕渠智慧水利建设应用存在的主要问题

3.1 信息化硬件覆盖率低，新技术应用不深

灌区空地感知设施采集覆盖范围小、来源单一。测控一体化闸设施覆盖率低，AI 测流、无人机、机器人、5G、NB-IOT 等物联技术应用较弱，BIM+GIS 应用不深，地理信息、遥感、卫星数据共享空白，目前灌区各类量水直开口 512 处自动计量 157 处，完成率为 15.5%，各类闸 49 座自动控制 19 处，完成率 38.7%，监测设施 96 处运行年限已达 10 年，采集监测设备老化，故障逐年增加。

3.2 数据资源融合不深，迭代升级滞后

各种工程、灌溉数据没有形成统一规约、编码、格式，各软件开发公司、信息设备生产厂家数据内容不同、接入标准不一，导致数据应用困难，需通过开发第三方接口或数据库协议才能实现数据间应用。应用系统数据未完全上云，形不成统一的数据链，造成系统资源管理难、利用率低。灌区内业务系统繁杂，相互独立，数据资源没有实现互通。硬件设备软件迭代速度快、升级慢，跟不上业务发展，不能形成应用的深度融合。

3.3 全员信息化认知有待深化

灌区管理人员水利信息化应用观念滞后，驾驭信息化工作能力不强，个别人员有抵触情绪，不愿接受新思想、新技术，对智慧水利应用存在"等、靠、要"思想。群管组织管理素养参差不齐，对信息服务认识不足、积极性不高，灌区群众和用户对灌区信息化管理方式接受缓慢，田间管理人员年龄偏大、文化程度低，也是推广使用信息化的最大障碍之一。

3.4　智慧水利运维资金投入不足

灌区信息化建设项目多，建后专项运维资金难保障，运维管理投资额度小、使用范围窄，资金筹措渠道不畅，信息化运维资金投入不足已成为制约灌区水利信息化应用的短板。

3.5　信息化建设应用配套制度不完善

信息化建管相关上位制度套用易出现偏差，灌区与信息化相配套的建设管理、应用管理、运行维护、维修保养、人员培训等制度尚不健全，信息化应用考核制度滞后，缺乏统一标准，项目建设各自成章，亟待梳理整合。

4　智慧水利建设应用的关键保障措施思考

4.1　建立完整的灌区信息化建管体系

以数字赋能智慧水利建设为目标，推进"互联网+水利自动化"基础设施体系建设[3]，加快信息数据共享、信息系统集成和融合应用、信息化数据分析功能的拓展。建立健全灌区信息化工程建设、灌区服务、安全保障和供水效果评价体系。建立健全水利信息化应用管理、绩效考核、培训等制度体系。建立水利信息应用管理的长效机制，坚持智慧水利工作"一张蓝图"绘到底，持续推进水资源管理实现数字化、智能化、精细化，实现智慧水利制度化、规范化、标准化管理的决策支持系统建设。

4.2　加快补齐信息化基础设施建设短板

立足现代化生态灌区建设，做好水利信息化基础顶层设计规划、基础项目储备工作。抢抓"十四五"水利建设机遇，利用国投或地方项目以及集中更新改造项目完成信息化基础建设短板，确保水资源计量、水生态监控、水环境监测、水灾害预警、水工程监控等工程管理运行系统的感知覆盖率和感知能力明显提升。

4.3　探索新体制保障智慧水利健康发展

树立创新驱动发展理念[2]，以水利信息化驱动水利现代化为实践方向，提高全员对水利自动化、信息化建设应用的认识，注重水利自动化、信息化业务培训和管理能力提升、水利信息业务全方位应用，创新工程运行管理方式，在实践中探索或借鉴先进经验。以管养分离为契机，以人员分工专业化、业务流程线上跑、灌区服务 APP、感知数据智能化、运维服务社会化等新业务为突破口建立信息化为工作主导的管理方式。

4.4　探索科技成果的应用和人才队伍转型

灌区加快水利新科技应用步伐，提高成果转换率，鼓励生产厂家和研发团队在本地投资建厂或建立研发基地，形成完整的"产、学、研"产业链和技术开发能力。加快"信息化+水利"复合型跨界人才的引进，做好水利人的培养和转型。建立水利信息化学习制度，拓展业务培训视野，运用"互联网思维""信息化思维"改造传统水利工作。

4.5　探索投入资金的保障措施

加快灌区信息化投融资渠道，采用争取国家或地方专项资金、灌区自筹资金，或探索引入社会化投融资建立合理回报机制投入智慧水利建设，支持社会资本通过参与工程运营来获得合理收益。建立灌区水利信息化资金保障长效机制，合理加大资金投入，划拨专项资金用于智慧水利建设与运维，逐年递增建设运维资金，保障水利信息系统良性运行。

5　结语

数字赋能智慧水利是保障和支撑灌区今后向数字化、网络化、智能化高质量发展的必由之路。灌区智慧水利建设要按照需求牵引、应用至上、数字赋能、提升能力的总要求[1]，以数字孪生渠道建设提升灌区现代化主动脉的安全发展的动力，通过唐徕渠供用水信息化这条主线积累灌区数字治水底板，全面梳理灌区数据类型，进一步拓展数字治水功能，推进算据、算法、算力建设，为数字孪生渠道的数字化场景、智慧化模拟、精准化决策提供数据支撑，推动灌区水利管理"四预"（预报、预警、预演、预案）体系建设，为现代化生态灌区建设筑牢水利信息基础。

参考文献

［1］李国英．推动新阶段水利高质量发展为全面建设社会主义现代化国家提供水安全保障［J］．中国水利，2021（16）：1-5.

［2］陈荣尧．太浦闸智慧管控体系建设实践与探索［J］．中国水利，2021（23）：65-66.

［3］陶东．陕甘宁盐环定扬黄泵站更新改造建设实践与思考［J］．中国水利，2021（9）：60-62.